매트랩 코드와 함께 하는

마르코프 체인 몬테카를로

이효남 지음

자유아카데미

자연의 모든 현상들은 수식으로 표현할 수 있다고들 한다. 수식은 아름답다. 특히 어렵게 보이는 수식일수록 더욱 그렇다. 철학이 어느 정도 경지에 오른 사람들한테는 간결한 수식을 제쳐두고 미주알고주알 글로 풀어 쓰는 건 지겨운 일일 터. 이런 걸 반영하듯, 몬테카를로 시뮬레이션에 관한 내용을 다루는 대부분의 책들이나 논문들은 아름답기 그지없는 수식으로 가득하다. 문제는 그것을 읽는 우리다. 이 방법이 우리가 마주치는 어려운 문제들을 쉽게 풀 수 있도록 해주는 유용한 도구라는 걸 알지만, 그 내용을 도대체 이해할 수 없다. 아름답다는 수식이 오히려 무섭기까지 하다. 나만 그랬던 것일까……. 시뮬레이션은 또 다른 특성이 있다. 내용을 이해한다고 해서 모두가 실행 가능한 프로그램을 만들 수는 없다. 게다가 만든 프로그램이 맞는 결과를 만들어 내는지 확인하기도 어렵다. 물론 이해한 내용이 실제 문제 해결에 어떻게 적용되는지를 알아야만 이 단계까지라도 올 수 있다. 이러한 이유로 나와 같은 사람을 위한 친절한 안내서가 필요하다고 느꼈다.

이 책에는 새로운 이론이 전혀 없다. 아름다운 수식으로 가득한 책이 넘치도록 많다는 것도 안다. 구글 검색에서 키워드 몇 단어만 입력해도 너무나 많은 정보가 눈 앞에 펼쳐진다. 개중에는 친절한 글도 많다. 하지만 기초지식 없이 그 내용을 읽고 이해하는 것도 만만한 일은 아니다. 매트랩 같은 상용 프로그램이나 무료로 이용 가능한 프로그램 소스, 패키지도 넘쳐난다. 이들 중에는 몇 단어만 입력해도 엄청난 출력들을 보여주는 것도 있다. 문제는, 어떻게 해야 제대로 쓰는 것인가? 내 문제 해결에 어떻게 적용할 것인가? 그 결과는 맞는 것인가? 이 답들을 얻는 것은 자신이 적용하려는 방법의 기초를 이해하지 않고는 불가능하다. 이 책은 이러한 목적으로 쓰였다. 최대한 친철하게, 최대한 덜 아름답게, 했던 말 또 하고 간단한 수식을 너저분하게 풀어 쓰고 그 과정을 프로그램으로 풀어 쓰고, 또 실행시켜 결과를 보여주면서. 이런 방법을 택한 것은 정확한 정보 전달이 모든 책의 최고 목적이라고 믿기 때문이다.

사실 이 책의 챕터 하나하나가, 아니 여기에서 보여주는 예제 하나하나가, 어떤 연구자들에게는 평생을 바친 연구 주제일 것이다. 우리는 그 깊이가 어떤 것인지 감히 짐작하기 어렵다. 견문이 적은 나로서는 이 모든 주제를 다룬다는 것이 무리다. 하지만 그 깊이를 잘 이해하지 못했더라도, 거기에 조금이라도 가깝게 갈 수 있고 현실 문제 해결에 어떻게 적용되는지를 쉽게 풀어서 관심 있는 사람들에게 보여주는 것도 의미 있다고 본다.

여기서 제시하는 소스 코드는 효율적으로 짜인 것이 아니다. 이해를 돕기 위해서 가능한 한 다루고자 하는 알고리즘의 흐름대로 따라가도록 하였다. 내용을 이해한 독자들은 이 볼품없고 지저분한 코드들을 훨씬 우아하게 다시 쓸 수 있을 것이다. 좋은 책을 위해 최선을 다했지만 미흡한 부분이 있을 수 있다. 이 점은 양해를 바라며, 출간 후 나올 수 있는 수정 사항 등은 자유아카데미 홈페이지(www.freeaca.com) 자료실에 제공할 예정이다. 아무쪼록 이 책이 독자 여러분들의 문제 해결에 조금이라도 도움이 되기를 바란다.

2023년 4월

이효남

차례

CHAPTER 5 중요도추출법(Importance Sampling)

CHAPTER 6 메트로폴리스 추출법(Metropolis-Hastings Sampling)

CHAPTER 7 깁스 표본추출법(Gibbs Sampling)

CHAPTER 8 슬라이스 표본추출법(Slice Sampling)

CHAPTER 9 해밀톤 추출법(Hamiltonian Sampling)

CHAPTER 10 가역도약 추출법(Reversible Jump Sampling)

CHAPTER 11 순차적 몬테카를로(Sequential Monte Carlo)

CHAPTER 12 은닉 마르코프 모델(Hidden Markov Model)

1

CHAPTER

마르코프 체인 몬테카를로

마르코프 체인 몬테카를로(Markov Chain Monte Carlo)란, 명사 두 개의 조합이다. 마르코프 체인을 이용해서 몬테카를로 시뮬레이션을 수행하는 것을 말한다. 보통 영어로 쓰인 책들에서는 마르코프 체인에서 머리글자 MC를, 몬테카를로에서 MC를 따서, MCMC로 간단히 줄여서 쓰는 것이 일반적이다. 이 책에서도 필요에 따라 이들의 방법을 따르겠다.

1.1 몬테카를로 방법

몬테카를로 방법은 샘플링 기법이다. 샘플링(sampling)이란 모집단에서 표본을 추출하는 작업이고, 그 목적은 추출된 표본의 특성을 통해서 전체 모집단의 특성을 추정하는 데 있다. 추정이란 우리가 관측한 것을 근거로 아직 관측되지 않은 것에 대해 알아가는 것이다. 정리하자면, 몬테카를로 방법은 표본 추출에 의해 문제를 푸는 방법이다.

우리가 풀고자 하는 어떤 문제든 방정식으로 표현할 수 있는데, 그 방정식은 상수와 확률변수로 구성된다. 상수는 한 가지 값만 갖는 반면, 확률변수는 여러 가지의 값 중에서 어느 하나를 가질 수 있다. 그 가능성은 해당 확률변수가 어떤 확률분포를 따르냐에 따라 달라진다. 몬테카를로 방법은 방정식을 구성하는 확률변수의 표본을 뽑아서 그 표본을 해당 방정식에 입력해 결과를 만들어 낸다. 따라서 그 결과도 확률변수가 된다. 입력이 확률변수이면 출력도 확률변수가 되는 것이다(Random Input, Random Output). 이런 방식을 확률론적 계산방법(probabilistic method)이라 한다. 이에 대비되는 방식이 확정론적 계산방법(deterministic method)이다. 예를 들어보자.

$$y = Ax + Bz$$

이 방정식을 구성하는 모든 변수가 상수이고 그 값은 $A=1$, $B=2$, $x=3$, $z=4$라고 가정하자. 우리들의 구하고자 하는 답은 $y=1\times3+2\times4=11$이다. 하나의 입력변수에는 하나의 입력값만 사용된다. 이 값들은 확정적이라서 다른 값들이 사용될 여지가 없다.

같은 계산을 반복하더라도(그럴 필요가 전혀 없지만) 매번 똑같은 한 가지 답만 얻어진다. 이것이 확정론적 계산방법이다.

이에 반해 확률론적 계산에서는 하나의 입력변수에 하나의 값이 사용되는 것은 같지만, 그 값이 확률분포로부터 선택된 임의의 값이라는 점이 다르다. 이번에는 위의 방정식에서 $A=1$, $B=2$는 상수이고 x, z는 확률변수라고 하자. x는 평균 3이면서 분산이 1인 정규분포를 따르고, z는 구간 [3,5] 사이에서 균등분포한다고 가정하자.

$$y = A \cdot N(3,1) + B \cdot U(3,5)$$

이 계산은 다음의 방식으로 수행된다. 정규분포 $N(3,1)$로부터 표본 x를, 균등분포 $U(3,5)$로부터 표본 z를 하나씩 뽑아 위 식에 대입해서 결과 y를 구한다. 하지만 확률론적 계산에서는 이것만으로는 충분치 않다. 확률변수 x와 z에서 추출된 표본이 갖는 값은 여러 가지 가능성 있는 값 중에서 임의로 선택된 하나의 값에 지나지 않기 때문이다. 다시 표본을 뽑는다면 다른 답이 나올 가능성이 얼마든지 있다. 이런 상황에서 한 번의 계산으로만 결론을 내려서는 곤란하다. 그러므로 해당 확률분포로부터 표본을 뽑는 일을 반복해서 그 값들을 방정식에 입력하여 y를 반복적으로 구해야 한다. 계산을 반복할 때마다 매번 다른 답들이 얻어질 것이다. 이렇게 만들어진 여러 개의 y들은 하나의 확률분포를 이루게 된다. 비로소 이 분포로부터 원하는 정보를 얻을 수 있다. 이것이 확률론적 계산의 특징이다.

확률론적 방식은 반복 계산을 필요로 하지만 앞의 확정론적 계산방식에 비해 많은 정보를 얻을 수 있다. 현실 세계에서 변수는 하나의 값만 가지지 않는다. 변수에는 확률변동이 포함되기 마련이다. 이는 변수가 때에 따라서 어떤 값을 갖게 될지 불확실하다는 의미다. 어떤 변수의 특성을 정확히 예측할 수 없다면, 반복적인 관찰을 통해 얻은 확률분포로부터 그 변수의 특성을 평균하거나 어떤 값으로 나타날지 그 범위를 파악해야 한다. 이런 방식의 접근법은 제시하는 답에 신뢰성을 추가할 수 있는 장점이 있다.

예를 들어, 어떤 압력용기가 파열될 가능성에 관심이 있다고 하자. 이 압력용기를 만든 재료에도 두께, 강도, 내포된 결함의 종류나 크기, 제작방법 등과 같이 파열에 영향을 미치는 확률변동이 있고, 사용조건에도 내부에 담기는 물질의 종류나 주변 온도 같은 확률변동이 포함되기 마련이다. 이러한 변수들의 확률변동을 무시하고 파열과 관련된 방정식의 변수에 특정한 한 가지 값만 입력하면 잘못된 결론을 내리기 쉽다(예를 들어, “이 압력용기는 100기압 이상에서는 파열된다.” 실제로는 여러 가지 확률변동에 의해 그 이하에서도 파열될 가능성이 있는데도). 반면, 확률론적 방식에서는 방정식 또는 모델에 포함된 불확실성을 확률분포로부터 알 수 있으므로 정량적인 언급이 가능하다(예를 들어, “이 압력용기는 60기압에서는 파열될 가능성이 40%, 80기압에서는 85%, 100기압에서는 파열될 가능성이 99%이다”). 이처럼 제시한 답이 실현될 가능성에 대한 정보를 제공할 수 있다는 점이 확률론적 계산방식의 최대 강점이다.

몬테카를로 방법은 확률론적 계산을 수행할 수 있는 대표적인 기법으로, 1950년대 초반 미국 로스알라모스 연구소(Los Alamos National laboratory)의 과학자 그룹에서 시작되었다. 그 이름은 카지노와 도박으로 유명한 모나코의 휴양 도시 이름에서 유래되었다. 이런 이름이 여러 가지 복잡한 수학 문제들을 푸는 계산방법에 붙게 된 이유는 그 계산과정에 난수와 확률이 사용되기 때문이다. 카지노에서 하는 도박이란 결국 확률 게임이고 통계와 연관된다. 도박판에서 룰렛을 돌리거나 주사위를 굴리는 일과 난수로부터 표본을 뽑아 계산 문제를 푸는 일은 다를 바 없다.

어떤 분포로부터 표본을 뽑기 위해서는 난수가 필요하다. 게다가 믿을 만한 결과를 얻으려면 많은 반복 계산이 필요하다. 이런 작업을 빠르고 효과적으로 수행할 수 있는 도구는 컴퓨터다. 예전에는 난수를 만들기 위해서 주사위 던지기나 카드 뽑기처럼 많은 노력과 경비를 들여야 하는 방법밖에 없었다. 몬테카를로 방법이 고안되었던 시기는 초기 컴퓨터가 만들어지기 시작하던 때였다. 이 방법을 고안한 미국 과학자들의 아이디어가 중요한 이유는 새로 개발되는 컴퓨터로 통계적 표본을 만드는 일이 가능하다는 것을 인식한 것에 있다. 지금은 컴퓨터로 원하는 확률분포 표본을 만드는 알고리즘들이 많이 개발되어 있고, 또 개발되는 중이다. 따지고 보면 이 책의 내용도 표본을 뽑는 일에 관한 것이다. 원하는 표본을 빨리 그리고 효과적으로 만들어 낼 수 있다면, 이들로 반복 계산을 수행하는 일쯤은 이제 웬만한 환경에서는 큰 문제가 되지 않는다. 컴퓨터 기술의 발달 덕분이다.

이런 배경에서 몬테카를로 방법을 좀 더 자세히 정의하자면, 컴퓨터상에서 난수를 이용해 표본을 추출하고 그 표본을 입력으로 해서 주어진 문제를 푸는 기법이다. 그 핵심은 확률분포로부터 표본을 뽑는 일이고 이를 이용해서 계산을 반복적으로 수행하는 것이다. 결국 몬테카를로 방법은 '컴퓨터상에서 이루어지는' 가상의 또는 모의실험이다. 따라서 몬테카를로 "시뮬레이션"이란 용어가 쓰인다. 일반적으로 시뮬레이션이란 계의 상태 변화를 추적하는 일을 말한다. 계(또는 시스템)란, 문제 또는 관심의 대상이다. 계는 추상적인 것일 수도 있고 실존하는 것일 수도 있다. 어떤 계이든 그 구성 요소의 특성에 변화가 생기면 계의 상태도 변화하게 된다. 그뿐만 아니라 계가 처해 있는 환경적 요소에 변화가 생겨도 계의 상태가 변할 수 있다. 구성 요소나 환경의 변화는 그 변수들의 확률변동이다. 몬테카를로 방법은 그런 확률변동을 계산에 포함시킬 수 있다. 우리는 이 방법을 통해서 계의 구성변수들의 확률변동에 따라 계가 어떻게 변화하는지를 컴퓨터상에서 추적 또는 모사할 수 있다.

1.2 마르코프 체인

마르코프 체인(Markov Chain)은 러시아 수학자 마르코프(A.A. Markov, 1856–1922)가 고안한 확률개념이다. 그 시작은 푸쉬킨의 운문소설 "예브게니 오네긴(Yevgeny Onegin)"의 모음과 자음 패턴 연구에서부터이다[1]. 상호 연관된 사건들의 발생 확률을 다루면서 체인의 개념을 도입했는데, 이때가 그의 나이 50살인 1906년이었다. 그의 연구 결과가 발표된 건 1913년이니 마르코프 체인의 역사는 지금으로부터 100여 년이 지나고 있는 셈이다.

마르코프 체인은 존재 가능한 여러 상태 중의 어느 한 상태에서 다른 상태로 천이하는 확률과정(stochastic process)이다. 어떤 사람의 감정상태를 예를 들자[2].

{ 😐, 😩, ☹, 😁 }

1 B. Hayes, "*First Links in the Markov Chain*," https://www.americanscientist.org/article/first-links-in-the-markov- chain.

2 날씨 변화나 주식가격의 변동도 마르코프 체인의 좋은 예가 될 수 있다.

존재 가능한 감정상태가 위의 4가지만 있다고 하자. 시간에 따라서 사람의 감정은 어느 한 상태에서 다른 상태로 바뀔 수 있다. 이러한 변화를 천이(transition)이라 한다. 시간의 흐름에 따른 이 상태들의 집합이 체인이다. 이 상태들은 시간의 순으로 서로 연결되어 하나의 사슬을 이룬다.

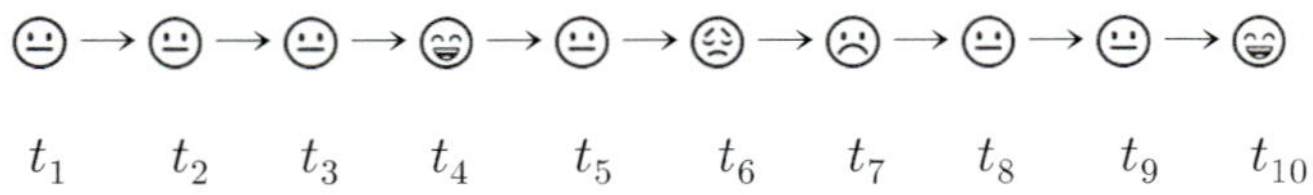

현재의 상태는 바로 직전의 상태에만 의존한다. 이는 미래의 상태 역시 현재의 상태에만 의존한다는 것과 같은 의미다. 이를 마르코프 특성[3]이라 한다. 이 특성은 미래의 상태는 현재에만 의존할 뿐, 현재에 이르기까지 그 과정이 어떻게 진행되어 왔는지는 상관없다는 것이다. 일명 무기억(memoryless) 특성이라 하는데 마르코프 체인의 중요한 성질 중의 하나이다.

위 그림을 보면 개구리가 어디에서부터 도약을 시작했는지, 또는 어떤 연잎들을 지나서 여기까지 왔는지 그 이력은 중요하지 않다. 다만, 현재 개구리가 앉아있는 그 연잎의 상태만 중요하다. 다음 단계에서 어떤 연잎으로 도약할지는 현재의 연잎에서 다른 연잎으로 도약할 확률에만 의존한다. 개구리가 특별히 선호하는 연잎이 있다면 그런 특성을 가진

3 정확하게는 1차 마르코프 특성이다. 만약, 바로 직전의 상태에만 영향을 받는 것이 아니라 그 전 상태에도 영향을 받는다면 2차 마르코프, 그 전전 상태에도 영향을 받는다면 3차 마르코프 ... 하는 식으로 확장할 수도 있다.

연잎으로 자주 도약할 것이다. 어느 한 상태에서 특정한 어느 다른 상태로 도약할 확률을 천이확률이라 한다. 마르코프 체인을 정의할 때는 이 천이확률이 같이 언급되어야 한다. 앞의 감정 이모티콘의 예로 돌아가자. 현재 상태 😐으로부터 다른 상태로의 천이는 다음과 같이 😐→😐, 😐→😁, 😐→😣, 😐→☹ 4가지 경우가 있는데, 각 경우의 천이확률은 우리가 고려하는 계의 특성에 따라 이미 정해져 있다. 예를 들어, 다음과 같은 식이다.

상태 천이	천이확률
😐→😐	75%
😐→😁	20%
😐→😣	4%
😐→☹	1%

마찬가지로 현재 상태가 😁라면, 이 역시도 다른 상태로 천이할 확률들은 정해져 있다. 예를 들어, 😁→😐로의 천이는 90%, 😁→😁는 8%, 😁→😣는 1%, 😁→☹는 1% 이런 식이다.

오랫동안 천이가 계속된다면 아주 긴 체인을 얻게 될 것이다. 그 체인에 포함된 상태들을 분류하면 4가지 종류일 것이고, 체인에서 각각의 상태가 차지한 분율을 얻게 될 것이다. 체인이 충분히 길다면, 이 분율은 천이를 계속하더라도 변하지 않는다. 이를 체인이 정상상태(stationary state)에 이르렀다고 한다. 서로 의존적인 확률변수들을 포함한 확률과정도 결국 정상상태로 수렴하게 되는 것이다. 정상상태에 이른 체인에서는 계에 존재하는 모든 상태의 확률을 알 수 있다. 이런 상태의 체인으로부터 우리는 원하는 정보를 얻는다.

마르코프 체인의 중요성은 확률 이론을 새로운 방향으로 확장시켰다는 점이다. 그전까지의 확률통계학은 동전 던지기나 주사위 굴리기처럼 각 사건이 다른 사건과는 독립적인 것에만 집중되어 있었다. 여기서 독립적이란 앞의 사건이 뒤에 일어날 사건에 영향을 미치지 않는다는 의미다. 기존 확률통계학에서 추정의 근간은 약한 큰 수의 법칙(Weak law of Large Numbers)이다. 이 법칙은 "모집단으로부터 뽑힌 표본들이 서로 '독립적'이라면,

표본의 개수가 많아질수록 표본평균은 모집단의 평균으로 수렴하게 된다"는 것이다. 마르코프의 기여는 '표본들의 독립성'이 수렴에 이르기 위한 필요조건이 아니라는 점을 발견한 것이다. 그의 방법론은 독립적이지 않은 사건의 확률, 달리 말하자면 사건들이 서로 연관되어 있어 다음에 일어날 사건이 계의 현재 상태에 의존하는 확률을 다룰 수 있다. 현실 세계에서 일어나는 사건들 대부분은 독립적이기보다는 서로 연관되어 있기 때문에 좀 더 현실적인 접근법이 될 수 있다.

다시 요약하자면, MCMC는 마르코프 체인의 특성을 이용해서 표본을 추출하고 반복 계산으로 문제를 푸는 방법이다. 기존의 몬테카를로 방법과 다른 점은 추출된 표본들이 서로 독립적인 것이 아니라 상관관계를 갖는다는 것이다.

1.3 왜 마르코프 체인을 사용하는가?

마르코프 체인의 응용 분야는 다양하지만, 통계학에서는 확률분포로부터 표본을 추출하는 데 사용되고 있다. MCMC는 '어떠한' 확률분포로부터도 표본 추출을 가능케 한다. 사실 어떤 확률분포로부터 표본을 뽑는 일이 항상 가능한 것은 아니다. 확률밀도함수를 정확히 안다고 해도 그것으로부터 표본을 뽑는 일은 별개다. MCMC의 가장 적합한 용도이자 장점은 사후분포(posterior)로부터 표본을 뽑을 수 있다는 것이다.

사후분포 $p(\theta|y)$는 베이지안 추정의 결과로 얻어진다. 이는 가능도 $L(\theta|y)$와 사전분포 $p(\theta)$의 곱이다.

$$p(\theta|y) = \frac{L(\theta|y) \cdot p(\theta)}{\int L(\theta|y) \cdot p(\theta)d\theta} = \frac{L(\theta|y) \cdot p(\theta)}{p(y)}$$

이 식은 베이즈 공식(Bayes' rule)이다. 이 식을 처음 보거나 어렵다고 생각한다면, 지금은 이를 분자와 분모로 구성된 단순한 분수식으로만 생각해도 문제없다. 모든 확률분포는 그 곡선 아래의 면적이 1이어야 한다. 즉, 확률밀도함수를 적분하면 1이어야 한다. 확률통계학에서 가장 우선하는 전제조건이다. 위 식의 분모가 사후분포 곡선 아래의 면적을 1로 만드는 역할을 하며, 정규화상수라고 한다. 이를 알기 위해서는 분자를 적분해야만 한다. 하지만 이 적분은 대개의 경우 아주 복잡하고 쉽게 풀리지 않는다. 베이즈 법칙의 유용성이 알려진 이후에도 수백 년이 지날 때까지 널리 사용되지 않았던 이유가 이것 때문이다. 위 식에서 분모를 상수로 취급한다면 다음과 같이 간단히 쓸 수 있다.

$$p(\theta|y) \propto L(\theta|y) \cdot p(\theta)$$

마르코프 체인의 특성을 이용하면, 이처럼 정규화되지 않은 확률분포로부터도 표본을 추출할 수 있다. MCMC 방법은 우리가 쉽게 표본을 뽑을 수 있는 정규분포나 균등분포 난수 등를 사용해서 '어떠한' 확률분포를 가진 표본이라도 추출할 수 있게 만든다.

참고로, 베이지안 추정은 어떤 사건의 발생확률을 확률분포를 사용해서 미리 확률모델(사전분포)로 만들고, 그 이후 관측되는 데이터(가능도)를 근거로 미리 만들었던 확률모델을 수정한다. 수정된 확률모델을 사후분포라 한다. 이 과정은 새로운 관측치가 발견될 때마다 반복적으로 적용할 수 있다. 즉, 사후분포를 다음에 관측될 데이터를 위한 사전분포로서 다시 사용하는 것이다. 이런 방식으로 정보를 연속적으로 갱신해 나가는 과정을 학습효과(learning effect)라고 한다. 최근 기계학습(machine learning)이나 인공지능의 근간이 되는 개념이며, MCMC 활용의 잠재력을 짐작할 수 있는 대목이기도 하다.

2

CHAPTER

필요한 배경지식

2.1 조건부 확률과 베이즈 법칙

2.1.1 결합확률과 조건부확률

100명으로 구성된 한 학급이 있다. 학생 중 40명은 수학(사건 A)을, 25명은 물리(사건 B)를, 나머지 5명은 수학과 물리 모두를 선택했으며, 상황은 다음 [그림 2.1]과 같다.

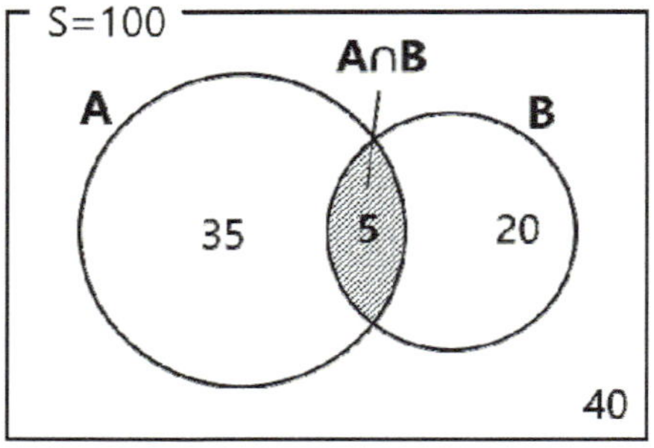

그림 2.1.1 결합확률과 조건부확률

- $\Pr(A)$: 사건 A가 발생할 확률

$$\Pr(A) = \frac{40}{100} = 0.40$$

- $\Pr(B)$: 사건 B가 발생할 확률

$$\Pr(B) = \frac{25}{100} = 0.25$$

- $\Pr(A \cap B) = \Pr(A, B)$: 사건 A와 B가 동시에 발생할 확률, 결합확률

$$\Pr(A, B) = \frac{5}{100} = 0.05$$

- $\Pr(A|B)$: 사건 B가 발생했을 때, 사건 A가 발생할 확률, 조건부확률

$$\Pr(A|B) = \frac{\Pr(A,B)}{\Pr(B)} = \frac{0.05}{0.25} = 0.20$$

- $\Pr(B|A)$: 사건 A가 발생했을 때, 사건 B가 발생할 확률, 조건부확률

$$\Pr(B|A) = \frac{\Pr(A,B)}{\Pr(A)} = \frac{0.05}{0.40} = 0.125$$

위 그림에서 빗금 친 부분은 두 사건 A와 B가 동시에 일어날 확률에 해당하는 것으로, 결합확률(joint probability)이라 한다. 결합확률 $\Pr(A, B)$는 다음과 같이 표현할 수 있다.

$$\Pr(A,B) = \Pr(A|B)\Pr(B) \tag{2.1.1}$$

여기서 $\Pr(A|B)$을 조건부확률(conditional probability)이라 한다. 기호 $\Pr(\bullet \mid \sim)$은 '~이 주어진 상황에서' 또는 '~의 조건하에서'를 의미한다. 그래서 $\Pr(A|B)$는 사건 B가 주어진 상황에서 사건 A가 생길 확률로 해석된다. 식(2.1.1)로부터 이 책의 핵심을 관통하는 중요한 공식 하나가 얻어진다.

$$\Pr(A|B) = \frac{\Pr(A,B)}{\Pr(B)} \tag{2.1.2}$$

식(2.1.1)의 결합확률 $\Pr(A, B)$는 다음처럼 다르게 표현할 수도 있다.

$$\Pr(A,B) = \Pr(B|A)\Pr(A) \tag{2.1.1'}$$

어떻게 표현하더라도 앞의 벤 다이어그램에서 빗금 친 부분에 해당하는 것은 변함없기 때문이다. 따라서 다음과 같은 표현도 가능하다.

$$\Pr(B|A) = \frac{\Pr(A,B)}{\Pr(A)} \tag{2.1.2'}$$

2.1.2 베이즈 정리

식(2.1.1)과 식(2.1.1')은 같으므로

$$\Pr(A,B)=\Pr(A|B)\Pr(B)=\Pr(B|A)\Pr(A) \tag{2.1.3}$$

이고, 다음과 같이 정리할 수 있다.

$$\Pr(A|B)=\frac{\Pr(B|A)\Pr(A)}{\Pr(B)}=\frac{\Pr(A,B)}{\Pr(B)} \tag{2.1.4}$$

또는

$$\Pr(B|A)=\frac{\Pr(A|B)\Pr(B)}{\Pr(A)}=\frac{\Pr(A,B)}{\Pr(A)} \tag{2.1.4'}$$

이 식들을 베이즈 정리(Bayes' theorem)라 한다. 이 정리는 역확률 계산을 가능하게 한다. 즉, $\Pr(A|B)$를 직접 계산하기 어려울 때, 그 역확률 $\Pr(B|A)$로부터 $\Pr(A|B)$를 계산할 수 있다. 앞의 학급 예로 이를 확인해 보자.

$$\Pr(A,B)=\Pr(A|B)\Pr(B)=(0.2)(0.25)=0.05$$

또는

$$\Pr(A,B)=\Pr(B|A)\Pr(A)=(0.125)(0.40)=0.05$$

위의 주어진 정보로부터

$$\Pr(A|B)=\frac{\Pr(B|A)\Pr(A)}{\Pr(B)}=\frac{(0.125)(0.40)}{(0.25)}=0.20 \quad \text{또는}$$

$$\frac{\Pr(A,B)}{\Pr(B)}=\frac{(0.05)}{(0.25)}=0.20$$

$$\Pr(B|A) = \frac{\Pr(A|B)\Pr(B)}{\Pr(A)} = \frac{(0.20)(0.25)}{(0.40)} = 0.125 \quad \text{또는}$$

$$\frac{\Pr(A,B)}{\Pr(A)} = \frac{(0.05)}{(0.40)} = 0.125$$

이 계산과 같이 4개의 항 중에서 어느 하나를 알고 싶다면 나머지 항들을 산술적으로 정리해서 원하는 정보를 얻을 수 있다. 확률에 산술연산을 적용할 수 있다는 것이 베이즈 정리의 강점 중의 하나이다.

2.1.3 전확률법칙

다음 [그림 2.2]와 같이 사건 A의 영역과 사건 B의 영역이 서로 겹치지 않는 표본공간을 생각해 보자. 사건 B에 대한 확률은 전체 공간을 여러 개의 조각으로 나누어서도 계산할 수 있다.

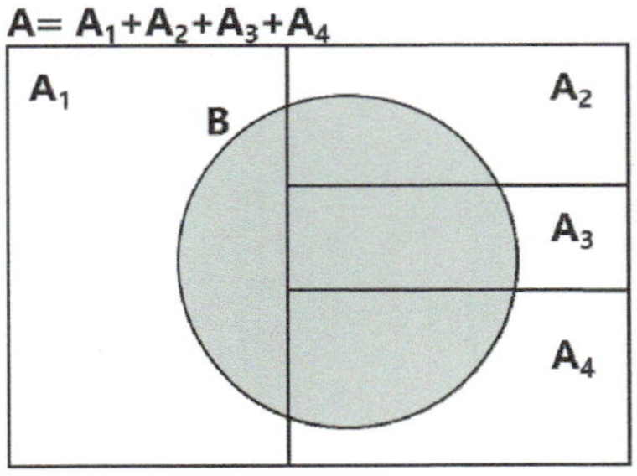

그림 2.1.2 전확률법칙

사건 A를 서로 겹치지 않은 여러 개의 조각 A_n으로 나눌 수 있다면, 사건 B의 확률은 각 조각들의 결합확률을 모두 더해서 구할 수 있다.

$$\begin{aligned}\Pr(B) &= \Pr(B\cap A_1) + \Pr(B\cap A_2) + \Pr(B\cap A_3) + \Pr(B\cap A_4) \\ &= \Pr(B|A_1)\Pr(A_1) + \Pr(B|A_2)\Pr(A_2) + \Pr(B|A_3)\Pr(A_3) + \Pr(B|A_4)\Pr(A_4) \\ &= \sum_{i=1}^{4}\Pr(B|A_i)\Pr(A_i) \qquad (2.1.5)\end{aligned}$$

이 식을 전확률법칙(law of total probability)이라 한다. 이를 식(2.1.2)에 적용해서 다음과 같이 쓸 수도 있다.

$$\Pr(A_i|B) = \frac{\Pr(B|A_i)\Pr(A_i)}{\Pr(B)} = \frac{\Pr(B|A_i)\Pr(A_i)}{\sum_i \Pr(B|A_i)\Pr(A_i)} \qquad (2.1.6)$$

2.1.4 조건부 베이즈 정리

조건부확률은 모든 확률 공리들을 따르기 때문에 어떤 확률에 조건부가 붙더라도 대부분의 법칙은 변함없이 '참'인 것으로 인정된다. 따라서 다음처럼 조건부 C가 주어지더라도 베이즈 정리(Bayes' theorem with conditioning)는 그대로 적용된다.

$$\Pr(A,B|C) = \Pr(A|B,C)\Pr(B|C) \qquad (2.1.7)$$

즉, 다음과 같은 표현도 가능하다.

$$\Pr(A|B,C) = \frac{\Pr(A,B|C)}{\Pr(B|C)} \qquad (2.1.8)$$

위 식들은 조건부가 붙기는 했지만 식(2.1.1) 및 식(2.1.4)와 다를 바 없이 같은 확률이론이 적용된다.

2.1.5 결합확률과 주변확률

다음의 분할표를 보자.

B(i) \ A(j)	A_1	A_2	A_3	A_4	Σ
B_1	4	2	1	1	
B_2	3	6	2	4	
B_3	5	3	0	1	
Σ					32

사건 A는 $A_1, \cdots, A_4$ 조각으로 나누어져 있고, 사건 B도 같은 방식으로 3조각으로 나누어져 있다. 회색 칸들에 있는 숫자가 결합확률 $\Pr(A_i, B_j)$이다. 이 숫자들은 확률을 나타내기 때문에 모두 더하면 1이 되도록 32로 나누어 4/32, 2/32처럼 표기해야 했지만, 여기서는 편의상 나누기를 생략했다. 결합확률 $\Pr(A_i, B_j)$은 사건 A와 사건 B가 동시에 생길 확률이다. 만약 우리의 관심이 이 결합확률 중에서 어느 한 사건의 확률을 아는 것에만 있다고 한다면, 다른 사건의 영향을 배제한 확률을 구해야 한다. 주변화(marginalization)란 어떤 사건들이 혼합된 상황에서 하나 또는 그 이상의 사건에 대한 영향을 '배제' 또는 '제거'했다는 것을 의미한다. 이는 관심의 대상이 아닌 사건들의 가능성을 모두 더하면 된다. 이를 주변확률(marginal probability)이라 하고 수학적으로는 다음과 같이 표현한다.

$$\Pr(B_i) = \sum_j \Pr(A_j, B_i) \tag{2.1.9}$$

만약 변수가 연속형이라면, 위 식의 더하기는 적분식으로 바꾸면 된다.

$$\Pr(B_i) = \int \Pr(A_j, B_i) dA_j \tag{2.1.9'}$$

앞의 분할표의 경우를 예로 들면, 주변확률 $\Pr(B_2)$는 다음과 같이 계산된다.

$$\begin{aligned}\Pr(B_2) &= \sum_{j=1}^{4} \Pr(A_j, B_2) \\ &= \Pr(A_1, B_2) + \Pr(A_2, B_2) + \Pr(A_3, B_2) + \Pr(A_4, B_2) \\ &= 3 + 6 + 2 + 4 = 15\end{aligned}$$

여기서 중요한 점은 관심의 대상이 아닌 사건들의 확률 A_j가 '더하기'를 통해서 배제됐다는 것이다. 만약 A_j가 관심이라면, 같은 방법으로 B의 영향을 배제할 수 있다.

$$\Pr(A_j) = \sum_i \Pr(A_j, B_i) \tag{2.1.9''}$$

이런 주변확률들은 분할표에서 가장자리의 색칠한 부분에 해당한다.

B(i) \ A(j)	A_1	A_2	A_3	A_4	$\Pr(B_i) = \Sigma_j \Pr(A_j, B_i)$
B_1	4	2	1	1	8
B_2	3	6	2	4	15
B_3	5	3	0	1	9
$\Pr(A_j) = \Sigma_i \Pr(A_j, B_i)$	12	11	3	6	32

마지막 열은 사건 B의 확률이고, 마지막 행은 사건 A의 확률이다. 주변확률이란 용어는 이 확률들이 분할표의 가장자리(margin)에 있다고 해서 붙여졌다고도 한다. 사실 '주변'이란 용어는 군더더기다. 더하기나 적분을 통해 다른 변수들을 배제하는 과정을 거쳤더라도 그 정의 자체가 이미 남아있는 변수 A나 B에 대한 확률분포를 가리키기 때문이다.

지금까지는 확률변수가 2개인 결합확률분포만 다뤘다. 확률변수가 많아지면 더하기나 적분이 더 복잡해진다. 연속형 변수의 경우라면 다중적분이 필요하다. 예를 들어, 확률변수가 4개인 결합확률 $\Pr(A, B, C, D)$에서 우리의 관심이 $\Pr(A, B)$에 있다고 하자. 이중적분 $\Pr(A, B) = \iint \Pr(A, B, C, D)\,dC\,dD$를 통해서 C와 D 성분을 배제시켜야 한다. 만약 관심이 확률 $\Pr(B)$였다면 삼중적분 $\Pr(B) = \iiint \Pr(A, B, C, D)\,dA\,dC\,dD$를 수행해야 할 것이다.

베이지안 통계에서 가장 어려운 부분이 주변확률을 구하기 위해 이러한 적분을 푸는 일이다. 그 이유는 대부분의 확률밀도함수들이 닫힌 형태가 아닌데다 복잡한 형태를 띠고 있어 적분이 쉽지 않기 때문이다. 어쨌든 주변확률이란 용어가 나오면, 여러 성분이 혼합된 결합확률을 적분을 통해 다른 성분들의 영향을 배제시키고 관심의 대상인 성분만 남겨

놓은 확률을 말한다는 것을 새겨두기 바란다. 이 책은 이러한 적분 문제를 표본추출을 통해서 해결하려는 방법을 다루기 때문에 이 용어가 자주 언급될 것이다.

주변확률은 식(2.1.5)의 전확률법칙과도 연관된다. 다음을 보라.

$$\begin{aligned}\Pr(A_1|B_2) &= \frac{\Pr(A_1, B_2)}{\Pr(B_2)} = \frac{\Pr(A_1, B_2)}{\sum_i \Pr(A_i, B_2)} \\ &= \frac{\Pr(A_1, B_2)}{\Pr(A_1, B_2) + \Pr(A_2, B_2) + \Pr(A_3, B_2) + \Pr(A_4, B_2)} \\ &= \frac{3}{3+6+2+4} = \frac{3}{15}\end{aligned}$$

2.1.6 확률의 연쇄법칙

사실 이 법칙은 이미 식(2.1.1)에서 다룬 바 있다. 단지 변수가 2가지인 간단한 경우이었을 뿐이다. 이 연쇄법칙(chain rule)은 변수들이 2개 이상일 때도 그대로 적용된다. 예를 들면,

$$\Pr(A, B, C) = \Pr(C|A, B)\Pr(A, B) = \Pr(C|A, B)\Pr(B|A)\Pr(A) \tag{2.1.10}$$

더 연장한다면,

$$\begin{aligned}\Pr(A, B, C, D, E) &= \Pr(A|B, C, D, E)\Pr(B, C, D, E) \\ &= \Pr(A|B, C, D, E)\Pr(B|C, D, E)\Pr(C, D, E) \\ &= \Pr(A|B, C, D, E)\Pr(B|C, D, E)\Pr(C|D, E)\Pr(D, E) \\ &= \Pr(A|B, C, D, E)\Pr(B|C, D, E)\Pr(C|D, E)\Pr(D|E)\Pr(E)\end{aligned} \tag{2.1.10'}$$

이 법칙을 곱셈법칙(product rule)이라고도 한다. 이처럼 조건부확률들의 연쇄법칙을 이용해서 결합확률을 구하는 경우는 11장의 상태-공간 모델에서 자주 보게 될 것이다. 대표적으로 다음의 예를 보라.

$$\begin{aligned}\Pr(y_1, y_2, \cdots, y_T) &= \Pr(y_T|y_1, y_2, \cdots, y_{T-1})\Pr(y_1, y_2, \cdots, y_{T-1}) \quad (2.1.11)\\ &= \Pr(y_T|y_{T-1})\Pr(y_1, y_2, \cdots, y_{T-1})\\ &= \Pr(y_T|y_{T-1})\Pr(y_{T-1}|y_{T-2})\Pr(y_1, y_2, \cdots, y_{T-2})\\ &= \Pr(y_T|y_{T-1})\Pr(y_{T-1}|y_{T-2})\cdots \Pr(y_2|y_1)\Pr(y_1)\end{aligned}$$

2.2 베이지안 추정

2.2.1 베이즈 정리

베이지안 추정방법의 아이디어는 사건에 대한 우리들의 확률적 사전 믿음을 새로 얻어지는 증거들을 통해서 갱신하는 것이다. 이는 증거들이 많이 축적될수록, 또는 새로운 증거들이 유입될수록 그것을 바탕으로 이전에 우리가 가지고 있던 믿음을 새롭게 수정할 수 있다는 측면에서 보다 자연스러운 접근방법일 수 있다.

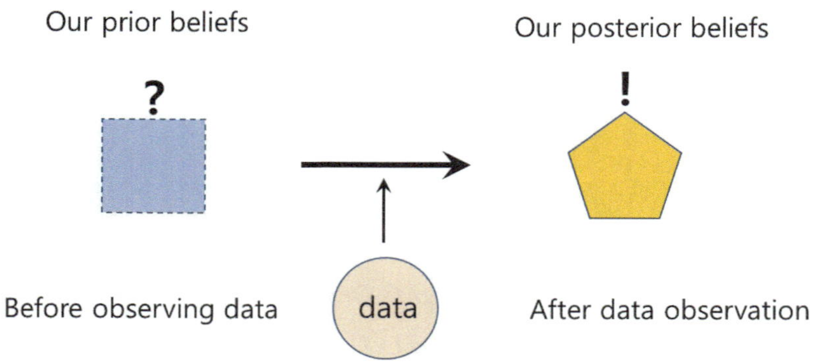

그림 2.2.1 베이지안 추정 개념

베이지안 방법을 적용하려면 먼저 사전확률분포(prior distribution 또는 간단히 prior)가 필요하다. 사전확률이란 데이터를 관측하기 전에 우리가 가지고 있던 미지의 모수에 대한 믿음, 지식 또는 정보를 말한다. 이 사전확률은 나중에 관측되는 데이터에 의해 갱신된다. 이 데이터는 가능도 또는 우도(likelihood)라고 불리는 확률모델에 의해 표현된다. 가능도는 그 데이터가 관측될 모수의 확률이다. 새롭게 갱신된 확률정보를 사후확률분포(posterior distribution 또는 간단히 posterior)라 한다. 이 사후확률은 관심의 대상이었던 미지의 모수에 대한 우리들의 새로운 믿음이다. 베이지안 추정의 목표는 이 사후확률분포에 대한 정보를 얻는 것이다.

관측된 데이터를 통해서 우리의 사전 믿음을 갱신하려면, 베이즈 법칙(Bayes' rule)이라 알려진 확률 정리를 사용해야 한다. 베이즈 법칙은 다음의 조건부확률에 대한 정의다.

$$\underbrace{p(x|y)}_{posterior} = \frac{\overbrace{f(y|x)}^{likelihood} \bullet \overbrace{p(x)}^{prior}}{\underbrace{m(y)}_{marginal\ likelihood}} \tag{2.2.1}$$

여기서 데이터의 확률밀도함수 $f(x|y)$는 가능도를 나타내는 함수를 써서 $L(x|y)$ 또는 간단히 $L(x)$처럼 표기하기도 한다. 이들 함수 $f(y|x)$와 $L(x|y)$에서 인자의 순서가 $y|x \rightarrow x|y$로 바뀐 것에 유의하라. 위 식의 분모인 주변확률분포 $m(y)$는 다음과 같이 정의된다.

$$m(y)= \int f(y|x)p(x)dx \tag{2.2.2}$$

이 분포는 적분에 의해 x가 제거되었기 때문에 데이터 y에 대한 정보만을 가진다. 이 주변확률은 사후분포의 적분을 1로 만드는 역할을 하는데, 이를 정규화상수(normalizing constant)라고 한다. 이 적분은 복잡해서 해석적 방법으로는 쉽게 풀 수 없을 경우가 대부분이다. 베이지안 방법의 유용성이 알려진 이후에도 최근 MCMC 방법이 고안되기까지[1, 2] 수백 년 동안 답보 상태에 있었던 이유도 이 문제 때문이었다. 어쨌든 식(2.2.1)에서 정규화상수를 무시한다면, 다음 식을 통해서 베이지안 추정을 수행할 수 있다.

---

1 S. Geman and D. Geman, *"Stochastic Relaxation, Gibbs Distributions, and the Bayesian Restoration of Images,"* IEEE Transactions on Pattern Analysis and Mathematical Intelligence, 6, (1984) pp. 721-741.

2 A.E. Gelfand and A.F.M. Smith, *"Sampling Based Approach to Calculating Marginal Densities,"* Journal of the American Statistical Association, 85, (1990) pp. 398-409.

$$\underbrace{p(x|y)}_{posterior} \propto \underbrace{f(y|x)}_{likelihood} \cdot \underbrace{p(x)}_{prior} \tag{2.2.3}$$

위 식에서 볼 수 있듯이 사후확률은 가능도함수와 사전확률의 곱이다. 이는 갱신된 사후확률이 데이터정보와 사전정보의 조합이라는 의미다.

2.2.2 정보의 연속적 갱신(Sequential Update)

베이지안 방법의 강점은 새로 데이터가 유입될 때마다 베이즈 법칙을 반복 적용함으로써 우리들의 믿음을 연속적으로 수정해 갈 수 있다는 것이다. 이러한 갱신방법은 과거의 경험으로부터 정보 습득하는 과정으로 해석할 수 있다. 그런 의미에서 이런 과정을 베이지안 학습효과(Bayesian learning effect)라고도 한다.

이전 단계 분석에 사용된 데이터 y_{old}와 그 이후에 얻어진 데이터 y_{new}가 있다고 하자. 이전 단계 분석의 결과인 사후확률분포 $p(x|y_{old})$는

$$\underbrace{p(x|y_{old})}_{posteior} \propto \underbrace{f(y_{old}|x)}_{old\ likelihood} \cdot \underbrace{p(x)}_{old\ prior}$$

이후에 새롭게 수행될 분석에서 사전확률분포로 사용될 수 있다.

$$\begin{aligned}\underbrace{p(x|y_{old}, y_{new})}_{new\ posterior} &\propto \underbrace{f(y_{new}|x)}_{new\ data} \cdot \underbrace{f(y_{old}|x) \cdot p(x)}_{previous\ posterior} \\ &= \underbrace{f(y_{new}|x)}_{likelihood} \cdot \underbrace{p(x|y_{old})}_{prior}\end{aligned} \tag{2.2.4}$$

사후확률분포 $p(x|y_{old})$는 x에 대한 확률분포로 현재까지의 믿음을 나타낸다. 이 분포는 새로 유입되는 데이터를 통해서 갱신될 수 있다. 우리는 새로운 데이터 이용이 가능할 때마다 이런 과정을 반복 수행할 수 있다. 단, 이런 정보 갱신은 분석에 포함된 모든 사항이 확률적으로 동등하게 취급할 수 있을 때만 타당하다는 것이다. 일련의 갱신과정을 일

반화해 보자. 시점 t에서 가용한 데이터 정보는 그 이전 시점 $t-1$까지의 x에 대한 사후확률과 결합되어 새로운 사후확률분포를 만든다. 이런 과정은 새로운 데이터가 주어지기만 한다면 계속될 수 있다.

$$\underbrace{p(x|y_t)}_{new\ posterior} \propto \underbrace{f(y_t|x)}_{new\ data} \cdot \underbrace{p(x|y_{t-1})}_{\substack{previous\ posterior \\ =new\ prior}}, \qquad t=2,3,\cdots \tag{2.2.5}$$

2.2.3 예측분포(Predictive Distribution)

베이지안 방법의 이점 중의 하나는 미래의 데이터를 예측할 수 있다는 것이다. 사전 예측분포와 사후 예측분포의 두 가지가 존재한다.

사전 예측분포(prior predictive distribution)

아직 관측되지 않은 데이터에 대한 분포를 예측하는 데 쓰인다. 이는 관심의 대상인 변수 x에 대한 사전분포와 앞으로 관측될 데이터 y에 대한 가능도를 곱한 다음, 이를 x에 대해 적분하면 얻을 수 있다. 적분되면 x는 배제되고 y에 대한 정보만 남기 때문에 주변확률 또는 주변가능도(marginal likelihood)라고도 한다. 바로 앞의 식(2.2.1)의 분모에 해당하는 식(2.2.2)이다.

$$\underbrace{m(y)}_{\substack{prior\ predictive \\ =marginal\ \ likelihoiod}} = \int \underbrace{f(y|x)}_{likelihood} \underbrace{p(x)}_{prior} dx \tag{2.2.2}$$

사후 예측분포(posterior predictive distribution)

일련의 데이터 y를 사용해서 분석이 끝난 이후에 새롭게 주어지는 데이터 y_{new}에 대한 분포를 말한다. 단, y_{new}는 앞의 y와는 독립적인 것이어야 한다. 이 사후 예측분포는 새로운 관측치들에 대한 가능도 $f(y_{new}|x)$와 사전분포 $p(x|y)$를 곱한 다음, 이를 x에 대해 적분하면 얻을 수 있다. 여기서 사전분포는 앞 단계 분석에서 얻어진 사후분포를 말한다.

$$\underbrace{f(y_{new}|y)}_{posterior\ predictive} = \int \underbrace{f(y_{new}|x)}_{\substack{likelihood \\ = new\ data}} \ \underbrace{p(x|y)}_{\substack{prior \\ = previous \\ posterior}} \ dx \tag{2.2.6}$$

이 분포를 이용하면 아직 관측되지 않은 데이터에 대한 확률을 예측할 수 있다. 만약 데이터가 이 예측분포를 잘 따른다면, 분석자가 세운 데이터분포와 사전분포에 대한 확률모델이 타당하다는 것을 의미한다. 따라서 그 확률모델에 의한 시스템이 미래에 어떻게 거동할지를 예측하는 데 사용될 수 있다. 보통 사후 예측분포의 분산은 사후분포보다 크다. 그 이유는 아직 관측되지 않은 데이터에 대한 불확실성이 더해지기 때문이다.

몬테카를로 표본추출법으로도 이 사후 예측분포를 얻을 수 있다. 앞 단계의 분석에서 얻어진 사후분포 $p(x|y)$로부터 새로운 관측치 y_{new}를 원하는 개수만큼 추출하면 된다. 이는 6장의 시뮬레이션에서 예를 보일 것이다(그림 6.5.2).

2.2.4 가능도(likelihood function)

영어로 'likelihood'는 우도(尤度) 또는 가능도(可能度)로 번역되어 사용되고 있는데 이 책에서는 가능도로 쓰기로 한다. 직관적으로 그 의미가 더 와닿기 때문이다. 가능도란 데이터가 주어졌을 때 가정으로 내세운 확률모델에서 그 데이터가 관측될 가능성이다. 확률모델의 특성이 모수에 의해 결정된다는 측면에서 '데이터가 관측될 모수의 확률'로 해석할 수 있다. 이는 '데이터가 관측될 확률'인 확률밀도함수와는 다른 개념으로, 베이지안 추정법의 중요한 요소이기 때문에 좀 더 자세히 알아보기로 하자. 이항확률모델을 예로 들겠다.

우리들의 관심은 어떤 공장에서 만들어진 제품이 성공적으로 작동할 확률을 아는 것이라 하자. 제품 중에서 10개를 무작위로 선택해서 성능을 시험한 결과, 8개가 정상 작동되었다. 제품 하나의 시험결과는 '성공' 아니면 '실패' 둘 중의 하나이다. 이런 특성을 갖는 확률변수는 이항확률분포로 모델화할 수 있다. 이 시험에서 이항분포의 모수는 성공률이다. 총시험개수가 n, 성공개수가 y라면 모수는 $\theta = p = y/n$이다. 이 시험에서 가능한 시험결과는 $y = 0, 1, \ldots, 10$의 11가지이다. 각각의 y가 관측될 확률은 다음의 이항확률분포를 따른다.

$$f(y|n,\theta)=\binom{n}{y}\theta^{y}(1-\theta)^{n-y} \tag{2.2.7}$$

예를 들어, $n=10$으로 고정된 상태에서 $\theta=p=0.8$로 주어지면,

$$f(y|n=10,\theta=0.8)=\binom{10}{y}0.8^{y}(1-0.8)^{10-y}$$

여러 가지 y가 관측될 확률은 [그림 2.2.2(a)]와 같이 나타난다. 여기서 θ는 상수이고 확률은 y에 따라서 변화한다는 것이다. 즉, $f(y|n,\theta)$는 y의 함수이다. 10개 중에 성공이 8개인 경우가 가장 큰 확률로 나타나고 있다. 만약 모수 $\theta=0.2$로 주어졌다면 성공 2개인 경우에서 가장 높은 확률이 나타났을 것이다. 어떤 경우든 y에 대한 모든 확률을 더하면 1이 되어야 한다. 즉, $\sum_i f(y_i|n,\theta)=1$이다.

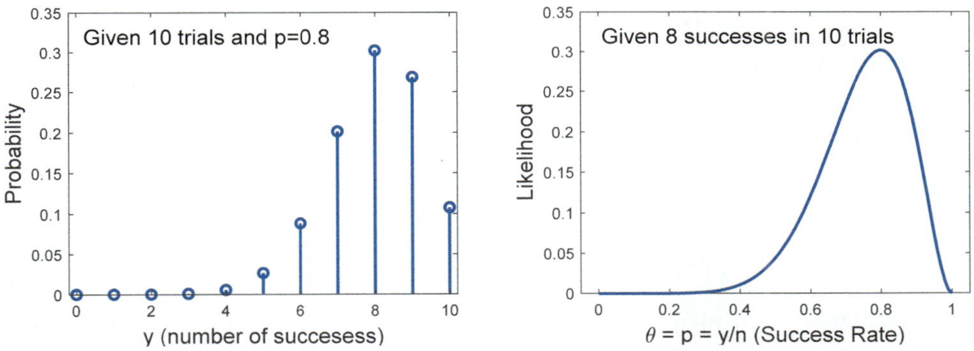

(a) 이항 확률밀도함수

(b) 이항 가능도함수

그림 2.2.2 이항확률모델

가능도함수는 다음과 같이 표현된다.

$$L(\theta|n,y)=\binom{n}{y}\theta^{y}(1-\theta)^{n-y}$$

좌측의 표현을 제외한 나머지는 식(2.2.7)의 확률밀도함수와 동일하다. 예를 들어, $n=10$일 때 관측된 데이터가 $y=8$이라면,

$$L(\theta|n=10, y=8)=\binom{10}{8}\theta^8(1-\theta)^{10-8}$$

$\theta = p$의 확률은 [그림 2.2.2(b)]와 같이 나타난다. 여기서는 관측된 데이터 y가 상수이고 가능도는 θ에 따라서 변화한다. 즉, $L(\theta|n, y)$는 θ의 함수이다. 성공률인 모수는 $\theta = p = 0 \sim 1$ 사이의 어떤 값이든 가질 수 있다. 그림은 10개의 시도 중에서 8개의 성공이 관측되려면, 이런 값 중에서 $\theta = p = 0.8$일 때가 가능도 ~0.3으로 가장 높다는 것이다. 확률밀도함수의 경우는 확률의 총합이 1인 데 반해서, 가능도함수의 경우는 모든 가능도를 더해도 1이 아닐 수 있다. 즉, $\int L(\theta|n, y)d\theta \neq 1$이다.

가능도함수는 확률밀도함수와 관점이 다를 뿐 동일한 식으로 표현된다. 차이는 가능도는 결합확률밀도함수로 표현된다는 점이다.

$$L(\theta|n, y)= f(y|n, \theta)= \prod_{i=1}^{N} f(y_i|n_i, \theta) \tag{2.2.8}$$

$\Pi_{i=1}^{N}(\bullet)$는 어떤 함수나 변수를 거듭해서 곱하는 것을 의미한다. 데이터가 1개인 경우에는 이 산술조작은 의미가 없으므로 가능도함수와 확률밀도함수는 같다. 즉, $L(\theta|n, y) = f(y|n, \theta) = \binom{n}{y}\theta^y(1-\theta)^{n-y}$이다.

그러나 데이터가 여러 개인 경우에는 거듭 곱셈 때문에 약간의 수학적 변형이 필요하다. 어떤 확률이든 1 이하이고 보통은 작은 값이다. 1 보다 작은 수를 계속해서 곱하면 아주 작은 수가 되고, 결국 언더플로우(underflow) 문제가 생길 수 있다. 이는 컴퓨터에서 실수를 저장하기 위한 부동소수점 연산(floating-point arithmetic)의 특성 때문에 아주 작은 수를 제대로 표현하지 못하는 현상을 말한다. 이런 문제점을 피하는 방법은 함수에 로그를 취해 곱셈을 덧셈으로 바꾸는 것이다.

$$\ln L(\theta|n, y)= \ln\left[\prod_{i=1}^{N} f(y_i|n_i, \theta)\right] = \sum_{i=1}^{N} \ln f(y_i|n_i, \theta)$$

데이터가 여러 개인 이항모델의 경우, 로그-가능도는

$$\ln L(\theta|n,y) = \sum_{i=1}^{N}\left[\ln\binom{n_i}{y_i} + y_i\ln\theta + (n_i - y_i)\ln(1-\theta)\right]$$

$$\propto \sum_{i=1}^{N} y_i\ln\theta + \sum_{i=1}^{N}(n_i - y_i)\ln(1-\theta)$$

두 번째 행에서 이항계수 $\binom{n}{y}$만 포함된 항은 무시되었다. 이러한 상수항, 즉 모수 θ를 포함하지 않은 항은 주어진 데이터에 따라서 다른 값을 가질 뿐 확률모델에 영향을 미치지 않는다. 때문에 가능도 계산에서 상수항은 무시하고 취급하는 것이 보통이다.

데이터가 여러 개인 경우의 가능도 계산 예를 위해 앞의 공장의 예로 돌아가자. 두 번의 성능시험이 추가로 수행되어 모두 3개의 데이터 $\frac{y}{n} = \left\{\frac{8}{10}, \frac{13}{15}, \frac{10}{12}\right\}$가 있다고 하자. 데이터가 1개뿐일 때의 로그-가능도와 3개일 때의 로그-가능도를 각각 계산해 보자.

$$\frac{y}{n} = \left\{\frac{8}{10}\right\} \qquad \ln L(\theta|n,y) = 8 \cdot \ln\theta + (10-2) \cdot \ln(1-\theta)$$

$$\frac{y}{n} = \left\{\frac{8}{10}, \frac{13}{15}, \frac{10}{12}\right\} \qquad \ln L(\theta|n,y) = (8+13+10)\ln\theta + (2+2+2)\ln(1-\theta)$$

$$= 31 \cdot \ln\theta + 6 \cdot \ln(1-\theta)$$

이 함수들을 그림으로 그려보면 다음과 같다. 최고점의 위치는 $p \approx 0.8$ 부근으로, 로그를 취하기 전의 가능도가 가장 높았던 부분과 동일하다(그림 2.2.2(b) 참조). 데이터가 많아질수록 로그-가능도는 낮은 값을 갖게 되고 더 볼록해진다.

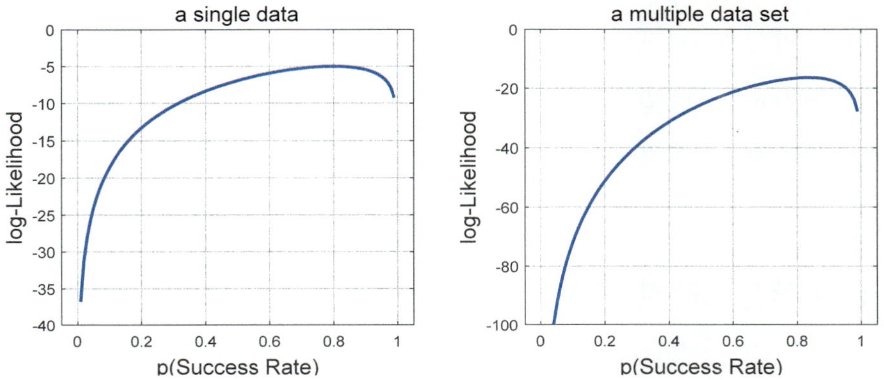

(a) 데이터 1개 $\{\frac{8}{10}\}$일 때 (b) 데이터 3개 $\{\frac{8}{10}, \frac{13}{15}, \frac{10}{12}\}$일 때

그림 2.2.3 이항 로그-가능도함수

참고로 자주 쓰이는 정규분포 $N(\mu, \sigma^2)$에 대한 가능도함수도 알아보자. n개 데이터의 결합확률밀도함수는 $f(y_1, \cdots, y_n | \theta = \mu, \sigma^2)$이므로 로그-가능도함수는

$$\begin{aligned}\ln L(\theta|y) &= \ln\left[\prod_{i=1}^{n} f(y_i|\theta=\mu,\sigma^2)\right] = \ln\left[\prod_{i=1}^{n}\frac{1}{\sqrt{2\pi\sigma^2}}\exp\left\{-\frac{1}{2\sigma^2}(y_i-\mu)^2\right\}\right]\\ &= \sum_{i=1}^{n}\ln\left[(2\pi\sigma^2)^{-\frac{n}{2}} \cdot \exp\left\{-\frac{1}{2\sigma^2}(y_i-\mu)^2\right\}\right]\\ &= -\frac{n}{2}\ln(2\pi) - \frac{n}{2}\ln(\sigma^2) - \frac{1}{2\sigma^2}\Sigma_{i=1}^{n}(y_i-\mu)^2\\ &= -\frac{n}{2}\ln(2\pi) - \frac{n}{2}\ln(\sigma^2) - \frac{n}{2\sigma^2}(\mu-\bar{y})^2\end{aligned}$$

계산을 위한 매트랩 프로그램은 다음과 같다.

프로그램 2.2.1 정규분포 데이터의 로그-가능도함수 계산

```
function logLik = logLikNormal(y,mu,sigma)

    n = length(y);  % number of data
    % case 1
    logLik(1) = -0.5*n*log(2*pi)-0.5*n*log(sigma^2)...
        - 0.5*(sigma^-2)*sum((mu-y).^2);
    % case 2
    logLik(2) = sum(log(normpdf(y,mu,sigma)));
end
```

주제에서 약간 벗어나지만, 가능도함수 값이 최대가 되는 지점을 찾는 작업이 고전통계에서의 최대가능도 추정법이다. 그 방법을 구체적으로 말하자면, 로그-가능도함수를 미분해서 0으로 놓고 모수 θ에 대해 방정식을 풀면 된다.

2.2.5 사후분포의 해석

앞의 이항모델의 예에서 우리의 관심은 '성공률의 범위는 얼마일까'이다. 이에 대한 답은 사후분포로부터 얻을 수 있다. 사후분포는 모수의 함수이므로 그로부터 일정 구간

$\theta_L \sim \theta_U$를 취하면 확률을 알 수 있다. 수식으로는 다음과 같이 표현된다.

$$[\theta_L, \theta_U] = \int_{\theta_L}^{\theta_U} p(\theta|y)d\theta = 1 - \alpha \tag{2.2.9}$$

여기서 α는 유의수준이다. 사후분포가 대칭일 때는 양쪽 꼬리 구간의 면적을 합한 것이 α가 되는 가운데 구간을 설정하면 된다. 하지만 비대칭일 경우에는 간단하지 않다. 이때는 모수의 확률이 아주 낮은 영역들을 $1-\alpha$ 면적 구간에 포함시키는 것보다는(그림 2.2.4(a)에서 구간의 왼쪽 시작점), 모수의 확률이 일정 수준 이상인 구간만을 선택하는 것이(그림 2.2.4(b)) 더 합리적일 것이다.

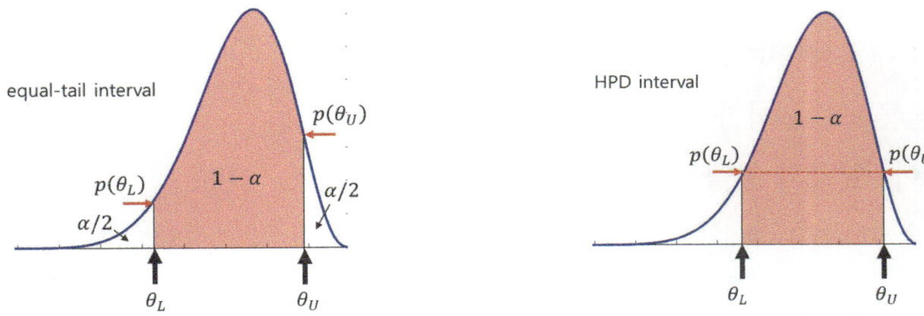

(a) 등간격 신용구간 (b) HPD 신용구간

그림 2.2.4 신용구간 정의

이 관점에서 자주 쓰이는 척도가 베이지안 HPD(Highest Posterior Density) 신용구간[3]이다. 이 구간은 상한과 하한 사이의 사후분포의 면적이 $1-\alpha$에 해당하도록 수평선을 사후분포의 적절한 높이에 걸쳐 놓음으로써 결정할 수 있다. 이 구간에 속하는 모수들은 그 외 구간의 모수들보다 높은 값을 가진다. HPD를 적용하면 신용구간에 대한 다른 어떤 정의보다도 짧은 구간이 정의된다. 신뢰구간이든 신용구간이든 짧을수록 좋다.

사후분포의 평균도 우리의 관심일 수 있다. 평균은 사후분포의 적분에 해당한다. 이항 모델의 사후분포를 구하는 과정을 통해서 사후분포의 평균이 갖는 의미를 알아보자.

사후분포를 얻으려면 먼저 사전분포를 선택해야 한다. 그 선택은 가용한 사전정보와 가

3 고전통계에서는 신뢰구간(confidence interval)을 쓰는 반면, 베이지안 통계에서는 신용구간(credible interval)이라 쓰이고 있다.

정한 확률모델, 즉 가능도함수에 의존한다. 모수와 관련된 정보가 부족할 때는 무정보적 사전정보(non-informative prior)를 채택하는데, 균등분포나 분산이 큰 확률분포를 사용하는 것이 보통이다. 확률모델과 관련해서는 공액쌍 사전분포(conjugate prior)를 선택하는 것이 일반적이다.

'공액쌍' 분포란 사전분포와 가능도함수의 조합을 말하는데, 이들 조합을 선택하면 만들어진 사후분포가 사전분포와 같은 분포족에 속하게 된다. 예를 들어, 이항 가능도와 베타 사전분포의 조합은 베타 사후분포를 만들고 포아송 가능도와 감마 사전분포의 조합은 감마 사전분포를 만든다. 이런 특별한 조합이 선호되는 이유는 다음과 같다. 가능도함수와 사전분포의 곱셈에 의해 만들어지는 사후분포는 형태가 복잡한 것이 보통인데, 평균을 구하려면 이 사후분포함수를 적분해야 한다. 대부분의 경우 이 적분은 풀기가 만만치 않다. 하지만 사후분포가 사전분포와 같은 형태가 된다면 적분이 쉬워진다. 대개 사전분포는 그 확률적 특성이 잘 알려진 이론분포로 선택되기 때문이다. 물론 MCMC 표본추출방법으로 사후분포를 구하게 된다면 공액쌍 사전분포를 선택해야 하는 제약에서 자유로워질 수 있다. 다시 본론으로 돌아가자.

이항 데이터분포와 공액쌍을 이루는 사전분포는 베타분포이다.

$$p(\theta)=\frac{\Gamma(a+b)}{\Gamma(a)\Gamma(b)}\theta^{a-1}(1-\theta)^{b-1} \equiv Beta(a,b)$$

여기서 a와 b는 초모수(hyperparameter)라고 한다. 베타분포는 이들 초모수 값에 따라서 그 특성이 달라진다. 다음 그림을 살펴보자.

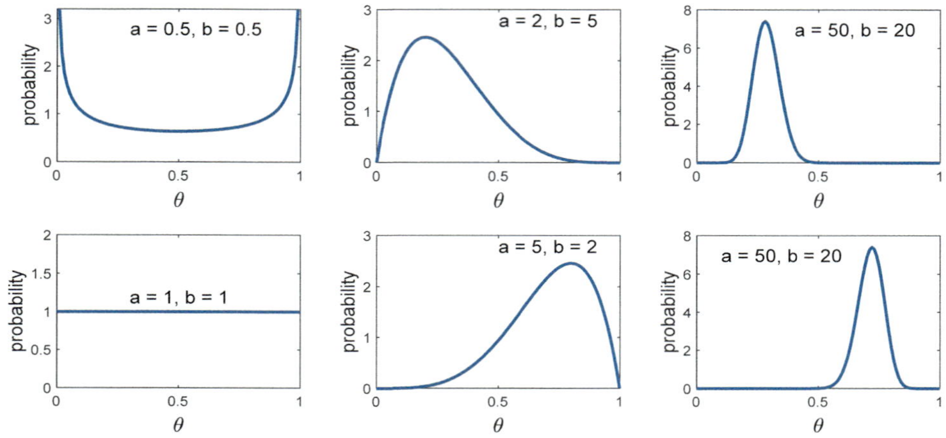

그림 2.2.5 초모수 (a,b)에 따른 베타분포의 모양

사전분포와 가능도를 곱하면, 사전분포와 같은 형태인 사후분포 $\theta|y \sim Beta(a+y, b+n-y)$가 얻어진다.

$$\begin{aligned}\underbrace{p(\theta|y)}_{\substack{Beta\\posterior}} &= \underbrace{\binom{n}{y}\theta^{y}(1-\theta)^{n-y}}_{binominal\ \ likelihood} \cdot \underbrace{\frac{\Gamma(a+b)}{\Gamma(a)\Gamma(b)}\theta^{a-1}(1-\theta)^{b-1}}_{Beta\ prior}\\ &= \frac{\Gamma(a+b+n)}{\Gamma(a+y)\Gamma(b+n-y)} \cdot \theta^{a+y-1}(1-\theta)^{b+n-y-1}\\ &= Beta(a+y, b+n-y) \end{aligned} \tag{2.2.10}$$

이 사후분포를 θ에 대해 적분하면 평균을 얻을 수 있다.

$$\begin{aligned}E(\theta|y) &= \int_0^1 \theta \cdot p(\theta|y)d\theta\\ &= \frac{\Gamma(a+b+n)}{\Gamma(a+y)\Gamma(b+n-y)}\int_0^1 \theta^1 \cdot \theta^{a+y-1}(1-\theta)^{b+n-y-1}d\theta\\ &= \frac{\Gamma(a+b+n)}{\Gamma(a+y)\Gamma(b+n-y)}\frac{\Gamma(a+y+1)\Gamma(b+n-y)}{\Gamma(a+b+n+1)}\\ &= \frac{a+y}{a+b+n}\end{aligned} \tag{2.2.11}$$

실제 계산 예를 보자. 데이터는 $\frac{y}{n} = \frac{8}{10}$이고, 사전분포는 $Beta(a=1, b=1)$로 무정보적 베타분포를 선택했다. 참고로 $Beta(a=1, b=1)$은 균등분포와 동일하다. 사후분포와 그 평균은 각각 다음과 같이 계산되며, [그림 2.2.6]에서 확인할 수 있다.

$$p(\theta|y) = Beta(a+y, b+n-y) = Beta(1+8, 1+10-8) = Beta(9,3)$$

$$E(\theta|y) = \frac{a+y}{a+b+n} = \frac{1+8}{1+1+10} = \frac{9}{12} = 0.75$$

베타분포의 평균이 $E(\theta) = \frac{a}{a+b}$임에 비추어 볼 때, 이 사후분포의 평균은 다음과 같이 나누어 생각할 수 있다.

$$\underbrace{\frac{a+y}{a+b+n}}_{\substack{posterior \\ mean}} = \frac{a}{a+b+n} + \frac{y}{a+b+n}$$

$$= \left(\frac{a+b}{a+b+n}\right)\left(\frac{a}{a+b}\right) + \left(\frac{n}{a+b+n}\right)\left(\frac{y}{n}\right)$$

$$= \underbrace{w}_{weight} \underbrace{\left(\frac{a}{a+b}\right)}_{\substack{prior \\ mean}} + \underbrace{(1-w)}_{weight} \underbrace{\left(\frac{y}{n}\right)}_{\substack{data \\ mean}} \tag{2.2.12}$$

결국 사후분포의 평균은 사전분포와 가능도의 가중평균에 해당함을 알 수 있다. 즉, 데이터가 늘어나면 가능도에 가중치가 더해져서 데이터가 사후분포에 중요한 영향을 미치게 되면서 사전분포의 영향이 줄어든다. 데이터가 극단적으로 많아지면 사전분포의 영향은 무시할 정도가 되어 사후분포는 고전통계 결과와 비슷해진다. 반대로 사전분포가 높은 확률을 갖고 있으면 사후분포 형성에 미치는 데이터의 영향이 줄어든다.

우리의 관심이 사후 예측분포일 수도 있다. 이전 단계의 사후분포가 구해진 다음, 새로운 데이터 $\frac{y^*}{n^*}$가 주어진다면

$$f(y^*|y) = \int f(y^*|\theta)p(\theta|y)d\theta$$

$$= \int_0^1 \underbrace{\binom{n^*}{y^*}\theta^{y^*}(1-\theta)^{n^*-y^*}}_{new\ binomial\ likelihood} \cdot \underbrace{Beta(a+y, b+n-y)}_{old\ beta\ posterior} d\theta$$

$$= \binom{n^*}{y^*}\frac{B(a+y+y^*, b+n-y+n^*-y^*)}{B(a+y, b+n-y)} \tag{2.2.13}$$

여기서 $B(a,b)$는 다음과 같이 정의되는 베타함수이다.

$$B(a,b) = \int_0^1 \theta^{a-1}(1-\theta)^{b-1}d\theta = \frac{\Gamma(a)\Gamma(b)}{\Gamma(a+b)}$$

예를 들어, 최초 데이터 $n=10$, $y=8$과 사전분포 $Beta(a=1, b=1)$을 사용해서 얻은 사후분포가 있다고 하자. 이후 총시험개수 $n^*=12$개로 새로운 추가 시험을 한다면,

이 시험에서 성공개수 y^*에 대한 확률은 어떻게 나타날까? 식(2.2.13)에서 사후 예측분포는

$$f(y_{new}|y)=\binom{12}{y^*}\frac{B(1+8+y^*,1+10-8+12-y^*)}{B(1+8,1+10-8)}=\binom{12}{y^*}\frac{B(9+y^*,15-y^*)}{B(9,3)}$$

다음의 [그림 2.2.6]에서 지금까지 논의된 사전분포, 가능도, 사후분포, 사후분포의 평균, 사후 예측분포를 확인할 수 있다.

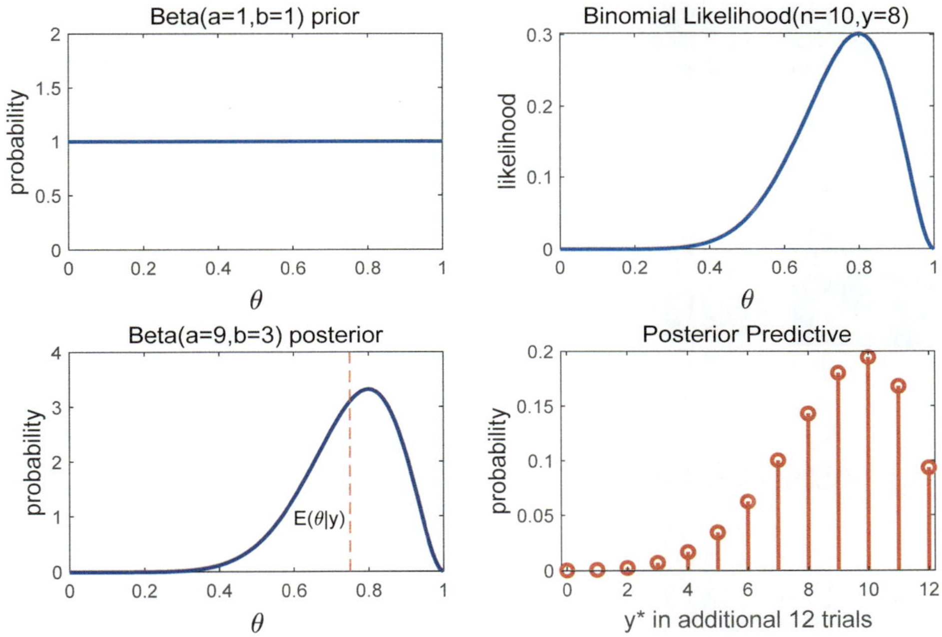

그림 2.2.6 이항모델에서의 사전분포, 가능도, 사후분포 및 사후 예측분포

프로그램 2.2.2 베타-이항 모델의 사후분포와 사후예측분포 계산

```
clc; clear; close all;

p = 0: 0.01: 1;

% build Bayesian posterior using old data and old beta prior
% prior
```

```
aOld = 1; bOld = 1;
priorOld = betapdf(p, aOld, bOld);
% likelihood
nOld = 10; yOld = 8;
likOld = nchoosek(nOld,yOld).*p.^yOld.*(1-p).^(nOld-yOld);

% posterior
posterOld = betapdf(p, aOld+yOld, bOld+nOld-yOld);

% posterior predictive distribution:
% probabilities of observing successes in additional 12 trials
nNew = 12;
predictNew = zeros(nNew+1,1);

for i = 1: nNew+1
    yNew = i-1;
    aNew = aOld+yOld+yNew;
    bNew = bOld+nOld-yOld+nNew-yNew;
    predictNew(i) = nchoosek(nNew,yNew).*...
        beta(aNew,bNew)./beta(aOld,bOld);
end
```

2.3 몬테카를로 적분

2.3.1 기댓값(expectation)과 분산(variance)

확률변수는 여러 가지 값을 가질 수 있다. 확률변수가 어떤 분포를 따르느냐에 따라서 어떤 특정 값이 나타날 확률은 다르다. 기댓값은 확률변수 값들의 가중평균이다. 기댓값은 모평균 μ_X에 해당하고, 기호로는 보통 $E(\cdot)$을 사용한다. 확률변수 X에 대한 기댓값은 다음과 같이 정의된다.

$$E(X) = \mu_X = \begin{cases} \sum_{all\ x} x_i \cdot f(x_i), & \text{이산형 확률변수} \\ \int_{-\infty}^{\infty} x \cdot f(x)dx, & \text{연속형 확률변수} \end{cases} \tag{2.3.1}$$

이 식은 확률변수값에다 그 발생확률을 곱하는 과정을 모든 확률변수값 또는 모든 표본 공간에 대해 적용한 뒤, 이들을 모두 더하라는 의미다. 기댓값은 확률분포 $f(x)$로부터 N개의 표본을 추출해서 추정할 수 있다.

$$E(X) \approx \hat{\mu}_X = \frac{1}{N}\sum_{i=1}^{N} x^{(i)} \tag{2.3.2}$$

이상의 기댓값 규칙은 함수에도 똑같이 적용된다.

$$E(g(x)) = \mu_{g(x)} = \begin{cases} \sum_{all\ x} g(x_i) \cdot p(x_i), & \text{이산형 확률변수} \\ \int_{-\infty}^{\infty} g(x) \cdot f(x)dx, & \text{연속형 확률변수} \end{cases} \tag{2.3.3}$$

분산은 확률변수값들이 평균을 중심으로 어느 정도 퍼져 있는가를 나타내는 척도이다. 즉, 확률변수값과 평균과의 차이를 말한다. 그 차이는 양일 수도 음일 수도 있기 때문에 이 값들을 더하면 상쇄되어 의미가 없어지기 쉽다. 이런 이유 때문에 제곱을 취해서 더하는 것으로 정의된다. 확률변수 X에 대한 분산은 다음과 같이 정의된다.

$$Var(X) = \sigma_X^2 = \begin{cases} \sum_{all\ x} (x_i - \mu_X)^2 \cdot p(x_i), & \text{이산형 확률변수} \\ \int_{-\infty}^{\infty} (x - \mu_X)^2 \cdot f(x)dx, & \text{연속형 확률변수} \end{cases} \tag{2.3.4}$$

기댓값과 마찬가지로 함수 $g(x)$의 분산이 관심이라면 위 식의 x 대신에 $g(x)$를 대입하면 된다. 확률변수 X가 서로 독립적이라면, 분산은 다음처럼 계산할 수도 있다.

$$Var(X) = \sigma_X^2 = E(X^2) - (E(X))^2 \tag{2.3.5}$$

현실에서 모분산을 알기는 쉽지 않다. 표본으로부터 모분산을 추정하기 위한 식은 다음과 같다.

$$\hat{\sigma}_X^2 = \frac{1}{N-1}\sum_{i=1}^{N}\left(x^{(i)} - \hat{\mu}_X\right)^2 \tag{2.3.6}$$

여기서 꺾쇠(^) 기호는 표본으로부터 추정된 값이라는 것을 의미한다. 표본 개수가 많을 때는 $\frac{1}{N-1}$ 대신에 $\frac{1}{N}$을 사용해서 추정해도 큰 차이를 보이지 않는다.

예제 2.3.1

$a=0$, $b=1$ 사이에서 균등분포하는 확률변수 X의 기댓값과 분산을 구해 보자.

[풀이]

균등분포의 확률도밀함수는 $f(x)=\frac{1}{b-a}$로 정의된다. 따라서

$$E(X)=\mu_X=\int_{-\infty}^{\infty} x \cdot f(x)dx$$

$$=\int_0^1 x \cdot \frac{1}{b-a}dx,=\left(\frac{1}{1-0}\right)\frac{x^2}{2}\Big|_0^1=\frac{1}{2}$$

$$Var(X)=\sigma_X^2=\int_{-\infty}^{\infty}(x-\mu_X)^2 \cdot f(x)dx$$

$$=\int_0^1\left(x-\frac{1}{2}\right)^2 \cdot \frac{1}{b-a}dx=\left(\frac{1}{1-0}\right)\left[\frac{x^3}{3}-\frac{x^2}{2}+\frac{x}{4}\right]_0^1=\frac{1}{12}\approx 0.0833$$

또는 식(2.3.4)에 의해서 다음과 같다.

$$Var(X)=E(X^2)-(E(X))^2=\int_0^1 x^2 \cdot \frac{1}{b-a}dx-(E(X))^2$$

$$=\left(\frac{1}{1-0}\right)\left[\frac{x^3}{3}\right]_0^1-\left(\frac{1}{2}\right)^2=\frac{1}{12}\approx 0.0833$$

예제 2.3.2

$a=0$, $b=2$ 사이에서 균등분포하는 확률변수 Y의 기댓값과 분산을 구해 보자.

[풀이]

$$E(Y) = \mu_Y = \int_0^2 y \cdot \frac{1}{b-a} dy, = \left(\frac{1}{2-0}\right)\frac{y^2}{2}\Big|_0^2 = 1$$

$$Var(Y) = \sigma_Y^2 = \int_0^2 (y-1)^2 \cdot \frac{1}{b-a} dy = \left(\frac{1}{2-0}\right)\left[\frac{y^3}{3} - y^2 + y\right]_0^2 = \frac{1}{3} \approx 0.333$$

예제 2.3.3

모수 $a=3$, $b=3$을 가진 베타분포를 따르는 확률변수 Z의 기댓값과 분산을 구해 보자.

[풀이]

베타분포의 확률밀도함수는 $f(Z) = \frac{\Gamma(a+b)}{\Gamma(a)\Gamma(b)} Z^{a-1}(1-Z)^{b-1}$ 이고, 확률변수의 범위는 $0 \le Z \le 1$이다. 따라서

$$E(Z) = \mu_Z = \int_0^1 z \cdot \frac{\Gamma(3+3)}{\Gamma(3)\Gamma(3)} z^{3-1}(1-z)^{3-1} dz$$

$$= \frac{\Gamma(6)}{\Gamma(3)\Gamma(3)} \int_0^1 z \cdot z^2(1-z)^2 dz = 30\left[\frac{z^6}{6} - \frac{2z^5}{5} + \frac{z^4}{4}\right]_0^1 = \frac{1}{2}$$

$$Var(Z) = \sigma_Z^2 = \frac{\Gamma(6)}{\Gamma(3)\Gamma(3)} \int_0^1 \left(z - \frac{1}{2}\right)^2 \cdot z^2(1-z)^2 dz = \frac{1}{28} \approx 0.035714$$

예제 2.3.4

확률변수 X가 $a=0$, $b=2$ 사이에서 균등분포할 때 함수 $g(x) = 3x^2$의 기댓값과 분산을 구해 보자.

[풀이]

$$E(g(x)) = \mu_{g(x)} = \int_0^2 3x^2 \cdot \frac{1}{2} dx, = \left(\frac{1}{2}\right)x^3\Big|_0^2 = \left(\frac{1}{2}\right)8 = 4$$

$$Var(g(x)) = \sigma^2_{g(x)} = \int_0^2 (3x^2-4)^2 \cdot \frac{1}{2}dy = \left(\frac{1}{2}\right)\left[\frac{9x^5}{5} - 8x^3 + 16x\right]_0^2$$

$$= \left(\frac{1}{2}\right)\frac{128}{5} = \left(\frac{1}{2}\right)25.6 = 12.8$$

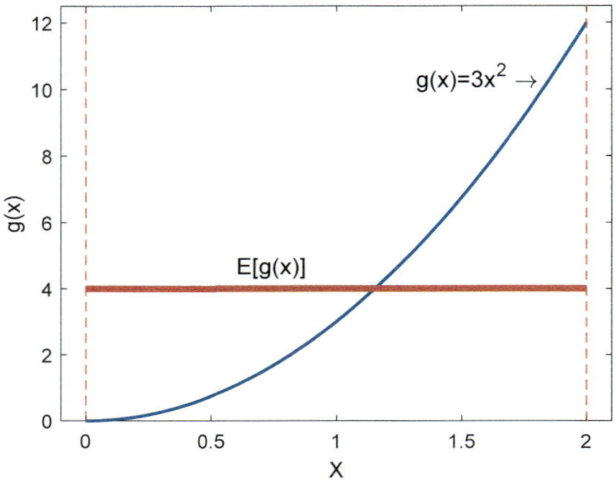

그림 2.3.1 함수의 기댓값의 의미

함수 $g(x)$의 기댓값은 [그림 2.3.1]과 같이 함수의 확률변수 영역에서 함수값의 평균(평균 높이)에 해당한다.

식(2.3.2)과 식(2.3.6)을 적용해서 앞 예제들의 기댓값과 분산을 표본추출로 추정해 보자. 다음 프로그램을 통해 결과를 확인해 보자.

프로그램 2.3.1 기댓값과 분산

```
% Monte Carlo Integrals
clc; clear all
%rng(1234, 'twister')

N = 10^4;            % number of samples

% MC estimator and variance
expectationMC = @(k) sum(k) / N;
variance = @(k) sum((k-expectationMC(k)).^2) / N;
varianceMC = @(k) variance(k) / N;
```

```
%%%%%%%% expectation and variance of a variable
% case 1: uniformly distributed variable, x ~ U(a=0,b=1)
a = 0;
b = 1;
x = unifrnd(a,b,N,1);                    % random samples

expectationMC(x)
variance(x)
varianceMC(x)

% case 2: uniformly distributed variable, y ~ U(a=0,b=2)
a=0;
b=2;
y = unifrnd(a,b,N,1);                    % random samples

expectationMC(y)
variance(y)
varianceMC(y)

% case 3: Beta distributed variable, z ~ Beta(a=3,b=3)
a = 3;
b = 3;
z = betarnd(a,b,N,1);                    % random samples

expectationMC(z)
variance(z)
varianceMC(z)

%%%%%%%% expectation and variance of a function
%               g(x) = 3*x^2
% when the variable x is uniformly distributed, i.e., x ~ U(a=0,b=2)
a=0;
b=2;
xx = unifrnd(a,b,N,1);          % random variable
gx =3*xx.^2;                    % the function

expectationMC(gx)
variance(gx)
varianceMC(gx)
```

2.3.2 몬테카를로 기댓값 추정치와 그 분산

대부분의 확률추정 문제들은 복잡한 다중적분을 풀어야 해결된다. 하지만 현실에서 마주하게 되는 많은 문제들은 앞의 예제들처럼 해석적 방법으로 쉽게 풀리지 않는다. 몬테카를로 적분 방법은 이런 상황에 적용될 수 있는데, 그 핵심 아이디어는 표본들을 사용해서 적분하고자 하는 함수의 기댓값의 근사치 또는 추정치를 얻는 것이다.

함수 $g(x)$를 적분영역 D에 대해 적분한다고 하자.

$$G = \int_{x \in D} g(x)dx \tag{2.3.7}$$

이 식은 다음의 형태로 바꿔 쓸 수 있다.

$$G = \int_{x \in D} g(x)dx = \int_{x \in D} \frac{g(x)}{f(x)} f(x)dx = E\left(\frac{g(x)}{f(x)}\right) \tag{2.3.8}$$

위 식은 적분이 $\frac{g(x)}{f(x)}$의 기댓값을 찾는 것과 같다는 것을 의미한다. 우리는 적분영역 D로부터 N개의 표본을 추출해서 기댓값의 근사치 또는 추정치를 구할 수 있다.

$$E_f\left(\frac{g(x)}{f(x)}\right) \approx \frac{1}{N}\sum_{i=1}^{N} \frac{g\left(x^{(i)}\right)}{f\left(x^{(i)}\right)} = \hat{g}_N \tag{2.3.9}$$

이 추정치가 불편 추정치임은 다음으로부터 알 수 있다.

$$\begin{aligned} E\left(\widehat{G_N}\right) &= E\left(\frac{1}{N}\sum_{i=1}^{N}\frac{g(x_i)}{f(x_i)}\right) = \frac{1}{N}\sum_{i=1}^{N} E\left(\frac{g(x_i)}{f(x_i)}\right) = \frac{1}{N}\sum_{i=1}^{N}\int \frac{g(x)}{f(x)} f(x)dx \\ &= \frac{1}{N}\sum_{i=1}^{N}\int g(x)dx = \int g(x)dx \\ &= G \end{aligned} \tag{2.3.10}$$

식(2.3.9)의 추정치의 분산은 다음과 같다.

$$Var\left(\widehat{G}_N\right) = Var\left(\frac{1}{N}\sum_{i=1}^{N}\frac{g(x_i)}{f(x_i)}\right) = \frac{1}{N^2}\, Var\left(\sum_{i=1}^{N}\frac{g(x_i)}{f(x_i)}\right)$$

$$= \frac{1}{N} Var\left(\frac{g(x_i)}{f(x_i)}\right)$$

$$= \frac{1}{N}\left\{E\left[\left(\frac{g(x_i)}{f(x_i)}\right)^2\right] - \left[E\left(\frac{g(x_i)}{f(x_i)}\right)\right]^2\right\}$$

$$= \frac{1}{N}\left\{E\left[\left(\frac{g(x_i)}{f(x_i)}\right)^2\right] - \left(\hat{G}_N\right)^2\right\} \tag{2.3.11}$$

이번에는 함수 $g(x)$의 적분영역이 1차원이고 $a \sim b$ 사이에 있는 경우를 생각해 보자. 즉, $G = \int_a^b g(x)dx$이다. 영역 $a \sim b$ 사이의 균등분포로부터 표본을 추출해서 이 적분의 근사치를 구하려 한다면, $f(x) = \frac{1}{b-a}$이므로 다음과 같다.

$$\hat{g}_N = \frac{1}{N}\sum_{i=1}^{N}\frac{g(x^{(i)})}{f(x^{(i)})} = \frac{1}{N}\sum_{i=1}^{N}\frac{g(x^{(i)})}{\left(\frac{1}{b-a}\right)} = (b-a)\frac{1}{N}\sum_{i=1}^{N} g(x^{(i)}) \tag{2.3.12}$$

결국, 함수 $g(x)$의 적분은 다음 직사각형의 면적을 구하는 일이다. 그 면적은 가로는 구간 $(b-a)$이고 높이는 함수 $g(x)$의 평균(기댓값)을 곱해서 얻어진다.

예제 2.3.5

함수 $g(x) = 3x^2$일 때, $G = \int_0^2 g(x)dx$를 $N = 10^4$개의 표본을 사용해서 MC 방법으로 추정치와 그 분산을 구해 보자. 단, 표본추출을 위한 확률분포는 $a = 0$, $b = 2$ 사이의 균등분포, 즉 $f(x) = \frac{1}{b-a} = \frac{1}{2-0}$을 사용한다.

[풀이]

먼저 해석적으로 추정치와 분산을 구하면,

$$G = \int_0^2 \frac{3x^2}{\left(\frac{1}{2-0}\right)} \cdot \frac{1}{2-0} dx = x^3 \Big|_0^2 = 8$$

$$Var\left(\frac{g(x)}{f(x)}\right)=\sigma_G^2=\int_0^2(6x^2-8)^2 \cdot \frac{1}{2}dx=\left(\frac{1}{2}\right)\left[\frac{36x^5}{5}-32x^3+64x\right]_0^2$$
$$=\left(\frac{1}{2}\right)\frac{512}{5}=\left(\frac{1}{2}\right)102.4=51.2$$

MC 추정치는 $x \sim U(a=0,b=2)$인 난수를 추출한 뒤, 이를 $\frac{g(x)}{f(x)}$에 대입하고 평균을 취한다(식(2.3.9)).

$$\widehat{G}_N=\frac{1}{N}\sum_{i=1}^{N}\frac{g(x_i)}{f(x_i)}=\frac{1}{N}\sum_{i=1}^{N}\frac{3x^2}{\left(\frac{1}{2-0}\right)}=(2-0)\frac{1}{N}\sum_{i=1}^{N}3x_i^2$$

이 MC 추정치의 분산은 식(2.3.11)을 통해 구할 수 있다.

$$Var(\widehat{G}_N)=\frac{1}{N}Var\left(\frac{g(x_i)}{f(x_i)}\right)=\frac{1}{N}\hat{\sigma}_G^2$$

여기서 $\hat{\sigma}_G^2$은 식(2.3.6)에서 정의한 모분산의 표본 추정치이다.

다음 프로그램을 통해 결과를 확인해 보자.

프로그램 2.3.2 $G=\int_0^2 3x^2\,dx$에 대한 MC 추정치와 그 분산

```
% Monte Carlo Integrals: integral from 0 to 2 [g(x) = 3*x^2]
N = 10^4;                              % number of samples
a = 0;
b = 2;
% by uniformly distributed x on the range [a,b]
x = unifrnd(a,b,N,1);                  % random samples
% the g(x)/f(x)
gx = (3*x.^2) ./ unifpdf(x,a,b);       % = (b-a)*3*x.^2;
% MC estimator
gxExpectationMC = sum(gx) / N
% variance of the MC estimator
gxVar = sum((gx - gxExpectationMC).^2) / N
% variance of the MC estimator
gxVarianceMC = gxVar / N
```

다음은 이 적분의 의미를 그림으로 표현한 것이다. 적분 추정치는 적분 영역에 의해 주어지는 너비와 함수의 평균 높이(기댓값)의 곱, 즉 사각형이 이루는 면적이다.

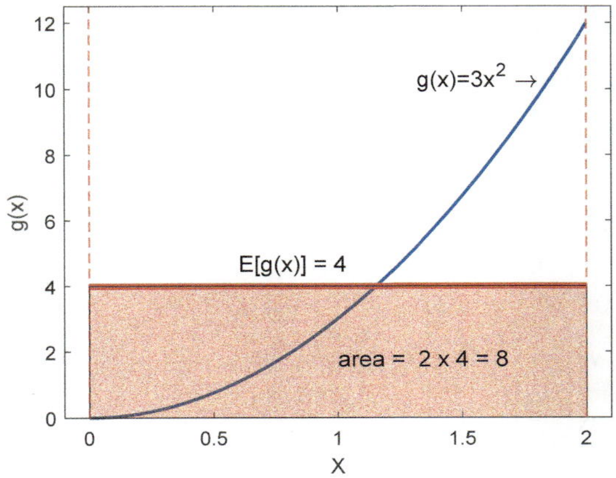

그림 2.3.2 $G=\int_0^2 3x^2\,dx$ 적분의 의미: 함수의 평균 높이(기댓값)와 적분 영역의 곱

다변수 또는 다차원 적분의 경우도 마찬가지 방법으로 해결할 수 있다. 단지 적분 영역만 다차원으로 고려하면 된다. 함수 $g(x,y,z)$를 구성하는 확률변수들 x,y,z의 영역이 다차원 공간 Ω이라면,

$$G=\int_\Omega g(x,y,z)dxdydz \tag{2.3.13}$$

이는 각 변수 x,y,z의 영역에서 표본을 추출한 뒤 함수값을 구해 평균하고 적분 영역을 곱하면 구할 수 있다.

$$G\approx \hat{g}_N=\frac{\Omega}{N}\sum_{i=1}^{N} g\left(x^{(i)},y^{(i)},z^{(i)}\right) \quad (2.3.13')$$

예제 2.3.6

적분 $G=\int_0^2\int_3^6\int_{-1}^1 yx^2+z\ln y+\exp(x)dxdydz$를 MC 방법으로 추정해 보자. 단, 표본추출은 균등분포 $x^{(i)}\sim U(-1,1)$, $y^{(i)}\sim U(3,6)$, $z^{(i)}\sim U(0,2)$를 사용한다.

[풀이]

먼저 해석적으로 적분 추정치를 구해 보자.

$$G = \int_0^2 \int_3^6 \int_{-1}^1 yx^2 + z\ln y + \exp(x)dxdydz \approx 49.9213$$

적분 영역은 3차원 공간인 $\Omega = (1-(-1))(6-3)(2-0) = 12$이다. 따라서 MC 추정치는 다음과 같이 구해진다.

$$\hat{G}_N = \frac{\Omega}{N}\sum_{i=1}^{N} g(x^{(i)}, y^{(i)}, z^{(i)}) = \frac{12}{N}\sum_{i=1}^{N} g(x^{(i)}, y^{(i)}, z^{(i)})$$

프로그램을 통해 결과를 확인해 보라.

프로그램 2.3.3 $G = \int_0^2 \int_3^6 \int_{-1}^1 yx^2 + z\ln y + \exp(x)dxdydz$에 대한 MC 추정치와 그 분산

```
%% Monte Carlo integrals of a 3-D function
% x=U(-1,1), y=U(3,6), z=U(0,2)
% g(x,y,z) = yx^2 + xln(y) + exp(x)
clc; clear;

N = 10^4;                         % number of samples

% ranges of the variables
a = -1; b = 1;
c = 3; d = 6;
e = 0; f = 2;

% the function to be estimated
g = @(x,y,z) y.*x.^2 + z.*log(y) + exp(x);

% generate the random samples
x = unifrnd(a,b,N,1);
y = unifrnd(c,d,N,1);
z = unifrnd(e,f,N,1);

omega = (b-a)*(d-c)*(f-e);      % domain of integral

% integrate the function of g over the domain
gXYZ = omega * g(x,y,z);

% MC results
gExpectationMC = mean(gXYZ)
gVar = var(gXYZ)
gVarianceMC = gVar / N
```

몬테카를로 방법에 의한 추정치 또는 근사치는 표본 개수가 많아지면, 즉 $N \rightarrow \infty$ 이 되면 큰 수의 법칙에 의해(2.3.3절 참조) 기댓값에 수렴하게 되고,

$$\hat{g}_N \rightarrow \quad E_f[g(x)] = G \tag{2.3.14}$$

분산 역시 0이 된다.

$$Var(\hat{g}_N) = \frac{1}{N} Var_f(g(x)) = \frac{1}{N^2} \sum_{i=1}^{N} \left(g(x_i) - \hat{g}_N\right)^2 \rightarrow 0 \tag{2.3.15}$$

표본추출을 확률분포로 균등분포만 사용할 수 있는 것은 아니다. 식(2.3.8)에 따르면 어떤 분포든 사용할 수 있다. 하지만 이를 결정할 때는 해당 확률변수가 어떤 분포를 따르는지, 또 그 범위가 어디인지를 아는 것이 중요하다.

예제 2.3.7

확률변수 X가 구간 $0 \le x \le 1$에서 균등분포할 때, $G = \int_0^1 3x^2 dx$의 기댓값과 분산은 다음과 같다. 이에 대한 MC 추정치와 추정치의 분산은 [프로그램 2.3.2]에서 $b=1$로 수정하면 간단히 구할 수 있다.

$$G = \int_0^1 \frac{3x^2}{f(x)} \cdot f(x)dx, = x^3 \Big|_0^1 = 1$$

$$Var\left(\frac{g(x)}{f(x)}\right) = \sigma_G^2 = \int_0^1 (3x^2-1)^2 \cdot 1dy = \left[\frac{9x^5}{5} - 2x^3 + x\right]_0^1 = \frac{4}{5} = 0.8$$

$$Var(\hat{G}_N) = \frac{1}{N} Var\left(\frac{g(x_i)}{f(x_i)}\right) = \frac{1}{N}(0.8)$$

이번에는 1) 베타분포 $f(y) = Beta(a=1, b=1)$에서 표본을 추출해서 2) 베타분포 $f(z) = Beta(a=3, b=3)$에서 표본을 추출해서 각각 적분 추정치와 분산을 구한 뒤, 앞

의 결과와 비교해 보라. 참고로 $U(a=0,b=1)=Beta(a=1,b=1)$이다. 따라서, 첫 번째 경우는 $U(a=0,b=1)$일 때와 같은 결과가 얻어질 것이다. 프로그램을 통해 결과를 확인해 보라.

프로그램 2.3.4 $G=\int_0^1 3x^2dx$에 대한 MC 추정치와 그 분산

```
% Monte Carlo Integrals: integral from 0 to 1 [g(x) = 3*x^2]
N = 10^6;                                   % number of samples
% case 1: estimate g(y) = 3*y^2 by the samples of y ~ beta(a=1,b=1)
a = 1;
b = 1;
y = betarnd(a,b,N,1);
gy = (3*y.^2) ./ betapdf(y,a,b);
gyExpectationMC = mean(gy)
gyVar = var(gy)
gyVarianceMC = var(gy)/N

% case 2: estimate g(z) = 3*z^2 by the samples of z ~ beta(a=3,b=3)
a = 3;
b = 3;
z = betarnd(a,b,N,1);
gz = (3*z.^2) ./ betapdf(z,a,b);
gzExpectationMC = mean(gz)
gzVar = var(gz)
gzVarianceMC = var(gz)/N
```

두 경우 모두 기댓값 추정치는 1에 가까운 값을 보이지만, 그 추정치의 분산은 크게 다르게 나타난다. $Beta(a=1,b=1)$에서 표본을 추출했을 때는 균등분포일 때와 거의 같은 분산인 $\frac{1}{N}(\sim 0.8)$이 얻어지지만, $Beta(a=3,b=3)$에서 표본을 추출하면 분산은 최소한 수십 배에서 수백 배 커진다. 이 억지스러운 예제는 표본추출을 위한 확률분포의 선택이 중요하다는 점을 강조하기 위한 것이다.

2.3.3 중심극한정리와 큰 수의 법칙

추정의 정확성을 논의하기 전에 그 근거가 되는 중요한 확률법칙 두 가지를 자세히 알 필요가 있다. 하나는 중심극한정리(CLT: Central Limit Theorem)이고, 다른 하나는 큰 수의 법칙(LLN: Law of Large Numbers)이다.

중심극한정리

'표본의 개수가 많아질수록 확률변수들의 합의 분포는 정규분포를 따른다.' 이것이 중심극한정리이다. 확률변수들의 합이 이루는 대표적인 통계치로 표본평균을 들 수 있다.

$$\overline{X_N} = \frac{X_1 + X_2 + \cdots + X_N}{N} = \frac{1}{N}\sum_{i=1}^{N} X_i$$

표본평균 역시 하나의 확률변수이다. 같은 개수의 표본으로 평균을 구하더라도, 사용된 표본들에 따라서 매번 다른 값을 가질 수 있기 때문이다. 표본평균을 구하는 작업을 반복하면 그 분포를 구할 수 있다. 다음 [그림 2.3.3]을 보자.

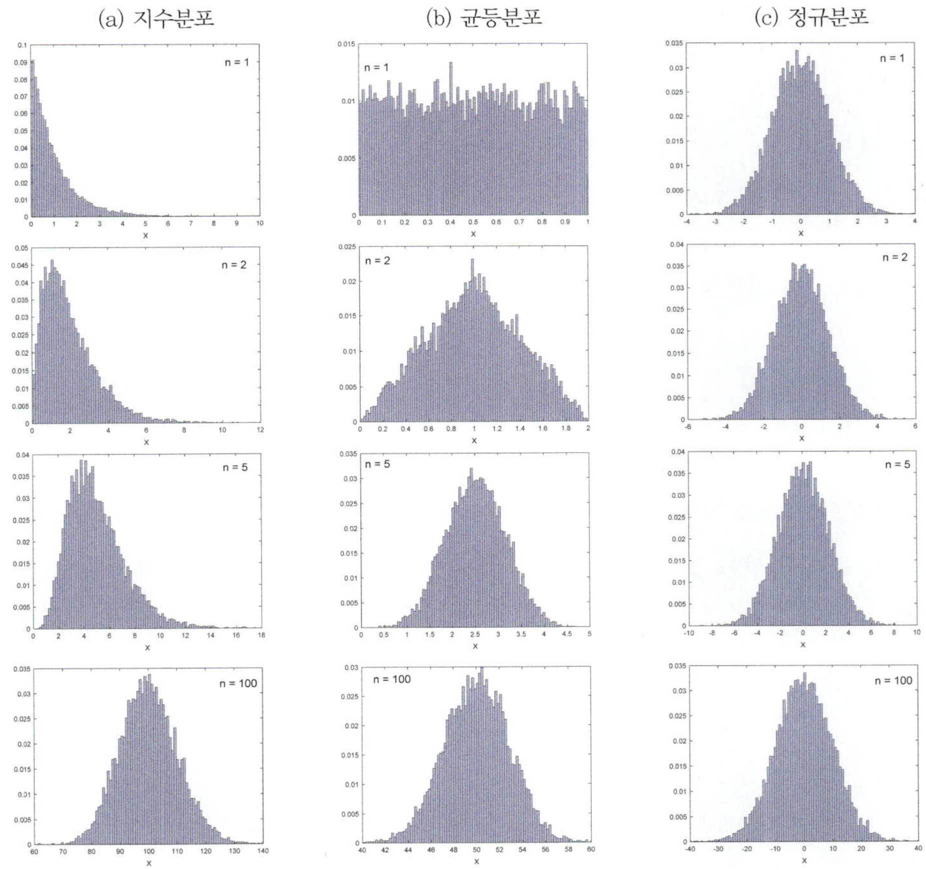

그림 2.3.3 중심극한정리: 확률변수 합의 분포는 정규분포를 따른다[4].

4 이효남, "몬테칼로 시뮬레이션 및 통계적 결과분석", 자유아카데미, 2017.

각각의 그림은 표본평균들의 빈도 도표(히스토그램)이다. 예로 왼쪽의 그림 4개를 설명하자면, 지수분포인 모집단으로부터 각각 1개, 2개, 5개, 100개의 표본을 추출하고 그 평균을 구하는 작업을 10,000번 반복해서 빈도를 나타낸 것이다. 즉, 표본 개수가 다른 표본평균들이 이루는 분포이다. 중앙의 그림들은 균등분포인 모집단에서, 우측의 그림들은 정규분포인 모집단에서 추출한 표본평균들의 분포이다. 이 그림에서 알 수 있는 중요한 사실은 모집단 분포의 특성과는 상관없이 표본의 개수가 많아질수록(그림의 상단에서 하단으로 갈수록) 그 평균들의 분포는 정규분포로 수렴하는 경향을 보인다는 것이다.

어떤 분포로부터 표본을 추출하든 표본의 개수가 많아질수록, 즉 $N \rightarrow \infty$ 가 될수록 표본평균 $\overline{X_N}$의 확률밀도는 정규분포로 수렴한다. 그 기댓값과 분산은 다음과 같다.

$$E(\overline{X_N}) = E\left(\frac{1}{N}\sum_{i=1}^{N} X_i\right) = \frac{1}{N} NE(X) = E(X) = \mu_X \quad (2.3.16)$$

$$Var(\overline{X_N}) = Var\left(\frac{1}{N}\sum_{i=1}^{N} X_i\right) = \frac{1}{N} Var\left(\sum_{i=1}^{N} X_i\right) = \frac{1}{N} Var(X) = \frac{\sigma_X^2}{N} \quad (2.3.17)$$

즉, 표본평균의 확률밀도는 평균 μ_X이고 분산 $\frac{\sigma_X^2}{N}$인 정규분포를 따른다.

$$\overline{X_N} \sim N\left(\mu_X, \frac{\sigma_X^2}{N}\right) \quad (2.3.18)$$

이 정규분포는 다음의 변수변환을 통해서 평균 0이고 분산 1인 정규분포로 표준화할 수 있다. 이를 통해 특성이 잘 알려진 표준정규분포를 이용할 수 있으므로 원하는 정보를 쉽게 구할 수 있다.

$$Z_N = \frac{\overline{X_N} - \mu_X}{\frac{\sigma_X}{\sqrt{N}}} \sim N(0,1) \quad (2.3.19)$$

현실적으로, 사용되는 모든 확률변수들의 분포를 정확히 아는 것은 거의 불가능에 가깝다. 이런 측면에서 어떤 확률변수가 표본이 추출된 분포의 성질과 무관하게 특정한 하나의 분포로 수렴하는 특성은 중요하다. 표본통계치가 표본평균처럼 확률변수들의 합으로부터 구해진 경우에는 정규분포의 특성을 이용해서 원하는 확률정보를 쉽게 얻을 수 있기 때문이다.

큰 수의 법칙

표본평균의 특성을 다루기 때문에 평균법칙이라고도 한다. 두 가지 표현방식이 있다. 하나는 강한 표현(strong law of large numbers)으로, '표본이 많아질수록 추정치는 참값으로 수렴하게 된다.' 이는 수식으로 다음과 같이 표현할 수 있다.

$$\Pr\left(\lim_{N\to\infty}\overline{X_N}=\mu_X\right)=1 \tag{2.3.20}$$

다른 하나는 약한 표현(weak law of large numbers)으로, '표본이 많아질수록 표본평균이 모평균과 다를 가능성은 줄어든다.' 이는 수식으로 다음과 같이 표현할 수 있다.

$$\lim_{N\to\infty}\Pr\left(\left|\overline{X_N}-\mu_X\right|\geq\epsilon\right)=0 \qquad (2.3.20')$$

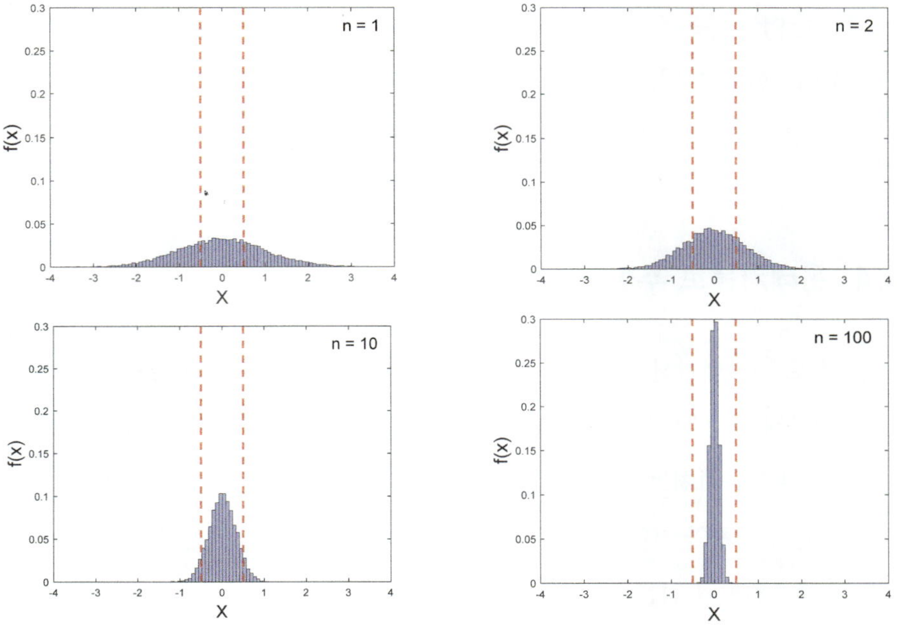

그림 2.3.4 큰 수의 법칙: 표본 개수가 많아질수록 추정치는 참값으로 수렴한다[5].

5 이효남, "몬테칼로 시뮬레이션 및 통계적 결과분석", 자유아카데미, 2017.

[그림 2.3.4]는 큰 수의 법칙의 이해를 돕기 위해 정규분포 $N(0,1)$인 모집단으로부터 N개의 표본을 뽑아 평균을 구하는 일을 반복해서 그 빈도를 나타낸 것이다.

빨간 점선은 모평균 $\mu_X = 0$을 중심으로 임의로 정한 $\mu_X \pm \epsilon = 0 \pm 0.5$인 구간이다. 이 구간 안에 포함되는 표본평균들의 비율을 보라. 표본 개수가 많아질수록 분포의 모양은 좁아지면서 구간 내에 포함되는 막대들이 많아진다. 막대들이 주어진 구간 내에 포함되는 비율이란 확률이다. 표본 개수가 많아질수록 확률이 커진다는 것은, 표본평균이 모평균인 참값으로 점점 수렴한다는 것을 의미한다. $N \rightarrow \infty$가 되면 위에서 정한 구간이 극도로 좁아져도 모든 막대들이 그 안에 포함될 것이다. 즉, 표본평균이 기댓값인 모평균과 같아질 확률이 1이 된다. 다른 표현으로는 표본평균이 모평균과 다를 확률은 0이 된다.

몬테카를로 추정에서의 확률법칙들

몬테카를로 방법을 사용하는 대개의 목적은 기댓값 추정에 있다. 좀 더 단순하게 표현하자면, 표본추출을 통해 표본평균이나 그 분산을 구하는 것이다. 따라서 앞서 논의한 두 가지 확률법칙들은 MC 추정치의 특성을 평가할 때 그대로 적용된다.

즉, 표본을 어느 분포로부터 추출하든지 간에 추정치의 정확성을 평가할 때는 정규분포의 특성을 이용할 수 있다. 마찬가지로 표본이 많아질수록 참값으로 수렴한다는 사실로부터 원하는 정확도를 얻기 위한 표본 개수를 유추할 수도 있다.

2.3.4 몬테카를로 추정치의 오차

몬테카를로 시뮬레이션으로 얻는 추정치는 근사치일 뿐만 아니라 매번 다르게 나타날 수 있다. 시뮬레이션에서 반복시행 횟수가 무한할 수는 없기 때문이다. 유한한 개수의 표본으로부터 얻은 근사치는 참값과 어느 정도 차이가 나는지 그 정확성을 같이 언급해야만 의미가 있다. 추정치와 기댓값의 차이는 오차다. 시뮬레이션 오차는 식(2.3.17)의 추정치 분산 또는 표준편차와 같은 의미이므로 다음과 같이 쓸 수 있다.

$$\epsilon = \left| \hat{G}_N - G \right| \equiv \frac{\sigma_G}{\sqrt{N}} \tag{2.3.21}$$

이 관계식은 시뮬레이션 오차를 줄이기 위해서는, 모분산을 줄이거나 반복시행 횟수를 늘려야 함을 암시한다.

이 오차를 이용해서 다음처럼 참값이 존재할 구간을 정의할 수 있다.

$$G = \hat{G}_N \pm \epsilon = \hat{G}_N \pm \frac{\sigma_G}{\sqrt{N}} \qquad (2.3.22)$$

구간은 하한이나 상한 중의 어느 하나만으로 정의할 수도 있고, 하한에서 상한까지 양측 한계로 정의할 수도 있다. 어느 방식을 택하든 몬테카를로 방법에서는 오차를 위의 식처럼 확정적으로 정의하는 것은 충분하지 않다. 동일한 개수의 표본을 사용하더라도 선택된 표본들에 따라 확률변동이 존재하기 때문이다. 극단적인 경우에는 정의한 오차 내에 참값이 존재하지 않을 가능성도 있다. 따라서 위와 같은 확정적 정의보다는 오차 범위 내에 참값이 존재할 가능성을 확률적으로 정의해야 한다. 이 과정에는 앞서 논의한 두 가지 확률법칙이 이용된다. 즉, 반복시행이 많아질수록 시뮬레이션 추정치는 기댓값으로 수렴하고, 추정치(확률변수들의 합일 때)들의 분포는 정규분포를 따르는 특성을 이용할 수 있다.

구간 추정 시에는 추정치에 대한 신뢰도를 덧붙여야 한다. 즉, 제시한 추정 구간 내에 참값이 존재하지 않을 가능성 또는 사실일 확률을 언급해야 한다. 이를 위해서는 오차뿐만 아니라 신뢰수준이 필요하다. 제시한 추정 구간 내에 참값이 존재하지 않을 확률을 유의수준(significance level)이라 한다. 이는 보통 α로 표기한다. 모든 경우의 수를 합한 확률은 1이므로, $1-\alpha$는 구간 추정치가 사실일 확률이다. 이를 신뢰수준(confidence level)이라 한다. 신뢰수준을 감안해서 식(2.3.21)의 오차를 다시 정의하면 다음과 같다.

$$\epsilon = \left|\hat{G}_N - G\right| = Z_A \frac{\sigma_G}{\sqrt{N}} \qquad (2.3.23)$$

여기서 Z_A는 표준정규분포의 표준화변수이다. 이는 표준정규분포에서 확률변수가 평균으로부터 떨어져 있는 정도를 나타낸다. 유의수준의 정도는 이 값으로 규정된다. 자주 사용되는 신뢰수준과 Z_A는 다음 표와 같다. 이 값들은 매트랩에서 norminv(p,mu,sigma)를 이용해서도 구할 수 있다.

신뢰수준, $1-\alpha$	0.90	0.95	0.99	0.999
유의수준, α	0.10	0.05	0.01	0.001
(단측) $Z_{1-\alpha}=-Z_{\alpha}$	$Z_{0.90}=1.282$	$Z_{0.95}=1.645$	$Z_{0.99}=2.326$	$Z_{0.999}=3.090$
(양측) $Z_{1-\frac{\alpha}{2}}=-Z_{\frac{\alpha}{2}}$	$Z_{0.95}=1.645$	$Z_{0.975}=1.960$	$Z_{0.995}=2.576$	$Z_{0.9995}=3.291$

예를 들어, α의 유의수준으로 양측 구간을 정의하면 다음과 같이 표현된다.

$$\Pr\left(Z_{\frac{\alpha}{2}} \leq Z \leq Z_{1-\frac{\alpha}{2}}\right) = \int_{Z_{\frac{\alpha}{2}}}^{Z_{1-\frac{\alpha}{2}}} f(z)dz = 1-\alpha \tag{2.3.24}$$

이를 그림으로 나타내면 다음과 같다.

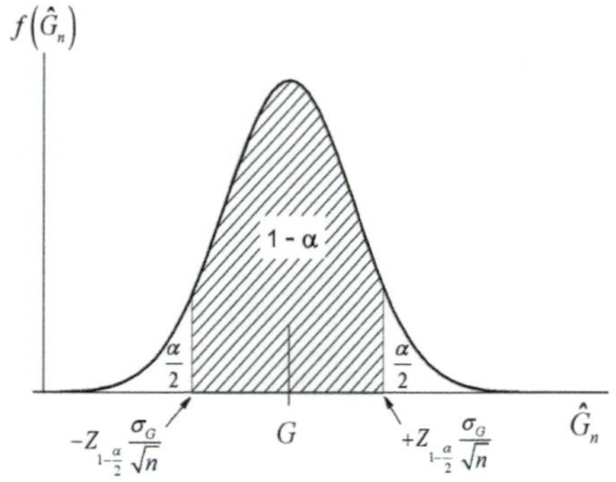

그림 2.3.5 시뮬레이션 추정치에 대한 양측 신뢰구간 정의[6]

[그림 2.3.5]의 가로축에서 빗금 친 양 끝단이 추정 구간에 해당한다. 이 구간 내에 참값이 존재할 확률($1-\alpha$)은 빗금 친 부분의 면적이다. 따라서 Z_A가 클수록, 달리 표현하면 구간을 넓게 잡을수록 그 구간 내에 모평균이 존재할 확률은 높아진다. 하지만 구간이 너무 넓으면 거의 모든 확률변수값들이 추정 구간에 해당되므로 의미가 없어진다. 구간이 좁을수록 좋은 추정치이다.

식(2.3.24)를 적용하려면, 먼저 식(2.3.19)를 이용해서 시뮬레이션 결과를 표준화시켜야 한다. 식(2.3.24)의 Z에 식(2.3.19)를 대입하면, 추정 구간을 다음과 같이 바꿔 쓸 수 있다.

6 이효남, "몬테칼로 시뮬레이션 및 통계적 결과분석", 자유아카데미, 2017.

$$\Pr\left(\hat{G}_N - Z_{1-\frac{\alpha}{2}}\frac{\sigma_G}{\sqrt{N}} \le G \le \hat{G}_N + Z_{1-\frac{\alpha}{2}}\frac{\sigma_G}{\sqrt{N}}\right) \approx 1-\alpha \qquad (2.3.25)$$

정규분포는 대칭이므로, 즉 $Z_{1-\frac{\alpha}{2}} = -Z_{\frac{\alpha}{2}}$ 이므로 위의 식은 다음과 같이 쓸 수도 있다.

$$\Pr\left(\hat{G}_N + Z_{\frac{\alpha}{2}}\frac{\sigma_G}{\sqrt{N}} \le G \le \hat{G}_N + Z_{1-\frac{\alpha}{2}}\frac{\sigma_G}{\sqrt{N}}\right) \approx 1-\alpha \qquad (2.3.25')$$

일반적으로 $100(1-\alpha)\%$의 신뢰구간은 보통 다음의 형태로 표기한다.

$$(G)_{1-\alpha} = [\text{하한};\ \text{상한}] = \left[\hat{G}_N - Z_{1-\frac{\alpha}{2}}\frac{\sigma_G}{\sqrt{N}};\ \hat{G}_N + Z_{1-\frac{\alpha}{2}}\frac{\sigma_G}{\sqrt{N}}\right] \qquad (2.3.26)$$

예제 2.3.8

$N = 10^4$개의 표본으로 구한 추정치가 $\hat{G}_N = 8.010$이다. 표본으로부터 구한 모분산 추정치는 $\hat{\sigma}^2_{G_N} = 51.255$이다. 먼저, 95% 양측 신뢰구간을 구하라. 그리고 99% 양측 신뢰구간도 구한 다음, 두 구간들의 길이를 비교해 보자.

[풀이]

95% 신뢰수준이면 $\alpha = 0.05$이므로 $Z_{1-\frac{\alpha}{2}} = Z_{0.975} = 1.960$이다.

$$\hat{G}_N \pm Z_{1-\frac{\alpha}{2}}\sqrt{\frac{\hat{\sigma}^2_{G_N}}{N}} = 8.010 \pm 1.96 \times \sqrt{\frac{51.255}{10^4}} = 8.010 \pm 0.140$$

$$\rightarrow\ G_{0.95} = [7.870;\ 8.150]$$

99% 신뢰수준이면 $\alpha = 0.01$이므로 $Z_{1-\frac{\alpha}{2}} = Z_{0.995} = 2.576$이다.

$$\widehat{G}_N \pm Z_{1-\frac{\alpha}{2}} \sqrt{\frac{\hat{\sigma}^2_{G_N}}{N}} = 8.010 \pm 2.576 \times \sqrt{\frac{51.255}{10^4}} = 8.010 \pm 0.184$$

$$\rightarrow\ G_{0.99} = [7.828;\ 8.194]$$

두 결과를 비교하면, 신뢰수준이 높아질수록 추정 구간의 길이가 늘어남을 알 수 있다.

[그림 2.3.6]은 오차의 크기가 표본 개수에 의존하는 정도를 다른 측면에서 보이는 예이다. [예제 2.3.5]의 적분 $G=\int_0^2 3x^2 dx$를 몬테카를로 시뮬레이션으로 추정하는데, 표본의 개수를 달리하면서 추정치와 95% 신뢰구간이 어떻게 변화하는지를 나타내었다. 표본 개수가 증가함에 따라 추정치는 기댓값에 근접하고 오차도 줄어드는 사실, 즉 큰 수의 법칙을 확인할 수 있다. 프로그램을 확인한다.

프로그램 2.3.5 $G=\int_0^2 3x^2 dx$에 대한 MC 추정치와 그 분산: 큰 수의 법칙

```
% Law of Strong Large Numbers
clc; clear all; close all
rng(123, 'twister')

N = 500;             % number of samples up to N

a = 0;
b = 2;

g = @(x) (b-a) * 3*x.^2;
x = unifrnd(a,b,1,N);

expectGxMC = cumsum(g(x)) ./ (1:N);
varGxMC = (cumsum((g(x) - expectGxMC).^2) ./ (1:N)) ./ (1:N);

MCmean = mean(g(x))
MCvar = var(g(x)) / N

%% %%%%%%%%%%%%%%%%%%%%%%%%%%%%%%%%%%%%
figure(1); clf
curvePlus = expectGxMC+1.96*varGxMC;
```

```
curveMinus = expectGxMC-1.96*varGxMC;
plot(1:N, curvePlus, 'color',[0.2 0.6 1], 'linewidth',1); hold on
plot(1:N, curveMinus, 'color',[0.2 0.8 1], 'linewidth',1);
x2 = [1:N, fliplr(1:N)];
inBetween = [curvePlus, fliplr(curveMinus)];
fill(x2, inBetween, [0.5 0.8 1]);

plot(1:N, expectGxMC, '-b', 'linewidth',3);
yline(8,'--r', 'linewidth',2);
xlabel('Number of Samples (or iterations)','fontsize',14);
ylabel('E(g(x))','fontsize',14);
text(200,-3,'E(g(x)) = E(3x^{2}) = 8.0','fontsize',14);
xlim([1 N]); box on;
```

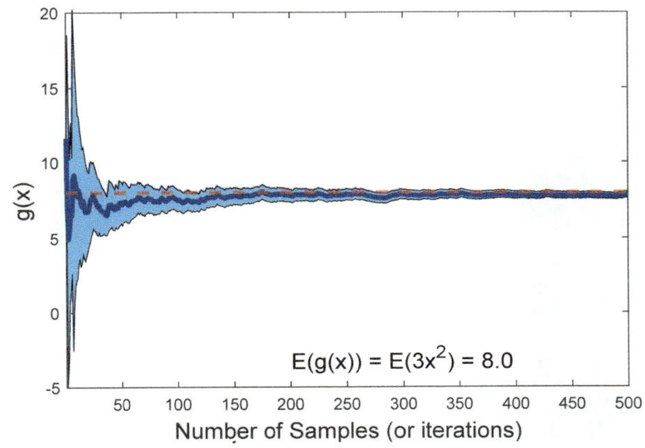

그림 2.3.6 큰 수의 법칙: 표본 개수가 늘어날수록 오차는 줄면서 기댓값에 수렴한다.

2.3.5 필요한 표본 개수 또는 시뮬레이션 정지 시기

식(2.3.20)에서 정의한 큰 수의 법칙은 표본평균이 모평균에 수렴한다는 사실만 말할 뿐, 필요한 표본 개수에 대한 정보는 제공하지 않는다. 표본평균과 모평균 차이가 주어진 범위 안에 있을 확률 또는 필요한 표본 개수를 추정하려면 다음의 체비세프(Chebyshev) 부등식을 이용하면 된다[7].

7 M. Bicher, M. Wastian, D. Brunmeir, N. Popper, "R*eview on Monte Carlo Simulation Stopping Rules: How Many Samples Are Really Enough*?", Simulation Notes Europe, 32(1), 2022, pp. 1-8.

$$\Pr(|X-\mu| \geq \epsilon) \leq \frac{\sigma^2}{\epsilon^2} \tag{2.3.27}$$

여기서 오차 ϵ를 표준편차 σ의 k배수, 즉 $\epsilon = k\sigma$로 바꿔 쓰면, 위 식의 우측 항은 $\frac{\sigma^2}{\epsilon^2} = \frac{\sigma^2}{k^2\sigma^2} = \frac{1}{k^2}$이므로 다음과 같이 쓸 수 있다.

$$\Pr(|X-\mu| \geq k\sigma) \leq \frac{1}{k^2} \tag{2.3.28}$$

또는

$$\Pr(|X-\mu| < k\sigma) > 1 - \frac{1}{k^2} \tag{2.3.28'}$$

이 식에 따르면 어떤 확률변수 X가 평균을 기준으로 $\mu \pm k\sigma$만큼 벗어날 확률은 $\frac{1}{k^2}$보다 작다. 예를 들어, $k=2$라면 $\frac{1}{k^2} = \frac{1}{4} = 0.25$이고 $k=3$이라면 $\frac{1}{k^2} = \frac{1}{9} \approx 0.11$이다. 거꾸로, 확률변수 X가 평균을 기준으로 $\mu \pm k\sigma$ 내에 존재할 확률은 $1 - \frac{1}{k^2}$이다. 따라서 이 기준을 적용하면, 분포곡선 아래 면적의 최소 75%가 $\mu \pm 2\sigma$ 내에 존재하고, 88.9%가 $\mu \pm 3\sigma$ 내에 존재하는 것으로 해석된다. 이는 분포가 특정되지 않았을 경우에 해당한다. 만약 정규분포라면 $\mu \pm 2\sigma$구간 내에 분포곡선 면적의 95.5%가, $\mu \pm 3\sigma$의 경우에는 면적의 99.7%가 포함된다. 이로부터 체비세프 부등식에 의한 구간 정의는 보수적임을 알 수 있다. 이는 추정 구간 내에 참값이 존재할 확률을 언급할 때, 정규분포의 경우보다 추정 구간을 더 넓게 잡아야 한다는 것을 의미한다. 결과적으로 추정 구간의 정확성이 떨어진다. 이는 분포에 대한 정보가 없는 상황에서 어쩌면 당연한 것일 수도 있다.

체비세프 부등식은 분포에 대한 정보를 몰라도, 달리 표현하자면 분포에 무관하게 대략적인 확률을 정할 수 있기 때문에 유용하게 사용될 수 있다. 단, 표본을 추출하는 분포는 $\mu < \infty$이고 $\sigma^2 < \infty$이어야 한다.

몬테카를로 추정치 $\hat{G}_N$와 그 분산 $\frac{\hat{\sigma}_G^2}{N}$을 식(2.3.28')에 대입하면 다음과 같다.

$$\Pr(|\hat{G}_N - G| < \epsilon) > 1 - \frac{\hat{\sigma}_G^2}{N\epsilon^2} \tag{2.3.29}$$

이 식으로부터 필요한 표본 개수에 대한 정보를 얻을 수 있다. 추정치와 기댓값의 차이가 오차 범위 안에 있을 확률이 α보다 크다는 것, 즉 $\Pr(|\hat{G}_N - G| < \epsilon) \geq \alpha$임을 보장하는 데 필요한 표본 개수는 $1 - \frac{\sigma_G^2}{N\epsilon^2} \geq \alpha$이어야 한다. 따라서 표본 개수는 다음과 같다.

$$N \geq \frac{\sigma_G^2}{(1-\alpha)\epsilon^2} \tag{2.3.30}$$

이와는 달리 정규분포의 특성을 이용해서도 정확도를 만족시키기 위한 표본 개수를 구할 수 있다. 기댓값 계산을 위한 시뮬레이션 결과가 중심극한정리를 따르기 때문이다. 식(2.3.23)의 오차 정의로부터, 필요한 표본 개수를 간단히 구할 수 있다.

$$N \geq \frac{\sigma_G^2 \cdot Z_{1-\frac{\alpha}{2}}^2}{\epsilon^2} \tag{2.3.31}$$

예제 2.3.9

신뢰수준 95%에서 적분 $G = \int_0^2 3x^2 dx = 8$을 오차 ± 0.01 이내로 추정하려 한다. 필요한 표본 개수(반복시행 횟수)를 구해 보자.

[풀이]

주어진 오차 크기는 $\epsilon = 0.01$, 신뢰수준 95%이면 $Z_{1-\frac{\alpha}{2}} = Z_{0.975} = 1.960$, 모분산은 $\sigma_G^2 = 51.255$이다(예제 2.3.5 참조). 이 값들을 식(2.3.31)에 대입하면 다음과 같다.

$$N \geq \frac{\sigma_G^2 \cdot Z_{1-\frac{\alpha}{2}}^2}{\epsilon^2} = \frac{(51.255)(1.960)^2}{(0.01)^2} \approx 1.97 \times 10^6$$

2.4 난수

여기서 다루는 내용은 배경지식이 전혀 없는 독자를 위한 것이다. 더 자세한 내용은 참고문헌을 살펴보기를 바란다[8].

2.4.1 난수

난수(random number)란 '무작위로 선택된 수'이다. 더 어렵게 표현하자면 모든 값이 동일한 발생확률을 갖는 집합으로부터 다음에 어떤 값이 선택될지 미리 결정할 수 없는 상태에서 만들어진 수이다. 여기서 동일한 발생확률이란, 어떤 값이 나타날 가능성이 같다는 뜻이다. 이런 의미에서 '난수'라고 하면 일반적으로 균등분포(uniformly distributed)하는 난수를 지칭하게 된다. 주사위를 예로 들어보자. 주사위를 던지면 6가지 경우의 수, 즉 6가지 확률변수 값이 생길 수 있다. 각 면이 제대로 된 주사위라면 다음번의 수가 무엇이 될지 알 수 없다. 이 경우 6가지 확률변수 값들은 똑같은 발생확률을 갖는다. 이처럼 난수란 어떤 특정한 값만 자주 나타나서는 안 된다. 즉, 편향됨이 없어야 한다.

좋은 난수란, 균등분포하고, 통계적으로 독립적이고, 재현성이 있으면서, 속도가 빠르고, 기억장치 용량을 크게 차지하지 않아야 한다. 이런 모든 조건을 만족시키는 난수를 만드는 방법을 찾기는 쉽지 않다. 컴퓨터가 발달하지 않았던 예전에는 동전이나 주사위를 던져서 혹은 카드 섞기와 같은 수작업을 통해서 난수를 만들었다. 이때는 이러한 기계적인 방법만이 '진정한' 난수를 만들어 낼 수 있다고 믿었지만, 너무 속도가 느리고 차례에 재현성이 없기 때문에 문제가 있었다. 컴퓨터가 출현한 이래로 난수를 만드는 여러 가지 방법들이 제시되고 있다. 하지만 이 난수들은 진정한 난수가 아니다.

'진정한' 의미의 난수는 컴퓨터상에서 만들어지지 않는다. 컴퓨터는 확정적인 절차에 따라 일련의 숫자를 만들어 낼 뿐이다. 컴퓨터는 기억장치에 내장된 명령어의 순서에 따라

8 이효남, "몬테칼로 시뮬레이션 및 통계적 결과분석", 자유아카데미, 2017.

확정적으로 동작하기 때문이다. 여기서 확정적이란 다음에 발생될 사건이 미리 정해져 있다는 의미이다. 따라서 이 규칙을 알고 있다면 다음에 만들어질 숫자를 미리 예측할 수 있다. 이런 이유로 컴퓨터상에서 만들어진 난수를 의사난수(pseudo-random number) 또는 유사난수(quasi-random number)라고 한다. 컴퓨터상에서 진짜 난수는 존재하지 않는다. 그렇기 때문에 폰 노이만(John von Neumann)조차도 이렇게 말했다. "산술적 방법으로 난수를 만들려고 하는 것은 어리석은 일이다." 그는 현재에 사용되고 있는 난수생성 방법과 가장 유사한 방법(mid-square method)을 처음 제안했다.

문제는 확정적인 규칙을 사용하여 예측할 수 없는 결과를 만들어내야 한다는 것이다. 그 구체적인 방법은 무엇일까? 산술적 방법에 의한 만들어진 수들은 어떤 패턴을 갖기 마련이다. 하지만 실제적인 용도에서 보자면, 앞에서 만들어진 수와 그다음에 만들어진 수 사이에 물리적 연관성이 없으면 충분하다. 실제 거의 대부분의 시뮬레이션에서도 '진정한' 의미의 난수를 필요로 하지 않는다. 중요한 것은 숫자들이 무작위하게 보이면 된다. 같지 않은 숫자들이 수없이 만들어지고 나면, 그다음에 반복되는 숫자들에 관심을 두는 사람들은 아무도 없다. 예를 들어, 10억 개 정도의 숫자들이 만들어진 다음에 같은 패턴의 숫자들이 주기적으로 반복된다고 해도 대부분의 응용 분야에서 크게 문제되지 않는다. 따라서 컴퓨터상에서 만들어지는 난수가 갖추어야 할 조건은 다음과 같이 정리해 볼 수 있다.

1) 통계적인 측면에서 난수인 것처럼 거의 매번 다르게 나타나고,
2) 미리 예측하기 어려우면 충분하다. 즉, 패턴이 반복되는 주기가 길면 된다.

2.4.2 난수발생기

합동법(congruential method)이 의사난수를 만드는 가장 일반적인 방법이다. 이 방법은 식(2.4.1)에 나타낸 것처럼 일차변환 결과를 어떤 정수 m으로 나누어 하나의 수를 얻고, 얻어진 그 수를 다시 일차변환에 대입 순환시켜 일련의 숫자들을 얻는다. 이 방법은 확정적인 재귀절차를 따르고 있음에도 불구하고 균등분포하는 것처럼 보이고 서로 독립적인 수들을 만들 수 있다.

$$X_i \equiv \underbrace{aX_{i-1} + c}_{A} \text{ modulo } \underbrace{m}_{B}, \quad i \geq 1 \tag{2.4.1}$$

여기서 연산 (A modulo B)는 A를 B로 나누었을 때의 나머지를 말한다. 예를 들어, (22 modulo 16) = 6이다. 즉, 몫은 1이고 나머지는 6인데, 우리의 관심은 나머지 6에 있다. 이 예에서, i번째 의사난수 X_i는 나머지 연산에 의해 구해진 6이다. 즉, $X_i = 6$이다. 위 식에서 a와 c는 $[0, m-1]$ 사이의 정수들이고, m은 순환주기를 결정하는 양의 정수($m > a$, $m > X_0$, $m > c$)이다.

구체적인 계산 예를 통해 위 식으로부터 난수가 만들어지는 과정을 살펴보자. $a = 3$, $c = 1$, $m = 16$, $X_0 = 2$를 선택하였다. X_0을 난수 초깃값 또는 종자값(seed)이라고 한다.

X_i	$aX_{i-1} + c$	modulo 16
X_0		2
X_1	$3 \times 2 + 1 = 7$	7
X_2	$3 \times 7 + 1 = 22$	22/16=1+6/16=6
X_3	$3 \times 6 + 1 = 19$	19/16=1+3/16=3
X_4	$3 \times 3 + 1 = 10$	10
X_5	$3 \times 10 + 1 = 31$	31/16=1+15/16=15
X_6	$3 \times 15 + 1 = 46$	46/16=2+14/16=14
X_7	$3 \times 14 + 1 = 43$	43/16=1+11/16=11
X_8	$3 \times 11 + 1 = 34$	34/16=1+2/16=2
X_9	$3 \times 2 + 1 = 7$	7

난수 초깃값 2가 대입되어 만들어진 첫 번째 수는 7이다. 이 수는 16보다 작기 때문에 나머지 연산을 할 필요가 없이 그 자체가 나머지이다. 만들어진 7이 다시 수식에 대입되어 두 번째 수가 만들어진다. 만들어진 이 수는 나머지 연산에 의해 6이다. 이런 방식으로 수를 계속 구해 나가면, 위 표에서 보는 것처럼 2, 7, 6, 3, 10, 15, 14, 11, 2, 7, …이 얻어진다. X_i의 범위는 다음과 같다.

$$0 \leq X_i \leq m - 1$$

이 수들을 m으로 나누면 0~1 사이의 숫자를 얻을 수 있다.

$$U_i = \frac{X_i}{m} \tag{2.4.2}$$

앞의 표를 자세히 보면, $X_0 = X_8 = 2$, $X_1 = X_9 = 7$, …처럼 8번째마다 같은 수들이 반복되어 나타나고 있다. 계산을 계속하더라도 이런 주기로 같은 숫자가 무한히 반복될 뿐이다. 식(2.4.1)의 나머지 연산 정의에 따르면 반복주기는 m을 초과할 수는 없다. 하지만 a, m, c를 부주의하게 선택하면 그 주기는 훨씬 짧아질 수도 있다. 다음 예가 바로 그 경우이다. $m = 16$을 사용했음에도 불구하고 반복주기는 8이다. 이런 난수생성기는 좋지 않다. 반복주기를 제대로 만들려면 a, m, c를 주의 깊게 선택해야 한다. $m = 2^\alpha$인 2진법 컴퓨터에서 완전한 주기 m을 갖도록 하려면, c는 홀수, a는 4의 배수보다 1이 더 큰 수이어야 한다. 예를 들어, $m = 2^4 = 16$, $c = 1$, $X_0 = 2$, $a = 4 + 1 = 5$라면, 생성되는 난수는 2, 11, 8, 9, 14, 7, 4, 5, 10, 3, 0, 1, 6, 15, 12, 13, 2, 11, …로 완전한 반복주기 16을 갖게 된다.

반복주기가 충분히 길어야 좋은 난수발생기이다. 보통 우리가 선택할 수 있는 가장 큰 수 m은 컴퓨터 용량과 관계있는데, $m = 2^\alpha$에서 보통 α는 32 미만이다. 2^{30}이면 10억 이상에 상응하고, 일반적인 시뮬레이션에서 반복 실행 횟수는 보통 백만 단위이므로 난수가 반복될 가능성은 거의 없다. 보통 컴퓨터 프로그램에서 제공되는 난수발생기는 이런 또는 이와 유사한 원리에서 만들어진다.

2.4.3 난수 종자값

컴퓨터에서 만들어지는 난수는 '진정한' 의미의 난수가 아니라 연이은 숫자들이 반복되어 폐회로(loop)를 이루고 있는 숫자들의 조합이다. 단지 그 회로가 아주 길기 때문에 난수처럼 보일 뿐이다. 초깃값 또는 종자값을 달리하면 폐회로를 이루는 연이은 숫자들의 조합이 달라진다. 대부분의 프로그램에서 제공하는 난수생성기는 매번 호출될 때마다 초깃값을 달리해서 난수를 제공한다. 예를 들어, 컴퓨터 내부 시간이 난수발생기의 초깃값으로 사용된다면, 시간은 매번 변하기 때문에 사용자의 입장에서는 난수발생기가 매번 동작할 때마다 예측할 수 없는 숫자들을 관찰하게 될 것이다.

하지만 이런 작동방식은 문제가 될 수 있다. 우리가 작성하는 계산 프로그램에 숨어있을지도 모르는 오류를 쉽게 수정할 수 없기 때문이다. 매번 예측할 수 없는 숫자들이 제공된다면, 첫 번째 실행에서 발견되었던 오류가 그다음 실행에서는 발견되지 않을 수도 있다. 오류를 일으켰던 입력 난수를 다시 찾아내려면 밤을 새워야 할지도 모른다. 따라서 우리는 사용하려는 난수발생기의 종자값을 알고 있어야 한다. 달리 말하면, 사용자는 종자값으로 난수를 조종할 수 있다. 이를 위한 매트랩 명령어는 다음과 같다.

```
rng(seed,generator)
```

'generator'는 난수발생기의 종류를, 'seed'는 종자값을 말한다. 프로그램이 오류 없이 동작하는지 확인한 다음에 나타날 값을 예측할 수 없도록 조치를 취하면 된다.

2.4.4 특정 확률분포를 따르는 난수발생기

이상에서 언급한 내용은 0~1 사이에서 균등분포하는 난수발생기에 관한 것이었다. 특정한 확률분포, 예를 들면 정규분포나 지수분포, 기타 관심 있는 확률분로를 따르는 난수는 어떻게 만들 수 있을까? 여러 가지 방법이 있지만, 대표적인 방법으로는 역변환법(inverse transformation method)을 들 수 있다. 이 방법은 균등분포 난수와 확률분포함수의 역함수를 이용하는 것이다. 특정 확률분포를 따르는 난수를 만드는 내용도 별도의 책으로 구성될 만큼 방대하다. 이 책에서는 매트랩에서 제공하는 난수발생함수를 사용하고 있기 때문에 역변환법의 한 가지 예만 들고, 자세한 내용은 생략하기로 한다. 관심 있는 독자들은 다른 문헌[9, 10]을 참고하기 바란다.

확률변수의 범위가 $0 \le x \le 2$이고, 확률밀도함수 $q(x) = x$를 따른다고 하자. 이 확률

9 이효남, "몬테칼로 시뮬레이션 및 통계적 결과분석", 자유아카데미, 2017.

10 L. Devroye, Non-Uniform Random Variate Generation, Springer-Verlag, 1986.

밀도를 따르는 난수를 역변환으로 만드는 과정을 보자. 먼저, 이 확률밀도함수의 분포함수 $F(x)$를 구해야 한다.

$$f(x) = \int_{-\infty}^{\infty} q(x)dx, \quad 0 \le x \le 2$$

이를 구간별로 나누어 생각하면

$$F(x) = \int_{-\infty}^{0} q(x)dx + \int_{0}^{2} q(x)dx + \int_{2}^{\infty} q(x)dx$$

인데, 확률밀도함수 정의에서 일부 구간은 의미가 없다. 따라서

$$F(x) = 0 + \int_{0}^{2} q(x)dx + 0 = \int_{0}^{2} q(x)dx$$

이를 적분해야 하는데, 전 구간의 확률을 모두 더하면 1이어야 하므로

$$F(x) = \int_{0}^{2} kq(x)dx = 1$$

을 만족시키는 k를 구해야만 확률분포함수를 알 수 있다. 더미변수 t를 써서 적분하면,

$$F(x) = k\int_{0}^{x} tdt = k\frac{t^2}{2}\bigg|_{0}^{x} = k\frac{x^2}{2}$$

적분 상한인 $x = 2$에서 $F(x) = 1$이어야 하므로 위 식의 우변에 이를 대입하면, $1 = k\frac{x^2}{2} = k\frac{2^2}{2}$으로부터 $k = \frac{1}{2}$을 얻는다. 따라서

$$F(x) = k\frac{x^2}{2} = \frac{1}{2}\frac{x^2}{2} = \frac{x^2}{4}$$

이 분포함수의 역함수 $x = F^{-1}(u)$를 이용해서 $F(x) = u = \frac{x^2}{4}$ 이므로

$$x = \sqrt{4u}$$

표준균등분포 $u \sim U(0,1)$로부터 난수를 추출해서 위 식에 대입하면, 구간 $0 \le x \le 2$ 사이에서 함수 $q(x) = x$를 따르는 표본을 만들 수 있다. 프로그램을 참고하라.

프로그램 2.4.1 $q(x) = x$인 난수 생성

```
% Random Number Generation for q(x) =x

N =10000;
x = zeros(N,1);

% range of variable x
a = 0;
b = 2;
q = @(x) x;          % pdf for q(x) = x

% sample x from q(x) = x
x = sqrt(4*unifrnd(0,1,N,1));
```

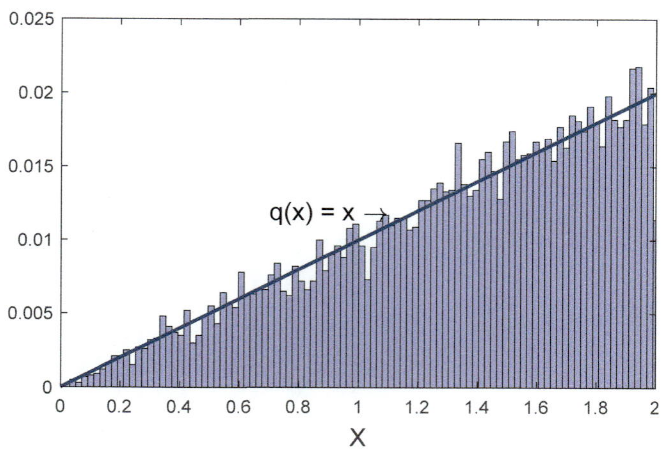

그림 2.4.1 역변환법에 의한 난수 생성

2.5 다변수 확률분포

자주 쓰이는 다차원(multi-variate 또는 multi-dimensional) 정규분포 확률변수에 대해 좀 더 알아보자.

2.5.1 다차원 정규분포

d-차원 정규분포 변수 $\boldsymbol{x}$는 다음과 같이 정의된다.

$$\begin{aligned}\boldsymbol{x} &\sim N(\boldsymbol{x}|\boldsymbol{\mu},\boldsymbol{\Sigma}) \\ \Leftrightarrow \begin{bmatrix} x_1 \\ x_2 \\ \vdots \\ x_d \end{bmatrix} &\sim N\left(\begin{bmatrix} \mu_1 \\ \mu_2 \\ \vdots \\ \mu_d \end{bmatrix}, \begin{bmatrix} \Sigma_{11} & \Sigma_{12} & \cdots & \Sigma_{1d} \\ \Sigma_{21} & \Sigma_{22} & & \Sigma_{2d} \\ \vdots & & \ddots & \vdots \\ \Sigma_{d1} & \Sigma_{d2} & \cdots & \Sigma_{dd} \end{bmatrix}\right)\end{aligned} \tag{2.5.1}$$

여기서 $\boldsymbol{\mu}$는 차원 $d\times 1$인 벡터로 평균을 의미하고, $\boldsymbol{\Sigma}$는 차원 $d\times d$인 양의 정부호 대칭 행렬로 분산-공분산을 의미한다. 그 확률밀도함수는

$$N(\boldsymbol{x}|\boldsymbol{\mu},\boldsymbol{\Sigma}) = \frac{1}{2\pi^{\left(\frac{d}{2}\right)}|\boldsymbol{\Sigma}|^{\left(\frac{d}{2}\right)}}\exp\left[-\frac{1}{2}(\boldsymbol{x}-\boldsymbol{\mu})^T\boldsymbol{\Sigma}^{-1}(\boldsymbol{x}-\boldsymbol{\mu})\right] \tag{2.5.2}$$

여기서 $|\boldsymbol{\Sigma}|$는 분산-공분산의 행렬식을, $\boldsymbol{\Sigma}^{-1}$은 분산-공분산의 행렬의 역행렬을 의미한다.

d-차원 정규분포 변수의 로그-가능도함수는 다음과 같다.

$$\begin{aligned}\ln L(\boldsymbol{x}|\boldsymbol{\mu},\boldsymbol{\Sigma}) &= \ln\left\{\prod_{i=1}^{n}\frac{1}{2\pi^{\left(\frac{d}{2}\right)}|\boldsymbol{\Sigma}|^{\left(\frac{d}{2}\right)}}\exp\left[-\frac{1}{2}(\boldsymbol{x}_i-\boldsymbol{\mu})^T\boldsymbol{\Sigma}^{-1}(\boldsymbol{x}_i-\boldsymbol{\mu})\right]\right\} \\ &= -\frac{nd}{2}\ln(2\pi) - \frac{n}{2}\ln(|\boldsymbol{\Sigma}|) - \frac{1}{2}\sum_{i=1}^{n}(\boldsymbol{x}_i-\boldsymbol{\mu})^T\boldsymbol{\Sigma}^{-1}(\boldsymbol{x}_i-\boldsymbol{\mu})\end{aligned} \tag{2.5.3}$$

만약 변수들끼리 상관관계가 없으면 식(2.5.1)의 대각선 요소를 제외한 나머지들은 모두 0이 된다. 이 경우는 간단하게

$$f(\boldsymbol{x})=\prod_{i=1}^{d}\frac{1}{\sqrt{2\pi\sigma_i^2}}\exp\left[-\frac{1}{2\sigma_i^2}(x_i-\mu_i)^2\right] \tag{2.5.4}$$

로 표현되고, 확률변수 $\boldsymbol{x}=x_1,x_2,\cdots,x_d$는 서로 독립적이다.

2.5.2 2차원 정규분포

2차원 정규분포의 경우는

$$\begin{aligned}&\boldsymbol{x} \sim \boldsymbol{N}(\boldsymbol{x}|\boldsymbol{\mu},\boldsymbol{\Sigma})\\ &\Leftrightarrow\begin{pmatrix}x_1\\x_2\end{pmatrix} \sim N\left[\begin{pmatrix}\mu_1\\\mu_2\end{pmatrix},\begin{pmatrix}\sigma_1^2 & \sigma_{12}\\\sigma_{21} & \sigma_2^2\end{pmatrix}\right]= N\left[\begin{pmatrix}\mu_1\\\mu_2\end{pmatrix},\begin{pmatrix}\sigma_1^2 & \rho\sigma_1\sigma_2\\\rho\sigma_1\sigma_2 & \sigma_2^2\end{pmatrix}\right]\end{aligned} \tag{2.5.5}$$

여기서 ρ는 상관계수로 다음과 같다.

$$\rho=\frac{Cov(x_1,x_2)}{\sqrt{Var(x_1)\,Var(x_2)}} \tag{2.5.6}$$

분산의 행렬식과 역행렬은 각각

$$|\boldsymbol{\Sigma}|=\sigma_1^2\sigma_2^2(1-\rho^2) \tag{2.5.7}$$

$$\boldsymbol{\Sigma}^{-1}=\frac{1}{\sigma_1^2\sigma_2^2(1-\rho^2)}\begin{pmatrix}\sigma_2^2 & -\rho\sigma_1\sigma_2\\-\rho\sigma_1\sigma_2 & \sigma_1^2\end{pmatrix} \tag{2.5.8}$$

이므로 확률밀도함수는 다음과 같이 정의된다.

$$f(x_1, x_2) = \frac{1}{2\pi|\boldsymbol{\Sigma}|^{\left(\frac{d}{2}\right)}} \exp\left[-\frac{1}{2}(\boldsymbol{x}-\boldsymbol{\mu})^T\boldsymbol{\Sigma}^{-1}(\boldsymbol{x}-\boldsymbol{\mu})\right]$$

$$= \frac{1}{2\pi\sigma_1\sigma_2\sqrt{1-\rho^2}} \exp\left[-\frac{1}{2}Q(x_1, x_2)\right] \qquad (2.5.9)$$

여기서

$$Q(x_1, x_2) = \frac{1}{1-\rho^2}\left\{\left(\frac{x_1-\mu_1}{\sigma_1}\right)^2 - 2\rho\left(\frac{x_1-\mu_1}{\sigma_1}\right)\left(\frac{x_2-\mu_2}{\sigma_2}\right) + \left(\frac{x_2-\mu_2}{\sigma_2}\right)^2\right\}$$

주변확률과 조건부확률은 다음과 유도, 정리된다. 먼저

1) 주변확률 $f(x_1)$은

$$f(x_1) = \int N(x_1, x_2 | \mu, \Sigma)dx_2 = N(x_1 | \mu_1, \Sigma_{11}) \qquad (2.5.10)$$

여기서

$$\mu_1 = \eta_2 - \Lambda_{21}\Lambda_{11}^{-1}\eta_1$$

$$\Sigma_{11} = \Lambda_{22} - \Lambda_{21}\Lambda_{11}^{-1}\Lambda_{12}$$

$$\eta = \boldsymbol{\Sigma}^{-1}\mu$$

$$\Lambda = \boldsymbol{\Sigma}^{-1} = \begin{bmatrix} \Lambda_{11} & \Lambda_{12} \\ \Lambda_{21} & \Lambda_{22} \end{bmatrix}$$

이를 다른 형태로 쓰면 다음과 같다.

$$f(x_1)= \frac{1}{\sqrt{2\pi}\,\sigma_1}\exp\left[-\frac{1}{2}\left(\frac{x_1-\mu_1}{\sigma_1}\right)^2\right] \tag{2.5.10'}$$

2) 주변확률 $f(x_2)$은

$$f(x_2)= \int N(x_1, x_2 | \ \mu, \Sigma)dx_1 = \ N(x_2 | \ \mu_2, \Sigma_{22}) \tag{2.5.11}$$

여기서

$$\mu_2 = \eta_1 - \Lambda_{12}\Lambda_{22}^{-1}\eta_2$$
$$\Sigma_{22} = \Lambda_{11} - \Lambda_{12}\Lambda_{22}^{-1}\Lambda_{21}$$

이를 다른 형태로 쓰면 다음과 같다.

$$f(x_2)= \frac{1}{\sqrt{2\pi}\,\sigma_2}\exp\left[-\frac{1}{2}\left(\frac{x_2-\mu_2}{\sigma_2}\right)^2\right] \tag{2.5.11'}$$

3) 조건부확률 $f(x_1|x_2)$은

$$f(x_1|x_2)= \frac{f(x_1, x_2)}{f(x_2)}= N(x_1 | \ \mu_{1|2}, \Sigma_{1|2}) \tag{2.5.12}$$

여기서

$$\mu_{1|2} = \mu_1 + \Sigma_{12}\Sigma_{22}^{-1}(x_2 - \mu_2)$$
$$\Sigma_{1|2} = \Sigma_{11} - \Sigma_{12}\Sigma_{22}^{-1}\Sigma_{21}$$

이를 다른 형태로 쓰면,

$$f(x_1|x_2)=\frac{1}{\sqrt{2\pi}\,\sigma_{1|2}}\exp\left[-\frac{1}{2}\left(\frac{x_1-\mu_{1|2}}{\sigma_{1|2}}\right)^2\right] \tag{2.5.12'}$$

여기서

$$\mu_{1|2}=\mu_1+\rho\frac{\sigma_1}{\sigma_2}(x_2-\mu_2)$$

$$\sigma_{1|2}=\sigma_1\sqrt{1-\rho^2}$$

2차원 정규분포의 조건부확률변수 $x_1|x_2$은

$$x_1|x_2\sim N\left(\mu_1+\rho\frac{\sigma_1}{\sigma_2}(x_2-\mu_2),\sigma_1^2(1-\rho^2)\right) \tag{2.5.13}$$

조건부확률 $f(x_2|x_1)$의 경우는, 위 식들의 대칭이므로 μ_1과 μ_2를, σ_1과 σ_2를 서로 바꾸기만 하면 된다. 즉,

$$x_2|x_1\sim N\left(\mu_2+\rho\frac{\sigma_2}{\sigma_1}(x_1-\mu_1),\sigma_2^2(1-\rho^2)\right) \tag{2.5.14}$$

2.5.3 등고선 그리기

식(2.5.2)에서 지수 안의 항 $\Delta=(\boldsymbol{x}-\boldsymbol{\mu})^T\boldsymbol{\Sigma}^{-1}(\boldsymbol{x}-\boldsymbol{\mu})$을 마할라노비스 거리(Mahal anobis distance)라 한다. 이는 2차식의 형태이다. 반경 r_1 및 r_2인 타원의 공식이 $\left(\frac{x_1}{r_1}\right)^2+\left(\frac{x_2}{r_2}\right)^2=1$임에 비추어보면, Δ은 중심이 $\boldsymbol{\mu}$인 타원에 해당한다. 2차원 변수의 경우 반경은 각각 σ_1과 σ_2가 되므로 크기가 s인 타원은 다음과 같다.

$$\left(\frac{x_1}{\sigma_1}\right)^2 + \left(\frac{x_2}{\sigma_2}\right)^2 = s$$

이는 수준이 s 인 등고선이다. 우리가 만약 $p = 100(1-\alpha)\%$ 신뢰수준의 등고선을 그리고 싶다면 $\Pr(s < \chi_v^2) = p$를 만족하는 s를 결정해야 한다. χ_v^2은 카이제곱 분포를 의미한다. 정규분포 데이터의 제곱의 합은 이 분포를 따르는데, 위 식의 왼쪽이 바로 여기에 해당된다. v는 자유도인데, 우리의 경우 2차원이므로 2이다. 따라서 χ^2 확률분포의 누적분포함수의 역함수 $s = F^{-1}(p|v)^2$로부터 원하는 값을 구할 수 있다. 예를 들어, 신뢰수준 90%라면, 매트랩에서 다음 명령어에 의해 쉽게 구할 수 있다.

chi2inv(p,v) = chi2inv(0.9,2) = 4.6052

만들어진 타원의 반경은 각각 $\sigma_1\sqrt{4.6052}$ 와 $\sigma_2\sqrt{4.6052}$ 가 된다.

수준이 s 인 등고선은 공분산 행렬의 고유벡터와 고유값을 이용해서 구할 수 있다.

$$z = RDU$$

여기서 U는 고유벡터, D는 $s \cdot \Sigma$의 고유값, 회전행렬 $R = \begin{bmatrix} \cos\theta & -\sin\theta \\ \sin\theta & \cos\theta \end{bmatrix}$이다. 프로그램을 참고하라.

프로그램 2.5.1 데이터에 신뢰구간 겹쳐 그리기

```
% draw the confidence ellipses
clc; clear all;

% define the 2D (x1, x2) normal distributed variate
Mus = [1 2];
Sigmas = [1 1.5; 1.5 3];

% generate 2D data
n=1000;                          % number of data points
x = zeros(n,2);
x = mvnrnd(Mus,Sigmas,n);
```

```
% plotting the data
figure(1); clf;
scatter(x(:,1), x(:,2),'.'); hold on
xlabel('X_1', 'fontsize',14); ylabel('X_2', 'fontsize',14);
axis tight;

% for drawing the ellipse with a confidence level
p = [0.9 0.95 0.99];          % confidence levels
v = 2;                            % degree of freedom is 2 (x1,x2)

for i = 1: 3
    plotConfidenceEllipse (Mus, Sigmas, p(i), v);
end
legend('data','p=0.90','p=0.95','p=0.99', 'location','best');
hold off


function plotConfidenceEllipse (Mus, Sigmas, p, v)
    s = chi2inv(p,v);                  % scale of an ellipse
    [v, D] = eig(s*Sigmas);    % eigenvector and  eigenvalues

    % define rotation
    t = linspace(0, 2*pi);         % degree of 360
    z = (v * sqrt(D)) * [cos(t(:))'; sin(t(:))'];

    plot(z(1,:)+Mus(1), z(2,:)+Mus(2));
end
```

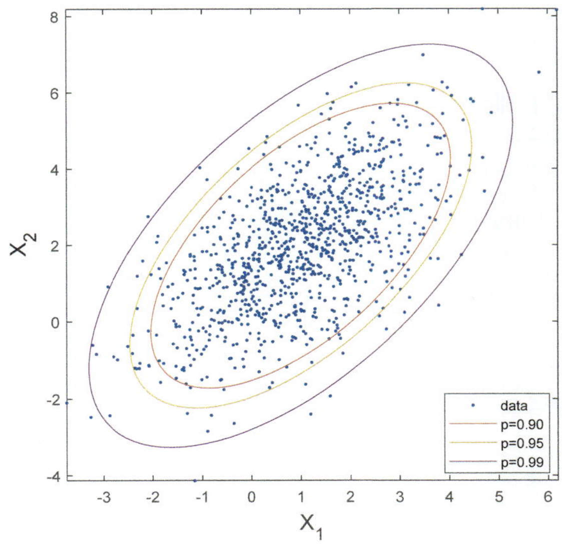

그림 2.5.1 데이터에 신뢰구간 겹쳐 그리기

2.5.4 상관관계를 갖는 난수 만들기

양의 정부호(symmetric positive-definite)인[11] 임의의 대칭행렬은 다음과 같이 쓸 수 있다.

$$A = U^T D U \tag{2.5.15}$$

여기서 U는 상삼각(upper triangular)행렬, D는 양의 대각원소를 가진 대칭행렬이다. 분산–공분산 행렬 Σ 도 양의 대각원소를 가진 대칭행렬이므로 다음과 같이 쓸 수 있다.

$$\Sigma = U^T D U = (U^T \sqrt{D})(\sqrt{D}\,U) = (\sqrt{D}\,U)^T(\sqrt{D}\,U) \tag{2.5.16}$$

행렬 $L = \sqrt{D}\,U$이 $L^T L = \Sigma$ 을 만족하면, 이를 Σ 의 촐레스키 분해(Cholesky decomposition)라 한다. 매트랩에서 내장함수 'chol'을 사용해서 다변수에 상관관계를 쉽게 부여할 수 있다. 예를 들어, 다음 알고리즘, 코드, 그리고 결과를 보라.

알고리즘 2.5.1 상관관계를 가진 난수 만들기

1. Draw N samples $X^{(i)} \sim p(X)$, (i.e., uncorrelated multivariate variables)
2. Compute L such that $L^T L = \Sigma$
3. Set $Z = L^T X$

프로그램 2.5.2 다변수에 상관관계 부여하기

```
% Generating correlated random numbers
% Consider two random variables, x1 and x2, Gaussian distributed
% If these variables are correlated as the following covariance matrix
```

---

11 D는 차원 $d \times d$인 대칭정방행렬이다. U는 $d \times 1$인 열벡터이므로 U^T는 $1 \times d$인 행벡터이다. $U^T D U$의 결과는 $(1 \times d)(d \times d)(d \times 1) = (1 \times 1)$인 스칼라가 된다. 이 값이 양수이면 양의 정부호행렬이라 한다.

```
%               s = [ 1   0.9
%                     0.9   1 ]
% Through Cholesky decomposition,
% the correlated variables can be generated.
clc; clear all;

N = 10000;                % number of samples
x = randn(2,N);           % uncorrelated variables, x1 and x2
s = [1 0.9; 0.9 1];       % covariance between x1 and x2

L = chol(s);               % Cholesky decomposition

% Note: L' = chol(s,'lower')
% Must be careful to premultiply Z by L' and not L
z = L' * x;                 % correlated variable z

% Check the transfomation result: The results should be close
% to the original covariance matrix.
cov(z')                      % return the covariance matrix

% plot the results
figure(1)
minX=-4; maxX=4;
subplot(1,2,1)
scatter(x(1,:),x(2,:),'.b'); axis square; hold on;
xlim([minX maxX]); ylim([minX maxX]);
xlabel('X_{1}'); ylabel('X_{2}'); title('Uncorrelated','fontsize',16);
subplot(1,2,2)
scatter(z(1,:),z(2,:),'.b'); axis square;
xlim([minX maxX]); ylim([minX maxX]);
xlabel('Z_{1}'); ylabel('Z_{2}');
title('Correlated (transfomed)','fontsize',16);
```

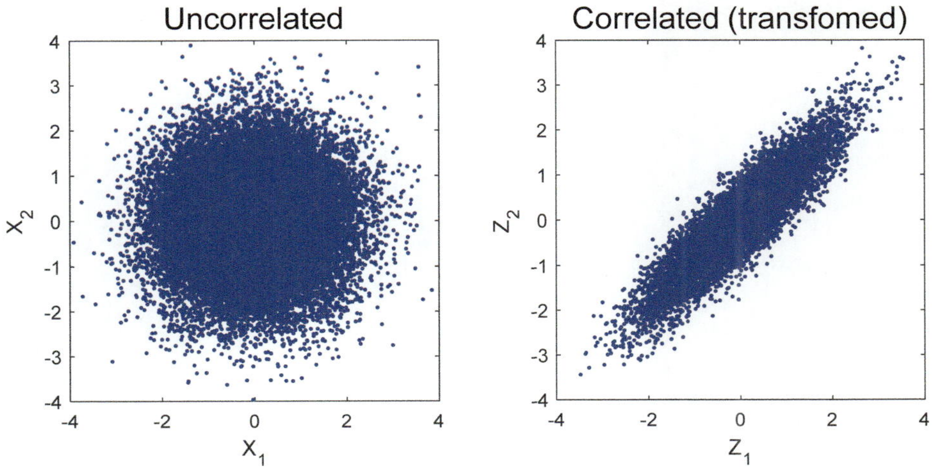

그림 2.5.2 상관관계 없는 2차원 변수에 상관관계를 부여한 시뮬레이션 결과

3

CHAPTER

마르코프 체인과 확률과정

3.1 상태와 확률과정

일반적인 확률론(probability)에서 확률은 시간 또는 공간의 변화를 고려하지 않고 취급된다. 주사위 던지기에서 나타날 수 있는 확률 현상은 시간과 공간의 변화에 무관하다. 즉, 주사위 던지기를 오늘 하든 내일 하든, 아니면 주사위 던지기를 집에서 하든 도박장에서 하든 나타날 확률 현상에는 변함이 없다. 이러한 확률 현상은 하나의 확률변수를 사용해서 모델링할 수 있다.

반면, 지금부터 다루는 확률(stochastics)은 시간에 따라서 확률변수가 다른 값을 가질 수 있는 동적인 특성을 가진다. 그 예로 일정 시간 간격으로 측정되는 어떤 도시의 날씨, 매일 매일의 주식가격, 선거기간 중의 특정 후보의 지지율 등을 들 수 있다. 이런 경우 확률변수를 시간 변화의 순서에 따라 $t=1,2,\ldots,T$와 같이 차례를 매겨서 구분하게 된다.

$$X_0 \rightarrow X_1 \rightarrow X_2 \rightarrow \cdots \rightarrow X_{T-1} \rightarrow X_T$$

3.1.1 상태 및 상태확률

매 시점(또는 단계)에서 확률변수 X가 가질 수 있는 값을 상태(state)라고 한다. 확률변수는 시점에 따라 다른 상태에 놓일 수 있다. 예를 들어, 확률변수 X를 주식가격이라 하면, 오늘의 주식가격은 100원이고 내일은 105원일 수 있다. 여기서 주식가격은 존재 가능한 상태 중의 하나이다. 모든 상태들의 집합을 상태공간(state space)이라 한다. 이는 일반 확률론에서 존재 가능한 결과들의 집합을 표본공간(sample space)이라 하고, 그 결과 중에서 특정한 하나를 표본점(sample)으로 정의하는 것과 대비된다.

상태를 S라고 정의했을 때 모두 r개의 상태가 존재한다면, 상태공간은 다음과 같이 표현된다.

$$S=\{s_1, s_2, \cdots, s_r\} \tag{3.1.1}$$

따라서 확률변수 X가 특정 시점 t에서 상태 s_i에 있다면 $X_t = s_i$로 표현할 수 있다. 예를 들어, 확률변수 X의 상태공간이 $S=\{s_1 =$맑음, $s_2 =$흐림, $s_3 =$눈, $s_4 =$비$\}$인 날씨 확률모델을 생각해 보자. 시점 t가 오늘이고 상태가 맑음이라면, 확률변수는 '$X_{오늘} =$ 맑음'으로 표현할 수 있다.

상태공간에서 각각의 상태들이 나타날 가능성이 다르다면(특정 상태가 다른 상태들보다 관찰될 가능성이 높거나 낮다면) 그 상태의 발생 가능성에 가중치를 주어야 한다. 이는 확률변수 X가 확률적 분포를 갖는다는 뜻이다. 이를 상태확률(state probability)이라 하고, 존재가능한 상태의 수가 r일 때 다음과 같이 행벡터로 표현할 수 있다.

$$\pi = \{\pi_1, \pi_2, \cdots, \pi_r\} \tag{3.1.2}$$

예를 들어, 어떤 시점에 맑음 80%, 흐림 15%, 눈 1%, 비 4%의 확률을 갖는다면, 상태확률 분포는

$$\pi = [0.8 \quad 0.15 \quad 0.01 \quad 0.04]$$

이 벡터에서 각각의 요소들이 차지하는 비율은 시간에 따라 변한다. 모든 확률이 그렇듯, 상태확률 분포는 다음 조건을 만족해야 한다.

1) 각 상태확률은 $0 \leq \pi_i \leq 1$이어야 한다.
2) 상태확률의 총합은 1이어야 한다. 즉, $\sum_i \pi_i = 1$.

다음 보기 중에서 상태확률은 어느 것인가?

(a) [0.7, 0.5, 0] (b) [1/6, 3/6, 2/6] (c) [0.02, 0.10, 2.0, 0.10] (d) [0.3, −0.1, 0.6]

정답은 위 두 가지 조건을 모두 만족하는 (b)이다.

3.1.2 확률과정

확률과정(stochastic process)이란, 주어진 확률규칙에 의해 계의 상태가 시간에 따라서 변화하는 과정이다. 이 과정은 무작위한 특성을 갖기 때문에, 동일한 시작상태에서 과정을 반복하더라도 앞서 관찰된 상태의 이동 경로대로 패턴이 반복되지는 않는다. 우리의 궁극적 목표는 이러한 확률 현상을 장기적 또는 단기적으로 예측하는 것이다.

확률과정은 다음과 같이 분류할 수 있다. 먼저, 확률과정의 순번을 매기는 데 사용된 인자가 시간일 경우를 보자. 단, 시간 t이고 모든 가능한 시간들의 집합을 T라고 하자. 즉, $t \in T$이다.

연속시간(continuous-time) 확률과정: T가 실수, 즉 $T = \{0, \infty\}$일 때

이산시간(discrete-time) 확률과정: T가 정수, 즉 $T = \{1, 2, \cdots\}$일 때

마찬가지로 상태공간 S의 특성으로도 확률과정을 분류할 수 있다.

연속상태(continuous state) 확률과정: 연속형 확률변수, 즉 $X = \{-\infty, \infty\}$일 때

이산시간(discrete state) 확률과정: 이산형 확률변수, 즉 $X = \{0, 1, \cdots, r\}$일 때

후자의 경우는 상태공간이 유한한지 아니면 무한한지에 따라서 다시 분류할 수도 있다.

시간과 상태, 모두가 이산형이면서 그 상태의 수가 유한할 때를 특별히 체인(chain)이라고 한다(이 책에서 다루고자 하는 대상이다). 체인은 우리 말로 여러 개의 고리들이 서로 연결된 구조를 가리키는 '연쇄' 또는 '사슬' 정도로 번역될 수 있겠지만, 이 분야에서는 이미 '체인'으로 많이 쓰이고 있기 때문에 이 책에서도 그대로 따르기로 한다. 다만 여기서는 확률과정을 다루기 때문에 물리적 또는 기계적인 사슬의 의미보다는 '서로 연관된 일련의 어떤 값들'로 생각하는 것이 더 좋을 듯하다.

3.2 마르코프 체인과 천이

상태공간에서 주어진 어느 시점의 한 상태는 그다음 시점에 다른 상태로 천이(transition)할 수 있다. '전이'로 번역되곤 하지만, 의미의 차이는 없다고 본다. 시점 역시 단계(step)라고도 부를 수 있다. 다른 상태로의 천이가 바로 그 이전 단계의 상태에만 의존하게 된다면, 이러한 천이가 계속된 결과로 얻어지는 연이은 상태들의 집합은 여러 개의 고리들이 이어진 체인 구조와 유사하다. 이를 마르코프 체인(Markov chain)이라 한다.

마르코프 체인은 100여 년 전에 러시아 수학자 마르코프(A.A. Markov, 1856-1922)가 고안한 확률개념이다. 이 개념을 통해 다음에 일어날 사건이 계의 현재 상태에 의존하는 경우의 확률을 다룰 수 있다. 오늘날 마르코프 체인은 거의 모든 분야에 적용되고 있다. 유전자 구별, 소리나 영상 인식, 웹 검색 등의 분야에서 많이 사용되고 있다. 물리학에서는 고체 내에서의 전자들처럼 상호작용하는 많은 입자들로 이루어진 계의 거동 연구에, 통계학에서는 모집단으로부터 표본을 뽑는 데 없어서는 안 될 도구가 되고 있다.

3.2.1 마르코프 체인의 표현

마르코프 체인은 시간에 따라 계의 상태가 변하는 대표적인 '이산시간 확률과정'이다. 따라서 특정 시점 t에서 계의 상태를 확률변수 X_t로 나타낸다면, 마르코프 체인은 시간의 순서에 따라 연이은 확률변수의 집합 $X=\{X_0, X_1, X_2, \cdots, X_T\}$이다. 이 일련의 확률변수들은 상호 의존적인 특성 때문에 독립적이지 않다. 마르코프 체인이 되려면 천이는 다음의 두 조건을 만족해야 한다.

1) 한 상태에서 다른 상태로의 천이는 현재의 상태에만 의존하고 그 이전의 이력에는 무관해야 한다. 이를 무기억(memoryless) 특성이라 하는데, 마르코프 체인의 중요한 성질 중의 하나이다.

2) 천이하더라도 상태공간은 변하지 않고 동일하게 유지되어야 한다. 즉, 천이로 인해 새로운 상태가 생기거나, 있던 상태가 없어지지 않아야 한다.

상태공간이 주어졌을 때, 시점 t에서 상태 i가 다음 시점 $t+1$에서 상태 j로 바뀔 가능성을 천이확률(transition probability) 또는 천이핵(transition kernel)이라고 한다. 수식으로는 다음과 같이 표현된다.

$$\Pr(X_t = j | X_{t-1} = i) = p_{i,j} \tag{3.2.1}$$

n단계가 지난 이후, 상태 i에서 상태 j로의 천이확률이 0보다 크면 도달가능하다(accessible)고 하고, $p_{i,j}^{(n)} \geq 0$으로 표현한다. 다시 정의하자면 천이확률이란 현 상태에서 한 번의 도약으로 다른 상태에 도달할 수 있는 가능성을 말한다. 이 확률은 체인이 처음에 어떤 상태에서 출발했는지 또는 몇 단계의 천이를 거쳐서 현재 시점에 도달했는지에 상관없다. 마찬가지로 미래의 상태는 과거의 이력과는 상관없이 현재의 상태에만 의존한다. 이는 다음의 조건부확률로 표현할 수 있다.

$$\Pr(X_t | X_0, X_1, \cdots, X_{t-2}, X_{t-1}) = \Pr(X_t | X_{t-1}) \tag{3.2.2}$$

상태공간에서 각 상태들은 저마다 천이확률을 갖기 때문에 r개의 상태가 존재하다면 천이확률은 크기 $r \times r$의 정방행렬로 나타낼 수 있다. 이를 천이행렬(transition matrix)이라 하고 보통은 P로 표기한다.

$$P = \begin{bmatrix} p_{1,1} & p_{1,2} & \ldots & p_{1,r} \\ p_{2,1} & p_{2,2} & \ldots & p_{2,r} \\ \vdots & \vdots & \ddots & \vdots \\ p_{r,1} & p_{r,2} & \ldots & p_{r,r} \end{bmatrix} \tag{3.2.3}$$

천이행렬의 특징은 다음과 같이 요약된다.

1) 계에 r개의 상태가 존재한다면 천이행렬은 $r \times r$ 정방형태이다.

2) 행렬의 요소들인 천이확률은 1보다 작아야, 즉 $0 \leq p_{i,j} \leq 1$이어야 한다.

3) 각 행의 합은 1이어야, 즉 $\sum_j p_{i,j} = 1$이어야 한다.

마르코프 체인의 확률과정은 그림으로도 표현된다. 다음 그림의 체인들을 보자. 원은 계에 존재하는 상태들을, 화살표는 한 상태에서 다른 상태로의 천이방향을 나타낸다. 각 화살표에는 천이확률을 나타내는 0~1 사이의 숫자가 주어진다. 위에서 언급한 것처럼 하나의 상태에서 빠져나가는 화살표들을 모두 더하면 그 확률은 1이어야 한다. 이는 상태공간이 동일하게 유지된다는 의미다.

3.2.2 상태의 분류

먼저 체인 MC1과 MC2를 통해서 상태의 특성을 구분해 보자.

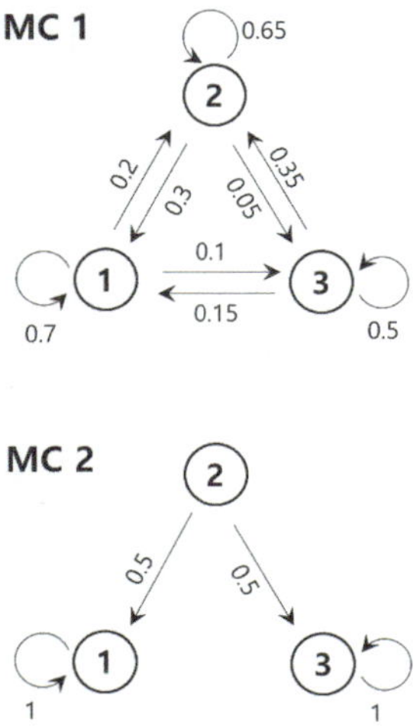

$$P = \begin{bmatrix} 0.7 & 0.2 & 0.1 \\ 0.3 & 0.65 & 0.05 \\ 0.15 & 0.35 & 0.5 \end{bmatrix}$$

$$P = \begin{bmatrix} 1 & 0 & 0 \\ 0.5 & 0 & 0.5 \\ 0 & 0 & 1 \end{bmatrix}$$

그림 3.2.1 마르코프 체인에서 상태의 분류

체인 MC1에서는 어느 상태이든 다른 상태로 이동가능하다. 즉, 상태들은 서로 연결되어 있다. 어느 상태에서 천이를 시작하든, 몇 번의 천이를 거치게 되면 천이를 시작했던 그 상태로 다시 돌아올 수 있다. 즉, $p_{i,i} = 1$이다. 이런 상태들을 재귀 또는 복귀가능한 상태(recurrent state)라 한다. 복귀에 걸리는 천이의 수가 유한하면, 양(+)의 복귀가능상태(positive recurrent state)라 하고, 천이가 무한히 필요하면 영(0)의 복귀가능상태(null recurrent state)라 한다.

반면, 체인 MC2의 상태 2를 보자. 상태 2에서 천이를 시작한다면 그 상태를 빠져나가는 것은 가능하지만 천이를 아무리 많이 거치더라도, 시작상태로 다시 돌아올 수 없다. 즉, $p_{i,i} < 1$이다. 이런 상태를 과도기적 상태(transient state)라 한다. 상태 1과 상태 3을 보자. 이 상태로 이동해 들어오는 것은 가능하지만 다른 상태로 빠져나가는 것은 불가능하다. 따라서 천이는 그 상태에 고착되고 만다. 이런 상태를 흡수상태(absorbing state)라 한다. 이런 상태는 우리들의 실생활에서 생물체의 죽음, 어떤 상황의 종료, 부채의 완전 지불, 파산, 자원의 고갈, 기계 부품의 파손이나 고장 등과 같이 처음에 존재했던 상태가 더는 의미가 없어진 상황으로 이해하면 쉽다.

다음 체인 MC3을 보자. 상태 1은 그 자리로 다시 돌아올 수 없기 때문에 과도기적 상태이다. 상태 3과 4는 서로 복귀가능한 상태의 조합이다. 어느 상태에서 출발하든 그 자리로 돌아올 수 있기 때문이다. 상태 2도 복귀가능한 상태이다. 조금 이상해 보일 수 있지만 제자리 천이도 그 자리로 돌아오는 것과 동일하게 취급된다. 다시 그 자리로 돌아올 확률이 1이면 복귀가능한 상태에 해당한다.

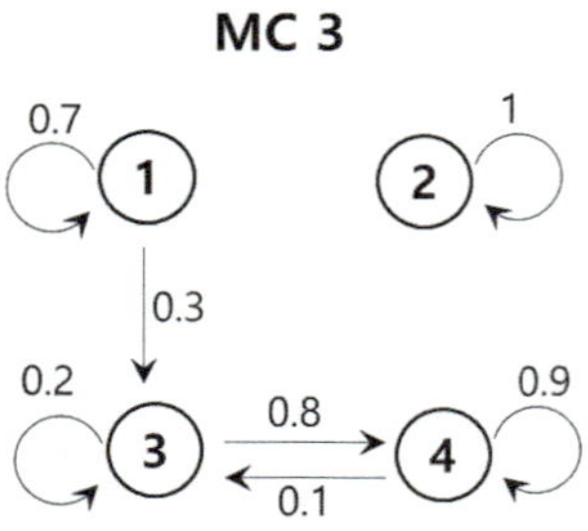

$$P = \begin{bmatrix} 0.7 & 0.3 & 0 & 0 \\ 0 & 1 & 0 & 0 \\ 0 & 0 & 0.2 & 0.8 \\ 0 & 0 & 0.1 & 0.9 \end{bmatrix}$$

그림 3.2.2 마르코프 체인의 예: 복귀가능한 상태와 과도기적 상태 구분

3.2.3 체인의 상호도달가능성

체인은 어떤 특정 상태나 그 주변에서 오랫동안 고착되지 않아야 한다. 즉, 모든 가능한 상태들로 자유스럽게 이동 가능해야 한다. 이런 체인을 좋은 혼합(mixing) 성질을 갖는다고 한다. 이런 거동은 체인의 특성에 따라 다르게 나타난다.

앞의 체인 MC1을 다시 보자. 각각의 상태들은 몇 번의 천이를 거치든 간에 다른 상태들로 이동가능하다. 어떤 상태가 선택되든 (유한한 횟수의) 천이를 계속하면 언젠가는 다른 상태에 도달할 수 있다. 상태 간의 이동이 $i \rightarrow j$이면서 $i \leftarrow j$이면, 상호도달가능(communicate)하다고 정의한다. 체인 MC1은 모든 상태들의 상호도달가능하고 하나의 집단 $\{1, 2, 3\}$, 즉 하나의 폐곡선을 이루고 있다. 이처럼 체인이 단 하나의 상호도달가능한 집단(communicative class)으로 이루어져 있으면, 기약(旣約, irreducible) 체인이라 한다.

반면, 체인 MC2를 보라. 상태 1은 상태 2로, 상태 3은 상태 2로 이동할 수 없다. [그림 3.2.3]에서 체인 MC4도 살펴보자.

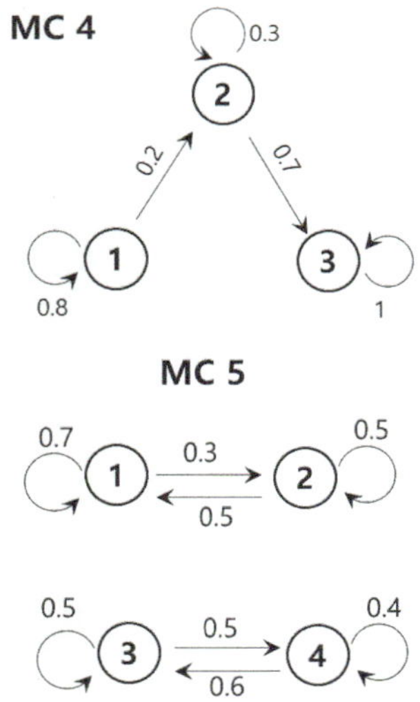

$$P = \begin{bmatrix} 0.8 & 0.2 & 0 \\ 0 & 0.3 & 0.7 \\ 0 & 0 & 1 \end{bmatrix}$$

$$P = \begin{bmatrix} 0.7 & 0.3 & 0 & 0 \\ 0.5 & 0.5 & 0 & 0 \\ 0 & 0 & 0.5 & 0.5 \\ 0 & 0 & 0.6 & 0.4 \end{bmatrix}$$

그림 3.2.3 가약 마르코프 체인들(reducible Markov chains)

상태 2는 상태 1로 이동할 수 없다. 상태 3도 상태 2로 이동 불가능하다. 상태 1이나 상태 2가 폐곡선을 이루고 있지도 않다. 그 상태로부터 떠나는 것은 가능하다. 이 상태들은 과도기적 상태에 해당한다.

이번에는 상태공간이 4가지인 체인 MC5를 보자. 상태 1과 상태 2는 하나의 폐곡선을 형성하면서 하나의 상호도달가능한 집단 {1,2}에 해당한다. 상태 3과 상태 4도 마찬가지로 하나의 상호도달가능한 집단 {3,4}를 형성한다. 하지만 상태 1 또는 상태 2에서 상태 3 또는 상태 4로의 이동과 그 반대의 이동도 불가능하다. 이처럼 하나의 체인에서 상호도달가능한 집단들이 여러 개 있거나 흡수상태 또는 과도기적 상태가 하나라도 있으면, 그 체인은 기약 체인이 아니다. 이런 체인을 가약(可約, reducible) 체인이라 한다.

기약 체인이면 모든 상태들이 복귀가능한 상태라고 말할 수 있다. 그러나, 역으로 복귀가능한 상태들이라고 해서 반드시 기약 체인은 아니다. [그림 3.2.2]의 체인 MC3처럼 제자리 천이하는 상태나, [그림 3.2.3]의 체인 MC5처럼 상호도달가능한 집단이 여러 개 있을 수 있기 때문이다.

우리들이 앞으로 사용할 마르코프 체인은 기약 체인이어야 한다. 즉, 어느 상태에서 천이를 시작하든 계에 존재하는 다른 어떤 상태에도 도달할 수 있어야 한다. 이것이 불가능한 상태가 하나라도 있으면 기약 체인이 아니다. 천이의 횟수가 유한하기만 하다면, 도달에 필요한 천이 횟수는 중요하지 않다.

3.2.4 체인의 순환성 또는 주기성

다음 그림의 체인 MC6과 체인 MC7을 보자.

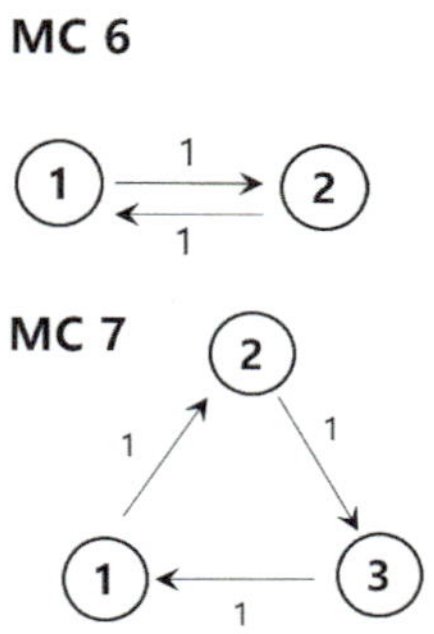

$$P=\begin{bmatrix}0 & 1\\1 & 0\end{bmatrix}$$

$$P=\begin{bmatrix}0 & 1 & 0\\0 & 0 & 1\\1 & 0 & 0\end{bmatrix}$$

그림 3.2.4 주기적 마르코프 체인들(periodic Markov chains)

체인 MC6은 어느 한 상태에서 천이를 시작해서 다시 그 상태로 돌아오는 데 걸리는 천이의 횟수가 $2, 4, 6, \cdots$ 처럼 일정한 주기로 반복된다. 이를 수식으로 표현하면, $p_{i,i}^{(n)} > 0$을 만족하려면 $n = 2, 4, 6, \cdots$ 이어야 한다. 이 횟수의 최대공약수는 2이다. 체인 MC7의 경우는 그 주기가 $3, 6, 9, \cdots$ 이고 그 최대공약수는 3이다. 이 체인들처럼 최대공약수가 1보다 크면, 순환적 또는 주기적(periodic) 체인이라 한다. 참고로 천이행렬의 대각선 원소가 모두 0이면 주기적 체인이다.

앞으로 돌아가서 체인 MC1을 보자. 어느 상태가 선택되든 그 상태로 다시 돌아오기 위해 거쳐야 할 천이의 횟수는 $n = 1, 2, 3, \cdots$ 으로 다양하다. 이 경우의 최대공약수는 1이다. 이처럼 최대공약수가 1인 체인을 비주기적(aperiodic) 체인이라 한다.

다음 체인들을 보자. 체인 MC8의 경우, 상태 1에서 시작했다면 상태 2로 갔다가 되돌아오거나 상태 2에서 제자리 천이할 수도 있기 때문에 상태 1로 되돌아오는 데까지 필요한 천이 횟수는 $n = 2, 3, 4, \cdots$ 이 된다. 체인 MC9의 경우 상태 3에서 시작했다면 앞의 경우와 같은 논리로 $n = 3, 4, 5, \cdots$ 이 된다. 다른 상태에서 천이를 시작하면 다른 반복횟수들이 얻어지겠지만, 어떤 경우도 최대공약수는 1이다. 따라서 이들은 모두 비주기적 체인에 해당한다.

MC 8

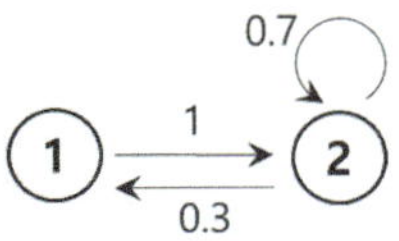

$$P = \begin{bmatrix} 0 & 1 \\ 0.3 & 0.7 \end{bmatrix}$$

MC 9

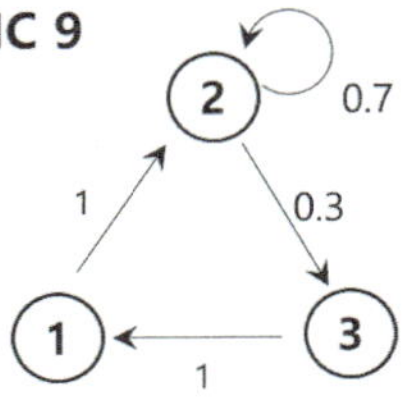

$$P = \begin{bmatrix} 0 & 1 & 0 \\ 0 & 0.7 & 0.3 \\ 1 & 0 & 0 \end{bmatrix}$$

그림 3.2.5 비주기적 마르코프 체인들(aperiodic Markov chains)

체인에서 모든 상태들이 주기 1이면 비주기적 체인이다. 체인은 순환하지 않아야 한다. 체인이 어느 한 군데에서라도 같은 상태를 계속해서 다시 방문하는 순환조건에 빠지게 되면 유일한 정상분포로 수렴하지 못한다.

3.3 마르코프 체인의 극한 거동과 정상분포

계의 상태는 시간에 따라 달라진다. 천이가 장시간 계속되면 계의 상태확률은 어떻게 변화되는가? 또 천이확률은 어떻게 변화되는가?

3.3.1 체인의 극한 거동

위 질문의 답을 위해 다음 날씨 모델을 예로 들자. 이 예에서 존재 가능한 상태는 모두 S(맑음), C(흐림), R(비)의 3가지이다.

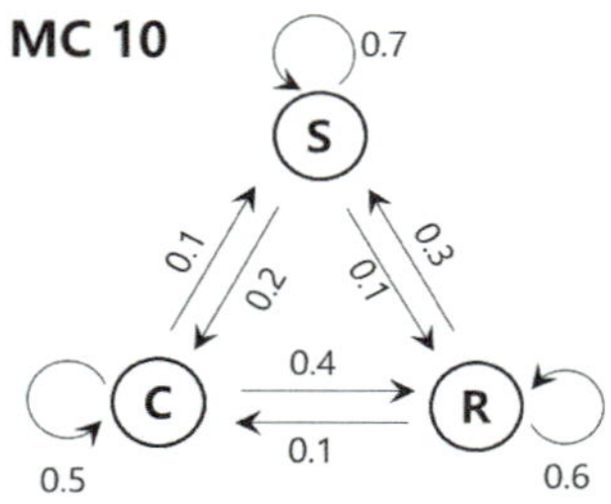

$$P = \begin{bmatrix} 0.7 & 0.2 & 0.1 \\ 0.1 & 0.5 & 0.4 \\ 0.3 & 0.1 & 0.6 \end{bmatrix}$$

그림 3.3.1 날씨 모델을 나타낸 마르코프 체인

우리의 관심은 주어진 어떤 날로부터 며칠 후의 날씨를 아는 것이다. 현 단계의 상태와 천이확률을 안다면, 우리는 다음 n단계 천이 후의 상태에 대해서 확률적으로 말할 수 있다. 이는 시작할 때의 상태확률 벡터와 천이행렬의 거듭제곱에 의해 계산할 수 있다.

$$\pi^{(n)} = \pi^{(0)} P^n \tag{3.3.1}$$

예를 들어, 천이를 시작하는 오늘의 상태확률 벡터가 다음과 같다면,

$$\pi^{(0)} = [\pi_1 = S \ \ \pi_2 = C \ \ \pi_3 = R] = [0.8 \quad 0.15 \quad 0.05]$$

즉, 오늘 맑을 확률 80%, 흐릴 확률 15%, 비 올 확률 5%라면, 내일(한 번의 천이 후) 날씨는

$$\pi^{(1)} = \pi^{(0)} P^1 = [0.8 \;\; 0.15 \;\; 0.05] \begin{bmatrix} 0.7 & 0.2 & 0.1 \\ 0.1 & 0.5 & 0.4 \\ 0.3 & 0.1 & 0.6 \end{bmatrix} = [0.59 \;\; 0.24 \;\; 0.17]$$

맑음 59%, 흐림 24%, 비 17%의 확률로 계산된다. 이 계산은 다음의 나뭇가지 구조로도 가능하다. 그것은 출발 상태에서 도달 상태까지의 모든 경로를 찾고 각 경로들의 기여를 합하면 얻을 수 있지만, 상태의 수가 많아지고 천이 단계가 늘어나면 이것은 아주 지루한 작업으로 바뀐다. 행렬 연산이 필요한 이유다.

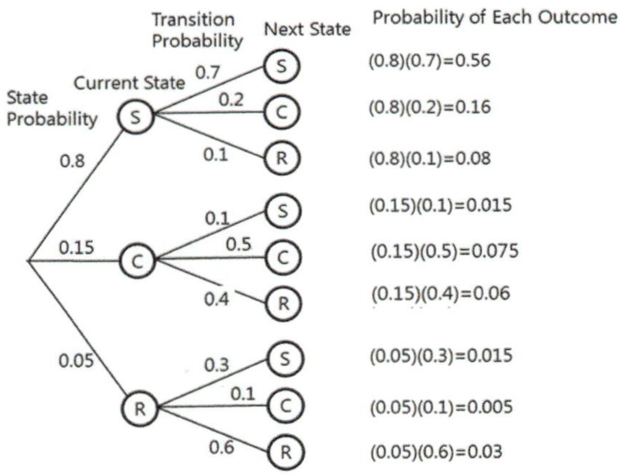

$$S = 0.56 + 0.015 + 0.015 = 0.59$$

$$C = 0.16 + 0.175 + 0.005 = 0.24$$

$$R = 0.08 + 0.06 + 0.03 = 0.17$$

그림 3.3.2 날씨 모델에서 한 번의 천이 후의 상태확률을 구하는 나뭇가지 구조

만약 모레(두 번의 천이 후) 날씨가 관심이라면, 초기 상태확률 벡터 $\pi^{(0)}$에 천이행렬의 2제곱을 하면 상태확률을 얻을 수 있다.

$$\pi^{(2)} = (\pi^{(0)} P^1) P = \pi^{(0)} P^{1+1} = \pi^{(0)} P^2$$

또는 전 단계에서 구해진 상태확률 벡터 $\pi^{(1)}$에 천이행렬 P를 곱해도 가능하다.

$$\pi^{(2)} = (\pi^{(0)} P^1) P = \pi^{(1)} P$$

즉, n단계의 천이는 천이행렬의 n 거듭제곱으로 표현할 수 있다.

이런 식으로 천이가 계속되면, 상태확률 벡터나 천이행렬은 어떻게 변화하는가? 천이 횟수 $n=20$까지만 계산해 보자. 계산 조건은 다음 3가지이다.

- 경우 1: 상태확률 벡터 $\pi_A^{(0)} = [0.8 \;\; 0.15 \;\; 0.05]$로부터 천이 시작, $\pi_A^{(0)} P^n$
- 경우 2: 상태확률 벡터 $\pi_B^{(0)} = [0.1 \;\; 0.35 \;\; 0.55]$로부터 천이 시작, $\pi_B^{(0)} P^n$
- 경우 3: 천이행렬만 거듭제곱: P^n

경우 1과 2는 다른 상태확률로부터 천이를 시작했을 때 결과가 어떻게 달라지는가를 보기 위한 것이고, 경우 3은 천이를 시작하는 상태확률을 아예 모를 때에 해당한다.

프로그램 3.3.1 마르코프 체인의 극한분포

```
% Limiting distribution and Stationary Distribution
clc; clear; clf;

% length of transitions
n = 20;

% check the effect of initial distributions, i.e., different starting conditions
initDist1 = [0.8, 0.15, 0.05];
initDist2 = [0.1, 0.35, 0.55];

% transition matrix
P = [ 0.7,    0.2,  0.1;
       0.1,    0.5,  0.4;
       0.3,    0.1,  0.6];

% limiting distirbution
limitDist = P^n;

p2 = zeros(n,3);
p3 = p2; p4 = p2;

% initial state distributions
p2(1,:) = initDist1;
p3(1,:) = initDist2;
p4(1,:) = limitDist(1,:);       % stationary distribution

for i=2: n+1
  p2(i,:) = initDist1 * P^(i-1);
  p3(i,:) = initDist2 * P^(i-1);
  p4(i,:) = limitDist(1,:) * P^(i-1);
  p1{i-1} = P^(i-1);
end
```

먼저, 경우 1과 2의 계산 결과를 보자.

경우 1	경우 2
$\pi_A^{(0)} = [0.8000 \quad 0.1500 \quad 0.0500]$	$\pi_B^{(0)} = [0.1000 \quad 0.3500 \quad 0.5500]$
$\pi_A^{(1)} = [0.5900 \quad 0.2400 \quad 0.1700]$	$\pi_B^{(1)} = [0.2700 \quad 0.2500 \quad 0.4800]$
$\pi_A^{(1)} = [0.4880 \quad 0.2550 \quad 0.2570]$	$\pi_B^{(2)} = [0.3580 \quad 0.2270 \quad 0.4150]$
$\pi_A^{(2)} = [0.4442 \quad 0.2580 \quad 0.3050]$	$\pi_B^{(3)} = [0.3978 \quad 0.2266 \quad 0.3756]$
$\pi_A^{(3)} = [0.4275 \quad 0.2447 \quad 0.3277]$	$\pi_B^{(4)} = [0.4138 \quad 0.2304 \quad 0.3558]$
$\vdots$	$\vdots$
$\pi_A^{(10)} = [0.4210 \quad 0.2368 \quad 0.3422]$	$\pi_A^{(10)} = [0.4212 \quad 0.2368 \quad 0.3420]$
$\vdots$	$\vdots$
$\pi_A^{(17)} = [0.4211 \quad 0.2368 \quad 0.3421]$	$\pi_B^{(17)} = [0.4211 \quad 0.2368 \quad 0.3421]$
$\pi_A^{(18)} = [0.4211 \quad 0.2368 \quad 0.3421]$	$\pi_B^{(18)} = [0.4211 \quad 0.2368 \quad 0.3421]$
$\pi_A^{(19)} = [0.4211 \quad 0.2368 \quad 0.3421]$	$\pi_B^{(19)} = [0.4211 \quad 0.2368 \quad 0.3421]$
$\pi_A^{(20)} = [0.4211 \quad 0.2368 \quad 0.3421]$	$\pi_B^{(20)} = [0.4211 \quad 0.2368 \quad 0.3421]$

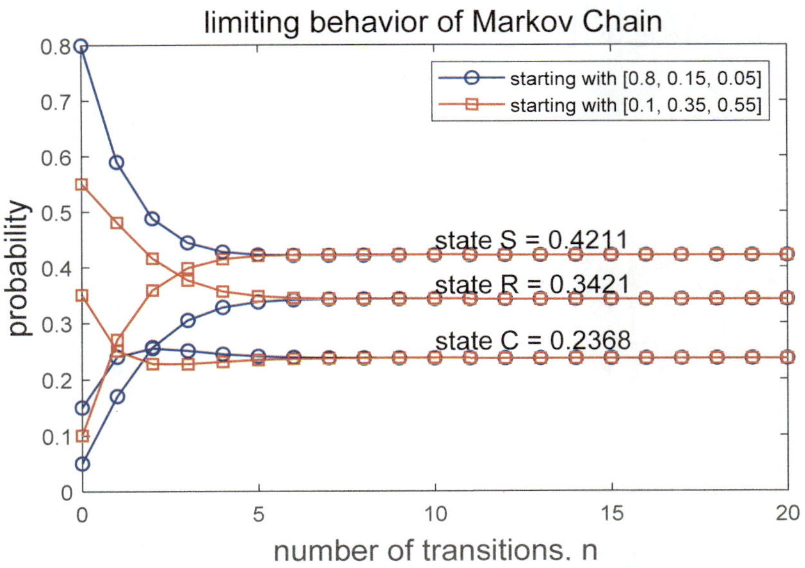

그림 3.3.3 각기 다른 상태확률 벡터로 천이를 시작한 마르코프 체인의 극한 거동

천이가 어느 정도 진행되면, 그 이후 천이가 계속되어도 상태확률 벡터가 특정한 값으로 수렴하면서 더는 변화하지 않게 된다[1]. 이처럼 장시간 천이가 계속되어도 상태확률이 변하지 않게 되었을 때를 '극한'에 이르렀다고 한다. 이때의 상태확률 벡터를 극한분포(limiting distribution)라 한다. 극한분포의 특징은 초기 상태에 의존하지 않는다는 점이다. 경우 2에서 볼 수 있듯이 천이가 다른 상태확률 벡터로부터 시작되더라도 동일한 극한분포에 도달한다. 마르코프 특성 측면에서도 천이가 오랫동안 진행된 이후에 초기 상태확률이 중요하지 않음은 짐작할 수 있다.

이번에는 경우 3을 보자. 천이행렬만 거듭제곱한 결과이다.

$$P^1=\begin{bmatrix}0.7000 & 0.2000 & 0.100\\ 0.1000 & 0.5000 & 0.400\\ 0.3000 & 0.1000 & 0.600\end{bmatrix}\quad P^2=\begin{bmatrix}0.5400 & 0.2500 & 0.2100\\ 0.2400 & 0.3100 & 0.4500\\ 0.4000 & 0.1700 & 0.4300\end{bmatrix}\quad P^3=\begin{bmatrix}0.4660 & 0.2540 & 0.2800\\ 0.3340 & 0.2480 & 0.4180\\ 0.4260 & 0.2080 & 0.3660\end{bmatrix}$$

$$P^4=\begin{bmatrix}0.4356 & 0.2482 & 0.3162\\ 0.3840 & 0.2326 & 0.3834\\ 0.4288 & 0.2258 & 0.3454\end{bmatrix}\quad P^4=\begin{bmatrix}0.4246 & 0.2428 & 0.3326\\ 0.4071 & 0.2314 & 0.3615\\ 0.4264 & 0.2332 & 0.3404\end{bmatrix}\quad P^6=\begin{bmatrix}0.4213 & 0.2396 & 0.3391\\ 0.4165 & 0.2333 & 0.3502\\ 0.4239 & 0.2359 & 0.3402\end{bmatrix}$$

$$\vdots \qquad\qquad \vdots \qquad\qquad \vdots$$

$$P^{15}=\begin{bmatrix}0.4211 & 0.2368 & 0.3421\\ 0.4211 & 0.2368 & 0.3421\\ 0.4211 & 0.2368 & 0.3421\end{bmatrix}\quad P^{16}=\begin{bmatrix}0.4211 & 0.2368 & 0.3421\\ 0.4211 & 0.2368 & 0.3421\\ 0.4211 & 0.2368 & 0.3421\end{bmatrix}\quad P^{17}=\begin{bmatrix}0.4211 & 0.2368 & 0.3421\\ 0.4211 & 0.2368 & 0.3421\\ 0.4211 & 0.2368 & 0.3421\end{bmatrix}$$

$$P^{18}=\begin{bmatrix}0.4211 & 0.2368 & 0.3421\\ 0.4211 & 0.2368 & 0.3421\\ 0.4211 & 0.2368 & 0.3421\end{bmatrix}\quad P^{19}=\begin{bmatrix}0.4211 & 0.2368 & 0.3421\\ 0.4211 & 0.2368 & 0.3421\\ 0.4211 & 0.2368 & 0.3421\end{bmatrix}\quad P^{20}=\begin{bmatrix}0.4211 & 0.2368 & 0.3421\\ 0.4211 & 0.2368 & 0.3421\\ 0.4211 & 0.2368 & 0.3421\end{bmatrix}$$

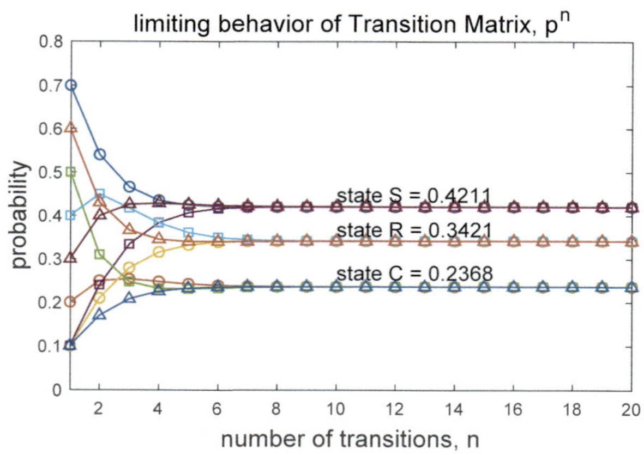

그림 3.3.4 천이행렬만의 거듭제곱에 의한 극한 거동

1 천이 시작 시점부터 변화가 줄어들어 일정해지기 직전까지의 구간은 MCMC에서 추정에 사용하지 않고 버린다. 정상상태에 이르기 직전의 이 구간을 번인(burn-in) 구간이라 한다.

천이가 어느 상태로부터 시작되었는지 모르는 경우에도 극한분포가 구해진다. 즉, 어떤 천이행렬을 계속 거듭제곱하면, 그 천이행렬은 특정한 값을 가진 행렬로 수렴하게 된다. 그 행렬의 특징은 모든 행에서 각 열들의 값이 같다. 따라서 어느 행이나 같은 요소는 같은 값을 갖는다. 주목할 것은 이 값들이 앞서 구한 극한분포의 확률과 같다는 점이다. [그림 3.3.3]과 [그림 3.3.4]를 비교해 보라.

마르코프 체인이 다음 조건을 만족하면 "극한분포를 가진다"고 할 수 있다.

$$\pi = \lim_{n\to\infty} \pi^{(n)} = \lim_{n\to\infty} \left(\pi^{(0)} P^n\right) = \begin{bmatrix} \pi_1 & \pi_2 & \cdots & \pi_r \\ \pi_1 & \pi_2 & \cdots & \pi_r \\ \pi_1 & \pi_2 & \cdots & \pi_r \\ \vdots & \vdots & \vdots & \vdots \end{bmatrix} \tag{3.3.2}$$

이를 연장하면 다음과 같이 쓸 수도 있다.

$$\pi = \lim_{n\to\infty} \pi^{(n+1)} = \lim_{n\to\infty} \left(\pi^{(0)} P^{n+1}\right) = \lim_{n\to\infty} \left(\pi^{(0)} P^n P\right) = \left[\lim_{n\to\infty} \left(\pi^{(0)} P^n\right)\right] P$$

$$= \pi P \tag{3.3.3}$$

3.3.2 체인의 정상분포

식(3.3.3)의 조건을 만족하는 분포 π를 정상(定常, steady-state)분포라 한다. 이 식은 $\pi^{(0)} = \pi$이면 $\pi^{(n)} = \pi$도 성립한다는 것이기 때문에 천이를 n번 거치더라도 확률분포는 변함이 없다는 의미다. 정상분포 π를 요소별로 풀어쓰면 다음과 같다.

$$\pi_j = \sum_{i\in S} \pi_i P_{ij}, \quad \text{for} \quad all \quad j \in S \tag{3.3.4}$$

이는 상태가 i일 확률 π_i에다 상태가 $i \to j$로 천이할 확률 $P_{i,j}$를 곱하면 상태가 j일 확률과 같다는 뜻이다. 체인 내의 모든 상태들에서 이 조건을 만족해야 정상분포를 이룰 수 있다.

일반적인 의미에서 정상상태는 계의 상태가 시간의 흐름에도 변화하지 않고, 계에서 물질이나 에너지의 유출과 유입이 평형을 이루는 단계를 말한다. 다른 표현으로는 시간의 흐름에도 특성 변화가 없다는 측면에서 불변분포(invariant distribution)라고도 하고, 평형에 이르렀다는 측면에서 평형분포(equilibrium distribution)라고도 한다. 정상분포를 얻고 그 분포로부터 원하는 정보를 추출하는 것이 우리들의 최종 목표다.

정상분포는 장시간 천이를 거치더라도 확률분포에 변함이 없다는 사실을 확인하기 위해서, 천이를 정상분포에 이른 상태확률 분포로부터 시작해보자. 결과를 미리 짐작해 본다면, 천이 시작부터 종료까지 상태확률에는 변화가 없을 것이다. 다음 [그림 3.3.5]는 앞의 날씨모델에서 얻어진 정상분포를 초기 상태확률 분포로 사용해서 천이시킨 결과이다. 상태확률에 변화가 없음을 보라.

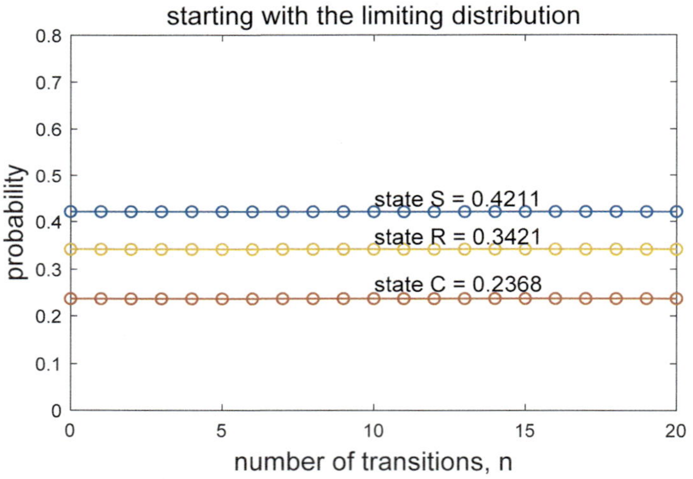

그림 3.3.5 정상 상태확률 분포로 시작한 마르코프 체인의 극한 거동

체인이 정상상태에 도달했다는 것은 시간에 무관하게 분포가 같다는 것으로 해석할 수 있다. 이를 표본 추출의 입장에서 보면, 전 단계에서 추출된 표본 $X^{(n)} \sim \pi$와 그다음 단계에서 추출된 표본 $X^{(n+1)} \sim \pi$가 동일한 확률분포에 속한다는 것이다. 즉, 정상분포란 다음 그림의 룰렛판과 다를 바 없다. 우리가 어떤 마르코프 체인으로부터 표본을 추출한다는 것은 정상상태의 룰렛판을 반복적으로 돌리면서 상태 표본 S, C, R을 추출하는 것이다.

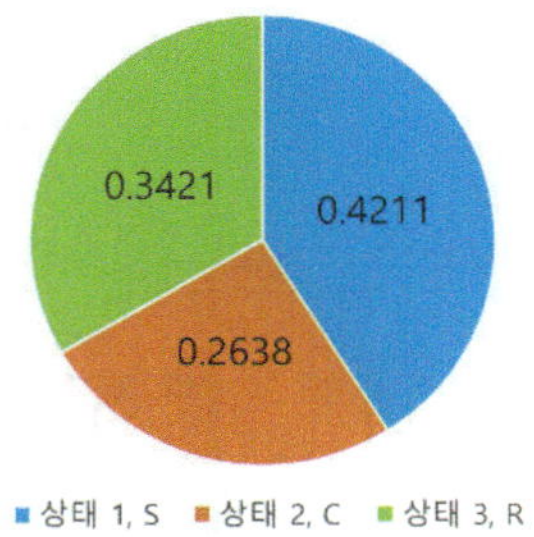

이를 시뮬레이션을 통해서 구현해 보자.

프로그램 3.3.2 마르코프 체인의 정상분포 시뮬레이션

```
% Simulation of Stationary distribution
clc; clear; clf;

T=1000;          % number of samples
r = 3;           % number of states

% transition matrix
P = [ 0.7,    0.2,  0.1;
        0.1,    0.5,  0.4;
        0.3,    0.1,  0.6];

x = zeros(T,1);

x(1) = randsample(r,1);

for t = 2: T
    x(t,:) = randsample(r,1,true,P(x(t-1),:));
end

%% stationary distribution by a left eigenvector
[~,~,w] = eig(P);
st = w/sum(w);

%%
figure(1); clf;
subplot(2,1,1);  % plot 1
plot(1:200,x(1:200),'-o','linewidth',1); hold on; ylim([0.2 3.8]);
xlabel('iterations', 'fontsize',14); ylabel('state', 'fontsize',14);
title('simulation of stationary distribution', 'fontsize',14);
subplot(2,1,2);  % plot 2
counts=hist(x,r);
fc=bar(counts/sum(counts)); hold on;
set(fc,'facecolor', [0.8 0.8 1],'barwidth',0.1);
stem(st,'r','linewidth',2); xlim([0.1 3.9]);
title('stationary distribution in the weather model', 'fontsize',14);
xlabel('state', 'fontsize',14); ylabel('probability', 'fontsize',14);
legend('by analytical calculation',' by Sampled');
```

결과는 다음과 같다.

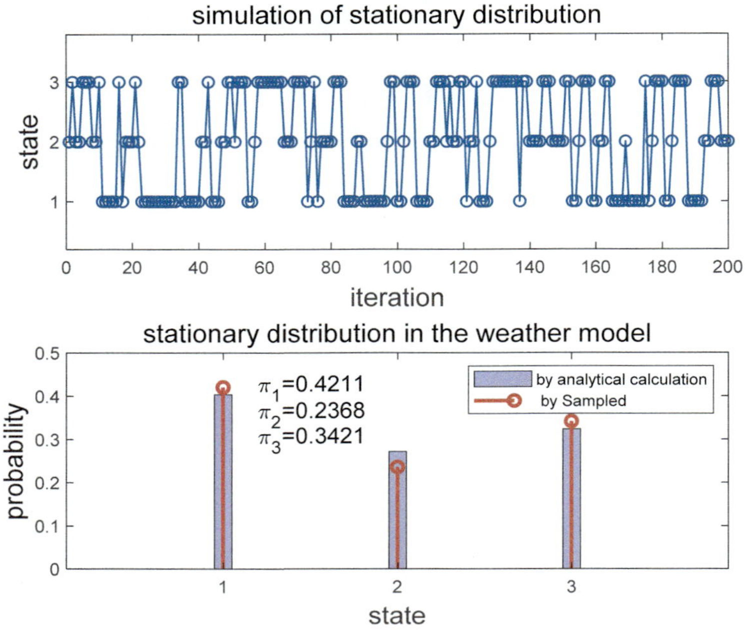

그림 3.3.6 정상분포 시뮬레이션 결과

3.3.3 정상분포 구하는 법

지루한 행렬을 계산하지 않고도 정상분포를 구할 수 있다. 하나는 고유벡터를 이용하는 것이고, 다른 하나는 선형연립방정식을 푸는 것이다.

먼저, 고유벡터를 이용하는 방법부터 보자. 정상분포 식은 고유벡터 식과 형태가 비슷하다. 다음을 보라.

$$\text{정상분포: } \pi P = \pi$$

$$\text{고유벡터: } wP = \lambda w$$

$\pi P = \pi$는 고유값 $\lambda = 1$인 고유벡터와 같은 형식이다. 따라서 정상분포는 정방행렬 P

의 고유값 1인 좌고유벡터(이는 P^T의 우고유벡터와 동일하다[2])에 해당한다. 이 고유벡터는 1로 정규화해야 한다. 모든 분포에서 확률의 총합은 1이어야 하기 때문이다. 실제 계산은 다음 프로그램을 참고하라.

프로그램 3.3.3 마르코프 체인의 정상분포 계산법

```
% Here, P is the transition matrix

%%%%%%%%%%%%%%%%%%%%%%%%%%%%%%%%%%%%%%%%%%%%%%%%%%%%%%%%%%%%%
% solved by an eigenvector

% case 1: using a left eigenvector
[~,~,w] = eig(P);
% column vector of a left eigenvector
stationary = w/sum(w);  % normalize them to sum to 1
% row vector of a left eigenvector
stationary = (w/sum(w))'

% case 2: using a right eigenvector of a transpose of P
[v,~] = eig(P');
v = v(:,1)';              % normalize them to sum to 1
stationary = v/sum(v)

%%%%%%%%%%%%%%%%%%%%%%%%%%%%%%%%%%%%%%%%%%%%%%%%%%%%%%%%%%%%%
% solved by linear simultaneous equations
sympref('FloatingPointOutput',true)
syms x y z
e1 = 0.7*x+0.1*y+0.3*z == x;
e2 = 0.2*x+0.5*y+0.1*z == y;
e3 = 0.1*x+0.4*y+0.6*z == z;
e4 = x+y+z == 1;

[A,B] = equationsToMatrix([e1,e2,e3,e4], [x,y,z]);

stationary=linsolve(A,B)
```

두 번째로, 선형연립방정식에 의한 풀이 방법은 다음과 같다.

$$\pi P = \pi$$

$$\Leftrightarrow \begin{bmatrix}\pi_1 & \pi_2 & \pi_3\end{bmatrix}\begin{bmatrix}0.7 & 0.2 & 0.1\\ 0.1 & 0.5 & 0.4\\ 0.3 & 0.1 & 0.6\end{bmatrix} = \begin{bmatrix}\pi_1 & \pi_2 & \pi_3\end{bmatrix}$$

2 고유벡터는 열벡터인 v를 써서 $Pv=\lambda v$의 형식으로 표현하는 것이 표준이다. 이때의 v를 '우고유벡터'라 한다. 열벡터 대신에 행벡터 w를 쓰면, $wP=\lambda w$ 형식이 되고, w를 '좌고유벡터'라 한다. 따라서 정방행렬 P의 좌고유벡터는 그 전치행렬 P^T의 우고유벡터와 동일하다.

이므로

$$\pi_1 + \pi_2 + \pi_3 = 1$$
$$0.7\pi_1 + 0.1\pi_2 + 0.3\pi_3 = \pi_1$$
$$0.2\pi_1 + 0.5\pi_2 + 0.1\pi_3 = \pi_2$$
$$0.1\pi_1 + 0.4\pi_2 + 0.6\pi_3 = \pi_3$$

이 방정식을 π_1, π_2, π_3에 대해서 풀면 된다.

복귀에 필요한 천이단계 수

에르고딕 체인이고 정상분포가 존재한다고 할 때, 상태 i에서 시작한 천이가 그 자리로 다시 돌아오는 데 걸리는 평균 천이의 수(expected return time)는 다음과 같다.

$$m_i = \frac{1}{\pi_i} \tag{3.3.5}$$

앞의 날씨모델의 예를 들면, 각 상태로 복귀하는 데 걸리는 평균 천이횟수 또는 시간은 다음과 같이 계산된다.

$$m = \left[\frac{1}{0.4211} \quad \frac{1}{0.2368} \quad \frac{1}{0.3421}\right] = [2.3750 \quad 4.2222 \quad 2.9231]$$

이 천이횟수가 유한하면 양(+)의 복귀가능상태(positive recurrent state)이고, 무한하면 영(0)의 복귀가능상태(null recurrent state)로 구분된다.

3.3.4 모든 종류의 체인이 극한분포와 정상분포를 가지는가?

앞의 날씨모델에 쓰인 마르코프 체인 MC10은 기약성이면서 비주기적이다. 이 체인은 초기 분포가 어떤 것인지와 상관없이, 극한상태에 도달해서 유일한 정상분포(또는 불편분포)로 수렴하는 것을 보았다. 모든 체인에서 이런 일이 생기는가? 답부터 말하자면, 체인의 특성에 따라 정상상태에 도달할 수도 있고 그렇지 않을 수도 있다. 앞으로 우리의 MCMC에 필요한 것은 '정상상태가 오직 하나뿐인 체인'이다. 초기 상태와는 무관하게 극한상태에 도달해서 유일한 정상분포가 만들어지려면, 체인이 어떤 조건을 갖추어야 하는지 알아보자.

먼저, 몇 가지 체인의 종류에 대한 특성 정의가 필요하다. 단, 우리는 상태의 수가 유한한 체인을 취급하고 있음을 염두에 둬야 한다.

에르고딕 체인(ergodic chain)이란, 에르고딕 상태이면서 기약적인 체인을 말한다. 여기서 에르고딕 상태는 비주기적이면서 양의 복귀가능한(즉, 천이횟수가 유한하기만 하다면 몇 번을 천이하든 천이 후에는 그 상태로 돌아올 수 있는) 상태를 가리킨다. 기약적이란, 어떤 상태에서 시작하든 어느 상태로도 도달 가능한 경우를 뜻한다.

정칙 체인(regular chain)이란, 천이행렬을 거듭제곱했을 때 결과행렬의 모든 요소가 양(+)인, 즉 $(P^n)_{ij} > 0$인 체인을 말한다. 이는 천이행렬의 요소에 0이 포함되어 있으면 안 된다는 의미이다[3]. 물론 각 행의 합은 1이어야 한다.

정칙 체인은 에르고딕 체인에 포함된다. 즉, 정칙 체인은 항상 에르고딕 체인이지만, 에르고딕 체인이라고 해서 항상 정칙 체인인 것은 아니다. 정칙 체인만이 정상상태에 도달할 수 있다. 모든 체인이 정상상태에 도달할 수 있는 것이 아니다. 정칙 체인의 조건을 만족하는 체인은 비주기적이면서 기약적인 체인이다.

---

3 정칙 체인이더라도 천이행렬의 요소에는 0이 있을 수 있다. 다음의 예를 보라.

MC 11

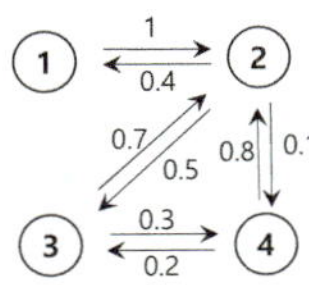

$$P = \begin{bmatrix} 0 & 1 & 0 & 0 \\ 0.4 & 0 & 0.5 & 0.1 \\ 0 & 0.7 & 0 & 0.3 \\ 0 & 0.8 & 0.2 & 0 \end{bmatrix}$$

천이행렬의 일부 요소가 0인데도 정칙인 체인의 예

천이행렬의 요소에는 0이 포함되어 있지만, 천이를 거친 후의 (거듭제곱한 후의) 요소에는 다음에서 보는 것처럼 0이 없다. 따라서 정칙체인이다.

$$P^{\infty} = \begin{bmatrix} 0.1802 & 0.4506 & 0.2493 & 0.1198 \\ 0.1802 & 0.4506 & 0.2493 & 0.1198 \\ 0.1802 & 0.4506 & 0.2493 & 0.1198 \\ 0.1802 & 0.4506 & 0.2493 & 0.1198 \end{bmatrix}$$

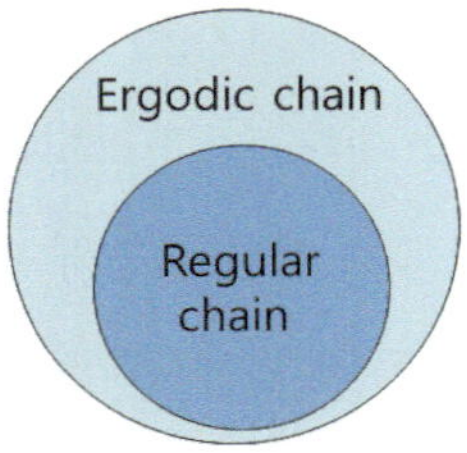

상태의 수가 유한한 체인에서 모든 상태들이 복귀가능하고 이들이 하나의 집단(즉, only one positive recurrent class)을 이루고 있다면, 기약 체인이면서 $p_{i,i}^{(n)} > 0$이므로 정칙 체인에 해당한다. 이런 체인이 비주기적 특성을 갖는다면 정상분포는 바로 극한분포이다.

이상에서 언급한 조건을 만족하지 못하는 체인이 장시간 천이하면 어떤 결과가 생기는지 알아보자.

기약체인이지만 주기적인 체인

다음 체인 MC6을 보자. 한 상태에서 어느 상태로도 갈 수 있지만 천이가 순환하는 주기적인 구조다.

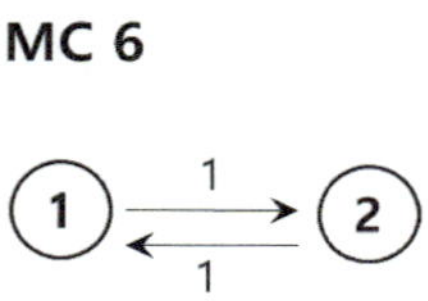

$$P = \begin{bmatrix} 0 & 1 \\ 1 & 0 \end{bmatrix}$$

서로 다른 초기 상태확률 분포를 사용해서 천이를 계속하면 다음 결과를 얻을 수 있다.

시작조건 A	시작조건 B	시작조건 C	시작조건 D
$\pi^{(0)} = [1,0]$	$\pi^{(0)} = [0,1]$	$\pi^{(0)} = [0.75, 0.25]$	$\pi^{(0)} = [0.5, 0.5]$
$\pi^{(1)} = [0,1]$	$\pi^{(1)} = [1,0]$	$\pi^{(1)} = [0.25, 0.75]$	$\pi^{(1)} = [0.5, 0.5]$
$\pi^{(2)} = [1,0]$	$\pi^{(2)} = [0,1]$	$\pi^{(2)} = [0.75, 0.25]$	$\pi^{(2)} = [0.5, 0.5]$
$\vdots$	$\vdots$	$\vdots$	$\vdots$
$\pi^{(2n)} = [1,0]$	$\pi^{(2n)} = [0,1]$	$\pi^{(2n)} = [0.75, 0.25]$	$\pi^{(2n)} = [0.5, 0.5]$
$\pi^{(2n+1)} = [0,1]$	$\pi^{(2n+1)} = [1,0]$	$\pi^{(2n+1)} = [0.25, 0.75]$	$\pi^{(2n+1)} = [0.5, 0.5]$
$\vdots$	$\vdots$	$\vdots$	$\vdots$
$\pi^{(\infty)} = [1,0]$	$\pi^{(\infty)} = [0,1]$	$\pi^{(\infty)} = [0.75, 0.25]$	$\pi^{(\infty)} = [0.5, 0.5]$

초기 상태벡터 $\pi^{(0)} = [1,0]$이나 $\pi^{(0)} = [0,1]$ 또는 $\pi^{(0)} = [0.75, 0.25]$에서 시작하면, 이 체인은 천이를 아무리 많이 해도 극한상태에 이르지 못한다. 하지만 $\pi^{(0)} = [0.5, 0.5]$인 경우에는 정상분포에 도달한다.

이 결과로부터 알 수 있는 사실은 다음과 같다. 이 체인은 극한분포나 정상분포의 존재 여부가 초기 상태확률 분포에 의존한다. 항상 극한분포에 도달하지는 않지만, 그럼에도 유일한 정상분포가 존재한다. 기약성 체인이더라도 주기적 특성을 가지면 극한분포는 존재하지 않는다. 극한분포가 존재하면 정상분포도 존재하지만, 거꾸로 정상분포가 존재한다고 해서 극한분포가 존재하는 것은 아니다.

또 다른 한 가지 사실은 초기 상태확률 분포가 $\pi^{(0)} = [1,0]$이나 $\pi^{(0)} = [0,1]$인 경우에는 천이를 계속해도 결과행렬의 요소에 0이 포함된다. 이 체인은 에르고딕 기약 체인이지만, 초기 상태확률 분포에 따라서는 정칙 체인이 아닐 수도 있다.

비기약 체인

비기약 체인일 경우 체인 내에 몇 개의 상호도달가능한 집단들이 존재하면(즉, 복귀가능한 상태들의 집단이 하나 이상 존재한다면) 정상분포는 여러 개일 수 있다. 즉, 하나의 체인에서 하나 이상의 정상상태가 존재할 수도 있다.

다음 체인들을 보자. 체인 MC5에서 상호도달가능한 집단은 $\{1,2\}$와 $\{3,4\}$의 2개이다.

MC 5

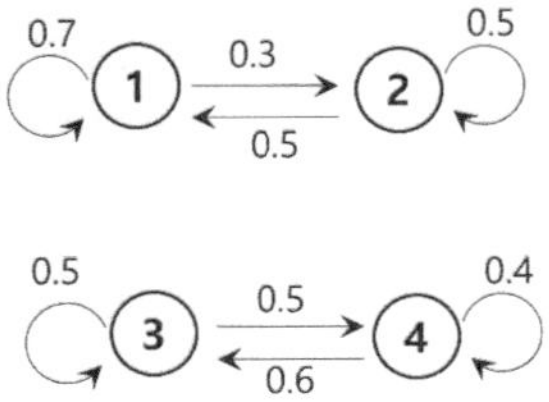

$$P = \begin{bmatrix} 0.7 & 0.3 & 0 & 0 \\ 0.5 & 0.5 & 0 & 0 \\ 0 & 0 & 0.5 & 0.5 \\ 0 & 0 & 0.6 & 0.4 \end{bmatrix}$$

초기 상태확률 분포에 따라서 다른 극한분포들이 얻어진다. 천이를 시작하는 초기 상태확률 분포는 이 예에서 든 두 가지 조건 말고도 무수히 많은 경우가 존재할 수 있다. 예를 들면, $\pi^{(0)} = [0.25 \;\; 0.25 \;\; 0.15 \;\; 0.35]$처럼 무수히 많은 조합이 가능하다. 따라서 무수히 많은 정상분포가 존재할 수 있다.

시작조건 A	시작조건 B
$\pi^{(0)} = [1.000\ \ 0.000\ \ 0.000\ \ 0.000]$	$\pi^{(0)} = [0.000\ \ 0.000\ \ 1.000\ \ 0.000]$
$\pi^{(1)} = [0.700\ \ 0.300\ \ 0.000\ \ 0.000]$	$\pi^{(1)} = [0.000\ \ 0.000\ \ 0.500\ \ 0.500]$
$\pi^{(2)} = [0.640\ \ 0.360\ \ 0.000\ \ 0.000]$	$\pi^{(2)} = [0.000\ \ 0.000\ \ 0.550\ \ 0.450]$
$\pi^{(3)} = [0.628\ \ 0.372\ \ 0.000\ \ 0.000]$	$\pi^{(3)} = [0.000\ \ 0.000\ \ 0.545\ \ 0.455]$
$\pi^{(4)} = [0.626\ \ 0.374\ \ 0.000\ \ 0.000]$	$\pi^{(4)} = [0.000\ \ 0.000\ \ 0.545\ \ 0.455]$
$\vdots$	$\vdots$
$\pi^{(\infty)} = [0.625\ \ 0.375\ \ 0.000\ \ 0.000]$	$\pi^{(\infty)} = [0.000\ \ 0.000\ \ 0.545\ \ 0.455]$

다음 체인 MC12도 보자. 이것 역시 과도기적 상태가 있으므로 비기약 체인이다.

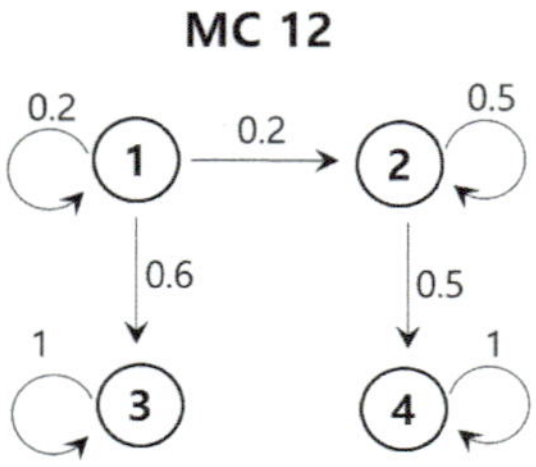

$$P = \begin{bmatrix} 0.2 & 0.2 & 0.6 & 0 \\ 0 & 0.5 & 0 & 0.5 \\ 0 & 0 & 1 & 0 \\ 0 & 0 & 0 & 1 \end{bmatrix}$$

결과를 보면 초기 상태확률 분포에 따라서 다른 극한분포가 얻어진다.

시작상태 1	시작상태 2
$\pi^{(0)} = [1.000\ \ 0.000\ \ 0.000\ \ 0.000]$	$\pi^{(0)} = [0.000\ \ 1.000\ \ 0.000\ \ 0.000]$
$\pi^{(1)} = [0.200\ \ 0.200\ \ 0.600\ \ 0.000]$	$\pi^{(1)} = [0.000\ \ 0.500\ \ 0.000\ \ 0.500]$
$\pi^{(2)} = [0.040\ \ 0.140\ \ 0.720\ \ 0.100]$	$\pi^{(2)} = [0.000\ \ 0.250\ \ 0.000\ \ 0.750]$
$\pi^{(3)} = [0.080\ \ 0.078\ \ 0.74\ \ 0.170]$	$\pi^{(3)} = [0.000\ \ 0.125\ \ 0.000\ \ 0.875]$
$\pi^{(4)} = [0.002\ \ 0.040\ \ 0.749\ \ 0.209]$	$\pi^{(4)} = [0.000\ \ 0.063\ \ 0.000\ \ 0.937]$
$\vdots$	$\vdots$
$\pi^{(\infty)} = [0.000\ \ 0.000\ \ 0.750\ \ 0.250]$	$\pi^{(\infty)} = [0.000\ \ 0.000\ \ 0.000\ \ 1.000]$

비기약 체인에서도 정상분포가 얻어지는 경우가 있다. 다음 체인 MC13은 상태 3이나 4에서 상태 1로 갈 수 없으므로 비기약 체인이다.

MC 13

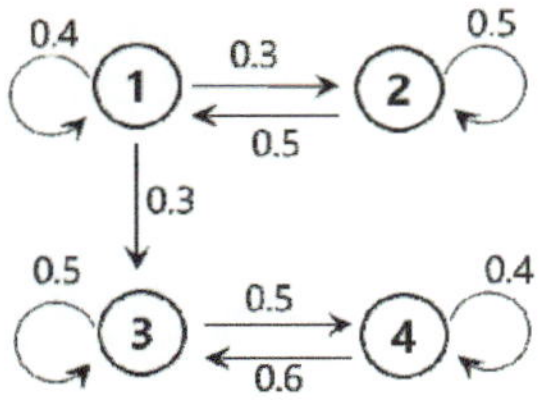

$$P = \begin{bmatrix} 0.4 & 0.3 & 0.3 & 0 \\ 0.5 & 0.5 & 0 & 0 \\ 0 & 0 & 0.5 & 0.5 \\ 0 & 0 & 0.6 & 0.4 \end{bmatrix}$$

시작조건 A	시작조건 B
$\pi^{(0)} = [1.000\ \ 0.000\ \ 0.000\ \ 0.000]$	$\pi^{(0)} = [0.000\ \ 0.000\ \ 1.000\ \ 0.000]$
$\pi^{(1)} = [0.400\ \ 0.300\ \ 0.300\ \ 0.000]$	$\pi^{(1)} = [0.000\ \ 0.000\ \ 0.500\ \ 0.500]$
$\pi^{(2)} = [0.310\ \ 0.270\ \ 0.270\ \ 0.150]$	$\pi^{(2)} = [0.000\ \ 0.000\ \ 0.550\ \ 0.450]$
$\pi^{(3)} = [0.259\ \ 0.228\ \ 0.318\ \ 0.195]$	$\pi^{(3)} = [0.000\ \ 0.000\ \ 0.545\ \ 0.455]$
$\pi^{(4)} = [0.218\ \ 0.192\ \ 0.353\ \ 0.237]$	$\pi^{(4)} = [0.000\ \ 0.000\ \ 0.545\ \ 0.455]$
$\vdots$	$\vdots$
$\pi^{(\infty)} = [0.000\ \ 0.000\ \ 0.545\ \ 0.455]$	$\pi^{(\infty)} = [0.000\ \ 0.000\ \ 0.545\ \ 0.455]$

어느 상태에서 천이를 시작하든 결국 체인은 상태 3 아니면 상태 4에 머무르게 된다. 정상분포에 도달하기는 하지만, 초기 상태확률 분포에 따라서 무수히 많은 정상분포가 존재할 수 있다.

지금까지 예로 든 체인들에서 얻은 특징들을 요약해 보자.

1) 체인이 주기적이면 극한분포는 존재하지 않는다.
2) 극한분포가 존재하지 않더라도 정상분포는 존재할 수도 있다.
3) 극한분포가 존재한다면 그것은 항상 정상분포이다.
4) 비기약 체인이면 정상분포가 여러 가지일 수 있다.
5) 상태가 유한하고 비주기적이면서 기약 체인이면 극한분포가 존재하고, 이 극한분포는 유일한 정상분포다.

3.4 마르코프 체인의 상세 균형조건과 가역성

체인이 정상상태가 되려면, 한 번의 천이에 의해 어느 한 상태에서 다른 상태로 나가는 양과 그 상태로 들어오는 양이 같아야 한다. 즉, 어느 한 상태를 기준으로 봤을 때 총유입확률과 총유출확률이 균형을 이루어야 한다.

$$\pi_j = \sum_{i \in S} \pi_i p_{ij}, \quad \text{for } all \quad j \tag{3.4.1}$$

이는 거시적 측면에서의 균형(global balance)을 정의한 것으로, 그 상태에 있을 확률 π_j는 장시간 천이하더라도 변함없이 일정하게 유지되어야 함을 의미한다.

미시적 측면에서도 균형이 이루어져야 한다. 즉, 천이가 이루어지는 모든 상태쌍에서 유입과 유출 확률이 같아야 한다.

$$\pi_i p_{ij} = \pi_j p_{ji}, \quad \text{for } all \quad i, j \tag{3.4.2}$$

이를 상세균형(detailed balance)조건이라 한다. 상태 i를 떠나 상태 j로 이동하는 비율과 그에 대응해서 상태 j를 떠나 상태 i로 거꾸로 이동하는 비율이 같아야 한다. 체인이 S개의 상태로 이루어져 있다면, 이런 상태쌍들은 $\binom{S}{2}$개 존재한다. 모든 쌍들에 대해 위의 식을 적용하면,

$$\sum_{i \in S} \pi_i p_{ij} = \sum_{i \in S} \pi_j p_{ji} = \pi_j \sum_{i \in S} p_{ji} = \pi_j \cdot 1 = \pi_j \tag{3.4.3}$$

이는 상세 균형조건이 만족되면 거시적 균형조건은 당연히 만족된다는 의미이다.

체인이 상세 균형조건을 만족하면 가역적(time-reversible)이라 한다. 가역적이란, 시간에 따라서 어떤 특성이 변하지 않음을 의미한다. 어떤 분포가 상세 균형조건을 만족하

면 평형분포이다. '미래의 상태는 현재에만 의존하고 과거와는 무관하다'는 마르코프 특성은 시간에 대해 대칭적이다. 따라서 시간을 거꾸로 돌려 해석한다면 '과거의 상태는 현재에만 의존하고 미래와는 무관하다'라고 할 수 있다. 따라서 미래와 과거를 교체할 수 있다. 단, 앞의 상세 균형조건을 만족해야 가능하다.

가역적 체인의 천이확률은 다음과 같다.

$$p_{ij} = \frac{\pi_j}{\pi_i} p_{ji} \tag{3.4.4}$$

예를 들어, $p_{ij} = 0.6$, $p_{ji} = 0.2$라면 $\pi_j = 3\pi_i$이어야 상세 균형조건이 만족된다. 이는 상태 j일 확률 π_j가 상태 i일 확률 π_i보다 3배 커야 함을 의미한다.

상세 균형조건과 가역성에 대한 좀 더 깊은 이해를 위해 다음 계산 예를 보자. 다음 그림은 가역적 체인의 예이다. 이 체인은 기약 체인이고 비주기적 체인이기 때문에 유일한 정상분포 $\pi = [1/3 \;\; 1/3 \;\; 1/3]$이 존재한다. 즉, 어떤 초기 상태로부터 천이를 시작하더라도 이 정상분포에 도달한다.

MC 14

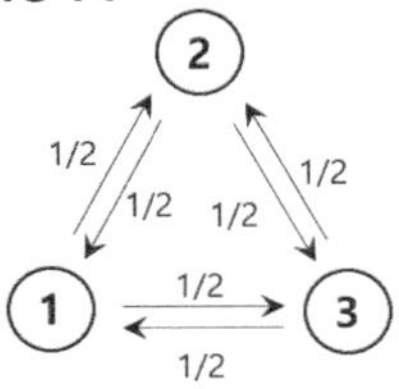

$$P = \begin{bmatrix} 0 & 1/2 & 1/2 \\ 1/2 & 0 & 1/2 \\ 1/2 & 1/2 & 0 \end{bmatrix}$$

식(3.4.2)로부터 각 상태에서의 유출과 유입 확률을 계산하면,

$$\pi_1 p_{12} = \pi_2 p_{21} \Leftrightarrow \left(\frac{1}{3} \cdot \frac{1}{2} = \frac{1}{6}\right) = \left(\frac{1}{3} \cdot \frac{1}{2} = \frac{1}{6}\right)$$

$$\pi_2 p_{23} = \pi_3 p_{32} \Leftrightarrow \left(\frac{1}{3} \cdot \frac{1}{2} = \frac{1}{6}\right) = \left(\frac{1}{3} \cdot \frac{1}{2} = \frac{1}{6}\right)$$

$$\pi_3 p_{31} = \pi_1 p_{13} \Leftrightarrow \left(\frac{1}{3} \cdot \frac{1}{2} = \frac{1}{6}\right) = \left(\frac{1}{3} \cdot \frac{1}{2} = \frac{1}{6}\right)$$

체인에 존재하는 상태들의 천이쌍에서 상세 균형조건이 만족되므로 가역적 체인이다. 이 조건이 만족되면 당연히 거시적 균형조건도 만족된다. 식(3.4.3)으로부터

$$(\pi_2 p_{21} + \pi_3 p_{31}) = \left(\frac{1}{3} \cdot \frac{1}{2} + \frac{1}{3} \cdot \frac{1}{2} = \frac{1}{3}\right) = \pi_1$$

$$(\pi_1 p_{12} + \pi_3 p_{32}) = \left(\frac{1}{3} \cdot \frac{1}{2} + \frac{1}{3} \cdot \frac{1}{2} = \frac{1}{3}\right) = \pi_2$$

$$(\pi_1 p_{13} + \pi_2 p_{23}) = \left(\frac{1}{3} \cdot \frac{1}{2} + \frac{1}{3} \cdot \frac{1}{2} = \frac{1}{3}\right) = \pi_3$$

이번에는 비가역적 체인의 경우를 보자. 이 체인 MC15도 유일한 정상분포 $\pi = [1/3 \ \ 1/3 \ \ 1/3]$이 존재한다.

MC 15

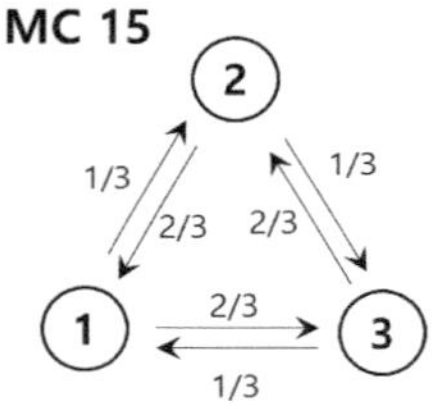

$$P = \begin{bmatrix} 0 & 1/3 & 2/3 \\ 2/3 & 0 & 1/3 \\ 1/3 & 2/3 & 0 \end{bmatrix}$$

앞에서와 같은 방식으로 각 상태에서의 유출과 유입 확률을 계산하면,

$$\pi_1 p_{12} \neq \pi_2 p_{21} \ \Leftrightarrow \ \left(\frac{1}{3} \cdot \frac{1}{3} = \frac{1}{9}\right) < \left(\frac{1}{3} \cdot \frac{2}{3} = \frac{2}{9}\right)$$

$$\pi_2 p_{23} \neq \pi_3 p_{32} \ \Leftrightarrow \ \left(\frac{1}{3} \cdot \frac{1}{3} = \frac{1}{9}\right) < \left(\frac{1}{3} \cdot \frac{2}{3} = \frac{2}{9}\right)$$

$$\pi_3 p_{31} \neq \pi_1 p_{13} \ \Leftrightarrow \ \left(\frac{1}{3} \cdot \frac{1}{3} = \frac{1}{9}\right) < \left(\frac{1}{3} \cdot \frac{2}{3} = \frac{2}{9}\right)$$

어느 천이쌍에서도 상세 균형조건은 만족되지 않는다. 하나의 천이쌍이라도 이 조건을 만족하지 않으면 비가역적이므로, 이 체인은 기약적이지만 비가역적 체인에 해당한다. MC15에서 천이가 시계 방향으로 일어날 때보다 반시계 방향일 때 확률이 더 큰 것을 볼 수 있다. 하지만 거시적 균형조건을 계산하면,

$$(\pi_2 p_{21} + \pi_3 p_{21}) = \left(\frac{1}{3} \cdot \frac{2}{3} + \frac{1}{3} \cdot \frac{1}{3} = \frac{1}{3}\right) = \pi_1$$

$$(\pi_1 p_{12} + \pi_3 p_{32}) = \left(\frac{1}{3} \cdot \frac{1}{3} + \frac{1}{3} \cdot \frac{2}{3} = \frac{1}{3}\right) = \pi_2$$

$$(\pi_1 p_{13} + \pi_2 p_{23}) = \left(\frac{1}{3} \cdot \frac{2}{3} + \frac{1}{3} \cdot \frac{1}{3} = \frac{1}{3}\right) = \pi_3$$

상세 균형조건은 만족되지 않더라도, 거시적 균형조건은 만족된다. 이로부터 상세 균형조건이 거시적 균형조건보다 더 엄격하다는 것을 알 수 있다.

정상상태 π에 도달한 체인 $\{X_0, X_1, \cdots, X_t\}$를 생각해 보자. 체인이 가역적이라면,

$$\{X_0, X_1, \cdots, X_t\} \triangleq \{X_t, X_{t-1}, \cdots, X_0\}$$

$\{X_0, X_1, \cdots, X_t\}$의 결합확률분포와 $\{X_t, X_{t-1}, \cdots, X_0\}$의 결합확률분포가 같게 된다. 즉, 시간에 무관하게 같은 분포라는 것이다. 간단히 $(X_0, X_1) \triangleq (X_1, X_0)$만 고려하면, $X_0 = X_1$이고 $\pi_0 = \pi_1$이다. 따라서 $\pi_1 = \pi_0 P$로부터 $\pi_0 = \pi_0 P$가 성립한다. 이는 가역적 체인의 초기분포는 정상분포라는 뜻이다. 결국 가역적 체인은 정상분포를 갖는다.

에르고딕 체인은 가역적이기는 하지만, 꼭 가역적이어야만 유일하고 안정적인 정상분포가 만들어지는 것은 아니다. MCMC에서 체인이 반드시 가역적일 필요는 없다.

4

CHAPTER

기각법

Rejection Sampling

이론분포란 통계학자들이 그 특징을 잘 정리해 놓은 분포들을 말한다. 예를 들어, 균등분포, 정규분포, 지수분포, 감마분포 등을 들 수 있다. 분석해야 할 목표분포가 이런 분포들에 해당한다면 표본추출은 비교적 쉽다. 대부분의 프로그램 언어나 패키지들은 이들 이론분포로부터 표본을 추출하는 난수생성기를 내장하고 있기 때문이다. 하지만 현실에서의 목표분포는 그렇지 않은 경우가 대부분이다. 예를 들어, 목표분포가 이봉(bimodal) 정규분포라 하자. 이런 분포에 대한 난수생성기를 내장함수로 제공하는 프로그램 패키지는 저자가 알기론 없다. 이 분포로부터 표본을 추출하려면 어떻게 해야 하는가?

여기에 대한 가장 쉬운 해답으로 기각법(rejection sampling)을 생각해 볼 수 있다. 목표분포 $p(x)$로부터 직접 표본추출이 불가능할 때, 표본추출이 비교적 쉬운 다른 분포 $q(x)$를 이용하는 방법이다. 이처럼 보조 역할을 하는 분포 $q(x)$를 제안분포라 한다. 이 방법은 마르코프 체인을 이용하지 않는다. 따라서 MCMC 추출방법이 아니다. 하지만 표본추출이 어느 한 가지 방법만으로 해결되지 않을 수도 있다. 이런 경우에 다른 방법과 병행해서 쓸 수 있는 가장 쉬운 방법일 수 있다. 그런 의미에서 본 장에서 다루기로 한다.

4.1 기각-채택 알고리즘

이해를 돕기 위해 예를 들어 설명하겠다. 목표분포는 이봉정규분포로 확률밀도함수는 다음과 같다.

$$p(x)=\frac{0.3}{1.5\sqrt{2\pi}}e^{-\frac{1}{2}\left(\frac{x-(-3)}{1.5}\right)^2}+\frac{0.7}{1.5\sqrt{2\pi}}e^{-\frac{1}{2}\left(\frac{x-5}{1.5}\right)^2}$$

표본추출 과정의 첫 번째는 제안분포의 선택이다. 제안분포는 어느 것이나 선택할 수 있지만, 이로부터 표본추출이 쉬워야 한다. 이 예에서는 최댓값이 b이고 최솟값이 a인 균등분포를 선택하였다. 제안분포인 이 균등분포의 확률밀도함수는 다음과 같다.

$$q(x) = \frac{1}{b-a}$$

두 번째 과정은 상수 C의 선택이다. 이 상수는 다음 조건을 만족시켜야 한다.

$$p(x) \leqq Cq(x), \quad \forall\, x, \quad 0 < C < \infty \tag{4.1.1}$$

우리는 목표분포와 제안분포의 확률밀도함수를 알고 있기 때문에 확률변수값이 선택되면, 그 위치에서의 확률밀도함수값들을 계산할 수 있다. 따라서 식(4.1.1)의 만족 여부를 판단할 수 있다. 이 식의 의미는 상수 C만큼 제안분포 $q(x)$를 확대한 값 $Cq(x)$는 확률변수 x의 전 영역에서 목표분포 $p(x)$를 감싸는 형태여야 한다는 것이다. 그래서 $Cq(x)$를 감싸는 함수(envelope function)라고도 한다. 이 조건이 만족되지 않으면 제대로 된 표본추출은 불가능하다(뒤에서 자세히 설명할 것이다).

다음 순서로는 제안분포 $q(x)$로부터 후보 표본값 x^*를 무작위추출한다. 이 예의 경우에는 $a \sim b$ 사이의 난수 하나를 선택하는 것, 즉 $x^* \sim U(a,b)$이다. 이 후보를 표본으로 채택할지는 다음 판별식으로 결정한다.

$$\begin{cases} accept\ \ x^*, & \text{if}\, u \leq \dfrac{p(x^*)}{Cq(x^*)} \\ reject\ \ x^*, & otherwise \end{cases} \tag{4.1.2}$$

이 식에서 u는 균등분포 $U(0,1)$로부터 추출된 난수인데, 앞의 제안분포의 $x^* \sim U(a,b)$와는 독립적인 별개의 것이다(제안분포가 이 예시에서처럼 균등분포가 아닌 경우를 생각하면 당연하다). 위 과정을 반복하면서 표본추출을 계속한다. 채택된 표본의 개수가 분석에 필요한 개수에 도달하면 반복을 멈춘다. 이 알고리즘을 정리하면 다음과 같다.

알고리즘 4.1 기각법(Rejection sampling)

반복 시작 $i=1$

1) 제안분포 $q(\bullet)$로부터 후보 표본추출 $x_i{}^*$

2) 균등분포 $U(0,1)$로부터 난수 추출 u

3) 만약 $u \leqq \dfrac{p(x_i{}^*)}{Cq(x_i{}^*)}$이면,

$x_i{}^*$를 표본으로 채택하고, $i=i+1$

그렇지 않으면,

$x_i{}^*$를 버림

4) 원하는 표본 개수가 얻어질 때까지

반복 종료 $i=N$

이봉정규분포 표본추출을 위한 다음 프로그램과 시뮬레이션 결과를 보자. 감싸는 함수를 위한 상수는 $C=4$를 선택하였다[1].

프로그램 4.1 기각법에 의한 이봉정규분포 시뮬레이션

```
% Rejection Sampling

clc; clear; close all;

% define the target distribution (bimodal normal density)
p = @(x) 0.3*normpdf(x,-3,1.5)+0.7*normpdf(x,5,1.5);

% range of variable x to be sampled
xMin = -8;
xMax = 12;
xRange = linspace(xMin-0.5,xMax+0.5,500);

% define the proposal distribution (uniform distribution)
C = 4;                                   % envelope constant
q = @(x) unifpdf(x,xMin,xMax);          % proposal density
```

1 실제 목표함수인 정규분포의 변수 x의 범위는 $-\infty < x < \infty$이지만, -8에서 12 사이를 제외하고는 아주 작은 값이라 이 예에서는 무시하기로 하였다. 따라서 제안분포의 범위를 $a=-8$ 및 $b=12$로 정했다. 제안분포의 확률밀도함수값은 변수값에 상관없이 $q(x)=\dfrac{1}{12-(-8)}=0.05$이다. 목표분포 확률밀도함수의 최고값은 $p(x)\approx 0.2$이다. 이 최고값은 목표분포를 미분해서 구할 수 있지만, 매트랩 내장함수 $\max\{p(x)\}$를 통해서 쉽게 알 수 있다. 따라서 식(4.1.2)의 변형인 $uCq(x) \leqq p(x)$에서 u는 항상 1보다 작기 때문에 $C=\dfrac{p(x)}{uq(x)}=\dfrac{0.2}{0.05}\approx 4$로 결정된 것이다.

```
% find the maximum value of p(x)
%max(p(x)); % p(x) = 0.1862 at x=5
% Monte Carlo Sampling
N = 10000;                      % the number of samples
acceptX = zeros(N,1); acceptU = zeros(N,1);
rejectX = zeros(100*N,1); rejectU = zeros(100*N,1);
i=1;        % for counting accepted
j=1;        % for counting rejected
while(i<=N)
    % sample a candidate from the proposal density
    xStar = unifrnd(xMin,xMax);

    % calculate the ratio of p(x)/Cq(x)
    ratio = p(xStar) / (C*q(xStar));

    % sample a random number with 0~1
    u = rand(1);

    % check the condition for acceptance
    if u < ratio
        acceptX(i) = xStar;             % samples accepted
        acceptU(i) = u;                 % for scatter plot
        i = i + 1;
    else
        rejectX(j) = xStar;             % candidates rejected
        rejectU(j) = u;                 % for scatter plot
        j = j + 1;
    end
end
rejectX = rejectX(1:j);                 % reduce the memory
rejectU = rejectU(1:j);                 % reduce the memory

acceptRate = i / (i+j)                  % acceptance rate


%% Plotting the results
figure(1); clf;

subplot(3,1,1)
plot(xRange,p(xRange),'b','linewidth',2); hold on;
plot(xRange,q(xRange),'--r','linewidth',1);
plot(xRange,C*q(xRange),'r','linewidth',2);
xlim([xMin-0.5, xMax+0.5]); ylim([0, 0.24]);
ylabel('p(x), q(x), C*q(x)', 'fontsize',14);
%legend('p(x): target pdf', 'q(x): proposal pdf', 'Cq(x): envelope function')
text(-7.8,0.215, 'Cq(x): envelop function');
text(-1.5,0.13, 'p(x): target pdf \rightarrow');
text(8,0.08, {'q(x)', 'proposal pdf'});

subplot(3,1,2)
scatter(rejectX(1:5000),rejectU(1:5000),1,'xr'); hold on
scatter(acceptX(1:5000),acceptU(1:5000),1,'ob');
title(['Accept Rate = ' (num2str(acceptRate)) ],'fontsize',9)
legend('rejected', 'accepted');
xlim([xMin-0.5, xMax+0.5]); box on;
```

```
subplot(3,1,3)
% frequency graph
nbins=100;
xbins=linspace(xMin,xMax,nbins);
counts=hist(acceptX,xbins);
fc=bar(xbins, counts/sum(counts)); hold on;
set(fc,'facecolor', [0.8 0.8 1],'barwidth',1);
xlabel('x', 'fontsize',14); xlim([xMin-0.5, xMax+0.5]); box on;
ylabel('Frequency', 'fontsize',14);
%overlay the target pdf
y = p(xbins);
plot(xbins, y/sum(y),'b','linewidth',2);
title('Results by Rejection Sampling', 'fontsize',10)
```

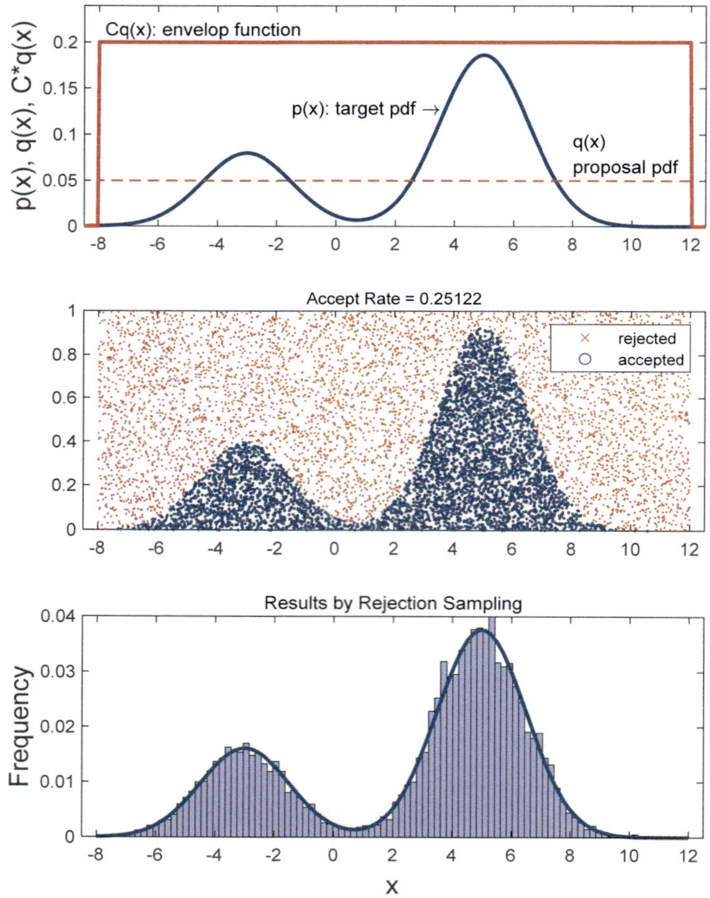

그림 4.1.1 기각법에 의한 표본추출

[그림 4.1.1]의 상단 그림을 보자. 상수 $C=4$의 선택으로 감싸는 함수 $Cq(x)$가 전 영

역에서 목표분포를 충분히 감싸고 있다. 가운데 그림은 매 추출단계에서 채택되거나 기각된 표본 후보들의 일부만 나타낸 것이다. 이 경우 채택률은 약 0.25 정도 된다. 하단 그림에서는 기각법에 의해 원하는 목표분포의 표본추출이 이루어진 것을 확인할 수 있다.

기각법의 어떤 특성이 이것을 가능하게 하는지 자세히 살펴보자. 목표분포의 모양을 보면, 확률변수값 $x = 5$일 때 가장 높은 확률밀도를 갖는 봉우리에 해당하고, $x = \sim 0.7$일 때 비교적 낮은 확률밀도를 갖는 계곡에 해당한다. 이런 모양의 분포 표본을 추출하기 위해서는 확률밀도가 높은 곳에서는 후보 표본이 자주 채택되고, 반대로 확률밀도가 낮은 곳에서는 자주 기각되어야 할 것이다. 그 판단은 식(4.1.1)을 통해서 이루어진다. 각각의 경우 비율을 계산해 보자.

봉우리:

$$\frac{p(x^*)}{Cq(x^*)} = \frac{p(x^* = 5)}{4 \times q(x^* = 5)} = \frac{0.186}{4 \times 0.05} \approx 0.93$$

계곡:

$$\frac{p(x^*)}{Cq(x^*)} = \frac{p(x^* = 0.7)}{4 \times q(x^* = 0.7)} = \frac{0.007}{4 \times 0.05} \approx 0.035$$

이 비율이 후보 채택 확률이다. 채택 여부는 비율과 0~1 사이의 난수와 비교해서 결정한다. 이는 아래의 그림과 같은 룰렛판 선택법(Roullett-wheel selection)을 의미한다. 이 경우의 룰렛판은 '채택'과 '기각'의 두 가지 경우만 존재하고 그 면적은 $\frac{p(x*)}{Cq(x*)}$에 의존한다. 이런 선택방법을 따르면, 봉우리 영역에 해당하는 확률변수값이 후보로 선택되면 이 비율이 커서 채택될 가능성이 높고, 계곡 영역에서는 비율이 낮아 후보가 기각될 가능성이 높아진다. 결국, 목표분포의 모양을 따르는 표본추출이 이루어지게 된다.

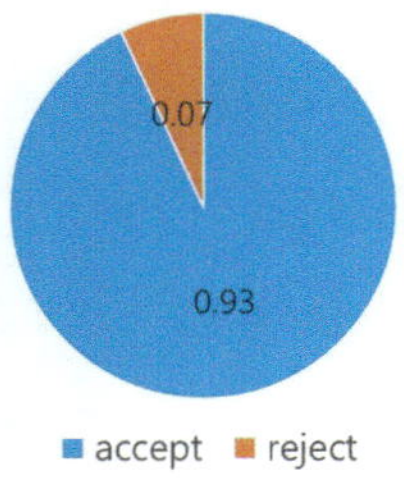

룰렛 선택법: (a) 봉우리쪽에서

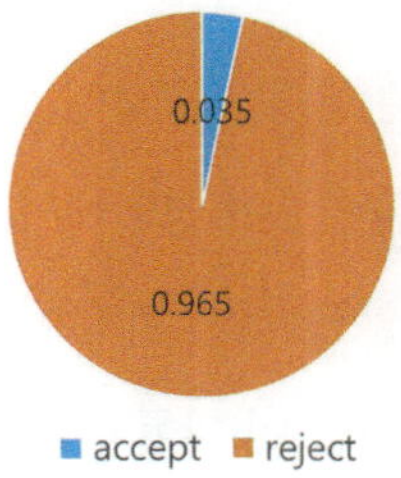

(b) 계곡쪽에서

4.2 상수 C의 영향

상수 C의 선택은 시뮬레이션 결과와 효율에 결정적인 영향을 미친다.

4.2.1 상수 C가 너무 작을 때(목표분포를 완전히 감싸지 못할 때)

상수 C의 부적절한 선택으로 식(4.1.1)의 조건이 만족되지 않으면 표본추출에 어떤 결과가 생기는지 알아보자. 제안분포는 앞의 경우와 동일한 균등분포이지만 상수는 $C=1$로 작은 값을 선택하자. 이렇게 되면 감싸는 함수는 $Cq(x)=1\times 0.05=0.05$이고 목표분포의 최고점은 $\max\{p(x)\}\approx 0.2$이기 때문에 일부 영역에서는 $uCq(x)\leq p(x)$ 조건이 만족되지 않는다. 즉, 너무 작은 상수 C를 선택했기 때문에 감싸는 함수가 목표분포를 완전히 포함하지 못한다. [그림 4.2.1]의 상단 그림을 보면, 일부 영역 $x=-4.5\sim-1.5$와 $x=2.5\sim 7.4$에서는 $Cq(x)$가 목표분포 $p(x)$보다 낮다(음영 부분).

[그림 4.2.1]의 하단 그림은 표본추출 결과이다. 목표분포와 모양이 다른 잘못된 결과가 얻어졌다. 그 이유는 감싸는 함수가 목표분포를 완전히 감싸지 못하는 영역에서는 $1<\dfrac{p(x)}{Cq(x)}$이 되기 때문이다. 게다가 판별을 위한 룰렛판 선택법에서 난수 $u\sim U(0,1)$는 1보다 작기 때문에 항상 $uCq(x)<p(x)$가 된다. 이는 $x=-4.5\sim-1.5$와 $x=2.5\sim 7.4$ 영역에서는 모든 후보들이 표본으로 채택되기만 할 뿐, 기각되지 않는다는 의미다. 이는 가운데 그림에서 확인할 수 있다. 감싸지지 않은 영역에서는 모든 표본 후보가 채택되어 파란색 기호만 존재한다. 이 영역에서 기각된 후보들은 존재하지 않는다.

감싸지지 않은 영역만 생각해 보자. 이 영역 안에서도 실제 목표분포는 높낮이가 존재한다. 하지만 기각법에서는 이 영역에서 어떤 후보 x^*가 선택되더라도 판별식 $uCq(x)<p(x)$에 의해 채택될 확률을 갖기 때문에 동일하게 취급된다. 즉, 모두 표본 후보는 채택된다. 따라서 하단 그림처럼 이 확률변수값 영역에서는 표본빈도의 높이가 같은(달리 표현하면 편평한) 결과들이 생기게 된다.

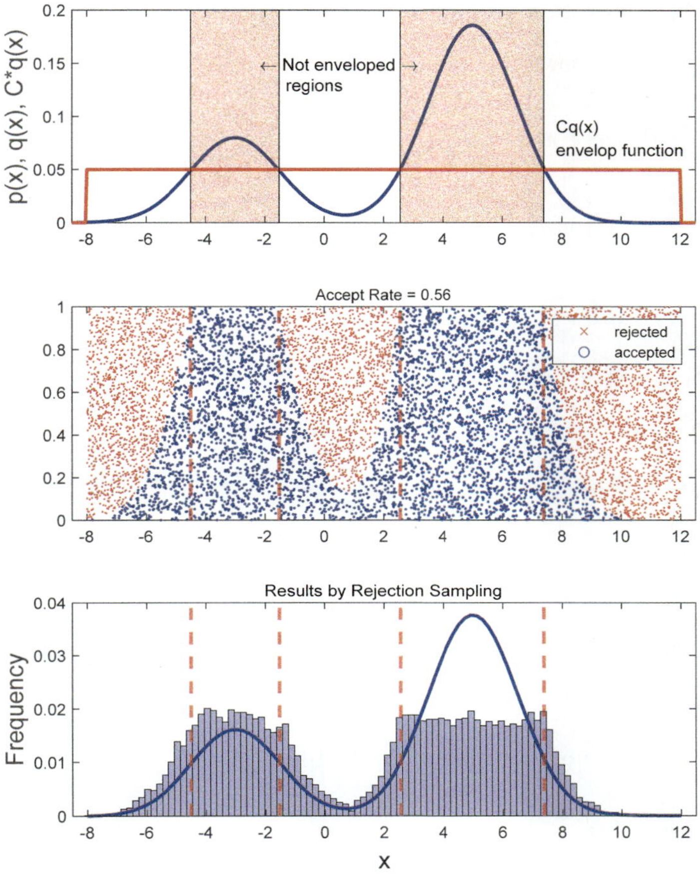

그림 4.2.1 상수 C의 중요성

따라서 너무 작은 상수 C가 선택되지 않도록 주의해야 한다.

4.2.2 상수 C가 효율에 미치는 영향

기각법에서의 효율은 $1/C$이다.

$$\Pr\left(U \le \frac{p(x)}{Cq(x)}\right) = \int_{-\infty}^{\infty} \underbrace{f_U(u)}_{=1} \int_0^{\frac{p(x)}{Cq(x)}} q(x)\,du\,dx$$
$$= \int_{-\infty}^{\infty} \frac{p(x)}{Cq(x)} q(x)\,dx = \frac{1}{C} \tag{4.2.1}$$

여기서 $f_U(u)$는 균등분포함수이다. 위 식은 다음과 같이 정리되기도 한다[2].

$$\Pr(accept|X) = \Pr\left(U \le \frac{p(x)}{Cq(x)} \,\middle|\, X\right) = \frac{p(x)}{Cq(x)}$$

$$\Leftrightarrow \sum_X \Pr(accept|X)\Pr(X=x) = \sum_X \frac{p(x)}{Cq(x)} q(x) = \frac{1}{C} \tag{4.2.2}$$

앞의 시뮬레이션 예시에서 $C=4$였으므로 채택률은 $\frac{1}{C}=\frac{1}{4}=0.25$이다. [그림 4.1.1]의 가운데 그림의 상단에 표시한 채택률에서 확인할 수 있다.

제안분포로써 균등분포를 사용한 이 예와 다른 경우를 생각해 보자. 목표분포와 제안분포의 모양이 닮은 꼴이고 상수가 $C=1$이라면, 이는 목표분포와 제안분포가 동일하다는 의미다. 이 경우에는 항상 $uCq(x) \le p(x)$ 조건이 만족되기 때문에 어떤 변수값이 후보로 선택되더라도 표본으로 채택된다. 즉, 표집 효율은 $\frac{1}{C}=\frac{1}{1}=1$, 100%이다. 따라서 표집 효율 100%인 직접추출법과 다를 바 없다.

상수 C는 1 보다는 커야 하지만 필요 이상이면 기각율이 높아져 표집 효율이 떨어지게 된다. 가능한 한, 목표분포와 닮은 꼴인 제안분포를 선택하고 상수 C도 목표분포를 완전히 감쌀 수 있는 값을 선택해야 한다.

2 M.L. Rizzo, Statistical Computing with R, Chapman & Hall/CRC, Rasouli, 2008.

5
CHAPTER

중요도추출법

Importance Sampling

보통의 MC 방법에서 표본은 목표분포 $p(x)$로부터 추출된다. 하지만 다음과 같은 경우에는 직접 $p(x)$로부터 표본을 추출하는 것이 비효율적이거나 잘못된 추정결과를 만들 수도 있다.

1) $p(x)$에서 추출된 표본을 사용하면 분산이 커지는 등 추정이 비효율적인 경우
2) $p(x)$로부터 표본추출이 불가능하거나 복잡해서 시간이 많이 걸리는 경우
3) $p(x)$의 정규화상수를 모르는 경우

이런 경우에는 목표분포 대신에 다른 확률분포 $q(x)$를 표본추출에 이용할 수 있다. 원래의 목표분포 대신에 표본추출에 사용되는 분포를 제안분포(proposal density) 또는 중요도분포(importance density)라 한다. 제안분포 $q(x)$로부터 표본을 추출해서 추정하게 되면 결과에 편향이 생기게 된다. 이러한 편향은 추출된 표본에 양(+)의 중요도가중치(importance weight)를 부여함으로써 보정할 수 있다. 이것이 중요도추출법(importance sampling)의 아이디어이다. 중요도가중치는 각 표본이 '얼마나 중요한지'를 나타내는 척도인데, 알고리즘의 이름과 연관된다. 이 알고리즘의 성능은 목표분포 $p(x)$와 제안분포 $q(x)$의 모양이 얼마나 유사한지에 따라서 아주 민감하게 달라진다. 따라서 제안분포의 선택이 중요하다.

이 추출방법은 정확히는 MCMC 방법이 아니다. 표본추출에 마르코프 체인이 사용되지 않을 뿐만 아니라, 결과물로 추출된 표본들도 상관관계가 없고 서로 독립적이다. 그럼에도 이 알고리즘을 빼고 MCMC 방법을 논하기는 쉽지 않다. 다양한 용도와 강력한 장점들이 있기 때문이다. 우리가 현실에서 부딪히는 문제 중에는 여러 가지 표본추출 알고리즘을 복합적으로 사용해야만 해결되는 경우도 많다. 이런 경우에 이 알고리즘은 중요한 역할을 할 수 있다. 예를 들어, 이 알고리즘은 순차적 몬테카를로(11장)에서 핵심 추출방법으로 사용된다.

5.1 중요도추출법에 의한 몬테카를로 적분과 분산

5.1.1 '보통'의 몬테카를로 방법에서

'보통[1]'의 몬테카를로 방법으로 함수 $g(x)$의 기댓값 $E(g(x))$를 추정한다고 하자. 기댓값은 가중평균이다. 따라서 확률변수가 어떤 확률분포를 따르느냐가 중요하다. 만약 확률변수 x가 확률분포 $p(x)$를 따른다면 기댓값 $E(g(x))$는 적분 $G=\int g(x)p(x)dx$를 구하는 것과 동일하다.

$$G = E_p(g(x)) = \int g(x)p(x)dx \tag{5.1.1}$$

목표분포 $p(x)$로부터 무작위로 N개의 표본을 추출하면, 다음 식을 통해서 기댓값을 추정할 수 있다.

$$E_p(g(x)) \approx \hat{G}_N = \frac{1}{N}\sum_{i=1}^{N} g\left(x^{(i)}\right) \tag{5.1.2}$$

이 식들에서 기호 E_p의 아래 첨자 p는 확률분포 $p(x)$에 의해 평가된 기댓값이라는 의미다. 만약 표본들이 서로 독립적이라면 이 추정치는 편향되지 않은(unbiased) 것이다.

이 추정치의 분산은

$$Var\left(\hat{G}_N\right) = Var\left(\frac{1}{N}\sum_{i=1}^{N} g\left(x^{(i)}\right)\right) = \frac{1}{N} Var(g(x)) = \frac{\sigma_G^2}{N} \tag{5.1.3}$$

1 '보통'이란 '일반적인' 또는 '표준'의 의미로, 영어로는 crude 또는 standard Monte Carlo로 쓸 수 있겠다. 여기서는 특별한 형태인 중요도추출법과 구분하기 위해 사용하였다.

여기서 $\sigma_G^2 = Var(g(x))$는 다음과 같이 정의된다.

$$\sigma_G^2 = Var(g(x)) = \int [g(x) - E(g(x))]^2 p(x) dx \tag{5.1.4}$$

이 식은 실제 몬테카를로 추정치의 분산을 계산하는 데는 유용하지 않다. $E(g(x))$을 모르기 때문이다. 대신에 표본을 이용해서 $\sigma_G^2 = Var(g(x))$의 불편추정치를 구할 수 있다.

$$\hat{\sigma}_G^2 = \widehat{Var}(g(x)) = \frac{1}{N-1} \sum_i \left(g(x^{(i)}) - \hat{G}_N\right)^2 \tag{5.1.5}$$

따라서 식(5.1.3)의 기댓값 추정치의 분산에 대한 추정치는 다음으로부터 계산할 수 있다.

$$Var\left(\hat{G}_N\right) = \frac{1}{N} \hat{\sigma}_G^2 = \frac{1}{N(N-1)} \sum_i \left(g(x^{(i)}) - \hat{G}_N\right)^2 \tag{5.1.6}$$

참고로 식(5.1.5)와 식(5.1.6)에서 $\frac{1}{N-1}$은 표본의 개수가 어느 정도 이상(대략 $N > 25$)이면 $\frac{1}{N}$으로 사용하더라도 불편추정치로 볼 수 있다.

[그림 5.1.1]을 보자. 보통의 추출방법에 의한 몬테카를로 적분 개념을 나타낸 것으로, 식(5.1.1)의 기댓값 $E(g(x))$ 추정이 곡선 $g(x)p(x)$ 아래의 면적을 구하는 일, 즉 적분과 동일한 것임을 보인다. 이 예에서는 $p(x)$가 균등분포이기 때문에 이를 $g(x)$에 곱하더라도 $g(x)p(x)$에는 모양 변화가 없는 특별한 경우에 해당한다.

적분 과정을 자세히 살펴보자. 목표분포 $p(x)$로부터 표본 $x^{(i)}$들을 추출한다. 중간 그림의 가로축에 있는 빨간 기호들이다. 이 경우에는 균등분포이므로 확률변수 x의 해당 영역에서 고르게 추출되었다. 이 표본 $x^{(i)}$들을 피적분함수에 입력해서 함수값 $g(x^{(i)})$를 얻는다. 이 값들을 세로축에 파란 기호로 표현하였다. 이들을 모두 더해서 표본 개수로 나누면, 피적분함수 $g(x)$의 기댓값 $E(g(x))$ 추정치가 된다.

문제는 이 추정과정에서의 효율이다. 확률변수값이 $\sim 3 < x$인 영역에서($g(x)$의 오른

쪽인 꼬리 부분) 추출된 표본들은 피적분함수값 $g(x)$가 거의 0에 가깝기 때문에, 달리 말하자면 중요하지 않은 영역에 해당하기 때문에 $g(x)$의 적분에 기여하는 바가 적다. 이 예시에서도 이런 표본들이 전체 표본 개수의 절반 정도에 달한다. 피적분함수의 중요하지 않은 영역에 할당된 표본들은 결국 낭비된 셈이다. 추정치의 분산이 커지는 이유다. 많은 표본을 사용했지만, 표본들이 효과적으로 사용되지 못했기 때문에 분산이 큰 추정치를 얻게 된다. 비효율적이다. 그 근본 원인은 표본을 추출하는 목표분포 $p(x)$의 선택에 있다.

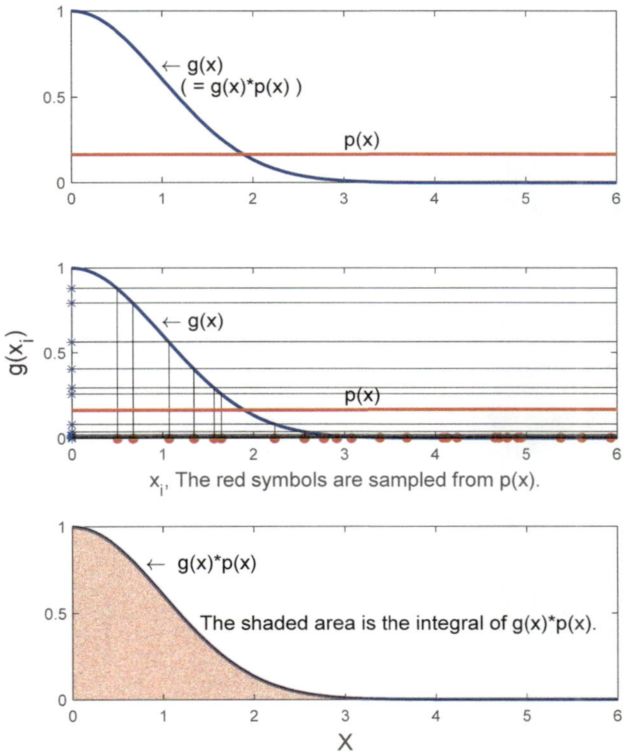

그림 5.1.1 기댓값 $E(g(x))$를 추정하기 위한 보통의 몬테카를로 적분

5.1.2 중요도추출 몬테카를로 방법에서

목표분포 $p(x)$ 대신에 다른 확률분포 $q(x)$로부터 표본을 추출할 수도 있다. 예를 들어, $p(x)$가 아주 복잡한 경우라면 역변환법이나 기타 다른 방법으로도 직접 표본을 추출하기

어려울 수 있다. 또는 직접 추출이 가능하더라도 앞에서 설명한 것처럼 어떤 함수의 기댓값을 구하는 경우에 상당수 표본들의 추정 기여도가 실질적으로 적을 수도 있다. 이런 경우에 $p(x)$ 대신에 표본추출이 쉬운 임의의 확률분포 $q(x)$를 사용해서 그 효율을 높일 수 있다. 이처럼 제안분포 $q(x)$를 사용하는 경우에 식(5.1.1)은 다음과 같이 바뀌 쓸 수 있다.

$$\begin{aligned} G &= \int g(x)p(x)dx \\ &= \int g(x)\frac{p(x)}{q(x)}q(x)dx = \int g(x)w(x)q(x)dx \\ &= E_q\left(g(x)\frac{p(x)}{q(x)}\right) = E_q(g(x)w(x)) \end{aligned} \tag{5.1.7}$$

위 식을 보면, 분모와 분자에 같은 값을 곱하더라도 결과에는 변함이 없는, 즉 $\frac{p(x)}{1}\frac{q(x)}{q(x)} = p(x)$인 특성을 이용하고 있다. 이것이 중요도추출법의 핵심 개념으로, $p(x)$ 대신에 $q(x)$를 사용할 수 있는 근거가 된다. 단, 제안분포를 선택할 때는 $g(x)p(x) \neq 0$인 영역에서 $q(x) > 0$이어야 한다.

제안분포 $q(x)$로부터 무작위로 N개의 표본을 추출하면, 다음 식을 통해서 기댓값을 추정할 수 있다.

$$E_q\left(g(x)\frac{p(x)}{q(x)}\right) \approx \hat{G}_N = \frac{1}{N}\sum_{i=1}^{N} g(x^{(i)})\frac{p(x^{(i)})}{q(x^{(i)})} = \frac{1}{N}\sum_{i=1}^{N} g(x^{(i)})w(x^{(i)}) \tag{5.1.8}$$

여기서 기호 E_q의 아래 첨자 q는 확률분포 $q(x)$에 의해 평가된 기댓값이라는 의미다. 이 식들에서 $w(x)$를 중요도함수(importance function) 또는 중요도가중치(importance weights)라 한다.

$$w(x) = \frac{p(x)}{q(x)} \tag{5.1.9}$$

이 가중치의 역할은 원래의 분포 $p(x)$ 대신에 다른 분포 $q(x)$를 사용한 데서 생기는 편향을 제거하기 위한 것이다.

이 추정치의 분산은

$$Var(\hat{G}_N) = Var\left(\frac{1}{N}\sum_{i=1}^{N} g(x^{(i)})\frac{p(x^{(i)})}{q(x^{(i)})}\right) = \frac{1}{N} Var\left(g(x)\frac{p(x)}{q(x)}\right) \tag{5.1.10}$$

위 식에서 마지막 항 $Var\left(g(x)\frac{p(x)}{q(x)}\right)$는 다음과 같이 정의된다.

$$\begin{aligned} Var\left(g(x)\frac{p(x)}{q(x)}\right) &= E_q\left[\left(g(x)\frac{p(x)}{q(x)}\right)^2\right] - G^2 \\ &= \int \left(g(x)\frac{p(x)}{q(x)}\right)^2 q(x)dx - G^2 \\ &\qquad \because E_q\left[\left(g(x)\frac{p(x)}{q(x)}\right)^2\right] = E_p\left[(g(x))^2\frac{p(x)}{q(x)}\right] \\ &= E_p\left[(g(x))^2\frac{p(x)}{q(x)}\right] - G^2 \end{aligned} \tag{5.1.11}$$

이는 다음 식을 통해 표본으로부터 추정될 수 있다.

$$\hat{\sigma}_G^2 = \widehat{Var}\left(g(x)\frac{p(x)}{q(x)}\right) = \widehat{Var}(g(x)w(x)) = \frac{1}{N}\sum_{i=1}^{N}\left(g(x^{(i)})w(x^{(i)}) - \hat{G}_N\right)^2 \tag{5.1.12}$$

따라서 식(5.1.10)의 기댓값 추정치의 분산에 대한 추정치는 다음과 같이 정리된다.

$$\begin{aligned} Var(\hat{G}_N) &= \frac{1}{N} Var\left(g(x)\frac{p(x)}{q(x)}\right) = \frac{1}{N}\left(E_p\left[(g(x))^2\frac{p(x)}{q(x)}\right] - G^2\right) \\ &= \frac{1}{N}\left(\frac{1}{N}\sum_{i=1}^{N}\left(g(x^{(i)})w(x^{(i)}) - \hat{G}_N\right)^2\right) \end{aligned} \tag{5.1.13}$$

다음 [그림 5.1.2]를 보자. 이는 $g(x)p(x)$와 모양이 비슷한 지수분포를 제안분포 $q(x)$로 선택한 경우에 기댓값 $E(g(x))$의 추정과정을 나타낸 것이다. 우리가 추정하려는 것은 곡선 $g(x)\dfrac{p(x)}{q(x)}$ 아래의 면적이다. 이 예시에서는 $p(x)$와 $q(x)$의 영향으로 인해 곡선 $g(x)\dfrac{p(x)}{q(x)}$와 $g(x)$의 모양이 달라진 것을 볼 수 있다.

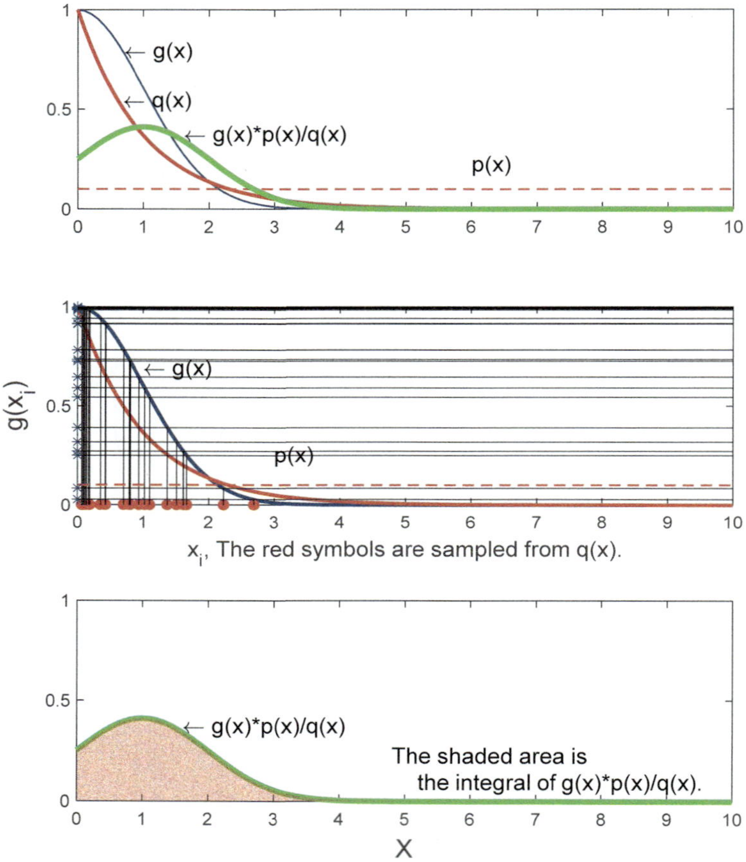

그림 5.1.2 기댓값 $E(g(x))$를 추정하기 위한 중요도추출 몬테카를로 적분

적분 과정을 자세히 보자. 먼저 제안분포 $q(x)$로부터 표본 $x^{(i)}$들을 추출한다. 제안분포의 특징에 따라 표본들은 지수분포의 평균인 $x=1$ 부근에 집중되고, 나머지 확률변수값이 큰 영역에서는($g(x)$의 오른쪽인 꼬리 부분) 드물게 추출될 것이다. 가운데 그림의 가로축에 있는 빨간 기호들을 보라. 추정하려는 함수의 중요한(함수값이 높은) 영역에 많은 표본들이 할당되고[2] 함수값이 낮은 영역에는 표본이 아예 할당되지 않았다. [그림 5.1.1]의 보통의 추출방법과는 다른 점이다. 이런 표본들로 함수의 평균값을 추정한다면,

함수의 중요한 영역이 평가에 주로 포함된다는 측면에서 추정이 효율적일 수는 있다. 하지만, 이 표본 $x^{(i)}$들을 식(5.1.2)에 바로 대입한다면 편향된 추정치를 얻게 된다. 이 편향의 원인은 원래의 목표분포 $p(x)$ 대신에, 모양이 다른 제안분포 $q(x)$로부터 표본을 추출했기 때문이다.

이러한 편향을 보정하기 위한 항이 식(5.1.9)의 중요도가중치이다. 이 가중치를 사용해서 각 표본들의 함수값을 보정해야 한다. 이 보정된 값들을 평균해야 올바른 기댓값 추정치를 얻을 수 있다.

5.1.3 중요도함수의 역할

앞에서 제안분포의 사용으로 인해 추정치에 편향이 생긴다고 하였다. 이 편향은 추정치가 참값보다 높은 값을 갖게 되는 것을 의미한다. 이 예에서 제안분포 $q(x)$는 추정하려는 함수값 $g(x)$가 높은 영역에서는 원래의 목표분포 $p(x)$보다 표본을 과도하게 많이 추출한다. 이는 의도적으로 피적분함수의 중요한 영역(함수값이 높은)에 많은 표본이 할당되는 모양을 가진 제안분포를 선택했기 때문이다. 이런 선택은 피적분함수와 제안분포의 모양이 비슷해지는 결과를 낳는다. 원래의 목표분포 $p(x)$보다 높은 함수값을 갖는 표본들이 많기 때문에 그 표본들에는 상대적으로 낮은 가중치를 부여해서 추정에 기여하는 정도를 줄여야 한다.

다음 [그림 5.1.3]의 중요도함수를 살펴보자. 참고로 모든 중요도함수가 그림과 같은 모양을 갖는 것은 아니다. 중요도함수는 식(5.1.9)에서 보는 것처럼 목표분포와 제안분포의 비율 $w(x) = \dfrac{p(x)}{q(x)}$이다. 따라서 비율을 구성하는 두 분포의 특성에 의존해서 다른 모양을 가질 수 있음을 염두에 두어야 한다.

2 이런 의미에서 이 알고리즘의 이름을 중요도추출법 대신에 중요부추출법으로도 부를 수 있다.

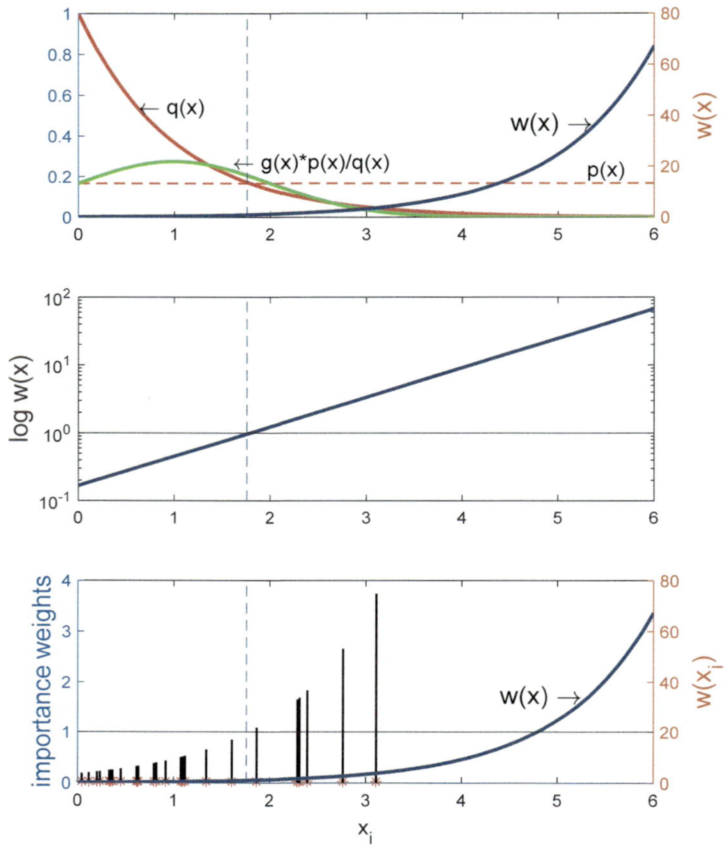

그림 5.1.3 중요도함수와 중요도가중치

[그림 5.1.3]에서 주목할 부분은 $q(x) > p(x)$인 상황에서는 $\left(w(x) = \dfrac{p(x)}{q(x)}\right) < 1$이라는 점이다. 상단 그림의 왼쪽 부분에서 제안분포 $q(x)$가 감소되다가 목표분포 $p(x)$와 만나는 지점이 있다. 그 지점을 기준으로 왼쪽의 표본들은 가중치가 1 이하이다. 이는 가운데 그림과 하단 그림에서 더 자세히 확인할 수 있다. 하단 그림에서 막대들은 $q(x)$로부터 추출된 표본들의 가중치를 나타낸 것으로 그 높이는 가중치의 크기에 비례한다. 즉, 제안분포 $q(x)$가 목표분포 $p(x)$보다 더 높은 영역, 달리 표현하면 사실보다 과도하게 표본이 추출되는 영역에서는, 표본들에 1 보다 작은 가중치가 할당된다. 이는 그 영역에 있는 표본들이 기댓값 추정에 기여하는 정도를 줄이는 조치다. 이와 반대로 표본들이 사실보다 드물게 뽑히는 영역에서는, 즉 $p(x) > q(x)$인 영역에서는 가중치는 $\left(w(x) = \dfrac{p(x)}{q(x)}\right) > 1$이 할당된다. 해당 표본이 추정에 기여하는 정도를 높여주는 조치다.

5.2 중요도추출법 알고리즘

이상에서 설명한 중요도추출법의 알고리즘을 요약하면 다음과 같다.

알고리즘 5.2 중요도추출법 알고리즘

1) 제안분포 $q(x)$를 선택한다. 그 모양은 $g(x)p(x)$와 비슷한 것이 좋다.
2) 제안분포로부터 N개의 표본 $x^{(i)}$를 추출한다.

$$x^{(i)} \sim q(x)$$

3) 추출된 각 표본들의 가중치를 계산한다.

$$w(x^{(i)}) = \frac{p(x^{(i)})}{q(x^{(i)})}$$

4) 다음 식으로 기댓값을 추정한다.

$$\hat{G}_N = \frac{1}{N}\sum_{i=1}^{N} g(x^{(i)})\frac{p(x^{(i)})}{q(x^{(i)})} = \frac{1}{N}\sum_{i=1}^{N} g(x^{(i)})w(x^{(i)})$$

5.3 몇 가지 예제들

예제 5.3.1

확률변수 X가 구간 $x \sim U(a=0, b=10)$에서 균등분포한다. 함수 $g(x) = \exp(-0.5x^2)$의 기댓값을 몬테카를로 방법으로 추정해 보자. 보통의 추출방법과 중요도추출법, 두 가지를 적용하기로 한다. 후자의 경우, 제안분포로는 평균이 1이고 $x=10$에서 끝이 절단된 지수분포, 즉 $q(x) = \dfrac{\exp(-x)}{1-\exp(-10)}$을 사용한다. 이 예제에서 강조하고 싶은 점은 두 방법의 분산 차이가 어느 정도인가이다.

[풀이]

주어진 문제는 다음과 같이 요약된다.

$$p(x) = \frac{1}{b-a} = \frac{1}{10},\ q(x) = \frac{\exp(-x)}{1-\exp(-10)}$$

$$G = E(g(x)) = \int \exp(-0.5x^2)\left(\frac{1}{10}\right)dx \approx 1.2533$$

보통의 몬테카를로 방법으로 이 함수의 기댓값을 추정하는 절차는 다음과 같다.

1) N개의 표본을 $p(x)$로부터 추출한다. 즉, $x^{(i)} \sim U(0,10)$.

2) 식(5.1.2) 및 식(5.1.3)으로 함수의 기댓값 추정치 및 그 분산을 계산한다.

이번에는 중요도추출법으로 추정하는 절차를 보자.

1) N개의 표본을 $q(x)$로부터 추출한다. 즉, $x^{(i)} \sim q(x)$.

$u \sim U(0,1)$로부터 균등난수를 추출한 뒤, 다음 식에 대입하면

$0 \sim 10$ 사이의 제안분포 표본을 추출할 수 있다(역변환법[3]).

$$x = -\ln(1-(1-\exp(-10))u)$$

2) 식(5.1.8) 및 식(5.1.10)으로 함수의 기댓값 추정치 및 그 분산을 계산한다.

다음 프로그램을 참고하라. $N = 10^4$개의 표본을 사용했을 때, 두 방법 모두 추정치는 해석적으로 구한 1.253 근방이지만, 분산은 각각 $Var(\widehat{G}_{N,CR}) = 7.0 \times 10^{-4}$과 $Var(\widehat{G}_{N,IS}) = 1.5 \times 10^{-5}$로 얻어졌다. 피적분함수와 모양이 비슷한 제안분포의 선택으로 47배의 분산 감소의 효과를 얻은 것이다. [그림 5.3.1]은 추정과정을 나타낸 것이다. 참고로 하단 그림에서는 간단한 표현을 위해 100개 표본만 표시하였다.

---

3 분포함수는 $F(x) = \int_0^x \frac{\exp(-x)}{1-\exp(-10)}dt = \left(\frac{1}{1-\exp(-10)}\right)\exp(-t)\Big|_0^x = \frac{1-\exp(-x)}{1-\exp(-10)}$ 이므로, $u \sim U(0,1)$을 $u = \frac{1-\exp(-x)}{1-\exp(-10)}$로 놓은 뒤, x에 대해 정리하면 얻을 수 있다.

프로그램 5.3.1 함수 $g(x)=\exp(-0.5x^2)$의 기댓값 추정

```
% Compare the crude MC and the importance sampling method.
%     g = exp(-0.5*x.^2)
clc; clear;

N =10000;        % number of samples
x = zeros(N,1);

a = 0;         % lower bound of the target variable
b = 10;          % upper bound of the target variable

g = @(x) exp(-0.5*x.^2);              % function to be estimated
p = @(x) unifpdf(x,a,b);              % target density
q = @(x) exp(-x) / (1-exp(-10));      % proposal density
w = @(x) p(x) ./ q(x);                 % weight function

%%%%%%%%%%%%%  crude MC: sample x from p(x)=U(a,b)
y = zeros(N,1);
y = unifrnd(a,b,N,1);               % samples from p(x)
gy = (b-a) .* g(y);                 % evaluate the function
crudeMCmean = mean(gy)              % crude MC estimator
crudeMCvar = var(gy)/N              % crude MC variance

%%%  importance sampling MC: sample x from q(x)
x = -log(1-(1-exp(-10))*unifrnd(0,1,N,1));
g1 =  (b-a) * g(x) .* p(x) ./ q(x); % =(b-a)*g(x).*w(x);
isMCmean = mean(g1)                 % importance MC estimator
isMCvar = var(g1)/N                 % importance MC variance

%%%%%%%%%%%%%%%%%%%%%%%%%%%%%%%%%%%%%%%%%%%%%%%%%%%%%%%%%%%%
figure(1); clf
xMin = a; xMax = b;
nbins = 100;
xbins = linspace(xMin,xMax,nbins);

subplot(4,1,1)
counts = hist(y,xbins);
fc = bar(xbins, counts/sum(counts)); hold on
set(fc,'facecolor', [1 0.8 1],'barwidth',1);
plot(xbins, p(xbins)/sum(p(xbins)), 'r-','linewidth', 2);
plot(xbins, g(xbins)/sum(g(xbins)), 'b-','linewidth', 2);
text(1,0.05,'\leftarrow g(x) ', 'fontsize',14);
text(5,0.02,'p(x) ', 'fontsize',14);

subplot(4,1,2)
counts = hist(x,xbins);
fc = bar(xbins, counts/sum(counts));
set(fc,'facecolor', [0.8 0.8 1],'barwidth',1); hold on
plot(xbins, q(xbins)/sum(q(xbins)), 'r-','linewidth', 2);
plot(xbins, g(xbins)/sum(g(xbins)), 'b-','linewidth', 2);
text(0.2,0.09,'\leftarrow q(x) ', 'fontsize',14);
text(1,0.05,'\leftarrow g(x) ', 'fontsize',14);
```

```
subplot(4,1,[3;4])
plot(xbins, g(xbins)/sum(g(xbins)), 'b-','linewidth', 2); hold on;
plot(xbins, q(xbins)/sum(q(xbins)), 'r-','linewidth', 2);
plot(xbins, p(xbins)/sum(p(xbins)), 'r--','linewidth', 1);
plot(xbins, w(xbins)/sum(w(xbins)), 'g-','linewidth', 3);
xlabel('x','fontsize',18);
scatter(x(1:100,1),0*ones(100,1),'*r');
bar(x(1:100,1), w(x(1:100,1))/sum(w(x(1:100,1))),'k','linewidth',1);
text(8,0.05,'w(x) \rightarrow', 'fontsize',14);
text(3,0.03,'\leftarrow importance weights', 'fontsize',14);
hold off
```

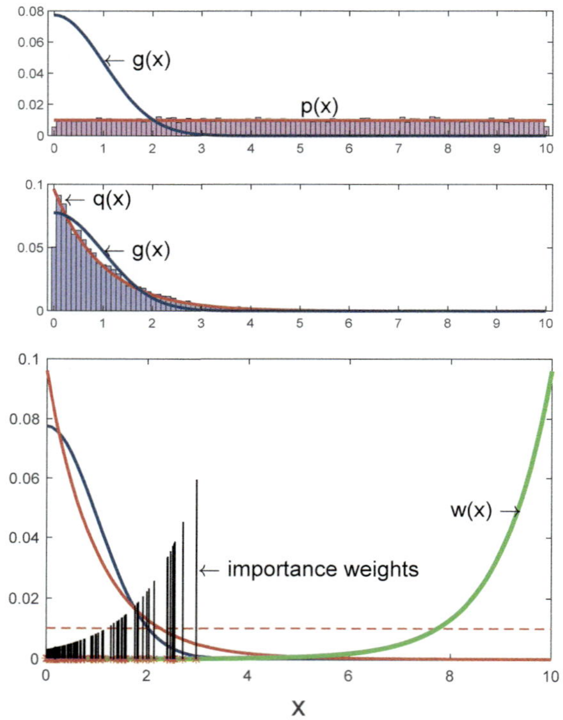

그림 5.3.1 [예제 5.3.1]의 함수 $g(x) = \exp(-0.5x^2)$의 기댓값 추정과정

예제 5.3.2

확률변수 X가 평균 0, 분산 1인 정규분포를 따른다. 즉, $x \sim N(0,1)$이다. 이 확률변수가 $Z > 3$일 확률은 얼마인가? 몬테카를로 방법으로 추정해 보자.

[풀이]

주어진 문제에서 기댓값을 구해야 하는 함수 $g(x)$는 다음과 같이 정의된다.

$$g(x) = I_{\{X>z\}} = \begin{cases} 1, & X > z \\ 0, & otherwise \end{cases}$$

지시함수 $I_{\{X>z\}}$는 조건 $X > z$가 만족되면 1이고 그렇지 않으면 0이다. 확률변수가 정규분포를 따르기 때문에 문제에 주어진 확률은 다음의 수식으로 표현할 수 있다.

$$\Pr(X > z) = \int_{z=3}^{\infty} N(0,1)dx = \int_{-\infty}^{\infty} g(x)p(x)dx$$
$$= \int_{-\infty}^{\infty} I_{\{X>z\}} \frac{1}{\sqrt{2\pi}} \exp\left(-\frac{x^2}{2}\right)dx$$

먼저 정답을 알아보자. 이 확률은 매트랩 함수 normcdf를 사용해서 간단히 구할 수 있다.

$$G = \Pr(X > 3) = 1 - normcdf(3,0,1) \approx 0.0013$$

보통의 몬테카를로 방법으로 이 함수의 기댓값을 추정하는 절차는 다음과 같다.

1) N개의 표본을 $p(x)$로부터 추출한다. 즉, $x^{(i)} \sim N(0,1)$.
2) 조건 $x^{(i)} > z$를 만족하는 표본 개수를 모두 더해 $N_h = \Sigma_{i=1}^{N} I_{\{x^{(i)}>3\}}$를 구한다.
3) N_h를 사용된 총 표본 개수 N으로 나눈다.

추정치는 다음과 같다.

$$\hat{G}_N = \frac{1}{N}\sum_{i=1}^{N} g(x^{(i)}) = \frac{1}{N}\sum_{i=1}^{N} I_{\{x^{(i)}>3\}} = \frac{N_h}{N}$$

추정치의 분산은 이 방법이 적중법(hit–and–miss method)에 해당하므로 다음의 수식으로 계산하는 것이 좋다. 식(2.3.6)을 사용하더라도 큰 차이는 없다.

$$Var(\hat{G}_N) = \frac{1}{N} Var(G) = \frac{1}{N} \hat{G}_N (1 - \hat{G}_N) \approx \frac{1}{N}(0.0013)$$

만약 $N = 10^4$개의 표본을 사용한다면, 그 분산 추정치는

$Var(\hat{G}_N) = \dfrac{(0.0013)(1-0.0013)}{10^4} = 1.3 \times 10^{-7}$ 정도가 될 것이다.

이번에는 중요도추출법으로 추정하는 절차를 보자.

1) N개의 표본을 $q(x)$로부터 추출한다. 즉, $x^{(i)} \sim N(z,1)$.

2) 조건 $x^{(i)} > z$를 만족하는 표본 개수 N_h를 총 표본 개수 N으로 나눈다.

추정치는 다음과 같다.

$$\begin{aligned}\hat{G}_N &= \frac{1}{N}\sum_{i=1}^{N} g(x^{(i)}) \frac{p(x^{(i)})}{q(x^{(i)})} = \frac{1}{N}\sum_{i=1}^{N} g(x^{(i)}) w(x^{(i)}) \\ &= \frac{1}{N}\sum_{i=1}^{N} I_{\{x^{(i)} > 3\}} w(x^{(i)})\end{aligned}$$

추정치의 분산은 식(5.1.3)을 사용해서 계산한다.

$$Var(\hat{G}_N) = \frac{1}{N}\left(\frac{1}{N}\sum_{i=1}^{N}\left(I_{\{x^{(i)} > 3\}} w(x^{(i)}) - \hat{G}_N\right)^2\right)$$

다음 프로그램으로 결과를 확인해 보라.

프로그램 5.3.2 정규분포 꼬리 부분 확률 추정

```
% Importance Sampling for Rare event
% Assume that random variable x is N(0,1) distributed.
% Find the probability of X>z.
% g(x) = Pr(x>z) = 1 - normcdf(z,mu,sigma)
clc; clear;
%rng(1234,'twister');

N =10000;             % number of samples
x = zeros(N,1);       % samples by importance sampling
y = zeros(N,1);       % samples by crude Monte Carlo

z = 3;

% True probability
g = 1- normcdf(z)      % propbability
varMC = g*(1-g)/N      % variance by the hit-and-miss method


%%%%%%%%%%% naive MC  %%%%%%%%%%%%%%%%%
% sampling from p(x) and evaluating y = I_{X>z}
y = normrnd(0,1,N,1)>z;
% naive MC results
naiveMCmean =mean(y)
naiveMCvar = var(y)/N


%%%%%%  importance sampling MC  %%%%%%%%%%%%%
% define the target and the proposal density
p = @(x) normpdf(x,0,1);    % target density
q = @(x) normpdf(x,z,1);    % proposal density
W = @(x) p(x) ./ q(x);      % weight of samples

for i = 1:N
    xStar = normrnd(z,1);         % sampling from q(x)
    % evaluate the weight by p(x)/q(x)
    w(i) = exp(log(p(xStar)) - log(q(xStar)));
    % g(x)*w(x)
    x(i) = (xStar>z) * w(i);     % (xStar>z) = g(x) = I_{X>z}
end

% importance sampling MC results
importanceMCmean = mean(x)
importanceMCvar1 = var(x)/N
importanceMCvar2 = (1/N)*sum((x - importanceMCmean).^2) /N
```

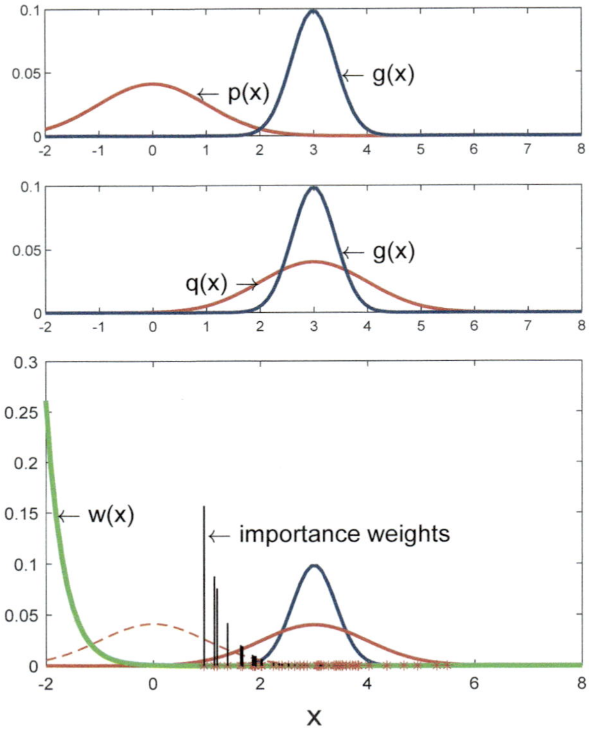

그림 5.3.2 정규분포 꼬리 부분의 확률 추정에서 중요도함수와 중요도가중치

평균 추정치는 두 가지 방법 모두 0.0013이다. 하지만 추정치의 분산은 크게 감소된다. 중요도추출법의 경우 분산은 대략 $Var(\widehat{G}_{N,IS}) = 6.0 \times 10^{-10}$ 정도로, 보통의 방법에서의 분산 $Var(\widehat{G}_{N,CR}) = 1.0 \times 10^{-7}$보다 170배 정도 줄어든다.

지금처럼 정규분포를 제안분포로 사용하는 것도 분산을 줄이는 한 가지 방법이기는 하지만, 끝이 절단된 지수분포(truncated exponential density)를 사용하는 것이 더 효과적일 수도 있다. 문제에서 주어진 정규분포의 오른쪽 꼬리 부분 $(Z > x)$를 확대해 보면, 지수분포와 유사한 모양이기 때문이다. 왼쪽 끝이 z만큼 오른쪽으로 이동한 평균 1인 지수분포의 확률밀도함수는 $q(x) = \exp(-(z-x))$이고, 이 확률밀도를 가진 표본추출을 위해서는 $z = exprnd(1) + z$에 의해 난수를 발생시키면 된다. 중요도가중치는 다음과 같이 계산한다.

$$w(x)=\frac{p(x)}{q(x)}=\frac{\frac{1}{\sqrt{2\pi}}\exp\left(-\frac{x^2}{2}\right)}{\exp(-(z-x))}$$

이 상황은 다음 [그림 5.3.3]과 같다. 추정을 위한 표본은 정규분포의 꼬리 부분에서만 추출된다.

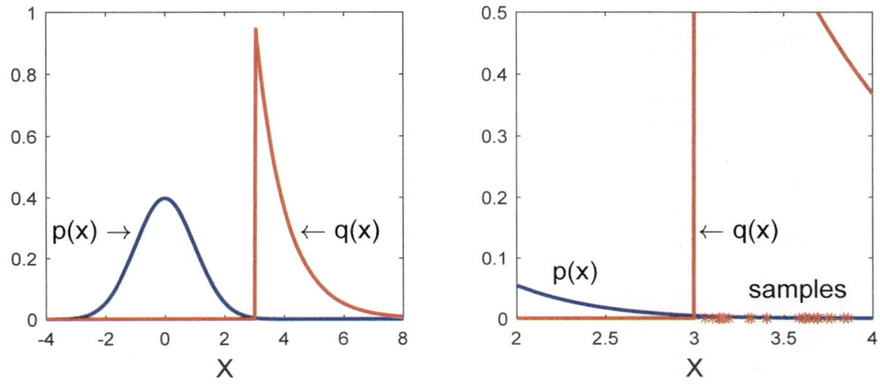

그림 5.3.3 정규분포 꼬리 부분의 확률 추정을 위한 제안분포로서의 지수분포

분산은 난수종자값에 따라 실행할 때마다 다르지만, 보통의 방법보다 대략 400배 이상 감소한다. 이 프로그램은 생략한다.

만약, 주어진 문제가 $\Pr(X > z=5)$였다면, 보통의 몬테카를로 방법으로는 추정하지 못하는 경우도 생길 수 있다.

$$G=\Pr(X>5)=1-normcdf(5,0,1)\approx 2.8665\times 10^{-7}$$
$$Var(G)=(2.8665\times 10^{-7})(1-2.8665\times 10^{-7})=2.8665\times 10^{-7}$$

이는 $N=10^7$의 반복시행에서도 조건을 만족하는 경우는 1번 정도 생길 수 있다는 의미다. 따라서 $N=10^4$ 정도의 반복시행에서는 추정치가 0인 경우가 대부분이므로 추정에 실패하게 된다. 중요도추출법의 효용성을 알 수 있는 대목이다.

5.4 제안분포의 선택

중요도추출법에서는 제안분포를 부주의하게 선택하면 안 된다. 적절한 제안분포는 추정치의 분산을 줄이지만(그림 5.4.1(a)), 부적절한 제안분포(그림 5.4.1(c))는 오히려 분산을 증가시키기 때문이다. 적절한 제안분포란 피적분함수 $g(x)$와, 더 정확하게는 $g(x)p(x)$와, 모양이 비슷한 분포를 말한다.

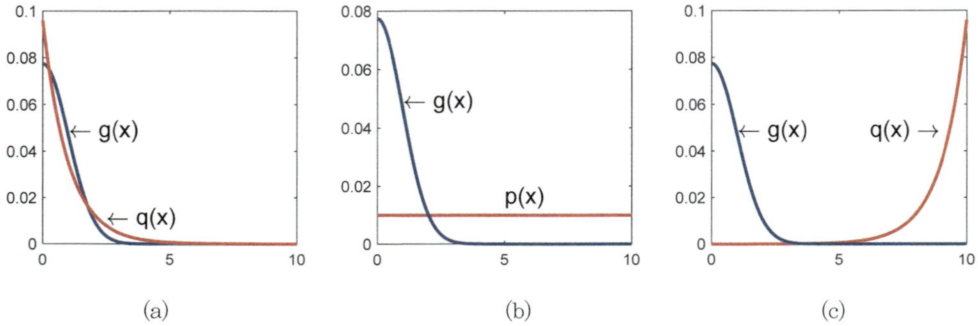

그림 5.4.1 제안분포의 선택

여기서 정확한 선택이란 불가능하다. 제안분포가 목표분포와 동일하다면 분산은 0일 것이다. 하지만 우리는 그 분포에 대해 알지 못하기 때문에 추정을 통해 알아내려는 것이다. 그것이 가능하다면 추정할 필요가 없다. 우리가 추정하려는 함수는 여러 분포와의 조합인 경우가 많다. 간단한 예로, 가능도와 사전분포의 곱인 사후분포를 들 수 있다. 이런 상황에서 피적분함수나 목표분포 $p(x)$를 정확히 알기는 힘들다. 그저 가용한 정보를 이용해서 모양이 비슷한 정도의 확률분포를 제안분포로 선정하는 것이 현실이다.

제안분포를 선택할 때는 표본추출에 어려움이 없는지 살펴봐야 한다. 분산을 줄여서 정확성을 개선하는 것보다 표본추출에 들어가는 시간과 노력이 더 크다면 이 방법을 적용하는 이점이 없어지기 때문이다. 제안분포의 선택은 주어진 문제에 의존한다. 일반적으로 최적의 제안분포를 찾는 것은 어렵다. 게다가 중요도추출법을 사용한다고 해서 반드시 분산이 줄어든다는 보장도 없기 때문에 조심스러운 선택이 필요하다.

다음의 예를 통해서 부적절한 제안분포의 선택이 어떤 결과로 이어지는지 확인해 보자. 함수 $g(x) = \exp(-0.5x^2)$의 기댓값을 추정하는 데(예제 5.2.1와 동일), 이번에는 모양이 피적분함수와 거의 반대인 제안분포를 사용하기로 한다.

$$q(x) = \frac{\exp(x)}{\exp(10) - 1}$$

제안분포의 표본은 역변환법으로 추출할 수 있다. 즉, $u \sim U(0,1)$로부터 균등난수를 추출한 뒤 다음의 식에 대입하면 된다[4].

$$x = \ln(u(\exp(10) - 1) + 1)$$

다음 프로그램으로 결과를 확인해 보자. 분산만 커지는 것이 아니라 틀린 추정값이 얻어지는 등 제대로 된 추정이 이루어지지도 않는다.

프로그램 5.3.2 부적절한 제안분포 선택 선택

```
% For the case where the proposal density is improper,
% Compare the crude MC and the importance sampling method.
%     g = exp(-0.5*x.^2)
clc; clear;

N =10000;              % number of samples
x = zeros(N,1);

% the function to be estimated
g = @(x) exp(-0.5*x.^2);

% define the target density
a = 0;
b = 10;
p = @(x) unifpdf(x,a,b);

% define the proposal density
q = @(x) exp(x) ./ (exp(b)-1);

% define the weight function
```

4 분포함수는 $F(x) = \int_0^x \frac{\exp(x)}{\exp(10)-1} dt = \frac{\exp(x)-1}{\exp(10)-1}$ 이므로 $u \sim U(0,1)$을 $u = \frac{\exp(x)-1}{\exp(10)-1}$로 놓은 뒤, x에 대해 정리하면 얻을 수 있다.

```
w = @(x) p(x) ./ q(x);

%%%%%%%%%%% standard MC: sample x from p(x)=U(a,b)
y = zeros(N,1);
y = unifrnd(a,b,N,1);            % sample x from p(x)=U(a,b);
gy = (b-a) .* g(y);               % evaluate the function
% summary of results
crudeMCmean = mean(gy)
crudeMCvar = var(gy)/N

%%% importance sampling MC: sample x from q(x)
u = unifrnd(0,1,N,1);
x = log(u.*(exp(10)-1)+1);        % sample x from q(x)exp(x)/(exp(b)-1);
g1 =  (b-a) * g(x) .* p(x)./q(x); % = (b-a)*g(x).*w(x);
importanceMCmean = mean(g1)
importanceMCvar  = var(g1)/N
```

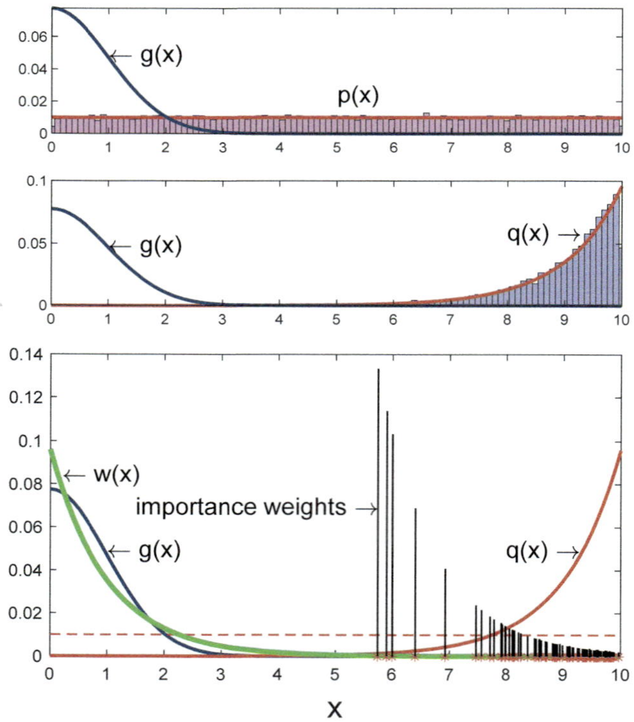

그림 5.4.2 부적절한(피적분함수와 모양이 거의 반대인) 제안분포 선택 결과

5.5 중요도가중치의 정규화

모든 확률분포는 그 곡선 아래의 면적이 1이어야 한다. 즉, 확률밀도함수를 적분하면 1이어야 한다. 그렇지 않으면 확률분포가 아니다. 확률분포가 아닌 것을 사용하여 추정하면 그 결과는 올바르지 않을 수 있다. 지금까지의 논의는 목표분포가 정규화된 경우, 즉 그 적분이 1인 경우에만 가능한 것이었다. 우리는 목표분포 $p(x)$를 이용해서 추정해 왔다.

정규화 관점에서 목표분포 $p(x)$는 다음의 형태로 분해할 수 있다.

$$p(x)=\frac{\tilde{p}(x)}{\int \tilde{p}(x)dx}=\frac{\tilde{p}(x)}{Z} \tag{5.5.1}$$

여기서 Z가 확률분포의 면적을 1로 만드는 정규화상수다. 즉, $\int p(x)dx=1$을 만족시키기 위한 것이다. Z를 모르고 $\tilde{p}(x)$만 이용해서 어떤 함수나 확률변수의 기댓값 등을 추정하는 것은 올바르지 않다. 정확한 추정을 위해서는 정규화상수를 알아야만 하는데, 그러려면 분모를 적분해야 한다. 보통의 경우 이 적분은 쉽지 않다. 사실 추정의 궁극적 목적이 이 적분을 구하는 것인데, 역으로 이를 알아야만 정확한 추정이 가능하다는 것은 문제이다. 다행히 중요도추출법은 정규화상수를 모르더라도 표본추출에 의해 추정을 가능하게 한다. 그 이유를 살펴보자.

$\tilde{p}(x)$를 사용하는 경우, $g(x)$의 기댓값과 그 추정치는 다음과 같이 정의된다.

$$G=E(g(x))=\frac{\int g(x)\tilde{p}(x)dx}{\int \tilde{p}(x)dx}=\frac{\int g(x)\frac{\tilde{p}(x)}{q(x)}q(x)dx}{\int \frac{\tilde{p}(x)}{q(x)}q(x)dx}=\frac{\int g(x)\tilde{w}(x)q(x)dx}{\int \tilde{w}(x)q(x)dx}$$

$$=\frac{E_q\left[g(x)\tilde{w}(x)\right]}{E_q\left[\tilde{w}(x)\right]} \tag{5.5.2}$$

$$\hat{G}_{IS,N}=\frac{\hat{E}_q[g(x^{(i)})\tilde{w}(x^{(i)})]}{\hat{E}_q[\tilde{w}(x^{(i)})]}=\frac{\frac{1}{N}\sum_{i=1}^{N}g(x^{(i)})\tilde{w}(x^{(i)})}{\frac{1}{N}\sum_{i=1}^{N}\tilde{w}(x^{(i)})}$$

$$=\sum_{i=1}^{N}g(x^{(i)})w(x^{(i)}) \tag{5.5.3}$$

여기서 $w(x^{(i)})$는 정규화된 가중치이다.

$$w(x^{(i)})=\frac{\tilde{w}(x^{(i)})}{\sum_{i=1}^{N}\tilde{w}(x^{(i)})} \tag{5.5.4}$$

식(5.5.2)에서 보는 것처럼 정규화상수 Z는 분자/분모에서 상쇄되기 때문에 정규화상수를 모르더라도 추정에서 중요도추출법을 적용할 수 있다. 중요도함수의 정규화는 11장에서 다룰 입자 필터링 작업에서 중요하게 쓰인다.

참고로 비정규화된 가중치와 정규화된 가중치의 관계는 다음과 같이 정리할 수 있다.

$$\tilde{w}(x)=\frac{\tilde{p}(x)}{q(x)}=\frac{Zp(x)}{q(x)}=Zw(x) \tag{5.5.5}$$

예제 5.5.1

앞의 2.2절에서 다뤘던 베이지안 베타-이항 모델의 모수를 중요도추출법으로 구해 보자.

[풀이]

세 차례에 걸쳐 수집된 이항 데이터는 $\frac{y}{n}=\left\{\frac{8}{10},\frac{13}{15},\frac{10}{12}\right\}$이다. 그 가능도는

$$f(y|n,\theta)=\prod_{i=1}^{N}\binom{n_i}{y_i}\theta^{y_i}(1-\theta)^{n_i-y_i}$$

이고, 사전분포는 다음의 베타분포이다.

$$p(\theta) = \frac{\Gamma(a+b)}{\Gamma(a)\Gamma(b)}\theta^{a-1}(1-\theta)^{b-1} \equiv Beta(a,b)$$

이들의 곱인 사후분포는 다음과 같이 정의된다.

$$\underbrace{p(\theta|y)}_{\substack{Beta\\posterior}} = \underbrace{\prod_{i=1}^{N}\binom{n_i}{y_i}\theta^{y_i}(1-\theta)^{n_i-y_i}}_{binomial\ likelihood} \cdot \underbrace{\frac{\Gamma(a+b)}{\Gamma(a)\Gamma(b)}\theta^{a-1}(1-\theta)^{b-1}}_{Beta\ prior}$$

$$\propto \theta^{a+\Sigma_{i=1}^{N}y_i-1}(1-\theta)^{b+\Sigma_{i=1}^{N}(n_i-y_i)-1} \qquad \text{(A)}$$

우리의 목적은 사후분포 $p(\theta|y)$로부터 표본을 추출해서 모수 θ의 기댓값, 즉 실험에서의 성공확률을 추정하는 것이다. 이는 다음의 적분을 추정하는 것과 동일하다.

$$G = E(g(x)) = \int \theta \cdot p(\theta|y)d\theta$$

식(A)의 맨 아래 사후분포 $p(\theta|y)$는 정규화되지 않은 것이다. 가능도와 사전분포의 정규화상수들을 무시했기 때문이다. 즉, $\tilde{p}(\theta|y) \leftarrow p(\theta|y)$이다. 앞서 논의한 것처럼 정규화되지 않은 가중치 $\tilde{w}(\theta)$를 사용하면 틀린 기댓값을 얻게 된다. 따라서 직접 이 사후분포로부터 표본을 추출하면 안 된다. 정규화된 가중치를 사용하려면 중요도추출법을 사용해야 한다. 제안분포로는 사전분포 또는 사후분포(해석적으로도 사후분포가 베타분포임이 알려져 있다)와 같은 종류인 베타분포를 사용하기로 하자. 즉, $q(\theta) = Beta(qa, qb)$이다.

$$G = E(g(\theta)) = \int \theta \cdot \frac{p(\theta|y)}{q(\theta)}q(\theta)d\theta$$

추정치는 다음으로부터 얻는다.

$$\widehat{G}_{IS,N} = \frac{\widehat{E}_q\left[g(\theta^{(i)})\widetilde{w}(\theta^{(i)})\right]}{\widehat{E}_q\left[\widetilde{w}(\theta^{(i)})\right]} = \frac{\frac{1}{N}\sum_{i=1}^{N} g(\theta^{(i)})\widetilde{w}(\theta^{(i)})}{\frac{1}{N}\sum_{i=1}^{N}\widetilde{w}(\theta^{(i)})} = \sum_{i=1}^{N} g(\theta^{(i)})w(\theta^{(i)})$$

시뮬레이션을 위한 조건은 다음과 같다. 먼저 사후분포를 위한 사전분포는

$$p(\theta) = Beta(a = 32, b = 7)$$

이 분포의 초모수 a와 b는 문제에서 주어진 시험데이터를 이용해서 결정하였다.

$$a = a_0 + \sum_{i=1}^{N} y_i = 1 + 31 = 32 \text{ 및 } b = b_0 + \sum_{i=1}^{N}(n_i - y_i) = 1 + 6 = 7$$

표본추출을 위한 제안분포의 모수는 $a = 3$과 $b = 2$를 쓰기로 하자. 즉, $q(\theta) = Beta(a = 3, b = 2)$이다. 이는 θ에 대해 가용한 정보의 양이 많지 않을 때 사용할 수 있는 느슨한(분산이 커서 넓게 퍼진 형태의) 사전분포에 해당한다. 사후분포와 사전분포의 모양은 [그림 5.5.1]에서 확인할 수 있다. 시뮬레이션 결과, 기댓값은 0.82 정도가 얻어진다. 다음 프로그램을 참고하라.

프로그램 5.5.1 비정규화된 목표분포의 경우, 정규화된 중요도함수 사용

```
% Importance Sampling for Binomial-Beta model
clc; clear;
N = 10000;          % number of samples

theta = zeros(N,1);

% Binomial likelihood of the test data
n = [10, 15, 12];    % total number of trials
y = [8, 13, 10];     % number of successes
Lik = @(theta) sum(binopdf(y,n,theta(size(theta,1))));

% hyper parameter a and b of Beta density
% range of p, which has a value between 0 and 1
```

```
a = 32;
b = 7;
Prior = @(theta) betapdf(theta,a,b);

% posterior = likelihood * prior
Posterior = @(theta) Lik(theta) * Prior(theta);
p = Posterior;             % rename for convenience

%%%%%%%%%% importance sampling with Beta proposal density
qa = 3;%90;               % hyperparameter
qb = 2;%10;               % hyperparameter
q = @(theta,qa,qb) betapdf(theta,qa,qb);

% draw N samples from q(x) = Beta(qa,qb)
theta = betarnd(qa,qb,N,1);

% weights of each sample
w = p(theta) ./ q(theta,qa,qb);

% wrong answer estimated by unnormalized weights
wrongExpectation = mean(theta .* w)

% expectation using normalized weights
w = w / sum(w);
est = theta .* w;
expectation = sum(est)
variance = var(est)/N
```

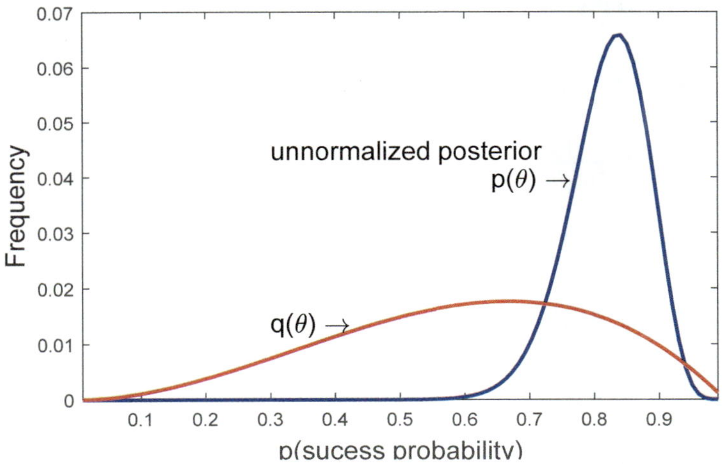

그림 5.5.1 비정규화된 사후분포에서 모델의 모수 추정

5.6 목표분포 표본을 만들기 위한 중요도추출법

보통의 몬테카를로 방법에서는 목표분포 $p(x)$로부터 표본을 추출해서 피적분함수의 기댓값을 구한다. 하지만 경우에 따라서 목표분포로부터 표본추출이 어렵거나, 시간이 너무 많이 걸리거나, 아예 불가능할 경우가 있다. 이런 경우에 중요도추출 알고리즘으로 목표분포 $p(x)$를 따르는 표본을 만들어 추정에 사용할 수 있다. 그 방법은 다음과 같다.

표본추출이 쉬운 임의의 분포로부터 한 세트의 표본을 만들고, 그 표본들의 가중치에 비례해서 새로운 표본들을 복제한다. 낮은 가중치를 가진 표본들은 버려지거나 적게 추출되고, 높은 가중치를 가진 표본들은 자주 복제된다. N개의 원래 표본으로 다시 N개의 표본을 만드는 복원추출이다. 이를 재추출(resampling)이라 한다[5, 6].

예제 5.6.1

목표분포는 1차원 정규분포인데 봉우리가 2개이다. 이 분포로부터 표본을 추출하는 것이 아주 까다롭다고 가정하고, 이 분포를 따르는 표본을 중요도추출법으로 만들어 보자.

$$
\begin{aligned}
p(x) &= 0.3\frac{1}{1.5\sqrt{2\pi}}\exp\left(-\frac{1}{2}\left(\frac{x}{1.5}\right)^2\right)+0.7\frac{1}{\sqrt{2\pi}}\exp\left(-\frac{1}{2}(x-5)^2\right) \\
&= 0.3N(0,1.5)+0.7N(5,1)
\end{aligned}
$$

제안분포로는 평균 $\mu=3$이고 표준편차 $\sigma=2$인 정규분포를 쓰기로 한다.

$$
q(x)=3\frac{1}{2\sqrt{2\pi}}\exp\left(-\frac{1}{2}\left(\frac{x-3}{2}\right)^2\right)=3N(3,2)
$$

5 A.F.M. Smith, A.E. Gelfand, Bayesian Statistics without Tears: A Sampling-Resampling Perspective, The American Statistician, 46(2), 1992, pp. 84-88.

6 N. Chopin, O. Papaspiliopoulos, Importance Resampling, in An Introduction to Sequential Monte Carlo, 2020, pp. 105-127.

[풀이]

제안분포인 정규분포로부터 표본을 추출하고, 중요도가중치를 계산한다.

$$w(x) = \frac{p(x)}{q(x)} = \frac{0.3N(0,1.5) + 0.7N(5,1)}{3N(3,2)}$$

N개의 표본 한 세트를 추출했다면, 그 세트 내의 표본들의 중요도가중치에 비례해서 N개의 표본을 복원 재추출하여 다시 한 세트의 표본을 구성한다. 가중치가 작은 표본은 적게 추출될 것이고, 가중치가 높은 표본은 더 많이 추출되어 결국 목표분포를 따르게 된다. 다음 프로그램과 [그림 5.6.1]의 추출 결과를 보라.

프로그램 5.6.1 중요도추출법에 의한 이봉정규분포 표본추출

```
% Draw samples using the importance sampling method.
%      p(x) = bimodal Normal density
clc; clear;

N =10000;            % number of samples
x = zeros(N,1);

% the target pdf to be sampled = bimodal Gaussian
xMin = -6;
xMax = 10;
p = @(x) 0.3*normpdf(x,0,1.5)+0.7*normpdf(x,5,1);

%%%%%%%%%%%%  q(x) = Normal(qMu,qSig2);
qMu = 3; qSig2 = 2;
q = @(x) 3 * normpdf(x,qMu,qSig2);

% the importance weight function
w = @(x) p(x) ./ q(x);

% samping by the normal proposal pdf
samples = normrnd(qMu,qSig2,N,1);

% calculating weights for each sample
weights = w(samples);

%normalizing the weights
weights = weights ./ sum(weights);

% resampling, with replacement, according to the weights
% draw N samples in the previous N samples
reSamples = randsample(samples, N, true, weights);

x = reSamples;
```

가운데 그림의 곡선은 중요도함수이고, 가로축의 빨간 기호는 표본(예를 들어 25개)을, 그 위의 막대 높이는 가중치의 크기를 나타낸다. 하단의 그림은 중요도추출법에 의해 성공적인 표본추출이 이루어졌음을 보이는 빈도 도표이다. 목표분포를 따르는 이봉정규분포 표본들을 볼 수 있다.

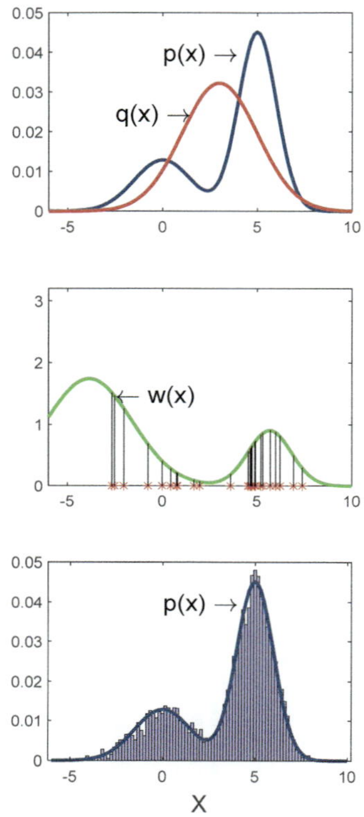

그림 5.6.1 이봉정규분포 표본추출

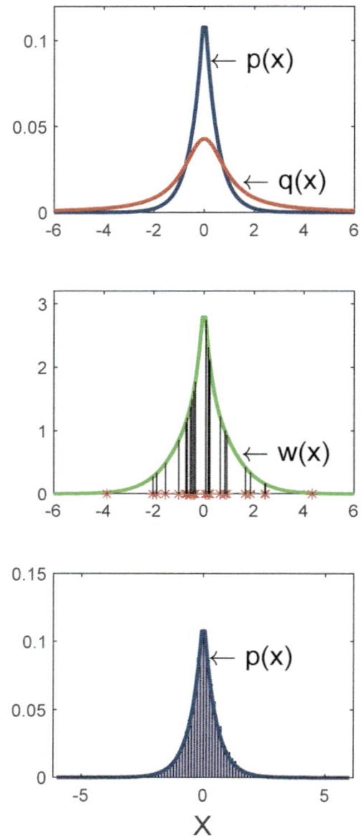

그림 5.6.2 이중지수분포 표본추출

예제 5.6.2

목표분포가 $p(x) = \exp(-2|x|)$이다. 이 이중지수분포(double exponential distribution)의 누적분포함수는 다음과 같다.

$$F(x) = \begin{cases} 1 - \exp(-2x), & 0 < x \\ \exp(2x), & otherwise \end{cases}$$

이 분포를 따르는 표본을 만드는 방법은 약간 번거롭다. 목표분포가 대칭이므로 두 개의 지수분포로 나누어서 표본을 추출한 뒤 이들을 하나로 합하는 과정을 거쳐야 한다. 어쨌든 이 목표분포 표본을 추출하기가 쉽지 않거나 불가능하다고 가정해 보자. 중요도추출법을 적용하면, 다른 분포를 이용해서 이 목표분포의 표본을 추출할 수 있다.

[풀이]

제안분포로는 코시(Cauchy) 분포를 선택하였다. 이 분포의 위치모수는 $m=0$으로, 척도모수는 $b=1.0$으로 선정하였다. 이는 표본을 추출하고자 하는 목표분포와 비슷한 모양의 제안분포를 만들기 위해서이다(물론 정규분포도 모양이 비슷하며 표본추출이 쉽기 때문에 좋은 후보에 속한다). [그림 5.6.2]의 상단 그림을 보라.

$$q(x)=\frac{1}{\pi}\frac{b}{b^2+(m-x)^2} \rightarrow \frac{1}{\pi}\frac{1}{1+x^2}$$

따라서 중요도가중치는 다음과 같이 정의된다.

$$w(x)=\frac{p(x)}{q(x)}=\frac{\exp(-2|x|)}{\frac{1}{\pi}\frac{1}{1+x^2}}$$

먼저, 이 코시분포를 따르는 난수를 N개 추출한 다음, 이 중요도가중치에 비례해서 표본을 복원 재추출한다. 프로그램과 [그림 5.6.2]의 결과를 살펴보자.

프로그램 5.6.2 중요도추출법을 이용한 복잡한 목표분포 표본추출

```
% Draw samples using the importance sampling method.
%     p(x) = exp(-2|x|)
clc; clear;

N =10000;              % number of samples
x = zeros(N,1);
```

```
% the function to be sampled
xMin = -6;
xMax = 6;
p = @(x) exp(-abs(2*x));

% proposal sendity = Cauchy density
m = 0;
b = 1;
q  = @(x) b ./ (pi*(b^2+(m-x).^2));

% define the weight function
w = @(x) p(x) ./ q(x);

%%% importance sampling
x = m + b * tan(pi*(rand(N,1)-0.5));    % sample x from q(x)
weight = w(x);
weights = weight ./ sum(weight);

% resampling with replacement
reSamples = randsample(x, N, true, weights);
```

6

CHAPTER

메트로폴리스 추출법

Metropolis-Hastings Sampling

6.1 개요

'메트로폴리스 Metropolis[1]' 알고리즘은 1953년 미국의 한 연구팀에 의해 제안되었다. 이 알고리즘은 마르코프 체인 몬테카를로 (MCMC: Markov Chain Monte Carlo) 방법 중에서 가장 단순한 형태에 속한다. 이후 수정된 버전이 '메트로폴리스–헤이스팅즈 Metropolis–Hastings[2, 3, 4] 알고리즘이다. 각각 M 및 M–H 알고리즘이라 하고, 마르코프 체인 몬테카를로의 경우도 'MCMC'로 간단히 표현하겠다. 마찬가지로, 표본 추출이 이런 알고리즘을 통해서 이루어지기 때문에 '알고리즘'과 '표본추출법'도 혼용하겠다.

6.1.1 MCMC 방법의 특징

MCMC 방법에 의해 추출된 표본은 다음과 같이 연속적인 값들로 구성된 체인이다.

$$X^{(1)} \rightarrow X^{(2)} \rightarrow \cdots \rightarrow X^{(t)} \rightarrow \cdots \tag{6.1.1}$$

여기서 $X^{(t)}$는 시점(또는 단계) t에서 하나의 상태를 나타낸다. 체인을 구성하는 하나하나의 상태는 표본이다. 현 단계의 표본은 바로 전 단계의 표본과 마르코프 특성으로 연관되어 있다. 이러한 표본들끼리의 의존성 또는 상관성이 기각법(4장)이나 중요도추출법(5장)에서 다뤘던 기존의 몬테카를로 방법에 의해 추출된 표본들과 다른 점이다. 기존 방법에 의해 추출된 표본들은 서로 독립적이다. 즉, 앞 단계에서 추출된 표본들은 그다음 단

1 N. Metropolis, A.W. Rosenbluth, M.N. Rosenbluth, and A.H. Teller, "*Equation of State Calculations by Fast Computing Machines*," J. Chem. Phys., 21, (1953) pp. 1087-109.

2 W. K. Hastings, "*Monte Carlo Sampling Methods Using Markov Chains and Their Applications*," Biometrika, 57, (1970), pp. 97-109.

3 D.B. Hitchcock, "*A History of the Metropolis-Hastings Algorithm,*" The American Statistician, 57, (2003), pp. 254-257.

4 S. Chib and E. Greenberg, "*Understanding the Metropolis-Hastings Algorithm*," The American Statistician, 49, (1995), pp. 327-335.

계에서 추출되는 표본과는 무관하다. 사실 상관관계를 가진 표본들은 우리의 추정 목적에 부적합하다. 상관관계로 인해 추정치의 분산이 커지고, 상관관계로 인해 의도하지 않은 결과가 생길 수 있기 때문이다. 이런 단점에도 불구하고 MCMC 방법만의 장점이 있기 때문에 최근 다양한 분야에서 각광받고 있다.

MCMC 방법은 확률변수 X의 범위가 $-\infty < x < \infty$인 목표분포 $p(x)$를 모사할 수 있는 표본추출을 가능케 한다. 이 방법은 기존의 표본추출 방법으로는 불가능한 복잡한 목표분포도 만들어 낼 수 있다. 베이지안 통계분석의 결과로 얻어지는 사후분포는 대부분이 복잡한 형태를 띤다. 꼭 사후분포가 아니더라도, 실제 문제에서 해결해야 될 분포의 형태는 통계학자들이 잘 정리해 놓은 이론분포와는 거리가 먼 경우가 많다. 이런 분포들을 해석적인 방법으로 다루기란 쉽지 않다.

예를 들면, 이런 분포의 확률밀도함수는 아주 복잡하거나 닫힌 형태가 아닌[5] 수식으로 표현될 수밖에 없는데, 이를 적분해서 평균과 같은 정보들을 구하는 작업 등을 들 수 있다. 또 다른 예로는 정규화상수를 모르는 분포에 대한 추정 능력을 들 수 있다. 표본추출의 대상을 목표분포 $p(x)$라 하자. 보통은 다음의 형태로 표현된다.

$$p(x)=\frac{\tilde{p}(x)}{Z} \tag{6.1.2}$$

여기서 Z는 정규화상수이다. 그 역할은 확률분포의 면적을 1로 만드는 것이다[6]. 즉, $\int p(x)dx = 1$을 만족시키기 위한 것이다. 정확한 추정을 위해서는 정규화상수를 알아야 하는데, 이를 위해서는 적분이 필요하다. 이 적분들을 해석적 방법으로 풀 수 있는 경우는 많지 않다. 하지만 MCMC 방법에서 정규화상수는 문제가 되지 않는다. 정규화상수를 무시하면 $p(x) \propto \tilde{p}(x)$로 볼 수 있으므로, 단순히 $\tilde{p}(x)$로부터 표본을 추출함으로써 문제를 해결할 수 있다.

복잡한 형태의 분포를 이해하고 그것으로부터 어떤 정보를 얻는 데는 표본추출 방법만한 것이 없다. MCMC 방법은 기존의 표본추출 방법으로는 해결이 쉽지 않을 때도 작동한다. 이것이 베이지안 통계분석의 주요 도구로 MCMC 방법이 자주 사용되는 이유이다.

5 닫힌 형태가 아닌(non-closed form) 수식이란, 합(Σ)이나 적분($\int$) 기호가 포함된 식을 말한다.

6 확률분포이기 위해서는 그 면적은 반드시 1이어야 한다.

6.1.2 MCMC 방법에서 제안분포의 특징

MCMC 알고리즘의 가장 중요한 특징은 제안분포가 '적응형(adaptive)'이라는 점이다. 기존의 기각법이나 중요도 추출법에서는 제안분포가 '고정형'이라는 점과 대비된다. 기존의 추출 방법에서 제안분포를 선정할 때, 제안분포의 확률변수 범위가 목표분포의 범위를 완전히 포함하는지 확인해야 한다. 그렇지 않으면 표본 추출을 위한 탐색 공간은 제안분포의 범위로만 국한되기 때문에 원하는 목표분포를 만들어 낼 수 없다. 부적절한 제안분포가 사용된 아래 그림의 예를 보자.

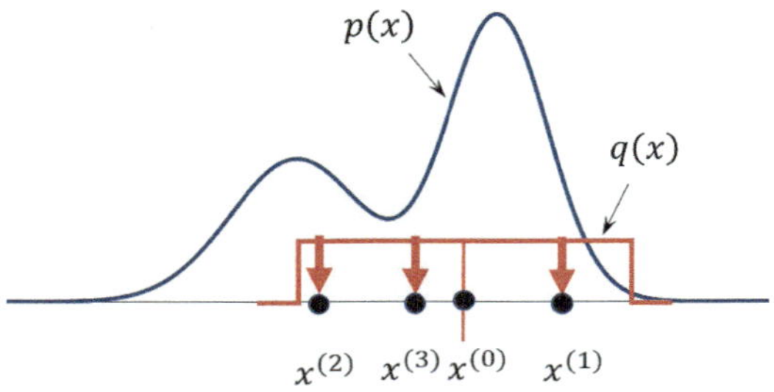

그림 6.1.1 고정형 제안분포(부적절한 제안분포가 사용된 예)

[그림 6.1.1]에서 제안분포 $q(x)$의 범위는 목표분포 $p(x)$의 범위를 완전히 포함하지 못하고 오른쪽 일부만 차지하고 있다. 당연히 후보 표본추출을 위한 탐색은 제안분포의 범위 내에서만 이루어지기 때문에 목표분포의 나머지 영역에서는 표본추출이 이루어지지 않는다.

여기서 주목할 점은 제안분포의 위치가 변하지 않는다는 점이다. 중요도추출법에서 이러한 고정형 제안분포는 표집 효율 측면에서도 불리하다. 제안분포의 모양이 목표분포와 닮은 꼴이 아닐 경우, 표본추출 효율은 떨어지고 추출된 표본의 분산은 커진다. 기각법에서도 문제가 될 수 있다. 후보 표본을 제안하기 위한 감싸는 함수(envelop function)가 적절하지 않으면 원하는 목표분포를 만들어 낼 수 없다. 제안분포가 한 번 잘못 선정되면, 그 이후 표본추출은 같은 방식으로 계속되기 때문에 효율이 개선되거나 분산이 줄어들 가능성은 없다. 현실에서 목표분포의 모양과 범위를 완전히 알기는 힘들다. 이런 상황에서 적절한 제안분포를 선택하기란 쉽지 않다.

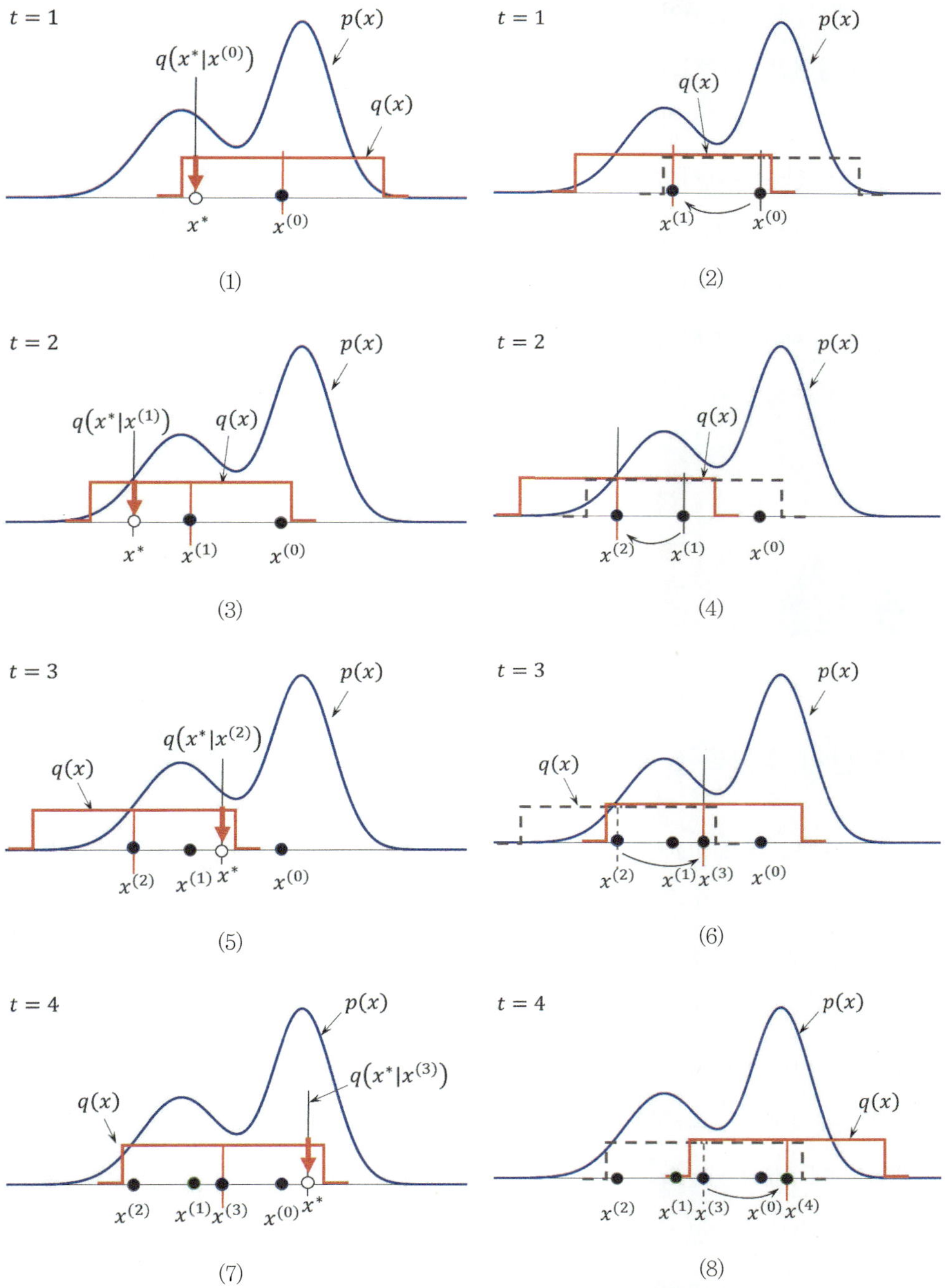

그림 6.1.2 적응형 제안분포(제안분포의 중심이 전 단계 표본의 위치로 이동)

적응형 제안분포의 이해를 위해서 다음 [그림 6.1.2]의 M 알고리즘의 개념을 보자. M 또는 M-H 추출법에서는 제안분포의 범위가 목표분포의 범위를 완전히 포함하지 않아도 된

다. 그림에서 볼 수 있듯이 제안분포 $q(x^*|x)$의 범위는 목표분포 $p(x)$의 범위를 완전히 포함하지 않지만 매 추출 단계마다 그 위치가 바뀐다. 여기서 x는 전 단계에서 추출된 표본을, x^*는 현 단계에서의 후보 표본을 의미한다. 마르코프 특성의 정의에 따라 후보 표본의 선택은 전 단계에서 추출된 표본 $x^{(t-1)}$에 의존한다. 즉, 매 추출 단계마다 제안분포의 중심은 전 단계에서 추출된 표본의 위치로 이동한다. 이런 측면에서 '적응형'이라고 말한 것이다. 이러한 추출 방식에서는 제안분포의 범위나 모양에 신경 쓸 필요가 없다. 제안분포가 매 단계마다(정확하게는 제안된 후보 표본이 표본으로 채택되었을 때만) 이동하기 때문에 목표분포의 확률변수의 전 영역을 탐색할 수 있다.

6.2 M-H 알고리즘 및 M 알고리즘

6.2.1 천이 수락확률

MCMC는 목표분포 $p(x)$를 따르는 표본을 체인으로 모사하는 작업이다. 체인이란 연이은 표본 또는 상태들이다. M-H의 핵심은 체인이 원하는 목표분포에 도달하도록 '천이핵'을 설정하는 데 있다. 여기서 천이핵이란, 새로운 표본 x^*를 추출하기 위한 제안분포 $q(\cdot)$와 관련된 '어떤 것'으로 이해하면 우선은 충분하다. 이 알고리즘은 제안분포로부터 후보 표본을 무작위로 선택하고 그것을 새로운 표본으로 받아들일지를 판단한다. 여기서 중요한 점은 후보 표본(x^*)의 선택이 기존 표본(x)을 기준으로 이루어진다는 점이다. 즉, 후보로 제안된 새로운 상태는 그 전 단계의 상태로부터 무작위로 선택된다. 이런 측면에서 제안분포는 조건부확률 $q(x^*|x)$로 표현된다.

M-H 알고리즘(Hastings, 1970)에서 후보 표본이 받아들여질 확률은 다음과 같이 정의된다.

$$\alpha(x \to x^*) = \min\left[1, \frac{p(x^*)q(x|x^*)}{p(x)q(x^*|x)}\right] \tag{6.2.1}$$

참고로 수락확률의 계산에서 정규화상수에 대한 정보는 필요하지 않다. 분모와 분자에서 상쇄되기 때문이다.

후보 표본은 기존 체인에 더해진다. 즉, 제안된 후보 표본이 받아들여지면, 제안되었던 후보의 상태가 체인의 마지막이 된다. 만약 제안된 후보 표본이 받아들여지지 않으면, 체인의 마지막에다 예전의 상태를 복제해 이어 붙인 채로 다음 단계로 진행된다. 이런 조작을 반복을 통해서 얻어진 체인은 목표분포를 따르는 표본과 동일하다[7]. 이 목표분포는 불변분포(invariant distribution)에 해당한다. 즉, 시간이 오래 지나도 분포의 특성이 달라지지 않는다.

여기서 염두에 두어야 할 내용은 '제안분포로부터 후보 표본을 선택하는 것'은 '체인에서 어느 한 상태가 다른 상태로 천이를 시도하는 것'과 같다는 점이다.

6.2.2 상세 균형조건

M–H 알고리즘에 의한 표본들이 불변분포의 특성을 갖게 되는 것은 앞서 설명한 후보 표본 수락 과정이 다음의 가역조건에 만족되기 때문이다.

$$p(x)\,T(x \rightarrow x^*) = p(x^*)\,T(x^* \rightarrow x) \tag{6.2.2}$$

이를 상세 균형조건(detailed balance), 또는 미시적 가역성(microscopic reversibility), 또는 시간가역성(time reversibility)이라고도 한다. 여기서 $T(x \rightarrow x^*)$는 천이핵이다. 상세 균형조건이란, 어떤 한 상태에서 다른 상태들로 나가는 양 $(x \rightarrow x^*)$은 다른 상태들로부터 그 상태로 들어오는 양 $(x^* \rightarrow x)$과 평형을 이루어야 한다는 것이다. 즉, 어느 한 상태에서 일어나는 천이의 유출량과 유입량이 같아야 한다. 상세 균형조건이 만족되면 이를 '가역적'이라 한다. 즉, 시간에 따라서 어떤 특성이 변하지 않는다는 의미다. 이 조건을 만

7 물론 정상상태까지 도달하기 전의 초기 체인들을 제거한 나머지들로만 구성된 체인을 말한다. 정상상태 도달 전의 초기 체인들을 제거하는 작업을 번인(burn-in)이라 하는데, 이에 대해서는 뒤에서 다루겠다.

족해야만 불변분포의 특성을 갖는 체인이 형성될 수 있다.

만약, 조건 $p(x)T(x \to x^*) > p(x^*)T(x^* \to x)$라면, 천이 $x \to x^*$가 천이 $x^* \to x$보다 자주 생긴다. 이런 편향을 보정하고 균형조건을 만족시키기 위해서 이 알고리즘에서는 수락확률 $\alpha(x \to x^*)$를 도입해서 천이 $x \to x^*$의 횟수를 줄인다. 즉, $\alpha(x \to x^*) < 1$일 때만 천이를 수락한다. 반대로 천이 $x^* \to x$는 자주 수락해야 한다. 상세 균형조건이 만족되도록 천이핵을 선택하는 것은 중요하다. 앞의 식(6.2.1)에서 정의한 수락확률에 의해서 천이핵은 $T(x \to x^*) = q(x^*|x)\alpha(x \to x^*)$이 된다. 이 천이핵이 상세 균형조건을 만족시킨다는 사실은 다음의 산술 조작을 통해서 확인할 수 있다.

$$
\begin{aligned}
p(x)T(x \to x^*) &= p(x)\underbrace{q(x^*|x)\alpha(x \to x^*)}_{T(x \to x^*)} \\
&= p(x)q(x^*|x)\underbrace{\min\left[1, \frac{p(x^*)q(x|x^*)}{p(x)q(x^*|x)}\right]}_{\alpha(x \to x^*)} \\
&= \min\left[p(x)q(x^*|x), p(x^*)q(x|x^*)\right] \\
&= p(x^*)q(x|x^*)\underbrace{\min\left[1, \frac{p(x)q(x^*|x)}{p(x^*)q(x|x^*)}\right]}_{\alpha(x^* \to x)} \\
&= p(x^*)T(x^* \to x)
\end{aligned}
\tag{6.2.3}
$$

우리는 3.4절에서 체인의 상세 균형과 거시적 균형을 다룬 바 있다. 상세 균형조건이 만족되면 당연히 거시적 균형조건도 만족된다. 3.4절의 식(3.4.3)처럼, 식(6.2.2)의 양변을 x에 대해 합을 취하면 거시적 균형조건도 만족되는 것을 확인할 수 있다.

$$
\sum_x p(x)T(x \to x^*) = \sum_x p(x^*)T(x^* \to x) = p(x^*)\underbrace{\sum_x T(x^* \to x)}_{1} = p(x^*) \tag{6.2.4}
$$

거시적 균형조건이 만족됐다는 것은 체인이 정상분포에 도달할 수 있다는 것으로 해석할 수 있다.

6.2.3 M-H 알고리즘

M-H 알고리즘은 기존의 Metropolis(M) 알고리즘의 단점을 보완하기 위해 제안된 알고리즘이다(Hastings, 1970). 그래서 Metropolis-Hastings(M-H) 알고리즘이라 불린다. 기존 M 알고리즘의 단점이란, 제안분포의 모양이 대칭일 때만 정상 작동되는 것이다. 반면, M-H 알고리즘은 비대칭 제안분포의 사용을 가능하게 한다.

알고리즘 6.1 Metropolis - Hastings (M-H) 알고리즘

1) 표본의 개수(또는 체인의 길이) T 설정
2) 최초 표본을 위한 임의의 값 선정, $x^{(1)}$
3) 아래 과정을 반복
   3-1) 제안분포 $x^* \sim q(x|x^{(t)})$로부터 후보 표본 값 생성 x^*
   3-2) 후보 수락확률 계산

$$\alpha = \min\left[1, \frac{p(x^*)q(x^{(t)}|x^*)}{p(x^{(t)})q(x^*|x^{(t)})}\right]$$

   3-3) $0 \sim 1$ 값을 갖는 균등분포 난수 생성, $\mu \sim U(0,1)$
   3-4) 천이 판단 (후보 수락 판단)
   만약 $\mu \leq \alpha$이면,
   후보를 현 단계 표본으로 수락, $x^{(t+1)} = x^*$
   그렇지 않으면,
   후보는 버려지고 전 단계 표본을 유지, $x^{(t+1)} = x^{(t)}$
   3-5) 시간 (또는 단계) 진전, $t = t+1$
4) $t = T$가 될 때까지 반복

위 알고리즘에서 [과정 3-1]은 전 단계 상태 $x^{(t)}$로부터 후보 상태 x^*로 천이를 시도하는 단계이다. 이를 위해서는 전 단계 상태를 근거로 후보 상태를 생성해야 한다. 이는 조건부 분포인 제안분포 $q(x|x^{(t)})$로부터 난수 x^*를 추출하는 것을 의미한다. 따라서 제안분포는 후보 상태 난수 추출이 용이한 것이 좋다.

알고리즘의 나머지 과정에 대한 설명은 뒤로 미루기로 하고, 우선 [과정 3-2]에서 식 (6.2.1)의 수락확률에 대해 자세히 알아보자. 앞의 6.2.2절에서, 어떤 한 상태의 천이에서 유출되는 양과 유입되는 양은 균형을 이루어야 한다고 했다. 이 상세 균형이 맞지 않을 때, 즉

$$p(x)\,T(x \to x^*) \neq p(x^*)\,T(x^* \to x)$$

일 때 생기는 편향을 줄이기 위해 천이핵 정의에 도입된 것이 $q(x^*|x^{(t)})$이다. 이러한 편향 제거의 필요성은 모양이 비대칭인 제안분포를 채택할 때 생긴다.

$$p(x)\underbrace{q(x^*|x)\alpha(x \to x^*)}_{T(x \to x^*)} = p(x^*)\underbrace{q(x|x^*)\alpha(x^* \to x)}_{T(x^* \to x)}$$

즉, 식(6.2.1)의 수락확률에서 다음 항은 제안분포의 비대칭에서 생기는 편향을 보정하기 위한 것이다.

$$c = \frac{q(x|x^*)}{q(x^*|x)} \tag{6.2.5}$$

제안분포가 0을 기준으로 기울기가 다르면 천이를 위한 후보 상태는 어느 한쪽에서 더 많이 제안된다. 수락확률이 양쪽에서 모두 같다면, 표본은 어느 한쪽에서 자주 만들어지게 된다. 이런 불균형은 수락확률을 조절해서 없앨 수 있다. 예를 들어, 오른쪽으로 천이할 확률이 2/3이면(당연히 왼쪽으로는 1/3) 오른쪽으로의 천이를 수락할 확률은 1/2배로 줄이고, 왼쪽으로의 천이를 수락할 확률은 2배 늘린다. 비대칭을 해소시킬 수 있다.

다음 [예제 6.2.1]의 시뮬레이션을 통해 식(6.2.5)의 보정 항이 제안분포의 비대칭으로 인한 영향을 어떻게 없애는지 확인해 보자.

예제 6.2.1

- 목표분포: 평균이 0이고 분산이 1인 정규분포, $N(0, 1)$
- 제안분포: 위치모수 m과 척도모수 s를 가진 극한값 분포(extreme value distribution)

여기서 제안분포로 사용된 극솟값 분포는 모양이 비대칭이고(왼쪽으로 꼬리가 길게 끌리는), 확률변수의 범위는 $-\infty < 0 < \infty$로 정규분포의 범위와 같다. 그 모양은 척도모수 s에 따라서, 중앙은 위치모수 m에 따라서 달라진다. 확률밀도함수는 다음과 같다.

$$q(x) = \frac{1}{s}\exp\left(\frac{x-m}{s}\right)\exp\left(-\exp\left(\frac{x-m}{s}\right)\right)$$

[풀이]

원래는 확률변수의 범위와 모양이 목표분포와 비슷한 제안분포 선택이 자연스러운 것이지만, 이 예에서는 의도적으로 비대칭 제안분포를 선택해서 M-H 알고리즘에 포함된 보정항의 효과를 보이고자 하였다. 다음 프로그램과 시뮬레이션 결과를 확인하라.

프로그램 6.2.1 M-H 알고리즘에서 제안분포의 비대칭 영향 제거를 위한 보정항의 효과

```
% Metropolis-Hastings simulation for sampling N(0,1)
% This is to check the effect of the correction factor to remove
% the use of the unsymmetric proposal density, EVD.
clc; clear all

% randomize
rng(1234, 'twister')

T = 10000;                      % chain length

% target distribution: Normal density, N(0,1)
Mu = 0;
Sigma = 1;
p = @(x) normpdf(x,Mu,Sigma);          % target pdf

% proposal distribution: Extreme value distribution (EVD)
eMu = 0;
eSigma = 0.5;
q = @(x,eMu) evpdf(x,eMu,eSigma);     % proposal pdf

x = zeros(T,1);                 % pre-allocation of memory
% initialize
x(1) = 0.5;
accepted = 0;

 for t=2:T

    % genertae a candidate from the proposal EVD density
    xStar = evrnd(x(t-1),eSigma);

    % correction factor to remove the unsymmetric effect
    corrFactor = q(x(t-1),xStar) / q(xStar,x(t-1));

    %%%%%%%%%%%%%% evaluate the accept probability
```

```
    %%%%% case 1: No correction
    %acceptRatio = p(xStar) / p(x(t-1));

    %%%%% case 2: with the correction factor
    acceptRatio = p(xStar) / p(x(t-1)) * corrFactor;

    alpha = min( 1, acceptRatio );

    %draw a uniform deviate from 0~1 for determining acceptance
    u = rand(1);

    % decide to accept the proposed transition
    if u <= alpha
        x(t) = xStar;                   % accept
        accepted = accepted + 1; % accept rate
    else
        x(t) = x(t-1);                  % reject the candidate
    end
end
fprintf('Accept rate = %f\n', accepted/T)

%%
%%%% Plotting was partly inspired by Mark Steyvers'
figure(1);clf;
xMin = -5; xMax = 5;         % display range
xRange = linspace(xMin,xMax,200);

subplot(5,1,[1;2]); %%%%%%%%%%%%%%%%%%%%
% sample frequency
nbins = 100;
xbins = linspace(xMin,xMax,nbins);
counts = hist(x,xbins);
fc = bar(xbins, counts/sum(counts)); hold on
set(fc,'facecolor', [0.8 0.8 1],'barwidth',1);
xlabel('x','fontsize',14); ylabel('pdf & frequency');
xlim([xMin xMax]); ylim([0 0.06]);
title('without Correction');
% display overlay the target and proposal densities
plot(xRange, 0.1*p(xRange), 'b-','linewidth', 2);
plot(xRange, 0.06*q(xRange,eMu), 'r-','linewidth', 2);
xline(0,'r--','linewidth', 1);
legend('samples', 'p(x): target', 'q(x): propsal');

% trace plot for Markov chain
subplot(5,1,[3;5]);
stairs(x(1:5000),1:5000,'k-');
set(gca,'YDir','reverse');
xlabel('x','fontsize',14); ylabel('t'); xlim([xMin xMax]);
xline(0,'r--','linewidth', 1);                  % overlay the center line
hold off
```

[그림 6.2.1]은 시뮬레이션 결과이다. 왼쪽 그림은 보정항이 없는 경우(소스 코드에서 case 1)이고, 오른쪽 그림은 보정항이 포함된 경우(case 2)이다. 참고로, 아

래쪽 두 그림은 시뮬레이션 단계마다 추출된 표본들, 즉 시간의 진행에 따른 확률 변수들을 연결한 것이다. 이를 궤적 도표(trace plot)라 한다. 이 그림을 통해 체인의 혼합 상태를 확인함으로써 시뮬레이션 인자들이 적절하게 선정되었는지 판단할 수 있다. 6.3절의 체인의 혼합에서 자세히 다루기로 하자.

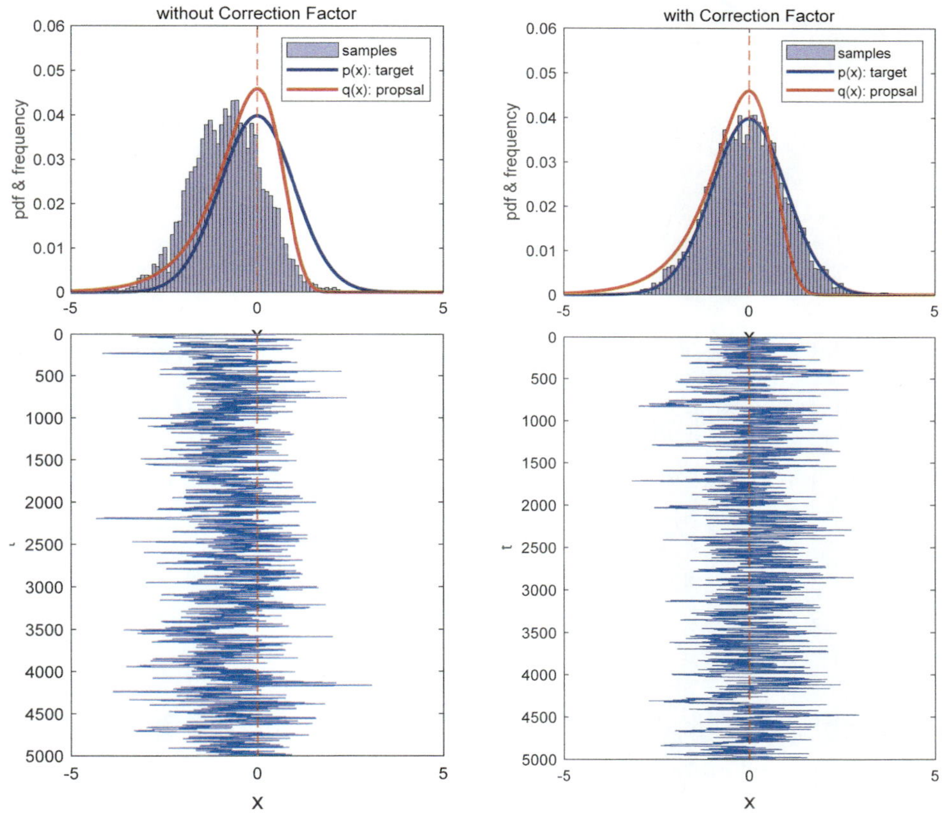

그림 6.2.1 M–H 알고리즘에서 제안분포의 비대칭 영향 제거를 위한 보정항의 효과

수락확률에서 보정항을 도입함으로써 제안분포의 비대칭 영향이 제거되었음을 확인할 수 있다. 왼쪽 그림에서 목표분포와는 다르게 한쪽에서 과다하게 표본이 추출된 것을 볼 수 있다. 오른쪽 그림에서 보는 바와 같이 수정인자의 도입으로 인해 비대칭이 없어지고 정상적인 표본추출이 이루어졌다. 목표분포의 변수 공간도 고르게 탐색되고 있다. 보정항의 효과다. 보정항은 $x^{(t)} \to x^*$ 천이가 상대적으로 자주 시도된다면, 판별식의 분모에서 $q(x^*|x^{(t)})$이 수락확률을 낮춘다. 반대로

$x^* \rightarrow x^{(t)}$ 천이가 자주 시도된다면, 분자의 $q(x^{(t)}|x^*)$이 수락확률을 높인다. 결국 비대칭의 영향을 없앨 수 있다.

6.2.4 M 알고리즘

제안분포가 0을 기준으로 대칭인 경우에는 다음과 같이 표현할 수 있다.

$$q(x^*|x) = q(x|x^*)$$

따라서 식(6.2.5)는 분모와 분자가 같기 때문에 1이 된다. 이는 수락확률에서 비대칭 효과를 없애기 위한 보정항 $\dfrac{q(x|x^*)}{q(x^*|x)}$가 필요하지 않다는 의미다. 따라서 식(6.2.1)의 수락확률은 다음과 같이 간단해진다.

$$\alpha(x \rightarrow x^*) = \min\left[1, \frac{p(x^*)}{p(x)}\right] \tag{6.2.6}$$

이 경우를 메트로폴리스(Metropolis) 알고리즘이라 한다. 염두에 둘 것은 이 알고리즘은 제안분포가 대칭일 때만 제대로 작동한다는 점이다. 이를 제외한 나머지는 M-H 알고리즘과 동일하기 때문에 별도로 알고리즘을 제시하지는 않겠다.

대신, 미루어 두었던 M-H 알고리즘의 [과정 3-4]의 천이의 수락 절차에 대해서 알아보도록 하자. 사실 이 부분이 M 알고리즘의 핵심이다.

M 알고리즘에서 $p(x^*) > p(x)$인 경우에 $x \rightarrow x^*$로의 천이는 항상 수락된다. 즉, 원래의 표본 x 보다 후보 표본 x^*일 때의 확률밀도함수 값이 더 높은 경우, 후보는 표본으로 무조건 수락된다. 반대로 $p(x^*) < p(x)$인 경우에는 $x \rightarrow x^*$로의 천이는 0이 아닌(non-zero) 임의의 확률로 수락된다. 즉, 후보 표본 x^*의 확률밀도함수 값이 원래의 표본 x일 때보다 더 낮은 경우, 그 후보의 천이는 수락될 수도 그렇지 않을 수도 있다. 그 여부

는 확률밀도함수 값들의 비율 $p(x^*)/p(x)$에 의존한다. $p(x^*)$가 작을수록, 즉 두 값의 차이가 클수록 후보의 천이가 수락될 확률은 줄어든다.

이상의 논의를 [그림 6.2.2]를 통해 알아보자. 어떤 후보의 천이를 위한 도약이 오르막(uphill) 쪽으로 선택되면 그 시도는 항상 수락되고, 내리막(downhill) 쪽으로 선택되면 $p(x^*)/p(x)$의 확률로 수락된다. 여기서 오르막 쪽이란, 선택된 후보 표본이 기존 표본보다 높은 확률밀도함수 값을 갖는 방향을 말한다.

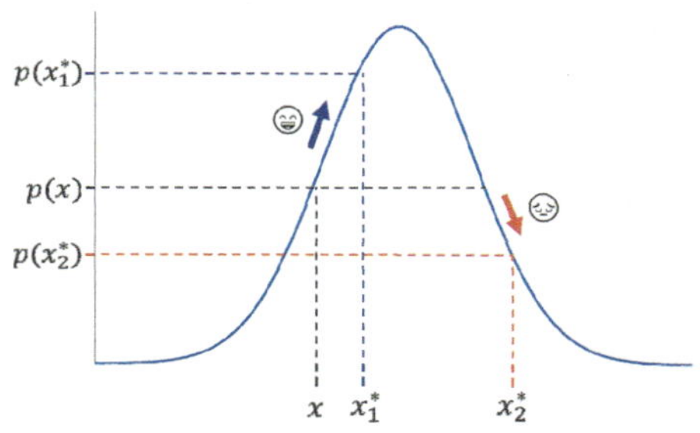

그림 6.2.2 후보 표본의 천이 시도와 수락(Chib and Greenberg, 1995에서 영감을 얻었다)

x는 전 단계에서 추출된 표본이다. $x_1{}^*$은 기존 표본보다 높은 확률값을 가진 후보 표본이다. 즉, x보다 오르막 쪽에 있는 후보이므로 항상 표본으로 수락된다. 반면에 $x_2{}^*$의 경우는, 기존 표본보다 낮은 확률값을 갖는다. 즉, 내리막 쪽에 있는 후보는 확률값의 비율에 따라 표본으로 수락 또는 그렇지 않을 수도 있다. 그 수락 여부는 확률적인 방법, 정확히는 룰렛판 선택법(Roullett−wheel selection)을 따른다. 즉, 후보의 확률값이 높을수록 또는 두 확률값의 비율이 높을수록 후보는 표본으로 수락될 가능성이 높다. 이런 수락 방식은 목표분포의 확률밀도가 높은 영역에서는 많은 표본이 추출되게 하고 그렇지 않은 영역에서는 표본이 적게 추출되게 하므로 결국은 목표분포를 모사하게 된다.

후보 상태가 목표분포에서 현 상태보다 높은 값을 가지면 그 천이 시도는 언제나 수락된다. 그러나 후보 상태가 낮은 경우에도 0이 아닌 확률로 수락하는 이유는 목표분포의 확률이 낮은 영역도 탐색하기 위한 것이다. 만약 선택된 후보가 오르막 쪽에 있을 때만 수락된다면, 목표분포에서 확률밀도가 낮은 영역은 탐색되지 못한다. 내리막 쪽이 선택되면 천이는 다시 오르막 쪽이 선택될 때까지 그 자리에서 고착되기 때문이다. 목표분포가 다봉일 경우에는 목표분포를 따르지 못하는 표본들이 얻어질 것이다.

대표적인 대칭분포로는 정규분포, 코시(Cauchy) 분포, Student-t 분포, 균등분포 등이 있다. M 알고리즘은 식(6.2.6)의 정의에 의해 제안분포가 대칭일 때만 상세 균형조건이 만족된다. 제안분포가 대칭이 아닐 경우에는 M-H 알고리즘을 사용해야 한다.

M 알고리즘이나 M-H 알고리즘에서 정규화상수는 중요하지 않다. 식(6.1.2)을 식(6.2.6)에 대입해서 수락확률을 다시 쓰면,

$$\alpha(x \to x^*) = \min\left[1, \frac{p(x^*)}{p(x)}\right] = \min\left[1, \frac{\frac{1}{Z}\tilde{p}(x^*)}{\frac{1}{Z}\tilde{p}(x)}\right] = \min\left[1, \frac{\tilde{p}(x^*)}{\tilde{p}(x)}\right] \tag{6.2.7}$$

식의 분모 분자에서 정규화상수 $\frac{1}{Z}$은 소거된다. 그러므로 우리는 목표분포 $p(x)$의 정규화상수 Z를 모르더라도 $\tilde{p}(x)$로부터 표본을 추출할 수 있다. 베이지안 추정에서 가장 어려운 일이 사후확률분포나 주변확률분포에 포함된 적분(식2.2.2 또는 식2.2.6 참조)을 평가하는 일인데, MCMC 방법에서는 이 작업 없이도 목표분포를 근사화시켜 문제를 해결할 수 있다. 베이지안 통계의 장점이 알려진 이후에도 수백 년 동안 제대로 사용되지 않았던 이유가 이 적분 평가 때문이었음을 감안하면, MCMC 방법의 유용성을 짐작할 수 있다.

다음 [예제 6.2.2]의 시뮬레이션을 통해 M 알고리즘으로 다봉분포의 표본을 추출하자.

예제 6.2.2

▸ 목표분포: 다봉분포

$$p(x) = 10\exp\left(-4(x+4)^2\right) + 3\exp\left(-0.2(x+1)^2\right) + \exp\left(-2(x-5)^2\right)$$

▸ 제안분포: 요동 $\pm\epsilon$을 가진 균등분포, $q(x) = U(x-\epsilon, x+\epsilon)$, $\epsilon = 3.5$

[풀이]

다음 프로그램을 참고하라. 결과는 [그림 6.2.3]에 나타내었다.

프로그램 6.2.2 M 알고리즘에서 다봉분포 표본추출

```
% Metropolis-Hastings simulation for Multi-modal density
clc; clear all

% randomize
rng(1234, 'twister')

T = 10000;                        % chain length

% target distribution: Normal density, N(0,1)
p = @(x) exp(-2.*(x+5).^2)+3*exp(-0.5*(x+1).^2)+8*exp(-0.6.*(x-5).^2);

% proposal distribution: uniform distribution, U(-e,e)
epsilon = 3.5;
% Practically, this pdf is not necessary because of symmetric density.
q = @(x,epsilon) unifpdf(x,-epsilon,epsilon);

x = zeros(T,1);                  % pre-allocation of memory

% initialize
x(1) = 0.5;
accepted = 0;
for t=2:T

    % genertae a candidate from the proposal uniform density
    xStar = x(t-1) + unifrnd(-epsilon,epsilon);

    % acceptance ratio: No correction factor (symmetric proposal)
    acceptRatio = p(xStar) / p(x(t-1));

    alpha = min( 1, acceptRatio );

    %draw a uniform variate from 0~1 for determining acceptance
    u = rand(1);

    % decide to accept the proposed transition
    if u <= alpha
        x(t) = xStar;                    % accept
        accepted = accepted + 1;        % accept rate
    else
        x(t) = x(t-1);                   % reject the candidate
    end
 end
acceptRate = accepted/T;
fprintf('Accept rate = %f\n', acceptRate);
```

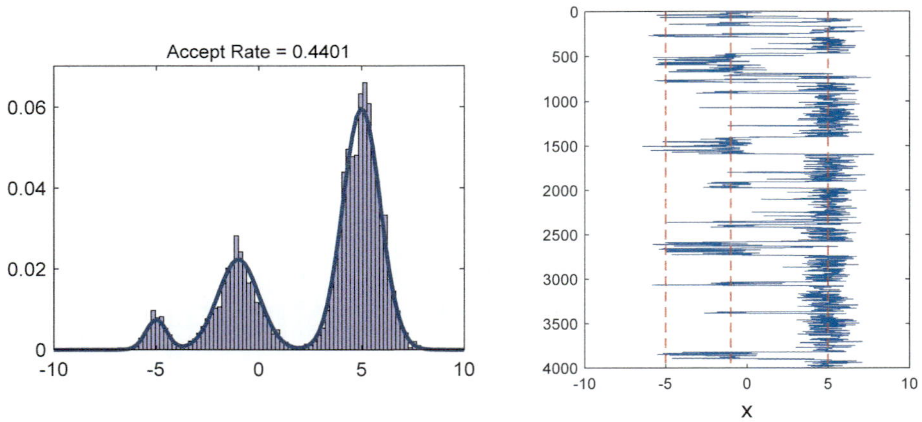

그림 6.2.3 다봉분포 표본추출(M 알고리즘, 균등 제안분포)

6.2.5 언제 비대칭 제안분포를 사용하는가?

비대칭 제안분포가 필요한 이유는 제안분포의 사용이 비효율적인 경우가 있기 때문이다. 예를 들어, 목표분포의 꼬리가 길게 끌리는(heavy tails) 분포이면 대칭분포로는 체인이 정상분포로 수렴하는 데 긴 시간이 필요하게 된다. 게다가 꼬리 영역에서는 대부분 후보들의 천이 시도가 채택되지 못하고 버려진다. 그 해결 방법은 목표분포와 닮은꼴인 제안분포를 사용하는 것이다. 결국 비대칭 제안분포가 필요하게 된다.

비대칭 제안분포를 사용하면 유계(有界, 확률변수의 경계 중의 한쪽 또는 양쪽이 유한한, a distribution with limited bounds)의 목표분포 표본추출이 가능해진다. 확률변수가 유계일 때 제안분포의 선택은 목표분포의 확률변수 범위를 포함하는지 주의해야 한다. 다음 예제는 비대칭 목표분포 표본추출을 위해 비대칭 제안분포를 사용한 경우이다.

예제 6.2.3

▸ 목표분포: 초모수 $a=2$ 및 $b=1.9$인 와이블(Weibull) 분포, $0<x$, 비대칭

$$p(x)=\frac{a}{b}\left(\frac{x}{b}\right)^{a-1}\exp\left[-\left(\frac{x}{b}\right)^{a}\right]$$

▸ 제안분포: 초모수 $c=2$ 및 $d=1.2$인 감마분포(Gamma), $0 < x$, 비대칭

$$q(x)=\frac{1}{\Gamma(c)d^c}x^{c-1}\exp\left[-\left(\frac{x}{d}\right)\right]$$

[풀이]

이 경우에 수락확률은 비대칭 제안분포의 영향을 없애기 위한 식(6.2.1)에 의해 계산되어야 한다. 다음 프로그램을 참고하고(사실, 이 프로그램은 6.6절의 독립적 M–H 방법에 속한다. 즉, 제안분포에서 후보의 선택이 전 단계의 표본에 의존하지 않고 독립적으로 이루어진다), 결과를 [그림 6.2.4]에 나타내었다.

프로그램 6.2.3 M–H 알고리즘에서 비대칭 목표분포 표본추출

```
% M-H sampler
% This is to show how well it works in the case of asymmetrical density
% target density: Weibull, propoal density: Gamma
clc; clear all;

% randomize
rng(1234, 'twister')

T = 10000;                      % chain length

% target distribution: the unnormalized Weibull density
pa = 2;
pb = 1.9;
p = @(x,pa,pb) ((x./pb).^(pa-1)).*exp(-(x./pb).^pa);

% proposal distribution: the unnormalized Gamma density
qc = 2;     % 1.3;
qd = 1.2;   % 0.5;
q = @(x,qc,qd) x.^(qc-1).*exp(-x./qd); % or gampdf(x,qc,qd);

x = zeros(T,1);                 % pre-allocation of memory

% initialize
x(1) = 0.5;
accepted = 0;

for t = 2:T
    % choose a candidate from the gamma proposal density
    xStar = gamrnd(qc,qd);
```

```
    % correct factor: In this case, the proposal does not have any
    % location parameter. Thus, it is not q(x(t),xStar))/q(xStar,x(t))
    corrFactor = q(x(t-1),qc,qd)/q(xStar,qc,qd);

    % calculate the accept probability
    acceptRatio = p(xStar,pa,pb)/p(x(t-1),pa,pb) * corrFactor;

    alpha = min(1, acceptRatio);

    %draw a uniform deviate from 0~1 for determining acceptance
    u=rand(1);

    % decide to accept the proposed transition
    if u <= acceptRatio
        x(t) = xStar;                          % accept
        accepted = accepted+1;                % accept rate
    else
        x(t) = x(t-1);                         % reject the transition
    end

end

acceptRate = accepted/T;
fprintf('Accept rate = %f\n', acceptRate);
```

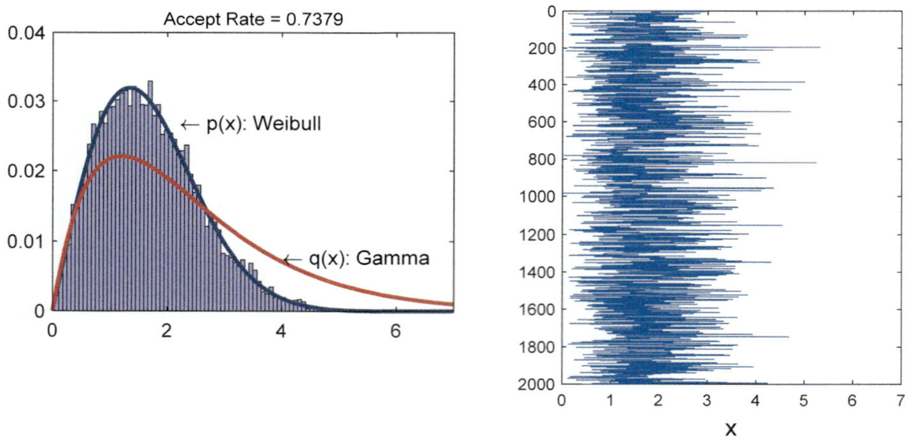

그림 6.2.4 와이블 분포 표본추출(M-H 알고리즘, 감마 제안분포)

6.3 표본의 상관관계와 체인의 혼합

6.3.1 상관관계

MCMC 방법에 의해 추출된 표본들은 하나의 마르코프 체인을 이룬다. 현 단계의 표본은 전 단계 표본에 의존해서 추출된다. 따라서 시간이 인접한 표본들끼리는 비슷한 값을 가질 가능성이 크다. 일반적으로 비교 대상인 두 관측치의 비슷한 정도를 '상관관계'라 한다. 두 관측치에서 하나의 값이 커질 때 다른 하나의 값도 커지면 양(+)의 상관관계라 하고, 다른 하나의 값이 작아지면 음(−)의 상관관계라 한다. 상관관계의 크기는 $-1 \sim 1$ 사이의 값을 갖는다. 상관관계가 클수록 1에 가깝고 서로 무관하면 0에 가깝다.

이러한 상관관계는 연이은 관측치 중에서 비교 대상인 두 관측치 사이의 간격 또는 거리에 따라 달라진다. 가까운 관측치들끼리 비슷한 값을 가질 가능성이 컸다면, 관측치 사이의 간격이 멀어질수록 그런 가능성은 줄어들 것이다. 관측치(또는 표본들) 사이의 간격을 시차(lag)라 하는데, 여기서는 k로 표현하겠다. 달리 표현하면, 시차란 두 관측치 사이의 간격이다. 예를 들어, 현 단계와 전 단계 사이의 시차는 $k=1$이고, 현 단계에서 두 단계 이전까지를 고려한다면 시차는 $k=2$가 된다. 여기서 관측치들 사이의 시간 또는 거리 간격은 동일해야 한다.

자기상관함수(autocorrelation function)란, $k=1, 2, \cdots$ 처럼 시차가 다른 두 관측치의 상관관계의 정도를 평가하기 위한 척도이다. 총 T개인 MCMC 표본에서(또는 길이 T인 관측치가 있을 때), k−시차로 분리된 두 관측치 X_t와 X_{t+k} 사이의 자기상관계수는 다음과 같이 정의된다.

$$acf(k) = corr(X_t, X_{t-k}) = \frac{\sum_{t=k+1}^{T} (X_t - \overline{X})(X_{t-k} - \overline{X})}{\sum_{t=1}^{T} (X_t - \overline{X})^2} \qquad (6.3.1)$$

특별히 시차가 1인 경우, 즉 자기 자신과의 상관계수는 $acf(1) = corr(X_t, X_t)$로 표현된다. 만약 관측치들이 서로 무관하다면 모든 시차들에서 자기상관계수의 값은 거의 0일 것이다(참고로 이런 경우를 백색소음(white noise)이라 한다).

자기상관계수 $acf(k)$이 크다는 것은 과거의 값이 현재의 값에 영향을 강하게 미치고 있다는 의미다. 따라서 이 척도를 데이터들이 어느 정도의 상관성이 있는지 판단하는 데 사용할 수 있다. 이 척도는 마르코프 체인이 정상상태에 도달했는지를 판단하는 데 유용하다. 데이터의 분산 관점에서 정상상태란 분산이 일정하게 유지되는 것을 뜻한다. 이런 상태에서는 자기상관계수 값도 일정해진다. 적절한 제안분포가 사용된 경우, 정상상태에 이르는 동안 자기상관계수는 빠르게 감소한다.

자기상관관계의 분석은 주로 그래프를 통해서 이루어진다. 즉, 각각의 시차에서 이 함수 값을 막대그래프로 표현하는데, 여기서 막대는 상관관계의 크기와 방향을 나타낸다. 따라서 어떤 시차에서 상관관계가 특별한지를 쉽게 판단할 수 있다. 자기상관계수와 관련해서 매트랩에서 제공되는 내장함수는 다음과 같이 사용된다.

```
[acf, lags] = autocorr(x,K)
```

이 내장함수는 입력 인수로 데이터 벡터 x와 시차 $k = 1, 2, \cdots, K$가 입력되면 해당 시차에 대한 자기상관함수 값이 벡터로 반환되고, 가로축에는 시차가 세로축에는 자기상관계수 값이 막대 도표로 그려진다. [그림 6.3.1]에 자기상관계수가 다른 몇 가지를 나타내었다.

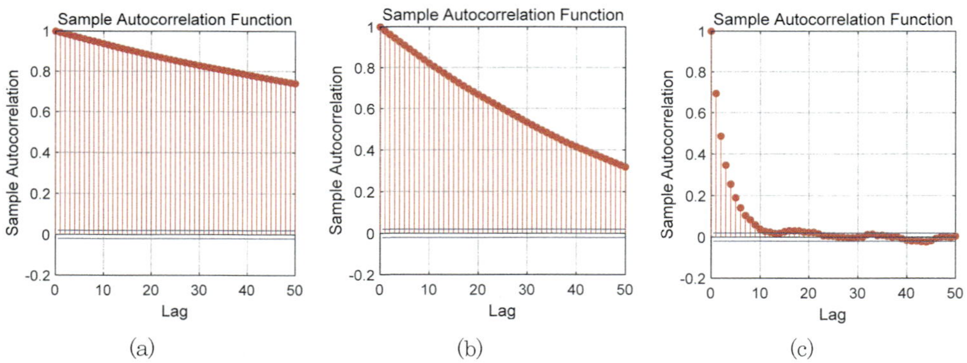

그림 6.3.1 여러가지 자기상관함수(ACF: autocorrelation function) 도표

[그림 6.3.1(a)]는 자기상관계수가 큰 경우로 시차가 늘어나더라도 상관계수가 쉽게 줄어들지 않는 경향을 보인다. 이런 경우는 천이를 위한 도약 간격이 작아서 대부분의 후보가 천이 수락될 때 생긴다. [그림 6.3.1(b)]도 자기상관계수가 비교적 큰 경우에 속한다. 이 경우는 천이를 위한 도약 간격이 너무 클 때 대부분 후보의 천이가 기각되기 때문에, 즉 체인이 제자리에서 머물 때 생기기 쉽다. 시차가 늘어나더라도 자기상관계수는 느리게 감소된다. [그림 6.3.1(c)]는 자기상관계수가 작은 경우이다. 천이를 위한 도약 간격이 적절해서 체인 혼합이 잘 이루어지면, 쉽게 정상상태에 이르면서 자기상관계수는 빠르게 감소한다.

6.3.2 상관관계와 분산

표본들 사이의 상관관계가 있으면 분산, 즉 오차가 커진다. 표본으로부터 얻을 수 있는 대표적인 정보로 평균을 들 수 있다. MCMC 방법이 아닌 독립적인 방법에 의해 추출 표본들의 평균 추정치는 확률변수들의 합으로부터 계산된다. 이 추정치의 분산은 각 확률변수들의 분산의 합과 동일하다.

$$Var(X+Y)=Var(X)+Var(Y) \tag{6.3.2}$$

이는 표본들이 서로 독립적이기 때문에 가능한 것이다. 하지만 MCMC 방법에 의한 표본들은 독립적이지 않다. 표본들이 양의 상관관계를 가진다면, 평균의 추정치에 대한 분산은 다음과 같아진다. 표본들끼리의 상관관계는 오차가 커지는 하나의 원인이 된다.

$$Var(X+Y)=Var(X)+Var(Y)+2Cov(X,Y) \tag{6.3.3}$$

표본들끼리의 상관관계로 인한 오차의 증가, 이것이 종전의 독립적인 몬테카를로 방법과 비교했을 때 MCMC 방법의 약점이다.

6.3.3 체인의 혼합과 번인(burn-in)

체인의 혼합(chain mixing) 정도는 궤적 도표로 쉽게 파악할 수 있다. 궤적 도표는 시간(표본추출이 수행되는 매 단계)을 한 축에, 해당 표본이 가진 값을 다른 한 축에 표현하고 이 값들을 선으로 이으면 만들 수 있다. 이미 앞 절의 그림들에서 본 바 있다. 좋은 체인 혼합이란, 체인이 탐색공간을 고르게 이동하면서 표본이 추출되는 경우에 해당한다. 체인의 혼합이 좋지 못한 경우는 다음과 같을 때이다. 천이를 위한 도약 간격이 너무 작아서 상태공간을 넓게 탐색하지 못해 결과적으로 표본들끼리의 자기상관계수가 높을 때 발견된다. 도약 간격이 너무 넓을 때도 체인 혼합은 좋지 않다. 탐색공간은 넓지만, 대부분의 후보 표본들이 기각되어 제자리에서 고착되기 때문이다.

조건을 갖춘 마르코프 체인은 출발점이 어디인지에 상관없이 정상상태에 도달하게 된다. 3장의 [그림 3.3.3]을 상기해 보라. 정상상태에 이르기 이전의 상태들, 즉 전체 체인에서 초기 부분은 정상상태에 이르기 위한 과도기에 해당하기 때문에 이 상태들까지 목표분포로 포함시키면 부정확한 결과로 이어질 수 있다. 게다가 상관관계도 높기 때문에 버려야 한다. 이 조작을 번인(burn-in)이라 한다. 번인 단계에 해당하는 표본들은 추정치 계산에 사용되지 못하기 때문에 필요한 표본 개수보다 추가로, 즉 번인에 해당되는 만큼 체인을 길게 구동시켜야 한다. 체인이 아주 긴 경우라면 초기 부분이 차지하는 비율이 작기 때문에 초기 부분을 배제하지 않고 사용하기도 한다.

[그림 6.3.2]는 [예제 6.2.1]의 시뮬레이션에서 체인의 시작 위치가 각기 다른 경우에 정상상태에 이르는 과정을 보인 것이다. 빨간 원이 시작 위치이다. 번인에 해당하는 부분의 길이는, 주어진 문제, 제안분포, MCMC 방법, 체인의 시작 위치, 도약 간격 등에 따라서 달라질 수 있다. 궤적 도표나 수렴 진단도구를 이용해서 번인 부분을 정하는 것이 좋다.

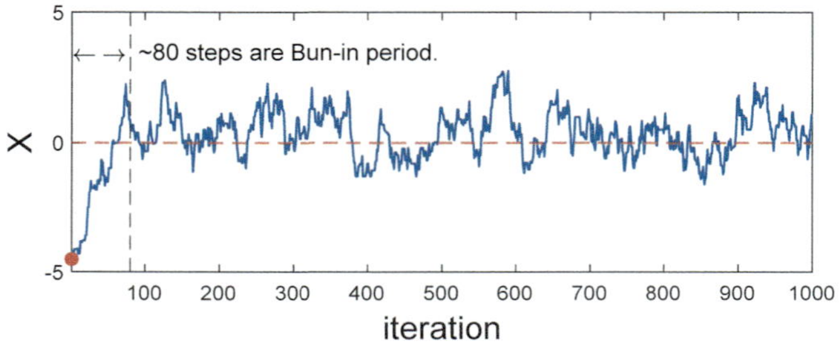

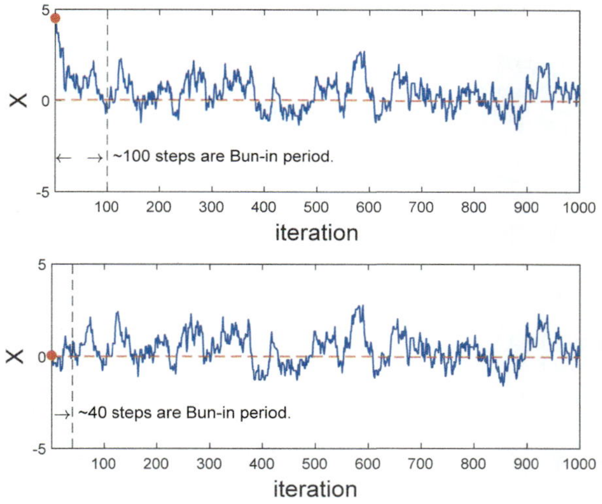

그림 6.3.2 체인의 시작 위치에 따른 정상상태 도달 시점 및 번인 길이

6.3.4 솎아내기(Thinning)

체인에서 일정 간격으로 상태들을 솎아내 취하고 나머지는 버린다. 취한 상태들로만 표본을 구성해서 통계치를 구한다. 이 방법이 여러 연구자들이 계속 사용해 온 방법이기는 하지만 추정치의 정확성을 개선하지 못한다. 자기상관계수를 줄이고 메모리 측면에서 유용하지만, 메모리가 제한되는 상황이 아니라면 불필요하다[8]. 오히려 솎아내기 대신에 그 길이만큼 긴 체인을 만들어 추정에 사용하는 것이 더 좋을 수 있다.

6.3.5 제안분포 모양의 중요성

제안분포의 선택은 중요하다. 그 선택은 분석자에 의해 이루어진다. 같은 제안분포라도 주어진 문제에 따라서 결과는 다르게 나타날 수 있다. M 또는 M-H 방법의 약점은 제안분포의 선택에 표집 결과가 크게 달라진다는 것이다. 제안분포 자체도 중요하지만, 그 모양

8 A. Link and M.J. Eaton, "On thinning of chains in MCMC," Methods in Ecology and Evolution, 3, (2012), pp. 112-115.

이 결과에 미치는 영향도 아주 크다.

분포의 모양은 그 모수에 의해 결정된다. 일반적으로 분포에서 분산은 그 분포가 얼마나 넓게 퍼져 있는가를 나타내는 척도이다. 분산이 큰 분포일수록 넓게 퍼져 있고 분산이 작으면 분포의 모양도 좁다.

다음 그림들은 [예제 6.2.1]의 시뮬레이션에서 분산을 각각 달리해서 얻은 결과들이다. 즉, 목표분포인 정규분포 $N(0,1)$ 표본추출을 위해, 제안분포인 극솟값 분포의 척도모수를 $s=0.2$(분산이 작아 분포의 모양이 아주 좁은), $s=2$, $s=80$(분산이 커서 분포의 모양이 아주 넓은)로 달리하였다. 각 그림에서 상단 좌측은 추출 결과 얻어진 표본의 빈도인 히스토그램을, 상단 우측은 자기상관함수를 나타낸 것이다. 하단은 체인의 궤적 도표이다. 제안분포의 모양, 즉 분산에 따라 표집 결과가 어떻게 달라지는지 살펴보자.

[그림 6.3.3]은 제안분포의 분산이 작은 경우이다. 분산이 작으면 천이를 위한 도약 간격도 작아진다. 이런 경우, 후보가 기각될 확률이 낮기 때문에 대부분의 후보들은 표본으로 채택된다. 그 결과, 표본들끼리 비슷한 값을 가질 가능성이 커진다. 이처럼 상관관계가

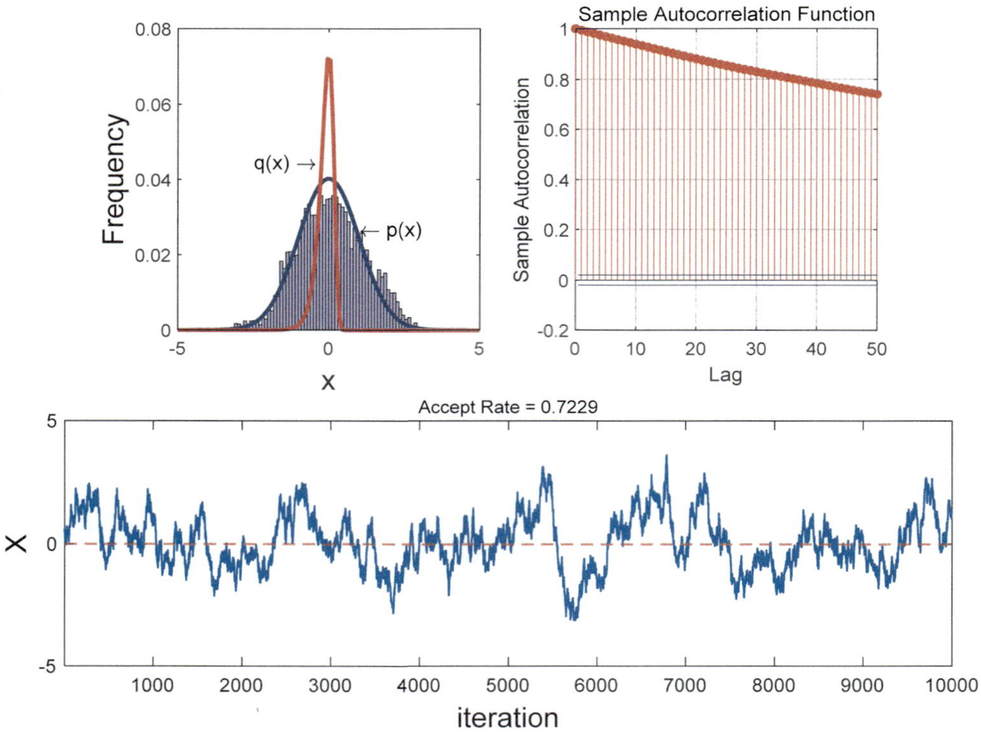

그림 6.3.3 제안분포의 분산이 너무 작은 경우의 표본추출 결과

커지면 표집된 표본의 분산도 커지게 된다. 자기상관함수 도표를 확인해 보라. 게다가 좁은 도약 간격 때문에 체인의 혼합이 좋지 않게 된다. 즉, 체인이 표집 공간 전 영역을 탐색하는 데 많은 시간이 필요하게 된다. 심한 경우에는 아주 긴 시간의 천이에도 불구하고 체인이 상태 공간의 일부에서만 배회하게 된다. 목표분포가 다봉인 경우에는 일부 봉우리에서만 표본이 추출되는 심각한 결과로 이어질 수 있다.

[그림 6.3.4]는 앞의 경우와는 반대로 제안분포의 분산이 너무 큰 경우이다. 분산이 커서 넓은 영역을 쉽게 탐색할 수 있지만, 후보가 기각될 가능성도 커지기 때문에 표집 효율이 좋지 않게 된다. 체인이 계속 제자리에 머무는 경우가 많기 때문에 체인의 혼합도 좋지 않고 상관관계도 쉽게 줄어들지 않는다.

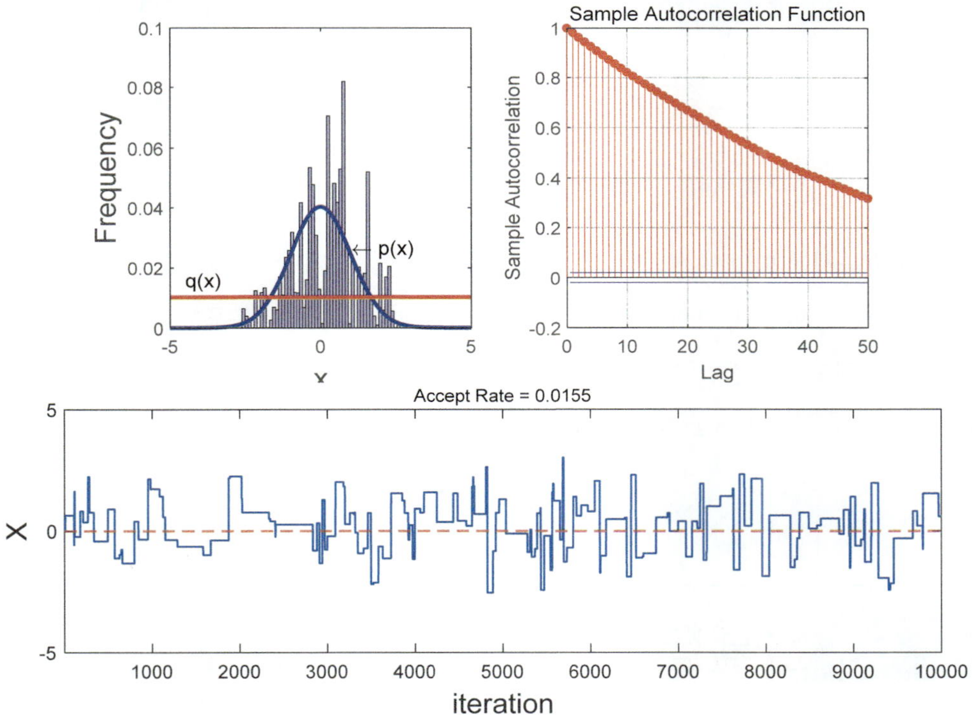

그림 6.3.4 제안분포의 분산이 너무 큰 경우의 표본추출 결과

[그림 6.3.5]는 제안분포의 분산이 적절한 경우이다. 좋은 체인 혼합을 보이면서 상관관계도 시차에 따라 빠르게 감소한다. 추출된 표본들의 빈도인 히스토그램도 목표분포를 잘 모사하고 있다.

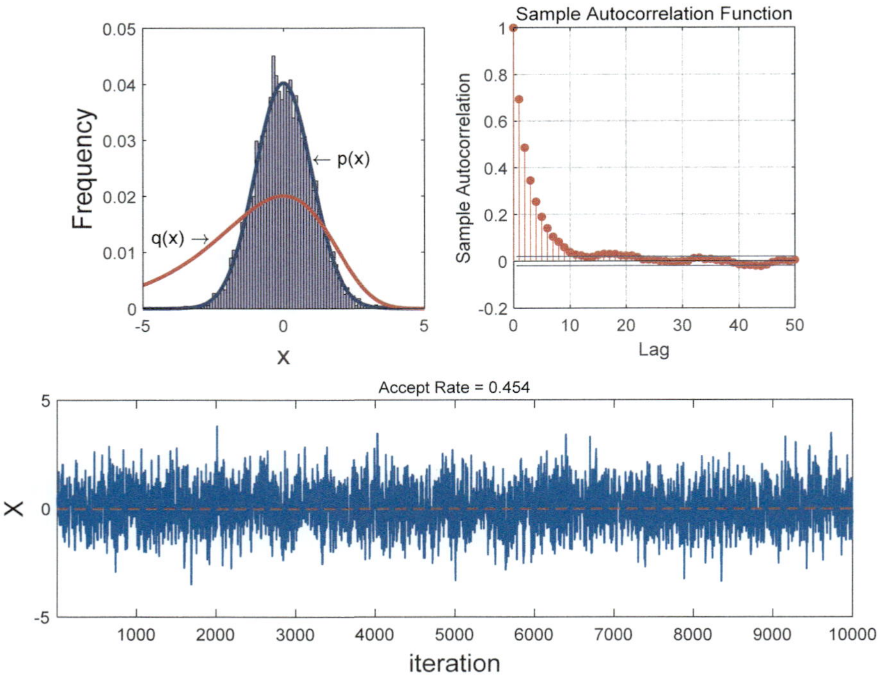

그림 6.3.5 제안분포의 분산이 적절한 경우의 표본추출 결과

주어진 문제에 따라서 적절한 제안분포와 그 분산을 선택한 뒤, 소규모 시뮬레이션을 통해 체인의 혼합상태, 자기상관함수, 수락률 등을 파악해서 제안분포를 조정하는 작업이 필요하다. 참고로 적절한 수락률은 1차원 변수의 경우에는 44% 정도, 5차원 이상의 변수에서는 23.4% 정도라는 보고가 있다[9].

6.4 수렴 진단(convergence diagnostics)

MCMC 방법의 어려움 중의 하나는 '시뮬레이션을 언제 종료해야 하는가?'이다. 이를 위해서는 체인이 정상상태로 수렴했는지를 판단해야 한다. 이에 대한 여러 가지 방법[10, 11]들

9 A. Gelman, G.O. Roberts, and W.R. Gilks, "Efficient Metropolis jumping rules," In Bayesian Statistics (eds: J.M. Bernardo, J.O. Berger, A.P. Dawid, and A.F.M. Smith), Oxford University Press, Oxford, (1996) pp. 599-608.

이 제시되고 있다. 많이 쓰이는 진단방법과 도구들을 요약하면 다음과 같다.

1) 표본 분할

하나의 체인(또는 표본)을 여러 개로 분할한 뒤, 분할된 표본 각각의 특성치를 구해서 이들이 같은지 비교한다. 예를 들어, 길이 T인 표본 $x^{(1)}, \cdots, x^{(T)}$을 2개로 분할하여 $x^{(1)}, \cdots, x^{(\frac{T}{2})}$와 $x^{(\frac{T}{2}+1)}, \cdots, x^{(T)}$로 만들고, 각각의 표본들에 대해 평균 $\overline{x}_1 = \Sigma_{t=1}^{T/2} x^{(t)}$와 $\overline{x}_2 = \Sigma_{\frac{T}{2}+1}^{T} x^{(t)}$를 구한 다음, 이들 값의 차이가 허용 가능한 수준인지 판단하는 것이다. 대표적으로 Geweke(1992)의 방법[12]을 들 수 있다.

2) 여러 개의 짧은 체인 사용

다른 초깃값을 가진 독립적인 여러 개의 짧은 체인들을 만들고, 각 체인 또는 체인들끼리의 통계치를 평가하여 이들 통계치의 차이가 허용 가능한 수준인지 판단한다. 대표적으로 Gelman–Rubin(1992) 진단법[13]을 들 수 있다.

3) 궤적 도표(trace plot)

시간 또는 시뮬레이션 단계를 한 축에, 체인에서 각 상태(표본)들의 값을 다른 한 축에 표시하고 이들을 선으로 연결한 그림이다. 즉, 체인의 궤적을 나타낸 것이다. 시간에 따라 궤적에 큰 변화가 없으면 수렴된 것으로 본다. 체인의 시작 위치를 다르게 하고, 다른 난수 종자값을 사용해서 여러 체인들을 구하고 이들의 궤적을 비교해야 한다.

---

10 M.K. Cowles and B.P. Carlin, "Markov Chain Monte Carlo Convergence Diagnostics: A Comparative Review," J. American Statistical Association, 91, (1996), pp. 883-904.

11 S.P. Brooks, A. Gelman, "General Methods for Monitoring Convergence of Iterative Simulations," J. Computational and Graphical Statistics, 7, (1998), pp. 434-455.

12 J. Geweke, "*Evaluating the Accuracy of Sampling-Based Approaches to the Calculation of Posterior Moments*," in Bayesian Statistics (eds: J. M. Bernardo, J. O. Berger, A. P. Dawid and A. F. M. Smith), 4, Clarendon Press, Oxford, (1992), pp. 169-193.

13 A. Gelman, D.B. Rubin, "Inference from Iterative Simulation Using Multiple Sequences," Statistical Science, 7(4), (1992), pp. 457-472.

4) 자기상관계수 도표

시차별 자기상관계수를 그려서 상관관계가 감소하는 정도로 판단한다. 이 척도로는 정상상태에 도달 여부를 알 수는 없지만, 시뮬레이션 인자들이 적절하게 선정되었는지는 판단할 수 있다.

일반적으로 통용되는 진단방법은 없다. 주어진 문제마다, 사용하는 알고리즘마다, 시뮬레이션 조건마다 수렴 정도가 달라질 수 있기 때문이다. 수렴 진단 목적으로는 가능한 한 긴 체인을 만드는 것이 중요하다. 하나의 체인을 나눈 조각들이 서로 비슷한 통계치나 결과를 보여야 한다. 다른 시작점에서 여러 개의 체인을 독립적으로 만들어 비교하는 것도 좋은 방법이다. 후보 천이의 수락확률도 중요하다. 너무 높거나 낮은 수락률도 문제가 있다는 신호다. 체인의 혼합 상태도 중요하다. 특히 분포의 꼬리 부분에서의 혼합 상태를 유심히 관찰해야 한다. 한 가지 진단방법으로만 결론을 내지 말고 여러 가지 진단방법을 사용해 봐야 한다.

6.5 무작위보행(Random Walk) M-H 알고리즘

M-H 알고리즘의 특수한 형태로 제안분포는 다음과 같이 정의된다.

$$q\left(x^{*}|x^{(t)}\right)=g\left(|x^{*}-x^{(t)}|\right) \tag{6.5.1}$$

여기서 g는 0을 중심으로 대칭인 분포이다. 이 알고리즘은 현 상태 주변을 주로 탐색하기 위해 무작위한 변동 ϵ를 더하기 때문에 다음과 같은 표현도 가능하다.

$$x^{(t+1)}=x^{(t)}+\epsilon \tag{6.5.2}$$

여기서 ϵ는 현 상태에 중심을 둔 대칭분포의 요동이다. 제안분포로는 정규분포 $N(x^{(t)},\sigma)$

나 균등분포 $U(x^{(t)}-\sigma, x^{(t)}+\sigma)$가 대표적으로 쓰인다. 제안분포의 분산 σ는 천이 시도의 간격, 즉 한 상태에서 다른 상태로 이동하려는 거리에 해당한다. 따라서 분산 σ는 수락확률을 조정하는 데 사용할 수 있다. 이 알고리즘의 수락확률은 M 알고리즘과 동일하게 정의된다.

$$\alpha = \min\left[1, \frac{p(x^*)}{p(x^{(t)})}\right] \tag{6.5.3}$$

예제 6.5.1

목표분포는 다음의 이봉 정규분포이다.

$$p(x) = \frac{0.3}{1.5\sqrt{2\pi}} e^{-\frac{1}{2}\left(\frac{x-(-3)}{1.5}\right)^2} + \frac{0.7}{1.5\sqrt{2\pi}} e^{-\frac{1}{2}\left(\frac{x-5}{1.5}\right)^2}$$

제안분포로 정규분포를 사용하기로 하자. 제안분포의 분산을 각각 달리하여 이들이 시뮬레이션 결과에 미치는 영향을 살펴보자.

$$q(x) = N(x, \sigma), \text{ 여기서 } \sigma = 0.2,\ 2,\ 200$$

[풀이]

다음은 이 예제를 위한 프로그램이다.

프로그램 6.5.1 무작위보행 M–H 방법에 의한 이봉 정규분포 표본추출

```
% Random Walk M-H  for Bi-model Normal density
clc; clear; clf;

% randomize
rng(1234, 'twister')

% the length of a chain, i.e., the number of samples
T=10000;

% target distribution: bi-modal normal distribution
```

```
p = @(x) 0.3*normpdf(x,-3,1.5) + 0.7*normpdf(x,5,1.5);

% normal proposal density
Mu = 0;
sigma = 2;                          % standard deviation; %0.2; %200;
q = @(x) normpdf(x,Mu,sigma);     % it is needed for plotting only

x =zeros(T,1);
x(1) = -1;              % initial value of a sample
accepted = 0;

for t =2: T
    % draw a candidate from the Normal proposal density
    xStar = normrnd(x(t-1),sigma); % or x(t-1) + normrnd(Mu,sigma);

    % compute the acceptance ratio
    ratio = p(xStar) / p(x(t-1));
    alpha = min(1,ratio);

    % determine whether accept or reject
    u = rand(1);
    if u < alpha
        x(t) = xStar;
        accepted = accepted + 1;
    else
        x(t) = x(t-1);
    end
end
acceptRate = accepted/T;
fprintf('Accept rate = %f\n', acceptRate)
```

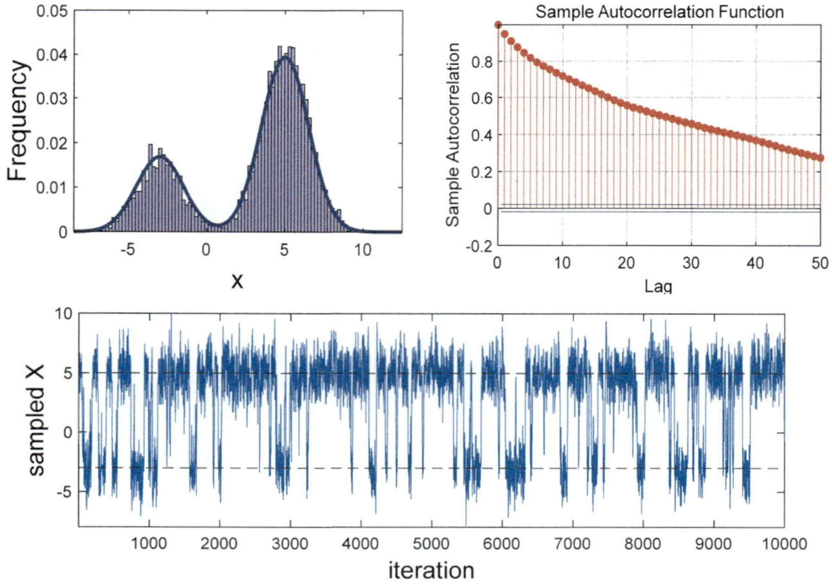

그림 6.5.1(a) 분산이 적절한 경우($\sigma = 2$)의 무작위보행 M-H 알고리즘 추출 결과

[그림 6.5.1]은 정규분포를 제안분포로 사용한 무작위보행 M-H 표본추출 결과이다. 세 가지 경우 모두 시작값은 −1이었다. $\sigma = 2$로 분산의 크기가 적절한 경우(그림 6.5.1(a)), 체인이 낮은 봉우리 쪽에서 시작됐음에도 불구하고 체인은 확률변수 공간을 고르게 탐색하면서 목표분포에 어울리는 표본을 추출하고 있다. 체인의 양호한 혼합 상태를 보라. 상관관계 역시 표본들 사이의 시차가 멀어질수록 줄어드는 정상적인 경향을 보인다.

반면, 분산이 너무 작아서 분포 모양이 좁은 경우(그림 6.5.1(b)), 즉 천이 시도의 간격이 너무 좁은 경우, 변수 공간을 고르게 탐색하지 못하고 체인이 시작된 한쪽 봉우리 쪽에서만 표본추출이 거의 이루어지고 있다. 따라서 목표분포와는 크게 다른 형태의 표본들이 추출되었다. 체인의 혼합 상태가 좋지 않고 표본들끼리의 상관관계도 크게 나타나고 있다.

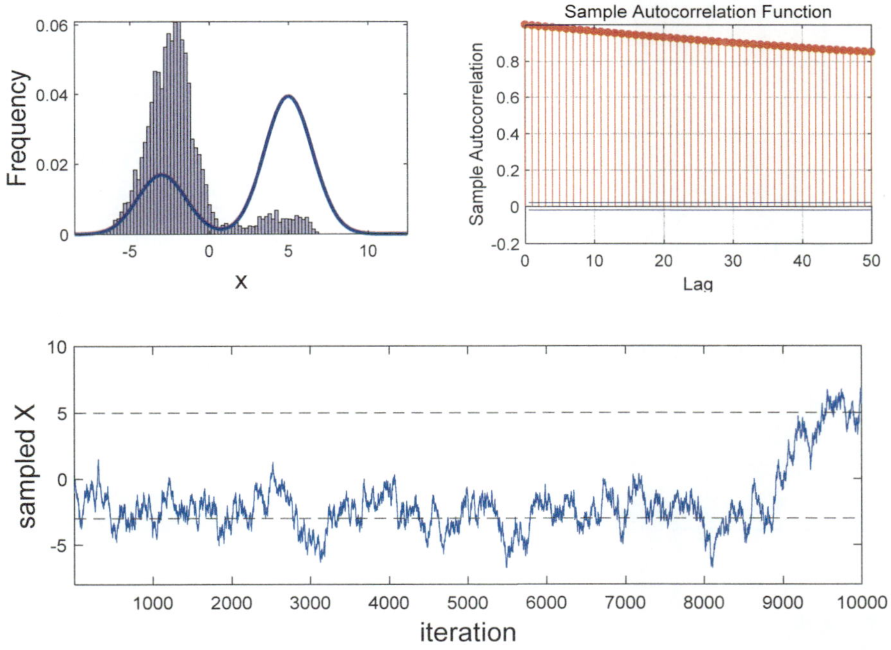

그림 6.5.1(b) 분산이 너무 작은 경우($\sigma = 0.2$)의 무작위보행 M-H 알고리즘 추출 결과

반면, 분산이 너무 큰 경우(그림 6.5.1(c)), 즉 천이 시도의 간격이 너무 넓은 경우에도 표본추출 결과는 좋지 않다. 대부분의 천이 시도가 수락되지 못해 그 위치에

서 체인이 고착되기 때문이다. 그 결과는 좋지 않은 체인의 혼합 상태로 나타난다. 고착된 표본들로 인해서 상관관계도 쉽게 줄어들지 않는다. 원하는 모양의 표본이 추출되지 않는다.

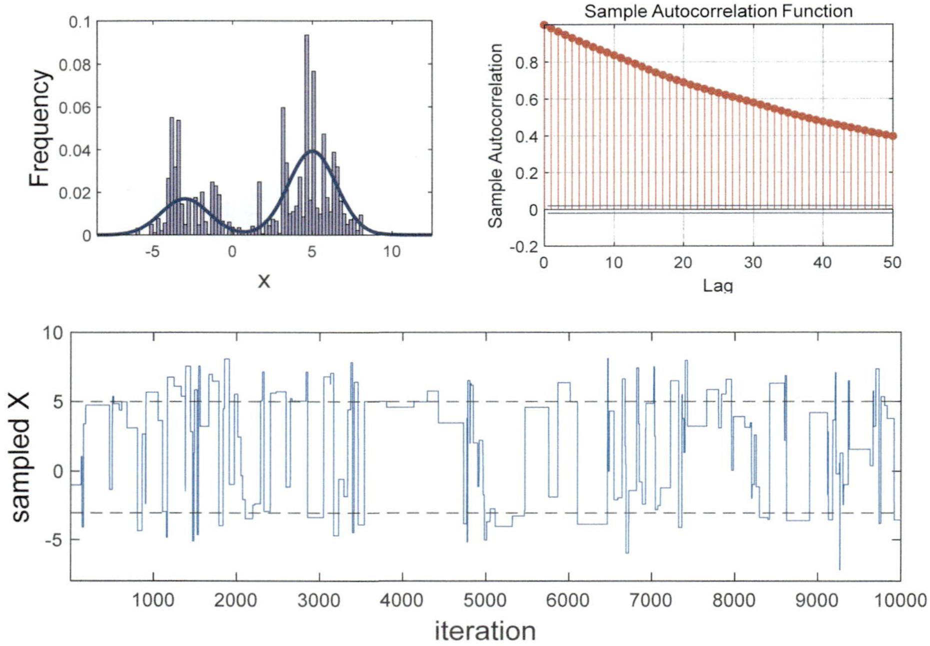

그림 6.5.1(c) 분산이 너무 큰 경우($\sigma = 200$)의 무작위보행 M-H 알고리즘 추출 결과

이상에서 본 것처럼 이 알고리즘에서도 제안분포의 분산은 천이 시도의 간격을 좌우하므로 체인의 수렴과 혼합에 결정적 영향을 미친다. 실제 시뮬레이션에서 이 인자를 조정하는 일이 중요하다.

예제 6.5.2

또 하나의 시뮬레이션 예로 베이지안 추정을 위한 표본추출을 들겠다. 베타-이항 베이지안 모델에서의 사후분포와 사후 예측분포를 표본추출로 구해 보자. 2.2절에서 다뤘던 문제를 다시 정리해 보면 다음과 같다.

[풀이]

세 차례의 성능시험을 통해 데이터 $\frac{y}{n}=\left\{\frac{8}{10}, \frac{13}{15}, \frac{10}{12}\right\}$을 얻었다. 매 차례 시험에서 n은 시험한 제품의 수, y는 성공한 개수이다. 이 데이터는 다음의 이항분포를 따른다.

$$f(y|n,\theta)=\binom{n}{y}\theta^{y}(1-\theta)^{n-y} \tag{A.1}$$

이 데이터 모델을 로그-가능도로 바꾸면 다음과 같다.

$$\begin{aligned}\ln L(\theta|n,y)&=\sum_{i=1}^{N}\left[\ln\binom{n_i}{y_i}+y_i\ln\theta+(n_i-y_i)\ln(1-\theta)\right]\\&=\sum_{i=1}^{N}\ln\binom{n_i}{y_i}+\sum_{i=1}^{N}y_i\ln\theta+\sum_{i=1}^{N}(n_i-y_i)\ln(1-\theta)\end{aligned} \tag{A.2}$$

사전분포로는 데이터 모델인 이항분포와 공액쌍을 이루는 베타분포를 쓰기로 하자.

$$p(\theta)=\frac{\Gamma(a+b)}{\Gamma(a)\Gamma(b)}\theta^{a-1}(1-\theta)^{b-1}\equiv Beta(a,b) \tag{A.3}$$

이 분포의 초모수는 $a=0.5$와 $b=0.5$를 쓰기로 하자. 이는 무정보적 사전분포(Jeffreys prior)에 해당한다. 사후분포는 데이터 모델과 사전분포의 곱에 의해 정의된다.

$$\begin{aligned}\underbrace{p(\theta|y)}_{\substack{beta\\posterior}}&=\underbrace{\binom{n}{y}\theta^{y}(1-\theta)^{n-y}}_{binomial\ likelihood}\cdot\underbrace{\frac{\Gamma(a+b)}{\Gamma(a)\Gamma(b)}\theta^{a-1}(1-\theta)^{b-1}}_{beta\ prior}\\&=Beta(a+y,b+n-y)\end{aligned} \tag{A.4}$$

이 예제에서 우리의 주된 관심은 식(A.4)의 사후분포 표본을 무작위보행 M-H 알고리즘으로 추출하는 것이다. 이를 구하고 난 다음의 관심은 다음의 사후 예측분포를(식(2.2.13) 참조) 표본추출로 구하는 것이다.

$$f(y^*|y) = \int f(y^*|\theta)p(\theta|y)d\theta$$
$$= \binom{n^*}{y^*} \frac{B(a+y+y^*, b+n-y+n^*-y^*)}{B(a+y, b+n-y)} \tag{A.5}$$

이 분포는 베이지안 분석 결과로 얻어진 사후분포를 근거로, 총 n^*개의 제품으로 새로운 추가 시험을 하게 된다면, 이 시험에서 성공개수 y^*가 어떻게 관측될 것인가에 대한 예측확률이다. 이 예에서는 $n^*=12$의 경우를 계산해 보기로 하자. 더 자세한 논의는 2.2절을 참고하기를 바란다.

후보 표본을 위한 제안분포로 다음의 균등분포를 사용하자.

$$x^* \sim U(x^{(t)} - \epsilon,\ x^{(t)} + \epsilon) \tag{A.6}$$

이 문제에서는 $\epsilon = 0.1$을 선택하였다. 다음 프로그램을 참고하라.

프로그램 6.5.2 무작위보행 M-H 방법에 의한 이항-베타 모델의 사후분포 표본추출

```
% Random walk Metropolis-Hastings simulation
% to obtain the posterior of Binomial-Beta model
clc; clear; clf;
rng(1234, 'twister');

T=10000;
% The subfunction "posterior" in the bottom lines returns
% the target pdf that is a posterior pdf of Binomial-Beta model.

% for lieklihood of Binomial data
N = [10, 15, 12];              % number of trials
y = [8, 13, 10];               % number of successes

% for Beta prior pdf
a = 0.5;            % hyperparameter of Beta pdf
b = 0.5;            % hyperparameter of Beta pdf

% degree of fluctuation for random walk
epsilon = 0.1;

x = zeros(T,1);       % parameter for inference
x(1) = 0.5;           % randomly select the initial p

 for t =2: T
```

```
    % generate a candidate from uniform proposal density
    xStar = x(t-1) + unifrnd(-epsilon, epsilon);
    % check the range of variable
    if xStar > 1
        while xStar > 1
                xStar = x(t-1) + unifrnd(-epsilon, epsilon);
        end
    end

    % calculate the acceptance probability
    ratio = p(xStar,N,y,a,b) / p(x(t-1),N,y,a,b);
    alpha = min(1,ratio);

    % determine accept/reject
    u = rand(1);
    if u < alpha
        x(t) = xStar;
    else
        x(t) = x(t-1);
    end
end

% check the results
simulMean = mean(x)                          % by simulation
analyMean = (a+sum(y)) / (a+b+sum(N))        % by analytical

%% %%%%%%%%%%%%%%%%%%%%%%%%%%%%%%
% posterior predictive density
trialsNew = 12;
yNew = binornd(trialsNew,x);        % sampling form the posterior

%for plotting;
figure(5); clf

%%%%%%%%  simulated predictive density
[gCount,value] = groupcounts(yNew);
countSimul = gCount ./ T;

%%%%%%%% analytical predictive density
countAnaly = zeros(trialsNew+1,1);
for i = 1: trialsNew+1
    yAdd = i-1;
    aNew = a + sum(y) + yAdd;
    bNew = b + sum(N-y) + (trialsNew-yAdd);
    countAnaly(i) = nchoosek(trialsNew,yAdd).*...
        beta(aNew,bNew)./beta(a,b);
end
countAnaly = countAnaly ./ sum(countAnaly);
h1 = bar(0:1:12,countAnaly',0.2,'FaceColor',[0.8 0.8 1],'facealpha',0.5); hold on;
h2 = stem(value, countSimul,'-b','linewidth',2);
xlim([-0.5 trialsNew+0.5]); xticks(0:1:trialsNew);
title('Predictive Posterior Simulation','fontsize',14);
xlabel('number of successes (y) in addtional 12 trials','fontsize',14);
ylabel('probability','fontsize',14);
```

```
legend('analytical', 'simulated','location','best');
%%%%%%%%%%%%%%%%%%%%%%%%%%%%%%%%%%%%%%%%%%%%
function posterior = p(x,N,y,a,b)
% posterior calculation for Binomial-Beta model
p = x;          % rename the parameter to be estimated

%%%%%%%%%%% log-likelihood of binomial data
% case 1: using MATLAB labrary function
logLik = @(p) sum(log(binopdf(y,N,p)));
%{
% case 2: computing including binomial coefficients
logBinoCoeff = 0;
for i = 1: 3
    logBinoCoeff = logBinoCoeff + log(nchoosek(N(i),y(i)));
end
logLik = @(y,N,p) logBinoCoeff + sum(y)*log(p) + sum(N-y)*log(1-p);
%}

%%%%%%%%%%% log-Beta prior
% range of p, which has a value between 0 and 1
% Jeffreys prior when a=0.5 and b=0.5, which is used in this simulation.
% If you want to use the uniform prior, then input a=1 and b=1.
logPrior = @(p) log(betapdf(p,a,b));

%%%%%%%%%%% posterior = likelihood * prior
logPosterior = logLik(p) + logPrior(p);
posterior = exp(logPosterior);
end
```

시뮬레이션 결과는 [그림 6.5.2]와 같다. 그림 (a)와 (b)에서 볼 수 있듯이, 체인 혼합 상태도 양호하고 자기상관계수도 빠르게 감소한다. 그림 (c)는 식(A.4)의 사후분포이고, (d)는 식 (A.5)의 사후 예측분포이다. 해석적 결과와 거의 일치하는 결과들이 얻어졌다.

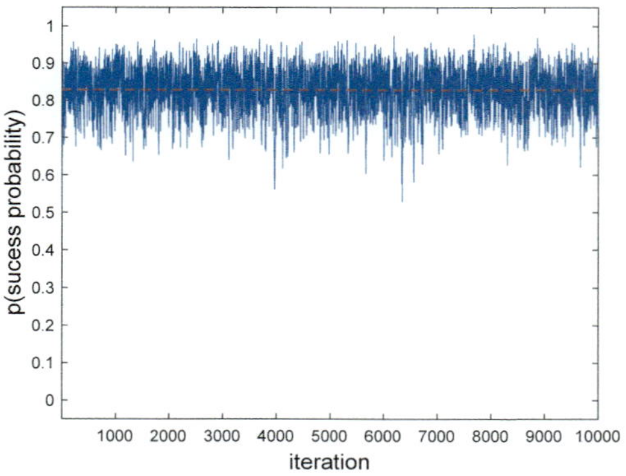

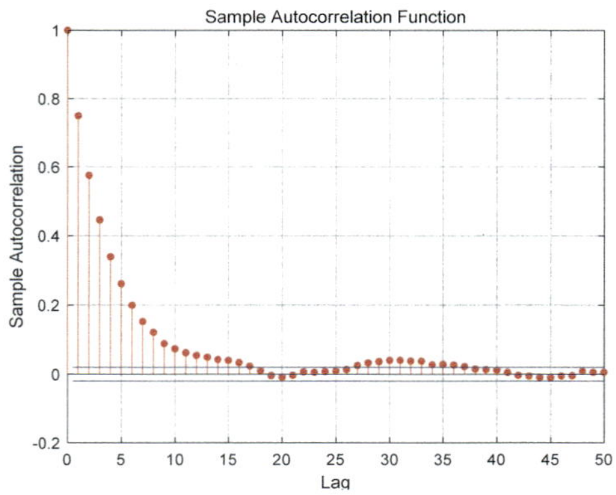

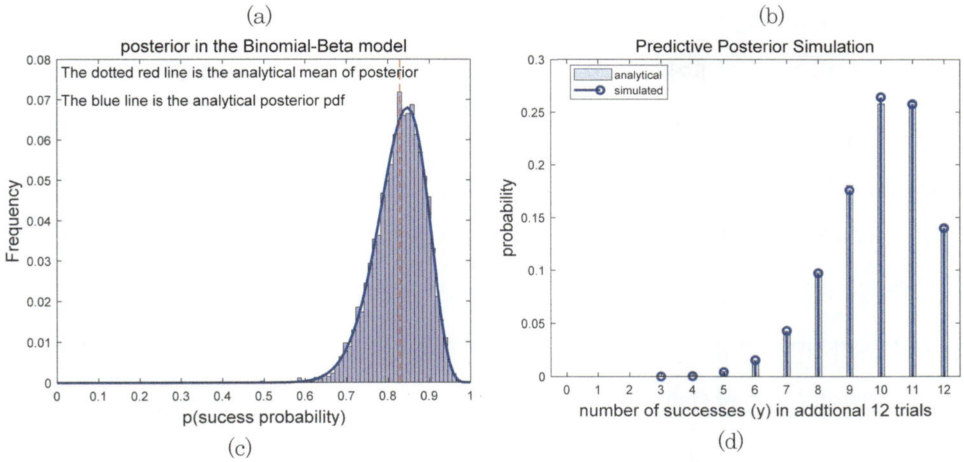

그림 6.5.2 무작위보행 M–H 방법에 의한 베타–이항모델의 사후분포와 사후 예측분포

6.6 독립적(Independence) M–H 알고리즘

이 방법 역시, M–H 알고리즘의 특수한 형태이다. 이 알고리즘에서 천이를 위한 후보는 현 상태와 무관하게 선택된다. 즉, 제안분포는 다음과 같다.

$$q\left(x^{*} | x^{(t)}\right) = q\left(x^{*}\right) \tag{6.6.1}$$

그럼에도 근본적으로는 M–H 알고리즘과 동일하게 작동한다. 단지, 수락확률만 다음과 같이 다르게 정의될 뿐이다.

$$\alpha = \min\left[1, \frac{p\left(x^{*}\right)}{p\left(x^{(t)}\right)} \frac{q\left(x^{(t)}\right)}{q\left(x^{*}\right)}\right] \tag{6.6.2}$$

이 수락확률 정의는 다음 조건, 즉 $p(x) > 0$일 때 언제나 $q(x) > 0$인 조건이 만족되기만 하면, 기약이면서 비주기적 마르코프 체인이 형성되는 것을 가능케 한다. 사실 이름과 다르게 이 알고리즘은 독립적인 표본을 만들지 못한다. 그 이유는 천이 후보가 독립적으로 선택되기는 하지만, 위 식에서 볼 수 있듯이 수락확률이 현 상태에 의존하기 때문이다.

이 알고리즘의 성능은 제안분포의 선택에 크게 영향을 받는다. 좋은 결과를 얻기 위해서는 제안분포가 목표분포와 닮은꼴이어야 하고, 제안분포의 꼬리 부분이 목표분포보다 높은 값을 가져야 한다(heavier tails). 달리 표현하자면, 제안분포의 꼬리가 목표분포의 꼬리를 덮어야 한다. 현실에서 이런 요구 조건이 만족되기는 힘들다. 목표분포의 모양을 모르는 경우가 대부분이기 때문이다. 만약 제안분포가 잘못 선정되면 체인은 분포의 꼬리 부분에서 고착되기 쉽다. 다음 예를 통해서 이를 확인하자.

목표분포는 비대칭 분포인 와이블(Weibull) 분포이다. 확률변수의 범위는 $0 < x$로 아래쪽이 유한하다. 초모수는 $a = 2$ 및 $b = 1.9$로 선택했다.

$$p(x)= \frac{a}{b}\left(\frac{x}{b}\right)^{a-1} \exp\left[-\left(\frac{x}{b}\right)^{a}\right]$$

목표분포가 비대칭이고 하한이 존재하기 때문에 제안분포 역시 비대칭인 감마분포를 쓰기로 한다.

$$q(x)= \frac{1}{\Gamma(c)d^{c}} x^{c-1} \exp\left[-\left(\frac{x}{d}\right)\right]$$

단, 초모수는 두 가지 경우로 한다. 하나는 제안분포의 꼬리 부분이 목표분포의 꼬리를 덮는 경우($c = 2$와 $d = 1.2$)이고, 다른 하나는 제안분포의 꼬리 부분이 목표분포보다 아래에 있는 경우($c = 1.3$와 $d = 0.5$)이다. [그림 6.6.1]의 상단 그림들에서 이들 분포의 모양을 확인할 수 있다.

다음 그림에 나타낸 시뮬레이션 결과를 보자. 첫 번째 경우는 이미 [예제 6.2.3]에서 다룬 바 있다. 비교를 위해 [그림 6.6.1(a)]에 다시 실었다. 두 번째 경우는 [프로그램 6.2.3]에서 제안분포의 모수 값만 바꾸면 얻을 수 있다.

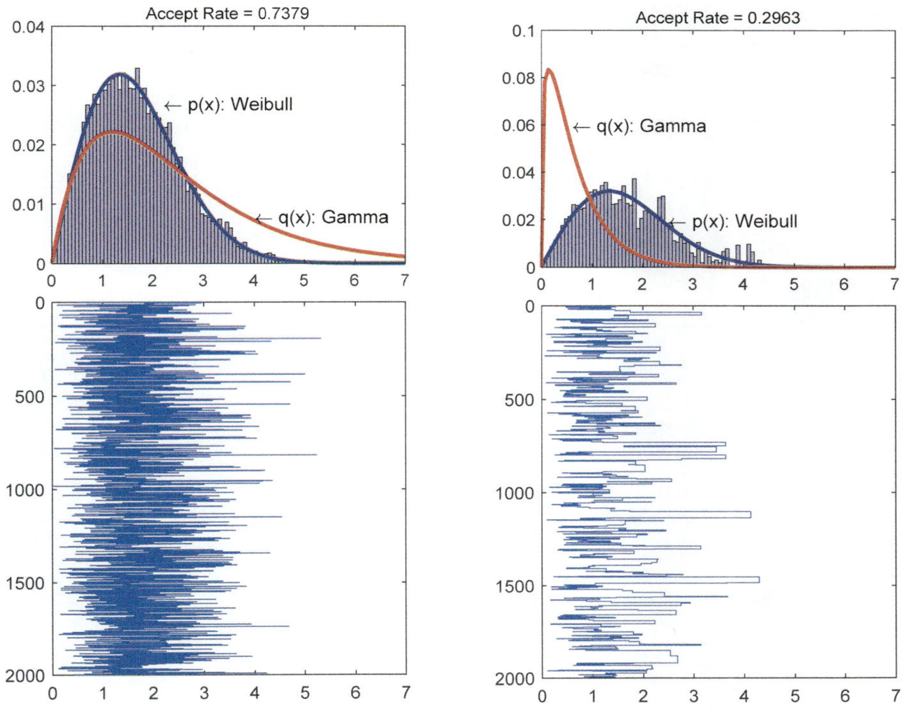

(a) 감마 제안분포($c=2, d=1.2$) (b) 감마 제안분포($c=1.3, d=0.5$)

그림 6.6.1 독립적 M-H 표본추출에서 제안분포 선택의 중요성

[그림 6.6.1(b)]의 상단에서 볼 수 있듯이 제안분포의 꼬리가 목표분포를 완전히 덮지 못하고 아래쪽에 있다. 궤적 도표를 보면 꼬리 부분에서의 체인 혼합이 좋지 않고, 추출된 표본들도 목표분포를 잘 따르지 못하고 있다. 꼬리 부분에서 대부분 후보들의 천이가 기각되어 체인이 고착된 결과다. 결과적으로 후보 채택률도 현저히 낮다. 제안분포의 선택에 주의해야 하는 이유다.

독립적 M-H 방법을 효과적으로 사용할 수 있는 경우가 있다. 그것은 베이지안 추정에 사용되는 사전분포를 M-H 방법의 제안분포로 채택하는 것이다. 즉, 사전분포로부터 후보를 추출하고 수락확률은 가능도 비율만으로 계산한다.

$$\alpha = \min\left[1, \frac{L(x^*)}{L(x^{(t)})}\right] \tag{6.6.3}$$

이 수락확률은 제안된 후보가 현재의 상태보다 가능도가 높다면 그 천이는 무조건 수락된다는 의미다.

꼬리 부분이 두툼한 사전분포를 선택해서 목표분포의 꼬리 부분이 충분히 덮이도록 한다면, 정상상태에 도달한 체인은 바로 목표분포에 해당한다. 다음의 예에서 확인하자.

예제 6.6.1

독립적으로 관측된 20개의 데이터 $y_1, y_2, \cdots, y_{20}$이 있다. 이 데이터는 정규분포를 따른다고 한다. 우리는 이 정규분포 모델의 분산 $\sigma^2 = 1.5^2$은 알고 있지만 위치모수(즉, 평균) $\theta = \mu$는 얼마인지 모른다. 즉, $y \sim N(\theta, \sigma^2 = 1.5^2)$이다. 데이터 20개의 평균은 $\bar{y} = 0.1$이다. 베이지안 방법으로 이 확률모델의 평균 θ를 추정하는 것이 우리들의 목표다. 먼저 데이터의 가능도는

$$L(\theta|y) = \prod_{i=1}^{N=20} N(\theta, \sigma = 1.5) \tag{B.1}$$

평균에 대한 사전분포는 코시(Cauchy) 분포를 쓰기로 하자.

$$p(\theta) = \frac{1}{\pi} \frac{b}{b^2 + (m-\theta)^2} \tag{B.2}$$

[풀이]

여기서 위치모수는 $m = 0$으로, 척도모수는 $b = 1.0$으로 선택하였다. 이 분포는 목표분포보다 두툼한 꼬리를 갖는다. 즉, 목표분포의 꼬리 부분을 충분히 덮는다. 이는 [그림 6.6.2(a)]에서 확인할 수 있다. 상수항을 제외한 이 확률모델의 사후분포는 가능도와 사전분포의 곱이므로 다음과 같다.

$$\begin{aligned} p(\theta|y) &\propto \sigma^{-n} \exp\left\{-\frac{1}{2\sigma^2}\sum_{i=1}^{n}(y_i - \theta)^2\right\} \times \frac{b}{b^2 + (m-\theta)^2} \\ &\propto \sigma^{-n} \exp\left\{-\frac{1}{2\sigma^2} n(\theta - \bar{y})^2\right\} \times \frac{b}{b^2 + (m-\theta)^2} \end{aligned} \tag{B.3}$$

여기에 로그를 취하면,

$$\ln p(\theta|y) = -n\ln\sigma - \frac{1}{2\sigma^2}n(\theta-\bar{y})^2 - \ln b - 2\ln(m-\theta) \tag{B.4}$$

이 사후분포는 닫힌 형태가 아니다. 따라서 $E[p(\theta|y)] = \int_{-\infty}^{\infty} \theta \cdot p(\theta|y)d\theta$와 같은 해석적 계산으로 평균을 알아내는 것은 쉽지 않다. 독립적 M-H 방법을 사용하자. 즉, 제안분포로써 사전분포인 코시 분포를 써서 전 단계의 표본과는 의존하지 않는 후보 표본을 추출하고, 이 후보의 수락 결정은 가능도함수를 써서 판단한다. 다음 프로그램을 보라.

프로그램 6.6.1 독립적 M-H 방법에 의한 정규-코시 분포 모델의 사후분포 표본추출

```
% Independence M-H for Normal-Cauchy model
clc; clear; clf;
rng(1234,'twister');                % set the seed for random number

% the length of a chain, i.e., the number of samples
T = 10000;

% target distribution: posterior of normal-cauchy model

%%%%%%%%%% define the Normal likelihood
% We have the data of 20 points by simulation: x ~ N(mu=0.2, sigma=1.5)
% But we pretend not to know the mean, and our purpose is to
% estimate it by independence M-H sampling.
n = 20;          % number of data points
xBar = 0.2;     % mean of the data
sigma = 1.5;   % standard devation of the data
% x = normrnd(xBar,sigma,n,1);
% likelihood
likeliHood = @(x,n,xBar,sigma) exp(0.5*log(2*pi) - n*log(sigma)...
    - 0.5*sigma^-2 * n*(x - xBar).^2);

%%%%%%%%%% define the Cauchy prior density
m = 0;          % location parameter
b = 1;          % scale parameter
% prior pdf
prior = @(x,m,b) b ./ (pi*(b^2+(m-x).^2));

% simulation
x = zeros(T,1);       % unknown mean
x(1) = -1;             % initial value of a sample

for t =2: T
    % draw a sample independent of the past sample
    % Cauchy random number
```

```
    xStar = m + b * tan(pi*(rand-0.5));

    % compute the acceptance ratio
    %correctFactor = prior(x(t-1),m,b) / prior(xStar,m,b);
    ratio = likeliHood(xStar,n,xBar,sigma) / likeliHood(x(t-1),n,xBar,sigma);

    alpha = min(1,ratio);

    % determine whether accept aor reject
    u = rand(1);

    if u < alpha
        x(t) = xStar;
    else
        x(t) = x(t-1);
    end
end

mean(x)
std(x)

%%
figure(1); clf;
xMin = -3; xMax = 3;
xRange=linspace(xMin,xMax,1000);

% frequency graph
nbins=100;
xbins=linspace(xMin,xMax,nbins);
counts=hist(x,xbins);
fc=bar(xbins, counts/sum(counts)); hold on;
set(fc,'facecolor', [0.8 0.8 1],'barwidth',1);
xlabel('x', 'fontsize',14); xlim([xMin xMax]);
ylabel('Frequency', 'fontsize',14);

%overlay the target pdf
target= likeliHood(xbins,n,xBar,sigma).* prior(xbins,m,b);
plot(xbins, target/sum(target),'b','linewidth',2);
% proposal
proposal = prior(xbins,m,b);
plot(xbins, proposal/sum(proposal),'r','linewidth',2);
% likelihood
lik = likeliHood(xbins,n,xBar,sigma);
plot(xbins,lik/sum(lik),'g','linewidth',2);
xlim([xMin xMax]);
text(0.3,0.075,'\leftarrow p(x): posterior');
text(-2,0.02,'prior = proposal');
text(-1.6,0.015,'q(x) \rightarrow ');
text(0.6,0.04,'\leftarrow likelihood');
xline(0.2,'--r', 'linewidth',1);
```

시뮬레이션 결과는 다음 그림과 같다. 평균이 0.2에 가까운 값들이 얻어진다.

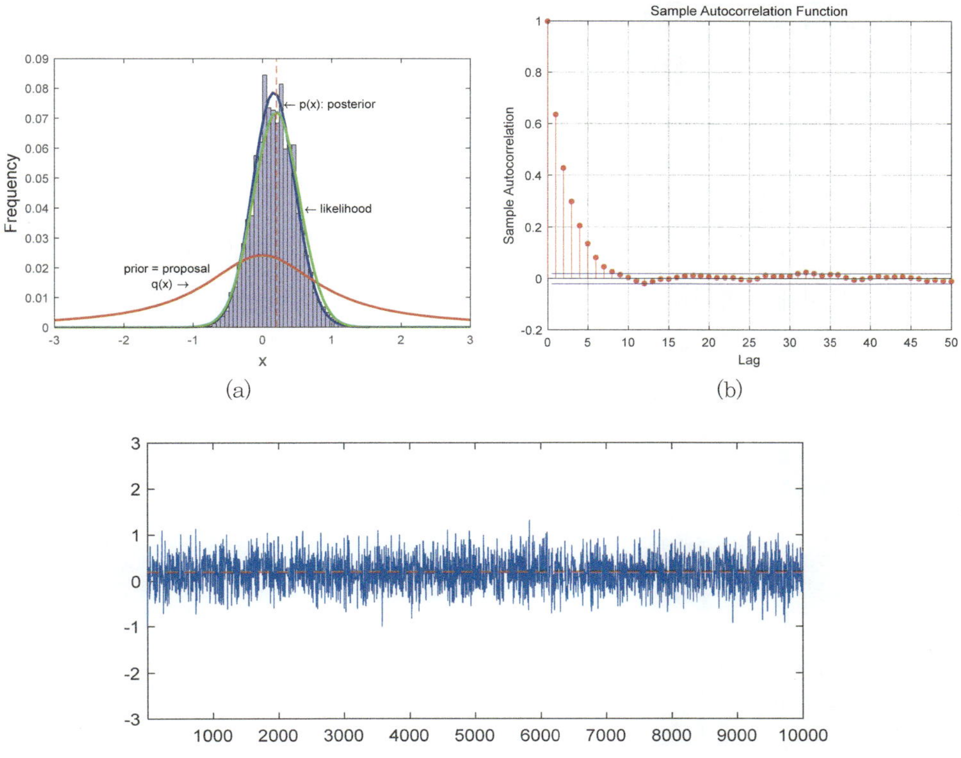

(a) (b) (c)

그림 6.6.2 독립적 M-H 방법에 의한 정규-코시 모델의 사후분포 표본추출

6.7 다변수를 위한 M-H 추출법

d-차원 다변수 확률변수 $\boldsymbol{x} = (x_1, x_2, \cdots, x_d)$를 생각해 보자. 아래첨자는 변수의 성분 또는 차원을 의미한다. $\boldsymbol{x}^{(t)}$는 시점 t에서의 표본으로 $d \times 1$의 크기를 갖는 벡터다. M-H 추출법은 다변수의 경우에도 쉽게 적용할 수 있다. 그 전략은 단변수 x를 벡터 $\boldsymbol{x}$로 대체하는 것이다. 두 가지 실행방법이 있다. 하나는 블록 단위로, 다른 하나는 변수의 성분 단위로 취급하는 것이다.

6.7.1 블록 단위 처리법(block-wise update)

이 방법은 목표분포 $p(\theta)$와 동일한 차원을 갖는 제안분포 $q(\theta)$를 사용한다. 이를테면, d-차원의 목표분포로부터 표본을 추출하고 싶으면 d-차원의 제안분포를 선택한다. 후보의 채택이나 기각 여부의 결정은 변수를 블록 단위로 취급한다. 즉, 모든 차원에서 수락조건이 동시에 만족되지 않으면 모든 후보를 버린다. 이는 단변수 M-H 추출법의 경우와 같은 처리 방법이다. 다음은 블록 단위 처리법 알고리즘이다.

알고리즘 6.7.1 다변수 M-H 표본추출을 위한 블록 단위 처리법

1) 초기시간 $t=0$ 및 체인길이 T 설정
2) 초깃값 설정, $\boldsymbol{x}^{(0)}=(x_1^{(0)}, x_2^{(0)}, \cdots, x_d^{(0)})$
3) 반복 시작
   3-1) 제안분포 $q(\boldsymbol{x}|\boldsymbol{x}^{(t)})$로부터 후보값 $\boldsymbol{x}^*=(x_1{}^*, x_2{}^*, \cdots, x_d{}^*)$ 생성
   3-2) 수락확률 계산
$$\alpha=\min\left[1, \frac{p(\boldsymbol{x}^*)}{p(\boldsymbol{x}^{(t)})}\frac{q(\boldsymbol{x}^{(t)}|\boldsymbol{x}^*)}{q(\boldsymbol{x}^*|\boldsymbol{x}^{(t)})}\right]$$
   3-3) 균등분포 난수 $u \sim U(0,1)$ 생성
   3-4) 후보 표본 수락(또는 천이) 결정
      만약 $u \le \alpha$이면,
         후보를 새로운 표본으로 채택: $\boldsymbol{x}^{(y+1)}=\boldsymbol{x}^*$
      아니면,
         후보를 기각하고 종전 표본을 유지: $\boldsymbol{x}^{(t+1)}=\boldsymbol{x}^{(t)}$
   3-5) 시간을 증가시킴 $t=t+1$
4) $t=T$일 때까지 반복 계속

예제 6.7.1

다음 2차원 정규분포 $p(\boldsymbol{x})=N[\boldsymbol{\mu}, \Sigma]$ 목표분포를 M-H 블록 단위 추출법으로 추출해 보자.

$$\boldsymbol{x}=\begin{bmatrix}x_1\\x_2\end{bmatrix},\ \boldsymbol{\mu}=\begin{bmatrix}\mu_1\\\mu_2\end{bmatrix}=\begin{bmatrix}0.5\\1.5\end{bmatrix},\ \Sigma=\begin{bmatrix}\sigma_{11}&\sigma_{12}\\\sigma_{21}&\sigma_{22}\end{bmatrix}=\begin{bmatrix}1&0.9\\0.9&2\end{bmatrix}$$

[풀이]

다차원 정규분포에 대한 정의와 상세 내용은 2.5절을 참고한다. 매트랩 내장함수 mvnpdf는 다차원 정규분포 난수를 만든다. 제안분포 $p(\boldsymbol{x}) = \boldsymbol{N}[\mu, k\boldsymbol{I}]$는 목표 분포와 같은 차원의 정규분포를 사용하기로 한다. 여기서 $\mu = \begin{bmatrix} 0 \\ 0 \end{bmatrix}$이고 $k\boldsymbol{I} = \Sigma = \sqrt{5}\begin{bmatrix} 1 & 0 \\ 0 & 1 \end{bmatrix}$이다. 다음 프로그램을 참고하고 결과를 확인해 보라.

프로그램 6.7.1 다차원(2 차원) 정규분포 표본추출을 위한 M-H 블록 단위 처리법

```
% M-H Block-wise sampler for Bivariate Normal distribution
clc; clear;
% rng(1234,'twister');

T = 5000;        % length of chain
d = 2;             % dimension of sample variate

% range of variate
xMin = [-4 -6];
xMax = [5 10];

x = zeros(T,d);

% define the target distribution
pMu = [0.5 1.5];
pSigma = [1 0.9; 0.9 2];
p = @(x) mvnpdf(x, pMu, pSigma);

% define the proposal distribution: the same dimension
qMu = [0 0];          % 0 means
qSigma = sqrt(5)*eye(d); %[sqrt(5) 0; 0 sqrt(5)]variances, no correlation
q = @(x, qMu) mvnpdf(x, qMu, qSigma);

% initialize
x(1,:) = [-2 6]; % randn(1,d);
acceptRatio = 0;

for t =2: T
    % propose candidates from the proposal distribution
    xStar = mvnrnd(x(t-1,:),qSigma);

    % correction factor for unsymmetry of the proposal density
    % In this example, no need to calculate
    correctFactor = q(x(t-1,:),xStar) / q(xStar,x(t-1,:));

    % evaluate the acceptance ratio
    ratio = p(xStar) / p(x(t-1,:)) * correctFactor;
```

```
    alpha = min( [1 ratio] );
    % draw the 0~1 uniform random number for determining
    u = rand(1);
    if u < alpha
        x(t,:) = xStar;
        acceptRatio = acceptRatio+1;
    else
        x(t,:) = x(t-1,:);
    end
end

fprintf('accept Ratio = %f\n',acceptRatio/T);

 %%
figure(1); clf;   %%%%%%%%%%%%%%%%%%%%%%%%%%
% frequency graph
subplot(1,2,1)
nbins = 50;
xbins1 = linspace(xMin(1),xMax(1),nbins);
xbins2 = linspace(xMin(2),xMax(2),nbins);
hist3(x,'edges', {xbins1,xbins2});
xlabel('X_1', 'fontsize',12); ylabel('X_2', 'fontsize',12);
zlabel('Counts', 'fontsize',12);
title('Generated Samples','fontsize',12);

% plot the theoretical distribution
subplot(1,2,2)
[x1grid x2grid] = meshgrid(xbins1, xbins2);
zgrid = p( [x1grid(:), x2grid(:)] );
zgrid = reshape(zgrid,nbins, nbins);
surf(x1grid, x2grid, zgrid);
title('Theoretical distribution','fontsize',12);
xlabel('X_1', 'fontsize',12);ylabel('X_2',
'fontsize',12);zlabel('Pr({\bfx})','fontsize',12);
xlim([xMin(1), xMax(1)]); ylim([xMin(2), xMax(2)]);
hold off;

figure(2); clf   % scatterhist %%%%%%%%%%%%%%%%%%%
scatterhist(x(:,1),x(:,2),'Location','SouthWest',...
    'Direction','out','Marker','.','MarkerSize',6); hold on;
xlabel('X_1', 'fontsize',12);ylabel('X_2', 'fontsize',12);
axis([xMin(1), xMax(1), xMin(2), xMax(2)]); axis auto; axis square;
hold off;

figure(3); clf;  % scatter plot %%%%%%%%%%%%%%%%%%%
scatter(x(:,1),x(:,2),'.'); hold on;
xlabel('X_1', 'fontsize',12);ylabel('X_2', 'fontsize',12);
axis([xMin(1), xMax(1), xMin(2), xMax(2)]); axis square; box on;
%contour plot
[C,h]=contour(x1grid, x2grid, zgrid);
w = h.LineWidth; h.LineWidth=1; h.LineColor='b';
% path plot
for t=1:100
    plot([x(t,1) x(t+1,1)],[x(t,2) x(t+1,2)],'-or');
end
hold off;
```

이 예에서 제안분포는 대칭이기 때문에 비대칭 영향을 수정하기 위한 교정항은 필요 없지만, 다른 비대칭 제안분포 사용을 위해 프로그램에 포함시켰다. 이 블록 단위 처리법의 문제는 제안분포 선택이 쉽지 않다는 것이다. 특히, 차원이 커지면 모든 차원에서 수락확률을 만족시켜야 하기 때문에 기각되는 후보들이 많아져서 효율이 떨어지게 된다.

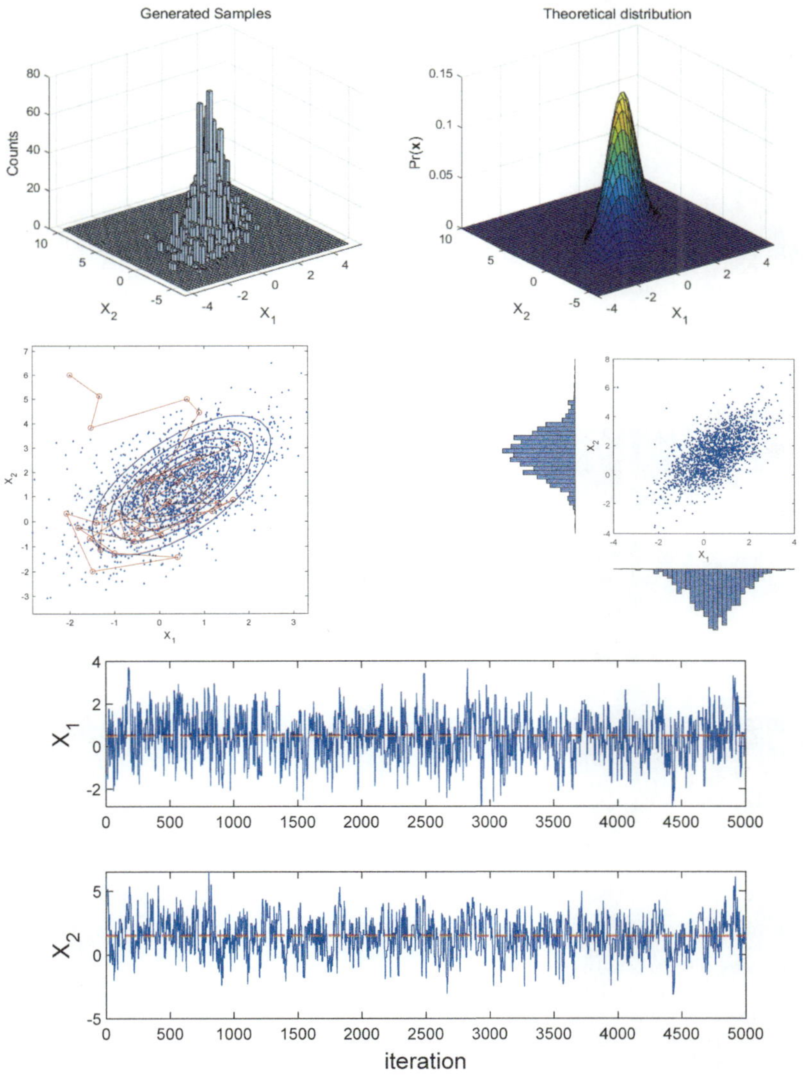

그림 6.7.1 M–H 블록 단위 추출법에 의한 2차원 정규분포 추출

예제 6.7.2

다음 2차원 지수분포를 M-H 블록 단위 추출법으로 추출해 보자.

$$p(\theta_1,\theta_2)=\exp\left[-(\lambda_1+\lambda)\theta_1-(\lambda_2+\lambda)\theta_2-\lambda\bullet\max(\theta_1,\theta_2)\right]$$

단, θ_1 및 θ_2의 범위는 0 ~ 8이고 상수들은 다음과 같다.

$$\lambda_1=0.5,\ \lambda_2=0.1,\ \lambda=0.01,\ \max(\theta_1,\theta_2)=8$$

[풀이]

제안분포는 목표분포와 같은 차원을 가진 균등분포를 사용하기로 한다. 다음 결과들과 프로그램을 참고하자.

프로그램 6.7.2 다차원(2 차원) 지수분포 표본추출을 위한 M-H 블록 단위 처리법

```
% M-H block-wise updating for Bivariate Exponential distribution
clc; clear;

% rng(1234, 'twister');

T = 10000;       % length of chain
d = 2;            % dimension of sample variate

% range of variate
xMin = [0 0];
xMax = [8 8];

x = zeros(T,d);

% define the target distribution: bivariate exponential
lambda1 = 0.5;
lambda2 = 0.1;
lambda = 0.01;

p = @(x) exp(-(lambda1+lambda)*x(1) -...
             (lambda2+lambda)*x(2) - lambda*max(x(1),x(2)));

% define the proposal distribution: the same dimension
q = @(x) unifpdf(x, xMin, xMax);

% initialize
x(1,:) = [8 8]; % randn(1,d);
```

```
accepted = 0;


for t =2: T
    % propose candidates from the proposal distribution
    % independent sampler
    xStar = unifrnd(xMin, xMax);          % 2-dimensional

    % no correction because of using a symmetric proposal density
    % In this example, no need to calculate
    % correctFactor = q(x(t-1,:)) / q(xStar);

    % evaluate the acceptance ratio
    acceptRatio = p(xStar) / p(x(t-1,:)); % * correctFactor;
    alpha = min( [1 acceptRatio] );

    % draw the 0~1 uniform random number for determining
    u = rand(1);
    if u < alpha
        x(t,:) = xStar;
        accepted = accepted+1;
    else
        x(t,:) = x(t-1,:);
    end
end

fprintf('accept Ratio = %f\n',accepted/T);
```

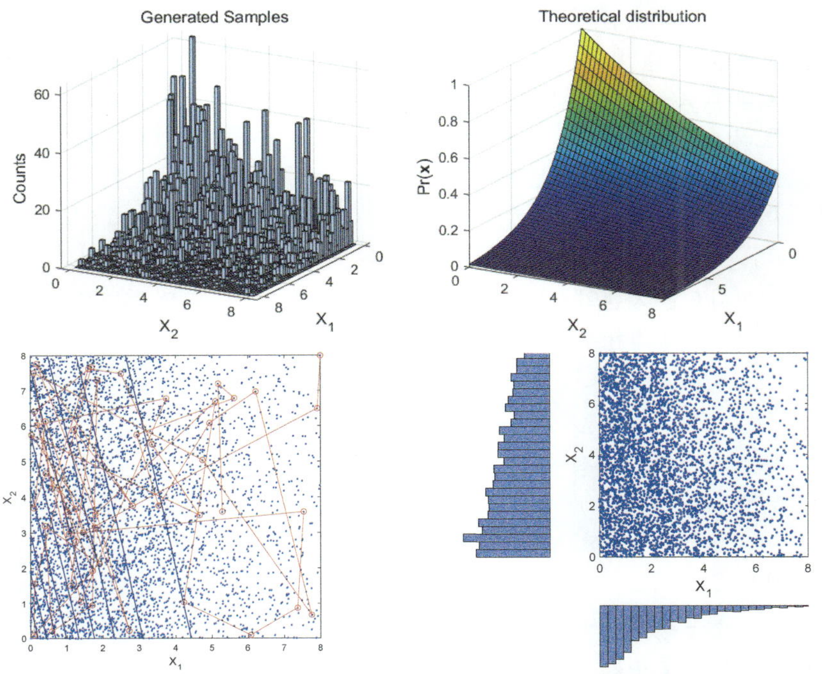

그림 6.7.2 M-H 블록 단위 추출법에 의한 2차원 지수분포 추출

6.7.2 성분별 처리법(Component-wise update)

이 방법은 차원별 성분을 차례대로 하나씩 처리한다. 각 차원의 성분은 다른 차원의 성분과는 독립적으로 작동한다. 후보의 수락 여부를 결정할 때, 모든 성분을 동시에 고려하는 것이 아니라 한 번에 하나의 성분만 판단한다. 단변수인 제안분포가 사용되는 데 오직 한 성분에 대해서만 유효하다. 따라서 변수 차원만큼의 제안분포들이 필요하다. 다음은 성분별 처리 알고리즘이다.

알고리즘 6.7.2 다변수 M-H 표본추출을 위한 성분별 처리법

1) 초기시간 $t=0$ 및 체인길이 T 설정
2) 초깃값 설정, $\boldsymbol{\theta}^{(0)}=(\theta_1^{(0)}, \theta_2^{(0)}, \cdots, \theta_d^{(0)})$
3) 반복 시작
   3-1) 제안분포 $q(\theta_1 | \theta_1^{(t)})$로부터 후보값 $\theta_1{}^*$ 생성
   3-2) 한 성분 $\theta_1{}^*$에 대한 수락확률 계산

$$\alpha = \min\left[1, \frac{p\left(\theta_1^*, \theta_2^{(t)}\right)}{p\left(\theta_1^{(t)}, \theta_2^{(t)}\right)} \frac{q\left(\theta_1^{(t)} | \theta_1^*\right)}{q\left(\theta_1^* | \theta_1^{(t)}\right)}\right]$$

   3-3) 균등분포 난수 $u \sim U(0,1)$ 생성
   3-4) 후보 표본 수락(또는 천이) 결정
      만약 $u \leq \alpha$이면,
         후보를 새로운 표본으로 채택: $\theta_1^{(t+1)}=\theta_1{}^*$
      아니면,
         후보를 기각하고 종전 표본을 유지: $\theta_1^{(t+1)}=\theta_1^{(t)}$
   3-5) 나머지 다른 차원의 성분에 대한 제안분포 $q(\theta_2 | \theta_2^{(t)})$로부터 후보값 $\theta_2{}^*$ 생성
   3-6) 성분 $\theta_2{}^*$에 대한 수락확률 계산

$$\alpha = \min\left[1, \frac{p\left(\theta_1^{(t+1)}, \theta_2^*\right)}{p\left(\theta_1^{(t+1)}, \theta_2^{(t)}\right)} \frac{q\left(\theta_2^{(t)} | \theta_2^*\right)}{q\left(\theta_2^* | \theta_2^{(t)}\right)}\right]$$

   3-7) 후보 수락 여부 결정
      만약 $u \leq \alpha$이면,
         후보를 채택하고 새로운 표본 $\theta_2^{(t+1)}=\theta_2{}^*$으로 설정
      아니면,
         후보를 버리고, 종전의 표본을 그대로 유지, $\theta_2^{(t+1)}=\theta_2^{(t)}$
   3-8) 나머지 성분 $q(\theta_d | \theta_d^{(t)})$에 이를 때까지 단계 3-5부터 3-7까지 반복
   3-9) 시간을 증가시킴 $t=t+1$
4) $t=T$일 때까지 반복 계속

이 알고리즘의 이해를 돕기 위해, 앞의 [예제 6.7.1]의 2차원 정규분포 표본추출을 성분별로 수행하는 프로그램을 아래에 실었다. 앞의 블록 단위별 처리법의 경우와 같은 결과가 얻어진다. 프로그램을 실행시켜 확인해 보자.

프로그램 6.7.3 다차원(2차원) 정규분포 표본추출을 위한 M-H 성분별 처리법

```
% M-H component-wise sampler for Bivariate Normal distribution
clc; clear;
% rng(1234, 'twister');

T = 5000;      % length of chain
d = 2;            % dimension of sample variate

% range of variate
xMin = [-4 -6];
xMax = [5 10];

x = zeros(T,d);

% define the target distribution
pMu = [0.5 1.5];
pSigma = [1 0.9; 0.9 2];
p = @(x) mvnpdf(x, pMu, pSigma);

% define the proposal distributions: no correlation
% for component 1
q1Mu = 0;           % 0 means
q1Sigma = sqrt(5);
q1 = @(x, q1Mu) normpdf(x, q1Mu, q1Sigma);

% for component 2
q2Mu = 0.2;           % 0 means
q2Sigma = sqrt(1);
q2 = @(x, q2Mu) normpdf(x, q2Mu, q2Sigma);

% initialize
x(1,:) = [-3.8 6]; % randn(1,d);
accepted1 = 0;
accepted2 = 0;

for t =2: T
    %%%%%%%%%% for component 1
    % propose candidates from the 1st proposal distribution
    x1Star = normrnd(x(t-1,1),q1Sigma);           % 1-dimensional

    % correction factor for unsymmetry of the proposal density
    % In this example, no need to calculate
    correctFactor = q1(x(t-1,1),x1Star) / q1(x1Star,x(t-1,1));

    % evaluate the acceptance ratio
    acceptRatio1 = p( [x1Star x(t-1,2)] ) / p(x(t-1,:)) * correctFactor;
    alpha = min( [1 acceptRatio1] );

    % draw the 0~1 uniform random number for determining
    u = rand(1);
```

```
    if u < alpha
        x(t,1) = x1Star;
        accepted1 = accepted1+1;
    else
        x(t,1) = x(t-1,1);
    end

    %%%%%%%%%%%%%% for component 2
    % propose candidates from the 2nd proposal distribution
    x2Star = normrnd(x(t-1,2),q2Sigma);      % 1-dimensional

    % correction factor for unsymmetry of the proposal density
    % In this example, no need to calculate
    correctFactor = q2(x(t-1,2),x2Star) / q2(x2Star,x(t-1,2));

    % evaluate the acceptance ratio
    acceptRatio2 = p( [x(t,1) x2Star] ) / p([x(t,1) x(t-1,2)]) * correctFactor;
    alpha = min( [1 acceptRatio2] );

    % draw the 0~1 uniform random number for determining
    u = rand(1);
    if u < alpha
        x(t,2) = x2Star;
        accepted2 = accepted2+1;
    else
        x(t,2) = x(t-1,2);
    end
end

fprintf('Accept Ratio = %f\n', accepted1/T);
fprintf('Accept Ratio = %f\n', accepted2/T);
```

6.8 몇 가지 M-H 추출법 예제들

예제 6.8.1

다음의 이봉 정규분포에서 각 성분의 분율 w를 구하는 베이지안 추정 문제를 M-H 추출법으로 해결해 보자.

$$f\left(y|w,\mu_i,\sigma_i^2\right)=(1-w)N\left(\mu_1,\sigma_1^2\right)+(w)N\left(\mu_2,\sigma_2^2\right)$$

[풀이]

추정을 위한 데이터는 $w=0.7$, $\mu_1=-3$, $\mu_2=5$, $\sigma_1^2=\sigma_2^2=1.5$인 이봉 정규분

포를 따르는 표본 $n = 100$개를 만들어서 사용하기로 하자. 따라서 우리는 분율이 $w = 0.7$임을 알지만, 예제의 목적을 위해 모른다고 가정하고 이를 추정하는 것을 목표로 하자. 이 모델에서의 관심의 대상인 w는 $0 \sim 1$ 사이의 값을 갖는다. 따라서 사전분포로 베타분포 $p(w) = Beta(10, 2)$를 채택한다면, 사후분포는

$$p(w|y_k, \mu_i, \sigma_i^2) = \underbrace{\prod_{k=1}^{100} f(y_k|w, \mu_i, \sigma_i^2)}_{normal \quad likelihood} \cdot \underbrace{Beta(10,2)}_{Beta \ prior}$$

으로 닫힌 형태가 아닌 복잡한 형태를 띤다. 이 분포로부터 필요한 정보를 얻기 위한 좋은 접근법은 해석적 방법보다는 MCMC 표본추출법이다. 후보 표본 선택을 위한 제안분포는 두 가지 경우로, 균등분포와 정규분포를 선택하는데 각각 분산을 달리해서 시뮬레이션 결과에 미치는 영향을 알아보자. 다음 프로그램과 결과를 보자.

프로그램 6.8.1 이봉 정규분포의 분율 추정을 위한 M-H 표본추출

```
% M-H for proportion of bimodal Normal density
clc; clear; clf;
rng(1234,'twister');

T=10000;

% generate the 100 bimodal Normal data by simulation
mu(1) = -3; mu(2) = 5; sigma(1) = 1.5; sigma(2) = 1.5;
y = [normrnd(mu(1),sigma(1),30,1);
      normrnd(mu(2),sigma(2),70,1)];

% hyperparameters of Beta prior
a = 1;  %10;
b = 1;  %2;

% define the proposal density
% variance is to control the jump distance for transition
% case 1: the uniform
% epsilon = 0.1;
% q = @(x,epsilon) unifpdf(x,x-epsilon,x+epsilon);
%case 2: normal
qSigma = 0.01;

x =zeros(T,1);
x(1) = 0.5; %unifrnd(0,1)x-epsilon,x+epsilon);

for t =2: T
    % sample a candidate from the proposal density

    xStar = normrnd(x(t-1),qSigma);   % normal proposal
    %xStar = unifrnd(x(t-1)-epsilon,x(t-1)+epsilon);  % RW MH
```

```
    %xStar = rand(1);                                    % independence MH
    ratio = p(xStar,y,mu,sigma,a,b) / p(x(t-1),y,mu,sigma,a,b);

    alpha = min(1,ratio);
    u = rand(1);
    if u < alpha
        x(t) = xStar;
    else
        x(t) = x(t-1);
    end
end

mean(x)
%% %%%%%%%%%%%%%%%%%%%%%%%%%%%%%%%%%%%%%%%%%%%%%%%%%%%%%
function posterior = p(w,y,mu,sigma,a,b)

% log-likelihood binomial
logLik = sum(log((1-w).*normpdf(y,mu(1),sigma(1))+...
    w.*normpdf(y,mu(2),sigma(2))));

% log Beta prior
logPrior = log(betapdf(w,a,b));

% log posterior
logPoster = logLik + logPrior;

posterior = exp(logPoster);

end
```

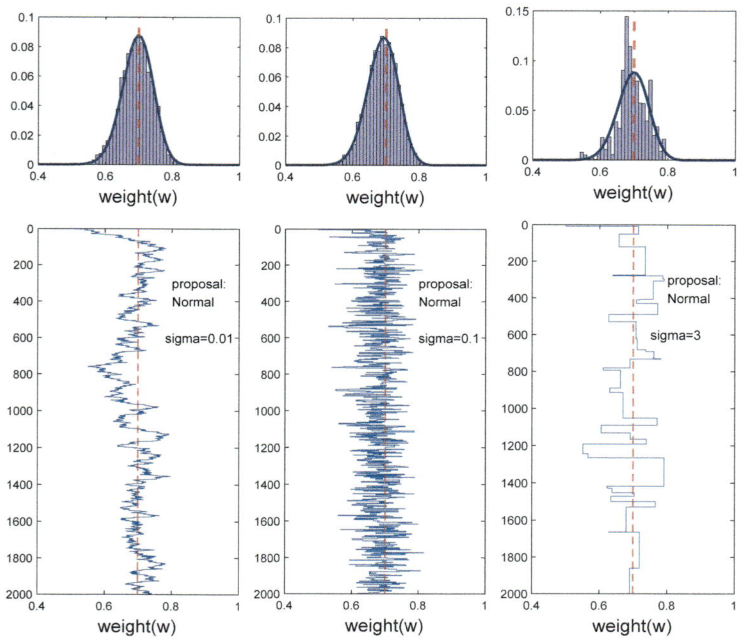

그림 6.8.1 M-H 방법에 의한 이봉 정규분포의 성분별 분율에 대한 베이지안 추정

예제 6.8.2

오래전에 제시된 유명한 추정 문제이다. Rao(1955)[14]는 197마리의 동물을 4그룹으로 분류하고 이들이 다항분포한다고 가정했다. 즉, 데이터는 다음과 같다.

$$y = (y_1, y_2, y_3, y_4) = (125,\ 18,\ 20,\ 34)$$

각 그룹의 세포 확률이 다음과 같은 유전모델을 세웠다.

$$\left\{\frac{1}{2}+\frac{\theta}{4},\ \frac{1-\theta}{4},\ \frac{1-\theta}{4},\ \frac{\theta}{4}\right\}$$

미지의 $0 \leqq \theta \leqq 1$을 알아내는 것이 추정의 목표이다. 통계학에서 여러 가지 접근법을 쓰고 있지만(이들의 답은 $\theta \approx 0.6268$로 알려져 있다), 우리는 MCMC 방법으로 구해 보자.

[풀이]

다항분포이므로 데이터 모델은 다음과 같다.

$$f(y|\theta) = \frac{(y_1+y_2+y_3+y_4)!}{y_1!y_2!y_3!y_4!}\left(\frac{1}{2}+\frac{\theta}{4}\right)^{y_1}\left(\frac{1-\theta}{4}\right)^{y_2}\left(\frac{1-\theta}{4}\right)^{y_3}\left(\frac{\theta}{4}\right)^{y_4} \tag{A.1}$$

여기서 상수를 생략하고,

$$f(y|\theta) \propto (2+\theta)^{y_1}(1-\theta)^{y_2+y_3}(\theta)^{y_4} \tag{A.2}$$

사후분포를 구하기 위해 이 데이터 모델을 로그-가능도로 바꾸면 다음과 같다.

14 C.R. Rao (1955), in A.P. Dempster, N.M. Laird, D.B. Rubin, "Maximum Likelihood from Incomplete Data via the EM Algorithm," J. Royal Statistical Society. Series B, 39(1), (1977), pp. 1-38.

$$\ln L(\theta|y) = y_1 \ln(2+\theta) + (y_2+y_3)\ln(1-\theta) + y_4 \ln(\theta) \tag{A.3}$$

사전분포로는 베타분포를 쓰기로 한다.

$$p(\theta) = \frac{\Gamma(a+b)}{\Gamma(a)\Gamma(b)} \theta^{a-1}(1-\theta)^{b-1} \equiv Beta(a,b) \tag{A.4}$$

이 분포의 모수는 $a=0.5$와 $b=0.5$를 쓰기로 하자. 이는 무정보적 사전분포(Jeffreys prior)에 해당한다.

표본추출은 두 가지 방법을 사용했다. 하나는 무작위보행 M-H 방법인데 균등분포를 제안분포로 사용했다. 다른 하나는 독립적 M-H 방법이다. 여기서는 사전분포인 베타분포를 제안분포로 사용하고 수락확률은 가능도 비율로 계산하였다. 다음 프로그램과 결과를 보자.

프로그램 6.8.2(1) 무작위보행 M-H 방법에 의한 다항모델의 사후분포 표본추출

```
% Random walk M-H for Rao example
clc; clear; clf;
rng(1234,'twister');        % set the seed for random number

% the length of a chain, i.e., the number of samples
T = 10000;

% Multinomial data of 197 animals (4 groups)
y = [125, 18, 20, 34];

% parameters of Beta prior (Jeffreys noninformative prior)
a = 0.5;
b = 0.5;

% degree of  Random Walk for candidate proposal
espilon = 0.1;

% simulation
x = zeros(T,1);         % unknown(theta to be estimated)
x(1) = 0.5;             % initial value of a sample
accepted = 0;
for t =2: T
    % draw a sample near the past sample: uniformly fluctuation
    xStar = unifrnd(x(t-1)-espilon, x(t-1)+espilon);
```

```
    % compute the acceptance ratio
    % see the subfunction in the bottom lines for target density
    ratio = p(xStar,y,a,b) / p(x(t-1),y,a,b);
    alpha = min(1,ratio);

    % determine whether accept or reject
    u = rand(1);
    if u < alpha
        x(t) = xStar;
        accepted = accepted + 1;
    else
        x(t) = x(t-1);
    end
end

acceptRate = accepted/T;
fprintf('Accept rate = %f\n', acceptRate);

mean(x)
var(x)

 %%%%%%%%%%%%%%%%%%%%%%%%%%%%%%%%%%%%
function posterior = p(x,y,a,b)
    % Multinomial likelihood
    logLik = y(1)*log(2+x) + (y(2)+y(3))*log(1-x) + y(4)*log(x);

    % Beta prior
    logPrior = log(betapdf(x,a,b));

    % posterior = likelihood * prior
    posterior = exp(logLik + logPrior);
end
```

프로그램 6.8.2(2) 독립적 M-H 방법에 의한 다항모델의 사후분포 표본추출

```
% Independence M-H for Rao example
% The prior is used for the proposal density, so the acceptance
% probability is calculated by the likelihood ratio.

clc; clear; clf;
%rng(1234,'twister');        % set the seed for random number

% the length of a chain, i.e., the number of samples
T = 10000;

% Multinomial data of 197 animals (4 groups)
y = [125, 18, 20, 34];

% parameters of Beta prior(Jeffreys noninformative prior)
a = 0.5;
b = 0.5;

% proposal density: Beta prior
```

```
% likelihood: Multinomial density
likeliHood = @(x) exp(y(1)*log(2+x) + (y(2)+y(3))*log(1-x) + y(4)*log(x));

% simulation
x = zeros(T,1);      % unknown mean
x(1) = 0.5;            % initial value of a sample
accepted = 0;
for t =2: T
    % draw a sample independent of the past sample
    xStar = betarnd(a,b);       % Beta prior

    % compute the acceptance ratio
    ratio = likeliHood(xStar) / likeliHood(x(t-1));

    alpha = min(1,ratio);

    % determine whether accept aor reject
    u = rand(1);
    if u < alpha
        x(t) = xStar;
         accepted = accepted + 1;
    else
        x(t) = x(t-1);
    end
end
acceptRate = accepted/T;
fprintf('Accept rate = %f\n', acceptRate);

mean(x)
var(x)
```

시뮬레이션 결과를 [그림 6.8.2]에 나타내었다. 다른 연구 결과들과 비슷한 $\theta \approx 0.62$ 근방의 값들이 얻어졌다. 어떤 방법을 사용하든 비슷한 결과가 얻어진다. 수락률이나 체인 혼합 정도는 후보의 천이 간격에 따라 다르지만, 이 문제에서는 무작위보행 M-H 방법이 더 좋은 것으로 보인다.

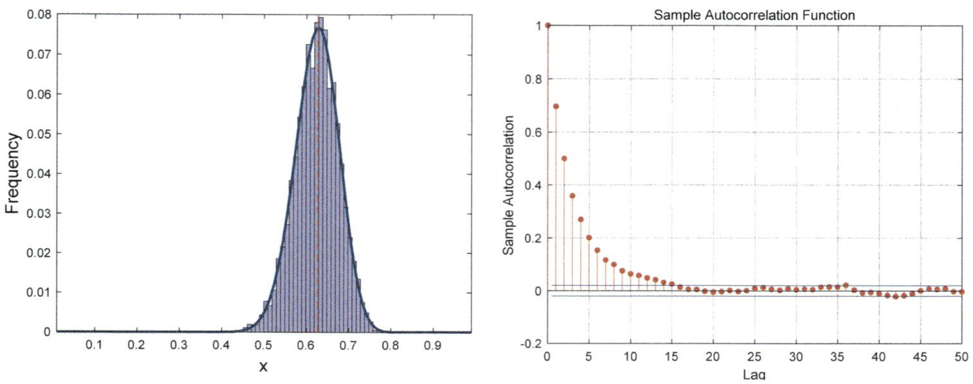

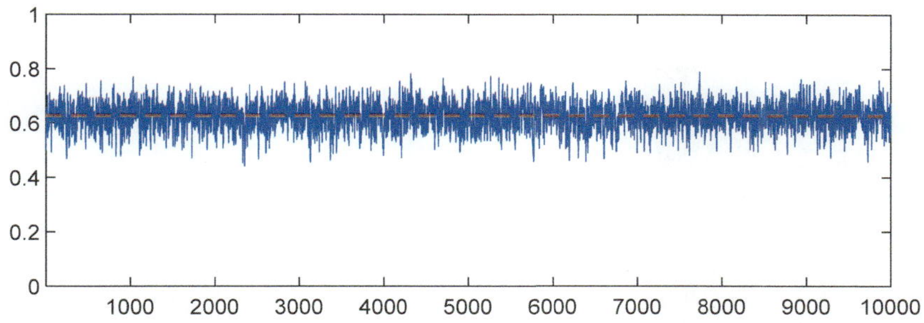

그림 6.8.2 M-H 방법에 의한 베이지안 다항모델의 사후분포 표본추출

예제 6.8.3

어떤 부품이 고장까지 걸리는 시간이 다음처럼 지수분포를 보인다고 가정하자. 이런 고장까지의 데이터 $N=100$개가 있고 고장률은 일정하다고 하자.

$$t=(t_1,\cdots,t_N)=(7.7, 11.0, 159.3, 15.4, 35.3, 14.0, 43.5, 5.8, \cdots, 18.5, 25.8)$$

100개의 총고장 시간을 더한 값이 $\sum_{i=1}^{N} t_i = 3.2718 \times 10^3 hr$라고 하자. 종래의 통계방법에 의하면, 이 고장률은 다음과 같이 추정된다.

$$\hat{\lambda}=\frac{N}{\sum_{i=1}^{N} t_i}=\frac{100}{3.2718\times 10^3 hr}=3.06\times 10^{-2}\ hr^{-1}$$

이를 베이지안 방법과 표본추출로 추정해 보자.

[풀이]

먼저 이 지수분포의 가능도 함수와 로그-가능도함수는 다음과 같다.

$$L(\lambda|t_i)=\prod_{i=1}^{N} f(t_i|\lambda)=\prod_{i=1}^{N}\frac{1}{\lambda}\exp\left(-\frac{t_i}{\lambda}\right) \qquad \text{(B.1)}$$

$$\ln L(\lambda|t_i) = -N\ \ln(\lambda) - \frac{1}{\lambda}\Sigma_{i=1}^{N} t_i \tag{B.2}$$

사전분포로 감마분포를 쓰기로 하자. 로그-사전분포는

$$p(\lambda) = \frac{1}{\Gamma(a)b^a}\lambda^{a-1}\exp\left(-\frac{\lambda}{b}\right) \equiv Gamma(a,b) \tag{B.3}$$

$$\ln p(\lambda) = -a\ \ln(b) - \ \ln(\Gamma(a)) - (a-1)\ln(\lambda) - \frac{\lambda}{b} \tag{B.4}$$

이들로부터 사후분포는 다음과 같이 정리된다.

$$\ln L(\lambda|t) \propto \ln L(\lambda|t_i) + \ln p(\lambda) \tag{B.5}$$

사전분포를 제안분포로 사용하는 독립적 M-H 방법을 사용하기로 하자. 여기서 100개의 고장 데이터는 $\lambda = 0.03$인 지수분포로부터 만들어서 사용하였다. 이 값을 모르는 것으로 하고, 이를 추정하는 것이 목표다. 다음 프로그램과 결과를 보자.

프로그램 6.8.3 독립적 M-H 방법에 의한 고장률 표본추출

```
% independence M-H for Exponential-Gamma model of constant Failure Rate
clc; clear; clf;
%rng(1234,'twister');             % set the seed for random number

% the length of a chain, i.e., the number of samples
T = 10000;

% simulate the 100-point data exponentially distributed with
% failure rate 0.03 hr^-1.
y = exprnd(0.03,100,1);
n = length(y);                  % number of data points
true = mean(y)                  % mean of failure rate for the simulated data

% likelihood of the exponential data
lik = @(x,y) exp(-n*log(x) - sum(y)./x);

% parameters of Gamma prior
a = 0.5;
b = 0.1;
% Gamma pdf = proposal density : independent M-H algorithm
q = @(x) exp(-a*log(b) - gammaln(a) + (a-1)*log(x) - x/b);
```

```
% simulation
x = zeros(T,1);           % unknown mean
x(1) = 0.1;               % initial value of a sample
accepted = 0;

for t =2: T
    % draw a sample independent of the past sample
    xStar = gamrnd(a,b);      % Gamma proposal density

    % acceptance probability by the use of the likelihood only
    accpetRatio = lik(xStar,y) / lik(x(t-1),y);% * correctFactor;
    alpha = min(1,accpetRatio);

    % determine whether accept aor reject
    u = rand(1);
    if u < alpha
        x(t) = xStar;
        accepted = accepted + 1;
    else
        x(t) = x(t-1);
    end
end

acceptRate = accepted/T;
fprintf('Accept rate = %f\n', acceptRate);

mean(x)
var(x)
```

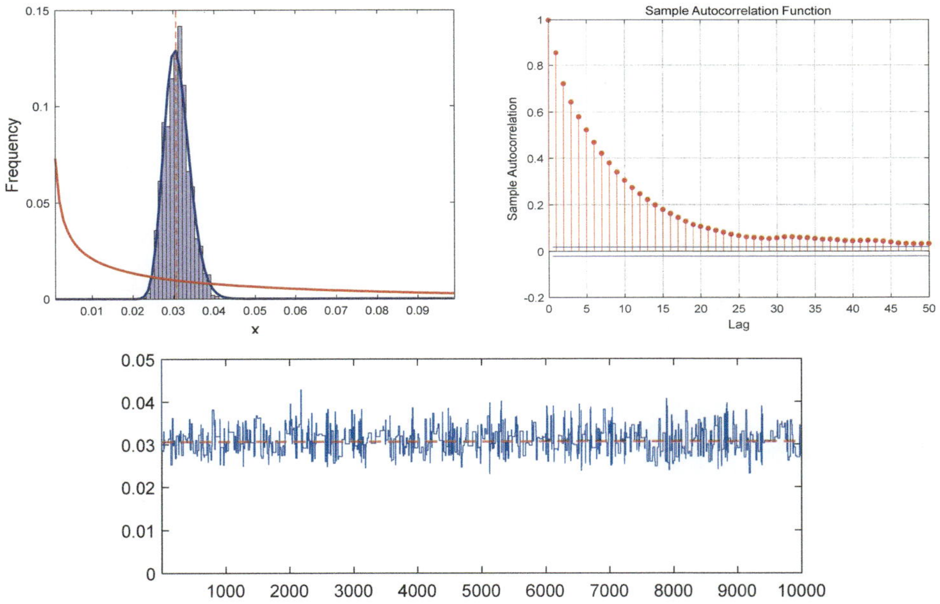

그림 6.8.3 M-H 방법에 의한 베이지안 고장률 표본추출

7
CHAPTER

깁스 표본추출법

Gibbs Sampling

깁스 표본추출법(Gibbs Sampling)은 1984년 이미지처리 모델 연구에서 제안되었다[1]. 그 핵심은 고차원 문제를 저차원 문제로 나누어 다루는 것이다. 따라서 목표분포가 고차원일 때 유리하다. M-H 방법과는 달리 제안분포가 필요 없다. 완전 조건부 분포가 그 역할을 하기 때문이다. 이 방법에서 후보 표본이 수락되지 않는 일은 없다. 즉, 모든 후보 표본들은 수락된다.

이 방법의 단점은 표본추출이 가능한 조건부 분포를 찾기가 어렵다는 것이다. 결합확률로부터 완전 조건부 분포를 해석적으로 유도하기가 쉽지 않고, 완전 조건부 분포를 찾았다 하더라도 그 조건부 분포가 잘 알려진 것이 아니면 역변환법이나 기각법 같은 쉬운 방법으로는 표본추출이 곤란하다. 그 대안으로 여러 가지 표본추출법을 혼합해서 쓸 수도 있다. 예를 들면, 어느 한 변수 성분에는 역변환법을, 다른 성분에는 기각법을 쓰는 방식이다. 이런 방식을 좀 더 넓은 범위로 적용하면, M-H 방법 내에서 일부 변수에 대해서는 깁스 추출방법을 쓰거나, 반대로 깁스 방법 내에서 M-H 추출방법을 쓸 수도 있다.

7.1 깁스 알고리즘

결합확률분포 $p(x_1, x_2, \cdots, x_d)$를 생각해 보자. 변수 x_1의 (주변)확률분포에 대한 평균이나 분산에 우리의 관심이 있다면, $p(x_1)$을 얻기 위해서 나머지 변수들에 대해 적분을 수행해야 한다.

$$p(x_1)=\int \cdots \int p(x_1, \ x_2, \cdots, x_d) dx_2 dx_3 \cdots dx_d \tag{7.1.1}$$

이런 고차원 적분은 해석적이나 수치적 방법으로 쉽게 풀 수 없는 경우가 대부분이다. 이런 경우, $p(x_1)$으로부터 직접적으로 표본을 추출할 수 있다면 좋은 대안이 될 수 있다.

1 S. Geman and D. Geman, "*Stochastic Relaxation, Gibbs Distributions, and the Bayesian Restoration of Images*," IEEE Transactions on Pattern Analysis and Mathematical Intelligence, 6, (1984) pp. 721-741.

깁스 추출방법은 나머지 다른 변수들을 현 단계의 값으로 고정시킨 조건부 분포로부터 하나의 변수 성분만 추출한다. 이것을 모든 변수 성분이 추출될 때까지 반복하는데, 이 과정을 한 번의 몬테카를로 단계(=1 Monte Carlo step)로 정의한다.

예를 들어, 목표분포가 $p(x_1, x_2, \cdots, x_d)$라고 하자. 시작단계 $t=0$에서 초깃값 $x_1^{(0)}, x_2^{(0)}, \cdots, x_d^{(0)}$을 설정한다. 그 이후 시점 t에서 다른 성분들의 값 $x_2^{(t)}, \cdots, x_d^{(t)}$가 주어진 상태에서 $x_1^{(t+1)}$을 추출한다. 즉, x_1에 대한 완전 조건부 분포 $x_1|x_2^{(t)}, \cdots, x_d^{(t)}$로부터 x_1을 추출한다. 어떤 성분을 먼저 추출하는지는 상관없다. 이 과정을 다른 성분들에 대해서도 반복한다. 이를 요약하면 다음과 같다.

알고리즘 7.1 깁스 추출법(Gibbs Sampling)

1) 시간 $t=0$과 체인길이(표본크기) T 설정
2) 각 변수에 대한 적당한 초깃값 부여, $\boldsymbol{x}^{(0)} = (x_1^{(0)}, x_2^{(0)}, \cdots, x_d^{(0)})$
3) 전 단계 다른 성분 $x_{_k}^{(t)}$들이 조건부로 주어진 상태에서 새로운 값 $x_k^{(t+1)}$ 추출

$$\begin{aligned}
x_1^{(t+1)} &\sim \Pr(x_1|x_2^{(t)}, x_2^{(t)}, \cdots, x_d^{(t)}) \\
x_2^{(t+1)} &\sim \Pr(x_2|x_1^{(t+1)}, x_3^{(t)}, \cdots, x_d^{(t)}) \\
&\vdots \\
x_d^{(t+1)} &\sim \Pr(x_d|x_1^{(t+1)}, x_2^{(t+1)}, \cdots, x_{d-1}^{(t+1)})
\end{aligned}$$

4. $t=t+1$
5. $t=T$까지 반복

여기서 $x_{_k}$는 추출 대상인 변수 x_k 성분을 제외한 나머지 모든 변수 성분을 가리킨다.

이 방법에서는 완전 조건부 분포가 제안분포의 역할을 한다. 즉, 제안분포가 목표분포와 같은 경우 $q(x^*|x^{(t)}) = p(x^*|x^{(t)})$에 해당한다. 따라서 후보 표본들이 수락되지 않는 일은 없다. 때문에 수락률이 1인 M-H 방법의 특별한 경우로 볼 수 있다.

$$\alpha = \min\left[1, \frac{p(x^*)}{p(x^{(t)})} \frac{p(x^{(t)}|x)}{p(x^*|x)}\right] = 1 \tag{7.1.2}$$

모든 후보 표본이 수락되기 때문에 효율이 높다. 한꺼번에 여러 성분의 후보를 제안하는 대신에 한 성분씩만 제안하기 때문에 후보 제안이 쉽지만, 변수들끼리 상관관계가 커지는 단점도 있다.

예제 7.1.1 깁스 방법에 의한 2차원 정규분포 표본추출

다음 2차원 정규분포 표본을 깁스 방법으로 추출해 보자.

$$\boldsymbol{x} \sim N(\boldsymbol{x}|\boldsymbol{\mu}, \Sigma) = N\left[\begin{pmatrix}\mu_1\\ \mu_2\end{pmatrix}, \begin{pmatrix}\sigma_1^2 & \sigma_{12}\\ \sigma_{21} & \sigma_2^2\end{pmatrix}\right] = N\left[\begin{pmatrix}0.5\\ 1.5\end{pmatrix}, \begin{pmatrix}1 & 0.9\\ 0.9 & 2\end{pmatrix}\right]$$

[풀이]

이 방법을 적용하려면 2.5절에서 다뤘던 완전 조건부 분포가 필요하다.

$$x_1|x_2 \sim N\left(\mu_1 + \rho\frac{\sigma_1}{\sigma_2}(x_2 - \mu_2), \sigma_1^2(1-\rho^2)\right)$$

$$x_2|x_1 \sim N\left(\mu_2 + \rho\frac{\sigma_2}{\sigma_1}(x_1 - \mu_1), \sigma_2^2(1-\rho^2)\right)$$

다음 프로그램과 결과를 보자.

프로그램 7.1.1 2차원 정규분포 깁스 표본추출

```
% Gibbs sampler to sample the bivariate Normal distribution
clc; clear all;

%randomize
%rand('seed',124);

T = 2000;                          % the maximum number of iterations
d = 2;                             % dimensions = 2D

x=zeros(T,d);                      % memory preallocation

% define the target distribution

 Mu = [0.5 1.5];                                    % mean
Sigma = [1 0.9; 0.9 2];                             % std
rho = Sigma(1,2)/sqrt(Sigma(1,1)*Sigma(2,2));       % correlation
%initialize
```

```
x(1,1) = 4;  % start a state for x1
x(1,2) = -2; % start a state for x2
for t=2:T

    % Sampling x1, conditioned on x2
    Mu1Star = Mu(1)+((rho*Sigma(1,1))/Sigma(2,2))*(x(t-1,2)-Mu(2));
    Sigma1Star=sqrt(Sigma(1,1)*(1-rho^2));
    x(t,1)=normrnd(Mu1Star,Sigma1Star);

    % Sampling x2, conditioned on the previous x1
    Mu2Star = Mu(2)+((rho*Sigma(2,2))/Sigma(1,1))*(x(t,1)-Mu(1));
    Sigma2Star=sqrt(Sigma(2,2)*(1-rho^2));
    x(t,2)=normrnd(Mu2Star,Sigma2Star);

end
```

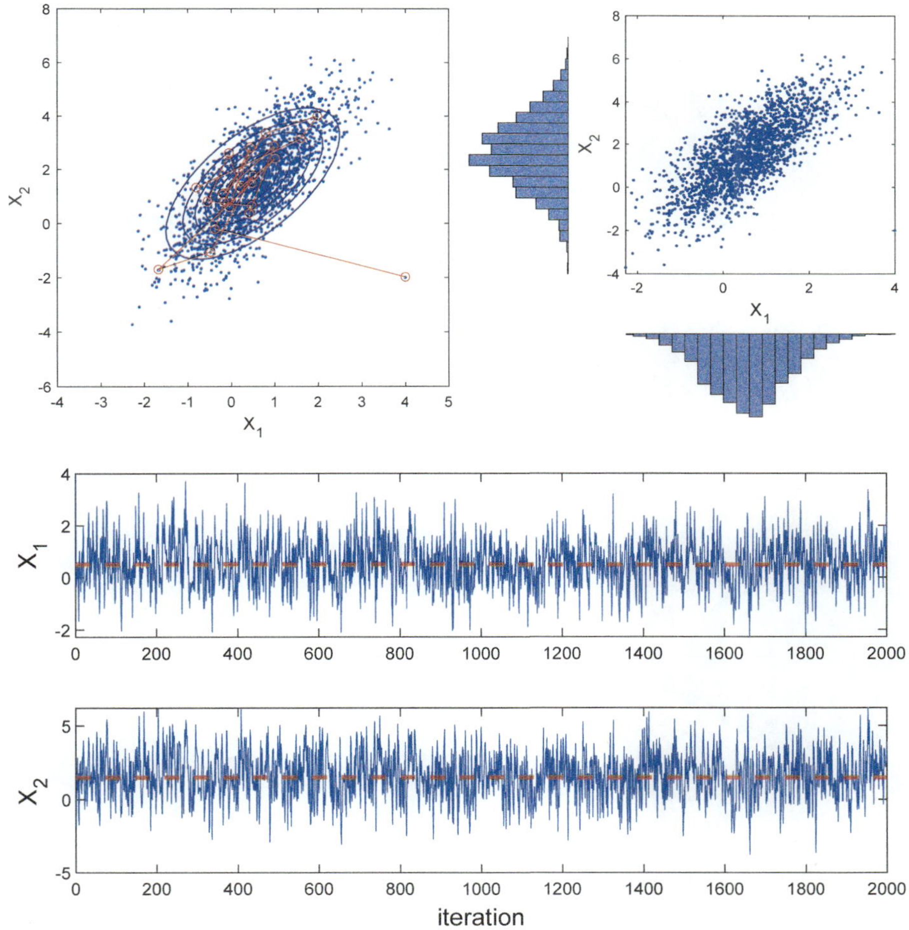

그림 7.1.1 깁스 표본추출에 의한 2차원 정규분포

7.2 깁스 추출을 위한 조건

이 방법의 특징이자 단점은 다른 나머지 성분들이 조건부인 상태에서 해당 성분의 완전 조건부 분포를 알아야만 표본추출이 가능하다는 점이다. 이는 결합확률분포부터 해석적인 방법으로 완전 조건부 분포를 유도해야 한다는 의미다. 이것이 불가능하면 깁스 추출 방법을 적용할 수 없다. 게다가 완전 조건부 분포를 구하더라도 그 분포로부터 표본추출이 가능해야 한다.

7.2.1 완전 조건부 분포 유도

어떻게 완전 조건부 분포를 유도하고, 그 분포로부터 표본을 추출하는지 예를 통해 알아보겠다. 다음 예는 Lynch(2007) 책[2]의 아이디어를 빌린 것이다. 여기 2변수 분포가 있다고 가정하자. $p(x,y)=(1/32)(2x+4y+2xy)$[3]. 각 변수의 범위는 $0<x,y<2$이다.

이 결합 확률밀도의 x와 y의 조건부 확률밀도는 다음과 같이 계산된다.

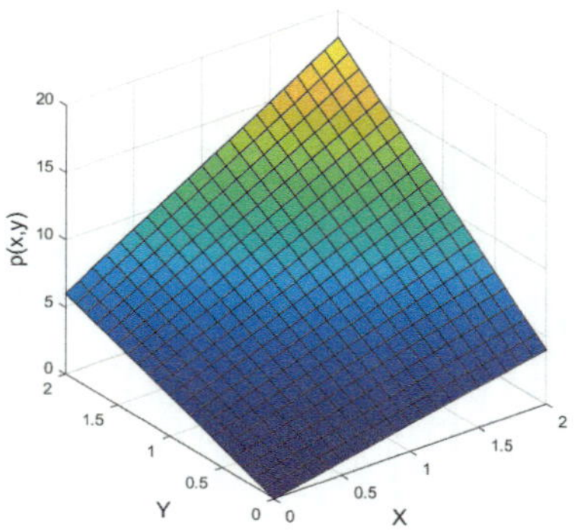

$$p(x|y)=\frac{p(x,y)}{p(y)}=\frac{p(x,y)}{\int p(x,y)dx}=\frac{2x+4y+2xy}{(x^2+4xy+x^2y)|_0^2}$$

$$=\frac{2x+4y+2xy}{4(3y+1)}$$

$$p(y|x)=\frac{p(x,y)}{p(x)}=\frac{p(x,y)}{\int p(x,y)dy}=\frac{2x+4y+2xy}{(2xy+2y^2+xy^2)|_0^2}$$

$$=\frac{2x+4y+2xy}{8(x+1)}$$

---

2 S.M. Lynch, "*Chapter 4 Modern Model Estimation Part 1: Gibbs Sampling," in the book of Introduction to Applied Bayesian Statistics and Estimation for Social Scientists*, Springer, 2007, Berlin.

3 확률분포함수는 적분하면 1이어야 한다. 정규화상수는 어떤 함수의 적분치가 1이 되도록 하는데, 여기서는 (1/32)가 그것에 해당한다. 예를 들면, $p(x,y)$를 2중적분하면 32이므로 이를 나누어 준 것이다.

7.2.2 역변환법에 의한 완전 조건부 분포 표본추출

이 조건부 분포로부터 표본을 추출할 수 있는 여러 방법이 있지만, 여기서는 역변환법과 기각법을 예로 보이겠다.

먼저 역변환법이다. 이 방법은 균등분포 $u \sim U(0,1)$로부터 난수를 뽑고 이를 이용해서 분포함수를 $u = F(z)$로 정의한다. 그 후 역함수 $z = F^{-1}(u)$를 이용해서 u를 z로 변환한다. 먼저 조건부 확률밀도함수 $x|y$의 분포함수를 구해보면,

$$F(x|y) = \int_0^z \frac{2x+4y+2xy}{4(3y+1)} dx = \frac{1}{4(3y+1)} \int_0^z 2x+4y+2xy \, dx$$
$$= \frac{1}{4(3y+1)} (z^2 + 4zy + z^2 y)$$

위 식의 두 번째 등호 이후의 표현이 가능한 이유는 적분변수 x를 포함하지 않은 항은 상수로 취급할 수 있기 때문이다.

$$u = \frac{1}{4(3y+1)} (z^2 + 4zy + z^2 y)$$

역함수를 사용해서 z에 대해 풀면

$$z = \frac{2\left(\sqrt{u(3y^2+4y+1)+y^2} - y\right)}{y+1}$$

y값과 난수 $u \sim U(0,1)$가 주어지면, z는 조건부 분포 $x|y$를 만족하는 확률변수값 x에 대응된다. 조건부 확률밀도함수 $p(y|x)$의 경우에도, 마찬가지 방법으로 확률변수값 y에 대응되는 z를 구할 수 있다.

$$z = \frac{\sqrt{8u(x^2+3x+2)+x^2} - x}{x+2}$$

깁스 표본추출 절차는 다음과 같다.

1) 초깃값 $x^{(0)}$ 및 $y^{(0)}$ 설정
2) 조건부 분포 $p(x|y=y^{(t)})$로부터 변수 $x^{(t+1)}$ 표본추출
3) 조건부 분포 $p(y|x=x^{(t+1)})$로부터 변수 $y^{(t+1)}$ 표본추출
4) 모든 성분 추출이 끝나면 $t=t+1$로 간주하고, 2단계부터 반복, $t=T$까지.

다음은 역변환법을 사용한 위 예의 깁스 표본추출에 관한 프로그램이다.

프로그램 7.2.1 다변수 분포 깁스 표본추출을 위한 역변환법 사용

```
% This shows, by the inverse transforamtion method, how to draw the components
% of the full conditional densities in multivariate Gibbs sampling.
% The example target distribution was taken from the book of Lynch (2007),
% after some modification

clc; clear; close all;
%rand('seed',1234);

% plotting the target bivariate distribtion
[X Y] = meshgrid(0:0.1:2, 0:0.1:2);
fxy = 2*X+3*Y+2*X.*Y;        % bivariate distribution = target distribution
figure(1); clf
surf(X,Y,fxy);
xlabel('X', 'fontsize',14);
ylabel('Y', 'fontsize',14);
zlabel('p(x,y)', 'fontsize',14);

%%
T = 2000;        % length of a chain

% memory pre-allocation
x = zeros(T,1);
y = zeros(T,1);

% initial values of each component in the target distribution
x(1) = 2.3;   % arbitrarily chosen
y(1) = -0.3;  % arbitrarily chosen

% repeat the loop according to chain length
for t = 2: T

    % for component x
    u = unifrnd(0,1);
    x(t) = 2*(sqrt(u*(3*y(t-1)^2+4*y(t-1)+1)+y(t-1)^2)-y(t-1)) / (y(t-1)+1);
    % for component y
```

```
    u = unifrnd(0,1);
    y(t) =  (sqrt(8*u*(x(t)^2+3*x(t)+2)+x(t)^2)-x(t)) / (x(t)+2);

end

% plot for results
figure(2); clf
h1 = scatter(x,y,'.'); hold on;
axis([-0.5, 2.5, -0.5, 2.5]);  axis square; box on;
xlabel('x', 'fontsize',14); ylabel('y', 'fontsize',14);

for t=1:20     % trace for the 1st 20 samples
    plot([x(t) x(t+1,1)],[y(t) y(t)],'r-');
    plot([x(t+1) x(t+1)],[y(t) y(t+1)],'r-');
    h2 = plot(x(t+1), y(t+1),'ro-');
end
legend([h1 h2], {'Samples', 'initial 20 samples and paths'}); hold off;

%%%%%%
figure(3); clf;
scatterhist(x,y,'Location','SouthWest',...
    'Direction','out','Marker','.','MarkerSize',3); hold on;
xlabel('x','fontsize',14);ylabel('y','fontsize',14);
axis([0, 2, 0, 2]); axis square; box on; hold off;

%%%%%
figure(4); clf;
xMin=0; xMax=2;
yMin=0; yMax=2;

subplot(2,3,[1 2])
plot([1:T]',x,'k'); hold on;
xlabel('iterations','fontsize',14);ylabel('x','fontsize',14);
xlim([0 T]); ylim([-1 3]);

subplot(2,3,3)
nbins=20;
xbins=linspace(xMin,xMax,nbins);
counts=hist(x,xbins);
fc=bar(xbins, counts/sum(counts),'b'); hold on
set(fc,'facecolor',[0.8 0.8 1]);
xlabel('x','fontsize',14); ylabel('Pr(x)','fontsize',14);
xlim([xMin xMax]);

subplot(2,3,[4 5])
plot([1:T]',y,'k'); hold on;
xlabel('iterations','fontsize',14); ylabel('y','fontsize',14);
xlim([0 T]); ylim([-1 3]);
subplot(2,3,6)
nbins=20;
ybins=linspace(yMin,yMax,nbins);
counts=hist(y,ybins);
fc=bar(ybins, counts/sum(counts),'b'); hold on
set(fc,'facecolor',[0.8 0.8 1]);
xlabel('y','fontsize',14); ylabel('Pr(y)','fontsize',14);
xlim([yMin yMax]);
```

시뮬레이션 결과인 [그림 7.2.1]에서 양호한 체인 혼합 양상을 확인할 수 있다. 시작값은 의도적으로 변수의 범위 바깥인 우측 하단의 $x^{(0)} = 2.3$, $y^{(0)} = -0.3$으로 설정했음에도, 천이가 시작되면 체인은 빠르게 목표분포의 영역으로 이동해서 변수 범위 [0,2] 내에서만 탐색이 이루어진다. 초기 20개 표본이 얻어지는 경로를 확인해 보라. 실제 표본추출은 x 및 y의 주변분포로부터 이루어졌지만, 이들 쌍을 결합확률분포로부터 추출된 것으로 취급할 수 있다.

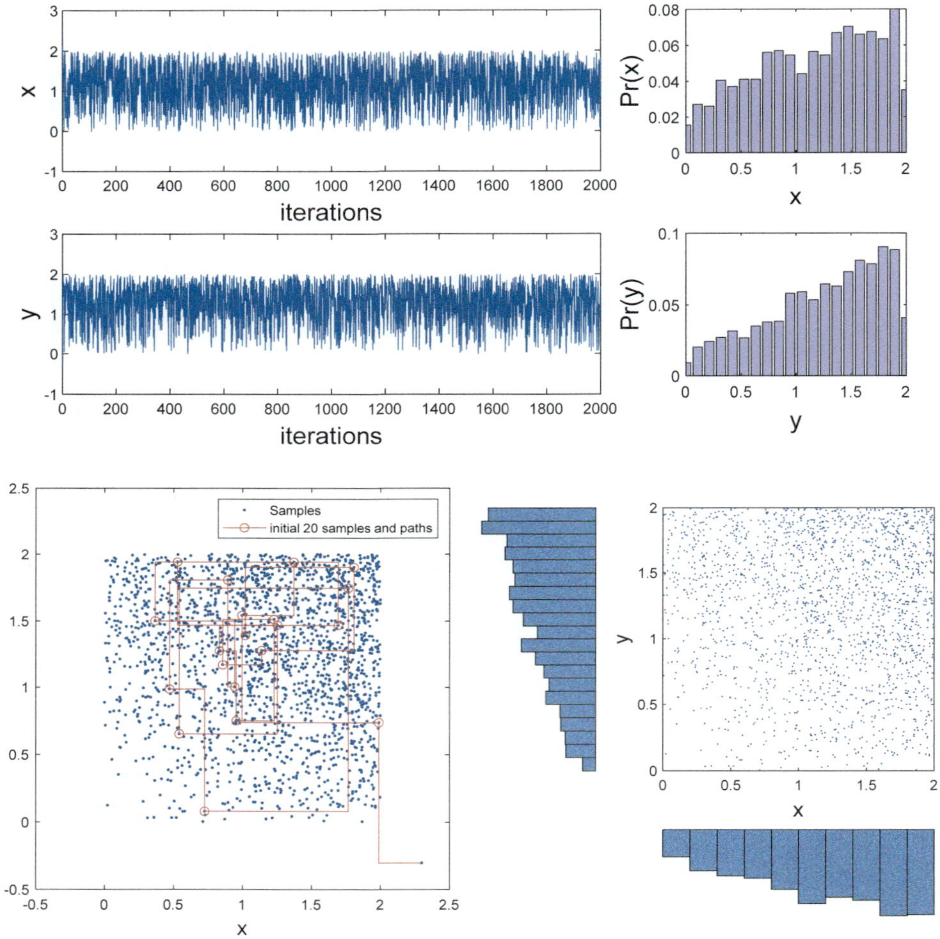

그림 7.2.1 다변수분포 깁스 추출법: 각 성분은 역변환법에 의해 추출

이 표본을 이용해서 분포 정보를 구할 수 있다. 예를 들어, x의 평균이 우리의 관심이라면, 매트랩 내장함수 mean(x)를 이용해서 표본평균을 구할 수 있다. 표본이 2,000개일 경우, $x = 1.17$와 $y = 1.26$의 표본평균이 얻어졌다. 아래의 해석적 결과와 비교했을 때 타당한 것임을 알 수 있다. 참고로 아래 수식에 필요한 항들은 $C = \frac{1}{32}$, $p(x) = \int p(x, y)dy = 8(x+1), p(y) = \int p(x, y)dx = 4(3y+1)$이다.

$$\mu_x = \int_0^2 x \cdot Cp(x)dx = \frac{1}{32}\int_0^2 8x \cdot (x+1)dx = \frac{1}{32}\left(\frac{8x^3}{3} + \frac{8x^2}{2}\right)\bigg|_0^2 = 1.167$$

$$\mu_y = \int_0^2 y \cdot Cp(y)dy = \frac{1}{32}\int_0^2 4y \cdot (3y+1)dy = \frac{1}{32}\left(\frac{12y^3}{3} + \frac{4y^2}{2}\right)\bigg|_0^2 = 1.25$$

7.2.3 기각법에 의한 완전 조건부 분포 표본추출

이번에는 기각법을 살펴보자. 몇 가지 이유로 역변환법을 적용할 수 없는 경우가 있다. 첫 번째로, 유도된 조건부 분포가 다변수인 경우이다. 이때는 구해진 다변수 조건부 분포로부터 단변수 조건부 분포들을 구해야 하는데, 이것이 힘들 수도 있다. 둘째는 조건부 분포를 구했다 하더라도 해당 분포의 역함수 $F^{-1}(\cdot)$를 해석적으로 계산하기 힘들 때다. 셋째는 운 좋게 역함수를 구했다 하더라도 그 조건부 분포에 포함된 정규화상수를 모른다면 역변환 알고리즘을 사용할 수 없다. 기각법은 이런 경우에 깁스 표본추출을 위한 대안이 될 수 있다.

일반적으로 조건부 확률밀도는 조건이 주어진 상태에서 평가된 결합 확률밀도에 비례한다. 즉, $p(x|y) = \frac{p(x, y)}{p(y)} \propto p(x, y)$이다. 좀 더 구체적인 예로, 앞의 예에서 $y = s$로 주어지면,

$$p(x|y=s) = \left(\frac{1}{32}\right)\frac{2x+4y+2xy}{4(3s+1)} \propto 2x+4y+2xy$$

는 참이다. 여기서 $\left(\frac{1}{32}\right)\left(\frac{1}{4(3s+1)}\right)$은 결합분포의 적분을 1로 만드는 단순한 역할뿐이므로, 추정의 마지막 과정에서 무시할 수 있다. 깁스 방법에서 이 상수는 필요하지 않다. 우리가 $y=s$를 안다면, $p(x|y=s) \propto 2x+4y+2xy$이기 때문에, 기각법을 통해서 조건부 분포를 추출할 수 있다.

기각법에서 제안분포 $q(x)$에 상수 c를 곱한 $cq(x)$로부터 표본 후보가 제안된다. 이 $cq(x)$는 탐색 영역 전체에 걸쳐서 목표분포 $p(x)$보다 높은 값을 가져야 한다. 따라서 제안분포가 선택되고 나면 상수 c를 결정해야 한다. 그 구체적 예는 다음과 같다. 앞의 문제에서 결합확률밀도함수의 최대치는 $x=y=2$일 때 20이다. 그러므로 상수 c는 $cq(x) > 20$을 만족하도록 결정되어야 한다. 만약 제안분포를 균등분포 $q(x)=U(0,2)$로 선택한다면, $q(x)=\frac{1}{\max-\min}=\frac{1}{2-0}=0.5$이므로 $c=40$이어야 한다.

다음은 기각법을 사용한 깁스 표본추출에 관한 프로그램이다.

프로그램 7.2.2 다변수 분포 깁스 표본추출을 위한 기각법 사용

```
% This shows, by the rejection method, how to draw the components
% of the full conditional densities in multivariate Gibbs sampling.
% The example target distribution was taken from the book of Lynch (2007),
% after some modification

clc; clear; close all;
%rand('seed',1234);
T = 2000;         % length of a chain

% define the bi-variate target distribution
p = @(x,y) 2*x + 4*y + 2*x*y;

% define the proposal distribution: uniform, U(0,2) for the uniform
% distribution, the pdf is a constant, q = 1/(max-min) = 1/(2-0) = 0.5,
% which is a height of the proposal. In fact, no need to calculate
valMin = 0; valMax = 2;
q = @(x,valMin,valMax) unifpdf(x,valMin,valMax);

% determine the constant such that the sampling density must envelop the
% target density in all variable ranges. If c =40 and  (x) = 0.5,
% then cq(x) = 20. The value must be equal to or higher than max(p(x,y))=20.
c = 41;

% memory pre-allocation
x = zeros(T,1);
y = zeros(T,1);
```

```
% initial values of each component in the target distribution
x(1) = -0.3;    % arbitrarily chosen
y(1) = -0.3;    % arbitrarily chosen

% repeat the loop according to chain length
for t = 2: T
    % sample from x|y
    while 1
        xStar = unifrnd(0,2);
        ratioX = p(xStar,y(t-1)) / (c*q(xStar,valMin,valMax));
        u = rand(1);
        if u < ratioX
            x(t) = xStar;
            break;
        end
    end
    % sample from y|x
    while 1
        yStar = unifrnd(0,2);
        ratioY = p(x(t),yStar) / (c*q(yStar,valMin,valMax));
        u = rand(1);
        if u < ratioY
            y(t) = yStar;
            break;
        end
    end
end

mean(x)
mean(y)
```

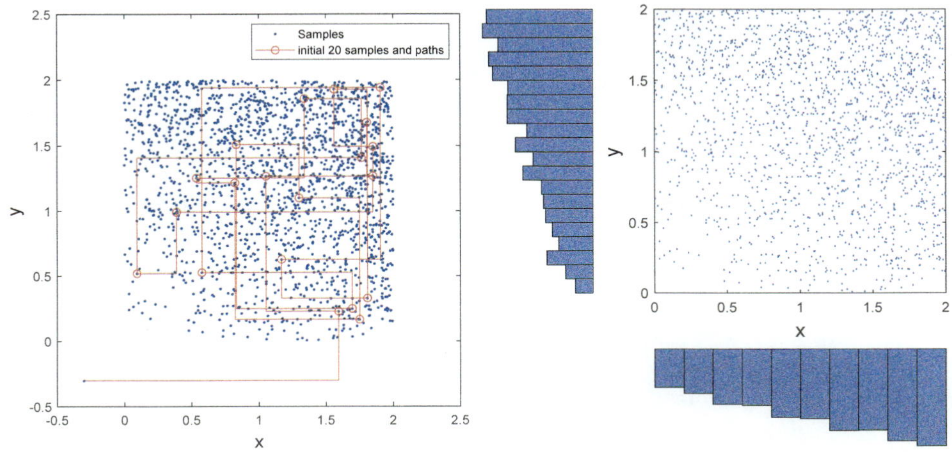

그림 7.2.2 다변수분포 깁스 추출법: 각 성분은 기각법에 의해 추출

[그림 7.2.1]과 [그림 7.2.2]에서 볼 수 있듯이 두 방법 모두 동일한 결과를 얻을 수 있다.

7.3 깁스 추출 방법 예제

핵발전소에 있는 10개 펌프시스템의 작동시간 t_i와 고장횟수 y_i에 대한 데이터가 있다[4, 5].

i	1	2	3	4	5	6	7	8	9	10
y_i	5	1	5	14	3	19	1	1	4	22
t_i	94.320	15.720	62.880	125.760	5.240	31.440	1.048	1.048	2.096	10.480
y_i/t_i	0.0530	0.0636	0.0795	0.111	0.573	0.604	0.954	0.954	1.91	2.10

관측시간 t_i는 확률변수가 아니라고 하면, 고장횟수 y_i는 다음의 포아송 분포 $f(y|\lambda, t)$를 따른다. 각 펌프의 고장은 다른 펌프의 고장과는 무관하다. 즉, 독립적이다.

$$f(y_i|\lambda_i)=\frac{(\lambda_i t_i)^{y_i}}{y_i!}\exp(-\lambda_i t_i) \tag{A.1}$$

여기서 λ_i는 각 펌프의 고장률이다. 다음과 같이 간단히 표현할 수 있다.

$$y_i \sim Poisson(\lambda_i t_i) \tag{A.1'}$$

따라서 이 데이터 모델의 가능도함수는 식(A.1)의 거듭제곱으로, 다음과 같다.

$$L(\lambda_i|y_i)=\prod_{i=1}^{n}\frac{(\lambda_i t_i)^{y_i}}{y_i!}\exp(-\lambda_i t_i) \tag{A.2}$$

4 D.P. Gaver and I.G. O'Muircheartaigh, "Robust Empirical Bayes Analyses of Event Rates," Technometrics, 29(1), 1987, pp. 1-15.

5 A.E. Gelfand and A.F.M. Smith, "Sampling-Based Approaches to Calculating Marginal Densities," J. American Statistical Association, 85(410), 1990, pp. 398-409.

한편 사전분포로는 감마확률분포를 선택하기로 하자. 이는 포아송 분포와 공액쌍이다.

$$p(\lambda_i) = \frac{1}{\Gamma(a)b^a}\lambda_i^{a-1}\exp\left(-\frac{\lambda_i}{b}\right) \tag{A.3}$$

이 역시 간단히 쓰면,

$$\lambda_i \sim Gamma(a,b) \tag{A.3'}$$

감마 사전분포에는 초모수 a와 b가 포함되어 있다. 그중에서 초모수 b가 감마분포를 따른다고 가정하자. 이를 계층적(hierarchical) 베이지안 모델이라 한다.

$$p(b) = \frac{1}{\Gamma(\gamma)\delta^\gamma}b^{\gamma-1}\exp\left(-\frac{b}{\delta}\right) \tag{A.4}$$

이 역시 다음과 같이 간단히 표현할 수 있다.

$$b \sim Gamma(\gamma,\delta) \tag{A.4'}$$

사후분포는 식(A.2), 식(A.3), 식(A.4)를 모두 곱하면 얻을 수 있다.

$$\begin{aligned} &L(\lambda_i|y_i)p(\lambda_i)p(b) \\ &= \prod_{i=1}^{n}\left\{\frac{\lambda_i^{y_i+a-1}t_i^{y_i}}{y_i!b^a\Gamma(a)}\exp\left(-\lambda_i\left(t_i+\frac{1}{b}\right)\right)\right\}\frac{1}{\delta^\gamma\Gamma(\gamma)}b^{\gamma-1}\exp\left(-\frac{b}{\delta}\right) \\ &\propto \prod_{i=1}^{n}\left\{\lambda_i^{y_i+a-1}\exp\left(-\lambda_i\left(t_i+\frac{1}{b}\right)\right)\right\}b^{na+\gamma-1}\exp\left(-\frac{b}{\delta}\right) \end{aligned} \tag{A.5}$$

이 사후분포로부터 각 모수들의 완전 조건부 분포는 다음과 같이 유도된다.

먼저 고장률 λ의 경우는

$$p(\lambda_1,\cdots,\lambda_{10}|y_1,\cdots,y_{10},t_1,\cdots,t_{10},b)=\prod_{i=1}^{n}p(\lambda_i|y_i,t_i,b) \tag{A.6}$$

이는 다음과 같이 간단히 표현할 수 있다.

$$\lambda_i|y_i,t_i,b \sim Gamma\left(y_i+a,(t_i+1/b)^{-1}\right) \tag{A.6'}$$

한편 초모수 b에 대한 완전 조건부 분포는

$$p(b|\lambda_{1:10},y_{1:10})=\prod_{i=1}^{n}\{\exp(-\lambda_i/b)b^a\}b^{\gamma-1}\exp(-b/\delta) \tag{A.7}$$

이 역시 다음과 같이 간단히 표현할 수 있다.

$$1/b|\lambda_1,\cdots,\lambda_{10} \sim Gamma\left(\gamma+na,\left(1/\delta+\sum_{i=1}^{n}\lambda_i\right)^{-1}\right) \tag{A.7'}$$

이 확률모델에서 필요한 나머지 상수들은 다음과 같이 정했다. 이 값들은 나중에 시뮬레이션 결과를 비교하기 위해 참고문헌에 제시된 값을 따른 것이다.

$$a=1.802,\ \gamma=0.01,\ \delta=1$$

이제 깁스 방법에 의한 표본추출 절차를 보자. 이 문제에서 추정해야 할 미지의 변수는 $\theta=(\lambda_1,\ \cdots,\lambda_{10},b)$이다. 따라서 시뮬레이션 단계 t에서 추출해야 될 변수는

$$\theta^{(t)}=\left(\lambda_1^{(t)},\cdots,\lambda_{10}^{(t)},\ b^{(t)}\right) \tag{A.8}$$

이다. 이 단계에서 추출된 $b^{(t)}$와 $\lambda_i^{(t)}$를 이용해서, 다음 단계 $t+1$에서 $b^{(t+1)}$과 $\lambda_i^{(t+1)}$을 각각 추출한다.

$$\lambda_i^{(t+1)}|y_i, t_i, b^{(t)} \sim Gamma(y_i + a, (t_i + 1/b^{(t)})^{-1}), \text{ for } 1 \leqq i \leqq 10 \quad \text{(A.9)}$$

$$1/b^{(t+1)}|\lambda_{1:10}^{(t+1)} \sim Gamma(\gamma + na, (1/\delta + \sum_{i=1}^{n} \lambda_i^{(t+1)})^{-1}), \text{ for } 1 \leqq i \leqq 10 \quad \text{(A.10)}$$

이를 실행하기 위한 프로그램을 보자. 표본 5,000개의 추출 결과는 다음과 같다.

프로그램 7.3.1 포아송–감마 베이지안 모델(펌프고장률) 깁스 표본추출

```
% pump failure rate Bayesian modeling by Gibbs sampling
% Gaver and O'Muircheartaigh(1987), and also Gelfand and Smith(1990)
clc; clear; close all;

T = 5000;          % length of a chain

% pump failure data
n = 10;                                                  % number of observed pumps
y = [5, 1, 5, 14, 3, 19, 1, 1, 4, 22];               % number of failures at each pump
time = [94.32, 15.72, 62.88, 125.76,...
    5.24, 31.44, 1.048, 1.048, 2.096, 10.48]; % observed time (not random variate)

% memory allocations
beta = zeros(T,1);
lambda = zeros(T,n);

% hyperparameters of the Gamma prior (a,b)
a = 1.802;
beta(1) = 0.01;

% initialize of the failure rate
lambda(1,:) = gamrnd(0.25*(y+a),0.25*(time+1/beta(1)).^-1);

% hyperparameters of the Gamma prior (hGamma. hDelta)
hGamma = 0.01;
hDelta = 1;

% repeat the loop according to chain length
for t = 2: T
    lambda(t,:) = gamrnd(y+a, (time+beta(t-1)).^-1);
    beta(t) = gamrnd(hGamma+n*a, (1/hDelta+sum(lambda(t,:))).^-1);
end

results = [mean(beta)' std(beta)'; mean(lambda,1)' std(lambda,1)']

figure(1); clf;
plot(beta)

figure(2); clf;
aa = lambda';
plot(repmat(1:T,10,1),aa);
```

```
figure(3); clf
for iTemp = 1:10
  subplot(2,5,iTemp);
    ksdensity(lambda(:,iTemp));
    xlabel(strcat('\lambda_','{',num2str(iTemp),'}'),'fontsize',14);
end
```

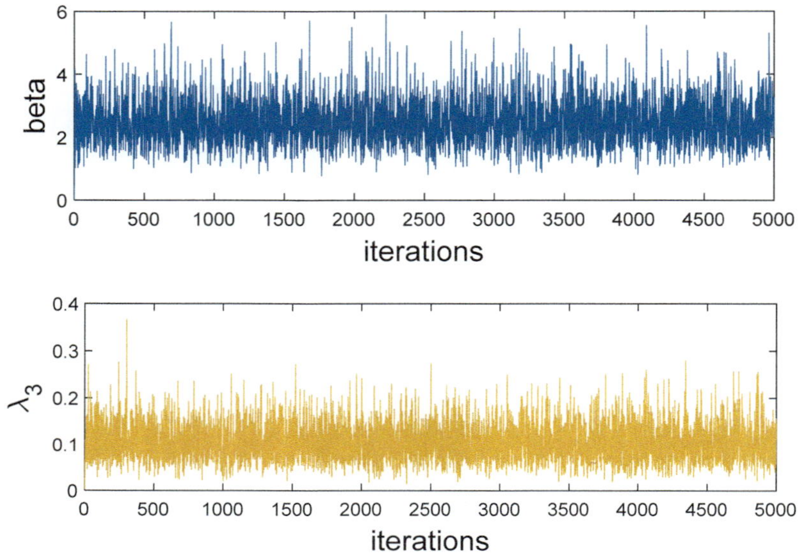

그림 7.3.1 포아송-감마 베이지안 모델(펌프 고장률)의 깁스 표본추출

이 결과를 요약하면 다음과 같다.

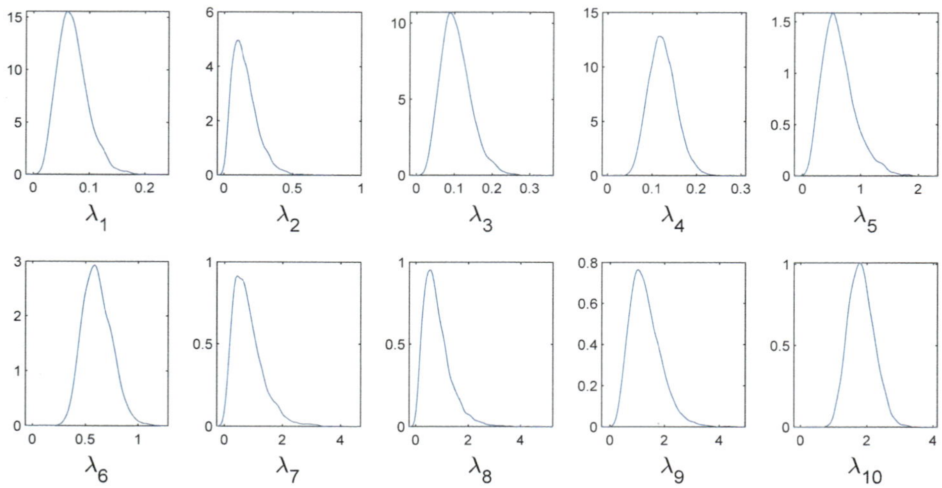

추정 파라메타	평균	표준편차
b	2.4681	0.7038
λ_1	0.0701	0.0271
λ_2	0.1551	0.0948
λ_3	0.1044	0.0402
λ_4	0.1228	0.0315
λ_5	0.6329	0.2954
λ_6	0.6170	0.1365
λ_7	0.8224	0.5298
λ_8	0.8237	0.5223
λ_9	1.2948	0.5753
λ_{10}	1.8399	0.3858

참고로 이상에서 논의한 것과 달리, 계층적 모델이 아닌 경우를 살펴보자. 즉, 식(A.3)의 감마 사전분포의 초모수 a와 b 모두가 고정된 값으로 주어진 경우라면, 사후분포는 다음과 같이 유도된다. 먼저 가능도함수는 다음과 같다.

$$L(\lambda_i|y_i)=\frac{1}{\Pi_{i=1}^{n}(y_i!)}(\lambda_i)^{\Sigma_{i=1}^{n}y_i}\exp(-n\lambda_i) \tag{A.11}$$

로그-가능도함수는

$$\ln L(\lambda_i|y_i)=\sum_{i=1}^{n}y_i\ln(\lambda_i)-n\lambda_i-\ln(y_1!y_2!\cdots y_{10}!) \tag{A.12}$$

한편 사전분포는 감마분포로서

$$p(\lambda_i)=\frac{1}{\Gamma(a)b^a}\lambda_i^{a-1}\exp\left(-\frac{\lambda_i}{b}\right) \tag{A.13}$$

결국 사후분포는 가능도와 사전분포의 곱 $p(\lambda_i|y_{1:n})=L(\lambda_i|y_i)p(\lambda_i)$이므로

$$L(\lambda_i|y_i)p(\lambda_i)=\frac{1}{\Pi_{i=1}^{n}(y_i!)}(\lambda_i)^{\Sigma_{i=1}^{n}y_i}\exp(-n\lambda_i)\frac{1}{\Gamma(a)}b^a\lambda^{a-1}\exp(-b\lambda_i)i$$

$$=\frac{1}{\Pi_{i=1}^{n}(y_i!)\Gamma(a)}\lambda_i^{\Sigma_{i=1}^{n}y_i+a-1}\exp(-(n+b)\lambda_i)$$

$$\propto gamma\left(\sum_{i=1}^{n}y_i+a, n+b\right) \tag{A.14}$$

위 식은 $\bar{y}=\frac{1}{n}\Sigma_{i=1}^{n}y_i$이므로 다음과 같이 쓸 수도 있다.

$$p(\lambda_i|y_{1:n})\propto L(\lambda_i|y_i)p(\lambda_i)= gamma(n\bar{y}+a, n+b) \tag{A.14'}$$

8

CHAPTER

슬라이스 표본추출법

Slice Sampling

슬라이스 표본추출법(Slice Sampling)은 Neal(1997, 2003)[1, 2]에 의해 제안되었다. 이 방법은 몇 가지 장점이 있다. M-H에서의 제안분포가 필요 없다. 게다가 천이를 위한 도약 간격(step size)에 민감하지 않다. M-H 방법에서 도약 간격이 너무 좁은 경우 넓은 공간을 탐색하지 못하기 때문에 표본 간의 상관관계가 커진다. 반대로 간격이 너무 넓으면 시도된 천이가 기각될 가능성이 커지기 때문에 전체적인 효율이 낮아진다. 하지만 슬라이스 추출법에서는 도약 간격이 표본추출 영역에 맞게끔 자동으로 조절된다. 깁스 방법과 비교되는 장점은 완전 조건부 분포가 필요하지 않다는 것이다. 대부분의 조건부 분포는 해석적으로 풀기가 쉽지 않다. 슬라이스 추출법은 목표분포 $p(x)$의 확률밀도를 계산할 수만 있다면, 어떤 분포에도 적용될 수 있다. 그 확률밀도함수가 정규화되지 않은 것이어도 무방하다. 기각법과 대비되는 장점은 목표분포의 최고값에 제한을 받지 않는다는 것이다. 기각법에서 후보 추출을 위한 '감싸는 분포(4장 참조)'는 목표분포를 완전히 감싸야 하는데, 경우에 따라서는 이런 분포를 찾기가 쉽지 않다. 반면에 슬라이스 방법은 목표분포에 의해 정해지는 곡선 아래의 공간에서 표본을 추출하기 때문에 '감싸는 분포'가 필요하지 않다.

8.1 슬라이스 추출법 개요

8.1.1 슬라이스란?

다음 그림에서 빨간 선은 목표분포 $p(x) = \dfrac{\tilde{p}(x)}{Z}$이다. 정규화상수 Z를 모르더라도 $p(x)$와 $\tilde{p}(x)$는 같은 모양이기 때문에, 즉 $p(x) \propto \tilde{p}(x)$이기 때문에 이 둘의 구분에 신경 쓰지 말기로 하자.

1 R.M. Neal, "*Markov chain Monte Carlo methods based on "slicing" the density function*," Technical Report 9722, Dept. Statistics, Univ. Toronto, 1997.

2 R.M. Neal, "*Slice sampling (with discussion)*," The annals of statistics, 31(3), 2003 pp. 705-767.

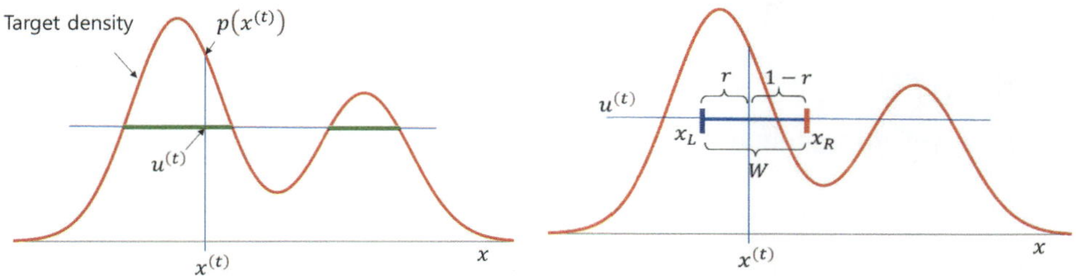

(a) 조각(slice) 만들기

(b) 너비 $W(x_L, x_R)$인 조각 만들기

그림 8.1.1 슬라이스(slice) 정의

개략적인 추출 방법과 슬라이스에 대한 정의는 다음과 같이 요약할 수 있다.

1) 무작위로 확률변수의 한 지점 $x^{(t)}$을 선택하고, 이에 대응되는 확률밀도값 $p(x^{(t)})$을 계산한다.
2) [그림 8.1.1(a)]처럼 0에서부터 높이 $p(x^{(t)})$ 사이의 세로좌표에서 균등분포 난수 $u^{(t)}$를 추출한다.

$$u^{(t)}|x^{(t)} \sim U(0, p(x^{(t)}))$$

3) [그림 8.1.1(b)]처럼 높이 $u^{(t)}$에서 수평선을 연장하고, 그 수평선에서 현재의 표본 위치 $x^{(t)}$를 포함하는 특정 간격 $W(x_L, x_R)$을 정의한다. 그 세부 과정은 다음과 같다. 균등분포 난수 $r \sim U(0,1)$를 뽑고 미리 선정한 너비 W를 사용해서 현재 위치 $x^{(t)}$의 좌우측 경계 $x_L = x^{(t)} - rW$와 $x_R = x^{(t)} + (1-r)W = x_L + W$를 정한다.
4) 위에서 정의된 조각 내에서 균등분포 난수로부터 후보 표본점 x^*을 선택한다. 이 후보가 조건 $p(x^*) \geq u$를 만족할 때의 조각을 '슬라이스'라 부른다.
5) 수락 여부에 따라서 조각의 크기를 조절한 뒤 다시 후보점을 선택한다.
6) 후보점이 새로운 표본으로 받아들여질 때까지 위 조작을 반복한다.

이 방법의 핵심 아이디어는 보조변수 u의 도입에 있다. 보조변수란 원래의 확률모델에는 포함되어 있지 않지만, 다른 목적을 위해 도입된 변수를 말한다. 이 보조변수 u 때문에 결합분포 $(x^{(t)}, u^{(t)})$, $(x^{(t+1)}, u^{(t+1)})$, ⋯, $(x^{(t+T)}, u^{(t+T)})$가 만들어지게 된다. 표본추출 후에는 결합분포로부터 우리에게 불필요한 보조변수 u를 버리고 x에 대한 분포, 즉 주변확률 $p(x)$만 취한다. 이 보조변수로 인해 작업 시에 차원이 늘어난다. 예를 들어, 1차원 목표분포로부터 표본추출을 하고자 하면, 2차원 영역 (x,u)로부터 표본을 추출하게 된다. 그럼에도 불구하고 이 표본들은 목표분포 $p(x)$의 곡선 아래에서 추출된 것으로 볼 수 있다. 이 설명을 수식으로 풀어보자. 우리의 목표는 정규화상수 Z를 모르는 목표분포 $p(x) = \dfrac{\tilde{p}(x)}{Z}$로부터 표본을 뽑는 것이다. 결합분포 $p(x,u)$는 $0 \le u \le \tilde{p}(x)$인 영역에서만 $\dfrac{1}{Z}$의 값을 가지고, 그 영역 밖에서는 $p(x,u) = 0$이다. 따라서

$$\int p(x,u)du = \int_0^{\tilde{p}(x)} \frac{1}{Z}du = \frac{\tilde{p}(x)}{Z} = p(x) \tag{8.1.1}$$

즉, 결합분포 $p(x,u)$로부터 표본을 뽑더라도 목표분포 $p(x)$로부터 추출한 것과 다름없다. 직관적으로는 변수의 차원이 높아지면 보조변수 u 때문에 작업이 힘들어질 것 같지만, 보조변수는 표본 공간의 탐색을 용이하게 해준다. 결합분포에 대한 표본추출의 본질은 깁스 방법이다. 먼저 세로좌표에서 $p(u|x)$ 표본을 추출한 후, 가로좌표에서 $p(x|u)$ 표본을 추출한다. 다변수의 경우에도 다변수 깁스 방법과 동일하게 추출한다.

8.1.2 슬라이스의 너비 조절

정규화상수 Z를 알려면, 변수 x의 모든 영역을 탐색해서 $\tilde{p}(x^*) \ge u$인 영역을 모두 찾아야 한다. 따라서 가능한 한 '슬라이스'가 많아야 한다. 보조변수 u가 주어졌을 때 조건 $\tilde{p}(x) \ge u$를 만족할 때의 $x|u$가 '슬라이스'이다. 이 조각의 너비가 탐색 효율을 지배한다. 너비가 너무 좁으면, 즉 현재의 표본 위치 $x^{(t)}$에서 너무 가까운 곳에서만 후보를 선정하면, 탐색공간이 좁기 때문에 체인의 수렴이 늦어진다. 반면에 조각의 너비가 너무 크면, 즉 현재 위치로부터 너무 먼 곳에서 후보를 선정하게 되면, 그 후보가 '슬라이스'에 해당될 가능성이 줄어든다. 다시 말하자면 후보가 기각될 가능성이 커진다. 절충점이 필요하다.

이를 위해 이 알고리즘은 '슬라이스'의 좌, 우측 영역을 확장시키거나 수축시켜 후보 선택을 위한 탐색공간의 국부적 크기 또는 천이를 위한 도약의 간격을 조절한다.

먼저 조각의 너비를 확장시키는 방법을 보자. 현재 표본 위치에서 시작해서 '슬라이스'의 너비를 증가시킨다(stepping-out). 다음 그림은 확장 알고리즘의 개념이다.

1) 너비의 양끝단이 '슬라이스'에 해당하는지 조사한다. 만약 어느 끝단이 '슬라이스'에 해당되면, 즉 $u^{(t)} < p(x_R)$이면, 그 끝단이 '슬라이스'에서 벗어날 때까지 한 번에 조각 너비만큼씩 확장시킨다. 다른 쪽 끝단도 마찬가지로 확장시킨다. 확장된 조각의 너비는 $U_S(x_R, x_L)$이다.

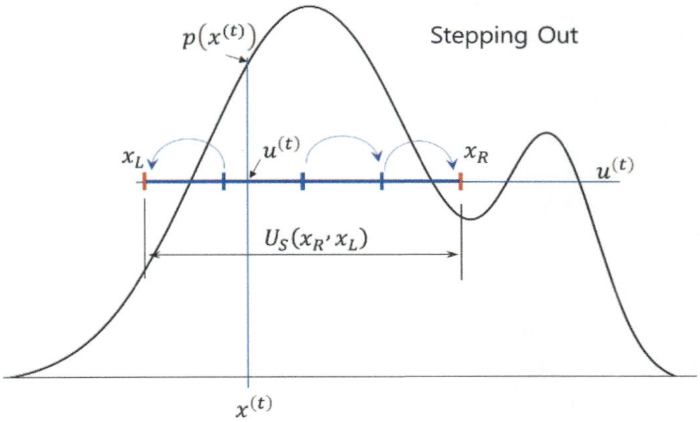

2) 양쪽 또는 어느 한쪽으로 확장된 조각으로부터 표본 후보 x^*를 선택한다.

$$x^*|u^{(t)} \sim U_S(x_R, x_L)$$

3) 표본 후보 x^*가 '슬라이스' 안에 있는지 밖에 있는지 판단한다. 표본 후보가 '슬라이스' 안에 있으면, 즉 $u^{(t)} < p(x^*)$이면 후보는 새로운 표본으로 수락된다.

$$x^{(t+1)} \leftarrow x^*$$

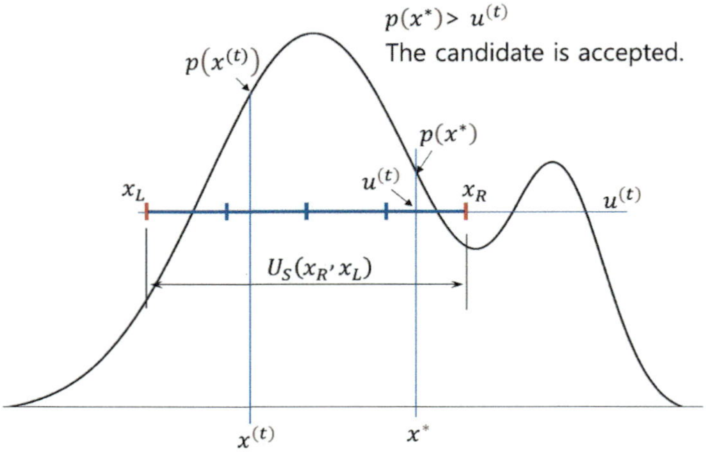

4) 만약 표본 후보가 '슬라이스' 밖에 있으면, 즉 $u^{(t)} > p(x^*)$이면 후보는 표본으로 받아들여지지 않는다.

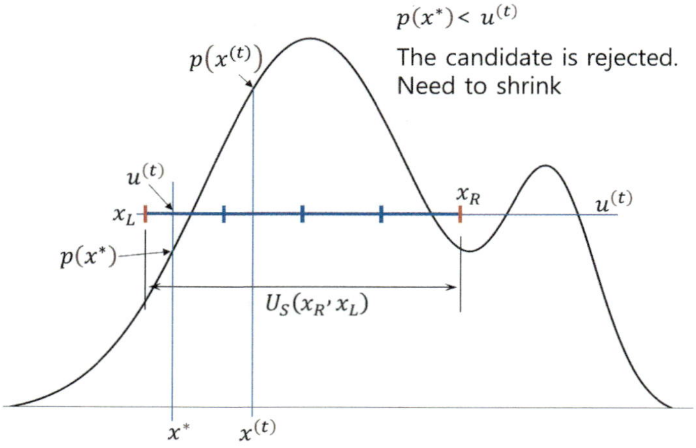

대신에 그 후보를 기준으로 조각의 너비를 줄인다(shrinking). 다음은 수축 알고리즘의 개념이다.

5) 표본 후보의 확률변수값이 현재 표본보다 작으면, 즉, $x^* < x^{(t)}$이면 표본 후보를 조각의 왼쪽 끝단 $x_L \leftarrow x^*$으로 정한다. 이로써 조각의 길이가 줄어든 것이다. 만약 표

본 후보의 확률변수값이 현재 표본보다 크면, 즉, $x^* > x^{(t)}$이면 표본 후보를 조각의 오른쪽 끝단 $x_R \leftarrow x^*$으로 정한다. 다음 그림은 전자의 경우이다.

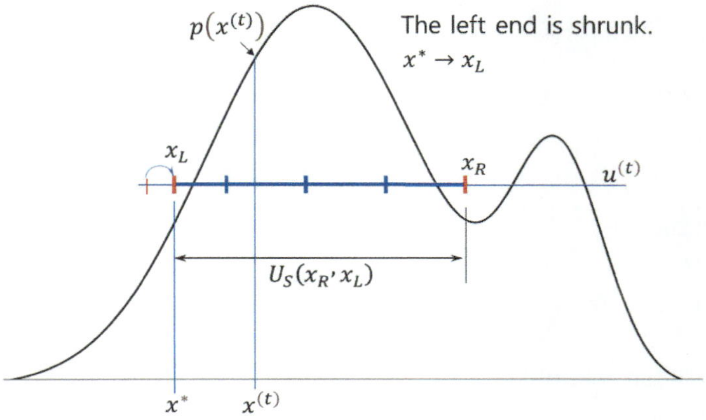

6) 이렇게 너비가 줄어든 조각 $U_S(x_R, x_L)$으로부터 다시 표본 후보를 선택하고, 그 후보가 $u^{(t)} < p(x^*)$ 조건을 만족해서 새로운 표본으로 수락될 때까지 위 5)의 조작을 반복한다.

8.1.3 알고리즘

다음은 단변수(1차원) 슬라이스 추출법에 대한 알고리즘이다.

알고리즘 8.1.1 단변수 슬라이스법(slice sampling)

1) 현재 표본 $x^{(t)}$과 조각 너비 W 선택
2) 현재 표본의 세로좌표에서 균등분포 난수 선택 $u^{(t)}|x^{(t)} \sim U(0, p(x^{(t)}))$
3) 조각의 너비 결정
   균등분포 난수 $r \sim U(0,1)$ 추출해서 기준으로 삼고,
   좌우측 끝단을 정의한다: $x_L = x^{(t)} - rW$ 와 $x_R = x^{(t)} + (1-r)W = x_L + W$

너비 확장방법(stepping out)
4) 조건 $u^{(t)} < p(x_L)$이 만족될 때까지 조각의 너비만큼씩 조각 왼쪽 끝단을 증가

$$x_L = x_L - W$$

조건 $u^{(t)} < p(x_R)$이 만족될 때까지 조각의 너비만큼씩 조각 오른쪽 끝단을 증가

$$x_R = x_R + W$$

반복
5) 조각(가로좌표)으로부터 표본 후보 $x^* = U(x_L, x_R)$ 선택
만약 $u^{(t)} < p(x^*)$이면,
$x^{(t+1)} = x^*$ 표본 후보는 새로운 표본으로 수락되고
break 다음 시간 단계 $t = t+1$로 진행
조건 종료
그렇지 않으면, 즉 $u^{(t)} > p(x^*)$이면 너비 수축

너비 수축방법(shrinkage)
6) 만약 $x^* < x^{(t)}$이면, $x_L = x^*$ 왼쪽 끝단 수축
그렇지 않으면, $x_R = x^*$ 오른쪽 끝단 수축
7) 수정된 너비를 가진 조각으로부터 표본후보 x^* 추출,
조건 $u^{(t)} < p(x^*)$를 만족, 새로운 표본으로 수락될 때까지 단계 5부터 반복
8) 단계 4로 복귀해서 다음 시간 단계 $t = t+1$로 진행

$p(x)$ 계산에 많은 시간이 소모되기 때문에 조각의 너비 확장과정을 생략할 수도 있다. 경우에 따라서는 초기 조각너비 $W(x_L, x_R)$ 선정이 적절하지 않았을 수도 있다. 하지만 걱정할 필요는 없다. 위에서 설명한 확장과 수축 알고리즘이 너비를 국부적인 상황에 맞게 자동으로 조절하는 역할을 하기 때문이다.

예제 8.1.1

다음 1차원 2봉 정규분포 표본을 슬라이스법으로 추출해 보자.

$$p(x) = \frac{0.3}{1.5\sqrt{2\pi}} e^{-\frac{1}{2}\left(\frac{x-(-3)}{1.5}\right)^2} + \frac{0.7}{1.5\sqrt{2\pi}} e^{-\frac{1}{2}\left(\frac{x-5}{1.5}\right)^2}$$

[풀이]

결과를 [그림 8.1.2]에 나타내었다. 다음 프로그램을 참고하라. 이 추출방법은 그림에서 볼 수 있듯이 깁스 추출방법과 유사하다. 슬라이스 추출법의 수렴에 관한 내용은 Robert and Rosenthal(1999)[3]을 참고하라.

프로그램 8.1.1 프로그램 슬라이스법에 의한 1차원 이봉 정규분포 시뮬레이션

```
% Slice Sampling for a 1-D target distribution
clc; clear all
% rng(1234,'twister');              %randomize

T = 10000;                          % run time
W = 1;                              % step size

xMin = -10; xMax = 12;              % range of variable X
x = zeros(T,1);                     % memory preallocation
u = zeros(T,1);                     % auxiliary variable

% define the target distribution: bi-modal normal density
p = @(x) 0.3*normpdf(x,-3,1.5)+0.7*normpdf(x,5,1.5);

x(1) = unifrnd(xMin,xMax);          %select an initial point at the prob. space
maxiter = 200;                      % maximum iteration in stepping out procedure

for t=2:T
    iter = 0;
    %select a random height at the vertical slice
    u(t-1) = unifrnd(0,p(x(t-1)));
    % or use the following log-scale to avoid overflow or underflow
    % u(t-1) = exp(log(p(x(t-1)))-exprnd(1));

    % set the interval around the current point
    r = unifrnd(0,1);
    xL = max(xMin,x(t-1)-r*W);           % the left of the interval
    xR = min(xMax,x(t-1)+(1-r)*W);       % the right of the interval
    % test if the interval is within the horizontal slice
    % If it does, then each end expands to that direction
    % until it is in outside. This procedure is called "stepping out."
    while u(t-1) < p(xL) && iter<maxiter
        xL = max(xMin, xL-W);
        iter = iter+1;
    end
    while u(t-1) < p(xR) && iter<maxiter
        xR = min(xMax, xR+W);
        iter = iter+1;
    end
```

3 G.O. Roberts and J.S. Rosenthal, "Convergence of Slice Sampler Markov Chains," J. Royal Statistical Society. Series B (Statistical Methodology), 61(3), 1999, pp. 643-660.

```
    if iter>maxiter
        error(message('error in stepping out'));
    end

    % accept/reject samples from within S
    while 1 && iter<maxiter
        % sample a candidate point from the horizontal slice
        xStar = unifrnd(xL,xR);
        % accept the candidate point If p(xStar) is higher than the height u
        if u(t-1) < p(xStar)
            x(t) = xStar;
            iter = iter+1;
            break
        end
        % adjust either the lower and upper bound (shrinking)
        if xStar < x(t-1)
           xL = xStar;
           iter = iter+1;
        else
           xR = xStar;
           iter = iter+1;
        end
     end
     if iter>maxiter
        error(message('error in shrinkage'));
    end
end
```

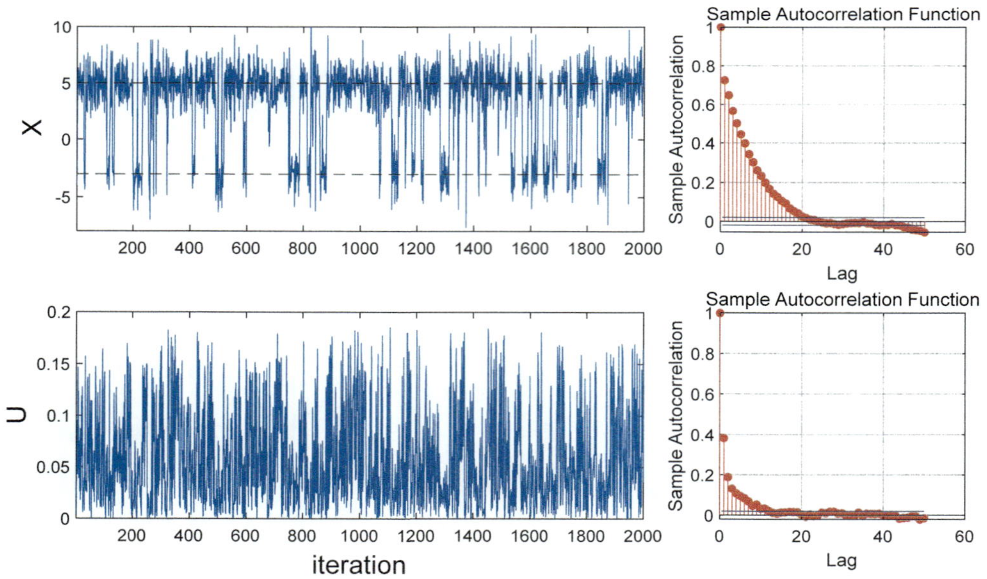

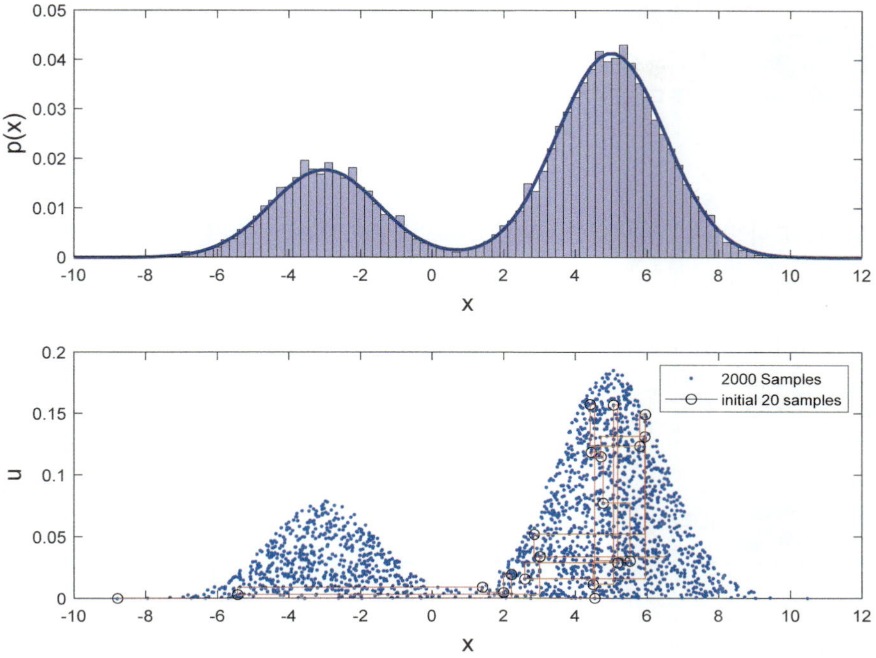

그림 8.1.2 슬라이스법에 의한 1차원 이봉 정규분포 표본추출

[그림 8.1.2]에서 주목할 점은 맨 하단 그림의 세로축인 보조변수 u의 크기이다. 난수 u는 0에서부터 목표분포 함수의 최고값 $p(x)$ 사이에서 선택되기 때문에 대략 0~0.2의 값을 갖는다. 만약 목표분포에서 $p(x)$가 아주 작은 영역에서 표본추출이 시도된다면, 단계 2의 슬라이스 높이 선택을 위한 난수 추출과정, 즉 $u^{(t)}|x^{(t)} \sim U(0, p(x^{(t)}))$에서 컴퓨터 실수 연산 오류인 언더플로우 문제가 생길 수 있다. 이를 방지하기 위한 수학적 조작은 목표분포 함수값에 로그를 취하는 것이다. 구체적으로는 $z = \ln(y) = \ln(p(x)) - \epsilon$의 형식을 취한다. 여기서 ϵ은 평균 1인 지수분포 난수이다. $exprand(1) = -\ln(U(0,1))$이기 때문이다. 따라서 현재 표본 $x^{(t)}$을 기준으로 한 세로좌표의 높이 u는 다음과 같이 계산된다.

$$u \leftarrow \exp(\ln(p(x)) - exprand(1))$$

8.2 다변수 슬라이스 추출법

목표분포가 다변수일 경우에도 1차원 추출방법을 그대로 적용할 수 있다. 각 변수들을 따로 취급해서 표본을 추출하는 작업을 모든 변수에 차례대로 적용하는 것이다. 1차원에서와 마찬가지로 표본추출에는 균등분포만 사용된다. 다음은 다차원 목표분포 $\boldsymbol{x}=\{x_1, \cdots, x_d\}$를 위한 슬라이스 추출법 알고리즘이다.

알고리즘 8.2.1 다변수 슬라이스법(slice sampling)

1) for $j=1:d$
        set $x(j)^{(t)}$ and $W(j)$
    end for
2) $u^{(t)}|x^{(t)} \sim U(0, p(\boldsymbol{x}^{(t)}))$
3) for $j=1:d$
        $r(j) \sim U(0,1)$
        $x_L(j)=x(j)^{(t)}-r(j)W(j)$
        $x_R(j)=x(j)^{(t)}+(1-r(j))W(j)=x_L(j)+W(j)$
    end for

여기서는 너비 확장과정을 생략하였다.

4) repeat
    for $j=1:d$
        $x(j)^*=x_L(j)+U(x_L(j), x_R(j))$ % 조각으로부터 표본 후보 선택
    end for
    if $u^{(t)} < p(\boldsymbol{x}^*)$ then
        $\boldsymbol{x}^{(t+1)}=\boldsymbol{x}^*$ % 후보 $x^*(j)$를 표본으로 수락
        break   % 다음 단계로 복귀
    end if
    for $j=1:d$
        if $x(j)^{(t)} > x(j)^*$ then   % 너비 수축
            $x_L(j)=x(j)^*$
        else
            $x_R(j)=x(j)^*$

```
        end if
    end for
end repeat
```

예제 8.2.1

슬라이스 방법에 의한 2차원 정규분포 표본추출

$$x \sim N(x|\mu,\Sigma)= N\left[\begin{pmatrix}\mu_1\\ \mu_2\end{pmatrix},\begin{pmatrix}\sigma_1^2 & \sigma_{12}\\ \sigma_{21} & \sigma_2^2\end{pmatrix}\right] = N\left[\begin{pmatrix}0.5\\ 1.5\end{pmatrix},\begin{pmatrix}1 & 0.95\\ 0.95 & 1\end{pmatrix}\right]$$

[풀이]

다음 프로그램과 결과를 보라.

프로그램 8.2.1 슬라이스법에 의한 2차원 정규분포 표본추출

```
% Slice Sampler for a 2-D normal distribution (stepping-Out) version
clc; clear all;
rng(543,'twister');         %randomize

T = 5000;                   % run time
d = 2;                         % dimension size = number of variables to sample

% target distribution: bivariate Normal distribution with correlation
% the value of the pdf is calculated from "mvnpdf(x,pMu,pSigma)."
pMu = [0.5 1.5];                    % mean of the target pdf
pSigma = [1 0.95; 0.95 1];     % standard deviation of the target pdf
p =@(x) mvnpdf(x,pMu,pSigma);

% memory preallocation
x = zeros(T,d);                  % sample variables
xL = zeros(1,d);                % the ends of hyper-rectangle of each slice
xR = zeros(1,d);
W = zeros(1,d);                % step size
r = zeros(1,d);

% ranges for each sample space
xMin = [-3 -4]; xMax = [4 6];
% initial step sizes (width) for each variable
W = [1 1];

%%
% select initial points for each sample space
x(1,:) = [-1, 4];     % randomly chosen %unifrnd(xMin,xMax);
maxiter = 200;

for t=2:T
    iter = 0;
```

```
    % select a random height at the vertical slice (log-scale)
    u(t-1) = exp( log(p(x(t-1,:))) - exprnd(1) );     % 1-d

    % for each dimension
    % set the intervals of a hyper-rectangle around the current point
    r = unifrnd(0,1,1,d);
    xL = max(xMin,x(t-1,:)- r.*W);          % the left of the interval
    xR = min(xMax,xL+W);                     % the right of the interval

    %%%%% stepping out  %%%%%%%%%%%%%%%%%%%%%%%%%%%%%%%%%%%%%%%%%%%%%%%%%%%
    % check the effect of the stepping out by removing this module!
    % The stepping out procedure helps the sampler evenly explore
    % probability space.

    while u(t-1) < exp(log(p(xL))) && iter<maxiter
        xL = max(xMin, xL-W);
        iter = iter+1;
    end
    while u(t-1) < exp(log(p(xR))) && iter<maxiter
        xR = min(xMax, xR+W);
        iter = iter+1;
    end
    if iter>maxiter
        error(message('error in stepping out'));
    end

    %%%%%%%%%%%%%%%%%%%%%%%%%%%%%%%%%%%%%%%%%%%%%%%%%

    % accept/reject samples from within S
    while 1
    % draw candidate sample points from the horizontal slice for each dimension
        xStar =  unifrnd(xL,xR);                           %

        % evaluate the pdf and determine accepting the candidate point
        % If p(xStar) is higher than the height u
        if u(t-1) < exp(log(p(xStar)))            % log scale
            x(t,:) = xStar;
           break
        end

    % shrinkage procedure:
    % modify either the lower and upper end of the interval for each dimension
        for j = 1:d
            if xStar(j) < x(t-1,j)
                xL(j) = xStar(j);
            else
                xR(j) = xStar(j);
            end
        end

    end
end
```

여기서는 너비 확장(stepping out) 알고리즘의 유무에 따라 결과가 어떻게 달라지는지 살펴볼 것이다. 위 프로그램에서 "%%% stepping out %%%%" 부분을 삭제하면, 너비 확장 알고리즘을 적용하지 않은 상태가 된다. 먼저 확장 알고리즘이 적용되지 않은 경우를 보자.

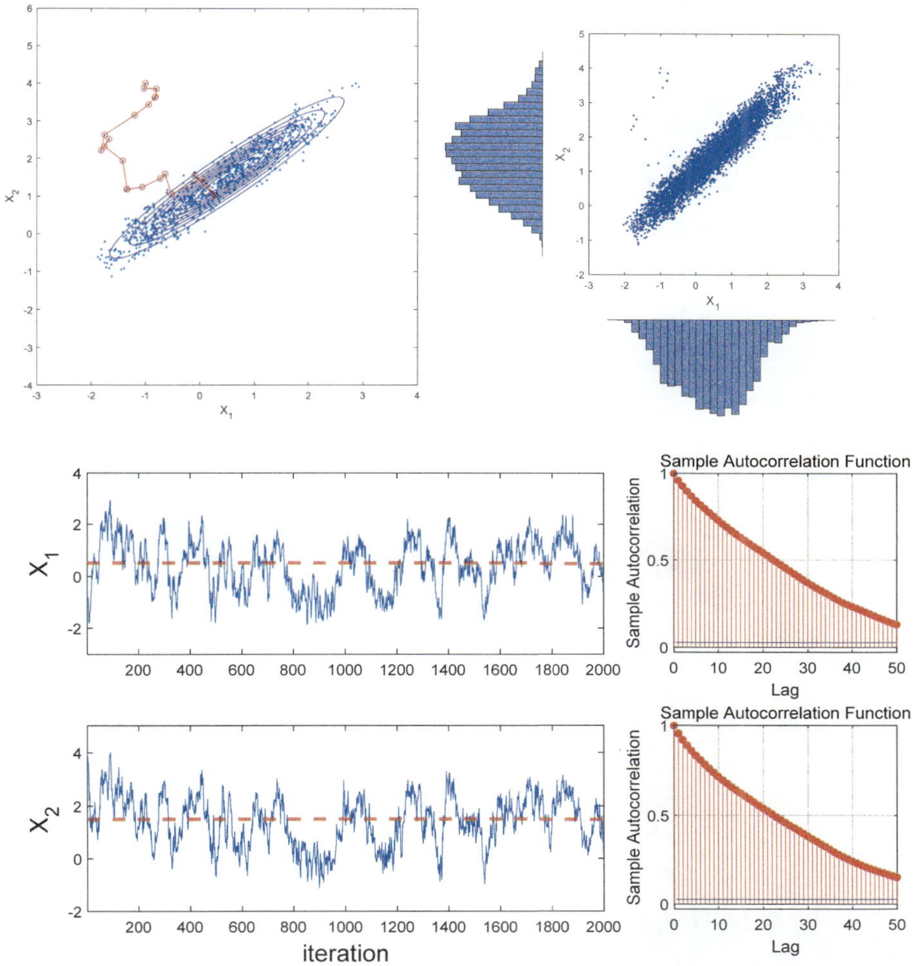

그림 8.2.1 슬라이스법에 의한 다변수 정규분포 표본추출(stepping-out 미적용)

너비 확장 알고리즘이 적용되지 않으면 표본 후보가 선택될 수 있는 영역은 목표분포의 모양과는 상관없이 시뮬레이션 초기에 설정한 조각 너비로만 국한된다. 초기 너비가 적절하지 않다면, 확률공간의 탐색이 원활하지 않을 수 있다는 의미다. [그림 8.2.1]의 좌측 상단 그림에서 초기 20개 표본의 궤적을 보면(의도적으로 초깃값을 분포핵의 외곽으로 선정했다), 현재 표본의 주변에서만 후보가 주로 선택되기 때문에 분포핵에 느리게 접근하고 있다. 그 이후에도 체인의 혼합 양상이 좋지 않다. 결과적으로 표본 간의 상관관계는 크고 수렴은 느리다.

반면, 너비 확장 알고리즘이 적용된 결과를 보자. 이 경우는 시뮬레이션 초기에 설정한 조각 너비에 상관없이 목표분포에 따라 체인이 탐색할 수 있는 확률공간이 자동 조절된다. 넓은 영역을 탐색할 수 있다는 의미다. [그림 8.2.2]의 좌측 상단 그림에서 초기 20개 표본들의 궤적을 보자. 빠르게 확률공간의 여기저기를 탐색하면서 분포핵에 접근하고 있다. 체인의 혼합 양상도 좋고 상관관계도 앞의 경우에 비해 높지 않다. 너비 확장 알고리즘을 수행하는 데 계산 비용이 많이 들기는 하지만, 주어진 문제에 따라서 적용 여부를 결정해야 할 것이다.

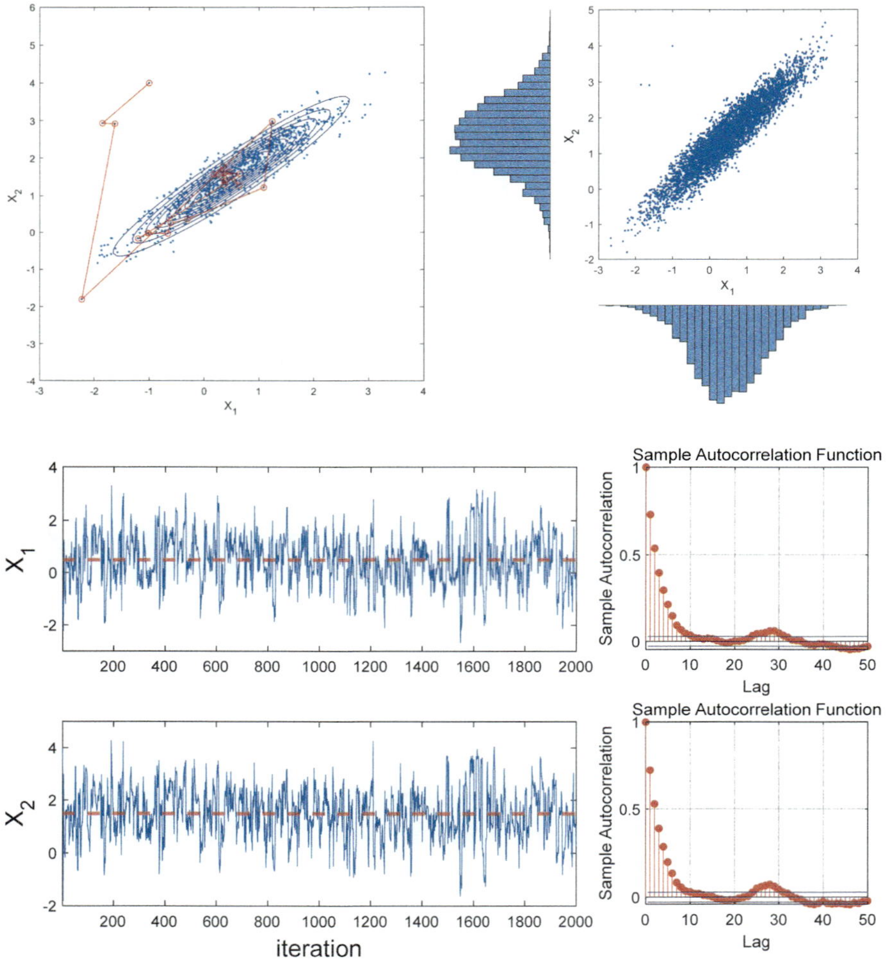

그림 8.2.2 슬라이스법에 의한 다변수 정규분포 표본추출(stepping-out 적용)

이번에는 슬라이스 방법으로 베이지안 다변수 로지스틱 회귀분석(multivariate Logistic regression)의 계수들을 구해 보자. 먼저, 이 회귀분석 방법에 대한 기초를 정리한 다음에 제시된 문제를 풀도록 하자. 주어질 문제는 참고논문[4]을 변형한 것이다.

회귀분석이란 반응변수 y와 하나 또는 그 이상의 예측변수 x 간의 관계를 조사하는 일이다. 일반적인 선형 회귀분석에서 반응변수는 연속적인 특성을 갖지만, 로지스틱 분석에서는 이항 특성을 갖는다. 이항 특성이란 삶 아니면 죽음, 흑 아니면 백, 성공 아니면 실패처럼, 가능한 결과가 두 가지뿐인 경우를 말한다. 선형회귀에서 두 변수 x와 y의 관계는 직선식 $y = b_0 + b_1 x$으로 표현된다. b_0는 절편이고 b_1은 기울기이다. 예를 들어, 변수 x 값에 따라서 이항 특성, 즉 $y = 1$ 아니면 $y = 0$의 결과를 보이는 어떤 데이터가 있다고 하자.

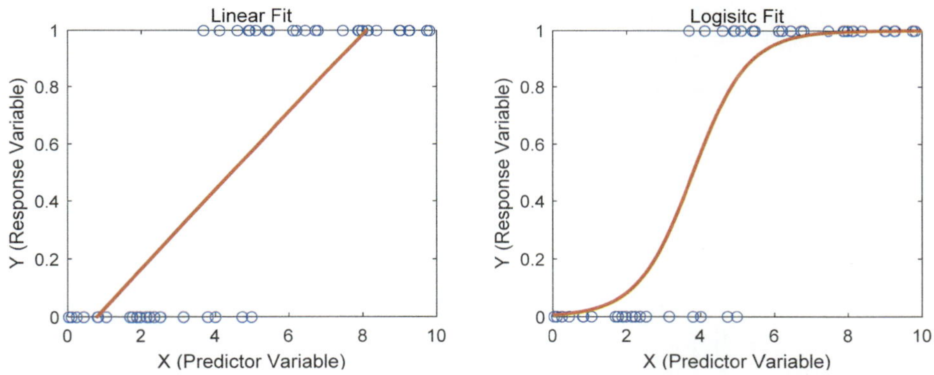

그림 8.2.3 선형 회귀분석과 로지스틱 회귀분석 차이

[그림 8.2.3]의 좌측 그림에서 직선은 1 아니면 0인 실험 결과를 제대로 반영하지 못한다. 게다가 이 직선식으로 예측을 하게 되면, 변수 x의 구간에서 확률이 0보다 작거나 1보다 큰 경우가 생기는 치명적인 문제가 있다. 이런 문제를 해결하기 위해, 로지스틱 회귀분석에서는 변수변환을 통해 $y = 1$ 또는 $y = 0$의 결과가 발생할 확률로 두 변수의 관계를 표현한다. 그 확률은 [그림 8.2.3]의 우측 그림에 나타낸 바와 같이 연속적인 값을 가지면서 전체적으로는 곡선 형태를 보인다. 이런 형태로 데이터를 표현하기 위해 어떤 변수변환이 행해졌는지 알아보자.

4 이효남, 장승교, 윤현걸, "일회성 부품의 민감도시험 결과분석을 위한 로지스틱 회귀분석방법 해설," 한국추진공학회 2021년 추계학술대회 논문집, KSPE 2021-2221.

일반적인 다변수의 선형 회귀식은 다음과 같다.

$$y = \sum_{k=1}^{K} b_k x_{ik} = b_0 + b_1 x_{i1} + b_2 x_{i2} + \cdots + b_K x_{iK} \tag{8.2.1}$$

여기서 k는 설명변수의 개수이고, 첨자 i는 설명변수 값의 증감을 나타내는 단계이다. 보통은 $x_{i0} = 1$로 간주한다. 설명변수가 1개일 경우에는 $K = 1$이다. 이 경우의 로지스틱 함수는 다음과 같이 정의된다.

$$\mathrm{logit}(p) = \ln\left(\frac{p}{1-p}\right) = b_0 + b_1 x_{i1} \tag{8.2.2}$$

위 식에 지수를 취하고 p로 정리하면

$$p = \frac{\exp(b_0 + b_1 x_{i1})}{1 + \exp(b_0 + b_1 x_{i1})} \tag{8.2.3}$$

$$1 - p = \frac{1}{1 + \exp(b_0 + b_1 x_{i1})} \tag{8.2.4}$$

변수 x가 p로 변환된 것이다. 이 둘의 관계가 앞에서 본 [그림 8.2.3]의 오른쪽 그림이다. 곡선의 형태는 로지스틱 회귀식의 계수 b_0와 b_1에 의존한다. 데이터를 잘 표현할 수 있는 계수들을 구하는 것이 로지스틱 회귀분석의 목표이다. 이제 예제를 통해 살펴보자.

예제 8.2.2

다음 [표 8.1.1]은 여러 가지 두께를 가진 금속격벽에 충격압력을 가하면서 그 격벽의 파손여부를 시험한 결과이다. 직관적으로 격벽이 두꺼울수록, 충격압력이 낮을수록 금속격벽이 파손되지 않을 것임을 짐작할 수 있다. 이 회귀모델에서 반응변수 y는 금속격벽의 파손 여부이고, 예측변수는 충격압력 x_1과 격벽두께 x_2이다.

표 8.2.1 금속 격벽 파손 여부 실험 결과(파손안됨=성공)

i	x_{i1}(충격압력)	x_{i2}(두께)	y_i(성공개수)	n_i(시험개수)
1	1	4	8	8
2	1	3	12	12
3	1	2	11	12
4	1	1	2	11
5	2	3	20	22
6	2	2	6	10
7	3	4	8	10
8	3	3	6	12
9	3	2	5	10
10	4	5	3	10
11	4	3	3	12
12	5	6	4	10
13	5	4	2	10
14	5	3	1	12
15	5	2	1	10
16	5	1	0	10

[풀이]

이 문제는 설명변수가 2개이므로 구해야 할 계수는 b_0, b_1, b_2의 3개이다. 성공확률은 다음과 같다.

$$p(y_i|x_i,\boldsymbol{b})=\frac{\exp(b_0+b_1x_{i1}+b_2x_{i2})}{1+\exp(b_0+b_1x_{i1}+b_2x_{i2})} \tag{8.2.5}$$

베이지안 추정에서 데이터 y_i는 이항분포를 따르는 것으로, 계수 b_k의 사전분포는 모두 정규분포를 따르는 것으로 정하면,

$$y_i|p_i \sim bin(n_i,p_i)$$
$$b_k \sim N(\mu_k,\sigma_k^2),\ \text{for}\ \ k=0,1,\ \cdots,K$$

사후분포는

$$p(\boldsymbol{b}|x_i,y_i,n_i)\propto\prod_{i=1}^{N}bin(n_i,p_i)N(\mu_0,\sigma_0)N(\mu_1,\sigma_1)N(\mu_2,\sigma_2) \tag{8.2.6}$$

시뮬레이션에서 사전분포로 쓰이는 정규분포들은 무정보적 사전분포에 가깝게 분산을 아주 큰 값 $\sigma = 1,000,000$으로 정하자. 다음 프로그램과 결과들을 보라.

프로그램 8.2.2 슬라이스법에 의한 베이지안 다변수 로지스틱 회귀분석 계수 시뮬레이션

```
% Slice Sampler for multiple binomial Logistic Regression
% The 'stepping-out' procedure is employed for each dimension.
clc; clear all;
rng(1234,'twister');     %randomize

T =10000;                % length of chain

% datat: 2-predictor (or explanatory) variables:
% x1: impulsive pressure;  x2: bulk-head thickness
x = [1,1,1,1,  2,2,  3,3,3,  4,4,  5,5,5,5,5;...
      4,3,2,1,  3,2,  4,3,2,  5,3,  6,4,3,2,1]';
% response variable = the number of successes
y = [8,12,11,7,  20,6,  8,6,5,  3,3, 4,2,1,1,0]';
% the number of trials
n = [8,12,12,11,  22,10,  10,12,10,  10,12, 10, 10,12,10,10]';

% matrix form of success probabilities at each predictor level
d = size(x,2)+1;          % dimension size = number of parameters, b
N = size(x,1);            % number of levels
x = [ones(N,1) x];        % add ones to the first column, vector size(N,K+1)

% initialize the betas that are the paramters of the logit function
b = zeros(T,d);           % pre-allocation of memory
b = [5 -2 3];             % randomly initialize for each parameter, b
b(1,:) = b;               % vector size(1,K+1)

% set the parameters of Normal prior densities
pMu = 0;
pSigma = sqrt(1000000);  % very diffuse prior knowledge
prior1 = @(b0) normpdf(b0,pMu,pSigma );
prior2 = @(b1) normpdf(b1,pMu,pSigma );
prior3 = @(b2) normpdf(b2,pMu,pSigma );

%For the likelihood function = binopdf(y,n,p(b,x))
% define the probabilities at each predictor level
p =  @(b,x) exp(x*b') ./ (1+exp(x*b'));

% posterior density = the target distribution
logPoster = @(b) sum(log(binopdf(y,n,p(b,x))))+...
         log(prior1(b(1)))+log(prior1(b(2)))+log(prior1(b(3)));

% memory preallocation
bL = zeros(1,d);          % the left end of hyper-rectangle of each slice
bR = zeros(1,d);          % the right end of hyper-rectangle of each slice
W = zeros(1,d);           % step size
r = zeros(1,d);
```

```
% ranges for each parameter (b)
bMin = [-10 -10 -10]; bMax = [10 10 10];

% initial step sizes (width) for each parameter
W = ones(1,d);

%%
iterMax = 200;
for t=2:T

    iter = 0;
    % select a random height at the vertical slice
    u(t-1) = logPoster(b(t-1,:)) - exprnd(1);  % log form

    % for each dimension
    % set the intervals of a hyper-rectangle around the current point
    r = unifrnd(0,1,1,d);
    bL = max(bMin,b(t-1,:) -  r.*W);      % the left of the interval
    bR = min(bMax,bL+W);                  % the right of the interval

    % stepping out
    while u(t-1) < logPoster(bL) && iter<iterMax
        for j =1:d
            bL(j) = bL(j) - W(j);
        end
        iter = iter+1;
    end

    while u(t-1) < logPoster(bR) && iter<iterMax
        for j =1:d
            bR(j) = bR(j) + W(j);
        end
        iter = iter+1;
    end

    if iter>iterMax
       error('error in stepping out');
    end


    % accept/reject samples from within S
    while 1 && iter<iterMax
        % draw candidates from the horizontal slice for each dimension
         bStar =  unifrnd(bL,bR);

        % evaluate the pdf and determine accepting the candidate point
        % If p(xStar) is higher than the height u
        if u(t-1) < logPoster(bStar)
            b(t,:) = bStar;
            break
        end

        % shrink either the lower and upper end for each dimension
        for j = 1:d
            if bStar(j) < b(t-1,j)
                bL(j) = bStar(j);
```

```
            else
                bR(j) = bStar(j);
            end
        end
        iter = iter+1;
    end
     if iter > iterMax
        error('error in shrinkage');
    end

end
u = exp(u);             % restore log transformation

burnIn = 0.1*T;
time = burnIn:T;
b = b(time,:);
mean(b)
cov(b)

% plot
figure(1); clf;
plot(time,b(:,1),'r', time,b(:,2),'b', time,b(:,3),'g'); hold on;
legend('b0 (intercept)', 'b1 (slope for x1)','b2 (slope for x2)');
title('Multiple Binomial Logistic Regression', 'fontsize',14);
xlabel('iteration','fontsize',14); ylabel('parameters, b_i','fontsize',14);
hold off

figure(2); clf;
b = mean(b);
[x1 x2] =meshgrid(0:0.4:10, 0:0.4:10);
prob = exp(b(1)+b(2)*x1+b(3)*x2) ./ (1+exp(b(1)+b(2)*x1+b(3)*x2));
surf(x1,x2,prob); box on
xlabel('X_1 (Pressure)'), ylabel('X_2 (Thickness)'); zlabel('probability');
azimuth=-15; elevation=30;
view(azimuth, elevation); hold off
```

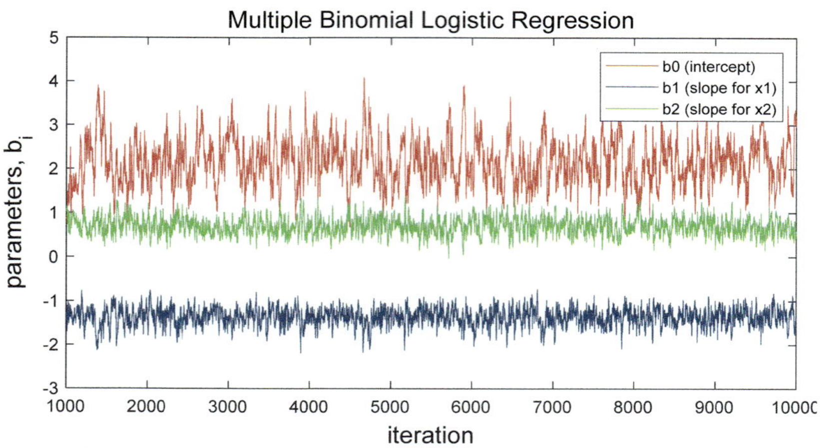

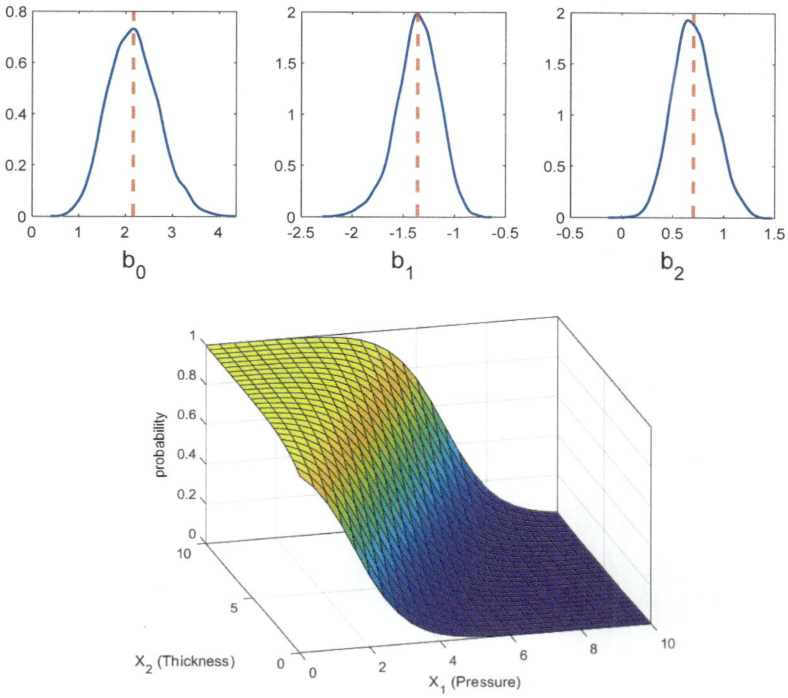

그림 8.2.4 슬라이스 추출법에 의한 다변수 로지스틱 회귀분석의 계수 추정결과

추정 결과, 계수들은 다음과 같이 얻어졌다(가운데 그림들).

$$b_0 = 2.1646,\ b_1 = -1.3603,\ b_2 = 0.7051$$

[그림 8.2.4]의 하단 그림은 식(8.2.1)에 이 계수들을 대입해서 그린 것이다. 계수들을 이용해서 여러 가지 정보들을 얻을 수 있다. 예를 들면, 충격압력(x_1)이나 격벽두께(x_2)가 주어졌을 때 격벽의 파손확률을 알 수 있다. 구체적 계산 예를 보이자면, 격벽이 파손되지 않을 확률이 95%인 충격압력 x_1 수준은 다음과 같이 결정된다.

$$x_1 = \frac{\ln\left(\dfrac{0.95}{1-0.95}\right) - (2.1646 + 0.7051x_2)}{-1.3603}$$

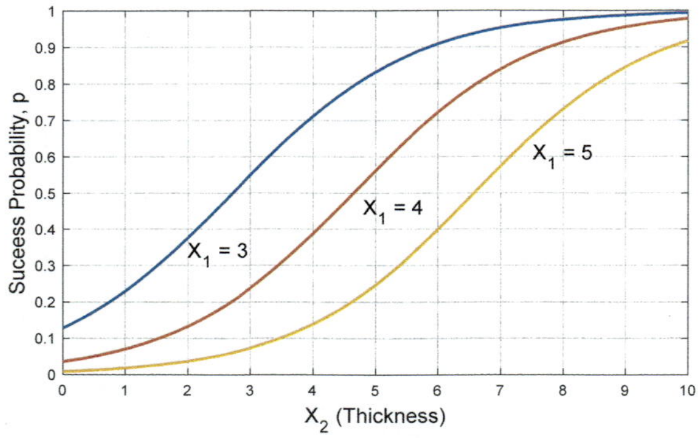

그림 8.2.5 로지스틱 회귀분석 추정 결과의 이용 예

9

CHAPTER

해밀톤 추출법

Hamiltonian Sampling

해밀톤 추출방법(Hamiltonian Sampling)은 처음에 하이브리드(hybrid)[1] 몬테카를로 방법으로 불리다가 나중에는 해밀톤[2, 3] 몬테카를로(Hamiltonian Monte Carlo)로 불리게 되었다. 하이브리드라는 용어가 쓰였던 이유는 메트로폴리스(M) 알고리즘과 해밀톤 역학을 조합해서 표본을 추출하기 때문이다. 앞으로는 이 방법을 간단히 'HMC'로 줄여 쓰겠다.

해밀톤 역학의 뿌리는 분자동역학(molecular dynamics)[4]에서 찾을 수 있다. 해밀톤 역학이 사용되는 이유는 기존 메트로폴리스나 깁스 알고리즘들이 채택하고 있는 무작위보행에 의한 탐색 방식의 비효율을 개선하기 위함이다. 해밀톤 역학의 도입으로 표본을 추출하려는 주된 변수 이외에 운동에너지(모멘트)를 보조변수로 사용할 수 있다. 이 보조변수는 상태공간의 탐색을 원활하게 만들기 때문에 표본을 효율적으로 추출할 수 있다. 해밀톤 역학은 상태공간의 탐색을 무작위보행 방식에서 결정론적인 방식으로 바꾼다. 이 추출방법은 상태공간이 연속형일 때만, 그리고 목표분포가 미분 가능할 때만 적용할 수 있다.

9.1 개요

변수 간의 상관관계가 크거나 변수의 차원이 높아지면 M-H 방법이나 깁스 방법 등은 체인의 혼합이 느려진다. 즉, 천이를 위한 도약이 현재 표본 주위로만 국한되어 표본공간의 탐색이 원활하지 못하게 된다. 특히 깁스 방법의 경우에는 체인이 쉽게 고착되는 경향

1 S. Duane, A.D. Kennedy, B.J. Pendleton, D. Roweth, "Hybrid Monte Carlo," Physics Letters B, 195(2), 1987, pp. 216-222.

2 R.M. Neal, "MCMC using Hamiltonian dynamics," in Chapter 5 of the Handbook of Markov Chain Monte Carlo (eds: S. Brooks, A. Gelman, G. Jones, and X.L. Meng), Chapman & Hall / CRC Press, 2011, pp.113-162.

3 M. Betancourt, "A Conceptual Introduction to Hamiltonian Monte Carlo," 2017, https://doi.org/10.48550/arXiv.1701.02434

4 B.J. Alder and T.E. Wainwright, "Studies in Molecular Dynamics. I. General Method," J. Chem. Phys., 31, 1959, pp. 459-466.

이 있다. 표본공간의 탐색 방법을 개선할 이유다.

기본 아이디어는 목표분포의 정보를 이용하는 것이다. M−H 방법에서 별다른 고민 없이 제안분포를 선택하면, 목표분포에 대한 아무런 정보도 없이 그저 무작위보행에만 의존해서 상태공간을 탐색하게 된다. 목표분포에 대한 정보란 목표분포의 국부적 위치에서의 기울기(또는 구배)이다. 어떤 곡선의 임의 위치에서의 기울기는 확률이 높은 방향을 가리키는 지표가 될 수 있다. 이 기하학적 정보를 이용해서 공간 탐색을 보다 효과적으로 만들 수 있다.

목표분포 함수가 미분 가능하다면, 그 도함수(기울기 또는 구배)를 통해서 분포의 국부적인 모양을 알 수 있다. 다음 그림을 보자. 어떤 분포의 밀도함수 $p(x)$와 그에 상응하는 음의 로그함수 $-\ln p(x)$이다(뒤에서 위치에너지라 불리게 된다). 로그함수 값이 낮은 영역은 확률이 높은 영역에 해당한다. 도함수를 알면 확률변수 x를 얼마만큼 움직일 때 밀도함수 $p(x)$가 어느 정도 증가 또는 감소될지를 알 수 있다.

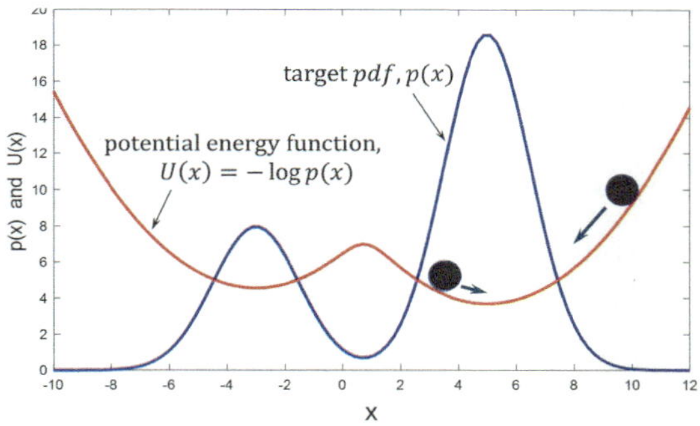

그림 9.1.1 목표분포 확률밀도함수와 위치에너지 함수

표본 후보를 구슬(또는 입자)이라고 생각해 보자. 구슬이 곡선상의 어느 위치에 있다고 할 때, 위치에너지 곡선의 기울기가 급할수록 구슬이 아래로 향하는 힘이 크다. 이 곡선의 아래쪽은 밀도함수에서 확률이 높은 영역에 해당한다. 위치에너지 곡선에서 구슬의 위치 정보로부터 확률밀도 곡선에서 그 구슬의 위치를 예측할 수 있다. 이는 도함수를 이용해서 확률이 높은 영역으로 탐색을 안내할 수 있다는 의미다. 이를 통해서 다른 추출방법들이 목표분포에 대한 아무런 정보도 없이 탐색공간을 무작위 보행하는 비효율을 개선할 수 있다. 이것이 HMC의 핵심 아이디어다.

9.1.1 해밀톤 역학

앞의 [그림 9.1.1]에서 본 것처럼 계의 위치에너지는 목표분포의 음의 로그함수로 표현된다.

$$U(\boldsymbol{x}) = -\ln(p(\boldsymbol{x})) \tag{9.1.1}$$

지금까지는 위치에너지만 언급했지만, 구슬은 운동에너지도 가진다. 운동에너지는 모멘텀과 같은 의미인데, 이는 질량과 속도를 곱한 것이다. 구슬의 질량 m을 1이라고 하면, 운동에너지는 다음과 같다.

$$K(\boldsymbol{v}) = \sum_{i=1}^{d} \frac{m|v_i|^2}{2} = \sum_{i=1}^{d} \frac{|v_i|^2}{2} \tag{9.1.2}$$

이 식들에서 강조체 $\boldsymbol{x}$와 $\boldsymbol{v}$는 벡터를 의미하는데, 이 두 벡터의 차원은 같아야 한다. d는 벡터의 차원이다.

계의 총에너지(물리학에서는 해밀톤(Hamiltonian)이라 한다)는 이 두 에너지의 합이다.

$$H(\boldsymbol{x}, \boldsymbol{v}) = U(\boldsymbol{x}) + K(\boldsymbol{v}) \tag{9.1.3}$$

이 식은 물리학의 고전으로써 입자의 운동뿐만 아니라 진자 시스템이나 질량-스프링계를 정의하는 데 쓰인다. 마찰이 없는 언덕 위의 구슬을 생각해 보자. 구슬이 움직이면 위치에너지가 변하고, 그에 상응해서 총에너지가 동일하게 유지될 수 있도록 운동에너지도 변해야 한다. 거꾸로 구슬의 속도가 변하면, 위치에너지도 바뀌어야 한다. 입자의 운동은 해밀톤 방정식(Hamilton's canonical equations)[5]이라 불리는 한 세트의 미분방정식에 의

5 C.C. Rodriguez, http://omega.albany.edu:8008/cdocs, An Introduction to Markov Chain Monte Carlo, Lecture I, (derivations from Newton's law to Hamiltonian are well described)

해 정량적으로 기술된다.

$$\begin{cases} \dfrac{dx_i}{dt} = \dfrac{\partial H}{\partial v_i} = \dfrac{\partial K(v)}{\partial v_i} = v_i \\ \dfrac{dv_i}{dt} = -\dfrac{\partial H}{\partial x_i} = -\dfrac{\partial U(x)}{\partial x_i} = \dfrac{\partial \log\ p(x)}{\partial x_i} \end{cases} \tag{9.1.4}$$

여기서 $i=1, \cdots, d$는 차원이다. (x, v)가 이루는 공간을 위상공간(phase space)이라 한다. 입자가 운동하더라도 총에너지는 일정해야 하므로, 즉 $\dfrac{dH}{dt}=0$이므로 위상공간에는 x와 v의 조합에 따라 총에너지가 같은 수준들이 무수히 존재한다. 에너지가 같은 수준을 이으면 등-에너지 곡선이 되는데, 결국 입자는 이 등-에너지 곡선을 따라서 이동하게 된다. 이 특성은 어떤 위치와 모멘텀이 주어졌을 때 위상공간에서 에너지가 같은 다른 영역을 탐색할 수 있게 한다. 달리 말하자면, 초기 위치와 모멘텀 $(\boldsymbol{x}_0, \boldsymbol{v}_0)$을 알고, 두 에너지의 구배 $\dfrac{\partial U(x)}{\partial x_i}$와 $\dfrac{\partial K(p)}{\partial v_i}$를 구할 수 있다면, 다양한 수치적분 방법들을 통해서 임의의 시간 $t=t_0+dt$에서의 입자의 위치와 모멘텀 $(\boldsymbol{x}_t, \boldsymbol{v}_t)$를 알 수 있다.

9.1.2 수치해법의 특징

단순한 입자의 운동방정식을 생각해보자. 비감쇠 스프링 계(nondamped spring system)이어도 좋다. 입자의 속도와 가속도는 다음과 같이 정의된다. 두 번째 식은 뉴튼의 운동방정식과 다름없는데, 다른 부수적인 인자들은 편의상 모두 1로 보고 간단히 취급하기로 한다.

$$\frac{dx}{dt} = v$$

$$\underbrace{\frac{dv}{dt}}_{a} = \underbrace{\frac{q}{m}(E+vB)}_{mF} \approx E = -\frac{\partial U(x)}{\partial x} = -x$$

이 방정식의 해석적 해는 주기 2인 원이다. 즉, 입자는 원의 궤적을 그린다.

$$x = \cos(t)$$
$$v = -\sin(t)$$

해밀톤(또는 에너지) 측면에서는 운동 전후에 총에너지가 보존되려면, 위치에너지와 운동에너지의 합은 일정해야 한다.

$$H = U(x) + K(v) = \frac{x^2}{2} + \frac{v^2}{2} = constant$$

만약 에너지가 보존되지 않으면, 이 입자의 운동 궤적은 위상공간에서 0을 향하거나 단위 원 밖으로 향하는 나선이 될 것이다.

이 운동을 컴퓨터상에서 모사하려면, 즉 이 한 세트의 미분방정식을 풀려면, 연속적인 특성을 갖는 시간을 잘게 쪼개야 한다. 이산화된 시간 때문에 이 방정식의 계산 결과는 근사치가 된다. 조각의 간격이 작을수록 근사치는 더 정확해진다. 오차를 줄이려면 시간을 보다 잘게 쪼개야 하지만, 이렇게 되면 필요한 계산량이 늘어나기 때문에, 특히 차원이 높은 경우에는 폭발적으로 늘어나기 때문에 절충이 필요하다.

미분방정식을 풀기 위한 수치적분법은 여러 가지가 있지만, 여기서는 두 가지 적분법의 예를 들어 HMC에서 수치적분의 문제가 무엇인지를 보이고자 한다. 이를 위한 [프로그램 9.1.1]을 참고하자. 먼저 오일러 적분법(forward Euler method)에 의한 결과를 보자. 입자 운동을 위한 수치적분은 다음 방식으로 풀 수 있다.

$$\frac{dx}{dt} \sim \frac{x^{(n+1)} - x^{(n)}}{\Delta t} = v^{(n)} \qquad \Rightarrow \qquad x^{(n+1)} = x^{(n)} + v^{(n)} \Delta t$$

$$\frac{dv}{dt} \sim \frac{v^{(n+1)} - v^{(n)}}{\Delta t} = E(x^{(n)}) \qquad \Rightarrow \qquad v^{(n+1)} = v^{(n)} + E(x^{(n)}) \Delta t$$

여기서 $E(x) = -\frac{\partial U(x)}{\partial x_i}$ 이다.

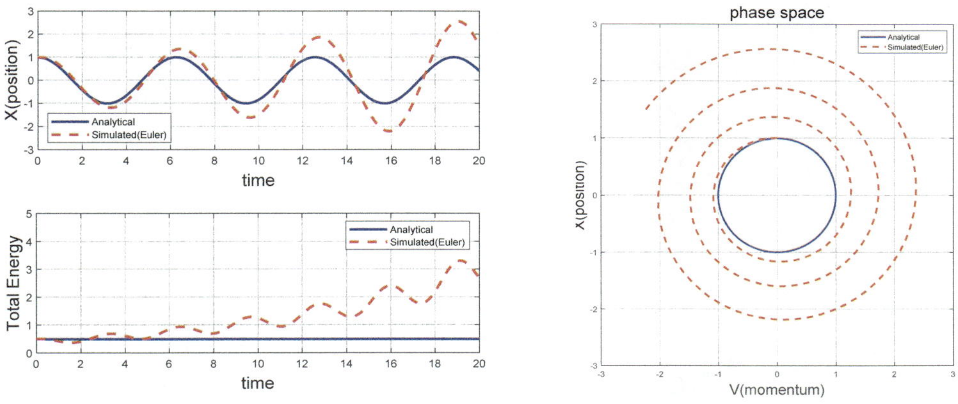

그림 9.1.2 오일러 적분법에 의한 입자운동 시뮬레이션 결과($\Delta t = 0.1$)

계산이 수행된 시간 간격은 $\Delta t = 0.1$이었다. [그림 9.1.2]에서 파란 실선은 해석적 결과, 즉 참값이다. 빨간 점선은 수치적분에 의한 결과이다. 입자의 위치는 시간이 지남에 따라 계속 발산하고 계의 총에너지도 요동을 보이면서 계속 증가한다. 위상공간에서 입자운동은 단위 원 바깥으로 나선을 그리면서 발산하고 있다. 시간 간격을 줄이면 이런 편향의 크기를 줄일 수는 있지만, 편향 자체를 없앨 수는 없다.

다음은 도약적분법(Leapfrog method)을 보자. 입자운동의 수치적분식은 다음과 같다.

$$v^{\left(n+\frac{1}{2}\right)} = v^{(n)} + 0.5 \times E\left(x^{(n)}\right)\Delta t$$

$$x^{(n+1)} = x^{(n)} + b^{\left(n+\frac{1}{2}\right)}\Delta t$$

$$v^{(n+1)} = v^{\left(n+\frac{1}{2}\right)} + 0.5 \times E\left(x^{(n+1)}\right)\Delta t$$

계산이 수행된 시간 간격은 마찬가지로 $\Delta t = 0.1$이었다. [그림 9.1.3]에서 볼 수 있듯이 시뮬레이션된 입자의 위치는 참값과 큰 차이를 보이지 않는다. 위상공간(phase space)에서도 단위 원과 거의 일치한다. 계의 총에너지는 시간에 따라 요동을 보이지만 오일러 적분법의 경우처럼 계속 증가하지는 않는다.

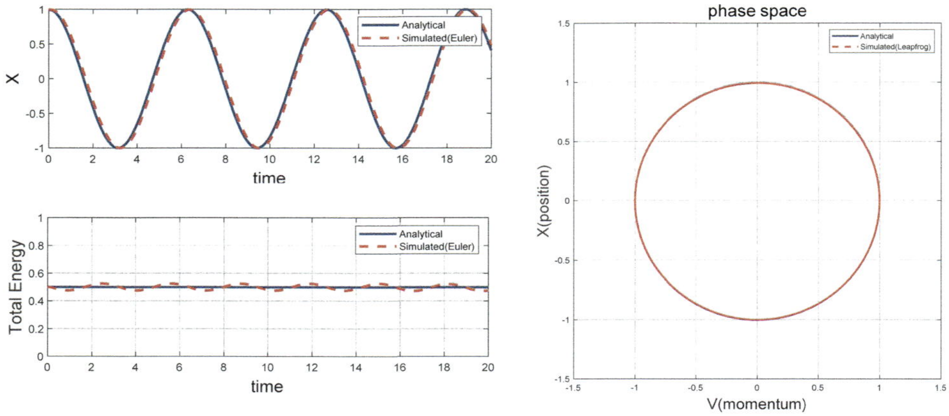

그림 9.1.3 도약적분법에 의한 입자운동 시뮬레이션 결과($\Delta t = 0.1$)

같은 도약적분법을 쓰더라도 계산 시간 간격을 늘리면 다른 결과가 얻어진다. 다음 [그림 9.1.4]는 시간 간격 $\Delta t = 0.5$ 인 경우의 결과이다. 오일러 적분법의 경우처럼 시간에 따라 발산하지는 않지만, 입자의 위치나 위상도 참값과 차이를 보이고 에너지 요동도 커졌다.

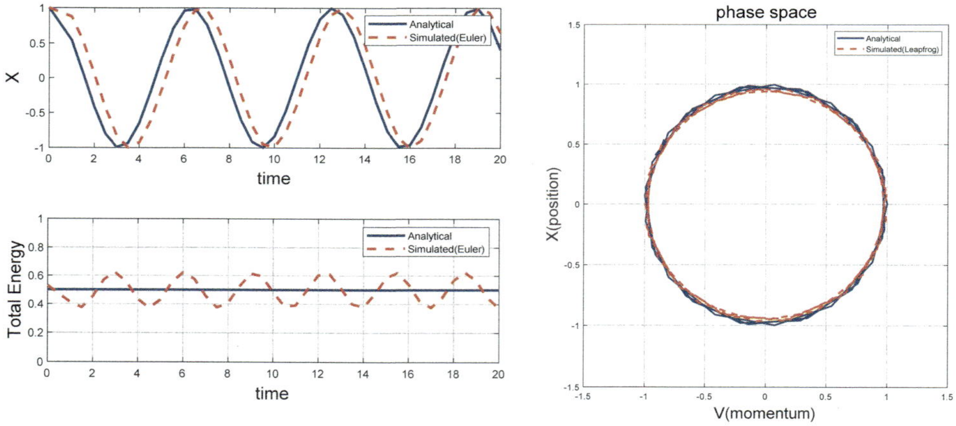

그림 9.1.4 도약적분법에 의한 입자운동 시뮬레이션 결과($\Delta t = 0.5$)

지금 보인 예처럼, 수치적분 결과는 적분방법에 따라서, 시뮬레이션 조건에 따라서 크게 달라질 수 있다. 더 중요한 것은 어떤 방법을 쓰더라도 이산화된 시간 때문에 계의 에너지가 일정하게 유지되지 않는다는 점이다. 이 점 때문에 HMC의 표본추출에서 후보 상태의 수락조건이 필요하게 된다(9.2.3절 참조).

프로그램 9.1.1 수치적분(오일러 적분법 및 도약적분법)

```
% Euler numerical integration scheme
clc; clear all;

% parameters for numerical integration
Tmax = 20;
dt = 0.1;
N = Tmax / dt;
t = linspace(0, Tmax, N);

E =@(x) -x;

%%%%%%%%%%%%%%%% start of the Euler method
t(1) = 0;
x(1) = 1;
v(1) = 0;

for i = 2:N
    t(i)= i*dt;
    x(i) = x(i-1) + v(i-1)*dt;
    v(i) = v(i-1) + E(x(i-1))*dt;
end
%%%%%%%%%%%%%%% end of the Euler method
%{
%%%%%%%%%%%%%%% start of the leapfrog method
halfV(1) = v(1) + 0.5*E(x(1))*dt;;
for i = 2:N
    t(i) = i*dt;
    x(i) = x(i-1) + halfV(i-1)*dt;
    v(i) = halfV(i-1) + 0.5* E(x(i))*dt;
    halfV(i) = v(i) + 0.5 * E(x(i))*dt;
end
%%%%%%%%%%%%%%% end of the leapfrog method
%}

% theoretical solution
tx = cos(t);
tv = -sin(t);

%%%%%%%%%%%%%%%%%%%%%%%%%%%%%%%%%%%%%%%%%%%%%%%%%%%%%%%%%%%%%%%%%%%%%%%%%%%%%%%%
figure(1); clf
plot(t,tx,'-b','linewidth',2); grid on; hold on;    % theoretical plot
plot(t,x,'--r','linewidth',2);                       % Euler method plot
xlabel('time','fontsize',14); ylabel('X(position)','fontsize',14)
legend('Analytical','Simulated(Euler)','location','southwest');

%%%%
figure(2); clf
plot(tv,tx,'-b','linewidth',2); hold on;
xlim([-3 3]); ylim([-3 3]); grid on;% axis equal;
plot(v,x,'--r','linewidth',2);
xlabel('V(momentum)','fontsize',14); ylabel('X(position)','fontsize',14)
title('phase space','fontsize',14);
legend('Analytical','Simulated(Euler)');
```

```
% compare the total energy H(x,v) = U(x)+K(v)
% U(x) = x^2/2;   K(v) = v^2/2
theoryU = 0.5*tx.^2 + 0.5*tv.^2;   % theoretical energy
totU = 0.5*x.^2 + 0.5*(v./w).^2;     % simulated energy

% plot showing the total energy:
% the error is the difference between the simulated and theoretical energies
figure(3); clf
plot(t,theoryU,'-b','linewidth',2); hold on;
ylim([0 5]); grid on;
plot(t,totU,'--r','linewidth',2);
xlabel('time','fontsize',14); ylabel('Total Energy','fontsize',14)
legend('Analytical','Simulated(Euler)');
```

9.2 해밀톤 몬테카를로

9.2.1 도약적분법 적용

실제 문제에서 식(9.1.4)의 미분방정식이 해석적 방법으로 풀리는 경우는 거의 없다. 수치적인 해법이 필요하다. 이 알고리즘에서는 도약적분법을 주로 채택한다. 도약적분법은 위치와 모멘텀 변수들을 차례로 갱신하는데, 다음의 3단계로 이루어진다.

1) 도약간격 $\epsilon/2$에서 모멘텀 변수 v를 갱신하고
2) 도약간격 ϵ에서 위치변수 x를 갱신한다. 이때 새로운 위치 계산에는 앞의 $\epsilon/2$ 도약간격에서 계산된 모멘텀 v가 사용된다. 도약은 도약횟수 L만큼 여러 번에 걸쳐 반복할 수도 있다. 이 경우 도약한 궤적의 길이는 ϵL이다.
3) 나머지 도약간격 $\epsilon/2$에서 모멘텀 변수 v를 갱신한다.

우리가 3번째 단계 후에 얻는 것은 시간 $(\tau+\epsilon L)$에서의 위치와 모멘텀의 근사치이다.

알고리즘 9.2.1 도약적분법 알고리즘(leapfrog numerical integration method)

$$v_i\left(\tau+\frac{\epsilon}{2}\right)=v_i(\tau)-\frac{\epsilon}{2}\frac{\partial U}{\partial x_i}(x(\tau))$$

$$x_i(\tau+\epsilon)=x_i(\tau)+\epsilon v_i\left(\tau+\frac{\epsilon}{2}\right)$$

For $j=1:L-1$

$$v_i\left(\tau+\left(j-\frac{1}{2}\right)\epsilon\right)=v_i\left(\tau+\left(j-\frac{3}{2}\right)\epsilon\right)-\epsilon\frac{\partial U}{\partial x_i}(x(\tau+(j-1)\epsilon))$$

$$x_i(\tau+j\epsilon)=x_i(\tau)+\epsilon v_i\left(\tau+\left(j-\frac{1}{2}\right)\epsilon\right)$$

End for

$$v_i(\tau+\epsilon)=v_i\left(\tau+\frac{\epsilon}{2}\right)-\frac{\epsilon}{2}\frac{\partial U}{\partial x_i}(x(\tau+\epsilon))$$

입자는 초기에 위상공간 (x^t, v^t)에서 출발해서 도약간격 ϵ만큼씩 $L=\frac{\tau}{\epsilon}$번 도약을 계속한 후에 (x^*, v^*)에 도달한다. 이때 입자의 운동은 위상공간에서 에너지 수준이 일정한 선, 즉 등–에너지 곡선(iso–energy contour)을 따른다. 즉, 입자는 무작위 보행이 아니라 결정론적으로 이동한다. 이 방법에서 에너지는 목표분포의 기하학적 정보로 변환될 수 있기 때문에 입자가 움직이는 등–에너지 곡선은 등–확률 곡선(iso–probability contour)으로 볼 수 있다. 궤적의 길이 τ는 도약간격 ϵ와 도약횟수 L에 의해 정해진다. 예를 들어, $L=20$이고 $\epsilon=0.3$이면 $\tau=L\times\epsilon=0.3\times 20=6$이다.

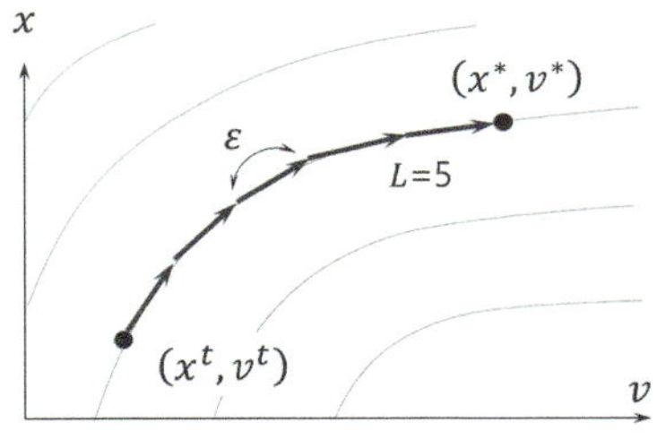

그림 9.2.1 도약적분법: 도약간격 ϵ와 도약횟수 L 만큼 에너지 등고선을 따라 이동

도약 조절인자는 $\epsilon=\frac{\tau}{L}$이다. 이 값이 너무 작으면 $\Delta H\approx 0$이 되어 표본 간의 상관관계가 커지고, 너무 크면($|\Delta H|\gg 0$) 후보 수락률이 낮아진다. 후보 수락률이 65% 정도 되

도록 L과 ϵ를 조절해야 한다(Neal, 2011). 이 인자들이 HMC의 성능을 좌우하므로 적절한 값을 찾는 일은 아주 중요하다.

9.2.2 해밀톤과 목표분포

통계역학에서 입자로 이루어진 계의 상태는 확률분포(canonical distribution)에 의해 정의된다. 이를테면 임의의 변수 $\boldsymbol{x}$에 대한 에너지 함수 $E(\boldsymbol{x})$는 다음 식을 통해서 확률분포로 표현된다.

$$p(\boldsymbol{x})=\frac{1}{Z}\exp\left[-\frac{E(\boldsymbol{x})}{T}\right] \tag{9.2.1}$$

여기서 Z는 정규화상수(물리학에서는 partition function이라 한다)이고, T는 계의 온도인데 앞으로는 $T=1$로 보자.

표본추출이 목적인 우리의 경우, 구슬의 정확한 위치나 속도보다는 이들을 상태공간 $(\boldsymbol{x},\boldsymbol{v})$에서의 확률분포로 정의해야 한다. 식(9.1.3)을 위 식에 대입하면 결합분포 $p(\boldsymbol{x},\boldsymbol{v})$는

$$\begin{aligned}
p(\boldsymbol{x},\boldsymbol{v}) &= \frac{1}{Z}\exp\left[-H(\boldsymbol{x},\boldsymbol{v})\right] \\
&= \frac{1}{Z}\exp\left[-(U(\boldsymbol{x})+K(\boldsymbol{v}))\right] \\
&= \frac{1}{Z}\underbrace{\exp\Big(\underbrace{-U(\boldsymbol{x})}_{\log p(\boldsymbol{x})}\Big)}_{p(\boldsymbol{x})}\underbrace{\exp\Big(\underbrace{-K(\boldsymbol{v})}_{\frac{1}{2}\Sigma v^2}\Big)}_{p(\boldsymbol{v})} \\
&\propto p(\boldsymbol{x})p(\boldsymbol{v})
\end{aligned} \tag{9.2.2}$$

여기서 정규화상수 Z는 MCMC 방법에서 생략 가능하다. 목표분포가 베이지안 사후분포일 경우에는, $p(x|y_i)\propto p(y_i|x)p(x)$이므로 다음과 같이 쓸 수 있다.

$$U(x)=-\sum_{i=1}^{n}\ln(p(y_i|x))-\ln(p(x)) \tag{9.2.3}$$

9.2.3 후보 상태 선정과 수락 조건

해밀톤 역학(Hamilton dynamics)을 몬테카를로 표본추출에 적용할 수 있는 이유는 입자운동이 가역적이면서 계의 에너지와 부피가 보존되기(즉, $\frac{dH}{dt}=0$) 때문이다. 임의 상태 (x^t, v^t)에서 시작된 입자운동은 위상공간에서 에너지 수준이 일정한 등고선만 따라서 일어난다. 이 때문에 목표분포의 모든 영역을 탐색할 수 있도록 입자운동을 교란시켜야 한다. 즉, 에너지 수준이 다른 공간으로도 입자가 이동할 수 있도록 해야 한다. 이 작업은 간단하다. 매 시뮬레이션 단계에서 입자가 운동을 시작하기 전에, $p(\boldsymbol{v})$로부터 모멘텀 변수 후보 $\boldsymbol{v}^*$를 무작위로 추출하면 된다. 이로써 입자가 운동하는 에너지 수준은 무작위로 바뀐다. $p(\boldsymbol{x})$와 $p(\boldsymbol{v})$는 서로 독립이기 때문에 모멘텀 변수 추출에는 어떤 분포든지 사용될 수 있다. 보통은 깁스 추출방식을 적용하기에 편리하도록 표준 정규분포 $N(0,1)$을 사용한다. 이 추출과정은 언제나 수락된다. 즉, 수락률 1이다.

$$\boldsymbol{v}^* \sim p(\boldsymbol{v}|\boldsymbol{x}) = \Pr(\boldsymbol{v}) = N(0,1) \tag{9.2.4}$$

다음으로 후보 위치 $\boldsymbol{x}^*$를 구하기 위해 도약적분법으로 입자의 운동을 모사한다. 즉, 정해놓은 도약간격과 횟수만큼 입자를 이동시킨다. 도약적분에 의한 입자운동이 끝난 상태 (x^*, v^*)를 후보로 제안한다. 여기서 (x^*, v^*)과 $(x^{(t)}, v^{(t)})$은 서로 일대일 대응되는 관계이다. 모멘텀 v에 음수를 취하면 서로 바꿔 쓸 수 있다는 의미로, 입자운동이 가역적이라는 것이다. 다시 말하자면, 이 동역학이 완벽했다면 총에너지가 변함없이 유지되기 때문에 제안된 후보 상태에서 원래의 상태로 되돌아가는 것 $(x^*, v^*) \rightarrow (x^{(t)}, v^{(t)})$이 가능하다. 이 조건이라면 결합분포로부터 추출된 위치도 완벽한 것으로 받아들일 수 있다. 즉, 이 후보상태는 무조건 수락되어야 한다.

다음 그림들은 2차원 변수의 도약적분 예이다. [그림 9.2.2]는 입자가 정해진 도약간격과 도약횟수만큼 이동하는 양상을 위상공간에서 추적한 것이다. 매 시뮬레이션 단계에서 모멘텀은 정규분포로부터 무작위 선택되기 때문에 에너지 수준이 다른 영역으로 도약이 가능하다(가로선). [그림 9.2.3]은 변수공간에서 도약적분에 의해 표본 후보점들이 선택되는 과정을 보인 것이다. 이 그림들은 [프로그램 9.3.1]로부터 얻을 수 있다.

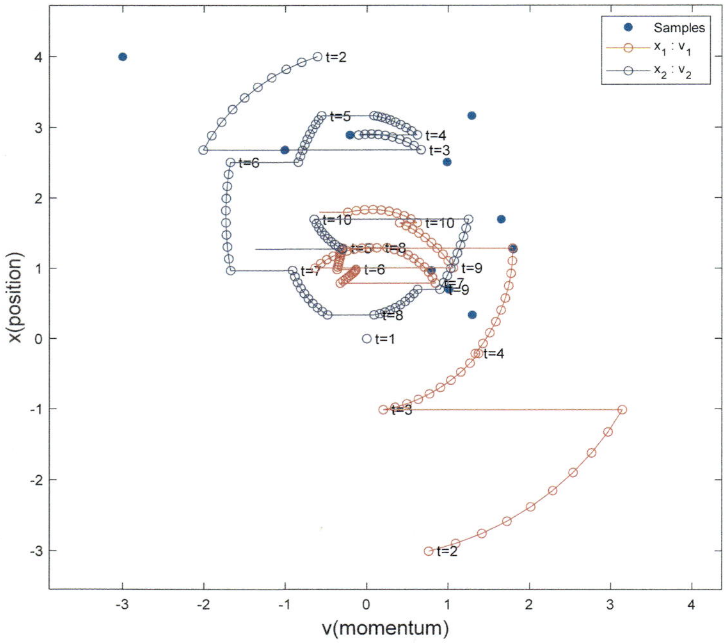

그림 9.2.2 위상공간에서 도약적분에 의한 공간 탐색

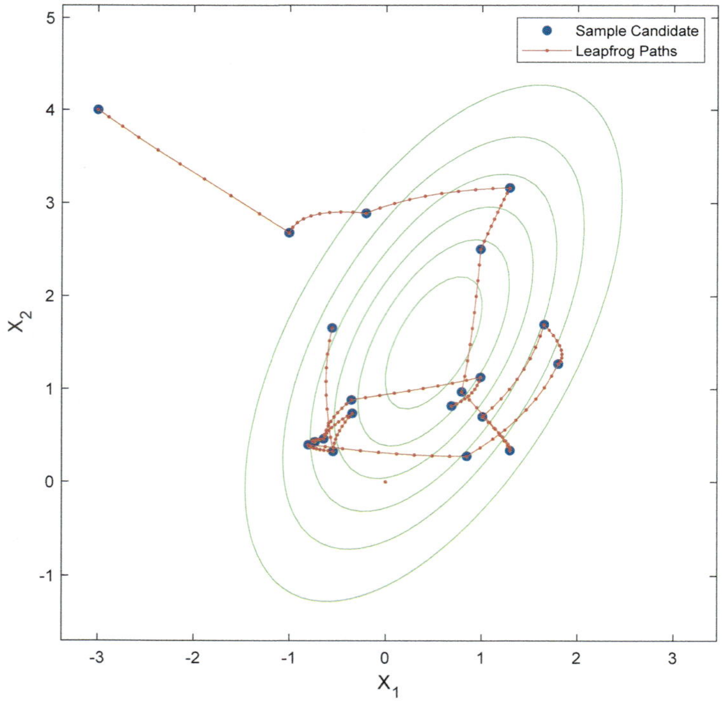

그림 9.2.3 변수공간(2차원)에서 도약적분에 의한 공간 탐색 및 표본 후보 선정

하지만 수치 시뮬레이션의 특성으로 인해서 이 운동 결과에 편향이 생길 수 있다. 앞의 9.1.2절에서 본 것처럼 컴퓨터 계산에서는 연속적 특성을 갖는 시간을 이산화하기 때문에 오차가 생기는 데다가 부동소수점 연산에서의 반올림 오차까지 더해질 수 있다. 이러한 편향은 메트로폴리스 알고리즘으로 제거할 수 있다. 편향의 정도는 입자 운동 궤적의 시작점과 끝점에서의 에너지 변화의 크기로 판단할 수 있다. 결국, 후보 상태 (x^*, v^*)가 수락될 확률은 다음과 같이 정의된다.

$$p(\boldsymbol{x}^*, \boldsymbol{v}^*) \propto \exp[-(U(\boldsymbol{x}^*) + K(\boldsymbol{v}^*))] \tag{9.2.5}$$

후보 상태의 확률이 도약 이전의 것보다 높으면 그 후보 상태는 무조건 수락되고, 그렇지 않으면 확률 차이에 의존해서 무작위로 수락된다.

$$\alpha = \min\left[1, \frac{\exp(-H^*)}{\exp(-H^{(t)})}\right] = \min\{1, \exp(-[H(x^*, v^*) - H(x^{(t)}, v^{(t)})])\} \tag{9.2.6}$$

후보 상태가 기각되면, 기존 상태 $(x^{(t)}, v^{(t)})$를 유지한다. 이 절차를 정리하면 다음과 같다.

알고리즘 9.2.1 해밀톤 추출법(Hamiltonian sampling method)

1) $t=0$과 체인길이 T 설정
2) 초기 위치 $x^{(t)}$ 선택
3) 정규분포로부터 초기 모멘텀 추출 $v^{(t)} \sim N(0,1)$
4) 상태 $(x^{(t)}, v^{(t)})$에서 입자 운동(Hamiltonian dynamics) 시작
5) 후보 상태 (x^*, v^*)를 얻기 위해, 간격 ϵ으로 횟수 L만큼 도약적분 갱신
6) 입자 궤적의 시작과 끝 사이의 에너지 차이를 계산
   $\Delta H = H(x^*, v^*) - H(x^{(t)}, v^{(t)})$
7) 수락확률 평가
   $\alpha = \min[1, \exp(-\Delta H)]$
8) 균등 난수 추출 $u \sim U(0,1)$
   $u \leq \alpha$ 이면,
      후보를 새 표본으로 수락 $x^{(t+1)} = x^*$
   아니면,
      후보를 버린다. $x^{(t+1)} = x^{(t)}$
9) $t = T$까지 반복

9.2.4 주변확률 $p(x)$로서의 목표분포

우리가 지금까지 다뤘던 것은 결합확률분포 $p(x,v)$이지만, 정작 필요한 것은 보조변수 v를 제외한 변수 x의 (주변)확률이다. 수식으로는 다음과 같이 표현할 수 있다.

$$
\begin{aligned}
p(x) &= \int p(x,v)dv = \frac{1}{Z}p(y|x)p(x)\underbrace{\int N(v;0,1)dv}_{=1} \\
&= \frac{1}{Z}p(y|x)p(x) \qquad (9.2.7)
\end{aligned}
$$

두 변수 x와 v가 추출되지만, 단순하게 v를 버리고 x만 취하면 된다.

9.3 HMC 예제 및 성능 특성

예제 9.3.1

해밀톤 방법으로 2차원 정규분포 표본을 추출해 보고, 그 과정에서 이 추출방법의 특징을 알아보자.

$$
\boldsymbol{x} \sim N(\boldsymbol{x}|\boldsymbol{\mu},\boldsymbol{\Sigma}) = N\left[\begin{pmatrix}\mu_1\\ \mu_2\end{pmatrix},\begin{pmatrix}\sigma_1^2 & \sigma_{12}\\ \sigma_{21} & \sigma_2^2\end{pmatrix}\right] = N\left[\begin{pmatrix}0.5\\ 1.5\end{pmatrix},\begin{pmatrix}1 & 0.998\\ 0.998 & 1\end{pmatrix}\right]
$$

[풀이]

이 목표분포는 상관관계가 0.998로 아주 높다.

먼저 위치에너지 함수 $U(\boldsymbol{x})$를 정하고 편미분을 통해 $\dfrac{\partial U(\boldsymbol{x})}{\partial x_i}$를 구해야 한다.

$$
\begin{aligned}
U(\boldsymbol{x}) &= -\ln\left(\exp\left[-\frac{1}{2}(\boldsymbol{x}-\boldsymbol{\mu})^T\boldsymbol{\Sigma}^{-1}(\boldsymbol{x}-\boldsymbol{\mu})\right]\right) - \ln(Z) \\
&\propto \frac{(\boldsymbol{x}-\boldsymbol{\mu})^T\boldsymbol{\Sigma}^{-1}(\boldsymbol{x}-\boldsymbol{\mu})}{2}
\end{aligned}
$$

이것의 편미분은

$$\frac{\partial}{\partial x_i} U(x) = \frac{(\boldsymbol{x} - \boldsymbol{\mu})^T \Sigma^{-1}}{2}$$

모멘텀 항은 다음과 같다.

$$K(\boldsymbol{v}) = \frac{\boldsymbol{v}^T \boldsymbol{v}}{2}$$

이는 표준정규분포로부터 후보를 추출하면 된다.

$$p(\boldsymbol{v}) = N(0, 1)$$

이 정보들을 이용해서 작성된 프로그램은 다음과 같다. 시뮬레이션은 의도적으로 목표분포의 평균으로부터 멀리 떨어진 위치에서 시작했다. [그림 9.3.1]에서 보는 것처럼 체인이 빠르게 확률밀도가 높은 곳으로 진입하는 것을 볼 수 있다. 표본들은 목표분포의 전 영역에서 고르게 추출되고 있다. 이런 좋은 성능은 조절인자 L과 ϵ이 적절한 수준일 때만 얻을 수 있다. 상단 4개의 그림에서 빨간 원과 선은 초기 20개 표본과 그 궤적을 그린 것이다.

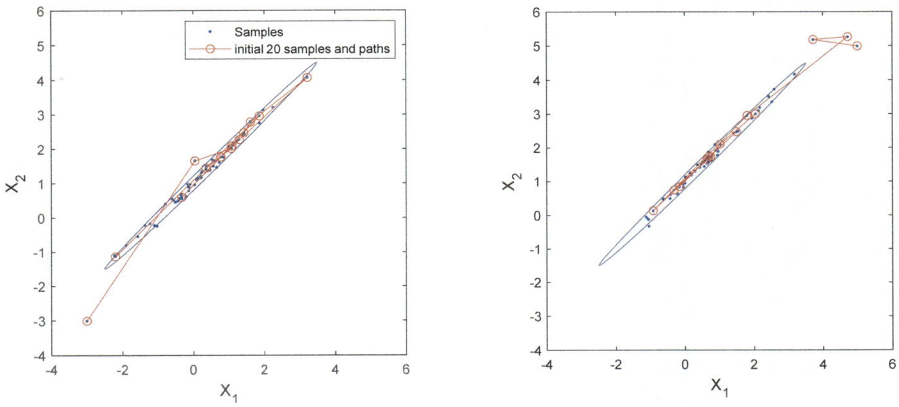

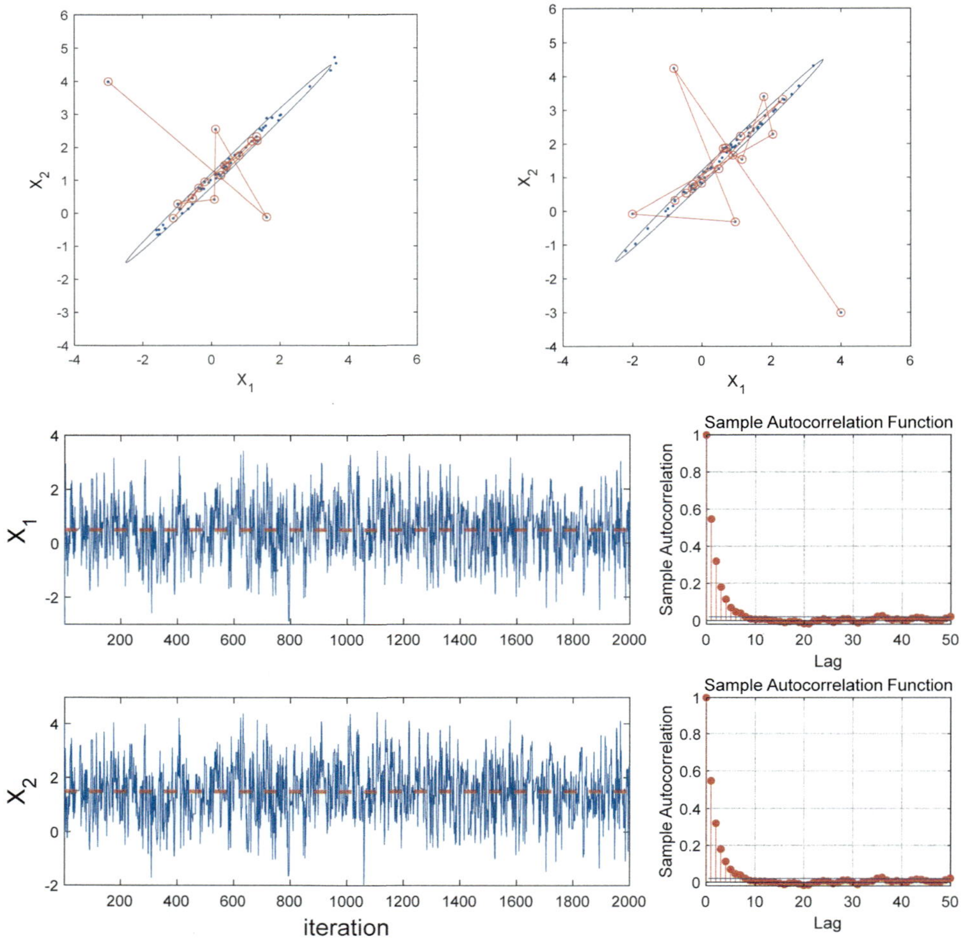

그림 9.3.1 해밀톤 추출법에 의한 상관관계가 큰 다변수 정규분포 표본추출 결과

프로그램 9.3.1 해밀톤 방법에 2차원 정규분포 시뮬레이션

```
% Hamiltonian Monte Carlo Sampling
% The target distribution is the bivariate Normal distribution
clc; clear all;
rng(123,'twister');     % randomize

T = 10000;                  % the maximum number of iterations
d = 2;                      % dimensions = 2D

% parameters for the leapfrog integration method
stepSize = 0.1;             % step size (epsilon)
numSteps = 20;              % number of steps (L)

% memeory preallocation
oldX = zeros(T,d); oldV = zeros(T,d);
```

```
newX = zeros(T,d); newV = zeros(T,d);
tX = zeros(T,d,numSteps); tV = zeros(T,d,numSteps);
H = zeros(T,1);
oldUt = zeros(T,1); oldKt = zeros(T,1);
newUt = zeros(T,1); newKt = zeros(T,1);

% range of x1 and x2
xMin = [-4 -4];                 % x1=-4~5
xMax = [6 6];                   % x2=-6~10

% define the target distribution (highly correlated variables)
Mu = [0.5 1.5];
Sigma = [1 0.995; 0.995 1];

% define the potential energy function
U = @(x) 0.5*(x-Mu)*inv(Sigma)*(x-Mu)';          %mvnpdf(x, pMu, pSigma);

% define the gradient of the potential energy function U(x)
dU = @(x) 0.5*(x-Mu)*inv(Sigma);

% define the kinetic energy function K(v)
K = @(v) 0.5*sum(v.^2);

% initialize
oldX(1,1) = -3;                % start positions
oldX(1,2) = 4;
H(1) = 0;                      % Hamiltonian
acceptRate = 0;                % accept ratio

for t=2:T

    % draw a velocity from the Normal distribution at time t
    oldV(t-1,:) = randn(1,d);

    % energy at the beginning of the trajectory (before moving)
    oldUt(t) = U(oldX(t-1,:));
    oldKt(t) = K(oldV(t-1,:));

    % Use the leapfrog integration method for obtaining
    % a candidate state (x*,v*)

    %----------- start the leapfrog algorithm ----------------------
    % first a half step update for velocity
    newV(t,:) = oldV(t-1,:) - 0.5*stepSize*dU(oldX(t-1,:));

    % first a step update for position based on the calculated velocity
    newX(t,:) = oldX(t-1,:) + stepSize*newV(t,:);

    % full leapfrog(L-steps) updates for new velocity and position
    tV(t,:,1) = oldV(t-1,:);
    tX(t,:,1) = oldX(t-1,:);
    for j = 2: numSteps;
        % compute velocity v(t+e/2) from x(t) and v(t-e/2)
        tV(t,:,j) = tV(t,:,j-1) - stepSize*dU(tX(t,:,j-1));
        % compute position x(t+e) from v(t+e/2)
        tX(t,:,j) = tX(t,:,j-1) + stepSize*tV(t,:,j);
    end

    newX(t,:) = tX(t,:,end);
    % final 1/2 step update for velocity, v(t+L*e)
```

```
    newV(t,:) = tV(t,:,end) - 0.5*stepSize*dU(newX(t,:));

    % negate velocity at the end of trajectory to make the candidate
    % distribution symmetric. It does not matter because the Gaussian is
    % symmetric.

    % newV(t,:) = -newV(t,:);
    %----------- end the leapfrog algorithm ------------------------

    % Now we have a candidate state (x*,v*).
    % Using the cadidate, we can compare the energy difference
    % between the start point and the end point of trajectory.
    newUt(t) = U(newX(t,:));
    newKt(t) = K(newV(t,:));

    % difference between the start and the end of trajectory
    dH = (oldUt(t)+ oldKt(t)) - (newUt(t) + newKt(t));
    H(t-1) = dH;

   % accept/reject the candidate state by the Metropolis criterion
    alpha = min(1,exp(dH));

    u = rand(1);
    if u < alpha
        oldX(t,:) = newX(t,:);
        acceptRate = acceptRate+1;
    else
        oldX(t,:) = oldX(t-1,:);
    end

end
fprintf('Acceptance rate: %f   \n',acceptRate/T);

x = newX;
v = newV;
x(1,1) = oldX(1,1);
x(1,2) = oldX(1,2);

%% plots
figure(1); clf;

nbins = 100;
xbins1 = linspace(xMin(1),xMax(1),nbins);
xbins2 = linspace(xMin(2),xMax(2),nbins);
[x1grid x2grid] = meshgrid(xbins1, xbins2);
p = @(x) mvnpdf(x, Mu, Sigma);          % target distribution
zgrid = p( [x1grid(:), x2grid(:)] );
zgrid = reshape(zgrid,nbins, nbins);
% scatter plot
showChain = 1000;
h1 = scatter(x(1:showChain,1),x(1:showChain,2),'.'); hold on;
axis([xMin(1), xMax(1), xMin(2), xMax(2)]);
xlabel('X_1', 'fontsize',12);ylabel('X_2', 'fontsize',12);
axis square; box on;

%contour plot
[C,h]=contour(x1grid, x2grid, zgrid); hold on;
xlabel('X_1', 'fontsize',12);ylabel('X_2', 'fontsize',12);
w = h.LineWidth; h.LineWidth=0.5;
h.LineColor='b';
```

```
% path plot
for t=1:20
    h2 = plot([x(t,1) x(t+1,1)],[x(t,2) x(t+1,2)],'-or');
end
legend([h1 h2], {'Samples', 'initial 20 samples and paths'});

%% plot for leapfrog steps on the parameter space (x1 and x2)
figure(2); clf;

%contour plot
[C,h]=contour(x1grid, x2grid, zgrid); hold on;
xlabel('X_1', 'fontsize',12);ylabel('X_2', 'fontsize',12);
w = h.LineWidth; h.LineWidth=0.5;
h.LineColor='g';

showT = 20;          % chain length to show
h1 = scatter(x(1:showT,1),x(1:showT,2),'filled'); hold on;
axis([xMin(1), xMax(1), xMin(2), xMax(2)]);
xlabel('X_1', 'fontsize',12);ylabel('X_2', 'fontsize',12);
axis square; box on;
sqeezX =squeeze(tX(:,1,:)); sqeezY = squeeze(tX(:,2,:));

for t =1:showT;
   h2 = plot(sqeezX(t,:),sqeezY(t,:),'r.-');
end
legend([h1 h2], {'Sample Candidate', 'Leapfrog Paths'});
hold off

%% plot for leapfrog steps on the phase space (v and x)
figure(3); clf;

showT = 10;          % chain length to show
h1 = scatter(x(1:showT,1),x(1:showT,2),'filled'); % accepted samples
hold on;
axis([xMin(1), xMax(1), xMin(2), xMax(2)]);
for t = 1:showT
    % trajectories
    h2 = plot(squeeze(tV(t,1,:)),squeeze(tX(t,1,:)),'-ro');
    h3 = plot(squeeze(tV(t,2,:)),squeeze(tX(t,2,:)),'-bo');

    % text part
    text(squeeze(tV(t,1,1)),squeeze(tX(t,1,1)),strcat('  t=',num2str(t)));
    text(squeeze(tV(t,2,1)),squeeze(tX(t,2,1)),strcat('  t=',num2str(t)));
end

% path plot
for t=2: showT
    %h2 = plot([tV(t,1,end) tX(t,1,end)],[tV(t+1,1,1) tX(t+1,1,1)],'-k');
      h2 = plot([squeeze(tV(t,1,end)) squeeze(tV(t+1,1,1))],...
           [ squeeze(tX(t,1,end)) squeeze(tX(t+1,1,1))],'-r');
      h2 = plot([squeeze(tV(t,2,end)) squeeze(tV(t+1,2,1))],...
           [ squeeze(tX(t,2,end)) squeeze(tX(t+1,2,1))],'-b');
end
box on;
xlabel('v(momentum)', 'fontsize',14);ylabel('x(position)', 'fontsize',14)
legend({'Samples', 'x_1 : v_1', 'x_2 : v_2'});
hold off;
```

9.3.1 깁스(Gibbs) 방법과의 비교

다음 그림은 깁스 방법으로 같은 [예제 9.3.1]을 시뮬레이션한 결과이다. 상단 4개의 그림은 천이 시작 위치를 달리했을 때, 즉 네 군데 구석에서 시작했을 때 초기 100개 표본추출과정을 추적한 것이다. 앞의 해밀톤 추출법과 같은 조건으로 시뮬레이션을 시작했는데도 천이가 상당 시간 계속될 때까지 목표분포의 일부 영역에서만 표본이 추출될 뿐, 확률밀도가 높은 영역까지 고르게 탐색되지 않고 있다. 체인이 특정 위치에서 쉽게 빠져나오지 못하기 때문에 체인 혼합은 느리고, 그 전 표본의 주변만 탐색되기 때문에 표본 간의 상관관계는 높게 나타난다(하단의 두 그림에서 체인의 궤적과 자기상관관계 도표를 보라). 이처럼 상관관계가 높거나 차원이 높은 경우에는 깁스 방법은 해밀톤 방법보다 비효율적이다.

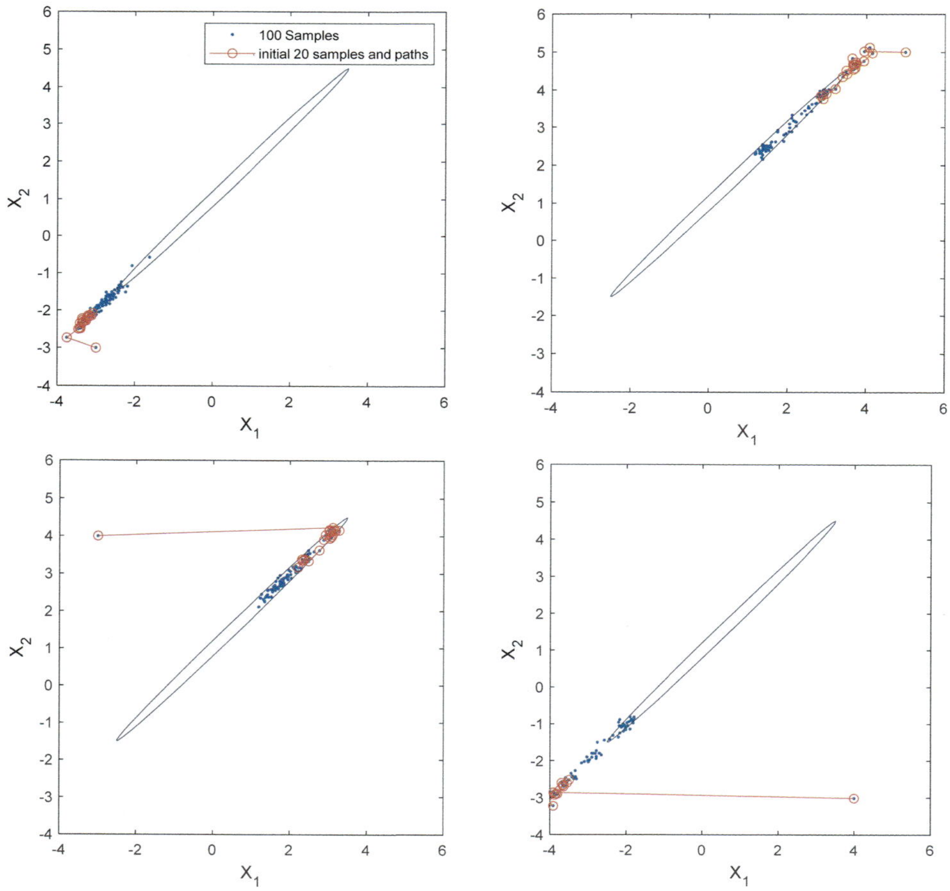

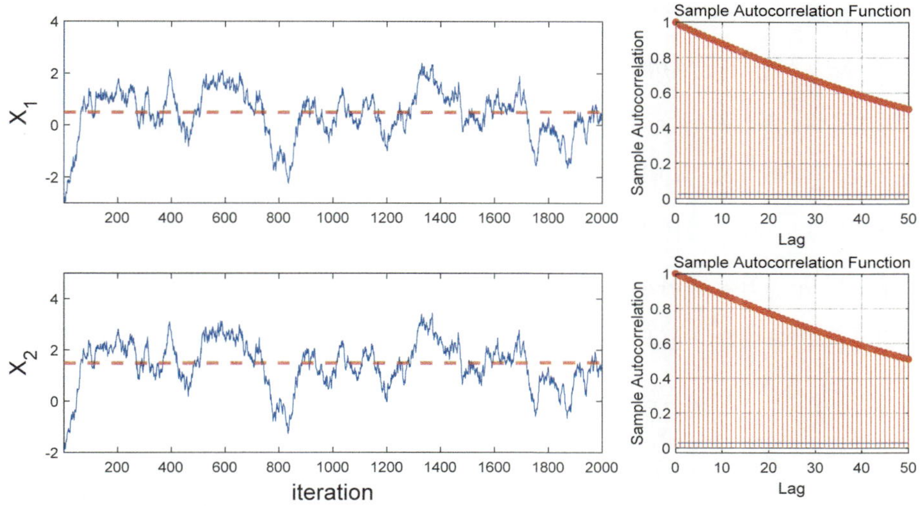

그림 9.3.2 깁스 추출법에 의한 상관관계가 큰 다변수 정규분포 표본추출 결과

9.3.2 조절인자(도약간격 ϵ와 도약횟수 L)의 영향

1) 도약횟수 L의 영향

너무 긴 도약횟수는 계산자원을 낭비한다. 다음 [그림 9.3.3]의 왼쪽인 위상공간에서 시점 $t=2$와 $t=3$의 경우를 보자. 도약을 시작한 위치와 종료한 위치가 U-턴으로 인해서

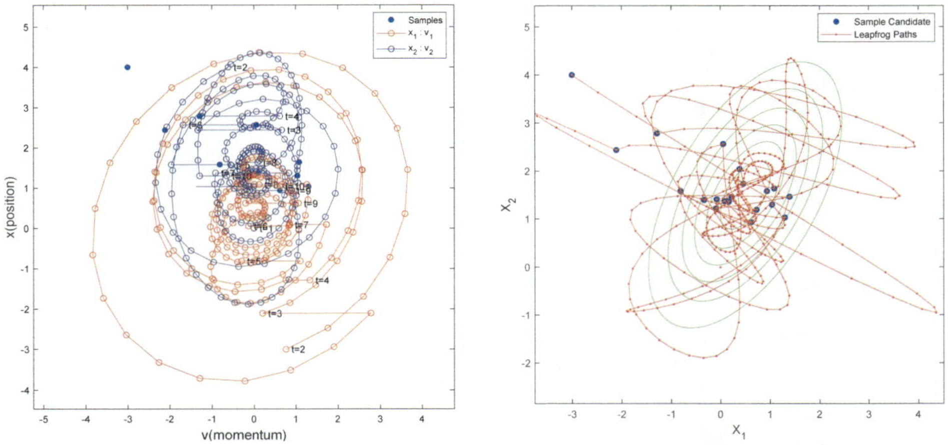

(a) 위상공간에서 탐색 궤적과 표본 후보 (b) 변수공간에서의 탐색 궤적과 표본 후보

그림 9.3.3 너무 많은 도약횟수의 예($\epsilon=0.3$, $L=25$)

큰 차이가 없다. 즉, $t=2$에서 시작해서 많은 도약을 거쳤음에도 불구하고, $t=3$(이는 $t=2$의 종료 시점과 동일하다)에서 x의 위치를 보면 얼마 떨어지지 않은 곳에 있다. 도약을 계속하느라 계산자원을 소모했음에도 불구하고 공간 탐색은 효과적이지 않다. [그림 9.3.3]의 오른쪽에 나타낸 변수공간에서도 최종 제안되는 후보점들과 거리가 먼 등고선 밖의 영역까지 탐색하고 있음을 볼 수 있다. 비효율적인 공간 탐색이다. 도약횟수가 너무 적은 경우에도 탐색 영역이 좁아져서 역시 비효율적이 되고, 표본 간의 상관관계가 커지게 된다.

상태공간의 탐색이나 표본추출 효율 등은 주어진 문제에 따라 달라질 수 있다. 도약횟수를 달리한 여러 가지 조건에서의 시뮬레이션 결과를 보자.

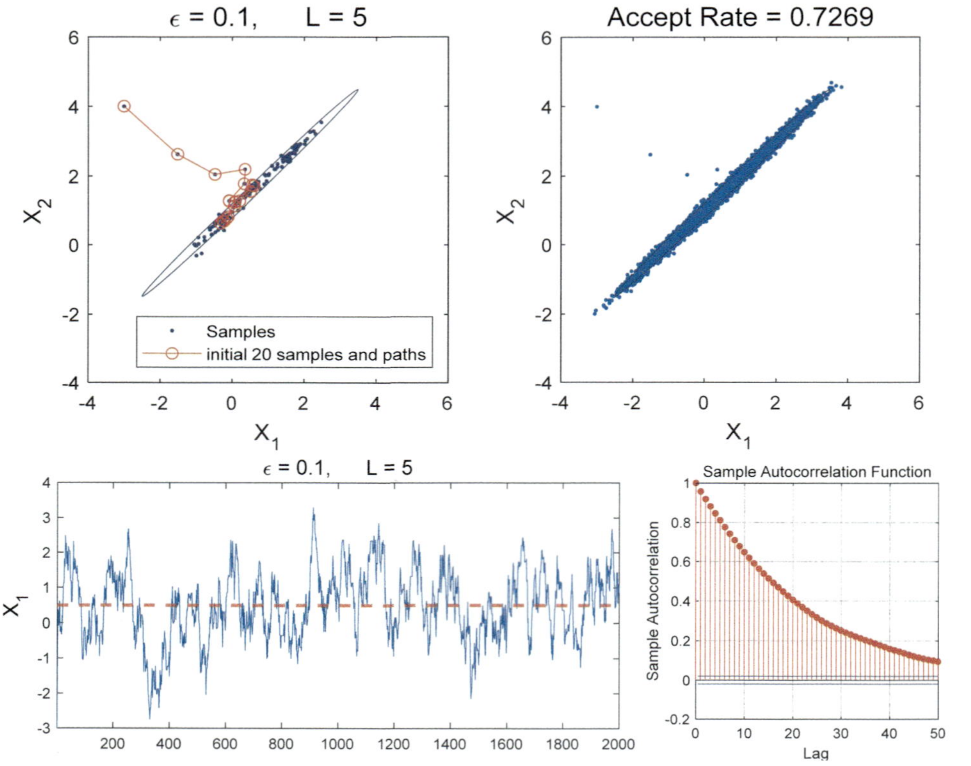

그림 9.3.4 도약횟수가 비교적 적은 경우($\epsilon=0.1$, $L=5$) (체인 혼합이 고르지 못하고 상관관계가 높다.)

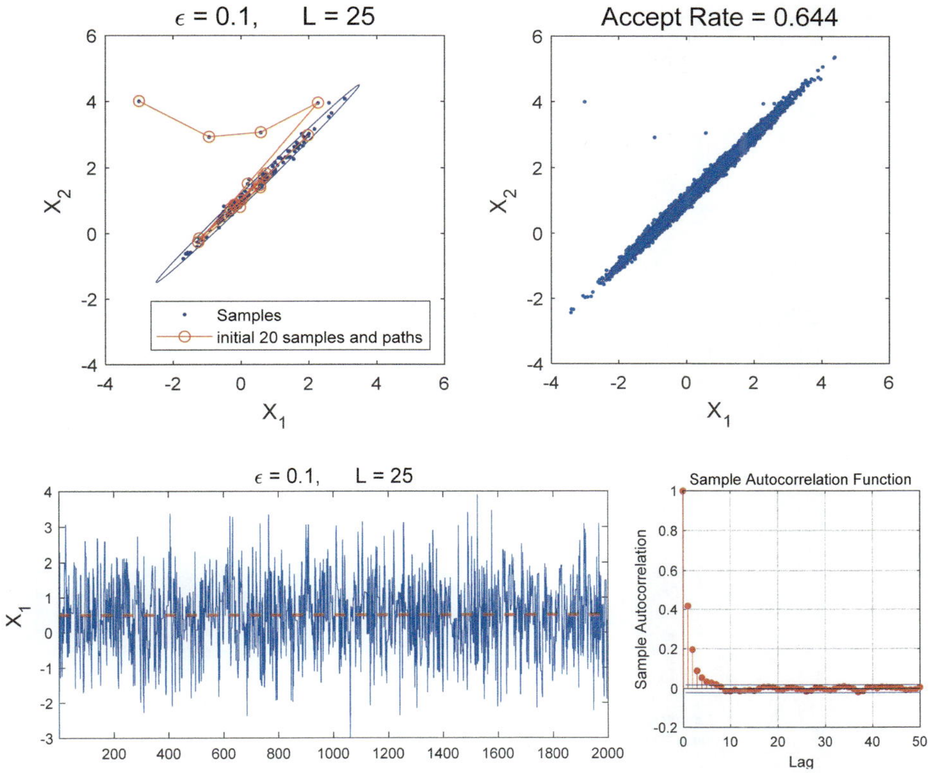

그림 9.3.5 도약횟수가 적절한 경우($\epsilon = 0.1$, $L = 25$) (체인 혼합이 고르고 상관관계가 낮다.)

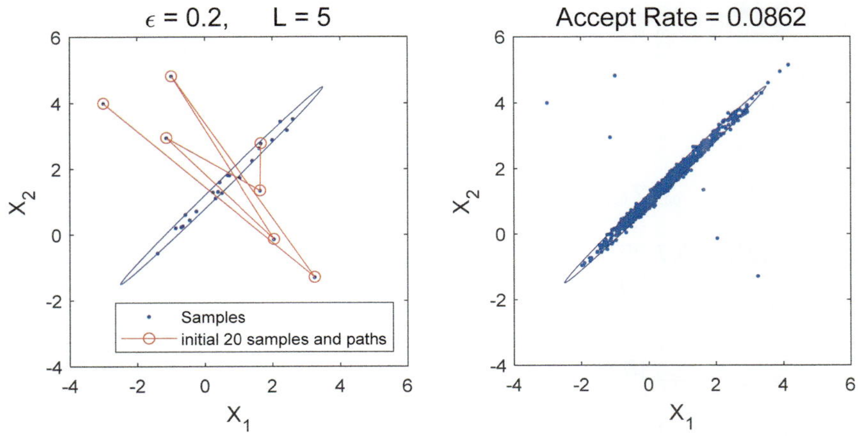

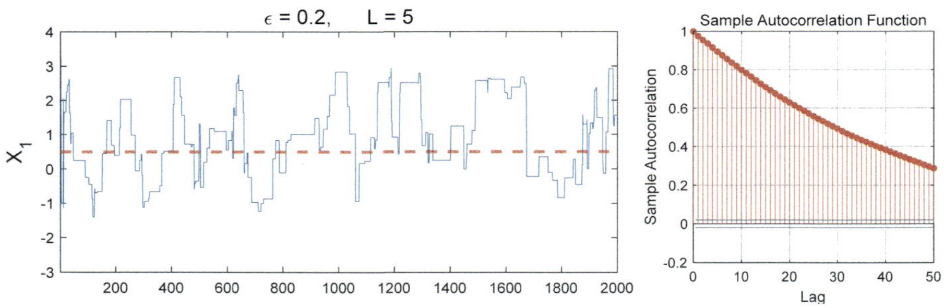

그림 9.3.6 도약횟수는 동일한데 도약간격이 커진 경우($\epsilon = 0.2$, $L = 5$)
(체인 혼합이 좋지 않다. 이는 표본 후보의 채택 확률이 낮은 결과로 이어진다.)

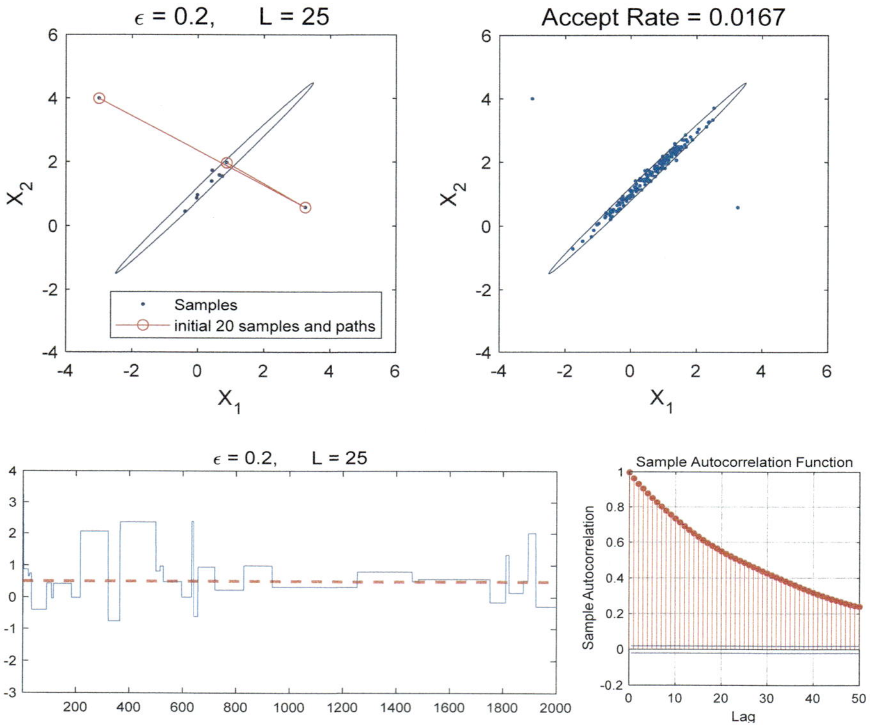

그림 9.3.7 도약횟수와 도약간격 모두가 커진 경우($\epsilon = 0.2$, $L = 25$)
(체인 혼합이 거의 안 되고 있다. 대부분의 표본 후보는 기각된다.)

지금까지의 결과로부터 알 수 있는 사실은 해밀턴 추출방법은 시뮬레이션 조건에 따라서 결과가 민감하게 달라질 수 있다는 점이다. 도약횟수에 따라서 체인의 혼합이 크게 달라질 뿐만 아니라, 도약횟수가 같은 조건이더라도 도약간격에 따라서 결과가 아주 다르게 나타날 수 있다. 적절한 시뮬레이션 조건을 선택하는 일이 중요하다.

2) 도약간격 ϵ의 영향

이번에는 도약간격을 달리한 여러 가지 조건에서의 시뮬레이션 결과를 보자.

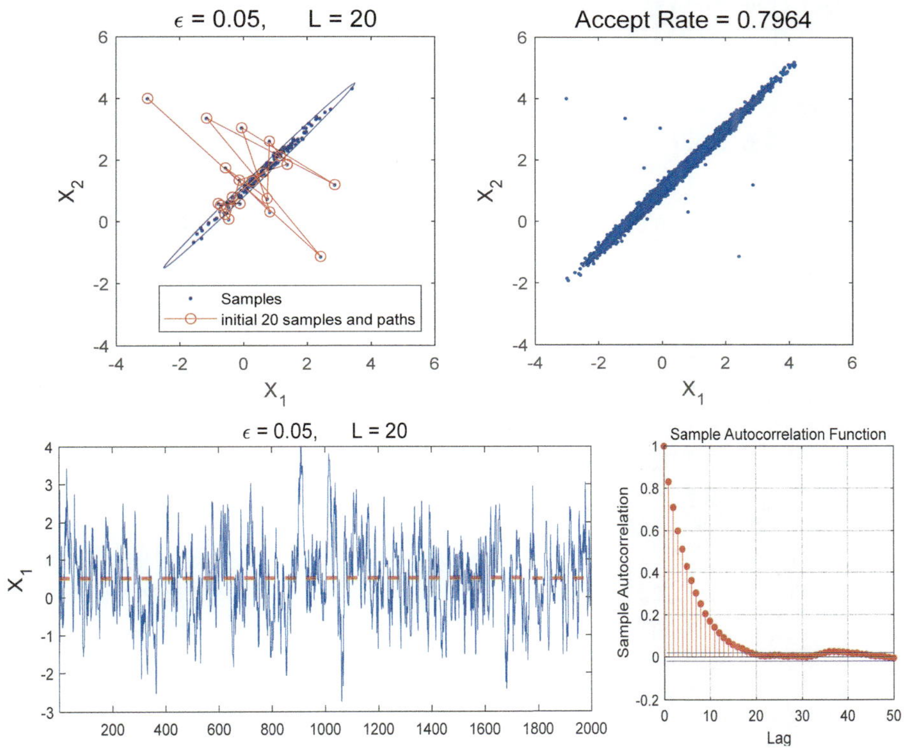

그림 9.3.8 도약간격이 비교적 작고 도약횟수가 많은 경우: 비교적 좋은 체인 혼합

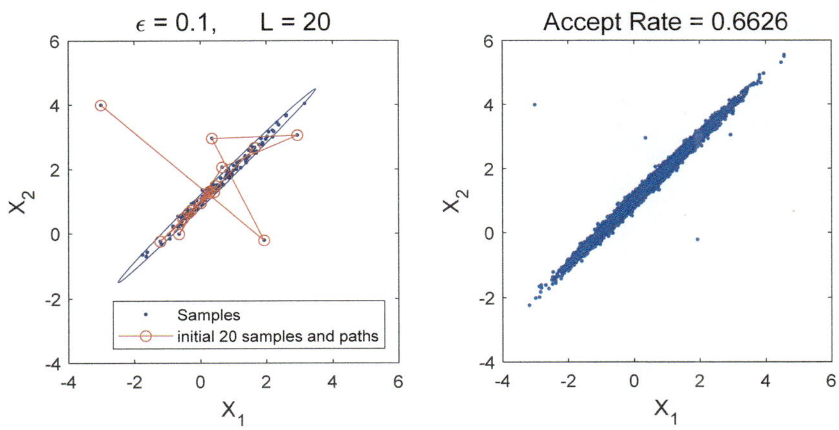

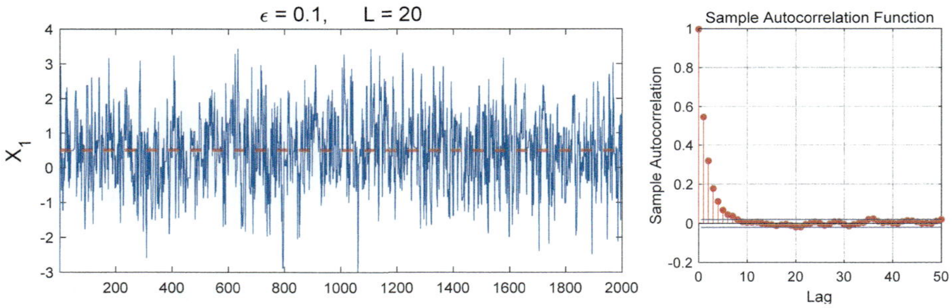

그림 9.3.9 도약간격과 도약횟수가 적절한 경우: 좋은 체인 혼합

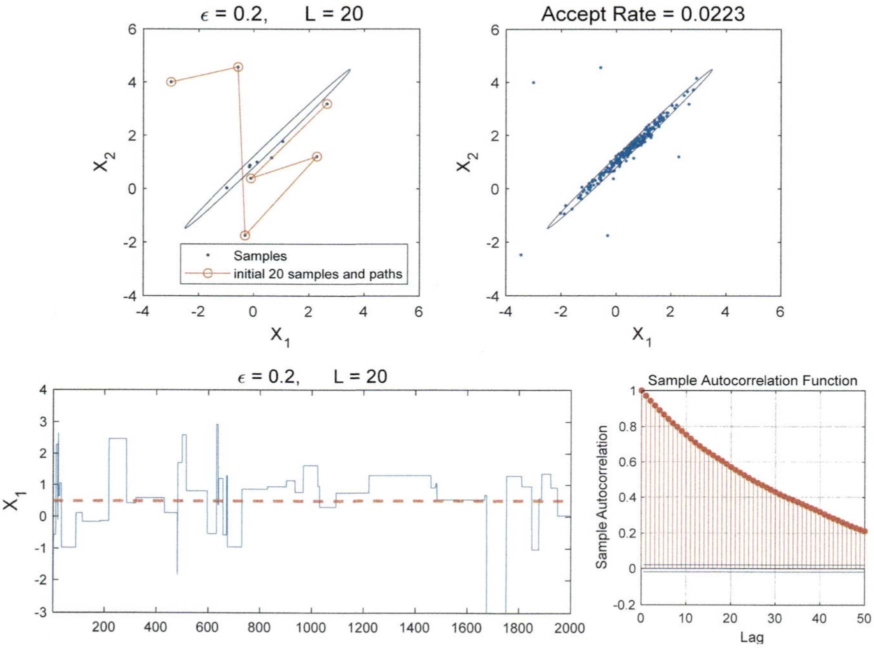

그림 9.3.10 도약간격이 큰 경우: 표본 후보 대부분이 기각, 좋지 않은 체인 혼합

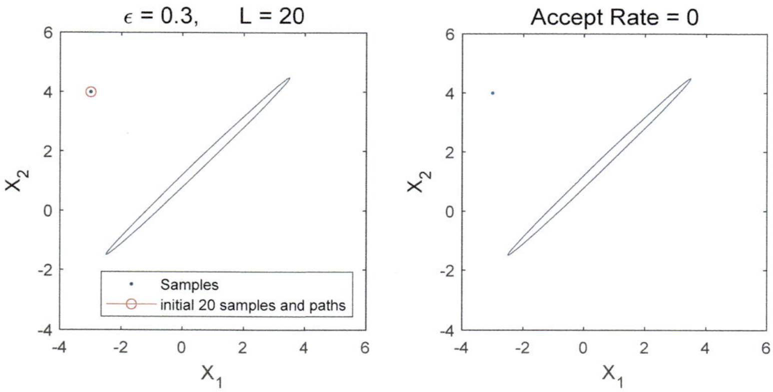

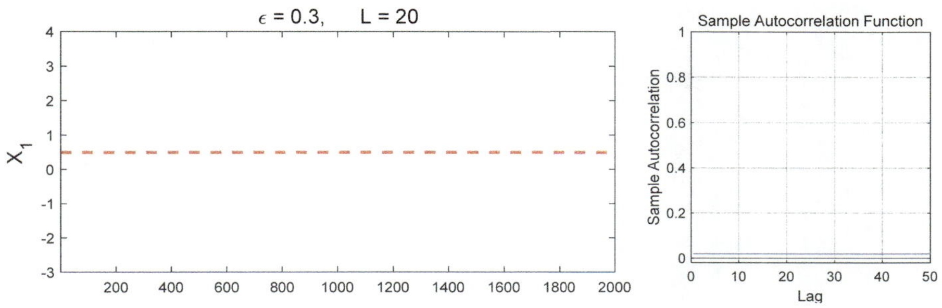

그림 9.3.11 도약간격이 너무 큰 경우: 체인이 고착되어 표본추출이 되지 않음

여기에서 보는 것처럼 HMC의 성능은 사용자가 지정하는 두 인자, 도약간격 ϵ와 도약횟수 L에 따라서 너무 민감하게 달라진다. 도약횟수 L이 너무 적으면 천이 거리가 좁아지기 때문에 탐색 영역도 좁아진다. 도약횟수가 너무 많으면 탐색 영역의 특성에 따라서는 입자가 출발했던 지점 가까이로 되돌아올 수도 있다(U-turn). 결국 계산자원이 낭비된다. 적절한 L과 ϵ는 후보 수락률이 65% 정도일 때이다. 체인 궤적 그림에서 체인의 혼합 상태를 보고, 상관관계가 너무 높지 않게 또는 고착상태에 빠지지 않도록 조절해야 한다.

적절한 L과 ϵ을 설정하는 것이 어렵기 때문에 이를 해결하기 위한 방법(No-U-Turn Sampler: NUTS)[6]이 제안되었다. 기존 방법은 시뮬레이션 동안 L을 변함없이 유지하는 반면, 이 개선 알고리즘은 유턴을 감지하는 적응형 도약횟수를 사용한다.

6 M.D. Homan, and Andrew Gelman, "The No-U-turn sampler: adaptively setting path lengths in Hamiltonian Monte Carlo," The Journal of Machine Learning Research, 15(1), 2014, pp. 1593-1623.

10

CHAPTER

가역도약 추출법

Reversible Jump Sampling

1995년 Green이 제안한 방법이다[1]. 가역도약 추출법(reversible jump Markov Chain Monte Carlo)이라 이름 붙이고, 간단히 *rj*MCMC라 쓰겠다. 이 방법은 차원이 다른 상태 공간을 넘나들면서 표본을 추출할 수 있기 때문에 차원 초월 추출법(trans-dimensional Markov chain Monte Carlo)으로도 부른다. 이 방법에서 표본이 추출되어야 할 전체 상태 공간은 차원이 다른(또는 모수의 개수가 다른) 여러 개의 부분공간으로 구성된다. 체인은 각 부분공간의 내부에서 또는 부분공간을 넘나들면서 천이를 한다. 이런 특성으로 인해서 주어진 문제에 따라 시뮬레이션의 많은 부분이 맞춤 설계되어야 하기 때문에 실제 실행이 쉽지 않은데도 불구하고, 여러 가지 응용 분야에 적용되고 있다.

10.1 공간 사이의 이동과 차원일치

[그림 10.1.1]은 가역도약 추출법의 핵심 개념이다.

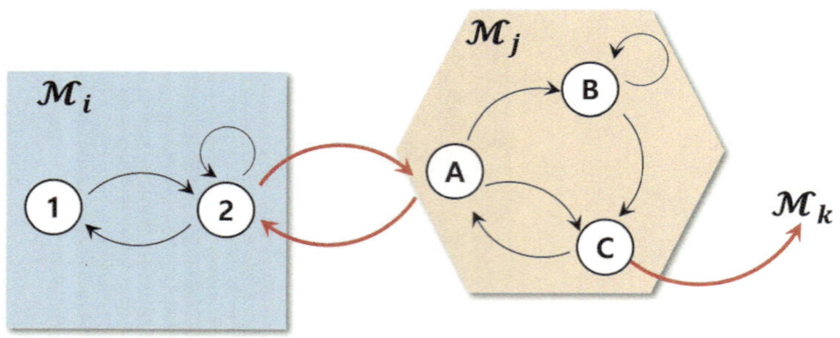

그림 10.1.1 가역도약 추출법(차원초월 추출법) 개념

상태공간은 차원에 따라서 부분공간(subspace)으로 나뉜다. 여기서 부분공간의 차원이란, 거기서 다루어야 할 모수의 개수를 말한다. 체인은 각각의 부분공간 내에서 표본을 추

1 P.T. Green, "*Reversible Jump Markov Chain Monte Carlo Computation and Bayesian Model Determination,*" Biometrika, 82(4), 1995, pp. 711-732.

출할 수도(검은 화살표), 표본추출의 매 단계에서 다른 차원을 가진 부분공간으로 건너뛰어서 표본을 추출할 수도(빨간 화살표) 있다. 물론 어떤 차원으로든 다시 돌아갈 수도 있다.

*rj*MCMC에서 모수 공간은 $\Theta = \cup_{k=1}^{K} \Theta_k$이다. Θ_k는 각 차원에서의 모수이다. $k = 1, 2, \cdots$는 차원을 가리키는 변수로 보통은 정수로 표기되는데, 이를 '모델구분자'라 부르겠다. 상태공간 $x = (k, \boldsymbol{\theta}_k)$는 모델구분자 k와 모수 벡터 $\boldsymbol{\theta}_k$로 구성된다. 각 상태공간마다 모수 개수(또는 차원) n_k은 다를 수 있다. k가 주어졌을 때, 모수 공간 $\Theta_k = \{k\} \times \mathbb{R}^{n_k}$이 된다. *rj*MCMC 알고리즘은 다음 두 종류의 이동으로 특징지을 수 있다.

1) 차원 내 이동: 모수의 개수가 동일한 두 상태 사이의 이동
   – 차원 변화가 없다. 즉, $n_k = n_{k^*}$이다. 이를 갱신(update) 과정이라 한다.

2) 차원 간 이동: 모수의 개수가 다른 두 상태 사이의 이동.
   – 천이 후에 차원이 늘면, 즉 $n_k \to n_k + 1$이면 생성(birth) 과정이라 하고,
   – 천이 후에 차원이 줄면, 즉 $n_k \to n_k - 1$이면 소멸(death) 과정이라 한다.

첫 번째 형태인 '차원 내 이동' 또는 갱신과정은 보통의 M–H 알고리즘에 의해서 수행될 수 있지만, 두 번째 형태인 '차원 간 이동'은 *rj*MCMC 알고리즘이 필요하다. 이 이동형태는 주어진 문제에 따라서 여러 가지로 변화되어 정의될 수 있기 때문에 자세한 알고리즘은 다양한 예제를 통해 소개하기로 한다.

10.1.1 변수변환과 야코비안

어떤 변수들은 그 자체를 다루는 것보다도 다른 형태의 변수로 바꿔서 취급하는 것이 더 편리할 수 있다. 그 예로, 2중적분을 통해서 $x^2 + y^2 = a^2$인 원의 면적을 구하는 과정을 비교해 보자.

직교좌표에서 $x = \pm\sqrt{a^2 - y^2}$이므로 면적을 위한 2중적분은 다음과 같은 방식으로 복잡하게 전개된다.

$$\int\int_D f(x,y)dxdy = \int_{-a}^{a}\int_{-\sqrt{a^2-y^2}}^{\sqrt{a^2-y^2}} dxdy = 2\int_{-a}^{a}\sqrt{a^2-y^2}\,dy = \cdots$$

이번에는 변수변환을 통한 풀이 과정을 살펴보자. 영역 D에 대해 $f(x,y)$를 적분하는데 변수변환 $x=g(u,v)$와 $y=h(y,v)$를 사용하고자 한다. 부피 보존에 의해 영역은 S가 되고 적분은 다음과 같이 표현된다.

$$\int\int_D f(x,y)dxdy = \int\int_S f(g(u,v),h(u,v))\left|\frac{\partial(x,y)}{\partial(u,v)}\right| dudv \tag{10.1.1}$$

직교좌표 변수를 극좌표 변수로, 즉 $x = r\cos\theta$와 $y = r\sin\theta$로 변환하고, 그 영역을 다음과 같이 정의하자. $T: D \mapsto S$.

$$\begin{aligned} D &= \{(x,y)\in\mathbb{R}^2 | x^2+y^2 \le a^2\} \\ S &= \{(r,\theta)\in\mathbb{R}^2 | 0<r<a,\ 0<\theta<2\pi\} \end{aligned} \tag{10.1.2}$$

이 변환은 다음과 같이 정리할 수 있다.

$$(x,y) = T(r,\theta) = (r\cos\theta, r\sin\theta) \tag{10.1.3}$$

이 변환함수의 야코비안(Jacobian)은

$$\left|\frac{\partial(x,y)}{\partial(r,\theta)}\right| = \left|\frac{\partial(T(r,\theta))}{\partial(r,\theta)}\right| = \begin{vmatrix} \frac{\partial(r\cos\theta)}{\partial r} & \frac{\partial(r\cos\theta)}{\partial\theta} \\ \frac{\partial(r\sin\theta)}{\partial r} & \frac{\partial(r\sin\theta)}{\partial\theta} \end{vmatrix} = \begin{vmatrix} \cos\theta & -r\sin\theta \\ \sin\theta & r\cos\theta \end{vmatrix} = r \tag{10.1.4}$$

이를 식(10.1.1)에 대입하면,

$$\int\int_D dxdy = \int\int_S \left| \frac{\partial(x,y)}{\partial(r,\theta)} \right| drd\theta = \int_0^a \int_0^{2\pi} rdrd\theta = \int_0^a 2\pi rdr = \pi a^2 \qquad (10.1.5)$$

따라서 적분이 쉬워진다. 여기서 주목할 것은 변수변환을 통해 변환 전후의 변수들을 일대일 대응시키기 위해서는 야코비안이 필요한 점이다.

10.1.2 변수들의 일대일 대응 또는 매핑

앞에서 본 것처럼, 변수는 결정론적 변환함수 T를 사용해서 다른 변수로 변환될 수 있다. 그 역함수 T^{-1}은 변환 후의 변수를 변환 전의 변수로 되돌려주는 함수이다. 다음 그림처럼 역함수가 존재하는 함수를 가역함수(可逆, invertible function)라 한다. 가역적이란 역함수가 존재한다는 의미다.

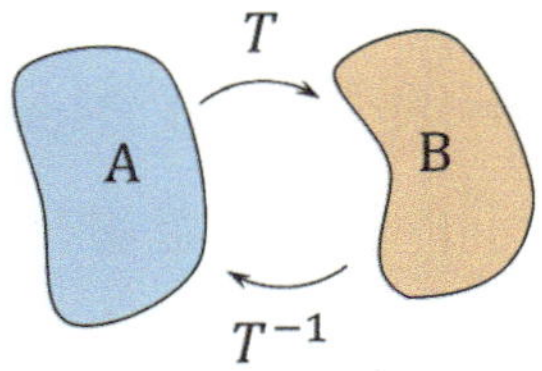

$$T: A \mapsto B$$

$$T^{-1}: B \mapsto A$$

그림 10.1.2(a) 변환함수와 그 역함수

함수가 다음 [그림 10.1.2(b)]처럼 각 원소끼리 일대일 쌍을 이루는(one-to-one correspondence) 경우, 이를 전단사(全單射, bijection) 함수라 한다. 그 역함수 역시 전단사함수이다. T와 T^{-1}이 역함수 관계인 사실은 다음처럼 대응하는 원소들끼리의 계산으로도 알 수 있다.

$$T(T^{-1}(s)) = T(3) = s$$

$$T^{-1}(T(1)) = T^{-1}(r) = 1$$

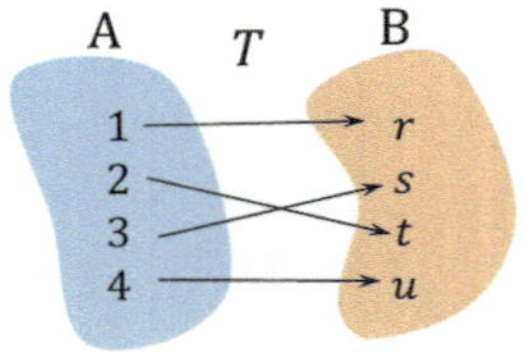

$T(1) = r$
$T(2) = t$
$T(3) = s$
$T(4) = u$

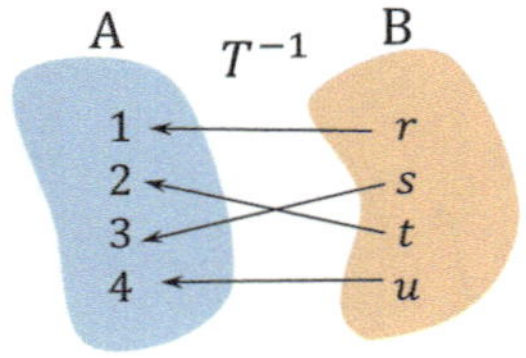

$T^{-1}(r) = 1$
$T^{-1}(s) = 3$
$T^{-1}(t) = 2$
$T^{-1}(u) = 4$

그림 10.1.2(b) 일대일 대응하는 변환함수와 그 역함수

하지만 변환되는 변수들의 차원이 다를 경우에는 이러한 일대일 대응 관계가 이루어지지 않는 경우가 많다.

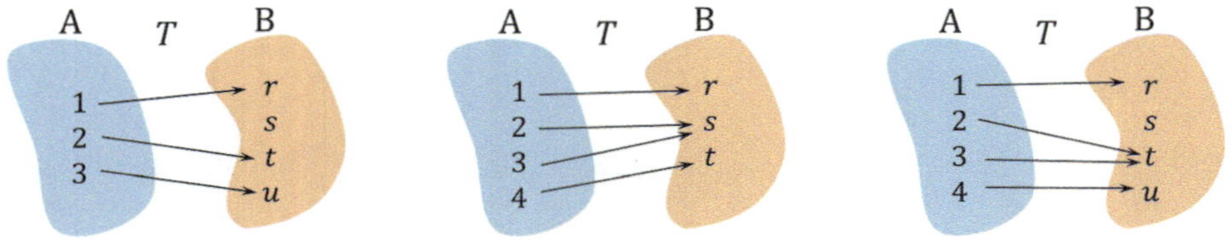

그림 10.1.2(c) 일대일 대응을 만족하지 못하는 변환함수와 그 역함수

이들 함수의 역은 함수의 조건을 만족하지 못한다. 따라서 역함수가 아니다. 역함수가 존재하지 않기 때문에 변환함수 T는 가역적이 아니다.

*rj*MCMC를 위한 변환함수와 그 역함수는 가역적이고, 미분 가능해야 하며, 전단사 함수이어야 한다. 그래야 상세 균형조건을 만족해서 체인이 정상분포에 이를 수 있게 된다.

10.2 *rj*MCMC에서의 상세 균형조건과 수락확률

기존의 M-H 알고리즘에 비해 *rj*MCMC 알고리즘이 어떻게 다른지 천이의 평형 관점에서 살펴보자.

10.2.1 rjMCMC에서의 상세 균형조건

현재 상태공간은 $x=(k,\boldsymbol{\theta}_k)$로, 천이에 의한 새로운 상태공간은 $x^*=(k^*,\boldsymbol{\theta}^*_{k^*})$으로 쓰자. 체인이 정상분포에 이르기 위해서는 천이 $x\rightarrow x^*$은 그 역방향의 천이 $x^*\rightarrow x$와 균형을 이루어야 한다. 이것이 상세 균형조건이다. 차원 초월 문제를 다루기 전에, 일반적인 M-H 알고리즘에서의 상세 균형조건을 다시 한번 짚어 보기로 하자. 이 내용은 이미 앞의 6.2.2절에서 다룬 바 있다.

천이를 위한 상세 균형조건은

$$p(x)\,T(x\rightarrow x^*)dx = p(x^*)\,T(x^*\rightarrow x)dx^* \tag{10.2.1}$$

여기서 $T(\bullet)$는 천이함수 또는 천이핵이다. M-H 알고리즘에서는 제안분포 $q(x\rightarrow x^*)$로부터 새로운 상태 x^*를 후보로 선택하고, 그 후보의 수락 여부를 확률 $\alpha(x\rightarrow x^*)$로 결정함으로써 천이가 이루어진다. 따라서 천이함수는 다음과 같이 쓸 수 있다.

$$T(x\rightarrow x^*)=q(x\rightarrow x^*)\alpha(x\rightarrow x^*) \tag{10.2.2}$$

참고로 $q(x\rightarrow x^*)$는 흔히 $q(x^*|x)$로 표현하기도 한다. 식(10.2.2)를 식(10.2.1)에 대입하면,

$$p(x)q(x\rightarrow x^*)\alpha(x\rightarrow x^*)=p(x^*)q^*(x^*\rightarrow x)\alpha(x^*\rightarrow x) \tag{10.2.3}$$

천이를 위한 수락확률은 다음과 같이 정의된다.

$$\alpha(x\rightarrow x^*)=\min\left[1,\frac{p(x^*)q^*(x^*\rightarrow x)}{p(x)q(x\rightarrow x^*)}\right] \tag{10.2.4}$$

또는

$$\alpha(x \to x^*) = \min\left[1, \frac{p(x^*)q(x|x^*)}{p(x)q(x^*|x)}\right] \tag{10.2.4}$$

모델마다 차원이 다른 경우, 위에서 논의한 보통의 M-H 알고리즘으로는 한 모델에서 다른 모델로 천이하는 것이 불가능하다. 차원이 다르기 때문에 한쪽으로의 이동과 그 역방향의 이동이 상세 균형조건을 만족하지 못하기 때문이다. 따라서 두 모델의 차원을 일치시켜야 한다(dimension matching). 그 방법은 보조변수인 새로운 모수를 모델에 도입하는 것이다. 구체적으로, 현재 상태 x에서 새로운 상태 x^*로의 천이는 다음 두 단계로 이루어진다.

1) 제안분포 q로부터 r-차원의 난수 u를 뽑는다. 여기서 u는 차원을 일치시키기 위한 보조변수 또는 더미 변수이다.
2) x와 u로 구성된 적당한 변환함수 T를 써서 새로운 상태 x^*를 제안한다. 이 변환함수는 변환 전후의 변수들을 일대일 대응 또는 매핑시킬 수 있어야 한다. 즉, $(x^*, u^*) = T_{x \to x^*}(x, u)$이다. 그 역변환 $x^* \to x$은 제안분포 q^*로부터 r-차원의 난수 u^*를 사용한다. 즉, $(x, u) = T_{x^* \to x}(x^*, u^*)$이다.

이제부터는 차원이 다른 모델 간 천이 여부를 결정짓는 수락확률에 대해 알아보자. 차원 간 이동 $A \to B$의 평형확률은 (x, u)에 대한 적분을 통해서 정의할 수 있다.

$$\int_{(x, x^* = (x, u)) \in A \times B} p(x)q(u)\alpha(x \to x^*)dxdu \tag{10.2.5}$$

그 역방향 이동 $B \to A$의 평형확률은 (x^*, u^*)에 대한 적분으로 표현된다.

$$\int_{(x = T_{x^* \to x}(x^*, u^*), x^*) \in A \times B} p(x^*)q^*(u^*)\alpha(x^* \to x)dx^*du^* \tag{10.2.6}$$

$(x,u) \to (x^*,u^*)$의 변환함수 T와 그 역인 T^{-1}이 가역적이고 미분 가능하면, 다음의 표준 변수변환 공식을 식(10.2.3)에 적용할 수 있다. 즉,

$$p(x)q(u)\alpha(x \to x^*) = p(x^*)q^*(u^*)\alpha(x^* \to x)\left|\frac{\partial(x^*,u^*)}{\partial(x,u)}\right| \tag{10.2.7}$$

마지막 항은 $(x,u) \to (x^*,u^*)$ 변환의 야코비안(Jacobian)이다. 결국, 이 변환을 통해 식(10.2.5)와 식(10.2.6)의 두 적분을 같게 놓을 수 있다. 두 적분이 같다는 것은 상세 균형조건을 만족한다는 의미다. 이 조건을 위해서 α는 다음과 같이 정의되어야 한다.

$$\alpha(x \to x^*) = \min\left[1, \frac{p(x^*)q^*(u^*)}{p(x)q(u)}\left|\frac{\partial(x^*,u^*)}{\partial(x,u)}\right|\right] \tag{10.2.8}$$

만약 천이로 인한 차원 변화가 없으면 야코비안은 1이 되기 때문에,

$$\left|\frac{\partial(\boldsymbol{\theta}^*,u^*)}{\partial(\boldsymbol{\theta},u)}\right| = \begin{pmatrix} \dfrac{\partial\boldsymbol{\theta}_1^*}{\partial\theta_1} & \cdots & \dfrac{\partial\boldsymbol{u}}{\partial\boldsymbol{\theta}_1} \\ \vdots & \ddots & \vdots \\ \dfrac{\partial\boldsymbol{\theta}_n^*}{\partial u} & \cdots & \dfrac{\partial u}{\partial\boldsymbol{u}} \end{pmatrix} = \begin{pmatrix} 1 & \cdots & 0 \\ \vdots & \ddots & \vdots \\ 0 & \cdots & 1 \end{pmatrix} = 1 \tag{10.2.9}$$

보통 M-H 알고리즘의 수락확률과 다를 게 없다. 즉, 식(10.2.8)은 식(10.2.4)로 줄어든다. 하지만 차원이 다른 공간들 사이에서 천이가 생기는 경우에는 위 야코비안 행렬식이 있어야만 상태들이 서로 양립할 수 있고 차원 간 이동이 가능해진다.

x의 차원이 n_k이고 x^*의 차원이 n_{k^*}이라면, 우리는 변환함수 $T_{x \to x^*}(x,u) = (x^*,u^*)$를 찾아야 한다. 이 변환함수는 현 상태공간 (x,u)와 새로운 상태공간 (x^*,u^*)을 일대일 대응시켜 $\mathbb{R}^{n_k} \times \mathbb{R}^r \to \mathbb{R}^{n_{k^*}} \times \mathbb{R}^{r^*}$이 되어야 한다. 여기서 r은 보조변수 u의 길이이다. 마찬가지로 역방향에 대해서도 $\mathbb{R}^{n_{k^*}} \times \mathbb{R}^{r^*} \to \mathbb{R}^{n_k} \times \mathbb{R}^r$이 되도록 하는 변환함수 $T_{x^* \to x}$도 필요하다. 보조변수인 난수 u의 길이 r은 $r_{k \to k^*} = n_{k^*} - n_k$에 의해 정해진다. 그래서 다음 변환조건이 만들어진다.

$$n_k + r = n_{k^*} + r^* \tag{10.2.10}$$

이를 '차원일치'조건이라 한다. 이는 천이가 생기더라도 총 차원은 보존되어야 한다는 것을 의미한다. 만약 이 일치조건이 만족되지 않으면, 변수변환에서 일대일 매핑이 되지 않고, 그 역도 미분 가능하지 않게 된다.

수락확률을 계산하는 식(10.2.8)에서 제안분포는 이동형태를 고려해서 다음과 같이 나누어 표현할 수 있다. 이렇게 나눌 수 있는 이유는 먼저 이동형태를 선택하고 그 이후 제안분포로부터 후보를 제안하는 *rj*MCMC 알고리즘의 특징 때문이다.

$$q(x^*|x) = j_m(x) \cdot q_m(x^*|x) \tag{10.2.11}$$

여기서 $j_m(x)$는 상태 x의 천이가 이동형태 m으로 선택될 확률이고, $q_m(x^*|x)$는 이동형태 m에서 후보 x를 제안하기 위한 제안분포를 말한다. 먼저 $j_m(x)$가 수락확률에 미치는 영향을 알아보고, 그 다음에는 제안분포의 영향을 조사해 보자.

10.2.2 이동형태에 따른 수락확률

차원이 다른 부분공간들 $\{\Theta_k\}$ 사이에서의 이동형태 m에는 주어진 문제에 따라서 여러 가지가 있을 수 있다. 예를 들면, 차원 변화가 없는 갱신이동 u_k, 차원 변화를 수반하는 생성이동 b_k, 소멸이동 d_k, 정규분포 혼합모델에서 자주 쓰이는 분할이동(split move) s_k, 합체이동(merge move) m_k 등을 들 수 있다.

중요한 점은 어느 한 시뮬레이션 계에 존재하는 이동형태들의 확률을 모두 더하면 1이어야 한다. 그리고 차원을 넘나드는 이동형태는 쌍을 이루어야 한다. 예를 들어, 생성이동과 소멸이동은 한 쌍을 이루어야 하고, 분할이동과 합체이동 역시 한 쌍을 이루어야 한다. 쌍을 이루지 못하고 어느 한 가지 이동형태만 존재하면 체인은 상세 균형조건을 만족하지 못하게 된다. 쌍을 이루는 이동형태에서 이동방향은 반대이다. 따라서 차원변화를 수반하는 한 이동형태 m에서 순방향 이동의 수락확률이 다음과 같다면,

$$\alpha_m(x \to x^*) = \min\{1, r_m\} \tag{10.2.12}$$

그 역방향 이동의 수락확률은 다음과 같이 정의되어야 상세 균형조건이 성립한다.

$$\alpha_m(x^* \to x) = \min\left\{1, \frac{1}{r_m}\right\} \tag{10.2.13}$$

현재 상태가 천이시도할 때, 어떤 이동형태가 선택될 것인가는 매 시뮬레이션 단계에서 결정론적 또는 무작위로 선택된다. 물론, 도약하려는 그 상태에서 가능한 이동형태들 중에서만 선택되어야 한다. 예를 들어, 천이시도하려는 어느 한 상태에서 다음의 5가지 이동형태가 가능하고 각각 다음의 확률을 갖는다면,

$$j_{birth} = 0.2,\ j_{death} = 0.3,\ j_{split} = 0.25,\ j_{merge} = 0.2,\ j_{update} = 0.05$$

이동형태 선택은 다음과 같이 이루어진다. 균등분포 난수 $u \sim U(0,1)$을 추출한 뒤, 위와 같이 미리 정해진 이동형태의 확률에 따라서 어느 한 이동형태를 선택한다(차원 간의 이동을 원활히 하기 위해서는 갱신이동의 비율은 가능한 한 줄이는 것이 좋다). 다음 그림과 알고리즘을 보자.

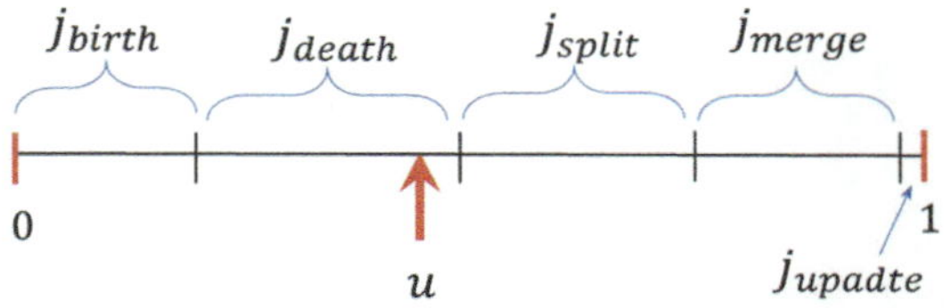

그림 10.2.1 이동형태 선택 방법

알고리즘 10.2.1 가역도약법에서 이동형태를 선택하는 알고리즘

1) 초기화 $(k^{(0)}, \theta_k^{(0)})$
  반복 $t = 1, \cdots, T$
    2) 균등분포 난수 추출 $u \sim U(0,1)$

만약 $u \le j_{birth}$ 이면,
　생성이동 b_k
아니고 $u \le (j_{birth} + j_{death})$ 이면,
　소멸이동 d_k
아니고 $u \le (j_{birth} + j_{death} + j_{split})$ 이면,
　분할이동 s_k
아니고 $u \le (j_{birth} + j_{death} + j_{split} + j_{merge})$ 이면,
　합체이동 m_k
아니면,
　갱신이동 u_k
만약조건 종료
3) 모수 표본추출
반복 종료

각 이동형태 m 내에서, 체인은 상세 균형조건을 만족해야 한다. 이동형태 m은 순방향 이동 $x \rightarrow x^*$과 역방향 이동 $x^* \rightarrow x$로 구성된다. 이동형태 m에서 $j_m(x)$를 모델 k로부터 모델 k^*로의 도약이 선택될 확률이라 하자. 이를테면, $j_{1\rightarrow 2}(x)$는 상태가 모델 1에 있을 때 모델 2로 도약을 시도할 확률을 의미한다. 이 이동형태 m의 상세 균형조건은 다음과 같이,

$$\begin{aligned}\int_{(x,x^*)\in A\times B} & p(x)j_m(x)q_m(u)\alpha_m(x,x^*)dxdu \\ &= \int_{(x,x^*)\in A\times B} p(x^*)j_m(x^*)q_m^*(u^*)\alpha_m(x^*,x)dx^*du^* \end{aligned} \tag{10.2.14}$$

이동형태 m을 고려한 수락확률은 다음과 정의된다.

$$\alpha_m(x,x^*) = \min\left[1, \frac{p(x^*)j_m(x^*)q_m^*(u^*)}{p(x)j_m(x)q_m(u)}\left|\frac{\partial(x^*,u^*)}{\partial(x,u)}\right|\right] \tag{10.2.15}$$

이 알고리즘에서 차원 간 이동의 수락확률은 가능한 한 높게 나오도록 설계되어야 한다. 이를 위한 여러 가지 변환함수들이 가능하겠지만, 일반적으로 목표분포와 비슷한 함수가 좋은 성능을 보인다. 변환함수를 잘못 선택하게 되면 계산시간이 길어지고, 극단적

으로는 수렴이 안 될 수도 있다. $j_m(\bullet)$와 $q_m(\bullet)$의 선택을 위한 방법은 참고문헌[2, 3, 4, 5]들을 보라.

지금까지는 식(10.2.11)의 $q(x^*|x) = j_m(x) \bullet q_m(x^*|x)$ 중에서 $j_m(x)$에 대해 알아본 것이고, 이제 남은 것은 제안분포 $q_m(x^*|x)$에 따른 수락확률 계산에 관한 것이다. 이 내용은 그 특성상 별도의 절로 나누지 않고 알고리즘에 포함시켜 논의하는 것이 좋겠다.

10.2.3 *rj*MCMC 알고리즘

주어진 문제에 따라 다양한 이동형태가 있을 수 있기 때문에 일률적으로 *rj*MCMC 알고리즘을 정의하는 것은 문제가 있다. 여기서는 1차원 모델과 2차원 모델을 넘나들면서 모델 구분자 k와 해당 모델의 모수 $\boldsymbol{\theta}_k$를 구하는 모델 선택(model selection)의 예를 들어 설명하기로 하자. 주어진 문제가 다르더라도 알고리즘은 이 범주에서 크게 벗어나지는 않을 것이다.

MCMC에서 표본추출의 대상이 되는 목표분포는 보통 베이지안 사후분포이다. 사후분포는 가능도와 사전분포의 곱에 의해 얻어진다. 이 문제에서 사후분포는 모델구분자 k와 모수 $\boldsymbol{\theta}_k$의 결합분포 $p(k, \boldsymbol{\theta}_k)$인데, 정규화 상수를 생략하면 다음과 같이 쓸 수 있다.

$$\underbrace{p(k, \boldsymbol{\theta}_k | y_1, y_2, \cdots, y_n)}_{posterior} \propto \underbrace{L(k, \boldsymbol{\theta}_k | y_1, y_2, \cdots, y_n)}_{likelihood} \underbrace{p(\boldsymbol{\theta}_k | k) p(k)}_{prior} \tag{10.2.16}$$

가능도 $L(k, \boldsymbol{\theta}_k | y) = f(y | k, \boldsymbol{\theta}_k)$는 문제에서 주어진 확률모델과 데이터에 따라 결정된다.

---

2 S.P. Brooks, P. Giudici, G.O. Roberts, "*Efficient Construction of Reversible Jump Markov Chain Monte Carlo Proposal Distributions*," J. Royal Statistical Society, B, 65 (2003) pp. 3-55.

3 Y. Fan, and S.A. Sisson, "*Reversible Jump MCMC*," in Handbook of Markov Chain Monte Carlo, (eds: S. Brooks, A. Gelman, G.L. Johnes, X.L. Meng), Chapman & Hall/CRC, BR, 2011, pp. 67-91.

4 S.A. Sisson, "*Transdimensional Markov Chains: A Decade of Progress and Future Perspective*," J. American Statistical Association, 100(471), (2005), pp. 1077-1089.

5 R.S. Ehlers, S.P. Brooks, "Adaptive Proposal Construction for Reversible Jump MCMC," Scandinavian J. Statistics, 35(4), 2008, pp. 677-690.

$$L(k,\boldsymbol{\theta}_k|y) = \prod_{i=1}^{n} f(y_i|k,\boldsymbol{\theta}_k) \tag{10.2.17}$$

사전분포 $p(\boldsymbol{\theta}_k|k)p(k)$는 가용한 사전정보에 따라서, 또는 분석자의 선택에 따라서 달라질 수 있다. $p(k)$는 모델이 k일 확률을 나타내는 분포이고, $p(\boldsymbol{\theta}_k|k)$는 모수의 확률분포이다.

식(10.2.4)나 식(10.2.15)에서 $p(x)$는 목표분포이다. 앞으로의 수락확률 논의에서는 $p(x)$ 대신에 베이지안 사후분포인 식(10.2.16)의 표현을 쓰기로 하자.

$$\alpha_m(x,x^*) = \min\left[1, \overbrace{\underbrace{\frac{L(x^*|Y)}{L(x|Y)}}_{\substack{likelihood\\ratio}} \underbrace{\frac{p(x^*)}{p(x)}}_{\substack{prior\\ratio}}}^{target\ ratio} \underbrace{\frac{j_m(x^*)q_m^*(u^*)}{j_m(x)q_m(u)}}_{\substack{proposal\\ratio}} \underbrace{\left|\frac{\partial(x^*,u^*)}{\partial(x,u)}\right|}_{Jacobian}\right] \tag{10.2.18}$$

주어진 문제에서 $k=1$이면 모델 1(M_1)이고 모수는 θ로 한 개이다. $k=2$이면 모델2 (M_2)이고 모수는 θ_1과 θ_2로 두 개이다. 여기서 이동형태가 선택될 확률 $j_m(x)$는 다음과 같다고 하자.

$$j_{1\to1} = 1 - j_{1\to2}, \quad j_{1\to2} = 0.5, \quad j_{2\to1} = 1.1, \quad j_{2\to2} = 1 - j_{2\to1}$$

모델 내 이동인 $M_1 \to M_1$이나 $M_2 \to M_2$는 보통의 M-H 알고리즘을 적용하면 된다. 그러나 모델 간 이동이 시도되는 경우, $M_1 \to M_2$ 이동이나 그 역방향 $M_2 \to M_1$ 이동의 경우 생성이동과 소멸이동의 수락확률을 계산해야 한다. 이를 위해서는 먼저 천이함수를 결정하고, 그 야코비안 행렬식을 계산해야 한다. 다음의 알고리즘을 보자.

$M_1 \to M_1$ 이동(갱신이동: 차원변화 없는 모델 내 이동)

보통의 M-H 방법으로 $\theta^{(t)}$을 갱신한다. 즉, $M_1(k=1)$에서 이 이동형태가 선택될 확률 $j_{1\to1} = \dfrac{1}{2}$를 고려하고, 식(10.2.4)의 수락확률 계산식을 적용해서 $\theta^{(t)}$의 갱신 여부를 결정한다.

1) 제안분포 $q(\theta|\theta^{(t)})$로부터 표본 후보 θ^*을 만들고

2) 수락확률을 계산한다.

$$\alpha = \min\left[1, \frac{L(\theta^*|\boldsymbol{Y})p(\theta^*)}{L(\theta^{(t)}|\boldsymbol{Y})p(\theta^{(t)})}\frac{q(\theta^{(t)}|\theta^*)}{q(\theta^*|\theta^{(t)})}\right]$$

3) 계산된 수락확률 α에 따라서 제안된 후보를 수락하거나 버린다.

$$\begin{cases}\theta^{(t+1)} \leftarrow \theta^*, & \text{if } u \le \alpha \\ \theta^{(t+1)} \leftarrow \theta^{(t)}, & otherwise\end{cases}$$

$M_1 \rightarrow M_2$ 이동(생성이동: 모델 간 이동으로 차원 증가)

1) 제안분포인 균등분포 $U(0,1)$로부터 난수 u를 추출하고(정규분포 $N(\mu,\sigma)$같은 다른 제안분포를 사용할 수도 있다),

$$u \leftarrow (q(2|1) \sim U(0,1))$$

2) 이 난수 u를 이용해서, M_2에 일대일 대응하지 못하는 변수를 다음과 같이 정의했다고 하자.

$$\theta_2 \leftarrow u\theta_1$$

난수 u는 더미변수로서, 모델 1에서 모수 1개가 모델 2에서 모수 2개로 늘어나기 때문에 더미 1개를 추가하여 차원을 일치시키기 위한 것이다. θ_1은 모델 1의 θ를 그대로 사용한다. 즉, $\theta_1 = \theta$이다. 따라서 변환함수는 다음과 같이 쓸 수 있다.

$$x^* = (\theta_1, \theta_2) := T_{1\rightarrow 2}(\theta_1, u) = (\theta_1, u\theta_1)$$

이 변환함수의 야코비안 행렬식은 다음과 같이 계산된다.

$$J_{1\to 2} = \left| \frac{\partial(T_{1\to 2}\ (\theta_1, u))}{\partial(\theta_1, u)} \right| = \left| \frac{\partial(\theta_1, u\theta_1)}{\partial(\theta_1, u)} \right| = \begin{vmatrix} \frac{\partial\theta_1}{\partial\theta_1} & \frac{\partial\theta_1}{\partial u} \\ \frac{\partial u\theta_1}{\partial\theta_1} & \frac{\partial u\theta_1}{\partial u} \end{vmatrix} = \begin{vmatrix} 1 & 0 \\ u & \theta_1 \end{vmatrix} = \theta_1$$

3) 식(10.2.18)을 이용해서 수락확률을 계산한다.

$$\alpha(1\to 2) = \min\left[1, \frac{L(\theta_1^*, \theta_2^* | \boldsymbol{Y})p(\theta_1^*, \theta_2^*)p(2)}{L(\theta_1^{(t)} | \boldsymbol{Y})p(\theta_1^{(t)})p(1)} \times \frac{j_{2\to 1}}{j_{1\to 2}} \frac{q_{2\to 1}(u^*)}{q_{1\to 2}(u^{(t)})} \left| \frac{\partial(T_{1\to 2}(\theta_1^{(t)}, u^{(t)}\theta_1^{(t)}))}{\partial(\theta_1^{(t)}, u^{(t)})} \right| \right]$$

$$= \min\left[1, \frac{L(\theta_1^*, \theta_2^* | \boldsymbol{Y})p(\theta_1^*, \theta_2^*)p(2)}{L(\theta_1^{(t)} | \boldsymbol{Y})p(\theta_1^{(t)})p(1)} \times \frac{1}{\frac{1}{2}} \times \frac{1}{1} \times \theta_1^{(t)} \right]$$

여기서 중요한 점은 식(10.2.4)와는 달리 각 이동형태 m마다 천이제안밀도 $q(x^*|x) = j_m(x) \cdot q_m(x^*|x)$가 필요하다는 것이다. 앞의 문제 정의에서 생성이동이 선택될 확률 $j_{1\to 2} = 0.5$이고, 소멸이동이 선택될 확률 $j_{2\to 1} = 1$이다. 이 문제에서 $q_{2\to 1}(u^*) = 1$이다. 난수 추출이 필요 없기 때문이다(아래의 $(M_2 \to M_1)$이동 설명 참조). $q_{1\to 2}(u^{(t)}) = 1$이다. u가 균등분포 $U(0,1)$로부터 추출되었기 때문에 그 확률밀도함수를 사용한다. 여기서 볼 수 있는 것처럼, 제안분포의 비율은 쌍을 이루는 이동형태가 선택될 확률 $j_m(x)$와 더미 변수를 추출하는 데 사용한 확률 $q_m(x^*|x)$에 따라서 결정된다.

4) 계산된 수락확률 α에 따라서 제안된 후보를 수락하거나 후보를 버린다. 모델구분자도 마찬가지 방법으로 갱신한다.

$$\begin{cases} k^{(t+1)} = 2, \\ (\theta_1^{(t+1)}, \theta_2^{(t+1)}) \leftarrow (\theta_1^*, \theta_2^*), & \text{if } u \le \alpha \\ \\ k^{(t+1)} = 1, \\ \theta^{(t+1)} \leftarrow \theta_1^{(t)} & otherwise \end{cases}$$

$M_2 \rightarrow M_1$ 이동(소멸이동: 모델 간 이동으로 차원 감소)

1) 소멸이동의 경우, 단순히 M_2의 여분의 모수 θ_2를 제거하면 되기 때문에 제안분포 $q_{2\rightarrow 1}(u^*)$로부터 난수 추출이 필요 없다. 즉, 0-차원이고 이 조작은 무조건 수락되기 때문에 확률은 1이다. 즉, $q_{2\rightarrow 1}(u^*)=1$이다.

2) 이 이동을 위한 변환함수는 $T_{1\rightarrow 2} = T_{2\rightarrow 1}^{-1}$이 되도록 설정해야 생성과 소멸이동 간의 상세 균형조건이 만족된다. 이는 선택된 θ_2를 제거하고, 남은 모수 θ_1을 M_1의 모수 θ에 대응시키면 된다. 이를 위한 변환함수는

$$x^* = (\theta) \coloneqq T_{2\rightarrow 1}(\theta_1, \theta_2) = (\theta_1, *)$$

게다가 $(\theta_1, *)$에서, *를 θ_2/θ_1로 설정하더라도 $T_{1\rightarrow 2} = T_{2\rightarrow 1}^{-1}$의 조건은 만족된다.

$$x^* = (\theta_1, u) \coloneqq T_{2\rightarrow 1}(\theta_1, \theta_2) = (\theta_1, \theta_2/\theta_1)$$

이 변환함수의 야코비안은

$$J_{2\rightarrow 1} = \left| \frac{\partial(T_{2\rightarrow 1}\ (\theta_1, \theta_2))}{\partial(\theta_1, \theta_2)} \right| = \left| \frac{\partial\left(\theta_1, \dfrac{\theta_2}{\theta_1}\right)}{\partial(\theta_1, \theta_2)} \right| = \begin{vmatrix} \dfrac{\partial\theta_1}{\partial\theta_1} & \dfrac{\partial\theta_1}{\partial\theta_2} \\ \dfrac{\partial\left(\dfrac{\theta_2}{\theta_1}\right)}{\partial\theta_1} & \dfrac{\partial\left(\dfrac{\theta_2}{\theta_1}\right)}{\partial\theta_2} \end{vmatrix} = \begin{vmatrix} 1 & 0 \\ \theta_2 & \dfrac{1}{\theta_1} \end{vmatrix} = \frac{1}{\theta_1}$$

또는 역 도함수 공식을 이용해서

$$J_{2\rightarrow 1} = \left| \frac{\partial(T_{2\rightarrow 1}\ (\theta_1, \theta_2))}{\partial(\theta_1, \theta_2)} \right| = 1/\left| \frac{\partial(T_{1\rightarrow 2}\ (\theta_1, u))}{\partial(\theta_1, u)} \right| = \frac{1}{\theta_1}$$

3) 이 소멸이동의 수락확률은

$$\alpha(2\to 1)=\min\left[1, \frac{L(\theta_1^{(t)}|Y)p(\theta_1^{(t)})p(1)}{L(\theta_1^*,\theta_2^*|Y)p(\theta_1^*,\theta_2^*)p(2)}\times\frac{j_{1\to 2}}{j_{2\to 1}}\frac{q_{1\to 2}(u^{(t)})}{q_{2\to 1}(u^*)}\left|\frac{\partial\left(T_{2,1}(\theta_1^{(t)},\theta_2^{(t)})\right)}{\partial(\theta_1^{(t)},\theta_2^{(t)})}\right|\right]$$

$$=\min\left[1, \frac{L(\theta_1^{(t)}|Y)p(\theta_1^{(t)})p(1)}{L(\theta_1^*,\theta_2^*|Y)p(\theta_1^*,\theta_2^*)p(2)}\times\frac{\frac{1}{2}}{1}\times\frac{1}{1}\times\frac{1}{\theta_1^{(t)}}\right]$$

4) 계산된 수락확률 α에 따라서 제안된 후보를 수락하거나 후보를 버린다. 모델구분자도 마찬가지 방법으로 갱신한다.

$$\begin{cases} k^{(t+1)}\leftarrow 1, & \\ \theta_1^{(t+1)}\leftarrow\theta_1^*, & \text{if } u\le\alpha \\ & \\ k^{(t+1)}\leftarrow 2, & \\ (\theta_1^{(t+1)},\theta_2^{(t+1)})\leftarrow(\theta_1^{(t)},\theta_2^{(t)}) & otherwise \end{cases}$$

$M_2\to M_2$ 이동(갱신이동: 차원변화 없는 모델 내 이동)

보통의 M-H 방법으로 $\theta^{(t)}$을 갱신한다. 즉, $M_2\,(k=2)$에서 이 이동형태가 선택될 확률 $j_{2\to 2}=\dfrac{1}{2}$을 고려하고, $M_2\to M_2$ 이동과 마찬가지로 식(10.2.4)의 수락확률 계산식을 적용해서 $\theta^{(t)}$의 갱신 여부를 결정한다.

지금까지의 논의를 요약하면 다음과 같다.

알고리즘 10.2.2 가역도약법 추출 알고리즘(reversible jump MCMC sampling)

1) 초기화 $(k^{(0)},\theta_k^{(0)})$, $\theta_k=\theta_{k,1},\theta_{k,2},\cdots,\theta_{k,n_k}$

 반복 $t=1,\cdots,T$

2) 확률 $j_{k\to k^*}$에 따라 천이해 갈 모델 선택 k^*,

3) 모델 k로부터 k^*로 천이시도

 만약 $k=k^*$이면(모델 내 도약),

  3-1) 보통의 M-H 알고리즘에 의해 k의 모수 갱신

 아니면(모델 간 도약),

  3-2) 더미 변수 추출 $u^{(t)}\sim q_{k\to k^*}(u)$

3-3) 변환함수 설정 $(\theta^*_{k^*}, u^*) \leftarrow T_{k \to k^*}(\theta_k^{(t)}, u^{(t)})$

3-4) 수락확률 계산

$$\alpha = \min\left[1, \frac{p\left(k^*, \theta^*_{k^*}\right)}{p\left(k^{(t)}, \theta_k^{(t)}\right)} \frac{j_{k^* \to k}}{j_{k \to k^*}} \frac{q(u^*)}{q(u)} \left| \frac{\partial T_{k \to k^*}\left(\theta_k^{(t)}, u^{(t)}\right)}{\partial\left(\theta_k^{(t)}, u^{(t)}\right)} \right| \right]$$

3-5) 균등분포 난수 생성, $u \sim U(0,1)$

만약 $u \leqq \alpha$이면,

$$k^{(t+1)} = k^*$$
$$\theta_k^{(t+1)} = \theta^*_{k^*}$$

아니면,

$$k^{(t+1)} = k^{(t)}$$
$$\theta_k^{(t+1)} = \theta_k^{(t)}$$

만약 종료

만약 종료

4) T까지 반복

이 알고리즘은 합리적인 변환함수를 찾는 것이 어렵다. 선택된 변환함수가 효율적인 것인지는 알고리즘을 실행한 이후에 수렴 여부로부터 판단할 수 있다. 수렴에 실패하면, 새로운 변환함수로 시뮬레이션을 반복해야 한다. 다양한 초기값으로 시뮬레이션을 반복해서 체인이 같은 분포로 수렴되는지 확인해야 한다.

10.3 간단한 차원 초월 표본추출 문제

시뮬레이션 방법을 보이기 위해서 Green[6]의 자료에서 문제를 가져왔다. 체인이 탐색해야 할 상태공간은 $\theta \in \mathbb{R}^1 \cup \mathbb{R}^2$이다. 즉, 목표분포 $p(\theta)$은 두 모델 M_1과 M_2의 혼합이다. $\theta \in \mathbb{R}^1$일 때(모델 M_1, 1차원)는 모수 1개로 $\theta \sim U(0,1)$ 영역에서 균등분포하고, $\theta \in \mathbb{R}^2$일 때(모델 M_2, 2차원)는 모수 2개로 삼각형 영역 $D = \{\theta : 0 \leqq \theta_2 \leqq \theta_1 \leqq 1\}$ 내

6 P. Green, "Trans-dimensional Markov chain Monte Carlo," SAMSI Stochastic Computation, Research Triangle, September 2002.

에 균등분포한다. 각 모델이 해당 영역에 존재할 확률은 $p(k=1)=0.4$와 $p(k=2)=0.6$이다. $(k, \boldsymbol{\theta}_k)$의 결합 사후분포는

$$p(k, \boldsymbol{\theta}_k) = p(\boldsymbol{\theta}_k | k) p(k) \tag{10.3.1}$$

여기서 $p(\theta | k=1) = 1$이다. 문제에서 $0 \sim 1$의 균등분포를 따르는 것으로 주어졌기 때문이다. $(\theta | k=2) = 2 \cdot I_{\{\theta_2 < \theta_1\}}$이다. 이 역시, 문제에서 밑변의 길이가 1인 삼각형분포를 따르는 것으로 보기 때문이다. 여기서 지시함수 $I_{\{\cdot\}}$는 $\theta_2 < \theta_1$이면 1이고, 그렇지 않으면 0이다. 주어진 문제의 조건을 요약하면 [그림 10.3.1]과 같다.

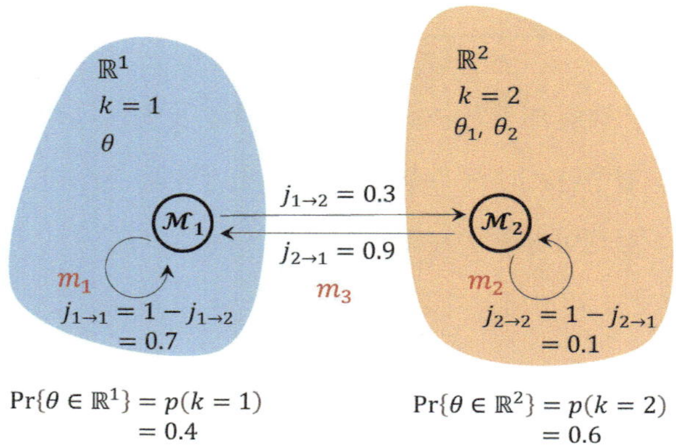

그림 10.3.1 모델 선택 문제

이 문제에서는 3가지 이동형태가 존재한다.

1) m_1: 천이가 영역 $\mathbb{R}^1$ 내에서만 생긴다. 이 예에서 천이 후보는 기존의 무작위보행(random walk) M-H 알고리즘에 의해서 제안되는 것으로 한다.
2) m_2: 천이가 영역 $\mathbb{R}^2$ 내에서만 생긴다. 이 예에서 천이 후보는 기존의 독립적(independence) M-H 알고리즘에 의해서 제안되는 것으로 한다.
3) m_3: 천이가 차원이 다른 영역 $\mathbb{R}^1$와 $\mathbb{R}^2$ 사이에서 생긴다.

각 이동형태가 선택될 확률은 다음과 같다.

$$j_{1\to1} = 1 - j_{1\to2}, \quad j_{1\to2} = 0.3, \quad j_{2\to1} = 0.9, \quad j_{2\to2} = 1 - j_{2\to1}$$

이동형태에 따른 제안분포는 다음 수식으로 표현할 수 있다.

$$q(\theta^* | \theta) = j_m(\theta) \cdot q_m(\theta^* | \theta) \tag{10.3.2}$$

여기서 $j_m(\theta)$는 θ의 천이가 이동형태 m으로 선택될 확률이고, $q_m(\theta^*|\theta)$는 이동형태 m에서 후보 θ^*를 제안하기 위한 제안분포를 말한다.

모델 내 이동(within-model move)

만약, 천이를 시작하기 전에 θ가 영역 $\mathbb{R}^1$에 있었다면, 확률 $j_{1\to1}$에 따라 이동형태 m_1이 선택되어 도약을 시도할 것이다. 제안분포는 균등분포 $U(0,1)$을 채택하고, 천이시도는 무작위보행 알고리즘(random walk M-H)에 따르는 것으로 한다. 즉, 후보 θ^*는 현재 상태 $\theta^{(t)}$를 중심으로 균등분포로부터 추출된 $\pm\epsilon$만큼의 요동에 의해 제안된다. 단, 후보 제안은 문제의 조건에 따라서 (0,1) 영역 내부로만 제한된다. 즉, 이 이동형태의 제안분포는 $q_{1\to1}(\theta^* | \theta^{(t)}) = 1$이다.

$$\theta^* \leftarrow U(\theta^{(t)} - \epsilon, \theta^{(t)} + \epsilon) \tag{10.3.3}$$

이 천이시도의 수락확률은 다음과 같다.

$$\begin{aligned}
\alpha_{1\to1}(\theta, \theta^*) &= \min\left[1, \frac{p(\theta^*|k=1)}{p(\theta^{(t)}|k=1)} \frac{p(k=1)}{p(k=1)} \frac{j_{1\to1}(\theta^*)}{j_{1\to1}(\theta^{(t)})} \frac{q_{1\to1}(\theta^{(t)}|\theta^*)}{q_{1\to1}(\theta^*|\theta^{(t)})}\right] \\
&= \min\left[1, \frac{p(\theta^*|k=1)}{1}\left(\frac{0.4}{0.4}\right)\left(\frac{0.7}{0.7}\right)\left(\frac{1}{1}\right)\right]
\end{aligned}$$

$$= \min\left[1, \frac{0 \le \theta^* \le 1}{1}\right] \tag{10.3.4}$$

이제 영역 $\mathbb{R}^2$ 내부의 천이를 보자. 이동형태 m_2의 경우, 이번에는 후보를 독립적 M-H 알고리즘에 의해 제안하기로 하자. 이 이동형태의 제안분포는 $q_{2\to 2}(\theta^* | \theta^{(t)}) = 1$이다.

$$\boldsymbol{\theta}^* = (\theta_1, \theta_2) \leftarrow (1-\theta_2, 1-\theta_1) \tag{10.3.5}$$

이 천이시도의 수락확률은 다음과 같다.

$$\alpha_{2\to 2}(\theta, \theta^*) = \min\left[1, \frac{p(\theta^* | k=2)}{p(\theta^{(t)} | k=2)} \frac{p(k=2)}{p(k=2)} \frac{q_{2\to 2}(\theta^{(t)} | \theta^*)}{q_{2\to 2}(\theta^* | \theta^{(t)})} \frac{j_{2\to 2}(\theta^*)}{j_{2\to 2}(\theta^{(t)})}\right]$$
$$= \min[1, 1] = 1 \tag{10.3.6}$$

모델 간 이동(across-model move)

먼저, $T_{1\to 2}$와 $T_{2\to 1}$의 이동을 $T_{1\to 2} = T_{2\to 1}^{-1}$이 되도록 설정해야 한다. 만약, 영역 $\mathbb{R}^1 \to \mathbb{R}^2$로의 천이가 선택되면, 이동해 가야될 영역 $\mathbb{R}^2$의 모수가 하나 더 많기 때문에 제안분포인 균등분포 $U(0,1)$로부터 난수 u를 뽑아 θ_2로 지정해서 차원을 일치시킨다. 즉, 더미 변수를 하나 더 만들어서 모수의 짝을 맞추는 것이다. 따라서 변환함수는

$$\boldsymbol{\theta}^* = (\theta_1, \theta_2) = T_{1\to 2}(\theta, u) = (\theta, u) \tag{10.3.7}$$

이 변환함수의 야코비안은

$$J_{1\to 2} = \left| \frac{\partial(T_{1\to 2}\ (\theta, u))}{\partial(\theta, u)} \right| = \left| \frac{\partial(\theta, u)}{\partial(\theta, u)} \right| = \begin{vmatrix} \frac{\partial\theta}{\partial\theta} & \frac{\partial\theta}{\partial u} \\ \frac{\partial u}{\partial\theta} & \frac{\partial u}{\partial u} \end{vmatrix} = \begin{vmatrix} 1 & 0 \\ 0 & 1 \end{vmatrix} = |1| \tag{10.3.8}$$

이 이동형태의 제안확률밀도는 $0 < u < 1$이므로 $q_{1\to2}(u^{(t)}) = 1$이다. 결국, 영역 $\mathbb{R}^1 \to \mathbb{R}^2$로 천이시도의 수락확률은

$$\alpha_{1\to2}(\theta,\theta^*)= \min\left[1, \frac{p(\theta^*|k=2)}{p(\theta^{(t)}|k=1)} \frac{p(k=2)}{p(k=1)} \frac{j_{2\to1}}{j_{1\to2}} \frac{q_{2\to1}(u^*)}{q_{1\to2}(u^{(t)})} \left| \frac{\partial(T_{1\to2}\ (\theta,u))}{\partial(\theta,u)} \right| \right]$$
$$= \min\left[1, \frac{2 \bullet I_{\{\theta_2 < \theta_1\}}}{1} \times \frac{0.6}{0.4} \times \frac{0.9}{0.3} \times \frac{1}{1} \times |1| \right]$$
$$= \min\left[1, \frac{2}{1} \times \frac{0.6}{0.4} \times \frac{0.9}{0.3} \times \frac{1}{1} \times |1| \right] I_{\{u < \theta_1\}} \tag{10.3.9}$$

$T_{1\to2}$의 역방향의 이동은 $T_{1\to2} = T_{2\to1}^{-1}$이 되어야 한다. 즉, $\mathbb{R}^2 \to \mathbb{R}^1$로의 천이를 위한 변환함수는 u^*가 필요 없기 때문에 단순히 θ_2만 제거하면 된다. 제안확률밀도 $q_{2\to1}(u^*)$는 수락확률을 고려할 필요가 없는 0-차원이다. 수락확률은 1이다.

$$\theta^* = (\theta) = T_{2\to1}(\theta_1,\theta_2) = (\theta_1, {}^*) \tag{10.3.10}$$

역 도함수(the derivative of the inverse)의 공식을 이용하면, 이 변환함수의 야코비안은 1이다.

$$J_{2\to1} = \left| \frac{\partial(T_{2\to1}(\theta_1,\theta_2))}{\partial(\theta_1,\theta_2)} \right| = \left| \left(\frac{\partial(T_{1\to2}(\theta,u))}{\partial(\theta,u)} \Bigg|_{(\theta,u)=T_{2\to1}(\theta_1,\theta_2)} \right)^{-1} \right|$$
$$= 1/\left| \frac{\partial(T_{1\to2}(\theta,u))}{\partial(\theta,u)} \Bigg|_{(\theta,u)=T_{2\to1}(\theta_1,\theta_2)} \right| = 1/|1| = 1 \tag{10.3.11}$$

결국, $\mathbb{R}^2 \to \mathbb{R}^1$로의 이동이 수락될 확률은

$$\alpha_{2\to1}(\theta,\theta^*)= \min\left[1, \frac{p(\theta^*|k=1)}{p(\theta^{(t)}|k=2)} \frac{p(k=1)}{p(k=2)} \frac{j_{1\to2}}{j_{2\to1}} \frac{q_{1\to2}(u^*)}{q_{2\to1}(u^{(t)})} \left| \frac{\partial(T_{2\to1}(\theta,u))}{\partial(\theta,u)} \right| \right]$$

$$= \min\left[1, \frac{1}{2}\times\frac{0.4}{0.6}\times\frac{0.3}{0.9}\times\frac{1}{1}\times|1|\right] \tag{10.3.12}$$

다음은 *rj*MCMC 시뮬레이션 결과이다. 프로그램을 참조하라.

프로그램 10.3 가역도약 추출법에 의한 차원 간 표본추출

```
% From Green 2002, Trans-Dimensional Markov Chain Monte Carlo
% Model 1 is in 1-D and Model 2 is in 2-D.
clc; clear all;

T = 5000;          % the number of iterations

% Model probabilities in R and in R^2
pk = [0.4, 0.6];
% Probabilities of across-model move
j = [0.3, 0.9];
% In the within-move in R, a proposal for Random Walk MH
e = 0.2;

K = zeros(T,1);                    % memory preallocation
THETA = -0.1 * ones(T,2);     % memory preallocation(-0.1 is for R region)

% set the initial conditions
k(1) = 1; K(1)=k(1);            % The chain is started at R (model 1)
theta = 0.2;                      % for theta 1
THETA(1,:) = [theta, -0.1];

for t = 2:T

    if k==1     % theta is in R
    % choose a move type between 1->2 and 1->1
        if rand < j(k)                 % Trans-Dimensional move, 1->2
            u = rand;                 % dummy for theta2
            thetaStar = [theta, u];        % theta->theta1; u->theta2
            % evaluate the accept probability
            alpha = min(1, 2*pk(2)*j(2)/(pk(1)*j(1)) ) * (u<theta);
        else                             % within-model move in R
            thetaStar = theta + 2*(rand-0.5)*e;  % by random walk M-H
            % evaluate the accept probability
            % do not accept a point outside the region (0,1)
            alpha = min(1, (0<thetaStar & thetaStar<1));
        end
    elseif k==2     % theta is in R^2
        %which move to choose
         if rand < j(k)                        % Trans-Dimensional move, 2->1
            thetaStar = theta(1);      % theta1->theta; theta2=0(dropped)
            alpha = min(1, pk(1)*j(1)/(2*pk(2)*j(2)) );
         else                                  % within-model move in R^2
            thetaStar = [1-theta(2) 1-theta(1)];  % theta1=1-theta2;
theta2=1-theta1
            alpha = 1;
         end
    end
```

```
    if rand < alpha
        theta = thetaStar;
        k = length(theta);
    end
THETA(t,1:k) = theta;
K(t) = k;

end

% check proabilities p1 and p2
idx =find(K==1);
pk1 = sum(K(idx)) / T
pk2 = 1 - pk1

%plot sample spaces
figure(1); clf
% draw a state space, R U R^2
plot([0,1],[0,0],[1,1],[0,1],[0,1],[0,1],'b-'); hold on;  % draw a triangular, R^2
plot([0,1],[-0.1,-0.1]); hold on                           % draw a line, R
xlim([-0.2 1.2]); ylim([-0.2, 1.2]);
xlabel('\theta_1','fontsize',14); ylabel('\theta_2','fontsize',14);

% draw samples
plot(THETA(:,1),THETA(:,2), 'b.');
% draw trajectory
for t=1:100
    plot([THETA(t,1),THETA(t+1,1)], [THETA(t,2),THETA(t+1,2)], 'ro-')
 %   text(THETA(t,1),THETA(t,2),strcat('  t=',num2str(t)));
end
text(-0.1,1,'The traces are of the first 100 jumps.');
text(1.05,-0.1,'R','fontsize',18);text(1.05,0.5,'R^2','fontsize',18);

figure(2); clf     %plot time evolution of k
plot(K(1:500),'-o'); ylim([0.5, 2.5]);
xlabel('iteration','fontsize',14); ylabel('Model','fontsize',14);
```

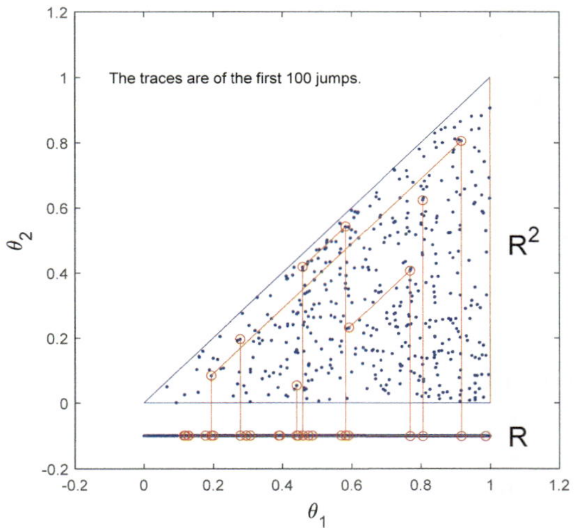

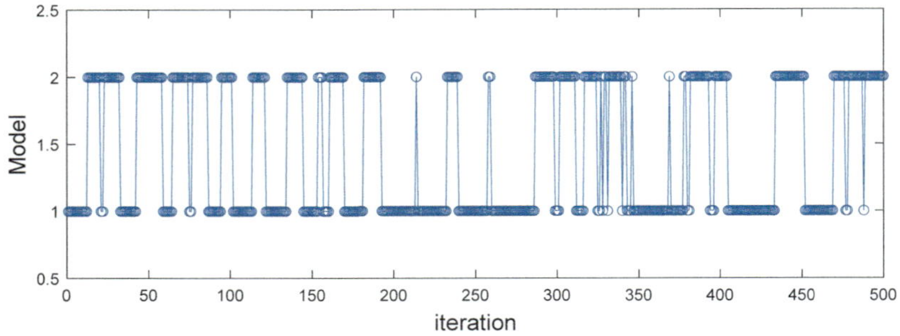

그림. 10.3.2 가역도약 추출법에 의한 모델 선택 시뮬레이션

10.4 포아송–음이항 모델에서 모델 선택

Green과 Hastie(2009)[7]의 분석방법을 따르기로 한다. 사용된 데이터는 책 Bayesian Biostatistics(2012)의 웹사이트[8]에서 가져왔다. 원래의 데이터 파일이름은 'dmft.txt'이고, 개수는 4351이다. 이 데이터를 '잘 표현'하는 모델을 찾으려고 한다. 두 모델이 고려되는데, 모델 M_1은 모수 λ로 1개인 포아송 모델이고, 모델 M_2는 모수가 λ와 κ로 2개인 음이항 모델이다. 관측치를 근거로 두 모델의 사후분포를 표본추출해서 이 문제를 풀려고 한다. 만약 종전의 방법을 사용한다면, 두 모델의 차원이 다르기 때문에 경합하는 두 모델 각각을 따로 추정한 뒤 이 둘을 비교하는 방법을 쓸 것이다. 하지만 다른 차원을 가진 모델 사이를 이동하는 알고리즘이 있다면 한 번의 시뮬레이션으로 원하는 답을 구할 수 있을 것이다.

10.4.1 모델 정의

목표분포인 베이지안 사후분포 $p(k, \boldsymbol{\theta}_k, \boldsymbol{Y})$는 다음과 같이 정의된다.

---

7 P.J. Green, D.I. Hastie, "*Reversible Jump MCMC*," 2009.

8 E. Lesaffre, A.B. Lawson, "*Bayesian Biostatistics*," Wiley, 2012.

$$\underbrace{p(k,\boldsymbol{\theta}_k,\boldsymbol{Y})}_{posterior} \propto \underbrace{L(k,\boldsymbol{\theta}_k|\boldsymbol{Y})}_{likelihood}\underbrace{p(\boldsymbol{\theta}_k|k)p(k)}_{prior} \tag{10.4.1}$$

관측치가 N개일 때, 포아송 모델(M_1)의 가능도는

$$L(\lambda_1|\boldsymbol{Y}) = \prod_{i=1}^{N}\frac{\lambda_1^{y_i}}{y_i!}\exp(-\lambda_1) \tag{10.4.2}$$

참고로 포아송 분포의 평균과 분산은 $E(y_i) = \lambda_1$과 $Var(y_i) = \lambda_1$이다.

한편 음이항 모델(M_2)의 가능도는

$$L(\lambda_2,\kappa|\boldsymbol{Y}) = \prod_{i=1}^{N}\frac{\lambda_2^{y_i}}{y_i!}\frac{\Gamma\left(\frac{1}{\kappa}+y_i\right)}{\Gamma\left(\frac{1}{\kappa}\right)\left(\frac{1}{\kappa}+\lambda_2\right)^{y_i}}(1+\kappa\lambda_2)^{-\frac{1}{\kappa}} \tag{10.4.3}$$

또는

$$L(\lambda_2,\kappa|\boldsymbol{Y}) = \prod_{i=1}^{N}\frac{\Gamma\left(\frac{1}{\kappa}+y_i\right)}{\Gamma\left(\frac{1}{\kappa}\right)y_i!}\left(\frac{\kappa\lambda_2}{1+\kappa\lambda_2}\right)^{y_i}\left(\frac{1}{1+\kappa\lambda_2}\right)^{\frac{1}{\kappa}} \tag{10.4.4}$$

여기서 κ는 과분산(overdisperson)을 나타내는 모수이다. 이 추가된 모수 덕분에 데이터가 과분산된 경우에는 음이항 모델이 포아송 모델보다 더 좋은 성능을 보인다. 만약 $\kappa = 0$이라면 음이항 분포는 포아송 분포와 같아진다. 즉, κ는 음이항 모델에서만 의미가 있다. 참고로 음이항 분포의 평균과 분산은 $E(y_i) = \lambda_2$와 $Var(y_i) = \lambda_2(1+\kappa\lambda_2)$이다.

이 모델 선택 문제는 다음과 같이 요약된다.

Model 1: $k=1,\ \ Y_i \sim Poisson(\lambda_1),\ \ \boldsymbol{\theta}_1 = \lambda_1$

Model 2: $k=2,\ \ Y_i \sim NegBin(\lambda_2,\kappa),\ \ \boldsymbol{\theta}_2 = (\theta_{21},\theta_{22}) = (\lambda_2,\kappa)$

차원 간 이동은 $\boldsymbol{x}_1 = (1, \lambda_1)$와 $\boldsymbol{x}_2 = (2, \lambda_2, \kappa)$ 사이의 이동이다. 모델 정의를 마무리하려면 각 모델 모수의 사전분포 $p(\boldsymbol{\theta}_k|k)$를 정해야 한다. 모두 감마분포를 따르는 것으로 본다.

$$\theta_1, \theta_{21} \sim \Gamma(a_\lambda, b_\lambda)$$
$$\theta_{22} \sim \Gamma(a_\kappa, b_\kappa)$$

시뮬레이션에서는 $\lambda = \lambda_1 = \lambda_2$를 쓰기로 하자. 이는 모델 1의 λ_1과 모델 2의 λ_2가 같은 사전분포를 갖는다는 것을 의미한다. 감마분포의 밀도함수는

$$f(x) = \frac{x^{a-1}}{\Gamma(a)b^a} \exp\left(-\frac{x}{b}\right) \tag{10.4.5}$$

각 모델의 관점에서 모수의 사전분포는 다음과 같이 요약된다.

$$\lambda_1 \sim \pi(\boldsymbol{\theta}_1|1) = \Gamma(a_{\lambda_1}, b_{\lambda_2})$$
$$\lambda_2, \kappa \sim \pi(\boldsymbol{\theta}_2|2) = \Gamma(a_{\lambda_2}, b_{\lambda_3}) \bullet \Gamma(a_\kappa, b_\kappa)$$

다음은 각 모델의 초기 확률분포를 정하는 일이다. 여기서는 각 모델의 확률을 반반으로 했다.

$$p(k=1) = 0.5$$
$$p(k=2) = 0.5$$

결국 목표분포인 사후분포는 두 사후분포 M_1과 M_2의 혼합이다.

모델 M_1의 경우 사후분포는

$$\begin{aligned} p(1, \boldsymbol{\theta}_1|\boldsymbol{Y}) &\propto L^{Poiss}(1, \lambda_1|\boldsymbol{Y}) \bullet \Gamma\left(a_{\lambda_1}, b_{\lambda_1}\right) \bullet p(k=1) \\ &= \left(\prod_{i=1}^{N} \frac{\lambda_1^{y_i}}{y_i!} \exp(-\lambda_1)\right) \times \left(\frac{\lambda_1^{a_\lambda - 1}}{\Gamma(a_\lambda) b_\lambda^{a_\lambda}} \exp\left(-\frac{\lambda_1}{b_\lambda}\right)\right) \times (0.5) \end{aligned} \tag{10.4.6}$$

모델 M_2의 경우 사후분포는

$$p(2,\boldsymbol{\theta}_2|\boldsymbol{Y}) \propto L^{NegBi}(2,\lambda_2,\kappa|\boldsymbol{Y}) \bullet \Gamma(a_{\lambda_2},b_{\lambda_2}) \bullet \Gamma(a_\kappa,b_\kappa) \bullet p(k=2)$$
$$= \left(\prod_{i=1}^{N} \frac{\Gamma\left(\frac{1}{\kappa}+y_i\right)}{\Gamma\left(\frac{1}{\kappa}\right)y_i!}\left(\frac{\kappa\lambda_2}{1+\kappa\lambda_2}\right)^{y_i}\left(\frac{1}{1+\kappa\lambda_2}\right)^{\frac{1}{\kappa}}\right)$$
$$\times\left(\frac{\lambda_2^{a_\lambda-1}}{\Gamma(a_\lambda)b_\lambda^{a_\lambda}}\exp\left(-\frac{\lambda_2}{b_\lambda}\right)\right)\times\left(\frac{\kappa^{a_\kappa-1}}{\Gamma(a_\kappa)b_\kappa^{a_\kappa}}\exp\left(-\frac{\kappa}{b_\kappa}\right)\right)\times(0.5) \quad (10.4.7)$$

가능도는 로그로 취급하는 것이 편리하다. 식(10.4.2)의 포아송 분포의 로그-가능도는

$$\ln L(\lambda_1|\boldsymbol{Y}) = \sum_{i=1}^{N}\ln\left\{\frac{\lambda_1^{y_i}}{y_i!}\exp(-\lambda_1)\right\} = \sum_{i=1}^{N}\{y_i\ln(\lambda_1)-\ln(y_i!)-\lambda_1\} \quad (10.4.2')$$

$x! = \Gamma(x+1)$이기 때문에 매트랩에서 ln(x!)=gammaln(x+1)을 써서 다음과 같이 프로그램화할 수 있다.

$$\text{llkPoisson} = \text{sum}(\text{y}_\text{i}\log(\lambda_1) - \text{gammaln}(\text{y}_\text{i}+1) - \lambda_1)$$

식 (10.4.4)의 음이항 분포의 로그-가능도는

$$\ln L(\lambda_2,\kappa|\boldsymbol{Y}) = \sum_{i=1}^{N}\ln\left\{\frac{\Gamma\left(\frac{1}{\kappa}+y_i\right)}{\Gamma\left(\frac{1}{\kappa}\right)y_i!}\left(\frac{\kappa\lambda_2}{1+\kappa\lambda_2}\right)^{y_i}\left(\frac{1}{1+\kappa\lambda_2}\right)^{\frac{1}{\kappa}}\right\}$$
$$= \sum_{i=1}^{N}\left\{\ln\left(\frac{\Gamma\left(\frac{1}{\kappa}+y_i\right)}{\Gamma\left(\frac{1}{\kappa}\right)y_i!}\right)+y_i\ln\left(\frac{\kappa\lambda_2}{1+\kappa\lambda_2}\right)+\frac{1}{\kappa}\ln\left(\frac{1}{1+\kappa\lambda_2}\right)\right\}$$
$$= \sum_{i=1}^{N}\left\{\ln\left(\frac{\Gamma\left(\frac{1}{\kappa}+y_i\right)}{\Gamma\left(\frac{1}{\kappa}\right)y_i!}\right)+y_i\ln(\kappa\lambda_2)-\left(y_i+\frac{1}{\kappa}\right)\ln(1+\kappa\lambda_2)\right\} \quad (10.4.4')$$

이것은 다음과 같이 프로그램할 수 있다.

$$\text{llkNegBin} = \text{sum}\left(\text{gammaln}\left(\frac{1}{\kappa}+\text{y}_\text{i}\right)-\text{gammaln}\left(\frac{1}{\kappa}\right)-\text{gammaln}(\text{y}_\text{i}+1)\right.$$
$$\left.+\, y_i\ln(\kappa\lambda_2)-\left(y_i+\frac{1}{\kappa}\right)\ln(1+\kappa\lambda_2)\right)$$

두 사후분포들을 구성하는 내용 중 위에서 언급되지 않은 것은 [프로그램 10.4]를 참고하기 바란다.

10.4.2 이동형태와 수락확률

이 문제에는 4종류의 이동형태 m이 존재한다.

1) 이동형태 1($m=1\rightarrow 1$)

   포아송 모델 내부에서의 이동이다. 즉, 포아송 모델에서 포아송 모델로($M_1\rightarrow M_1$) 천이시도한다.

2) 이동형태 2($m=1\rightarrow 2$)

   모델 간 이동이다. 포아송 모델에서 음이항 모델로($M_1\rightarrow M_2$) 천이시도한다. 이 이동은 모수가 1개에서 2개로 늘어나야 하므로 생성이동(birth move)이라 한다.

3) 이동형태 3($m=2\rightarrow 1$)

   모델 간 이동이다. 음이항 모델에서의 포아송 모델로($M_2\rightarrow M_1$) 천이시도한다. 이 이동은 모수가 2개에서 1개로 줄어들어야 하므로 소멸이동(death move)이라 한다.

4) 이동형태 4($m=2\rightarrow 2$)

   음이항 모델 내부에서의 이동이다. 즉, 음이항 모델에서 음이항 모델로($M_2\rightarrow M_2$) 천이시도한다.

이동형태 2와 3은 '모델 간 이동'이고, 이동형태 1과 4는 '모델 내 이동'이다. 후자는 천이가 끝나도 상태가 같은 모델 내에 머물기 때문에 갱신이동(update move)이라고도 한다. 이 이동은 보통의 M-H 알고리즘에 의해 수행된다. 두 모델만 고려되기 때문에 현재 상태가 모델 M_2에 있다면 생성이동은 없고, 역으로 현재 상태가 모델 M_1에 있다면 소멸이동은 없다.

한 모델에서 다른 모델로 도약을 시도하는 확률은 다음과 같이 설정하자.

$$j_{1\to1} = j_{1\to2} = j_{2\to1} = j_{2\to2} = 0.5$$

가. 생성이동($m = 1 \to 2$)

보통의 M-H 알고리즘에서 수락확률은 도약 시도 전후의 확률밀도를 비교해서 판단하지만, 차원이 다를 때는 확률밀도를 비교하는 것은 의미가 없다. 이 경우 현 상태공간 $x = (1, \theta)$는 모수 κ에 대응되는 변수는 없다. 따라서 차원을 늘려 모수 1개에서 2개로 만들어야 한다. 이것은 더미변수 u를 만들고, 모델 M_2의 κ에 일대일 대응시킴으로써 가능하다. 더미변수는 제안분포 $q_{k\to k^*}$로부터 추출되는데, 예를 들면 $u \sim U(0, \sigma^2)$이다. 이 예제에서는 모델 간 이동의 경우 κ를 Hastie와 Green(2012)의 연구와 동일하게 선택하자. 즉, 로그정규분포로부터 난수 $\exp(u)$를 추출하고, 이것이 현재의 μ를 중심으로 요동할 수 있도록 한다. 따라서 $\kappa = \mu \exp(u)$이다. $x^* = (2, \boldsymbol{\theta}^*)$이라 하면,

$$\boldsymbol{\theta}^* = (\lambda_2, \kappa) = T_{1\to2}(\lambda_1, u) = (\lambda_1, \mu\exp(u)) \tag{10.4.8}$$

이 변환의 야코비안은

$$J_{1\to2} = \left| \frac{\partial T_{1\to2}(\lambda_1, u)}{\partial(\lambda_1, u)} \right| = \begin{vmatrix} \dfrac{\partial\lambda_1}{\partial\lambda_1} & \dfrac{\partial\lambda_1}{\partial u} \\[2ex] \dfrac{\partial\mu\exp(u)}{\partial\lambda_1} & \dfrac{\partial\mu\exp(u)}{\partial u} \end{vmatrix} = \begin{vmatrix} 1 & 0 \\ 0 & \mu\exp(u) \end{vmatrix} = \mu\exp(u) \tag{10.4.9}$$

따라서 생성이동 $m = 1 \to 2$의 수락확률은 다음과 같이 정의된다.

$$\alpha_{birth}(k\to k^*)=\alpha_{1\to 2}(1\to 2)=\min\left[1, r_{birth}(k\to k^*)\right] \tag{10.4.10}$$

여기서

$$\begin{aligned} r_{birth}(1\to 2) &= \frac{p(2,\boldsymbol{\theta}_2|\boldsymbol{Y})}{p(1,\boldsymbol{\theta}_1|\boldsymbol{Y})}\times\frac{j_{2\to 1}(\boldsymbol{\theta}_2)}{j_{1\to 2}(\boldsymbol{\theta}_1)}\times\frac{q_{k^*\to k}(u^*)}{q_{k\to k^*}(u)}\times J_{1\to 2} \\ &= \left(\frac{L^{NegBi}(\lambda_2,\kappa|Y)p(\lambda_2)p(\kappa)}{L^{Poiss}(\lambda_1|Y)p(\lambda_1)}\right)\times\left(\frac{0.5}{0.5}\right) \\ &\quad\times\left(\frac{1}{\frac{1}{\sqrt{2\pi}\,\sigma}\exp\left[-\frac{1}{2}\left(\frac{u}{\sigma}\right)^2\right]}\right)\times(\mu\exp(u)) \end{aligned} \tag{10.4.11}$$

위 식에서 $q(u^*)$는 필요치 않다. $u^*=0$이기 때문에 1로 설정하면 된다.

나. 소멸이동($m=2\to 1$)

모수의 개수가 줄어들기 때문에 난수 u^*를 만들 필요가 없다. 즉, $u^*=0$이다. $Y_{2\to 1}$가 $T_{1\to 2}^{-1}$이 되도록 변수를 모델 M_1로 되돌리면 충분하다. 즉,

$$\boldsymbol{\theta}^*=(\lambda_1,u)=T_{1\to 2}^{-1}(\boldsymbol{\theta}^*)=T_{2\to 1}(\lambda_2,\kappa)=\left(\lambda_2,\ln\left(\frac{\kappa}{\mu}\right)\right) \tag{10.4.12}$$

시뮬레이션에서 (λ_2,κ)는 단순히 κ를 제거함으로써 $(\lambda_1,*)$이 된다. $\lambda_1=\lambda_2$. 이 변환의 야코비안은

$$J_{2\to 1}=\left|\frac{\partial T_{2\to 1}(\boldsymbol{\theta}^*)}{\partial(\boldsymbol{\theta}^*)}\right|=\left|\frac{\partial(T_{2\to 1}(\lambda_2,\kappa))}{\partial(\lambda_2,\kappa)}\right|=\begin{vmatrix}\frac{\partial\lambda_2}{\partial\lambda_2} & \frac{\partial\lambda_2}{\partial\kappa} \\ \frac{\partial\ \ln\left(\frac{\kappa}{\mu}\right)}{\partial\lambda_2} & \frac{\partial\ \ln\left(\frac{\kappa}{\mu}\right)}{\partial\kappa}\end{vmatrix}=\begin{vmatrix}1 & 0 \\ 0 & \frac{1}{\kappa}\end{vmatrix}=\frac{1}{\kappa} \tag{10.4.13}$$

이 소멸이동 $m=2\rightarrow 1$의 수락확률은 다음과 같이 정의된다.

$$\alpha_{death}(k^{*}\rightarrow k)=\alpha_{2\rightarrow 1}(2\rightarrow 1)=\min\left[1, r_{death}(k^{*}\rightarrow k)\right] \tag{10.4.14}$$

여기서

$$\begin{aligned} r_{death}(2\rightarrow 1) &= \frac{p(1,\boldsymbol{\theta}_1|y)}{p(2,\boldsymbol{\theta}_2|y)}\times\frac{j_{1\rightarrow 2}(\boldsymbol{\theta}_1)}{j_{2\rightarrow 1}(\boldsymbol{\theta}_2)}\times\frac{q_{k\rightarrow k^{*}}(u^{*})}{q_{k^{*}\rightarrow k}(u)}\times J_{2\rightarrow 1} \\ &= \left(\frac{L^{Poiss}(\lambda_1|Y)p(\lambda_1)}{L^{\neg Bi}(\lambda_2,\kappa|Y)p(\lambda_2)p(\kappa)}\right)\times\left(\frac{0.5}{0.5}\right) \\ &\quad\times\left(\frac{1}{\sqrt{2\pi}\,\sigma}\exp\left[-\frac{1}{2}\left(\frac{\ln(\kappa/\mu)}{\sigma}\right)^2\right]\right)\times\left(\frac{1}{\kappa}\right) \end{aligned} \tag{10.4.15}$$

위 식에서 $q(u)$는 0-차원이다. 즉, $u^{*}=0$이므로 1로 설정한다.

위에서 다룬 모델 간 두 가지 이동형태들의 관계는, $u=\ln\left(\frac{\kappa}{\mu}\right)$이므로

$$r_{death}(2\rightarrow 1)=\frac{1}{r_{birth}(1\rightarrow 2)}$$

이 이동형태들을 수행하기 위한 제안분포 q와 변환함수 T의 선택은 성능에 큰 미칠 수 있다. 10.1절의 참고문헌들을 바탕으로 적절한 선택이 이루어지도록 해야 한다.

다. 갱신이동($m=1\rightarrow 1$, $m=2\rightarrow 2$)

모델 내 이동은 보통의 M-H 알고리즘에 의해 수행할 수 있다. 감마제안분포로부터 난수를 뽑아 표본 후보로 삼고 수락확률을 계산한다. 이동형태 $m=1\rightarrow 1$의 경우에 수락확률은

$$\alpha_{1\rightarrow 1}(1\rightarrow 1)=\min\left[1,\frac{p(1,\theta_1^{*}|[\boldsymbol{Y})}{p(1,\theta_1^{(t)}|\boldsymbol{Y})}\frac{q(\theta_1^{(t)}|\theta_1^{*})}{q(\theta_1^{*}|\theta_1^{(t)})}\right] \tag{10.4.16}$$

이동형태 $m=2\to 2$의 경우에 수락확률은

$$\alpha_{2\to 2}(2\to 2)=\min\left[1,\frac{p\left(2,\theta_{21}^{*},\theta_{22}^{*}|\,\boldsymbol{Y}\right)}{p\left(2,\theta_{21}^{(t)},\theta_{22}^{(t)}|\,\boldsymbol{Y}\right)}\frac{q\left(\theta_{22}^{(t)}|\theta_{22}^{*}\right)q\left(\theta_{21}^{(t)}|\theta_{21}^{*}\right)}{q\left(\theta_{22}^{*}|\theta_{22}^{(t)}\right)q\left(\theta_{21}^{*}|\theta_{21}^{(t)}\right)}\right] \tag{10.4.17}$$

10.4.3 시뮬레이션 조건

시뮬레이션을 위해서 다음 인자들을 설정해야 한다.

1) 먼저, 포아송 모델의 모수 λ_1을 위한 감마사전분포의 초모수 a와 b는 다음과 같이 설정하였다. 포와송 분포의 평균은 λ_1이므로,

$$a_\lambda = mean(y)\times c = 2.243$$
$$b_\lambda = c$$

이는 λ_1에 대한 사전 믿음이다. c는 1로 설정하였다. 보통은 0.5~1 사이의 값을 갖는다.

2) 음이항 모델의 모수 κ를 위한 감마사전분포는 $a_\kappa=\dfrac{2}{mean(y)}\times c$와 $b_\kappa=c$로 설정하였다. 이 모수는 과분산을 나타낸다.

3) 모델 간 이동에서 더미변수 u를 위한 제안분포의 설정은 로그정규분포에서 난수 $\exp(u)$를 뽑고, 거기에 μ를 곱해서 $\mu\exp(u)$가 κ를 중심으로 요동하도록 선택하였다. κ의 평균은 $E(\kappa)=\mu\exp\left(-\dfrac{\sigma^2}{2}\right)$이기 때문에 $\mu=2\left(\dfrac{Var(y)}{E(y)}-1\right)/E(y)\times\exp\left(-\dfrac{\sigma^2}{2}\right)$이고, σ는 0.5, 1, 2와 같은 다양한 값을 취할 수 있다.

10.4.4 시뮬레이션 결과 및 프로그램

체인이 각 모델을 방문한 횟수가 그 모델의 확률이다. 시뮬레이션 결과는 $p(k=1)\approx 0.4$

및 $p(k=1) \approx 0.6$으로 나타난다. 이는 포아송 분포보다는 음이항 분포가 데이터를 표현하는 데 더 좋은 것으로 해석할 수 있다. [그림 10.4.1]의 상단은 매 시뮬레이션 단계에서 방문한 모델을 나타낸 것이다. 중앙의 그림은 매 시뮬레이션 단계에서의 모수이다. 체인이 모델 1을 방문한 경우에는 모수는 1개(파란색)이고, 모델 2를 방문한 경우에는 모수가 2개(초록색과 빨간색)이다. 하단 그림들은 각 모수의 빈도를 나타낸 것이다.

프로그램 10.4 가역도약 추출법에 의한 모델 선택(베이지안 포아송–음이항 분포 모델)

```
% rjMCMC Model Selection
% Model 1: Poisson and
% Model 2: Negatve Binomial (NB)
% The example is taken from Hastie and Green 2009, Trans-Dimensional MCMC.
% The data(4531X1) is used from E. Lesaffre and A.B. Lawson in the book titled
% "Bayesian Biostatistics," 2012, Wiley. The original file name is "dmft.txt"
% which is freely available in the internet.

clear all; clf; clc;
%rng(1234,'twister'); % randomize
load dmftPoissonNegBino % the label of the data is "Y".
y = Y; size(y);% check the data
meanY = mean(y); % the mean of the data
varY = var(y); % the variance of the data

%% Run the loop
T = 10000;% the number of iteration

THETA = zeros(T,2); % preallocation for saving the result data
K = zeros(T,1); % selected model

% Model probabilities in R and in R^2
pk = [0.5, 0.5];

% Probabilities of a 'within-model' move
j = [0.5, 0.5];

% hyerparameters of the Gamma proposal for the lambda1 (=mean)
% of Poisson Model (Model 1).
c = 1;
a1 = meanY * c;
b1 = c;

% hyerparameters of the Gamma proposal for the lambda2 (=mean)
% of NB Model (Model 2), % Use the same values with Model 1
a2 = a1;
b2 = b1;

% hyerparameters of the Gamma proposal for the kappa (=overdisperson)
% of NB model (Model 2)
a3 = (2/meanY) * c;
b3 = c;
```

```
% probability density of proposals for the model parameters
% if other proposal densities are adopted, it should be changed
scale = 1;

q11 = @(x,shape) gampdf(x,shape,scale);% Gamma proposal for lambda1
q221 = @(x,shape) gampdf(x,shape,scale); % Gamma proposal for lambda2
q222 = @(x,shape) gampdf(x,shape,scale); % Gamma proposal for kappa

% when across-model move, M1 -> M2,
% parameters for proposal density of dummy variable, u
Sigma = 1;% range of 0.5, 1, 2
Mu = 2 * (varY/meanY - 1) / meanY * exp(-Sigma^2/2);

% pdf of Normal proposal for u (kappa in Model2)
q12 = @(x,Mu) normpdf(x,Mu,Sigma);
q21 = @(x,Mu) normpdf(x,Mu,Sigma);

%% Define the posterior distribution for each model
% -------the posterior distribution of Model 1 ---------------
% In denominator, 10000 is introduced because of too small values of results
posterPoisson =@(lambda,a1,b1,y) (exp(sum(y*log(lambda)...
- gammaln(y+1) - lambda) / 10000)) * gampdf(lambda,a1,b1) * pk(1);

% -------the posterior distribution of Model 2 ---------------
posterNegBin = @(lambda,kappa,a2,b2,a3,b3,y) (exp(sum(gammaln(1/kappa+y) ...
- gammaln(1/kappa) - gammaln(y+1) + y*log(kappa*lambda) ...
- (y+1/kappa) * log(1+kappa*lambda)) / 10000))...
* gampdf(lambda,a2,b2) * gampdf(kappa,a3,b3) * pk(2);

% set the initial conditions
theta1 = 2.0; % lambda 1 (=mean)
theta21 = theta1;% Say, the mean of Model 2 is the same as that of Model 1.
theta22 = 3.0;
k(1) = 1; K(1) = 1; % start at model 1
theta = 0.2; THETA(1,:) = [theta, []];

jm1 = 1;
jm2 = 1;% variables for extracting the result data

for t=2:T

%%-----update for model parameters, according to move types

if k==1 % in Model 1
% choose a move type

 if rand < j(k) % within-model move, 1->1 (=update move)
% attempt to a jump by the standard MH algorithm
thetaStar = gamrnd(theta*scale, scale);% Gamma for lambda1

rProposal = q11(theta,thetaStar) / q11(thetaStar,theta);
rPosterior = posterPoisson(thetaStar,a1,b1,y) /...
posterPoisson(theta,a1,b1,y);
r11 = rPosterior * rProposal;

alpha = min(1, r11);
```

```
else % Trans-Dimensional move, 1->2 (=birth move)
% independently generating u for kappa by N(0, Sigma) proposal
% (kappa = Mu * exp(u))
% Thus, Mu * exp(u) fluctuates around kappa
% proposal for lambda2, which is the same that lambda1
u = normrnd(0,Sigma);
thetaStar = [theta, Mu*exp(u)];

% ratio of posteriors for each model
rPosterior = posterNegBin(thetaStar(1),thetaStar(2),…
a2,b2,a3,b3,y) / posterPoisson(theta,a1,b1,y);

% proposal probability sensities for each model
% q21(u) = 1 because no need to generate the u
rProposal = 1 / q12(u,0);

% The determinant of the Jacobian for transformation, T1,2
deterJacobian = Mu * exp(u);

% acceptance ratio
r12 = rPosterior * rProposal * deterJacobian;

% acceptance probability
alpha = min(1, r12);
end

elseif k==2 % in Model 2
% choose a move type

if rand > j(k)% Trans-Dimensional move(2->1) (death move)
% proposal for lambda1, whiich is the same that lambda2
% just dropping kappa of Model 2
thetaStar = theta(1);

rPosterior = posterPoisson(theta(1),a1,b1,y) ...
 / posterNegBin(theta(1),theta(2),a2,b2,a3,b3,y);

rProposal = q21(log(theta(2)/Mu),0) / 1;
deterJacobian = 1 / theta(2);

r21 = rPosterior * rProposal * deterJacobian;

alpha = min(1, r21);

else% within-model move, 2->2 (=update move)
% attempt to a jump by the standard MH algorithm

% a candidate for lambda2 is generated by the Gamma proposal
thetaStar = gamrnd(theta*scale, scale);
% a candidate for kappa is generated by the Gamma proposal
%theta22_star = gamrnd(theta22*scale, scale);

tmpCan = q221(theta(1),thetaStar(1)) * q222(theta(2),thetaStar(2));
tmpOld = q221(thetaStar(1),theta(1)) * q222(thetaStar(2),theta(2));
rProposal = tmpCan / tmpOld;

rPosterior = posterNegBin(thetaStar(1),thetaStar(2),a2,b2,a3,b3,y) ...
```

```
/ posterNegBin(theta(1),theta(2),a2,b2,a3,b3,y);
r22 = rPosterior * rProposal;

alpha = min(1, r22);

end
end
%%--------------------------------------------------------------
% Metropolis criterion for accepting/rejecting a move trial,
% based on the probabilities for each move types
if rand < alpha
 theta = thetaStar; % accept the selected trial
 k = length(theta);
end

THETA(t,1:k) = theta;
K(t) = k;

% extracting data based on conditions
if (k==1 & theta ~= 0)% for data of Model 1
m1(jm1, :) = [t, theta];
jm1 = jm1 + 1;
elseif (theta(1) ~= 0) % for data of Model 2
m2(jm2, :) = [t, theta];
jm2 = jm2 + 1;
end

end

jm1=jm1 - 1; jm2=jm2 - 1;

% Probability of each model in the joint posterior
probK1 = jm1/T% Model 1
probK2 = jm2/T% Model 2

% analyzing the parameters of each model, in the joint posterior
median(m1(:,2))% lambda 1
median(m2(:,2))% lambda 21
median(m2(:,3)) % kappa

%% Plotting
%%%%%%%%%%%%%%%%%%%%%%%%%%%%%%%%%%
figure(1); clf
scatter(m1(1:jm1,1),m1(1:jm1,2),'filled','bo'); hold on;
xlim([0,100]);ylim([-2,10]); box on; grid on;
xlabel('iteration', 'fontsize',14);
ylabel('parameters(\lambda_{1}, \lambda_{2}, \kappa)',...
'fontsize',14);
scatter(m2(1:jm2,1),m2(1:jm2,2),'filled','go')
scatter(m2(1:jm2,1),m2(1:jm2,3),'filled','ro')
legend('\lambda_{1}', '\lambda_{2}', '\kappa'); hold off;

%%%%%%%%%%%%%%%%%%%%%%%%%%%%%%%%%%
figure(2); clf
subplot(1,3,1);%%%%%% lambda 1 in Model 1
xMin = 0; xMax=10; nbins=50;
xbins = linspace(xMin, xMax, nbins);
```

```
counts = hist(m1(:,2), xbins);
h1=bar(xbins, counts/sum(counts));
set(h1, 'facecolor', [0.8, 0.8, 1]); xlim([xMin, xMax]);
xlabel('\lambda_{1}','fontsize',14, 'fontWeight','bold');
ylabel('Frequency','fontsize',14);

subplot(1,3,2);%%%%%%% lambda 2 in Model 2
counts = hist(m2(:,2), xbins);
h2=bar(xbins, counts/sum(counts));
set(h2, 'facecolor', [0.8, 0.8, 1]); xlim([xMin, xMax]);
xlabel('\lambda_{2}','fontsize',14, 'fontWeight','bold');
ylabel('Frequency','fontsize',14);

subplot(1,3,3);%%%%%%% kappa in Model 2
counts = hist(m2(:,3), xbins);
h3=bar(xbins, counts/sum(counts));
set(h3, 'facecolor', [0.8, 0.8, 1]); xlim([xMin, xMax]);
xlabel('\kappa','fontsize',14, 'fontWeight','bold');
ylabel('Frequency','fontsize',14);

figure(3); clf
plot(K(1:100),'-o'); xlabel('iteration', 'fontsize',14);
ylim([0.5 2.5]);
yticks([1 2]); yticklabels({'Poisson (M1)','NegBinom(M2)'})
```

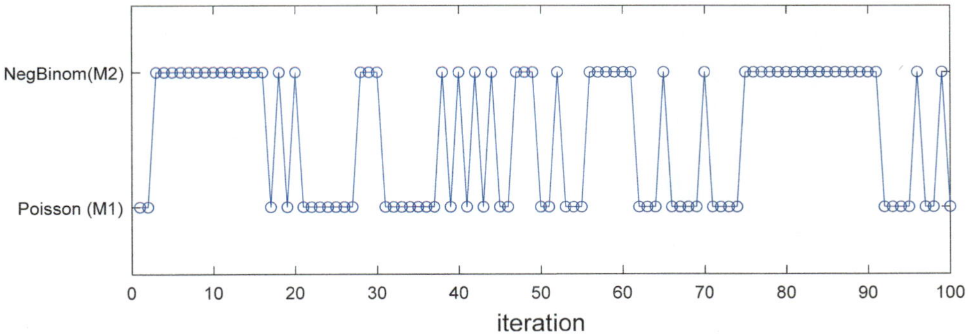

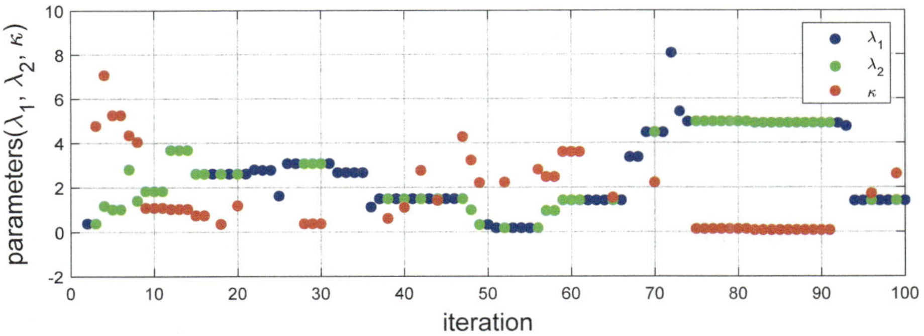

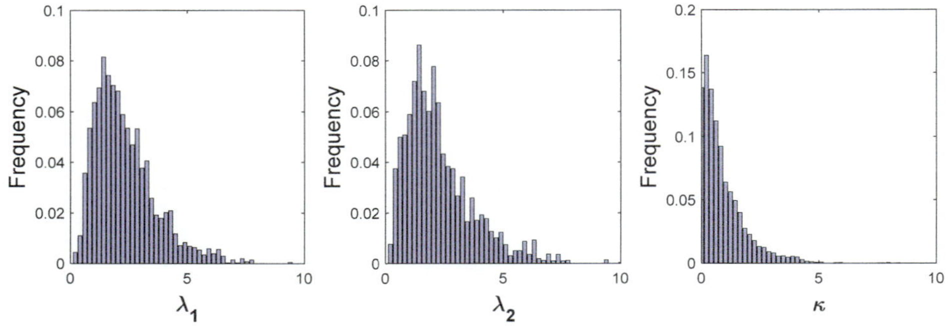

그림 10.4.1 가역도약 추출법에 의한 베이지안 포아송-음이항 분포 모델

10.5 회귀분석에서 모델 선택

설명변수는 x_i이고 관측치는 y_i이다. ϵ는 관측 오차이다. 여기서 $i=1, \cdots, n$이다. 다음과 같은 모델 중에서 어느 것이 데이터 (x, y)를 잘 표현할 수 있는지 알고자 한다.

$$\begin{aligned} &Model\ \ k=1: \quad && y_i = b_o + \epsilon_i \\ &Model\ \ k=2: \quad && y_i = b_o + b_1 x_i + \epsilon_i \\ &Model\ \ k=3: \quad && y_i = b_o + b_1 x_i + b_2 x_i^2 + \epsilon_i \end{aligned} \tag{10.5.1}$$

위 식은 다음과 같이 일반화할 수 있다.

$$y_i = \sum_{k=0}^{K-1} \boldsymbol{x}_i^k \boldsymbol{b}_k^T + \epsilon_i \tag{10.5.2}$$

여기서 $k=0, 1, \cdots, K-1$이다. 오차는 정규분포를 따르기 때문에, 즉 $\epsilon_i \sim N(0,1)$이므로

$$y_i \sim N\left(\sum_{k=0}^{K-1} \boldsymbol{x}_i^k \boldsymbol{b}_k, 1\right) \tag{10.5.3}$$

이것은 다음과 같이 풀어서 표현할 수 있다.

$$\begin{bmatrix} y_1 \\ y_2 \\ \vdots \\ \vdots \\ y_n \end{bmatrix} = \begin{bmatrix} x_1^0 & x_1^1 & x_1^2 \\ x_2^0 & x_2^1 & x_2^2 \\ \vdots & \vdots & \vdots \\ \vdots & \vdots & \vdots \\ x_n^0 & x_n^1 & x_n^2 \end{bmatrix} \begin{bmatrix} b_0 \\ b_1 \\ b_2 \end{bmatrix} + \begin{bmatrix} \epsilon_1 \\ \epsilon_2 \\ \vdots \\ \vdots \\ \epsilon_n \end{bmatrix} \tag{10.5.4}$$

이 문제에서 표본추출을 통해서 추정하려는 것은 모델구분자 k와 회귀식의 계수 b_k들이다. 따라서 표본의 상태공간은 1차원, 2차원, 3차원이 혼합된 공간이다.

$$\mathbb{R} = (\{1\} \times \mathbb{R}^1) \cup (\{2\} \times \mathbb{R}^2) \cup (\{3\} \times \mathbb{R}^3) \tag{10.5.5}$$

사후분포는 가능도와 사전분포의 곱으로 정의된다.

$$\underbrace{p(\boldsymbol{b}, k | y)}_{posterior} \propto \underbrace{p(y | \boldsymbol{b}, k)}_{likelihood} \underbrace{p(\boldsymbol{b} | k) p(k)}_{priors} \tag{10.5.6}$$

k와 b_k를 위한 사전분포는 모두 균등분포를 쓰기로 하자. 즉, $p(k) \propto 1$과 $p(\boldsymbol{b}) \propto 1$이다. 따라서 사후분포는 가능도에만 의존하게 된다.

$$\begin{aligned} \underbrace{p(b_k, k | y)}_{posterior} &\propto \underbrace{\prod_{i=1}^{n} N\left(\sum_{k=0}^{K-1} \boldsymbol{x}_i^k \boldsymbol{b}_k, 1\right)}_{likelihood} \cdot \underbrace{p(\boldsymbol{b}) \cdot p(k)}_{priors} = \prod_{i=1}^{n} N\left(\sum_{k=0}^{K-1} \boldsymbol{x}_i^k \boldsymbol{b}_k, 1\right) \\ &= \exp\left(-\frac{1}{2} \sum_{i=1}^{n} \left(y_i - \sum_{k=0}^{K-1} \boldsymbol{x}_i^k \boldsymbol{b}_k\right)^2\right) \end{aligned} \tag{10.5.7}$$

*rj*MCMC는 1, 2, 3-차원 사이의 도약이 가능하다. $(k, \boldsymbol{b}) \rightarrow (k^*, \boldsymbol{b}^*)$로의 이동을 위한 후보는 다음과 같이 제안된다.

$$q(k^*, \boldsymbol{b}^* | \boldsymbol{b}) = j(k^* | \boldsymbol{b}) q(\boldsymbol{b}^* | \boldsymbol{b}, k^*) \tag{10.5.8}$$

상태 $\boldsymbol{b}$가 주어졌을 때, 새로운 차원 k^*는 $j(k^*|\boldsymbol{b}) = j(k^*|k)$로부터 추출된다. 이는 j가 현재의 차원에만 의존함을 의미한다. 이 선택에 따라서 이동형태가 결정되는데, 이 예제에서는 균등분포를 사용해서 모든 이동형태가 나타날 확률이 모두 같아지도록 하였다. 이후 차원 k^*를 가진 새로운 상태 $\boldsymbol{b}^*$는 제안분포 $q(\boldsymbol{b}^*|\boldsymbol{b}, k^*)$에 의해서 추출된다. 이 예에서는 다변수 정규분포를 제안분포 $q(\,\bullet\,)$로 사용하였다.

$$\begin{aligned} u &\sim U(1,\cdots,k) \\ \boldsymbol{b}^* &\sim N^k(0,1) \end{aligned}$$

예를 들어, 현 상태가 모델 1인데 균등분포로부터 모델 3이 선택되었다고 하자. 즉, $j(k=3|k=1)$이다. 3차원 정규분포인 제안분포 $q_{1\to3}$로부터 3개의 난수 u를 만들어야 한다. 즉, $\boldsymbol{u} \sim N^3(0,1)$이다. 이 3개의 난수들은 새로운 후보 계수 b_0, b_1, b_2에 일대일 대응된다.

$$\boldsymbol{u} = \left(\frac{1}{\sqrt{2\pi\sigma^2}}\right)^k \exp\left[-\frac{1}{2}\left(\frac{\|\boldsymbol{b}-\mu\|}{\sigma}\right)^2\right] = (2\pi)^{-\frac{k}{2}} \exp\left[-\frac{1}{2}\|\boldsymbol{b}\|^2\right] \tag{10.5.9}$$

시뮬레이션에서 b_0는 천이를 시도할 것이다. 모델 $1\to3$으로의 이동은 생성이동 형태이고 그 변환함수는 다음과 같다.

$$\boldsymbol{b}^* = (b_0, b_1, b_2) = T_{1\to3}(b_0, u_1, u_2) = (b_0, u_1, u_2) \tag{10.5.10}$$

변환함수의 야코비안은

$$J_{1\to3} = \left|\frac{\partial T_{1\to3}(b_0,u_1,u_2)}{\partial(b_0,u_1,u_2)}\right| = \begin{vmatrix} \frac{\partial b_0}{\partial b_0} & \frac{\partial u_1}{\partial b_0} & \frac{\partial u_2}{\partial b_0} \\ \frac{\partial b_0}{\partial u_1} & \frac{\partial u_1}{\partial u_1} & \frac{\partial u_2}{\partial u_1} \\ \frac{\partial b_0}{\partial u_2} & \frac{\partial u_1}{\partial u_2} & \frac{\partial u_2}{\partial u_2} \end{vmatrix} = \begin{vmatrix} 1 & 0 & 0 \\ 0 & 1 & 0 \\ 0 & 0 & 1 \end{vmatrix} = 1 \tag{10.5.11}$$

따라서 수락확률은

$$\alpha(\boldsymbol{b}\to\boldsymbol{b}^*)=\min\left[1,\frac{p(k^*,\boldsymbol{b}^*)}{p(k,\boldsymbol{b}^*)}\times\frac{j(k|k^*)}{j(k^*|k)}\times\frac{q_{k^*\to k}(\boldsymbol{b}|k^*)}{q_{k\to k^*}(\boldsymbol{b}^*|k)}\times\frac{k^*}{k}\times 1\right] \tag{10.5.12}$$

이 생성이동에 대응되는 역이동, 즉 소멸이동은 모델로부터 단순히 2개의 계수를 제거하면 된다.

$$\boldsymbol{b}^*=(b_0)=T_{3\to 1}(b_0,b_1,b_2)=(b_0,*,*) \tag{10.5.13}$$

이 변환함수의 야코비안은 생성이동의 야코비안의 역수이므로 1이다. 이 소멸이동의 수락확률은 식(10.5.11)의 역이다.

회귀분석을 위한 100개의 (x,y) 데이터는 시뮬레이션으로 만들었다. 따라서 계수의 참값을 알고 있지만([그림 10.5.1]의 히스토그램에서 빨간 점선), 여기서는 모르는 것으로 간주하고 시뮬레이션을 통해 추정하려는 것이다. 이 예에서 $p(k=1)=p(k=2)=p(k=3)$으로 가정했다. 다음 프로그램을 보라.

프로그램 10.5 가역도약 추출법에 의한 회귀분석

```
% Model Choice in Regression by rjMCMC
clear; clc;
%rng(123,'twister');

T = 10000;

x = linspace(0,5,100)';         % simulate 100 data points
b = [1, 0.3, 0.15];              %   b0=1,  b1,  b2
xK = [x.^0, x, x.^2];            % x^0=1, x^1,  x^2
y = xK *b' + randn(length(x),1);        % y with normal noises

% posterior density
p = @(b) exp(-0.5 * norm((y - xK(:,1:length(b))*b').^2));

% proposal density (multivariate normal)
q = @(u) exp(-0.5*norm(u)^2) / (2*pi)^(length(u)/2);

K = zeros(T,1);                 % save for the selected model(k)
jm = zeros(1,3);

% intialize
k = 1;
b = randn(1,k);
K(1) = k;
B(1,:) = b;

jm(1:3) = 1;
```

```
for t=2:T
    kStar = ceil(rand*3);          % choose one of the models
    bStar = randn(1,kStar);        % make candidate

    rPoster = p(bStar) / p(b);    %
    rProposal = q(b) / q(bStar);
    rAccept = rPoster * rProposal *(kStar/k);

    alpha = min(1,rAccept);

    if rand < alpha
        b = bStar;
        k = kStar;
    end
    K(t) = k;
    B(t,1:k) = b;

    % extracting results
    if(k==1)
        m1(jm(1),:) = [t, b];
        jm(1) = jm(1)+1;
    elseif (k==2)
        m2(jm(2),:) = [t, b];
        jm(2) = jm(2)+1;
    else
        m3(jm(3),:) = [t, b];
        jm(3) = jm(3)+1;
    end

end
jm = jm - 1;
% probabilities for each model
probK = jm(1:3) / T

% means of each coefficient for each model
model1 = mean(m1(:,2))
model2 = mean(m2(:,2:3))
model3 = mean(m3(:,2:4))
```

[그림 10.5.1]은 시뮬레이션 결과이다. 모델 1일 확률은 거의 0에 가깝고, 모델 2와 모델 3일 확률이 서로 비슷한 정도로 나타나고 있다. 시뮬레이션에서 얻어진 계수들을 사용해서 회귀식을 데이터에 겹쳐 그렸다. 모델 2는 파란 실선으로, 모델 3은 빨간 실선으로 나타내었다. 점선은 비교를 위한 것으로, 매트랩의 내장함수 'polyfit'에 의한 결과이다. 두 결과는 비슷한 양상을 보인다. 모델 1일 가능성은 거의 0에 가깝고, 모델 2와 3일 가능성이 큰데, 그 정도는 두 모델이 비슷한 확률을 가진다. 이 알고리즘에서 체인 혼합은 그리 좋지 않은 듯하다. 체인의 궤적 그림에서 시뮬레이션 단계가 진행되는 데도 새로운 값으로 천이하는 경우보다 종전의 값을 유지하는 경향이 보인다. 마지막 하단의 히스토그램은 각 계수의 빈도를 그린 것이다. 빨간 세로 점선은 데이터를 만들 때 사용했던 계수들이다. 즉, 참값에 해당한다.

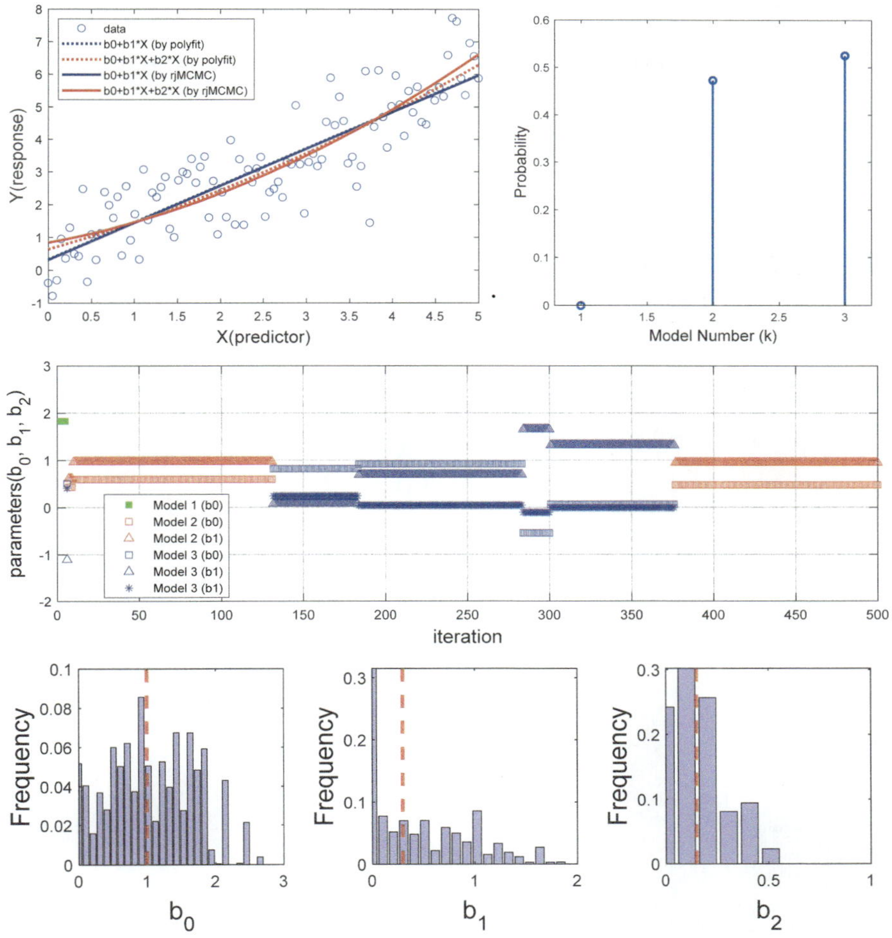

그림 10.5.1 가역도약 시뮬레이션에 의한 회귀분석 결과

10.6 광산 사고율 변화시점 추정(1: 사고율 변화시점의 개수가 고정된 경우)

이 예제는 여러 논문이나 책에서 다뤄지는 베이지안 포아송 모델 추정 문제이다[9]. *rj*MCMC 표본추출방법으로 이 문제를 해결하는 과정을 보일 것이다. 이 절에서는 사고율

9 A.E. Raftery, V.E. Akman, "*Bayesian Analysis of a Poisson Process with a Change Point*," Biometrika, 73(1), 1986, pp. 85-89.

변화시점의 개수가 고정된 경우에 대해서(차원 변화가 없기 때문에 일반적인 MCMC 방법으로 추정), 다음 10.7절에서는 사고율 변화시점이 몇 개인지 모르는 경우에 대해서(천이가 차원이 다른 공간을 넘나들기 때문에 *rj*MCMC 방법으로 추정) 다루겠다.

10.6.1 데이터 및 확률모델

[그림 10.6.1]은 1851년 3월 15일부터 1962년 3월 22일 사이, 영국에서 일어난 191건의 광산사고 데이터이다. [그림 10.6.1(a)]는 연도별 사고건수를, [그림 10.6.1(b)]는 연도별 누적 건수이다.

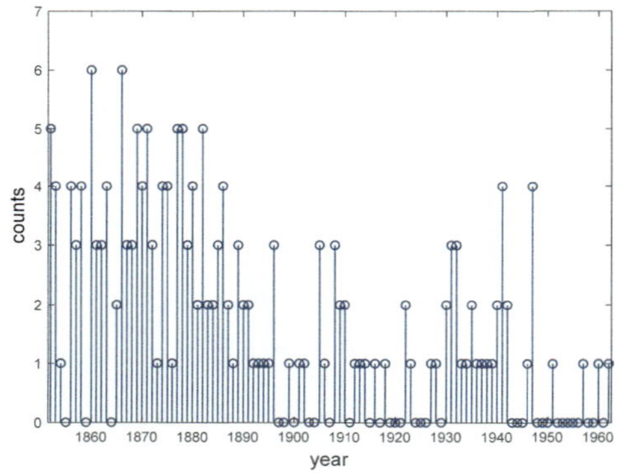

(a)

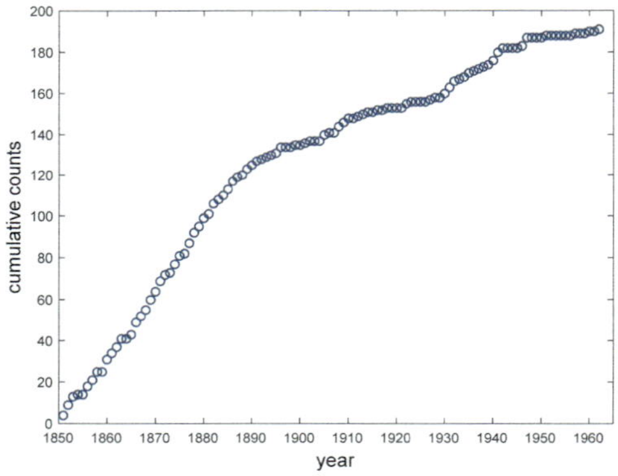

(b)

그림 10.6.1 1851년부터 1962년 사이 영국 광산 사고 데이터[10]

연도별 사고건수, 즉 사고율은 포아송 분포를 따르는 것으로 알려져 있는데, 사고율 변화시점과 그 시점에서의 평균 사고율을 추정하는 것이 이 분석의 목적이다. 분석은 Green (1995)[11]과 Jialin(2012)[12]의 확률모델과 방법을 따르기로 한다.

10 이 그림의 데이터는 다음 논문 B.P. Carlin, A.E. Gelfand, A.F.M. Smith, "*Hierarchical Bayesian Analysis of Changepoint Problems*," J. Royal Statistical Society, Series C (Applied Statistics), 41(2), 1992, pp. 389-405에서 구할 수 있다. 이 책에서는 위 데이터와는 표현형식이 다른 것을 사용했다. 사용된 데이터 'coalDisaster'는 사고 년도를 실수로 표현한 것인데, 정수 부분은 년도를 가리키고 소수점 이하는 사고 날짜를 가리킨다. 이 형식의 데이터는 R 소프트웨어의 내장함수 'boot'로부터 구할 수 있다.

11 P.T. Green, "Reversible Jump Markov Chain Monte Carlo Computation and Bayesian Model Determination,"

광산 사고율에 대한 확률모델은 [그림 10.6.2]처럼 조각계단함수(piece-wise constant step function)를 사용하기로 한다. 이런 형태의 모델을 '시간-의존형' 또는 '비균질' 포아송 과정(non-homogeneous Poisson process)이라고도 한다.

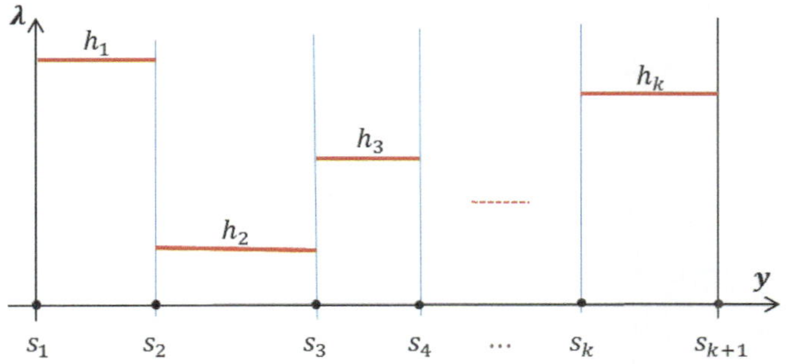

그림 10.6.2 조각계단함수에 의한 확률모델

$s_1, s_2, \cdots, s_{k+1}$는 년도를 순서대로 정렬한 것으로, s_1은 시작 년도인 1851년을, s_{k+1}은 끝인 1962년을 가리킨다. 이 모델에서 평균 사고 발생률은 조각 $[s_1, s_{k+1}]$에서 계단함수의 높이 $h=\lambda$로 표현된다. h_j는 j-번째 조각의 높이를 가리키는데, 해당 조각 $[s_j, s_{j+1})$[13] 내에서 높이는 일정하게 유지되는 것으로 가정한다. 조각의 개수가 k라면, 변화시점의 개수는 $k-1$이다. 예를 들어, 극단 상황에서 하나의 조각만 존재한다면, 조각의 개수는 $k=1$이고 변화시점의 개수는 $k=0$이다. 참고로 [그림 10.6.2]의 양끝단 $s_1, s_2, \cdots, s_{k+1}$은 Jialin(2012)의 정의를 따른 것으로, $s_0(=0), s_1, \cdots, s_{k+1}(=L)$로 정의한 Green(1995)의 분석과는 다르다.

Biometrika, 82(4), 1995, pp. 711-732.

12 A. Jialin, "Reversible-Jump MCMC Methods in Bayesian Statistics," M.S. Thesis, the University of Leeds, 2012. 이 논문에는 R 언어로 쓰인 소스 코드가 포함되어 있다. https://www1.maths.leeds.ac.uk/~voss/projects/2011-RJMCMC/AiJialin.pdf

13 $[a,b)$는 반개구간(half-open interval)을 나타낸다. 이는 $a \leq x < b$와 같은 의미다. 왼쪽 경계는 a까지 포함된 폐구간이고, 오른쪽 경계는 b를 포함하지 않은 개구간이다.

10.6.2 가능도와 사전분포 정의

사후분포 $p(k, h_k, s_k)$는 계단함수를 구성하는 구간의 개수 k, 각 구간의 높이 h_k, 각 구간의 길이 s_k에 의해 정의된다. 베이지안 방법으로 이를 구하려면 가능도와 사전분포에 대한 정의가 필요하다.

1) 가능도

사고율 λ는 포아송 과정 $\{y_i, i=1, 2, \cdots, n\}$의 함수이다. λ가 일정하지 않기 때문에 $\lambda(s+t)$를 써서 구간별로 λ를 정의한다. 임의 구간 $[s, s+t)$에서 사고건수 c가 발생할 확률은 구간평균 $\Lambda_{s,t}$를 써서 표현할 수 있다.

$$\Pr(\text{구간 } [s, s+t)\text{에서 사고건수가 } c\text{일}) = \frac{\Lambda_{s,t}^c}{c!}\exp(-\Lambda_{s,t}) \quad (10.6.1)$$

여기서 $\Lambda_{s,t} = \int_s^{s+t}\lambda(u)du$이다. 구간 $[s_1, s_{k+1}]$에서 모두 n번의 사고가 있었다면, λ가 주어졌을 때 가능도는 다음 식으로 계산할 수 있다.

$$L(\lambda|y_1, y_2, \cdots, y_n) = \prod_{i=1}^{n}\lambda(y_i)\exp(-\Lambda) = \prod_{i=1}^{n}\lambda(y_i)\exp\left(-\int_{s_1}^{s_{k+1}}\lambda(s)ds\right) \quad (10.6.2)$$

따라서 차원 k가 고정된 경우, 로그-가능도는

$$\ln L(\lambda|y_1, y_2, \cdots, y_n) = \sum_{i=1}^{n}\ln\lambda(y_i) - \int_{s_1}^{s_{k+1}}\lambda(s)ds \quad (10.6.3)$$

c_j는 구간 $[s_j, s_{j-1})$에서 사고건수 y_i이다. $y_i \in [s_j, s_{j+1})$일 때, $\lambda(y_i) = h_j$이므로 $\int_{s_1}^{s_{k+1}}\lambda(s)ds = \Sigma_{j=1}^{k}h_j(s_{j+1}-s_j)$이다. 따라서

$$\begin{aligned}\ln L(\lambda|y_1, y_2, \cdots, y_n) &= \sum_{i=1}^{n}\ln\lambda(y_i) - \int_{s_1}^{s_{k+1}}\lambda(s)ds \\ &= \sum_{j=1}^{k}c_j \cdot \ln\ \lambda(y_j) - \int_{s_1}^{s_{k+1}}\lambda(s)ds \\ &= \sum_{j=1}^{k}c_j \cdot \ln\ h_j - \sum_{j=1}^{k}h_j(s_{j+1}-s_j) \qquad (10.6.4)\end{aligned}$$

2) 사전분포 모델

사후분포 $p(k, h_k, s_k)$의 모수마다 사전분포 모델이 필요하다. 사전분포는 3개 분포의 곱 $p(k)p(h_j)p(s_j)$에 의해 정의되는데, 식(10.6.5)처럼 계단함수 $x(t)$로도 표현할 수 있다. 식에서 $I_{\{\cdot\}}$는 임의 조각에 해당되는지를 가리키는 지시자이다. 여기서 조각은 변화시점에 상응한다.

$$x(t) = \sum_{j}h_j I_{\{s_j, s_{j+1}\}}(t) \qquad (10.6.5)$$

2-1) 조각의 개수(=모델 구분자), k

조각의 개수 k는 사전분포로 포아송 분포를 따른다고 하자. $k-1$이 사용된 이유는 조각의 시작위치가 $k=1$이기 때문이다.

$$p(k) = \frac{\lambda^{k-1}}{(k-1)!}\exp(-\lambda) \qquad (10.6.6)$$

2-2) 조각의 높이, $\{h_j, \in (0, \infty) : j = 1, 2, \cdots k\}$

높이는 조각에서 사고율을 나타낸다. k가 주어지면, 높이 $h_1, h_2, \cdots, h_k$는 다음의 감마 확률밀도 $\Gamma(a,b)$로부터 독립적으로 선택된다.

$$p(h_j) = \frac{1}{\Gamma(a)b^a}h_j^{a-1}\exp(-h_j/b) \qquad (10.6.7)$$

시뮬레이션에서 초모수는 $a=1$와 $b=200/365.24$로 설정하였다.

2-3) 조각의 위치, $\{s_j : j=2, 3, \cdots, k\}$

k가 주어졌을 때, 조각 위치 $s_2, s_3, \cdots, s_k$는 양 끝단인 s_1과 s_{k+1} 사이, 즉 구간 $[s_1, s_{k+1}]$에서 균등분포하는 $(2k-1)$점들 중에서 짝수 번째 점 또는 순서통계치에 해당한다. 이러한 구간의 위치 정의는 Green(1995)이 채택했던 방법으로, 구간 $(s_{j+1}-s_j)$가 너무 짧아서 사고건수를 포함하지 않는 경우에는 사후분포를 모델링할 수 없기 때문에 이를 피하기 위한 것이다.

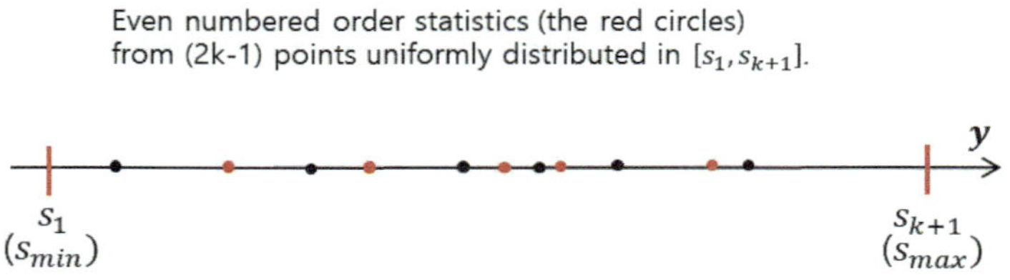

그림 10.6.3 조각 위치를 위한 구간 정의

결국, 조각 위치의 사전분포는 다음과 같다(유도과정은 Jialin(2012)의 논문을 참고하라).

$$p(s_2,\cdots,s_k)=\frac{(2k-1)!}{(s_{k+1}-s_1)^{(2k-1)}}\prod_{j=1}^{k}(s_{j+1}-s_j)I_{\{s_1<s_2<\cdots<s_k<s_{k+1}\}} \qquad (10.6.8)$$

10.6.3 이동형태와 수락확률

이 문제의 조건에서는 다음 4가지 이동형태가 존재한다.

1) 무작위로 선택된 조각에서 높이 h_j의 변화

2) 무작위로 선택된 조각에서 위치 s_j의 변화

3) 생성이동: 구간 $[s_1, s_{k+1}]$의 임의 위치에서 새로운 조각(위치) 생성

4) 소멸이동: 임의로 선택된 위치 s_j 소멸

처음의 두 이동형태는 차원 k가 변하지 않기 때문에 조각(계단)의 개수는 변함이 없다. 즉, 보통의 M-H MCMC 방법으로 시뮬레이션이 가능하다는 의미다. 나머지 두 이동형태에서는 차원이 바뀌므로 *rj*MCMC 방법이 필요하다. 그 내용은 다음 10.7절에서 따로 다루기로 하고, 이번 10.6절에서는 처음 두 가지 이동형태만 다루기로 한다.

10.6.4 높이 이동(Height Moves)

임의의 조각 s_j를 선택하고, 그 조각의 높이 h_j에서 높이 h_j^*로 천이시도한다. 천이를 위한 후보 높이 h_j^*는 구간 $\left[-\frac{1}{2}, \frac{1}{2}\right]$에서 $\ln\left(\frac{h_j^*}{h_j}\right)$이 균등분포하는 조건에서 선택된다. 따라서 $h_j^* = e^u h_j$이다.

$$\ln\left(\frac{h_j^*}{h_j}\right) = u \sim U\left(-\frac{1}{2}, \frac{1}{2}\right)$$
$$\Rightarrow h_j^* = e^u h_j \left(\text{여기서 } h_j^* \in \left[\frac{h_j}{\sqrt{e}}, \sqrt{e}\, h_j\right]\right) \qquad (10.6.9)$$

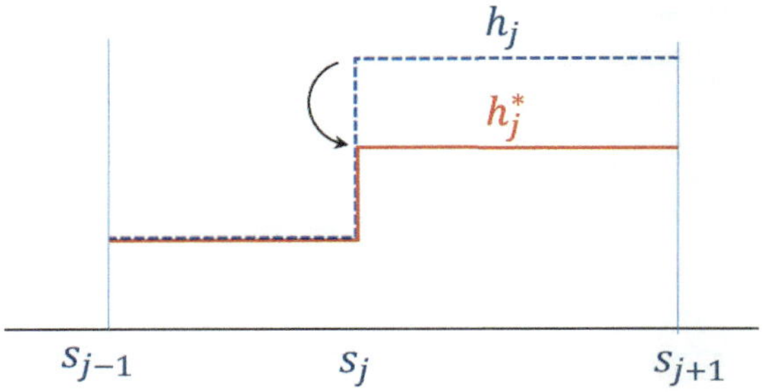

그림 10.6.4 높이 이동(파란색에서 붉은색으로)

이 후보 천이를 위한 제안분포 $q(h_j \to h_j^*)$는 다음과 같이 유도된다.

$$F(v) = \Pr\left(h_j^* \le v\right) = \Pr\left(e^u h_j \le v\right) = \Pr\left(u \le \ln\left(\frac{v}{h_j}\right)\right) = \frac{\ln\left(\frac{v}{h_j}\right) - \left(-\frac{1}{2}\right)}{\frac{1}{2} - \left(-\frac{1}{2}\right)}$$

$$= \ln\left(\frac{v}{h_j}\right) + \frac{1}{2}$$

$$f(v) = F'(v) = \frac{h_j}{v}\frac{1}{h_j} = \frac{1}{v} \tag{10.6.10}$$

그래서

$$q\left(h_j \to h_j^*\right) = \frac{1}{h_j^*} \tag{10.6.11}$$

이제 우리는 다음 알고리즘을 이용해서 목표분포 $\pi(h_j) = L(h_j | y_1, y_2, \cdots, y_n) \cdot p(h_j)$ 로부터 표본을 추출할 수 있다.

알고리즘 10.6.1 높이 천이 알고리즘(reversible jump MCMC for Height moves)

1) 초기화 $h_j^{(0)} = 1$
반복 $t = 1, 2, 3, \cdots, T$
2) 높이 후보 추출 $h_j^* \leftarrow \exp(u) h_j^{(t)}$, 여기서 $u \sim U\left(-\frac{1}{2}, \frac{1}{2}\right)$
3) 높이 천이를 위한 수락확률 계산 $\alpha_H(h_j \to h_j^*)$
4) 균등분포 난수 생성, $u \sim U(0,1)$
　　만약 $u \le \alpha_H(h_j \to h_j^*)$이면,

$$h_j^{(t+1)} = h_j^*$$

　　아니면,

$$h_j^{(t+1)} = h_j^{(t)}$$

반복 종료

단계 3에서 $h_j \to h_j^*$로의 이동이 수락될 확률은

$$\alpha_H\left(h_j \to h_j^*\right) = \min\left[1, r_H\left(h_j \to h_j^*\right)\right] \tag{10.6.12}$$

여기서

$$r_H(h_j \to h_j^*) = \frac{\overbrace{p(h_j^*)}^{target}}{p(h_j)} \frac{\overbrace{q(h_j^*)}^{proposal}}{q(h_j)} = \frac{\overbrace{\overbrace{L(h_j^*|y_1,\cdots,y_n)}^{likelihood}\ \overbrace{p(h_j^*)}^{prior}}^{target}}{L(h_j|y_1,\cdots,y_n)p(h_j)} \frac{\overbrace{q(h_j^*)}^{proposal}}{q(h_j)}$$

$$= \frac{L(h_j^*|y_1,\cdots,y_n)}{L(h_j|y_1,\cdots,y_n)} \frac{p(h_j^*)}{p(h_j)} \frac{\frac{1}{h_j^*}}{\frac{1}{h_j}}$$

$$= \frac{L(h_j^*|Y)}{L(h_j|Y)} \frac{p(h_j^*)}{p(h_j)} \frac{h_j}{h_j^*} \tag{10.6.13}$$

우측 첫 번째 항인 가능도 비율은 식(10.6.4)를 이용해서

$$\frac{L(h_j^*|y_1,\cdots,y_n)}{L(h_j|y_1,\cdots,y_n)} = \frac{\exp\left[\sum_{j=1}^{k} c_j \cdot \ln\ h_j^* - \sum_{j=1}^{k} h_j^*(s_{j+1}-s_j)\right]}{\exp\left[\sum_{j=1}^{k} c_j \cdot \ln\ h_j - \sum_{j=1}^{k} h_j(s_{j+1}-s_j)\right]}$$

$$= \exp(c_j)\left(\frac{h_j^*}{h_j}\right) - \exp[(h_j^* - h_j)(s_{j+1}-s_j)] \tag{10.6.14}$$

언더플로우를 방지하기 위해서 로그 척도로 바꾸면,

$$\ln\left(\frac{L(h_j^*|y_1,\cdots,y_n)}{L(h_j|y_1,\cdots,y_n)}\right) = c_j(\ln\ h_j^* - \ln\ h_j) - (h_j^* - h_j)(s_{j+1}-s_j) \tag{10.6.14'}$$

한편, 우측 두 번째 항인 사전분포 비율은 식(10.6.7)로부터,

$$\frac{p(h_j^*)}{p(h_j)} = \frac{\frac{1}{\Gamma(a)b^a} h_j^{*(a-1)} \exp(-h_j^*/b)}{\frac{1}{\Gamma(a)b^a} h_j^{(a-1)} \exp(-h_j/b)} = \left(\frac{h_j^*}{h_j}\right)^{a-1} \exp\left[-(h_j^* - h_j)/b\right] \tag{10.6.15}$$

마찬가지로 로그 척도로 바꾸면,

$$\ln\left(\frac{p(h_j^*)}{p(h_j)}\right)=(a-1)(\ln\ h_j^*-\ln\ h_j)(-(h_j^*-h_j)/b) \tag{10.6.15'}$$

결국 식(10.6.13)의 수락확률은 다음과 같이 정리된다.

$$r_H(h_j\rightarrow h_j^*)=\exp\left(\ln\left(\frac{L(h_j^*|y_1,\cdots,y_n)}{L(h_j|y_1,\cdots,y_n)}\right)+\ln\left(\frac{p(h_j^*)}{p(h_j)}\right)+\ln\left(\frac{h_j}{h_j^*}\right)\right) \tag{10.6.13'}$$

10.6.5 위치 이동(Position Moves)

조각들이 서로 만나는 위치가 이 천이에 의해서 바뀐다. 이 이동형태의 모수는 $\{s_j\in(s_{j-1},s_{j+1}):j=2,3,\cdots,k\}$이다. 만약 s_j가 변하면, 식(10.6.4)의 가능도의 오른쪽 두 항도 영향을 받는다. 따라서 첫째 항인 사고건수와 둘째 항인 적분의 면적은 조각의 새로운 위치에 따라서 다시 조정되어야 한다.

k가 주어졌을 때, 조각들이 인접한 위치 $s_2,s_3,\cdots,s_k$는 이미 앞의 식(10.6.8)에서 정의한 대로, $[s_1,s_{k+1}]$에서 균등하게 분포하는 $2k-1$개의 값들 $\{t_i:i=1,2,3,\cdots,2k-1\}$로부터 짝수 번째 순서통계치로 결정된다. 이 이동형태에서 천이를 위한 후보 위치 s_j^*는 다음과 같이 균등분포로부터 추출된다.

$$s_j^*\sim U(s_{j-1},s_{j+1}) \tag{10.6.16}$$

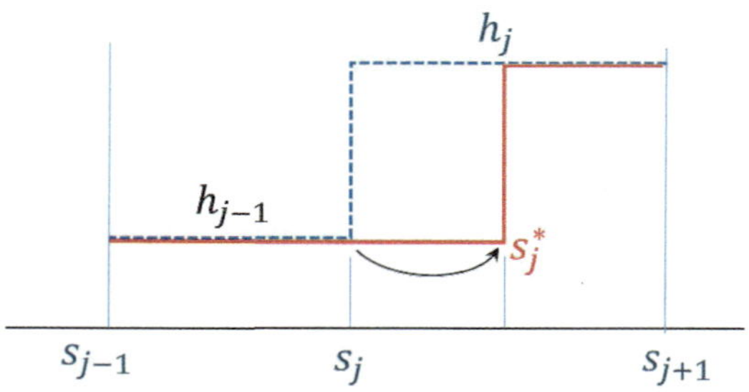

그림 10.6.5 위치 이동(파란색에서 붉은색으로)

따라서 이 제안분포의 확률밀도는

$$q(s_j, s_j^*) = \frac{1}{s_{j+1} - s_{j-1}} \tag{10.6.17}$$

위치 이동의 수락 여부는 다음 알고리즘에 의해서 결정된다.

알고리즘 10.6.2 위치 천이 알고리즘(reversible jump MCMC for Position moves)

1) 초기화 $s_j^{(0)} \in (s_{j-1}, s_{j+2})$
반복 $t = 1, 2, 3, \cdots, T$
2) 위치 후보 제안 $s_j^* \leftarrow u$, 여기서 $u \sim U(s_{j-1}, s_{j+1})$
3) 위치 천이를 위한 후보 수락확률 계산 $\alpha_P(s_j \to s_j^*)$
4) 균등분포 난수 생성, $u \sim U(0,1)$
　　만약 $u \leq \alpha_P(s_j \to s_j^*)$이면,

$$s_j^{(t+1)} = s_j^*$$

　　아니면,

$$s_j^{(t+1)} = s_j^{(t)}$$

반복 종료

단계 3에서 $s_j \to s_j^*$의 이동이 수락될 확률은

$$\alpha_H(s_j \to s_j^*) = \min\left[1, r_P(s_j \to s_j^*)\right] \tag{10.6.18}$$

여기서

$$\begin{aligned} r_P(s_j \to s_j^*) &= \frac{\overbrace{p(s_j^*)}^{target}}{p(s_j)} \frac{\overbrace{q(s_j^*)}^{proposal}}{q(s_j)} = \frac{\overbrace{L(s_j^*|y_1,,\cdots,y_n)}^{likelihood}}{L(s_j|y_1,\cdots,y_n)} \frac{\overbrace{p(s_j^*)}^{prior}}{p(s_j)} \frac{\overbrace{q(s_j^*)}^{proposal}}{q(s_j)} \\ &= \frac{L(s_j^*|y_1,\cdots,y_n)}{L(s_j|y_1,,\cdots,y_n)} \frac{p(s_j^*)}{p(s_j)} \frac{1/(s_{j+1} - s_{j-1})}{1/(s_{j+1} - s_{j-1})} \\ &= \frac{L(s_j^*|y_1,\cdots,y_n)}{L(s_j|y_1,\cdots,y_n)} \frac{p(s_j^*)}{p(s_j)} \end{aligned} \tag{10.6.19}$$

첫째 항인 가능도 비율은

$$\frac{L(s_j^*|y_1,y_2,\cdots,y_n)}{L(s_j|y_1,y_2,\cdots,y_n)}$$

$$=\frac{\exp\{c_{j-1}^* \bullet \ln\ h_{j-1}+c_j^* \bullet \ln\ h_j-[h_{j-1}(s_j^*-s_{j-1})-h_j(s_{j+1}-s_j^*)]\}}{\exp\{c_{j-1} \bullet \ln\ h_{j-1}+c_j \bullet \ln\ h_j-[h_{j-1}(s_j-s_{j-1})-h_j(s_{j+1}-s_j)]\}}$$

$$=\exp\left[\left(\frac{c_{j-1}^*}{c_{j-1}}\right)h_{j-1}+\left(\frac{c_j^*}{c_j}\right)h_j\right]-\exp\left[(h_{j-1}-h_j)\left(\frac{s_j^*}{s_j}\right)\right] \qquad (10.6.20)$$

기계 정밀도 때문에 생길 수 있는 연산 오류를 방지하기 위해 로그 척도를 취하면,

$$\ln\left(\frac{L(s_j^*|y_1,\cdots,y_n)}{L(s_j|y_1,\cdots,y_n)}\right)$$

$$=((c_{j-1}^*-c_{j-1})\ln\ h_{j-1}\ +(c_j^*-c_j)\ln\ h_j)-(h_{j-1}+h_j)(s_j^*-s_j) \qquad (10.6.20')$$

다음으로는 조각 위치 s_j에 대한 사전분포가 필요하다. 이는 이미 식(10.6.8)에서 다뤘지만 편의상 여기에 다시 쓰도록 하자.

$$p(s_2,\cdots,s_k)=\frac{(2k-1)!}{(s_{k+1}-s_1)^{(2k-1)}}\prod_{j=1}^{k}(s_{j+1}-s_j)I_{\{s_1<s_2<\cdots<s_k<s_{k+1}\}} \qquad (10.6.8)$$

만약 $s_1,\ \cdots,s_{j-1},s_{j+1},\ \cdots,s_{k+1}$이 결정되어 있다면, s_j만 변수이기 때문에 다음과 같이 정의된다(Jialin, 2012).

$$p(s_j|s_2,\cdots,s_{j-1},s_{j+1},\cdots,s_k)=\frac{1}{s_{j+1}-s_{j-1}}I_{\{s_{j-1}<s_j<s_{j+1}\}}(s_j-s_{j-1})(s_{j+1}-s_j)$$

$$(10.6.21)$$

위 식으로부터 사전분포의 비율은

$$\frac{p(s_j^*)}{p(s_j)} = \frac{\dfrac{1}{s_{j+1}-s_{j-1}}(s_j^*-s_{j-1})(s_{j+1}-s_j^*)}{\dfrac{1}{s_{j+1}-s_{j-1}}(s_j-s_{j-1})(s_{j+1}-s_j)} = \frac{(s_j^*-s_{j-1})(s_{j+1}-s_j^*)}{(s_j-s_{j-1})(s_{j+1}-s_j)} \quad (10.6.22)$$

마찬가지로 이 사전분포 비율에 로그를 취하면 다음과 같다.

$$\ln\left(\frac{p(s_j^*)}{p(s_j)}\right) = \ln(s_j^*-s_{j-1}) + \ln(s_{j+1}-s_j^*) - \ln(s_j-s_{j-1}) - \ln(s_{j+1}-s_j) \quad (10.6.22')$$

결국 위치 이동을 위한 수락확률은 다음과 같이 정리된다.

$$r_P(s_j \to s_j^*) = \exp\left(\ln\left(\frac{L(s_j^*|y_1,\cdots,y_n)}{L(s_j|y_1,\cdots,y_n)}\right) + \ln\left(\frac{p(s_j^*)}{p(s_j)}\right)\right) \quad (10.6.23)$$

10.6.6 시뮬레이션 및 결과

다음 프로그램은 조각의 개수가 고정된 경우, 즉 생성이동이나 소멸이동 없이 높이와 위치만 변화하는 경우를 위한 것이다. 여기서는 $k_{\max}=3$의 경우(즉, 변화 시점이 두 군데라고 가정한)를 시뮬레이션하였다.

프로그램 10.6 가역도약 추출법에 의한 광산 사고율 변화시점 시뮬레이션($k_{\max}=3$)

```
% RJMCMC for Change-Point Problem
% For the case of the fixed number k of steps
clc, clear;

% coal-mining accidents data
load coalDisaster;

%%
T = 100000;
kmax = 3;

H = zeros(T,kmax);       % for heights
S = zeros(T,kmax+1);    % for steps
```

```
% values of hyperparameters a and b for Gamma prior of k
a = 1;
b = 200/365.24;

% count the number of accidents in a given step(=time interval)
yCount =@(s1,s2) sum(date >= s1 & date < s2);

% set initials
h = [1.7, 1.7, 1.7]';
s = [1851, 1890.5, 1927, 1963]';

% set initials for data saving
H(1,:) = [1.7, 1.7, 1.7];
S(1,:) = [1851, 1890.5, 1927, 1963];

for t=2:T
    % randomly choose a step
    j = ceil(rand*(2*kmax-1));          % even numbered order statistics

    %%% height moves %%%%%%%%%%%%%
    if (j <= kmax)                        % from 1 to k for height moves
        u = unifrnd(-0.5,0.5);
        hStar = h(j) * exp(u);           % for jump proposals

        % accept ratio of a height move
        c = yCount(s(j),s(j+1));
        % log-likelihood
        ratioLogLikeH = c*(log(hStar)-log(h(j))) + (h(j)-hStar)*(s(j+1)-s(j));
        % log-prior
        ratioLogPriorH = (a-1)*(log(hStar)-log(h(j))) - (log(hStar)-log(h(j)))/b +
log(hStar) -log(h(j));
                              % because, (h*/h)^(a-1) * (h/h*) => (h*/h)^a
        % accept ratio
        rAcceptH = exp(ratioLogLikeH + ratioLogPriorH);

        % acceptance probability for a hieght move
        hAlpha = min(1, rAcceptH);
        if (rand < hAlpha)
            h(j) = hStar;
        end
    end

    %%% position moves %%%%%%%%%%%%%
    if (j > kmax)                       % from k+1 to 2k-1 for position moves
        j = j - kmax +1;

        s_star = unifrnd(s(j-1),s(j+1));     % for jump proposals

        c1 = yCount(s(j-1),s(j));
        c1_star = yCount(s(j-1),s_star);
        c2 = yCount(s(j),s(j+1));
        c2_star = yCount(s_star,s(j+1));

        % log-likelihood
        ratioLogLikekP = (h(j)-h(j-1))*(s_star-s(j)) ...
            + (c1_star-c1)*log(h(j-1)) + (c2_star-c2)*log(h(j));
        % log-prior
        ratioLogPriorP = log(s_star-s(j-1)) + log(s(j+1)-s_star)...
```

```
          - log(s(j)-s(j-1)) - log(s(j+1)-s(j));

        rAcceptP = exp(ratioLogLikekP + ratioLogPriorP);

        pAlpha = min(1, rAcceptP);

        if (rand < pAlpha)
            s(j) = s_star;
        end
    end

    %save the height and position data
    H(t,:) = h;
    S(t,:) = s;

end

% summary of results
heights = mean(H)       % mean heights of steps
positions=mean(S)       % mean positions od steps


%%%%%%%%%% plot Markov Chains
figure(1)
subplot(2,1,1)
plot(1:T,H(:,1),'b',1:T,H(:,2),'g',1:T,H(:,3),'r')
ylabel('heights','Fontsize',14),
title('The fixed number k=3 of pieces(steps)','Fontsize',14);

subplot(2,1,2)
plot(1:T,S(:,2),'g',1:T,S(:,3),'r')
xlabel('iteration', 'Fontsize',14); ylabel('positions','Fontsize',14),


figure(2)
[counts1, bincenters1] = hist(S(:,2),50);
[counts2, bincenters2] = hist(S(:,3),50);
bar(bincenters1,counts1/T, 'g');
xlabel('step positions(year or date)', 'fontsize',14);
ylabel('density', 'fontsize',14); xlim([1851 1963]); hold on;
bar(bincenters2,counts2/T, 'r'); hold off

figure(3)
[counts1, bincenters1] = hist(H(:,1),100);
[counts2, bincenters2] = hist(H(:,2),100);
[counts3, bincenters3] = hist(H(:,3),100);
plot(bincenters1,counts1/T, 'b','linewidth',2);
xlabel('height(average accident rates in the step)', 'fontsize',14);
ylabel('Frequency', 'fontsize',14); xlim([0 5]); hold on;
plot(bincenters2,counts2/T, 'g','linewidth',2); hold on;
plot(bincenters3,counts3/T, 'r','linewidth',2); hold off

%%%%%%%%%%%%%%%%%%%
% simulation results
figure(5); clf
for k=2000:2500
    h1= plot([S(k,1) S(k,2)], [H(k,1) H(k,1)],...
               [S(k,2) S(k,2)], [H(k,1) H(k,2)],...
```

```
                [S(k,2) S(k,3)], [H(k,2) H(k,2)],...
                [S(k,3) S(k,3)], [H(k,2) H(k,3)],...
                [S(k,3) S(k,4)], [H(k,3) H(k,3)]);hold on;
end
h2=plot([positions(1) positions(2)], [heights(1) heights(1)],'b','linewidth',3);
plot([positions(2) positions(2)], [heights(1) heights(2)],'b-','linewidth',3)
plot([positions(2) positions(3)], [heights(2) heights(2)],'b-','linewidth',3)
plot([positions(3) positions(3)], [heights(2) heights(3)],'b-','linewidth',3)
plot([positions(3) positions(4)], [heights(3) heights(3)],'b-','linewidth',3)
ylim([0 5])
xlim([1850 1962]); xticks(1850:10:1960);
text(positions(1)+10, heights(1)+0.8,strcat('\lambda_{1}=',num2str(heights(1))));
text(positions(2)+20, heights(2)+0.6,strcat('\lambda_{2}=',num2str(heights(2))));
text(positions(3)+3, heights(3)+1.0,strcat('\lambda_{3}=',num2str(heights(3))));
xlabel('year', 'Fontsize',14); ylabel('accident rate','Fontsize',14);
title('rjMCMC results of coal-mining accidents (when k=3)','Fontsize',14)
legend('each run','mean of 10000 runs')
```

[그림 10.6.6(a)]는 초기 번인 구간을 지난 $T = 2000 \sim 2500$에서의 조각 높이(사고율)와 위치(사고율 변화시점)에 대한 시뮬레이션 결과이다. [그림 10.6.6(b)]의 상단 그림은 $T = 100{,}000$ 동안 조각 높이에 대한 체인의 궤적으로 양호한 체인 혼합 상태를 보인다. 하단 그림들은 각 조각의 높이에 해당하는 평균 사고율 $\lambda_1, \lambda_2, \lambda_3$에 대한 확률분포이다. 빨간 점선은 시뮬레이션에서 얻어진 평균 사고율이다. [그림 10.6.6(c)]의 상단 그림은 $T = 100{,}000$ 동안 조각 위치에 대한 체인의 궤적이다. 이는 각 조각이 인접한 위치로 평균 사고율이 변화되는 시점에 상응한다. 하단 그림들은 사고율 변화 시점에 대한 확률분포이다. 분포의 모양이 사고율(조각 높이)의 경우에 비해 매끄럽지 못하다. 두 군데 변화 시점은 1890년과 1950년 부근으로 추정된다.

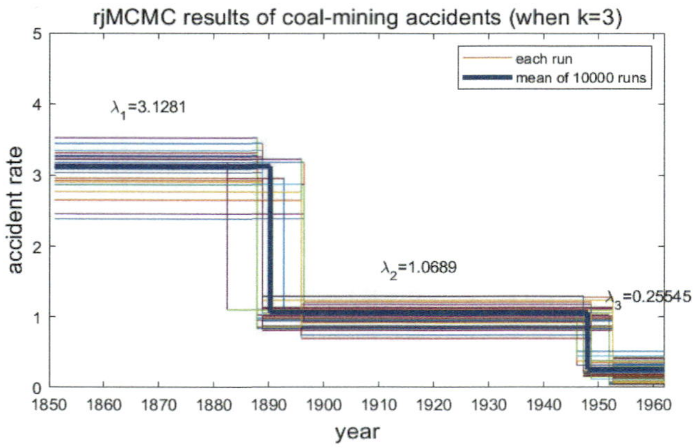

(a) 사고율 변화시점과 각 구간에서의 평균 사고율

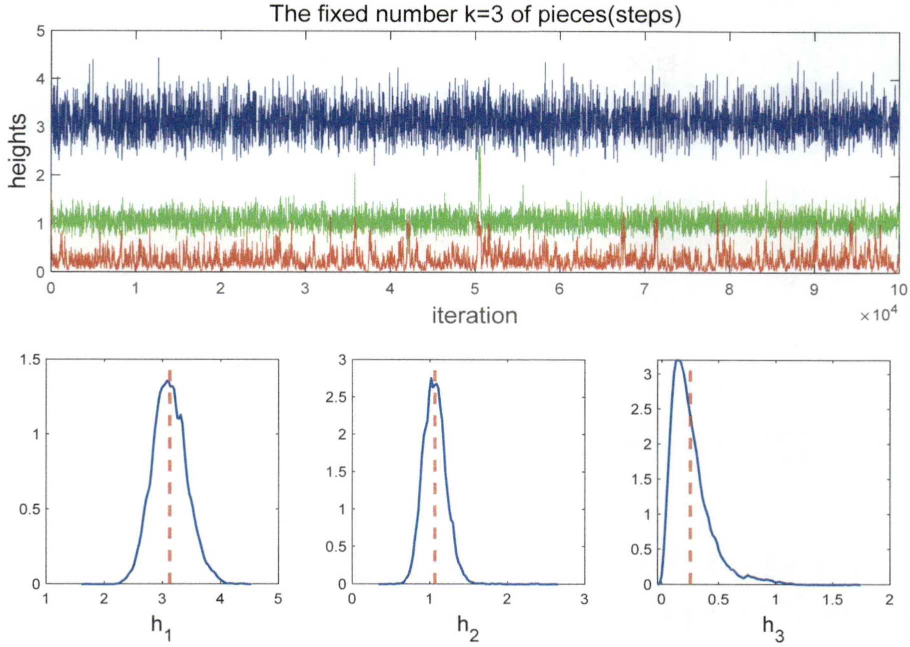

(b) T= 100,000에 걸친 체인의 궤적과 평균 사고율(조각 높이)

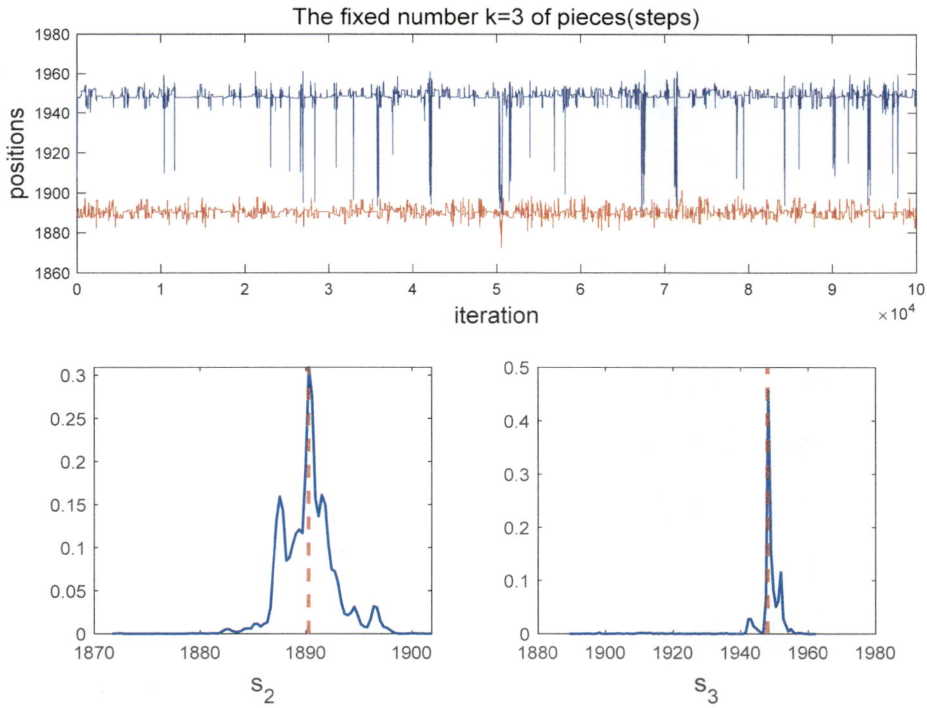

(c) 조각 위치 (평균 사고율 변화시점) 시뮬레이션 결과

그림 10.6.6 조각 개수가 $k_{\max} = 3$으로 고정된 조건에서의 *rj*MCMC 시뮬레이션 결과

10.7 광산 사고율 변화시점 추정(2: 사고율 변화시점의 개수를 모르는 경우)

여기서는 사고율 변화시점, 즉 조각의 개수 k가 몇 개인지 모르는 경우에 대해 다룬다. 이 경우는 생성이동과 소멸이동의 형태가 포함되므로 rjMCMC 방법이 필요하다. 시뮬레이션 조건은 Green(1995)의 논문에서 제시된 조건을 그대로 따르기로 하자.

10.7.1 이동형태의 선택확률

매 시뮬레이션 단계에서 다음 4가지 이동형태가 선택될 확률, 즉 높이이동 확률 H_k, 위치이동 확률 P_k, 생성이동 확률 B_k, 소멸이동 확률 D_k에 따라서 어느 하나의 이동형태가 선택된다. 각 확률들은 다음의 경계조건들을 만족해야 한다.

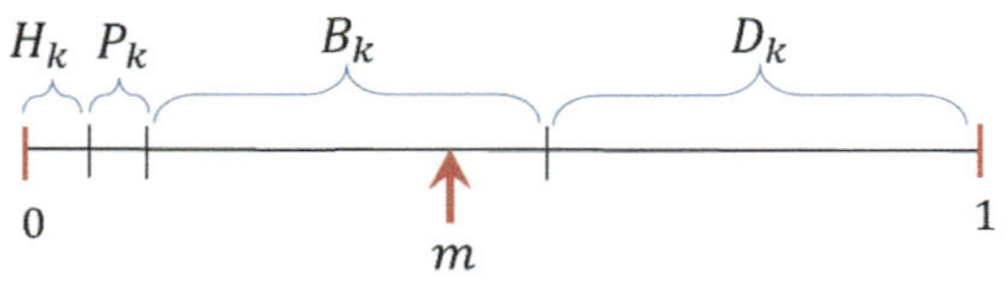

$$H_k + P_k + B_k + D_k = 1 \tag{10.7.1}$$

그리고 상한 $k_{\max}$에서 생성이동은 일어나지 않는다. 즉, $B_{k_{\max}} = 0$이다. 하한에서는 위치이동과 소멸이동은 생기지 않는다. 즉, $P_1 = D_1 = 0$이다. $k \neq 1$이라면, 높이이동과 위치이동 확률을 동등하게 놓는다. 즉, $H_k = P_k$이다. 생성이동 및 소멸이동의 확률은 다음으로부터 결정된다.

$$B_k = \rho \cdot \min\left[1, \frac{p(k+1)}{p(k)}\right]$$

$$D_{k+1} = \rho \cdot \min\left[1, \frac{p(k)}{p(k+1)}\right] \tag{10.7.2}$$

차원 간의 이동을 활발하게 해서 체인 혼합을 좋게 하려면 ρ는 가능한 한 큰 값을 갖게 해야 한다. 즉, 짐작되는 조각(또는 모델)의 개수 k가 얼마이든지 간에 $B_k + D_k \leq 0.9$에 가까운 값을 갖도록 한다. 예를 들어, 생성이동과 소멸이동의 확률이 $B_k + D_k = 0.9$라면, 높이이동과 위치이동이 선택될 확률은 합해서 0.1이라는 의미다. 모델 구분자의 사전분포를 $\frac{\lambda^{k-1}}{(k-1)!} = \exp(-\lambda)$라 하면, 생성이동과 소멸이동의 확률은 다음과 같이 간단해진다.

$$\frac{p(k+1)}{p(k)} = \frac{\lambda}{k+1}$$
$$\frac{p(k-1)}{p(k)} = \frac{k}{\lambda} \tag{10.7.3}$$

10.7.2 생성이동(Birth Moves)

생성이동은 새로운 위치(변화시점)를 만들게 된다. 그 방법은 새로운 위치 s^*을 무작위로 선택한 뒤, 현재 조각의 높이 h를 (h_1, h_2)의 2개로 쪼갬으로써 차원을 하나 증가시키는 것이다. 즉, $h \rightarrow (h_1, h_2)$이다. 반대로 소멸이동의 경우에는 한 차원이 감소되는데, 이는 무작위로 선택된 어떤 조각에서 현재 조각의 높이 (h_1, h_2)를 h로 합친다. 즉, $h \leftarrow (h_1, h_2)$이다. 이들 두 이동에 의한 조각 정의는 다음의 가중 기하평균(weighted geometric average)을 만족하도록 정의되어야 생성이동과 소멸이동 사이의 상세 균형조건을 만족시킬 수 있다.

$$h_1^{w_1} \cdot h_2^{w_2} = h^{w_1 + w_2} \tag{10.7.4}$$

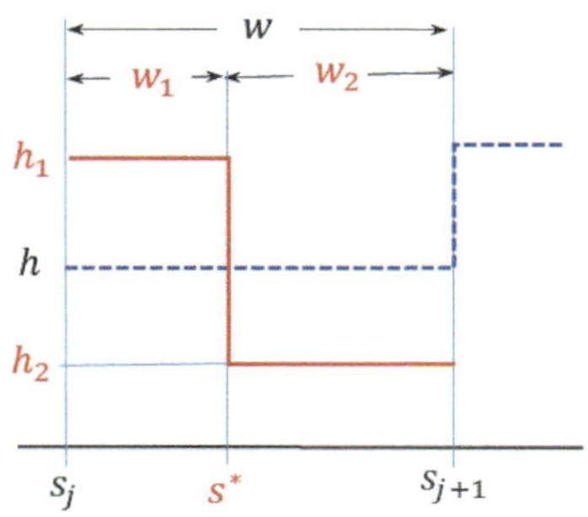

그림 10.7.1 생성 및 소멸 이동에서 상세 균형조건을 위한 가중 기하평균의 의미

모수를 $x=(k,\boldsymbol{\theta}_k)=(k, h_1, \cdots, h_j, \cdots, h_k, s_2, \cdots, s_j, s_{j+1}, \cdots, s_k)$로 정의하자. 생성 이동을 위한 후보는 x^*으로 표현된다. 조각의 생성은 $k^*=k+1\,(x\in\Theta_k, x^*\in\Theta_{k+1})$으로 차원의 증가를 뜻한다. 이 형태의 이동은 $[s_1, s_{k+1}]$에서 균등하게 분포하는 위치 s^*를 무작위로 선택함으로써 이루어진다. 즉,

$$s^*\leftarrow u_1 \sim U(s_j, s_{j+1}) \tag{10.7.5}$$

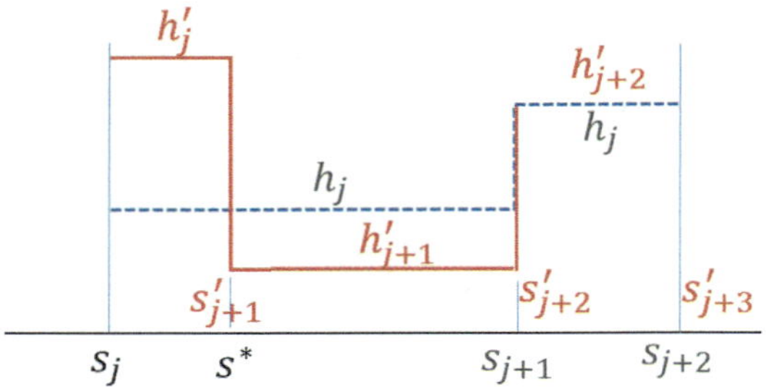

그림 10.7.2 생성이동(파란색에서 붉은색으로)

이 이동이 받아들여지면, 조각이 인접한(=변화시점) 위치 s_{j+1}'는 s^*로, $s_{j+1}, s_{j+2}, \cdots, s_k$는 $s_{j+2}', s_{j+3}', \cdots, s_{k+1}'$로 구분자가 새로 바뀌게 될 것이다. 이에 대응되는 조각의 구분자의 높이도 바뀐다. 즉, 구간 (s_j, s^*)에서는 높이 h_j'로, 구간 (s^*, s_{j+1})에서는 h_{j+1}'이 된다. 종전의 높이 h_j는 새로운 높이 후보 h_j'와 h_{j+1}'의 사이에 있기 위해서는 [그림 10.7.1]에 나타낸 바와 같이 다음의 가중 기하평균이 만족되어야 한다.

$$\left(h_j'\right)^{(s^*-s_j)}\left(h_{j+1}'\right)^{(s_{j+1}-s^*)}=\left(h_j\right)^{(s_{j+1}-s_j)} \tag{10.7.6}$$

가중 기하평균을 만족시키기 위해서 높이 변화의 비율을 다음과 같이 정의한다. 즉, 새로운 높이 h_j'와 h_{j+1}'는 종전의 높이 h_j를 기준으로 다음 비율을 만족시키면서 양쪽으로 변화할 수 있다.

$$\frac{h_{j+1}'}{h_j'}=\frac{1-u_2}{u_2} \tag{10.7.7}$$

여기서 $u_2 \sim U(0,1)$이다. 결국 새로운 높이 후보들은 다음과 같이 제안된다.

$$\begin{cases} h_j' = h_j\left(\dfrac{u_2}{1-u_2}\right)^{\frac{s_{j+1}-s^*}{s_{j+1}-s_j}} = h_j\left(\dfrac{u_2}{1-u_2}\right)^{r} = h_j\left(\dfrac{1-u_2}{u_2}\right)^{-r} \\ h_{j+1}' = h_j\left(\dfrac{1-u_2}{u_2}\right)^{\frac{s^*-s_j}{s_{j+1}-s_j}} = h_j\left(\dfrac{1-u_2}{u_2}\right)^{1-r} \end{cases} \tag{10.7.8}$$

우리는 이 이동에 의한 사후분포를 유도하고, 그 수락확률을 계산해야 한다. 사후분포는 가능도와 사전분포의 곱인데, 포아송 과정의 가능도는 이미 식(10.6.4)에서 다뤘다. 사전분포는 3개 분포의 합성곱 $p(k)p(h_j)p(s_j)$에 의해 정의되는데, 이들 역시 이미 앞 절에서 다뤘다. $p(k)$는 조각의 개수에 대한 사전분포로 식(10.6.6)으로, $p(h_j)$는 조각의 높이에 대한 것으로 식(10.6.7)로, $p(s_j)$는 변화시점의 위치에 대한 것으로 식(10.6.8)로 표현된다.

생성이동을 위한 알고리즘은 다음과 같다.

알고리즘 10.7.1 생성이동 알고리즘(reversible jump MCMC for birth moves)

1) 초기화 $x^{(0)}$

반복 $t = 1, 2, 3, \cdots, T$

2) 위치 후보 제안 $s^* \leftarrow u_1 \sim U(s_j, s_{j+1})$

3) 난수 추출 $u_2 \sim U(0,1)$한 뒤,

4) 다음 식에 의해 제안된 후보 높이 h_j'와 h_{j+1}' 계산

$$\begin{cases} h_j' = h_j\left(\dfrac{u_2}{1-u_2}\right)^{\frac{s_{j+1}-s^*}{s_{j+1}-s_j}} \\ h_{j+1}' = h_j\left(\dfrac{1-u_2}{u_2}\right)^{\frac{s^*-s_j}{s_{j+1}-s_j}} \end{cases}$$

5) 수락확률 계산 $\alpha_B(x, x^*)$

6) 균등분포 난수 생성, $u_3 \sim U(0,1)$

만약 $u_3 \le \alpha_B(x \rightarrow x^*)$이면,

$$x^{(t+1)} = x^*$$

아니면,

$$x^{(t+1)} = x^{(t)}$$

반복 종료

단계 2에서 $s^* \leftarrow u_1 \sim U(s_j, s_{j+1})$는 위치의 천이를 위한 제안분포의 확률밀도가 $q(x \rightarrow x^*) = q(u_k) = q(u) = 1$임을 의미한다. 단계 5에서 $s_j \rightarrow s_j^*$로의 생성이동의 수락확률은 다음에 의해 계산된다.

$$\alpha_B(x \rightarrow x^*) = \min\left[1, r_B(x \rightarrow x^*)\right] \tag{10.7.9}$$

여기서 수락확률은

$$r_B(x \rightarrow x^*) = \underbrace{\frac{L(x^*|y_1, \cdots, y_n)}{L(x|y_1, \cdots, y_n)}}_{likelihood\ ratio} \underbrace{\frac{p(x^*)}{p(x)}}_{\substack{prior\\ ratio}} \underbrace{\frac{j_B(x^*)}{j_B(x)} \frac{1}{q_{x \rightarrow x^*}(u)}}_{proposal\ ratio} \underbrace{\left| \frac{\partial(\boldsymbol{\theta}_{k^*}^*)}{\partial(\boldsymbol{\theta}_k, u_k)} \right|}_{Jacobian} \tag{10.7.10}$$

$j(x)$는 생성이동이 선택될 확률이다. 이 포아송 과정의 사후 가능도 비율은

$$\frac{L(x^*|y_1, \cdots, y_n)}{L(x|y_1, \cdots, y_n)} = \exp\left\{ \begin{array}{c} \left[c_j' \cdot \ln h_j' + c_{j+1}' \cdot \ln h_{j+1}'\right] - \left[h_j'(s^* - s_j) + h_{j+1}'(s_{j+1} - s^*)\right] \\ - \left[c_j \cdot \ln h_j - h_j(s_{j+1} - s_j)\right] \end{array} \right\} \tag{10.7.11}$$

로그를 취하면,

$$\begin{aligned} &\ln\left(\frac{L(x^*|y_1, \cdots, y_n)}{L(x|y_1, \cdots, y_n)}\right) \\ &= \left(c_j' \cdot \ln h_j' + c_{j+1}' \cdot \ln h_{j+1}'\right) - \left(h_j'(s^* - s_j) + h_{j+1}'(s_{j+1} - s^*)\right) \\ &\quad - (c_j \cdot \ln h_j - h_j(s_{j+1} - s_j)) \end{aligned} \tag{10.7.11'}$$

생성이동의 사전분포 비율은

$$\frac{p(x^*)}{p(x)} = \frac{p(k^*)}{p(k)} \frac{p(h_j^*)}{p(h_j)} \frac{p(s_j^*)}{p(s_j)} \tag{10.7.12}$$

여기서

$$\frac{p(k^*)}{p(k)} = \frac{p(k+1)}{p(k)} = \frac{\frac{\lambda^k}{k!}\exp(-\lambda)}{\frac{\lambda^{k-1}}{(k-1)!}\exp(-\lambda)} = \frac{\lambda}{k} \quad (10.7.13)$$

$$\frac{p(h_j^*)}{p(h_j)} = \frac{1}{\Gamma(a)b^a}\left(\frac{h_j' \cdot h_{j+1}'}{h_j}\right)^{a-1} \exp\left[-\frac{1}{b}\left(h_j' + h_{j+1}' - h_j\right)\right] \quad (10.7.14)$$

$$\frac{p(s_j^*)}{p(s_j)} = \frac{\frac{(2(k+1)-1)!}{(s_{k+1}-s_1)^{2(k+1)-1}}(s_2-s_1)\cdots(s^*-s_j)(s_{j+1}-s^*)\cdots(s_{k+1}-s_k)}{\frac{(2k-1)!}{(s_{k+1}-s_1)^{2k-1}}(s_2-s_1)\cdots(s_{j+1}-s_j)\cdots(s_{k+1}-s_k)}$$

$$= \frac{2k(2k+1)}{(s_{k+1}-s_1)^2}\frac{(s^*-s_j)(s_{j+1}-s^*)}{(s_{j+1}-s_j)} \quad (10.7.15)$$

위 세 가지 식을 곱하면, 결국 사전분포는

$$\frac{p(x^*)}{p(x)} = \frac{p(k^*)}{p(k)}\frac{p(h_j^*)}{p(h_j)}\frac{p(s_j^*)}{p(s_j)}$$

$$= \frac{\lambda}{k} \times \left(\frac{1}{\Gamma(a)b^a}\left(\frac{h_j' \cdot h_{j+1}'}{h_j}\right)^{a-1} \exp\left[-\frac{1}{b}\left(h_j' + h_{j+1}' - h_j\right)\right]\right)$$

$$\times \left(\frac{2k(2k+1)}{(s_{k+1}-s_1)^2}\frac{(s^*-s_j)(s_{j+1}-s^*)}{(s_{j+1}-s_j)}\right) \quad (10.7.16)$$

로그를 취하면,

$$\ln\left(\frac{p(x^*)}{p(x)}\right) = -\ln(\Gamma(a)) - a\ln(b) + (a-1)\left(\ln(h_j') + \ln(h_{j+1}') - \ln(h_j)\right)$$

$$-\frac{1}{b}\left(h_j' + h_{j+1}' - h_j\right) + \ln(2) + \ln(\lambda) + \ln(2k+1)$$

$$-2\ln(s_{k+1}-s_1) + \ln(s^*-s_j) + \ln(s_{j+1}-s^*) - \ln(s_{j+1}-s_j) \quad (10.7.16')$$

한편 생성이동이 선택될 확률과 제안분포의 비율은

$$\frac{j_B(x^*)}{j_B(x)}\frac{1}{q_{x\to x^*}(u)}=\frac{d_k \bullet p(s_{j+1})}{b_{k-1} \bullet p(s^*)}\frac{1}{q_{x\to x^*}(u)}=\frac{d_k \bullet \frac{1}{k}}{b_{k-1} \bullet \frac{1}{s_{k+1}-s_1}}\frac{1}{\frac{1}{1-0}}$$

$$=\frac{d_k \bullet (s_{k+1}-s_1)}{b_{k-1} \bullet k} \tag{10.7.17}$$

로그를 취하면,

$$\ln\left(\frac{j_B(x^*)}{j_B(x)}\frac{1}{q_{x\to x^*}(u)}\right)=\ln(d_k)+\ln(s_{k+1}-s_1)-\ln(b_{k-1})-\ln(k) \tag{10.7.17'}$$

여기서 b_{k-1}은 $\Theta_k \to \Theta_{k+1}$의 이동이 선택될 확률이다. d_k는 $\Theta_{k+1} \to \Theta_k$의 이동이 선택될 확률이다. 생성이동이 생기면, 기존의 높이가 둘로 나뉘고 새로운 위치가 하나 생기기 때문에 차원은 2개가 늘어 $2k+1$에서 $2k+3$이 된다. 늘어난 2개의 차원은 균등분포로부터 2개의 난수를 추출해서 대응시킨다. 즉, 변수변환은 다음과 같이 주어지기 때문에

$$s^* \leftarrow u_1$$

$$h_j' = h_j\left(\frac{u_2}{1-u_2}\right)^r$$

$$h_{j+1}' = h_j\left(\frac{1-u_2}{u_2}\right)^{1-r} \tag{10.7.18}$$

이 변환함수의 야코비안은

$$J=\left|\frac{\partial(h_j', h_{j+1}', s^*)}{\partial(h_j, u_1, u_2)}\right|=\left|\begin{matrix} \frac{\partial h_j\left(\frac{u_2}{1-u_2}\right)^r}{\partial h_j} & \frac{\partial h_j\left(\frac{u_2}{1-u_2}\right)^r}{\partial u_1} & \frac{\partial h_j\left(\frac{u_2}{1-u_2}\right)^r}{\partial u_2} \\ \frac{\partial h_j\left(\frac{1-u_2}{u_2}\right)^{1-r}}{\partial h_j} & \frac{\partial h_j\left(\frac{1-u_2}{u_2}\right)^{1-r}}{\partial u_1} & \frac{\partial h_j\left(\frac{1-u_2}{u_2}\right)^{1-r}}{\partial u_2} \\ \frac{\partial u_1}{\partial h_j} & \frac{\partial u_1}{\partial u_1} & \frac{\partial u_1}{\partial u_2} \end{matrix}\right|$$

$$= \begin{vmatrix} \dfrac{\partial h_j\left(\dfrac{u_2}{1-u_2}\right)^r}{\partial h_j} & 0 & \dfrac{\partial h_j\left(\dfrac{u_2}{1-u_2}\right)^r}{\partial u_2} \\ \dfrac{\partial h_j\left(\dfrac{1-u_2}{u_2}\right)^{1-r}}{\partial h_j} & 0 & \dfrac{\partial h_j\left(\dfrac{1-u_2}{u_2}\right)^{1-r}}{\partial u_2} \\ 0 & 1 & 0 \end{vmatrix}$$

$$=- \begin{vmatrix} \left(\dfrac{u_2}{1-u_2}\right)^r & h_j \bullet r\left(\dfrac{u_2}{1-u_2}\right)^{r-1}\dfrac{1}{(1-u_2)^2} \\ \left(\dfrac{1-u_2}{u_2}\right)^{1-r} & h_j(1-r)\left(\dfrac{1-u_2}{u_2}\right)^{-r}\left(-\dfrac{1}{u_2^2}\right) \end{vmatrix}$$

$$= h_j \frac{u_2^{2r-2}}{(1-u_2)^{2r}}$$

$$= h_j \frac{\left(u_2^{r-1}u_2 + u_2^{r-1}(1-u_2)\right)^2}{(1-u_2)^{2r}}$$

$$= \frac{\left[h_j\left(\dfrac{u_2}{1-u_2}\right)^r + h_j\left(\dfrac{1-u_2}{u_2}\right)^{1-r}\right]^2}{h_j}$$

$$= \frac{\left(h_j^{'} + h_{j+1}^{'}\right)^2}{h_j} \tag{10.7.19}$$

이 야코비안에 로그를 취하면,

$$\ln(J) = 2\ln\left(h_j^{'} + h_{j+1}^{'}\right) - \ln\left(h_j\right) \tag{10.7.19'}$$

마침내 생성이동을 위한 수락확률은 다음과 같이 계산된다.

$$r_B(x \to x^*) = \exp\left(\begin{array}{r} \ln\left(\dfrac{L(x^*|y_1,\cdots,y_n)}{L(x|y_1,\cdots,y_n)}\right) + \ln\left(\dfrac{p(x^*)}{p(x)}\right) \\ + \ln\left(\dfrac{j_B(x^*)}{j_B(x)}\dfrac{1}{q_{x,x^*}(u)}\right) + \ln(J) \end{array} \right) \tag{10.7.10A}$$

10.7.3 소멸이동(Death Moves)

소멸이동 $k^* = k-1\,(x \in \Theta_k, x^* \in \Theta_{k-1})$은 2개의 인접 조각들이 하나로 통합되고 변화 위치 1개가 없어지므로, 차원은 2개가 낮아져서 $2k+1$에서 $2k-1$로 된다. 소멸이동을 위한 후보 s_{j+1}은 $s_2, s_3, \cdots, s_k$에서 무작위로 선정된다. 만약 s_{j+1}이 소멸되면, 구간 $(s_j^{'}, s_{j+1}^{'}) = (s_j, s_{j+2})$에서의 새로운 높이가 [그림 10.7.3]과 같이 $h_j^{'}$가 되면, 가중 기하평균 조건이 만족된다. 이러한 방식의 소멸 이동에 대한 정의는 앞서 논의했던 생성이동과 대응되는 쌍을 이루어 상세 균형조건을 만족하게 된다. 이는 결국 차원일치를 의미한다.

$$(h_j)^{(s_{j+1}-s_j)}(h_{j+1})^{(s_{j+2}-s_{j+1})} = (h_j^{'})^{(s_{j+1}^{'}-s_j^{'})} \tag{10.7.20}$$

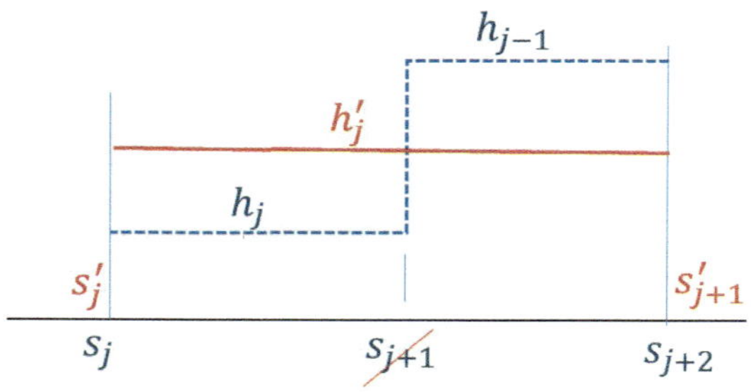

그림 10.7.3 소멸이동(파란색에서 붉은색으로)

이 소멸이동의 수락확률은 조각 소멸에 따른 변수들의 구분번호를 다시 매긴 뒤 가능도, 사전분포, 제안분포 등의 비율 항들은 생성이동에서 구했던 비율 항의 역수를 취하면 계산할 수 있다. 즉, 단계 3에서 $x \to x^*$의 소멸이동이 수락될 확률은 다음과 같이 쓸 수 있다.

$$\alpha_D(x \to x^*) = \min\left[1, \frac{1}{r_B(x \to x^*)}\right] \tag{10.7.21}$$

먼저 소멸이동의 가능도 비율 항은 식(10.7.11)에 정리한 생성이동의 가능도 비율의 역을 취한다.

$$\frac{L(x^*|y_1,\cdots,y_n)}{L(x|y_1,\cdots,y_n)} = \exp\left\{\begin{matrix}(c_j' \cdot \ln\ h_j' - h_j'(s_{j+2}-s_j)) - (c_j \cdot \ln\ h_j + c_{j+1} \cdot \ln\ h_{j+1}) \\ +(h_j(s_{j+1}-s_j) + h_{j+1}(s_{j+2}-s_{j+1}))\end{matrix}\right\} \quad (10.7.22)$$

로그를 취하면,

$$\ln\left(\frac{L(x^*|y_1,\cdots,y_n)}{L(x|y_1,\cdots,y_n)}\right) = (c_j' \cdot \ln\ h_j' - h_j'(s_{j+2}-s_j)) - (c_j \cdot \ln\ h_j + c_{j+1} \cdot \ln\ h_{j+1}) + (h_j(s_{j+1}-s_j) + h_{j+1}(s_{j+2}-s_{j+1})) \quad (10.7.22')$$

소멸이동의 사전분포 비율도 식(10.7.16)의 생성이동 사전분포 비율의 역을 취한다.

$$\frac{p(x^*)}{p(x)} = \left(\Gamma(a)b^a\left(\frac{h_j'}{h_j \cdot h_{j+1}}\right)^{a-1}\exp\left[-\frac{b}{(h_j + h_{j+1} - h_j')}\right]\right) \times \left(\frac{(s_{k+1}-s_1)^2}{2\lambda(2k+1)}\frac{(s_{j+2}-s_j)}{(s_{j+1}-s_j)(s_{j+2}-s_{j+1})}\right) \quad (10.7.23)$$

로그를 취하면,

$$\ln\left(\frac{p(x^*)}{p(x)}\right) = \ln(\Gamma(a)) + a\ln(b) + (a-1)(\ln(h_j') - \ln(h_j) - \ln(h_{j+1})) - \frac{(h_j + h_{j+1} - h_j')}{b} + 2\ln(s_{k+1}-s_1) - \ln(2) - \ln(\lambda) - \ln(2k+1) + \ln(s_{j+2}-s_j) - \ln(s_{j+1}-s_j) - \ln(s_{j+2}-s_{j+1}) \quad (10.7.23')$$

소멸이동이 선택될 확률과 제안분포의 비율 역시, 생성이동 경우의 역을 취한다.

$$\frac{j_D(x^*)}{j_D(x)}\frac{q_{x^*\to x}(u_{k^*})}{1} = \frac{b_{k-2} \cdot p(s^*)}{d_{k-1} \cdot p(s_{j+1})}\frac{q_{x^*\to x}(u)}{1} = \frac{b_{k-2} \cdot \frac{1}{s_{k+1}-s_1}}{d_{k-1} \cdot \frac{1}{k}}\frac{\frac{1}{1-0}}{1} = \frac{b_{k-2} \cdot k}{d_{k-1}(s_{k+1}-s_1)} \quad (10.7.24)$$

로그를 취하면,

$$\ln\left(\frac{j_D(x^*)}{j_D(x)}\frac{q_{x^*\to x}(u_{k^*})}{1}\right)=\ln(b_{k-2})+\ln(k)-\ln(d_{k-1})-\ln(s_{k+1}-s_1) \quad (10.7.24')$$

여기서 $u=\dfrac{h_j}{h_j+h_{j+1}}$ 이고, d_{k-1}은 $\Theta_k\to\Theta_{k-1}$ 이동이 선택될 확률이고, d_{k-2}는 $\Theta_{k-1}\to\Theta_k$ 이동이 선택될 확률이다. 변환함수의 야코비안 역시 생성이동의 경우의 역을 취한다.

$$J=\left|\frac{\partial(\boldsymbol{\theta}_k,u_k)}{\partial(\boldsymbol{\theta}^*_{k^*})}\right|=\frac{h_j'}{(h_j+h_{j+1})^2} \quad (10.7.25)$$

이 야코비안에 로그를 취하면,

$$\ln(J)=\ln(h_j')-2\ln(h_j+h_{j+1}) \quad (10.7.25')$$

마침내 소멸 이동을 위한 수락확률은 다음과 같이 계산된다.

$$\begin{aligned} r_D(x\to x^*)&=\frac{1}{r_B(x\to x^*)} \\ &=\exp\left(\begin{aligned}&\ln\left(\frac{L(x^*|y_1,\cdots,y_n)}{L(x|y_1,\cdots,y_n)}\right)+\ln\left(\frac{p(x^*)}{p(x)}\right)\\ &+\ln\left(\frac{j_D(x^*)}{j_D(x)}\frac{q_{x^*\to x}(u_{k^*})}{1}\right)+\ln(J)\end{aligned}\right) \end{aligned} \quad (10.7.26)$$

이는 식(10.7.10A)의 생성이동의 수락확률에 대응되는 것으로, 소멸이동의 수락확률은 생성이동의 수락확률의 역수이다.

소멸이동을 위한 알고리즘은 다음과 같다.

알고리즘 10.7.2 소멸이동 알고리즘(reversible jump MCMC for death moves)

1. 초기화 $x^{(0)}$
반복 $t = 1, 2, 3, \cdots, T$
2. $(s_2, \cdots, s_k)$로부터 무작위로 위치 후보 제안 $s^* = s_{j+1}$
3. 난수 추출 $u_2 \sim U(0,1)$한 뒤,
4. 다음 식에 의해 제안된 후보 높이 h_j' 계산

$$h_j' = h_j\left(\frac{s_{j+1} - s_j}{s_{j+2} - s_j}\right) \times h_{j+1}\left(\frac{s_{j+2} - s_{j+1}}{s_{j+2} - s_j}\right)$$

5. 수락확률 계산 $\alpha_D(x \rightarrow x^*)$
6. 균등분포 난수 생성, $u \sim U(0,1)$
   만약 $u \leq \alpha_B(x \rightarrow x^*)$ 이면,

$$x^{(t+1)} = x^*$$

   아니면,

$$x^{(t+1)} = x^{(t)}$$

반복 종료

10.7.4 시뮬레이션 및 결과

다음 프로그램은 조각(모델)의 개수를 모르는 상태 추정을 위한 것이다. 각 조각의 높이와 위치만 변화(즉 모델 내에서 차원 변화 없이 후보 갱신만 시도)하는 부분은 이미 10.6절에서 다뤘다. 이 프로그램은 생성이동과 소멸이동을 통해서 차원이 다른 영역을 탐색하는 부분만 다룬 것이다.

프로그램 10.7 가역도약 추출법에 의한 광산사고율 변화시점 시뮬레이션(unknown $k_{\max}$)

```
% RJMCMC for Change-Point Problem (flexible number k of steps)
% This program is partly based on Ai Jialin's M.S. thesis, which is
% written by R program. This source code is from
% http://www1.maths.leeds.ac.kr/~voss/projects/2011-RJMCMC

clc, clear;

% coal-mining accidents data
```

```
load coalDisaster;

T = 10000;              % chain length

% values of hyperparameters a and b for Gamma prior of h
a = 1;
b = 200/365.24;

lambda = 3;     % parameter of prior for h

% count the number of accidents in a given step(=time interval)
yCount = @(s1,s2) sum(date >= s1 & date < s2);

% probability of choosing a birth move
probB = @(k) 3.6/7 * min(1, lambda/(k+1));

% probability of choosing a death move
probD = @(k) 3.6/7 * min(1, k/lambda);

% set initials
k = 1; %4;
h = [1.7]'; %, 1.7, 1.7, 1.7]';
s = [1851, 1963]';  %[1851, 1860, 1900, 1920, 1963]';

%%
for t=2:T

    %probability of choosing a position move
    if (k <= 1)
        probP = 0;
    else
        probP = 0.5 * (1 - probB(k-1) - probD(k-1));
    end

    %probability of choosing a height move
    probH = 1 - probB(k-1) - probD(k-1) - probP;

   % choose a move type according to the probability of each move
    m = rand;

    if(m > 1-probH)
    %%%%%% try to a HEIGHT move from 1 to k %%%%%%%%%
        j = ceil(rand*k);                   % randomly choose a step

        % for jump proposals
        u = unifrnd(-0.5,0.5);
        hStar = h(j) * exp(u);

        %%%% accept ratio of the hieght move %%%%%%%%%%%
        c = yCount(s(j),s(j+1));

        ratioLogLikeH = (h(j)-hStar)*(s(j+1)-s(j))...
                 +c*(log(hStar)-log(h(j)));

        ratioLogPriorH = a*(log(hStar)-log(h(j))) - (log(hStar)-log(h(j)))/b;
                        % because, (h*/h)^(a-1) * (h/h*) => (h*/h)^a
```

```
    rAcceptH = exp(ratioLogLikeH + ratioLogPriorH);

    % acceptance probability of a hieght move
    hAlpha = min(1, rAcceptH);
    if (rand < hAlpha)
        h(j) = hStar;
    end
end

if(m <= 1-probH & m > 1-probH-probP)
%%%%%% try to a POSITION move from s2 to sk %%%%%%%
    j = ceil(rand*(k-1)) + 1;              % randomly choose a step

    % for jump proposals
    sStar = unifrnd(s(j-1),s(j+1));

    %%%% accept ratio of the position move
    c1 = yCount(s(j-1),s(j));
    c1Star = yCount(s(j-1),sStar);
    c2 = yCount(s(j),s(j+1));
    c2Star = yCount(sStar,s(j+1));

    ratioLogLikeP = (h(j)-h(j-1))*(sStar-s(j)) + (c1Star-c1)*log(h(j-1))...
             + (c2Star-c2)*log(h(j));

    ratioLogPriorP = log(sStar-s(j-1)) + log(s(j+1)-sStar)...
              - log(s(j)-s(j-1)) - log(s(j+1)-s(j));

    rAcceptP = exp(ratioLogLikeP + ratioLogPriorP);

    pAlpha = min(1, rAcceptP);

    if (rand < pAlpha)
        s(j) = sStar;
    end
end

if(m < probB(k-1))
%%%%%% try to a BIRTH move from b1 to bk %%%%%%%%%%
     j = ceil(rand*(k));                 % randomly choose a step

    % for jump proposals
    sStar = unifrnd(s(j),s(j+1));

    u = rand;
    r = exp(log(s(j+1)-sStar) - log(s(j+1)-s(j)));

    %%%% accept ratio of the birth move
    h1Prime = h(j) * exp(r*(log(u)-log(1-u)));
    h2Prime = h(j) * exp((1-r)*(log(1-u)-log(u)));

    c1Prime = yCount(s(j),sStar);
    c2Prime = yCount(sStar,s(j+1));
    c = c1Prime + c2Prime;

    ratioLogLikeB = - h1Prime*(sStar-s(j)) - h2Prime*(s(j+1)-sStar)...
```

```
                + c1Prime*log(h1Prime) + c2Prime*log(h2Prime)...
                + h(j)*(s(j+1)-s(j)) - c*log(h(j));

        ratioLogPriorB = log(2)+log(lambda)+log(2*k+1) - 2*log(s(k+1)-s(1))...
                 + log(sStar-s(j))+log(s(j+1)-sStar)...
                 - log(s(j+1)-s(j)) - a*log(b) - gammaln(a)...
                 + (a-1)*(log(h1Prime)+log(h2Prime)) - log(h(j))...
                 - (h1Prime+h2Prime-h(j))/b;

        ratioLogProposB = log(probD(k)) + log(s(k+1)-s(1)) - log(probB(k-1)) -
log(k);

        logJacobB = 2*log(h1Prime+h2Prime) - log(h(j));

        rAcceptB = exp(ratioLogLikeB+ratioLogPriorB+ratioLogProposB+logJacobB);

        bAlpha = min(1, rAcceptB);


        if (rand < bAlpha)
             ss = [s(1:j); sStar; s(j+1:k+1)];
             if(j > 1)
                 left = h(1:j-1);
             else
                 left = [ ];
             end
             if(j < k)
                 right = h(j+1:k);
             else
                 right = [ ];
             end
             hh = [left; h1Prime; h2Prime; right];
             k = k + 1;
             s = ss;
             h = hh;
        end
    end


    if(m >= probB(k-1) & m <= probB(k-1)+probD(k-1))
    %%%%%% try to a DEATH move from d2 to dk %%%%%%%%%%
        j = ceil(rand*(k-1));                    % randomly choose a step

        r = (s(j+2)-s(j+1)) / (s(j+2)-s(j));
        hPrime = h(j)^(1-r) * h(j+1)^r;

        c1 = yCount(s(j),s(j+1));
        c2 = yCount(s(j+1),s(j+2));
        cPrime = c1 + c2;

        ratioLogLikeD = cPrime*log(hPrime) - hPrime*(s(j+2)-s(j))...
                        - c1*log(h(j)) - c2*log(h(j+1))...
                        + h(j)*(s(j+1)-s(j)) + h(j+1)*(s(j+2)-s(j+1));

        ratioLogPriorD = 2*log(s(k+1)-s(1)) - log(2)-log(lambda)-log(2*k+1)...
                     + log(s(j+2)-s(j)) - log(s(j+1)-s(j)) - log(s(j+2)-s(j+1))...
```

```
                + gammaln(a)+ a*log(b)...
                + (a-1)*(log(hPrime)-log(h(j))-log(h(j+1)))...
                + (h(j)+h(j+1)-hPrime)/b;
        ratioLogProposD = log(probB(k-2))+log(k)-log(probD(k-1))-log(s(k+1)-s(1));

        logJacobD = log(hPrime) - 2*log(h(j)+h(j+1));

        rAcceptD = exp(ratioLogLikeD+ratioLogPriorD+ratioLogProposD+logJacobD);

        dAlpha = min(1, rAcceptD);

        if (rand < dAlpha)
            k = k - 1;
            h(j) = hPrime;
            h = h(h ~= h(j+1));    % relabel =h=setdiff(h,h(h==h(j+1)),'rows')
            s = s(s ~= s(j+1));
        end
    end

    %save the height and position data
    nh = length(h);
    ns = length(s);

    K(t,1) = k;
    H(t,1:nh) = h;
    S(t,1:ns) = s;

end

% summary of results
heights = mean(H)      % mean heights of steps
positions=mean(S)      % mean positions of steps
```

[그림 10.7.4]는 대표적으로 몇 개 조각에서 높이의 궤적, 개수의 궤적, 그리고 모델 개수의 확률을 나타낸 것이다. 모델 개수가 3일 확률이 가장 높은 것으로 나타났다. 나머지 정보들에 대한 그림은 생략하였다. 10.6절의 프로그램을 응용하면 가능할 것이다.

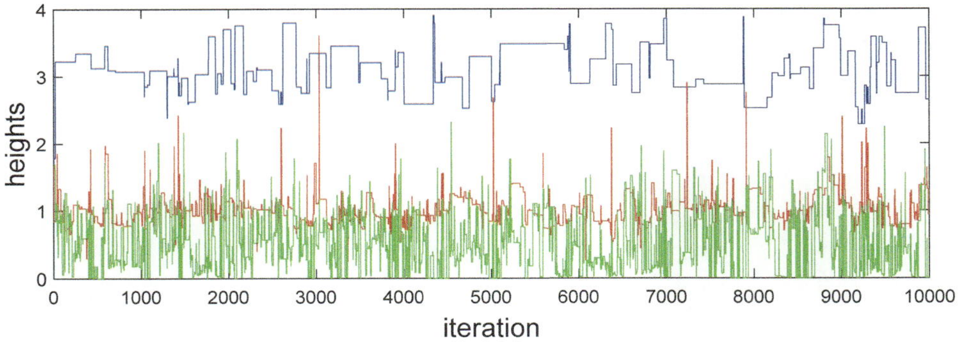

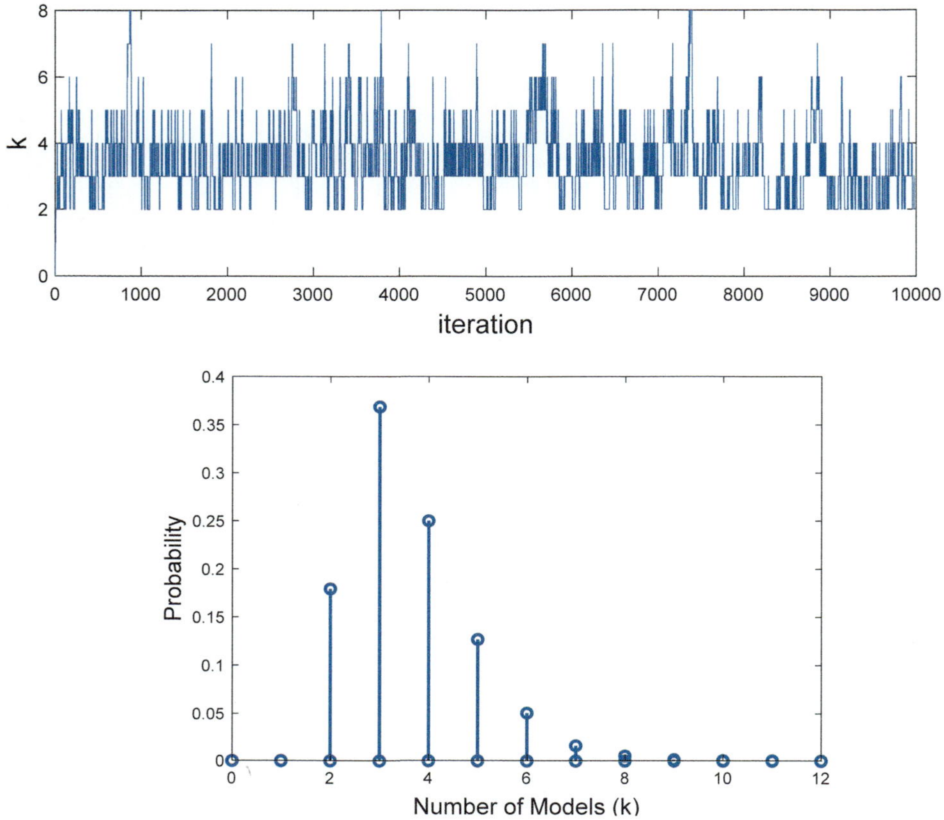

그림 10.7.4 조각(모델) 개수가 변하는 조건에서의 *rj*MCMC 시뮬레이션 결과

11

CHAPTER

순차적 몬테카를로

Sequential Monte Carlo

순차적 몬테카를로(Sequential Monte Carlo) 방법은 베이지안 입자 필터링(particle filtering)이라는 이름으로 더 자주 불린다. 이 방법의 특징은 베이지안 추정에 몬테카를로 표본추출 방법을 적용하는 데 있다. 처음에는 동적모델의 상태 추정 문제를 풀기 위해 제안되었지만(Gordon et al., 1993)[1], 지금은 신호처리, 영상처리, 목표물 추적, 경제 변동성 추정 등의 다양한 분야에 이용되고 있다. 이 방법을 사용하면 새로운 관측치 정보가 제공되는 매 시점마다 은닉(관찰자가 직접 관찰할 수 없는) 상태에 대한 사후분포를 갱신할 수 있다. 그래서 순차적(sequential)이란 이름이 붙은 것이다. 좀 더 구체적으로 표현하면, 몬테카를로 방법이 적분을 해석적으로 푸는 대신에 표본추출에 의해 근사치를 구하는 것처럼, 입자 필터링 방법은 종래의 칼만필터(Kalman filter)같은 해석적 방법들을 대신해 표본추출에 의해 답을 구한다. 이 방법에서는 표본을 입자라 하는데, 추정하고자 하는 확률분포는 이 입자들에 의해 표현된다. 종래의 해석적 방법들은 사후분포가 정규분포가 아니거나 상태로부터 방출되는 관측치가 비선형적일 때 제약이 있는 반면, 입자 필터링 방법은 이런 면에서 자유롭다. 이 방법은 매 시뮬레이션 단계마다 중요도 표본추출법을 반복적으로 사용한다.

11.1 상태-공간 모델

11.1.1 상태-공간 모델 정의

상태-공간 모델(State-Space model)은 은닉 마르코프 모델(HMM: Hidden Markov model)이라고도 한다. 이 모델은 두 가지 확률과정, 1) 은닉상태들과 2) 매 진행단계에서 은닉상태로부터 방출되는 관측 심볼로 이루어진다. 관찰자는 상태를 직접 볼 수 없지만, 대신에 그 상태로부터 방출되는 결과를 관측할 수 있다. 그림으로 표현하면 다음과 같다.

1 N.J. Gordon, D.J. Salmond, A.F.M. Smith, "*Novel approach to nonlinear/non-Gaussian Bayesian state estimation*," IEE Proceedings F (Radar and Signal Processing), 140(2), 1993, pp. 107-113.

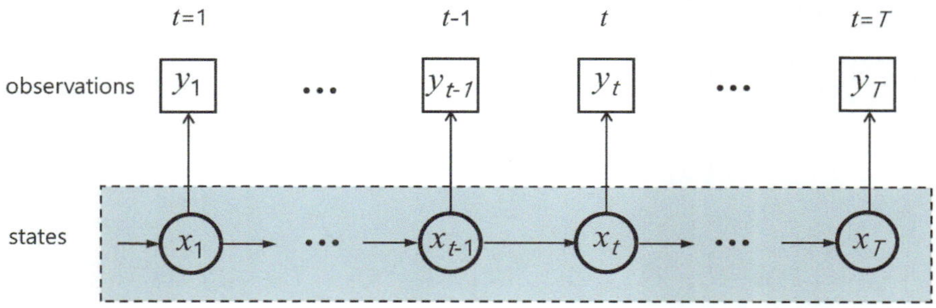

그림 11.1.1 상태-공간 모델

[그림 11.1.1]에서 상태의 확률과정을 어둡게 표현한 이유는 관측 불가능한 상태라는 사실을 강조하기 위함이다. 이 모델은 직접 관찰할 수 없는 상태의 변화를 관측치 정보를 사용해서 추정한다. 상태는 원으로, 상태들 사이의 천이는 옆으로 진행하는 화살표로 표현하였다. 상태는 관측 불가능하다. 하지만 상태는 특정 확률로 출력을 방출한다. 이 출력이 바로 관찰자가 볼 수 있는 관측 심볼 또는 데이터이다. 그림에서는 사각형과 수직으로 된 화살표로 표현되었다. 이 모델에서 은닉상태와 관측 심볼들은 이산형일 수도, 연속형일 수도 있다. 상태는 확률변수 X_t로, 관측 심볼은 확률변수 Y_t로 표기하기로 하자. 아래첨자 $t = 0, \cdots, T$는 이산적인 시간을 나타내는 지표, 즉 천이단계를 나타낸다. 이 모델에는 다음의 3가지 확률분포들이 필요하다.

$$x_0 \sim p(x_0) \quad : \text{초기상태 확률분포} \tag{11.1.1}$$

$$x_t | x_{t-1} \sim p(x_t | x_{t-1}) \quad : \text{상태천이 확률분포} \tag{11.1.2}$$

$$y_t | x_t \sim p(y_t | x_t) \quad : \text{관측치 또는 데이터 확률분포} \tag{11.1.3}$$

식(11.1.2)를 상태(또는 천이) 모델, 식(11.1.3)은 관측치(또는 데이터) 모델이라 한다. 천이확률과 관측치 확률분포가 매 시점에 변함없이 동일하게 유지되면, 동질적(time-homogeneous) 또는 정상(stationary) 또는 불변(time-invariant) 모델이라 한다.

이 모델은 다음 2가지 조건, 즉 1) 1차 마르코프[2] 특성이고, 2) 관측 심볼끼리는 서로 독

2 1차 마르코프 과정은 현 단계의 상태가 바로 전 단계의 상태에만 의존한다. 만약 전 단계의 전 단계까지 고려한다면 2차 마르코프 과정, 그 전 단계인 3단계 전까지 고려하면 3차 마르코프 과정 ... 이런 식으로 정의된다.

립적이다는 가정을 따른다. 첫 번째 가정은, 다음 단계의 상태는 계가 어떻게 현재 단계에 도달했는지는 상관없이 오직 현 단계의 상태에만 의존한다는 의미다. 수식으로는

$$\Pr(x_t|x_1,x_2,\cdots,x_{t-1})=\Pr(x_t|x_{t-1}) \tag{11.1.4}$$

초기 상태의 확률분포는 $p(x_0)$이다. 그러면 $t=0,\cdots,T$ 동안의 확률과정에서 관측 시퀀스[3]가 관찰되기 이전의 상태 시퀀스, 즉 상태들의 사전 결합확률분포는 다음과 같이 쓸 수 있다.

$$\Pr(x_0,x_1,x_2,\cdots,x_T)=p(x_{0:T})=p(x_0)\prod_{t=1}^{T}\Pr(x_t|x_{t-1}) \tag{11.1.5}$$

관측 심볼들이 서로 독립적이라는 가정에서 관측 시퀀스는 다음과 같이 표현된다.

$$\Pr(y_1,y_2,\cdots,y_T|x_1,x_2,\cdots,x_T)=p(y_{1:T}|x_{1:T})=\prod_{t=1}^{T}\Pr(y_t|x_t) \tag{11.1.6}$$

결국, 상태 시퀀스와 관측 시퀀스의 결합확률은 다음과 같이 정의된다.

$$\Pr(x_0,\cdots,x_T,y_1,\cdots,y_T)=p(x_{0:T},y_{1:T})=p(x_0)\prod_{t=1}^{T}p(y_t|x_t)p(x_t|x_{t-1}) \tag{11.1.7}$$

베이즈 법칙을 적용하면, 관측 시퀀스를 관찰한 이후의 상태 시퀀스, 즉 상태들의 사후 결합확률분포는 다음 형태로 정의할 수 있다.

$$\begin{aligned} p(x_{0:T}|y_{1:T}) &= \frac{p(x_{0:T},y_{1:T})}{p(y_{1:T})} \\ &= \frac{p(y_{1:T}|x_{0:T})p(x_{0:T})}{p(y_{1:T})} \\ &= \frac{p(y_{1:T}|x_{0:T})p(x_{0:T})}{\int p(y_{1:T}|x_{0:T})p(x_{0:T})dx_{0:T}} \end{aligned} \tag{11.1.8}$$

3 시퀀스(sequence)는 확률과정의 매 시점에서의 상태 또는 관측 심볼들을 시간순으로 연결한 순차적 배열을 말한다. 영어 발음 그대로 사용하기로 한다.

만약 위 식의 분모인 정규화상수 $p(y_{1:T}) = \int p(y_{1:T}|x_{0:T})p(x_{0:T})dx_{0:T}$를 무시한다면, 사후분포는 다음과 같다.

$$\underbrace{p(x_{0:T}|y_{1:T})}_{\substack{posterior\\ of\ state}} \propto \underbrace{p(y_{1:T}|x_{0:T})}_{\substack{likelihood\ of\\ observations}}\underbrace{p(x_{0:T})}_{\substack{prior\\ of\ state}} \tag{11.1.9}$$

확률과정의 모든 시점 $t=0,\ \cdots,\ T$에 걸친 상태의 결합확률 $x_{0:T}$를 완전사후분포라 한다.

11.1.2 반복 알고리즘의 필요

일반적으로 상태-공간 모델을 사용하는 목적은 다음 두 가지이다. 하나는 직접 관찰할 수 없는 상태들의 사후분포를 추정하는 것이다. 관심이 확률과정 모든 단계의 완전사후분포 $p(x_{0:t}|y_{1:t})$일 수도 있고, 아니면 어느 특정 시점에서의 사후분포 $p(x_t|y_{1:t})$일 수도 있다. 다른 하나는 추정된 사후분포를 이용해서 원하는 확률정보를 얻는 것이다. 보통은 다음과 같이 정의되는 기댓값을 구하는 것이다.

$$G = E_{p(x_{0:T}|y_{1:T})}[g(x_{0:T})] = \int g(x_{0:T})p(x_{0:T}|y_{1:T})dx_{0:T} \tag{11.1.10}$$

여기서 $g(x)$는 상태에 대한 임의의 함수이다.

완전사후분포를 구하는 데는 심각한 문제 하나가 있다. 확률과정의 진행에 따라 새로운 관측 심볼이 종전의 관측 시퀀스에 더해지기 때문에, 완전사후분포를 구하려면 처음 시점부터 추가된 시점까지의 확률을 다시 계산해야 한다는 점이다. 이렇게 되면 시간에 따라 사후분포의 차원이 증가하기 때문에 컴퓨터의 계산 성능이 아무리 좋더라도 결국은 계산할 수 없게 된다. 이 문제를 해결하려면 새로운 관측 심볼이 계속 추가되더라도 계산 횟수가 늘어나지 않고 일정하게 유지되게 하는 반복 알고리즘이 필요하다. 순차적 몬테카를로 방법의 핵심이 이 반복 알고리즘에 있다.

11.1.3 상태-공간 모델에서의 추정 작업

상태-공간 모델에서의 추정 작업들은 [그림 11.1.2]처럼 몇 가지로 분류할 수 있다. 크게는 3가지인데, 즉 필터링(filtering), 예측(prediction), 그리고 평활화(smoothing)이다. 그 기준은 우리의 관심이 '확률과정의 어떤 단계에 있는가'이다. 그림에서 회색은 관측치를 이용할 수 있는 시점 또는 단계를 의미한다.

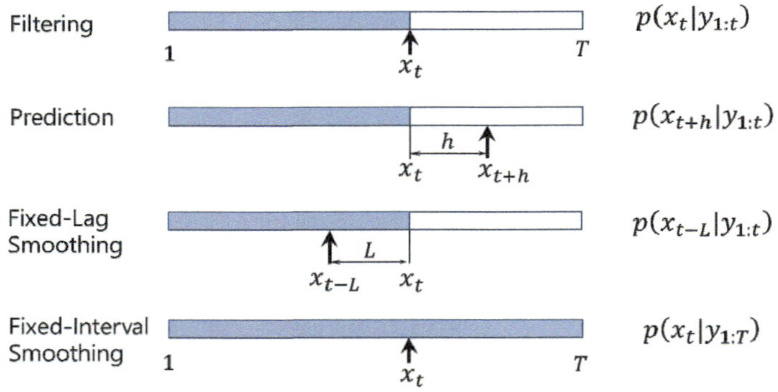

그림 11.1.2 상태-공간 모델에서의 추정 작업 구분

필터링이란 일반적으로 잡음을 제거하는 작업을 말하지만, 상태-공간 모델에서는 잡음이 포함된 관측치를 통해서 은닉된 상태를 간접적으로 추정하는 작업을 의미한다. 달리 표현하면, 필터링 분포 $p(x_t|y_{1:t})$를 구하고, 이로부터 필요한 정보를 얻는 작업이다. 더 구체적으로는, 시점 t까지의 관측 시퀀스 $y_{1:t} = \{y_1, y_2, \cdots, y_t\}$를 이용해서 시점 t에서의 상태 x_t를 추정하는 것이다. 이 작업에 베이지안 방법이 동원되면 이를 베이지안 필터링(Bayesian filtering)이라 한다.

평활화(smoothing)란 이미 관측치를 얻고 나서 그 이전 어느 시점의 상태를 추정하는 작업이다. 추정 시점을 기준으로 보면, 추정 시점 이후의 관측치도 추정에 이용할 수 있다는 의미다. 확률과정 모든 시점의 관측 시퀀스 $y_{1:T} = \{y_1, y_2, \cdots, y_T\}$가 주어졌다면, 모든 시점 $(1, T)$에 대한 완전 평활화 분포는 $p(x_{1:T}|y_{1:T})$로, 특정 구간 시점 (s,t)에 대한 평활화 분포는 $p(x_{s:t}|y_{1:T})$로, 특정 시점 t(단, $t < T$)에 대한 평활화 분포는 $p(x_t|y_{1:T})$로 세분화할 수도 있다.

평활화 분포는 추정 시점보다 그 이후에 얻어진 정보들이 더 있기 때문에 그렇지 않은 필터링 분포보다 더 매끄러운 경향을 보인다. 이를테면 평활화는 과거의 추정치를 수정하는 작업이다. 필터링은 관측 심볼이 주어지는 그때그때 바로 처리할 수 있는 온라인(on-line) 방식인 반면, 평활화는 저장된 관측 시퀀스를 이용하는 오프라인(off-line) 또는 일괄처리(batch) 방식이다. 필터링은 평활화의 특수한 경우에 속한다.

11.1.4 동적모델로써 상태-공간 모델

동적모델은 시간에 따른 계의 상태 변화를 다룬다. 계의 동적 상태를 추정하거나 분석하려면 최소한 2가지 모델 또는 식이 필요하다. 하나는 상태(또는 천이) 모델이고, 다른 하나는 관측치(데이터) 모델이다. 상태와 관측치 사이의 관계는 선형적일 수도, 비선형적일 수도 있다.

상태 모델은 시간에 따라서 상태가 어떻게 변화되는지, 즉 $x_{t-1} \rightarrow x_t$를 규정한다. 상태 모델은 상태변수 $x_t \in R^{d_x}$와 상태잡음(또는 확률과정의 잡음) $u_t \in R^{d_u}$으로 구성된다.

$$x_t = g(x_{t-1}, u_{t-1}) \leftrightarrow p(x_t | x_{t-1}) \tag{11.1.11}$$

여기서 $g(\cdot)$는 상태천이 함수이고, u_{t-1}은 상태와는 무관한 백색잡음(white noise sequence)이다. 첨자 $t=1, 2, \cdots$는 단계를 나타낸다. 이 모델은 확률적으로는 식 (11.1.2)와 같다.

관측치 모델은 상태 x_t에 의해 어떤 관측 심볼 $y_t \in R^{d_y}$이 방출되는지를 규정한다. 여기서 $h(\cdot)$는 관측 함수이고, $v_t \in R^{d_v}$은 확률분포가 알려진 백색잡음이다.

$$y_t = h(x_t, v_t) \leftrightarrow p(y_t | x_t) \tag{11.1.12}$$

이 두 모델에서 함수 $g : R^{d_x} \times R^{d_u} \rightarrow R^{d_x}$와 $h : R^{d_y} \times R^{d_v} \rightarrow R^{d_y}$는 선형일 수도 비선형일 수도 있는데, 함수들은 알려진 것으로 간주된다.

동적모델과 상태-공간 모델의 연관성에 대한 이해를 위해, 다음 예의 정규분포 무작위 보행(Gaussian random walk) 모델을 보자.

$$\begin{aligned} x_t &= x_{t-1} + u_{t-1}, & u_{t-1} &\sim N(0, Q) \\ y_t &= x_t + v_t, & v_t &\sim N(0, R) \end{aligned} \tag{11.1.13}$$

여기서 x_t는 상태, y_t는 관측 심볼이고, Q와 R은 정규분포의 분산이다. 이 동적모델은 다음과 같이 상태-공간 모델로 바꿔 쓸 수 있다.

$$\begin{aligned} p(x_t | x_{t-1}) &= N(x_t | x_{t-1}, Q) = \frac{1}{\sqrt{2\pi Q}} \exp\left(-\frac{1}{2Q}(x_t - x_{t-1})^2\right) \\ p(y_t | x_t) &= N(y_t | x_t, R) = \frac{1}{\sqrt{2\pi R}} \exp\left(-\frac{1}{2R}(y_t - x_t)^2\right) \end{aligned} \tag{11.1.14}$$

[그림 11.1.3]은 계의 상태 변화를 시뮬레이션한 것이다. 상태는 파란 선으로, 관측 심볼은 빨간 원과 선으로 나타내었다. 시간에 따른 상태의 변화가 파란 선과 같을 때, 이 상태로부터 방출되는 관측 심볼은 빨간 원으로 나타난다. 우리는 빨간 색의 관측치를 근거로 파란 선의 상태를 추정해야 한다. [그림 11.1.4]는 상태와 관측 심볼들이 [그림 11.1.3]처럼 나타날 확률이다. [프로그램 11.1.1]을 보라.

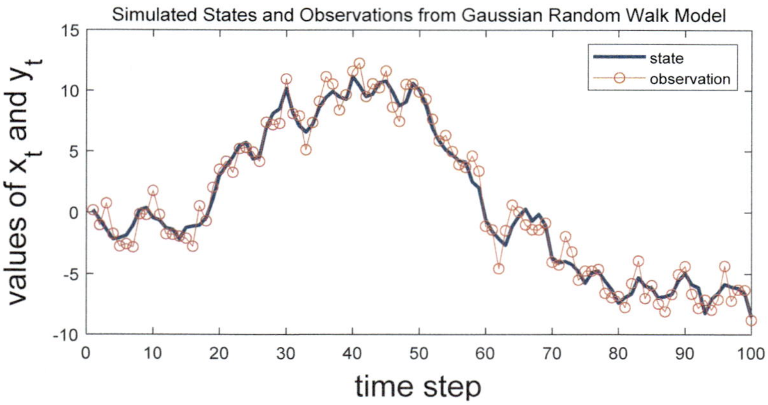

그림 11.1.3 정규분포 무작위 보행 상태-공간 모델 시뮬레이션

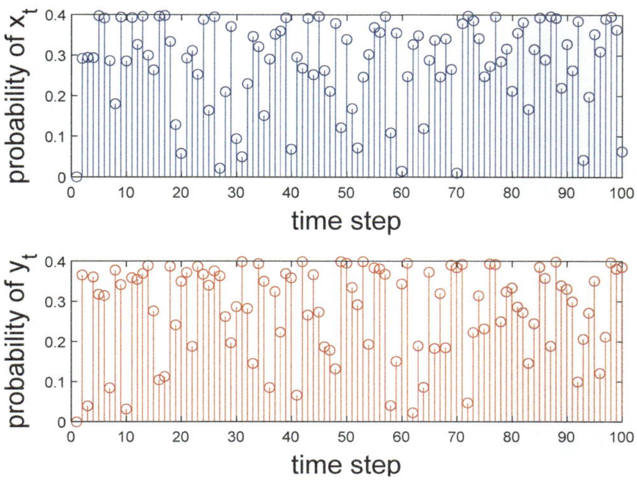

그림 11.1.4 상태 x_t와 관측 심볼 y_t 확률

프로그램 11.1.1 정규분포 무작위보행 상태-공간 모델 시뮬레이션

```
% State-Space Model for Gaussian Random walk
clear all; clc;

rng(1234,'twister');

T=100;                    % time up to T
t=zeros(T,1);             % time step
xt=zeros(T,1);            % state sequence
yt=zeros(T,1);            % observation sequence, given the state

% variances in the Gaussian model
Qt=1;          % N[0,sqrt(Qt)] for state
Rt=1;           % N[0,sqrt(Rt)] for observation

% initial state and observation at time t=0, p(x0)
xt(1)=0.2;
yt(1)=xt(1);

 % state and observation at every time step by the model
for t=2:T
    xt(t)=xt(t-1)+sqrt(Qt)*randn;     % or, normrnd(xt(t-1),sqrt(Qt));
    yt(t)=xt(t)+sqrt(Rt)*randn;       % or, normrnd(xt(t),sqrt(Rt));
end

%%%%%plot
figure(1)
h1=plot(1:T,xt,'-b','linewidth',2); hold on;
h2=plot(1:T,yt,'-or'); hold on;
xlabel('time step', 'fontsize',14);
ylabel('values of x_{t} and y_{t}','fontsize',14);
title('Simulated States and Observations from Gaussian Random Walk Model')
```

```
legend([h1 h2], 'state', 'observation')

% probabilities
for t=2:T
    xProb(t)=normpdf(xt(t),xt(t-1),sqrt(Qt));  %p(x(t)|x(t-1)) ~
N(x(t)|x(t-1),sqrt(Qt))
    yProb(t)=normpdf(yt(t),xt(t),sqrt(Rt));      %p(y(t)|x(t)) ~
N(y(t)|x(t),sqrt(Rt))
end

figure(2)
subplot(2,1,1)
stem(1:T,xProb,'b')
xlabel('time step', 'fontsize',14);
ylabel('probability of x_{t}','fontsize',14);
subplot(2,1,2)
stem(1:T,yProb,'r')
xlabel('time step', 'fontsize',14);
ylabel('probability of y_{t}','fontsize',14);
```

11.2 베이지안 필터링

입자 필터는 베이지안 필터다. 이는 추정이 베이지안 규칙에 의해 수행된다는 의미다. 베이지안 추정에서 임의의 사전정보는 관측된 데이터를 근거로 수정된다. 달리 말하면, 사전분포는 가능도와 곱해져서 사후분포로 바뀐다. 베이지안 필터링은 완전사후분포 $p(x_{1:t}|y_{1:t})$나 그 주변사후분포 $p(x_t|y_{1:t})$를 구하기 위한 것이다. 완전사후분포는 시점 $1 \sim t$까지의 관측 시퀀스 $y_{1:t}$가 주어졌을 때 그 시간 동안의 상태 시퀀스(또는 경로) $x_{1:t}$에 대한 확률분포를 말한다. 주변사후분포는 특정 시점 t에서의 상태에 대한 확률분포를 말하는 것으로, 필터링(filtering) 분포라고 한다. 필터링 분포 $p(x_t|y_{1:t})$는 완전한 사후분포 $p(x_{1:t}|y_{1:t})$에서 상태 x_t만을 남겨놓고 나머지를 제거한, 즉 적분 $\int p(x_{1:t}|y_{1:t})dx_{t-1} = p(x_t|y_{1:t})$를 통해 얻어진다. 실제 응용 예로, 매 시각 주어지는 센서 데이터를 이용해서 움직이는 목표물의 위치를 추적하는 일을 들 수 있다. 여기서 잡음이 포함된 센서 데이터는 관측치이고 매 시각 목표물의 위치는 상태가 된다.

11.2.1 베이지안 필터링 공식

필터링 분포를 구하는 과정은 앞 단계의 사후분포 $p(x_{t-1}|y_{1:t-1})$에 새로 입력되는 관측 심볼 y_t를 합쳐서 상태에 대한 정보를 갱신하는 과정이다. 이 과정은 예측단계와 갱신단계로 구성된다. $p(x_{t-1}|y_{1:t-1}) \rightarrow p(x_t|y_{1:t})$ 과정을 매 시점마다 반복함으로써 시간에 따른 상태변화를 추정할 수 있다.

예측단계(Prediction Step)

사전분포 $p(x_t|y_{1:t-1})$을 얻기 위한 단계이다. 전파단계(propagation step)라고도 한다. 이 사전분포는 이전 단계 $t-1$까지의 모든 관측 시퀀스 $y_{1:t-1}$이 주어졌을 때 현재 단계 t에서의 상태 x_t의 확률분포에 대한 예측 또는 짐작이다. 사전분포는 다음과 같이 정의된다.

$$\underbrace{p(x_t|y_{1:t-1})}_{\substack{predicted\ state \\ =next\ prior}} = \int \underbrace{p(x_t|x_{t-1})}_{state\ transition}\ \underbrace{p(x_{t-1}|y_{1:t-1})}_{previous\ posterior} dx_{t-1} \tag{11.2.1}$$[4]

이 식에서 볼 수 있듯이 사전분포는 상태천이 확률과 전 단계 사후분포와의 조합이다. 상태천이 확률에는 식(11.1.11)의 상태천이 모델 $g(x_{t-1}, u_{t-1})$이 사용된다. 이 사전분포는 뒤이어 수행되는 갱신단계에서 가능도와 합해져 사후분포로 바뀌게 된다.

---

4 $y_{1:t-1}$이 주어졌을 때, x_t와 x_{t-1}의 결합분포는 다음과 같다.

$$\begin{aligned} p(x_t, x_{t-1}|y_{1:t-1}) &= \underline{p(x_t|x_{t-1}, y_{1:t-1})}p(x_{t-1}|y_{1:t-1}) \\ &= \underline{p(x_t|x_{t-1})}p(x_{t-1}|y_{1:t-1}) \end{aligned}$$

여기서 $p(x_t|x_{t-1}, y_{1:t-1}) = p(x_t|x_{x-1})$로 쓸 수 있는 이유는 1차 마르코프 특성 때문이다. 위 결합분포를 x_{t-1}에 대해 적분하면 사전분포가 얻어진다(Chapman-Kolmogorov 식).

$$\begin{aligned} p(x_t|y_{1:t-1}) &= \int p(x_t, x_{t-1}|y_{1:t-1})dx_{t-1} \\ &= \int p(x_t|x_{t-1}, t_{1:t-1})p(x_{t-1}|y_{1:t-1})dx_{t-1} \\ &= \int p(x_t|x_{t-1})p(x_{t-1}|y_{1:t-1})dx_{t-1} \end{aligned}$$

갱신단계(Update Step)

현 상태의 사후분포 $p(x_t|y_{1:t})$를 얻기 위해 전 단계에서 예측한 사전분포 $p(x_t|y_{1:t-1})$을 베이지안 규칙에 의해 갱신하는 단계이다. 수정단계(correction step)라고도 한다. 베이지안 규칙에 따르면, 사후분포는 가능도와 사전분포의 곱으로부터 얻어진다.

$$\underbrace{p(x_t|y_{1:t})}_{\substack{current\\posterior}}=\frac{\overbrace{p(y_t|x_t)}^{\substack{observation\\=likelihood}}\ \overbrace{p(x_t|y_{1:t-1})}^{\substack{predicted\\current\ state\\=prior}}}{\underbrace{p(y_t|y_{1:t-1})}_{\substack{normalization\\constant}}} \tag{11.2.2}$$

(11.2.2)[5]

이 갱신 과정에는 현 단계의 관측 심볼 y_t가 사용된다. 가능도 $p(y_t|x_t)$는 상태 x_t가 주어진 조건에서 관측 심볼 y_t에 대한 조건부 확률이다. 이는 식(11.1.12)의 관측치 모델 $h(x_t, v_t)$를 사용해서 계산된다.

식(11.2.1)을 위 식(11.2.2)의 분자에 대입하면 다음과 같이 쓸 수 있다.

$$\underbrace{p(x_t|y_{1:t})}_{new\ posterior}=\frac{\overbrace{p(y_t|x_t)}^{data}\int\overbrace{p(x_t|x_{t-1})}^{state\ predicition}\ \overbrace{p(x_{t-1}|y_{1:t-1})}^{old\ posterior}dx_{t-1}}{p(y_t|y_{1:t-1})} \tag{11.2.2'}$$

식(11.2.2)의 분모는 주변사후분포 $p(x_t|y_{1:t})$의 적분을 1로 만드는 정규화상수이다.

$$p(y_t|y_{1:t-1})=\int p(y_t|x_t)p(x_t|y_{1:t-1})dx_t \tag{11.2.3}$$

5 베이즈 정리 $p(x,y)=p(x|y)p(y)=p(y|x)p(x)$로부터 $p(x_t, y_{1:t})=p(x_t|y_{1:t})p(y_{1:t})=p(y_{1:t}|x_t)p(x_t)$로 표현할 수 있다. 오른쪽의 두 항만 다음과 같이 바꿔 쓸 수 있다.

$$p(x_t|y_{1:t})=\frac{p(y_{1:t}|x_x)p(x_t)}{p(y_{1:t})}$$
$$=\frac{p(y_t|x_t)p(x_t|y_{1:t-1})p(y_{1:t-1})}{p(y_t|y_{1:t-1})p(y_{1:t-1})}=\frac{p(y_t|x_t)p(x_t|y_{1:t-1})}{p(y_t|y_{1:t-1})}$$

이는 전 단계까지의 모든 관측 시퀀스 $y_{1:t-1}$이 주어졌을 때, 현 단계 t에서의 관측 심볼에 대한 예측분포이기도 하다. 이 정규화상수를 무시한다면, 앞의 식(11.2.2) 또는 식(11.2.2')는 다음과 같이 간단히 표현할 수 있다.

$$\underbrace{p(x_t|y_{1:t})}_{posterior} \propto p(y_t|x_t)\int \overbrace{p(x_t|x_{t-1})}^{state\ predicition}\ \overbrace{p(x_{t-1}|y_{1:t-1})}^{old\ posterior}dx_{t-1}$$
$$= \underbrace{p(y_t|x_t)}_{likelihood}\underbrace{p(x_t|y_{1:t-1})}_{prior} \quad (11.2.4)$$

사후분포는 현 단계 t까지의 관측 시퀀스 $y_{1:t}$가 주어진 상황에서 상태 x_t의 확률을 나타낸다. 이 사후분포가 필터링 분포이다. 풀어 쓰면, 베이지안 필터링은 베이지안 방법으로 필터링 분포를 구하는 일이다. 이는 사전정보(즉, 상태가 시간에 따라 어떻게 변화할 것인가를 정의하는 상태천이 모델)와 가능도(현재 상태의 관측치 정보, 즉 관측치 모델)를 조합하는 일이다. 구해진 사후분포는 다음 시점의 분석에서 사전분포로 사용될 수 있고 새로운 관측 심볼에 의해 다시 갱신되어 새로운 사후분포가 된다. 이러한 반복적 계산 능력이 베이지안 필터링 방법의 특징이다. 이 방법을 사용하면, 새로운 관측 심볼 정보를 이용할 수 있는 매 시점마다 상태를 추정할 수 있다.

일단 사후분포를 구하고 나면, 궁극적으로는 이 분포로부터 평균이나 중앙값 등의 여러 가지 정보를 얻는 것이 우리들의 목적이다. 예를 들어, 다음과 같이 기댓값(평균)을 구하는 것을 들 수 있다.

$$\hat{x}_t = E_{p(x_t|y_{1:t})}(x_t) = \int x_t \cdot p(x_t|y_{1:t})dx_t$$

대부분의 경우 사후분포를 얻기 위한 예측단계와 갱신단계에 포함된 식(11.2.1)이나 식(11.2.3)의 적분들은 해석적으로 풀기 힘들다. 물론 수치적분으로는 가능할 수도 있지만 여러 가지 제약이 많다. 이런 이유로 몬테카를로 방법으로 표본을 추출해서 근사치를 얻는 방법이 필요하다.

11.2.2 수치적분과 그 문제점

베이지안 추정에서 현실적으로 중요한 것은 '추정에 필요한 분포를 구하기 쉬운가'이다. 식(11.2.1) 또는 식(11.2.3)에서 볼 수 있는 것처럼, 이들 분포를 완전히 알기 위해서는 적분이 필요하지만, 보통의 경우 적분 형태가 복잡해서 해석적으로 풀기 어렵다. 따라서 수치적분에 의존해야 한다. 수치적분의 경우 해당 변수들의 차원이 높아지게 되면 필요한 계산량이 폭발적으로 늘어난다. 따라서 성능 좋은 컴퓨터로도 감당하기 어렵게 된다. 입자 필터링은 이런 문제를 피하기 위한 좋은 수단이다. 먼저 수치적분으로 상태 추적 예제를 풀어보면서 그 어려움에 대해 알아보자.

예제 11.2.1

다음은 시간에 따른 상태 x_t를 추적하기 위한 정규분포 무작위보행 모델이다. 아주 단순한 선형 상태-공간 모델에 해당한다.

$$\boldsymbol{x}_t = \boldsymbol{x}_{t-1} + \boldsymbol{q}_{t-1} \qquad \text{(계 또는 상태 모델)}$$

$$\boldsymbol{y}_t = \boldsymbol{x}_t + \boldsymbol{r}_t \qquad \text{(관측치 모델)}$$

상태 잡음은 $\boldsymbol{q}_{t-1} \sim N(0, \boldsymbol{Q})$이고 관측치 잡음은 $\boldsymbol{r}_t \sim N(0, \boldsymbol{R})$이다. 정규분포의 분산 $\boldsymbol{Q} = \boldsymbol{R} = 1$으로 가정하고 관측치가 주어졌을 때 상태 x_t를 수치적분으로 추정해 보자.

[풀이]

시간에 따른 상태 x_t를 추정하기 위해서는, 먼저 예측단계에서 수치적분으로 다음 예측분포의 근사치를 구하고,

$$p(x_t | y_{1:t-1}) = \int p(x_t | x_{t-1}) p(x_{t-1} | y_{1:t-1}) dx_{t-1}$$

그 이후 갱신단계에서 사후분포를 직접 계산한다.

$$p(x_t|y_{1:t})=\frac{p(y_t|x_t)p(x_t|y_{1:t-1})}{p(y_t|y_{1:t-1})}$$

문제에서 상태 모델과 관측치 모델은 각각 다음과 같이 주어져 있다.

$$p(x_t|x_{t-1}) \sim N(x_{t-1}, \boldsymbol{Q})$$
$$p(y_t|x_t) \ \sim \ N(x_t, \boldsymbol{R})$$

다음 프로그램과 결과를 보라.

프로그램 11.2.1 베이지안 필터링 수치적분(정규분포 무작위보행 모델)

```
% Bayesian Filtering by numberical integration
tic;
clc; clf; clear all;
rng(54321,'twister');

% the Gaussian random walk model
T = 75;      % lenght of sequence
Q = 2;       % process noise
R = 1;       % observation noise

% states and observations by the given model
x(1) = sqrt(Q)*randn(1);              % process model, p[x(t)|x(t-1)]
y(1) = x(1)+sqrt(Q)*randn(1);         % observation model, p[y(t)|x(t)]
for t=2:T
    x(t) = normrnd(x(t-1),sqrt(Q));
    y(t) = normrnd(x(t),sqrt(R));
end

% for numerical integration
xMin = round(min(y)*1.1);
xMax = round(max(y)*1.1);
n = 1000;                               % slice
xDel = linspace(xMin,xMax,n).';
width=mean(diff(xDel));

% for Bayesian filtering
filteredPosterior=zeros(n,T);
predictedPosterior=zeros(n,1);

prior = normpdf(xDel,0,sqrt(Q));
likelihood = normpdf(y(1),xDel,sqrt(R));
% posterior
filteredPosterior(:,1) = likelihood .* prior;
```

```
% apply the normalization constant
filteredPosterior(:,1) = filteredPosterior(:,1) /
trapz(xDel,filteredPosterior(:,1));

for t=2:T
    for xSlice=1: n % obtain the predicted posterior
        prior = normpdf(xDel(xSlice),xDel,sqrt(Q));          % p[x(t)|x(t-1)]
        predictedPosterior(xSlice) = ...
            trapz(xDel,prior.*filteredPosterior(:,t-1));    % p[x(t)|y(1:t-1)]
    end
    likelihood = normpdf(y(t),xDel,sqrt(R));                 % p[y(t)|x(t)]

    % p[x(t)|y(t)] = p[y(t)|x(t)] * p[x(t)|y(1:t-1)]
    filteredPosterior(:,t) = likelihood .* predictedPosterior;
    % apply the normalization constant
    filteredPosterior(:,t) = ...
        filteredPosterior(:,t) / trapz(xDel,filteredPosterior(:,t));
end
% mean of the state at each time step
xMean = xDel'*filteredPosterior.*width;
toc;
figure(1); clf
plot(1:T,x,'-k', 1:T,y,'*g', 1:T,xMean,'-r','linewidth',2); xlim([1 T]);
xlabel('Time Step','fontsize',14);
ylabel('States and Observations','fontsize',14)
legend('model state','model observation','filtered state')
```

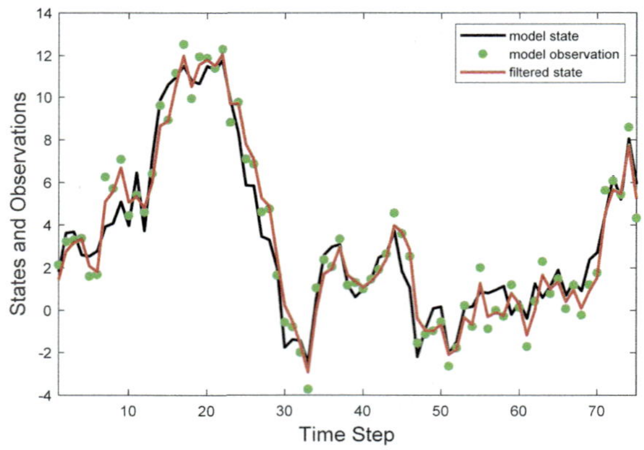

그림 11.2.1 수치적분에 의한 베이지안 필터링 결과(정규분포 무작위보행 모델)

컴퓨터 환경에 따라 다르겠지만, 위 예제의 간단한 계산에 2.84초 정도의 시간이 소요된다. 만약 차원이 더 높아진다면 계산량은 지수적으로 늘기 때문에 소요 시간도 크게 증가할 것이다. 따라서 아주 특별한 경우를 빼고는 수치적분으로 문제를 푸는 것은 실용적이지 못하다. 차원에 얽매이지 않고 계산을 줄일 수 있는 방법이 필요하다.

11.2.3 몬테카를로 적분과 중요도함수

5장의 중요도 표본추출법에서 다룬 바 있지만, 입자 필터링의 핵심적인 부분이므로 여기서 다시 한번 다루기로 하자. 함수 $g(x)$를 수치적으로 적분하는 경우, 즉 $G=\int g(x)dx$를 생각해 보자. 어느 위치 x에서든 함수값 $g(x)$를 평가할 수 있어야 한다. 이 적분을

$$G=\int \frac{g(x)}{p(x)}p(x)dx$$

형태로 쓴다면, 이미 알고 있는 확률밀도함수 $p(x)$로부터 표본을 뽑는 몬테카를로 방법에서는 위 적분은 다음과 같이 기댓값으로 표현할 수 있다.

$$G=E_{p(x)}\left[\frac{g(x)}{p(x)}\right]$$

$p(x)$로부터 무작위로 N개의 표본을 뽑는다면 적분의 근사치를 얻을 수 있다.

$$G=\int \frac{g(x)}{p(x)}p(x)dx=E_{p(x)}\left[\frac{g(x)}{p(x)}\right]\approx\frac{1}{N}\sum_{i=1}^{N}\frac{g\left(x^{(i)}\right)}{p\left(x^{(i)}\right)}$$

만약 표본들이 서로 독립적이라면 이 추정치는 편향되지 않은(unbiased) 것이고, 표본이 많아질수록, 즉 $N\rightarrow\infty$ 일수록 추정치는 거의 참값으로 수렴하게 된다.

표본을 뽑기 위한 확률분포 $p(x)$는 균등분포 또는 정규분포 등 어느 것이나 상관없지만, 함수 $g(x)$의 영역을 모두 포함하는 것이어야 한다. 만약 확률분포 $p(x)$가 잘 알려져 있지 않고 그것으로부터 표본을 뽑을 수도 없는 경우라면 어떻게 해야 할까? 이때는 다른 표본추출방법을 생각해야 한다.

적분 $G=\int g(x)p(x)dx$를 구하는 경우를 살펴보자. $p(x)$로부터 직접 표본을 뽑을 수 없다면, 대신에 우리가 그로부터 표본 뽑는 방법을 아는 확률분포 $q(x)$를 사용할 수 있다. 이 분포를 중요도분포(importance density) 또는 제안분포(proposal density)라 한다. 물론 $q(x)$는 $p(x)$의 영역을 모두 포함해야 한다.

$$G = \int \frac{g(x)p(x)}{q(x)} q(x)dx$$

이 경우에 추정치는 다음과 같다.

$$\widehat{G}_N = \frac{1}{N}\sum_{i=1}^{N}\frac{g(x^{(i)})p(x^{(i)})}{q(x^{(i)})} = \frac{1}{N}\sum_{i=1}^{N} g(x^{(i)})\widetilde{w}(x^{(i)})$$

여기서 $\widetilde{w}(x^{(i)})$를 중요도함수(importance function)라 한다.

$$\widetilde{w}(x^{(i)}) = \frac{p(x^{(i)})}{q(x^{(i)})} \tag{11.2.5}$$

11.2.4 중요도함수와 정규화

식(11.2.1, 11.2.2)로부터 사후분포를 구할 때 식(11.2.3)의 정규화상수는 계산하지 않는다. 그 자체가 복잡한 적분을 풀어야 얻어지는 데다가, 우리의 관심인 상태 x_t와 무관할 뿐만 아니라, 그 역할이 단지 사후분포의 면적을 1로 만드는, 즉 $\int p(x_t|y_{1:t})dx_t = 1$이기 때문이다. 정규화상수를 계산하지 않는다는 것은 우리가 평가하는 것이 사후분포 자체가 아니라 사후분포와 비례하는 어떤 것이라는 의미다. 이런 계산방식은 몬테카를로 적분에는 어떤 영향을 미치게 될까?

함수 $p(x) = \dfrac{\widetilde{p}(x)}{Z}$가 있다고 하자. 정규화상수 Z는 모르지만, 함수 $\widetilde{p}(x)$를 통해서 함수 $p(x)$를 알고자 한다. 분포 $\widetilde{p}(x)$로부터 표본을 추출해서 적분하게 되면, 정규화상수 Z만큼 편향된 추정치를 얻게 된다. $\widetilde{p}(x) = Zp(x)$이므로

$$G = \int \frac{g(x)p(x)}{q(x)} q(x)dx \approx \frac{1}{N}\sum_{i=1}^{N} g(x^{(i)})\frac{\widetilde{p}(x^{(i)})}{q(x^{(i)})} = \frac{1}{N}\sum_{i=1}^{N} g(x^{(i)})\frac{p(x^{(i)})}{q(x^{(i)})} Z = \widehat{G}_N \cdot Z$$

이 편향치의 크기는 함수 $g(x)=1$인 경우를 계산하면 알 수 있다. 즉, 1의 기댓값은 1이므로, 위 적분에서 편향치만 남게 된다.

$$\hat{G}_1 = \int 1 \cdot \tilde{p}(x)dx \approx \frac{1}{N}\sum_{i=1}^{N} 1 \cdot \frac{\tilde{p}(x^{(i)})}{q(x^{(i)})} = \underbrace{\frac{1}{N}\sum_{i=1}^{N}\frac{p(x^{(i)})}{q(x^{(i)})}}_{1} Z = Z$$

따라서

$$Z = \frac{1}{N}\sum_{i=1}^{N}\frac{\tilde{p}(x^{(i)})}{q(x^{(i)})} = \frac{1}{N}\sum_{i=1}^{N}\tilde{w}(x^{(i)})$$

이 상수로 편향된 추정치를 나눈다면 편향을 제거할 수 있다. 일반 함수 $g(x)$를 적분하는 경우, 추정치는 다음과 같이 표현할 수 있다.

$$\hat{G}_N = \frac{\frac{1}{N}\sum_{i=1}^{N} g(x^{(i)})\tilde{w}(x^{(i)})}{\frac{1}{N}\sum_{i=1}^{N}\tilde{w}(x^{(i)})} = \sum_{i=1}^{N} g(x^{(i)})\frac{\tilde{w}(x^{(i)})}{\sum_{i=1}^{N}\tilde{w}(x^{(i)})} = \sum_{i=1}^{N} g(x^{(i)})w(x^{(i)})$$

여기서 정규화된 중요도함수는 다음과 같다.

$$w(x^{(i)}) = \frac{\tilde{w}(x^{(i)})}{\sum_{i=1}^{N}\tilde{w}(x^{(i)})} \tag{11.2.6}$$

처음의 질문에 답하자면, 위에서 살펴본 정규화 과정을 통해 상수 Z는 분자/분모에서 상쇄되기 때문에, 정규화상수를 모르더라도 중요도추출법을 적용할 수 있다. 중요도함수의 정규화는 입자 필터링에서 중요한 과정이다. 추정치의 분산을 줄이는 실용적인 방법은 중요도가중치들의 합이 1이 되도록 하는 것이다[6].

6 G. Casella, C.P. Robert, "*Post-Processing Accept-Reject Samples: Recycling and Rescaling,*" J. Computational and Graphical Statistics, 7, 1998, pp. 139-157.

11.2.5 임펄스 함수(impulse function)

추출된 표본들이 이루는 확률밀도는 디랙 델타(Dirac delta) 함수를 써서 확률밀도함수로 표현할 수 있다. 임펄스 함수라고도 불리는 이 함수의 특성은 다음과 같다.

$$\int \delta(x)dx = 1 \text{이고, } \delta(x-a) = 0,\ \forall\, x \neq a^{7}$$

이 특성으로부터 $f(a) = \int f(x)\delta(x-a)dx$ 임을 알 수 있다. 이해를 돕기 위해 정규분포 확률밀도함수를 생각해 보자. $x^{(i)}$가 $p(x)$로부터 추출된 표본일 때 이들이 이루는 확률분포를 임펄스함수를 써서 $\hat{p}(x) = \frac{1}{N}\Sigma_{i=1}^{N}\delta(x-x^{(i)})$로 표현할 수 있다. 이를 평균을 구하기 위한 적분식에 대입하면,

$$\begin{aligned} G &= \int g(x)p(x)dx_t \\ \Leftrightarrow \hat{G} &= \int g(x)\hat{p}(x)dx_t \\ &= \int g(x)\frac{1}{N}\sum_{i=1}^{N}\delta(x-x^{(i)})dx = \frac{1}{N}\sum_{i=1}^{N}\int g(x)\delta(x-x^{(i)})dx = \frac{1}{N}\sum_{i=1}^{N}g(x^{(i)}) \end{aligned}$$

이로부터 $\hat{p}(x)$를 사용해서 얻은 근사치도, 앞에서 살펴본 몬테카를로 적분에 의한 근사치와 동일한 추정치임을 알 수 있다. $p(x)$로부터 직접 표본을 뽑을 방법이 없어 중요도함수 $q(x)$로 표본을 추출할 때도 같은 논리가 적용된다.

$$\hat{p}(x) = \sum_{i=1}^{N}w^{(i)}\delta(x-x^{(i)}) \tag{11.2.7}$$

여기서 $w(x^{(i)}) = \frac{p(x^{(i)})}{q(x^{(i)})}$ 이다.

7 적분 $\int_A f(x)\delta(x-x^{(i)})dx$를 표본추출법으로 추정하는 경우를 예로 보자. 방법은 간단하다. 표본 $X^{(i)}$ 추출을 반복하면서 추출된 표본이 함수 $f(x)$의 영역 A에 속하는지를 판단하여 그 횟수를 더하고 이를 총표본의 수로 나누면 적분추정치가 된다. 함수 $\delta(x-x^{(i)})$는 표본이 영역 A에 속하면 1이고 그렇지 않으면 0으로 정의된다.

11.2.6 상태-공간 모델에서의 중요도함수

지금까지의 논의를 상태-공간 모델에도 동일하게 적용할 수 있다. 우리들의 관심인 사후분포 $p(x_t|y_{1:t})$의 경우로 생각해 보자.

$$p(x_t|y_{1:t}) \approx \hat{p}(x_t|y_{1:t}) = \frac{1}{N}\sum_{i=1}^{N}\delta\left(x_t - x_t^{(i)}\right) \tag{11.2.8}$$

직접 표본추출이 불가능해서 중요도함수를 채택한다면, 사후분포는 식(11.2.7)의 임펄스 함수를 써서 다음과 같이 표현할 수 있다.

$$p(x_t|y_{1:t}) \approx \hat{p}(x_t|y_{1:t}) = \sum_{i=1}^{N} w_t^{(i)}\delta\left(x_t - x_t^{(i)}\right) \tag{11.2.9}$$

즉, 사후분포는 매 시점에서 각각의 표본(입자)이 가지는 중요도함수 값으로 표현된다. 위 식에서 $\sum_{i=1}^{N} w_t^{(i)} = 1$이다.

예를 들어, 우리의 관심이 $E[g(x_{1:t})|y_{1:t}] = \int g(x_{1:t})p(x_{1:t}|y_{1:t})dx_{1:t}$로 정의되는 함수 $g(x_{1:t})$의 기댓값이라 하자. 사후분포 $p(x_{1:t}|y_{1:t})$로부터 직접 표본추출이 불가능해서 중요도함수를 채택한다면, 기댓값은

$$E[g(x_{1:t})|y_{1:t}] = \int g(x_{1:t})\underbrace{\frac{p(x_{1:t}|y_{1:t})}{q(x_{1:t})}}_{=\tilde{w}_t} q(x_{1:t})dx_{1:t} \approx \frac{1}{N}\sum_{i=1}^{N} g\left(x_{1:t}^{(i)}\right)\tilde{w}_t^{(i)}$$

이다. 정규화된 가중치를 사용한다면, 기댓값은 다음 식으로부터 구할 수 있다.

$$E[g(x_{1:t})|y_{1:t}] \approx \sum_{i=1}^{N} g\left(x_{1:t}^{(i)}\right)w_t^{(i)}$$

11.3 순차적 중요도추출법(SIS)

베이지안 필터링에 포함된 적분 풀이의 어려움을 해결하기 위한 좋은 방법은 몬테카를로 방법으로 표본을 추출해서 근사치를 얻는 것이다. 순차적 중요도 샘플링(SIS: Sequential Importance Sampling) 알고리즘이 그 대표적인 예이다. 이 알고리즘에서는 목표분포인 사후분포 $p(x_t|y_{1:t})$를 몬테카를로 방법에 의해 추출된 표본들의 집합으로 표현한다. 이 표본들을 '입자'라고도 부르기 때문에 '입자 필터링'이란 이름이 붙여진 것이다. 이 입자들은 중요도 샘플링 방법으로 추출되기 때문에, 각 입자 $x_t^{(i)}$들은 개별 중요도가중치 $w_t^{(i)}$를 갖게 된다. 가중치가 큰 입자는 가중치가 작은 입자에 비해 참(true) 상태에 가깝다는 의미다. 사후분포는 중요도가중치를 가진 N개의 입자들로 표현된다.

$$p(x_t|\bullet) \approx \{x_t^{(i)}, w_t^{(i)}\}_{i=1}^{N}$$

이러한 표현방식의 이점은 1) 어떤 모양의 분포도 표현할 수 있고, (2) 상태나 관측치 모델을 설정하는 데 제약(예를 들면, 모델이 비선형이면 안 되는)이 없다는 것이다. 반대로 단점은 1) 입자수가 너무 적으면 분포를 표현하는 데 정확성이 떨어지고, (2) 입자수가 너무 많으면 계산 비용이 많이 든다는 것이다.

11.3.1 중요도가중치의 반복 계산

표본에 의해 사후분포를 근사화하는 것은 도전적인 일이다. 우리가 사후분포를 추정하려고 하는 이유는 그것에 대해 모르기 때문이다. 게다가 사후분포는 균등분포나 정규분포처럼 익숙한 형태가 아니라 대개는 복잡한 형태를 띤다. 그것에 대해 모르는 데다가 형태도 복잡한 분포로부터 직접적으로 표본을 뽑는 일은 불가능하다. 때문에 별도의 다른 분포를 사용해서 표본을 뽑는 것이다. 그 분포가 중요도분포 또는 제안분포이다. 이것이 중요도 샘플링 방법을 사용하는 이유다.

현실에서는 사후분포 $p(x_t|y_{1:t})$로부터 직접 표본추출이 가능한 경우는 많지 않다. 이런 경우, 다른 제안분포로부터 표본을 추출하는 중요도추출법을 사용할 수 있다. 따라서 앞 절에서 다뤘던 중요도추출법에 대한 논의를 상태-공간 모델에도 동일하게 적용할 수 있다.

다시 말하면, 입자 필터링은 표본추출 대상인 사후분포 $p(x_{1:t}|y_{1:t})$ 대신, 상대적으로 표본추출이 쉬운 제안분포 $q(x_{1:t}|y_{1:t})$로부터 표본을 추출한다.

$$x_{1:t}^{(i)} \sim q(x_{1:t}|y_{1:t}), \text{ for } i=1, \cdots, N$$

이 표본들의 중요도가중치는 다음과 같이 정의된다.

$$\tilde{w}_t^{(i)} = \frac{p\left(x_{1:t}^{(i)}|y_{1:t}\right)}{q\left(x_{1:t}^{(i)}|y_{1:t}\right)} \tag{11.3.1}$$

즉, 가중치는 $p(x_{1:t}|y_{1:t})$와 $q(x_{1:t}|y_{1:t})$ 두 분포의 차이에 따라 결정된다. 이 계산이 가능한 이유는, 우리가 분포의 형태를 모르더라도 확률변수 값이 주어지면 사후분포의 확률밀도는 계산할 수 있기 때문이다.

지금까지의 논의는 시간이 포함되지 않는 정적인 상황에 대한 것이었다(non-sequential scenarios). 매 시점 관측 심볼이 새로 입력되면, 상태 추정을 위해서는 처음 시점부터 관측 심볼이 입력된 시점까지의 상태 경로가 필요하다. 계산 관점에서 이런 방식은 비효율적이다. 다시 말하자면, 관측 심볼이 새로 입력되는 매 시점마다 상태 경로를 시작 시점부터 다시 고려하는 것은 비효율적이다. 따라서 새로운 관측 심볼 정보가 들어오는 대로 입자와 그 중요도가중치를 찾기 위한 효과적인 반복 알고리즘이 필요하다. 그 첫 번째 문제는 '어떤 방법으로 매 시점마다 반복적으로 중요도가중치를 계산할 것인가?', 두 번째 문제는 '어떤 제안분포를 선택할 것인가?'이다.

첫 번째 문제의 해답은 먼저 제안분포 $q(x_{1:t}|y_{1:t})$를 다음과 같이 사후분포와 비슷한 형태로 나누어 생각하는 것이다.

$$q(x_{1:t}|y_{1:t}) = \underbrace{q\left(x_t^{(i)}|x_{1:t-1}^{(i)}, y_{1:t}\right)}_{extend\ path}\underbrace{q\left(x_{1:t-1}^{(i)}|y_{1:t-1}\right)}_{existing\ path} \tag{11.3.2}$$

여기서 $x_{1:t}^{(i)}$는 입자 i가 시점 $1 \sim t$ 동안 지나온 궤적을 의미하는 것으로 상태 경로(state path 또는 trajectory)로 부를 수 있다. 이 상태 경로 $x_{1:t}^{(i)}$는, $x_{1:t-1}^{(i)}$에다 $x_t^{(i)}$를 이어 붙임으로써 구해진다. 시작부터 전 단계까지의 상태 경로 $x_{1:t-1}^{(i)}$는 $q(x_{1:t-1}^{(i)}|y_{1:t-1})$로부터 얻을 수 있고, 현 단계의 상태 $x_t^{(i)}$는 $q(x_t^{(i)}|x_{1:t-1}^{(i)}, y_{1:t})$로부터 얻을 수 있다. 이 제안분포는 마르코프 특성을 이용해서 $q(x_t^{(i)}|x_{1:t-1}^{(i)}, y_{1:t}) = q(x_t^{(i)}|x_{t-1}^{(i)}, y_t)$로 쓸 수도 있다.

한편, 식(11.1.8)의 완전사후분포 $p(x_{1:t}|y_{1:t})$는 다음과 같이 바꿔 쓸 수 있다.

$$\begin{aligned} p\left(x_{1:t}^{(i)}|y_{1:t}\right) &= \frac{p\left(y_t|x_t^{(i)}\right)p\left(x_t^{(i)}|x_{t-1}^{(i)}\right)p\left(x_{1:t-1}^{(i)}|y_{1:t-1}\right)}{p\left(y_t|y_{1:t-1}\right)} \\ &\propto p\left(y_t|x_t^{(i)}\right)p\left(x_t^{(i)}|x_{t-1}^{(i)}\right)p\left(x_{1:t-1}^{(i)}|y_{1:t-1}\right) \end{aligned} \tag{11.3.3}$$

식(11.3.2)와 식(11.3.3)을 식(11.3.1)에 대입하면, 입자들의 중요도가중치를 반복적으로 갱신하는 데 필요한 다음 식을 얻을 수 있다.

$$\begin{aligned} \tilde{w}_t^{(i)} &= \frac{p\left(x_{1:t}^{(i)}|y_{1:t}\right)}{q\left(x_{1:t}^{(i)}|y_{1:t}\right)} \\ &= \frac{p\left(y_t|x_t^{(i)}\right)p\left(x_t^{(i)}|x_{t-1}^{(i)}\right)}{q\left(x_t^{(i)}|x_{1:t-1}^{(i)}, y_{1:t}\right)} \frac{p\left(x_{1:t-1}^{(i)}|y_{1:t-1}\right)}{q\left(x_{1:t-1}^{(i)}|y_{1:t-1}\right)} \\ &= \frac{p\left(y_t|x_t^{(i)}\right)p\left(x_t^{(i)}|x_{t-1}^{(i)}\right)}{q\left(x_t^{(i)}|x_{1:t-1}^{(i)}, y_{1:t}\right)} \tilde{w}_{t-1}^{(i)} \end{aligned} \tag{11.3.4}$$

여기서 $q(x_t^{(i)}|x_{1:t-1}^{(i)}, y_{1:t})$는 우리가 선택하는 제안분포, $p(y_y|x_t^{(i)})$는 상태-공간 모델의 관측치 모델에 의해서 주어지는 가능도, $p(x_t^{(i)}|x_{t-1}^{(i)})$은 상태천이 모델, $\tilde{w}_{t-1}^{(i)}$은 전 단계 추정에서 얻어진 입자 중요도가중치이다. 우리는 제안분포 $q(x_t^{(i)}|x_{1:t-1}^{(i)}, y_{1:t})$로

부터 $x_t^{(i)}$를 추출한 뒤, 식(11.3.4)를 이용해서 전 단계의 가중치 $\tilde{w}_{t-1}^{(i)}$을 근거로 현 단계의 가중치 $\tilde{w}_t^{(i)}$를 반복적으로 갱신할 수 있다. 이로써 상태의 모든 이력 $x_{1:t}^{(i)}$을 저장할 필요 없이, 새로운 관측 심볼이 주어지는 대로 현 단계의 상태만 고려해서 추정할 수 있게 된다.

식(11.3.3)의 완전사후분포를 식(11.2.8)의 형태로 다시 쓰면 다음 식과 같다.

$$p(x_{1:t}|y_{1:t}) \approx \hat{p}(x_{1:t}^{(i)}|y_{1:t}) = \sum_{i=1}^{N} w_t^{(i)} \delta(x_{1:t} - x_{1:t}^{(i)}) \tag{11.3.5}$$

우리의 관심은 이 완전사후분포보다는 주변사후분포 $p(x_t|y_{1:t})$인 경우가 많다. 주변분포를 얻기 위해서 위 식을 적분하면

$$p(x_t|y_{1:t}) = \int p(x_{1:}|y_{1:t}) d_{x_{1:t-1}} \approx \int \sum_{i=1}^{N} w_t^{(i)} \delta(x_{1:t} - x_{1:t}^{(i)}) d_{x_{1:t-1}}$$

여기서 $\delta(x_{1:t}) = \prod_{k=1}^{t} \delta(x_k) = \delta(x_1)\delta(x_2)\cdots\delta(x_t)$이므로, 주변사후분포의 추정치는

$$\begin{aligned}\hat{p}(x_t|y_{1:t}) &= \sum_{i=1}^{N} w_t^{(i)} \int \delta(x_1 - x_1^{(i)}) \cdots \delta(x_{t-1} - x_{t-1}^{(i)}) \delta(x_t - x_t^{(i)}) d_{x_{1:t-1}} \\ &= \sum_{i=1}^{N} w_t^{(i)} \delta(x_t - x_t^{(i)}) \end{aligned} \tag{11.3.6}$$

결국, 식(11.2.8)과 동일한 식이 얻어진다.

참고로 두 번째 문제인 '어떤 제안분포를 선택할 것인가?'는 식(11.3.4)의 우측 항의 분모인 제안분포 $q(x_t^{(i)}|x_{t-1}^{(i)}, y_t)$로 어떤 분포가 좋을 것인가의 문제이다. 이는 11.5절의 순차적 중요도 재추출법(SIR: Sequential Importance Resampling)에서 다루기로 한다.

11.3.2 순차적 중요도추출법(SIS) 알고리즘

순차적 중요도추출법(SIS)에 의한 입자 필터링 알고리즘은 다음과 같이 정리된다.

알고리즘 11.3.1 순차적 중요도추출법 알고리즘(SIS: Sequential Importance Sampling)

$$\underbrace{\left\{x_t^{(i)}, w_t^{(i)}\right\}_{i=1}^{N}}_{output} = \underbrace{\left\{x_{t-1}^{(i)}, w_{t-1}^{(i)}\right\}_{i=1}^{N}, y_t}_{input}$$

1) 초기화

$x_0^{(i)} \sim p(x_0)$ 및 $\tilde{w}_1^{(i)} = w_1^{(i)} = 1/N$, for $i = 1, \cdots, N$

반복 $t = 1, \cdots, T$ (여기서 T는 시퀀스의 길이)

2) 예측단계 (예측사후분포를 얻는 단계): 제안분포(또는 중요도분포)로부터 표본추출

$x_t^{(i)} \sim q(x_t | x_{1:t-1}^{(i)}, y_{1:t})$, for $i = 1, \cdots, N$

3) 갱신단계(입자들의 중요도가중치를 계산하는 단계)

$$\tilde{w}_t^{(i)} = \frac{p\left(y_t | x_t^{(i)}\right) p\left(x_t^{(i)} | x_{t-1}^{(i)}\right)}{q\left(x_t^{(i)} | x_{1:t-1}^{(i)}, y_{1:t}\right)} \tilde{w}_{t-1}^{(i)}$$

4) 입자들의 중요도가중치를 정규화(모든 입자들의 가중치 합이 1이 되도록)

$$w_t^{(i)} = \frac{\tilde{w}_t^{(i)}}{\sum_{j=1}^{N} \tilde{w}_t^{(j)}}$$

5) $t = t + 1$

반복 끝

예제 11.3.1

앞의 [예제 11.2.1]에서 수치적분으로 풀었던 정규분포 무작위보행의 상태 추적 문제를 SIS 알고리즘으로 풀어보자.

[풀이]

문제 풀이를 간단히 하기 위해서, 제안분포를 상태천이 분포와 동일하게 $q(x_t^{(i)}|x_{1:t-1}^{(i)}, y_{1:t}) = p(x_t^{(i)}|x_{t-1}^{(i)})$로 정하자. 그러면 식(11.3.4)의 가중치 반복식은

$$\tilde{w}_t^{(i)} = \frac{p\left(y_t|x_t^{(i)}\right)p\left(x_t^{(i)}|x_{t-1}^{(i)}\right)}{q\left(x_t^{(i)}|x_{1:t-1}^{(i)}, y_{1:t}\right)}\tilde{w}_{t-1}^{(i)} = \frac{p\left(y_t|x_t^{(i)}\right)\cancel{p\left(x_t^{(i)}|x_{t-1}^{(i)}\right)}}{\cancel{p\left(x_t^{(i)}|x_{t-1}^{(i)}\right)}}\tilde{w}_{t-1}^{(i)} = p\left(y_t|x_t^{(i)}\right)\tilde{w}_{t-1}^{(i)}$$

으로 줄어든다. 가능도함수는 문제의 전달함수로부터 다음과 같이 정의된다.

$$p\left(y_t|x_t^{(i)}\right) \sim N(y_t; x_t, R)$$

다음 프로그램과 결과를 보라.

프로그램 11.3.1 순차적 중요도추출법(SIS)에 의한 정규분포 무작위보행 모델

```
% A Probabilisitc State Space Model with Gaussian Random Walk
%          x(t) = x(t-1)+u(t-1),        where u(t) ~ N(0,Q)
%          y(t) = x(t) + v(t),          where v(t) ~ N(0,R)
% Particle Filtering: Sequential Importance Sampling (SIS)
clc; clear all;
rng(16543,'twister');

%% Model Setup
T = 75;                    % length of sequence

% states and observations by the model
% the given variance in Gaussian noises
Q = 2;           % for state noise, N[0,sqrt(Qt]
R = 1;           % for observation noise, N[0,sqrt(R)]

% mX and mY are considered true values
% initialize
mX(1) = sqrt(Q)+randn(1);
mY(1) = mX(1) + sqrt(R)+randn(1);

% time evolution
for t=2:T
   mX(t) = normrnd(mX(t-1),sqrt(Q));     % predicted states
   mY(t) = normrnd(mX(t),sqrt(R));       % predicted measurements
end


%% Particle Filtering (SIS: without any resampling stage)
```

```
N = 100;                    % number of particles
pXf = zeros(N,T);           % particles for state
pYf = zeros(N,T);           % particles for observation
pWf = zeros(N,T);           % weights of each particle
pXfEst = zeros(1,T);        % state estimates by the particle filter

% initialization of particles
pXf(:,1) = mX(1) + sqrt(Q)*randn(N,1);        % state of particle
pYf(:,1) = pXf(:,1) + sqrt(R)*randn(N,1);

% initial weights of particles
pWf(:,1) = 1/N;

% initial state estimate
pXfEst(1) = pWf(:,t)' * pXf(:,t);

% time evolution
for t=2:T
    for i=1:N

       % state of each paticle
       pXf(i,t) = pXf(i,t-1) + sqrt(Q)*randn(1);       % p[x(t)|x(t-1)] = q

       % observed measurements of each particle
       pYf(i,t) = pXf(i,t) + sqrt(R)*randn(1);

       % likelihood
       likelihood = normpdf(mY(t),pYf(i,t),R);        % p[y(t)|x(t)]

       % recursively update the weights
       % p[x(t)|y(t)] = p[y(t)|x(t)] * wTilde(x(t-1))
       pWf(i,t) = pWf(i,t-1) * likelihood;            % p[x(t)|y(t)]

    end

    % normalize the weights
    pWf(:,t) = pWf(:,t) / sum(pWf(:,t));

    % state estimates by the mean of particles
    pXfEst(t) = pWf(:,t)' * pXf(:,t);  % = sum( pWf(:,t) .* pXf(:,t));

%{
    % decide to do resampling
    effN = 1./sum(pWf(:,t).^2);  %effective sample size
    if effN < round(0.5*N)        % threshold of resampling
        %resampling
        outIndex = resampleSystematic(pWf(:,t));
        pXf(:,t) = pXf(outIndex,t);
        pWf(:,t) = 1/N;
    end
    %}
end

%%%%%%%%%%%%%%%%%%%%%%%%%%%%%%%%%%%%%%%%%%%%%%%%%%%%%%%%%%%%%%%%%%%%%%%%%%%%
%%%% plot the paths of state modeled and SIS filtered
figure(1); clf;
plot(1:T,mX,'-k', 1:T,mY,'*g', 1:T,pXfEst,'-r', 'linewidth',2);
xlim([1 T]);% ylim([-6 12]);
```

```
xlabel('Time Step','fontsize',14);
ylabel('States & Observations','fontsize',14)
legend( 'model state','model observation','SIS filtered
state','location','southeast')

figure(10); clf;
plot(1:T,pXf','color',[0.7,0.7,0.7]);hold on;
xlim([1 T]);% ylim([-6 12]);
xlabel('Time Step','fontsize',14);
ylabel('States & Observations','fontsize',14)
legend('particle path','location','southeast')
plot(1:T,pXfEst,'-r', 'linewidth',1,'DisplayName','SIS filtered state');

% figure(2) is lineage plot

%%%% plot the weight (semi-log) of each particle
figure(3); clf
semilogy(1:T,pWf); hold on;
xlim([1 T]); xlabel('Time Step','fontsize',14);
ylabel('Particles'' Weight (log scale)','fontsize',14)

%%%% plot the effective sample size during simulation
figure(4); clf;
effN = 1./sum(pWf.^2); %effective sample size
plot(1:T,effN,'linewidth',2); hold on;
xlim([1 T]); xlabel('Time Step','fontsize',14);
ylabel('Effective Sample Size (N_{eff})','fontsize',14);

%%%% plot the standard deviation of weights
figure(5); clf;
plot(1:T,std(pWf),'linewidth',2); hold on;
xlim([1 T]); xlabel('Time Step','fontsize',14);
ylabel('Standard Deviation of Weights','fontsize',14);

%%%% plot the weight of each particle on the path
figure(6); clf;
viewT = T;  t = 1: viewT;
plot(t, pXf(:,t)','.', 'color',[0.7,0.7,0.7]); hold on;
plot(t,mX(t),'-k', t,pXfEst(t),'-r', 'linewidth',1);
scatter(t,mY(t),'*','g');

trimFactor = 0.005;     % ignore the weight below this value
sizeFactor = 4e+1;
for ii = 1: N
    for jj = 1: T
        if pWf(ii,jj) > trimFactor
            round(pWf(ii,jj)*1e+1);
            plot(jj,pXf(ii,jj),'bo','Markersize',round(pWf(ii,jj)*sizeFactor)+1);
        end

    end
end

text(2,-10,'The blue symbols indicate particle with significant importance weight');
text(2,-12,'The size is proportional to the weight');
xlim([1 viewT]); xticks(0:5:viewT); ylim([-15 15]);
xlabel('Time Step','fontsize',14);  ylabel('States(particles)','fontsize',14)
```

이 SIS 알고리즘은 사후분포를 반복적으로 계산할 수 있게 해주지만 실용적인 관점에서 큰 문제점을 가지고 있다. 그 문제점은 추정치의 분산이 차원이 커질수록(T가 증가할수록) 지수적으로 커진다는 것이다. 이를 자세히 보자.

[그림 11.3.1(a)]는 이 알고리즘에 의해 추정된 상태(빨간색)와 모델 상태(검은색, 참값으로 볼 수 있다)를 비교한 것이다. 초기 단계 ($t <\sim 10$)에서는 입자 필터링에 의해 추정된 상태가 참값을 비교적 잘 추적하고 있지만, 그 이후에는 차츰 차이가 커지면서 제대로 추적하지 못하고 있다. 시뮬레이션이 시작된 몇 단계 이후에는 상태 추정의 정확성이 떨어지는 것이 이 알고리즘의 한계이다. 그 이유는 가중치의 퇴화문제 때문이다. 그림(b)에서 시간이 지남에 따라 입자들의 산포가 커지는 것을 확인할 수 있다. 그 원인은 시간이 경과할 때마다 식(11.1.13)의 상태천이모델 ($x_t = x_{t-1} + u_{t-1}$)에 포함된 잡음 ($u_{t-1} \sim N(0, Q)$)이 각 입자들에 더해지기 때문이다. 시간이 지날수록 분산이 커진다는 것은 정확성의 감소를 의미한다. 그림(b)에서 빨간 선은 그림(a)의 빨간 선과 동일한 것으로 입자가중치의 평균에 해당한다.

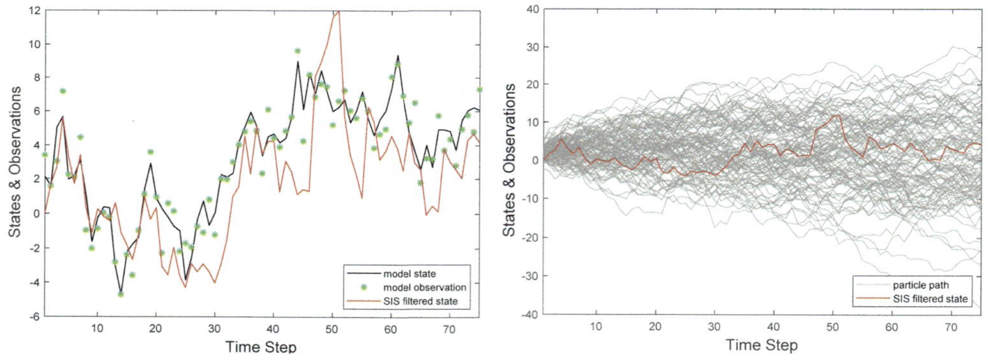

(a) (b)

그림 11.3.1 순차적 중요도추출법(SIS) 상태 추정 결과(이 그림들은 난수 초기값 선택에 따라 매번 실행마다 다르게 나타날 수 있다)

11.3.3 순차적 중요도추출법의 문제점: 가중치의 퇴화(weight degeneracy)

시작 시점에 모든 입자의 가중치는 $1/N$로 고르게 부여되어 있었다. 하지만 몇 단계 시점만 지나면 대부분 입자들의 가중치는 0에 가까워지면서 결국에는 소수의 입자 몇 개에만 가중치가 부여된다. 극단적인 경우, 1개 입자에만 가중치가 1로 부여되기 때문에 다른 입자들은 계산시간만 소모할 뿐 추정에 아무런 기여를 하지 못하게 된다. 이로 인해서 다수의 입자들로 임의 모양의 분포를 표현하려는 의도와는 다르게 몇 개의 입자만이 사후분포를 표현하게 되는 잘못된 결과를 초래한다. 이를 중요도가중치의 '퇴화'라 한다. 이런 현상이 생기면 추정의 정확도가 떨어지고 추정치의 분산이 커지게 된다. 입자 필터가 한번 발산하게 되면 참값으로 복귀할 수도, 추정치 분산을 줄일 수도 없게 된다.

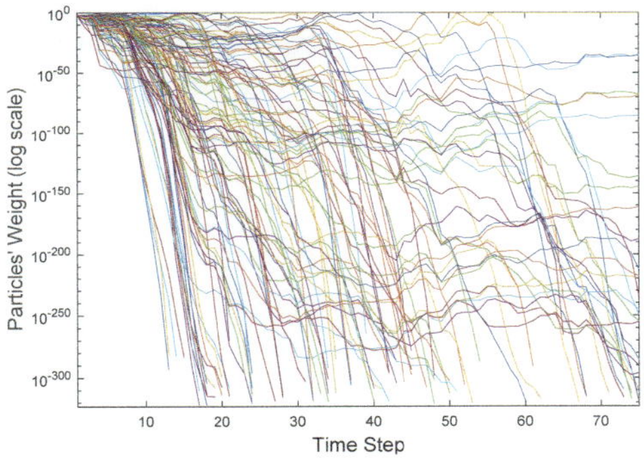

(a)

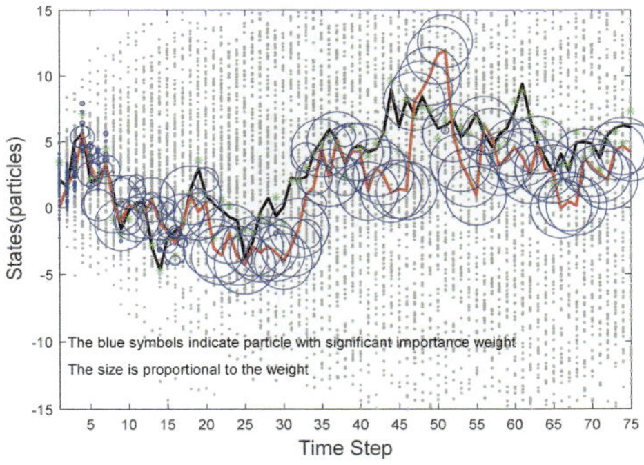

(b)

그림 11.3.2 SIS 필터링에서 각 입자의 경로와 가중치의 변화

가중치 퇴화를 확인해 보자. [그림 11.3.2]는 앞의 SIS 입자 필터링 프로그램을 실행시켜 얻은 결과로, [그림 11.3.2(a)]는 시간에 따른 중요도가중치를 로그 척도로 그린 것이다. 대부분 입자들의 가중치가 시간이 지남에 작아지는 것을 확인할 수 있다. 시작 시점에 $\sim 10^0$ 근처이던 중요도가중치들이 아주 짧은 시간($t < \sim 5$)에 거의 0에 가까운 $10^{-20} \sim 10^{-300}$ 들로 작아지는 것을 확인할 수 있다. [그림 11.3.2(b)]는 시간에 따른 중요도가중치 변화를 다른 측면에서 본 것으로, 매 시점 입자들의 가중치의 크기를 원의 크기로 나타낸 것이다. 처음에는 모든 입자에 $1/N$로 고르게 할당되었던 가중치가 불과 몇 단계가 지난 후에 하나의 입자에만 집중되고 있다. 이런 현상은 여러 개의 입자들로 사후분포를 표현하려 했던

의도와는 다른 것으로 상태 추정이 부정확해지는 결과가 된다. 그림에서 검은 선은 모델 상태를, 빨간 선은 필터링에 의해 추정된 상태이다. 이 둘의 차이가 커지는 시점이 가중치가 하나의 입자에만 편중되는 시점과 거의 같아지는 것을 볼 수 있다. 나머지 입자들은 계산에만 포함될 뿐 가중치가 작기 때문에 상태 추정에는 거의 기여하지 못해서 생긴 결과이다.

중요도가중치의 퇴화 정도는 유효 표본 크기로 정량화할 수 있다(Liu and Chen, 1998; Liu et al. 2014, 1998)[8, 9].

$$\widehat{N}_{eff} = \frac{1}{\sum_{i=1}^{N}\left(w_t^{(i)}\right)^2} \in [1, N] \tag{11.3.7}$$

여기서 $w_t^{(i)}$는 정규화된 가중치이다. $\widehat{N}_{eff}$는 중요도가중치 분산의 척도가 될 수 있다. 예를 들어, 모든 입자들의 가중치가 동일하다면(고르다면) $w_t^{(i)} = 1/N$이므로

$$\widehat{N}_{eff} = \frac{1}{\sum_{i=1}^{N}\left(w_t^{(i)}\right)^2} = \frac{1}{\sum_{i=1}^{N}(1/N)^2} = N$$

하나의 입자를 제외하고 모두 0이라면(고르지 않게 분포한다면),

$$\widehat{N}_{eff} = \frac{1}{\sum_{i=1}^{N}\left(w_t^{(i)}\right)^2} = \frac{1}{1} = 1$$

따라서 유효 표본의 크기는 $1 \leq \widehat{N}_{eff} \leq N$의 범위에 존재한다. [그림 11.3.3]에서 보는

8 J.S. Liu, R. Chen, "*Sequential Monte Carlo methods for dynamic systems*," J. Amer. Statist. Assoc., 93, 1998, pp. 1032-1044.

9 T. Liu, S. Sun, T. P. Sattar, J. M. Corchado, "*Fight sample degeneracy and impoverishment in particle filters: A review of intelligent approaches*," Expert Systems with Applications, 41(8), 2014, pp. 3944-3954.

것처럼 시간이 지남에 유효 표본의 크기가 줄어든다. 이 값이 작아질수록 퇴화 정도가 심해지고 가중치의 분산은 커진다. 만약 $\widehat{N}_{eff} = 1$이면 하나의 입자만 추정에 기여한다는 의미다.

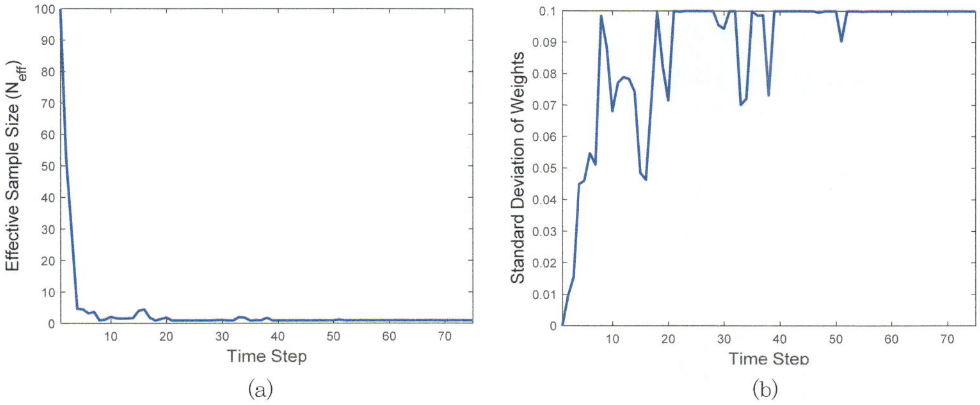

그림 11.3.3 시간에 따른 유효 표본 크기 및 가중치의 분산의 변화

가중치의 퇴화는 표본 재추출이나 제안분포의 적절한 선택을 통해서 줄일 수 있다.

11.4 표본 재추출

가중치 퇴화 문제를 줄이는 방법 중의 한 가지인 표본 재추출(Resampling) 방법에 대해 알아보자. 아이디어는 기존의 N개 입자들을 새로운 입자로 대체하는 것이다. 재추출 과정에서 입자들은 자신이 갖고 있는 가중치에 따라 소멸되거나 복제된다. [그림 11.4.1]과 같이 가중치가 작은 입자들일수록 소멸될 가능성이 크고, 가중치가 큰 입자들일수록 복제되어 그 수가 불어날 가능성이 크다. 따라서 다윈의 '적자생존'에 비유되기도 한다. 그 절차는 기존 N개의 표본으로부터 복원 추출 방법으로 N개의 표본을 추출해서 새로운 N개의 표본으로 정의하는 것이다. 재추출 이후에는 모든 입자들의 가중치가 동일하게 $w_t^{(i)} = 1/N$이 된다.

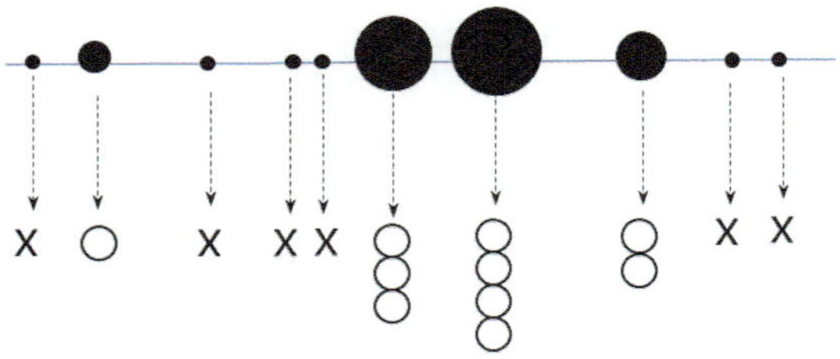

그림 11.4.1 중요도가중치에 따른 표본 재추출(10개 입자로 이루어진 계)[10]

이러한 재추출은 시뮬레이션의 매 단계에서 필요할 때마다 수행될 수 있다. [그림 11.4.2]는 반복적 표본 재추출 과정을 표현한 것이다.

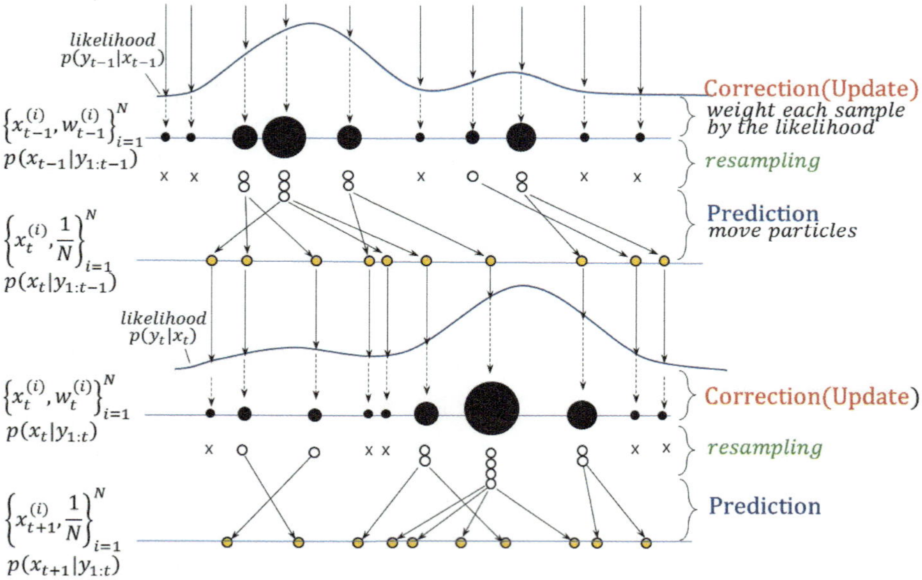

그림 11.4.2 반복적 표본 재추출 개념

표본 재추출은 가중치 퇴화문제를 개선시키지만, 표본 다양성 감소 또는 빈곤(sample impoverishment)이라는 다른 문제를 야기한다. 이는 가중치가 낮은 입자들이 소멸되고 가중치가 큰 몇 개의 입자만 살아남는 과정에서 생긴다. 극단적인 경우에는 하나의 입자만 살아남게 되는데, 이로부터 재추출된 N개의 입자들은 그 전 입자의 특성만을 갖는 동

10 다음 논문으로부터 영감을 받았다. J. Elfring, E. Torta, R. Molengraft, "Particle Filters: A Hands-On Tutorials," Sensors, 21(438), 2021, pp. 1-28.

일한 것들이다. 즉, 모든 입자들이 동일한 상태만을 표현하기 때문에 결국은 하나의 입자만 존재하는 것과 같은 효과를 낸다. 입자들의 다양성 감소는 가중치 퇴화와 비슷하게 추정의 정확도를 떨어뜨리고 분산을 증가시킨다. 이를 줄이기 위한 방편으로 상태천이 모델에서 잡음을 일부러 크게 만들기도 한다[11].

표본 재추출은 그 자체로 추정치의 분산을 크게 만든다. 그 이유는 재추출 과정에서 표본을 무작위하게 선택하는 데서 생기는 잡음 때문이다. 따라서 매번 재추출하는 것보다는 필요할 때만 수행하기도 한다. 이를 위한 일반적인 방법은 매 반복 단계마다 식(11.3.7)의 유효 표본 크기를 추적해서 이 값이 미리 정해 놓은 기준에 도달한 경우에만 수행하는 것이다. 보통은 유효 표본 크기가 $\hat{N}_{eff} < \frac{N}{2}$일 때를 기준으로 한다.

표본 재추출에는 여러 방법이 있다. 각자 계산시간이나 분산의 정도가 다르다. 적절한 방법을 선택하면 표본 재추출에 의한 추정치 분산을 줄일 수 있다(Arulampalam et al., 2002; Douc and Cappe, 2005; Hol, 2004; Kozierski, 2013, Li et al., 2015, Bolic et al., 2015)[12, 13, 14, 15, 16, 17, 18]. 선택을 위한 고려사항으로는 표본 재추출에 사용되는 분포, 입자들의 개수, 재추출 알고리즘, 재추출 빈도 등을 들 수 있다. 어떤 재추출 방법이 더 좋다는 일반적인 지침은 없다. 각 연구자들마다 결론이 다르며, 선택은 각자의 몫이다.

---

11 T. Li, T.P. Sattar, Q. Han, S. Sun, Roughening Methods to prevent Sample Impoverishment in the Particle PHD filter, Proc. IEEE 16th International Conference on Information Fusion, Istanbul, Turkey, 2013, pp. 17-22.

12 T. Li, G. Villarrubia, S. Sun, J.M. Corchado, J. Bajo, "*Resampling methods for particle filtering: identical distribution, a new method, and comparable study*," Frontiers of Information Technology & Electronic Engineering, 16, 2015, pp. 969-984.

13 P. Kozierski, M. Lis, J. Zietkiewicz, "*Resampling in Particle Filtering—Comparison*," Studia z Automatyki i Informatyki, 38, 2013, pp. 35-64.

14 J.L. Blanco, "*Resampling Schemes*," https://www.mrpt.org/tutorials/programming/statistics-and-bayes-filtering/resampling_schemes/, MRPT, 2022.9.8 검색.

15 J.L. Blanco, "*Resampling methods for particle filtering*," https://www.mathworks.com/matlabcentral/fileexchange/24968-resampling-methods-for-particle-filtering, MATLAB Central File Exchange, 2022. 9.8 검색.

16 R. Douc, O. Cappé, E. Moulines, "Comparison of resampling schemes for particle filtering," ISPA 2005, Proc. 4th Int. Symposium on Image and Signal Processing and Analysis, 2005.

17 M.S. Arulampalam, S. Maskell, N. Gordon, T. Clapp, "A tutorial on particle filters for online nonlinear/non-gaussian Bayesian tracking," IEEE Transactions on Signal Processing, 50(2), 2002, pp. 174-188.

18 T. Li, M. Bolic, P.M. Djuric, "Resampling Methods for Particle Filtering: Classification, implementation, and strategies," IEEE Signal Processing Magazine, 32(3), 2015, pp. 70-86.

11.4.1 다항 재추출(Multinomial Resampling)

이 알고리즘은 입자 필터링을 다룬 첫 논문(Gordon et al., 1993)에서 제안되었다. 핵심 아이디어는 독립적으로 N개의 난수 $u^{(i)}$를 만들고, 그것을 이용해서 원래의 표본 집합에서 입자를 선택하는 것이다.

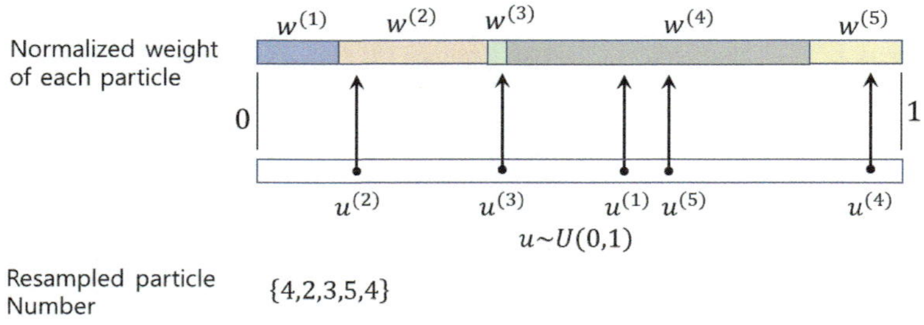

그림 11.4.3 다항 재추출 방법

각 입자들이 마디를 이루고 있는 긴 띠를 상상해보자. 마디의 길이는 입자의 가중치에 비례해서 정해진다. 긴 띠의 양끝단은 $0 \sim 1$이다. 이는 입자들의 가중치가 정규화되어 그 합이 1이기 때문이다. 긴 띠에서 무작위하게 임의의 위치를 고르고, 그 마디에 해당되는 입자를 선택하는 일을 N번 반복한다. i-번째 선택에서 입자 $x^{(i)}$는 다음 조건이 만족되면 추출된다.

$$Q^{(j-1)} < u^{(i)} < Q^{(j)} \tag{11.4.1}$$

여기서 $Q^{(j)} = \Sigma_{k=1}^{j} w^{(k)}$이다. 따라서 입자 $x^{(i)}$가 선택될 확률은 정규화된 가중치들의 합을 누적시켰을 때 형성되는 간격 내에 난수 $u^{(i)}$가 존재할 확률과 같다. 각 입자들은 무작위하게 추출되므로 어느 한 입자가 다시 추출될 수 있는 횟수는 $0 \sim N$이다.

이 재추출 방법에 대한 알고리즘(Li et al., 2015)은 다음과 같다. 의사 코드(pseudo-code)는 Kozierski(2013)의 논문과 웹사이트를 참고하라. 다음 프로그램은 J.L. Blanco의 코드를 수정한 것이다.

알고리즘 11.4.1 다항 재추출(Multinomial Resampling) 알고리즘

[out index] = resampleMulti(w)

$\sum_{j=1}^{N} w^{(j)} = 1$

$Q^{(1)} = w^{(1)}$

For $j = 2 : N$

  $Q^{(j)} = Q^{(j-1)} + w^{(j)}$

End for

While $(i \leq N)$

  $u^{(i)} \sim U(0, 1],\ \ j = 1$

  While $(Q^{(j)} < u^{(j)})$

    $j = j + 1$

  End while

  outindex$= j,\ \ (i.e., x^{(i)} = x^{(j)})$

  $i = i + 1$

End while

프로그램 11.4.1 다항 재추출(Multinomial Resampling)

```
function outIndex = resampleMultinomial(w)
% Multinomial resampling scheme
% This is based on the paper of Li et al.(2015) and modified from J.L. Blanco's program

N = length(w);          % number of particles
Q = cumsum(w);          % cumulated weight of each particle
Q(N) = 1;

i = 1;
while (i <= N)
     u = rand(1,1);   % random number, (0,1]
     j = 1;
     while (Q(j) < u)
        j = j + 1;
     end
     outIndex(i) = j;
     i = i + 1;
end
end
```

11.4.2 계층별 재추출(Stratified Resampling)

이 알고리즘(Kitagawa, 1996)[19] 역시 정규화된 가중치의 누적합을 바탕으로 한다. 앞의 경우와 마찬가지로 각 입자들이 마디를 이룬 긴 띠라고 하자. 입자들의 가중치가 정규화되어 그 합이 1이기 때문에 이 띠의 양끝단은 $0 \sim 1$이다. 각 마디의 길이는 입자의 가중치에 비례한다. 전체 입자들이 차지하는 영역을 '계층'이라 부르는 여러 개의 부분으로 나눈다. 각 부분의 크기는 다를 수 있고 서로 겹치지 않는다. 따라서 전체 입자 영역을 $(0, \frac{1}{N}] \cup \cdots \cup (1-\frac{1}{N}, 1]$로 표현할 수 있다. 각각의 부분에서 독립적으로 난수 $\{u^{(i)}\}_{i=1}^{N}$을 추출한다.

$$u^{(i)} \sim U\left(\frac{i-1}{N}, \frac{i}{N}\right], \text{ for } i = 1, \cdots, N \tag{11.4.2}$$

$0 \sim 1$ 사이를 입자수만큼의 마디로 균등하게 나눈 줄자가 있다고 하자. 각 마디의 시작과 끝부분 사이의 난수를 추출하고 그 지점을 표시한 다음, 입자의 가중치의 누적합으로 이루어진 원래의 긴 띠와 나란히 놓는다. 줄자에 표시된 지점과 대응되는 입자의 번호를 원래의 띠에서 선택한다. 이 방법에서 줄자에 표시된 지점들 사이의 거리는 다를 수밖에 없다. 추출 위치가 각각의 마디 내에서 무작위로 선택되기 때문이다.

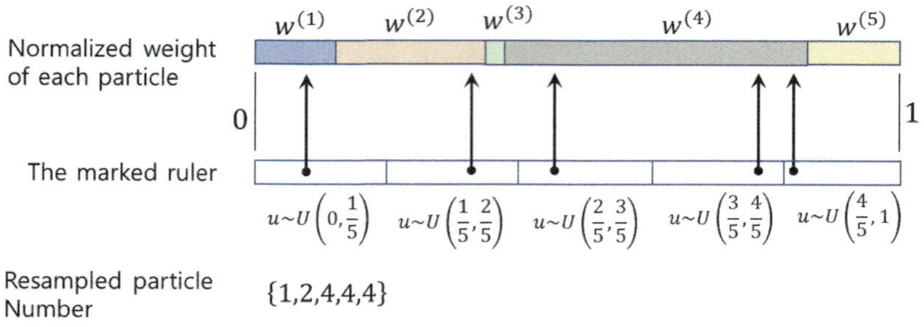

그림 11.4.4 계층적 재추출 방법

19 G. Kitagawa, "Monte Carlo Filter and Smoother for Non-Gaussian Nonlinear State Space Models," J. Computational and Graphical Statistics, 5(1), 1996, pp. 1-25.

프로그램 11.4.2 계층별 재추출(Stratified Resampling)

```
function outIndex = resampleStratified(w)
% Stratified (Systematic????) Resampling scheme
% This is based on the paper of Li et al.(2015) and+ modified from J.L. Blanco's program

N = length(w);          % number of particles
Q = cumsum(w);          % cumulated weight of each particle

for i=1:N,
   u(i) = rand(1,1)/N + (i-1)/N; % not equidistant
end
u(N+1) = 1;

i = 1;
j = 1;
while (i<=N)
    if (u(i) < Q(j))
        outIndex(i) = j;
        i = i + 1;
    else
        j = j + 1;
    end
end
```

11.4.3 체계적 재추출(Systematic Resampling)

이 알고리즘(Kitagawa, 1996; Carpenter, 1999)은 앞의 계층별 재추출법과 비슷하다. 이번 줄자의 첫 표시 지점은 난수 $u_s \sim U(0, \frac{1}{N}]$에 의해 결정된다. 그 이후부터 끝부분인 1까지는 균등한 간격 $\frac{1}{N+1}$로 나누고 그 지점을 표시한다.

$$u_s \sim U\left(0, \frac{1}{N}\right]$$

$$u^{(i)} = u_s + \frac{i-1}{N}, \text{ for } i = 2, \cdots, N \tag{11.4.3}$$

이 줄자를 원래의 긴 띠와 나란히 놓고 줄자에 표시된 지점과 대응되는 입자의 번호를 원래의 띠에서 선택, 재추출한다. 이 방법에서 첫 번째 지점을 제외한 나머지 위치는 동일 간격이다. 이 방법은 앞의 계층별 재추출 방법보다 추정치의 분산이 작다.

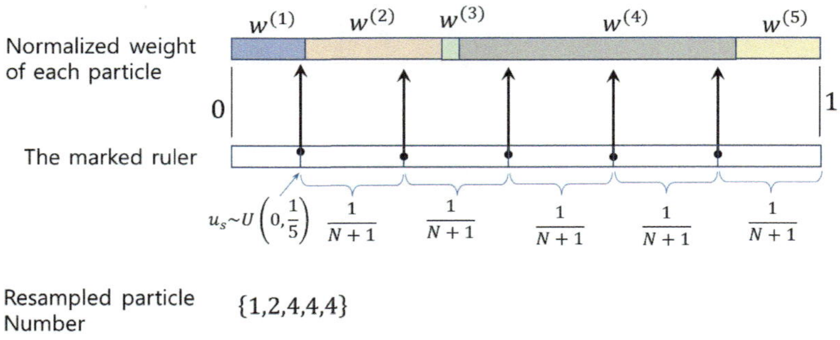

그림 11.4.5 체계적 재추출 방법

프로그램 11.4.3 체계적 재추출(Systematic Resampling)

```
function outIndex = resampleSystematic( w )
% Systematic resampling scheme
% This is based on the paper of Li et al.(2015) and
% modified from  J.L. Blanco's program

N = length(w);           % number of particles
Q = cumsum(w);           % cumulated weight of each particle

u = rand(1)/N + linspace(0,1-1/N,N);     % equidistant
u(N+1) = 1;

i = 1;
j = 1;

while (i <= N),
    if (u(i) < Q(j)),
        outIndex(i) = j;
        i = i + 1;
    else
        j = j + 1;
    end
end
```

11.4.4 잔여값 재추출(Residual Resampling)

이 알고리즘(Beadle and Djuric, 1997; Liu and Chen, 1998)은 두 단계로 이루어진다. 첫 단계는 가중치가 $\frac{1}{N}$보다 큰 입자들을 결정론적 방법으로 추출한다. 그다음 단계는 가중치의 잔여분(residuals)을 이용해서 무작위한 방법으로 재추출한다.

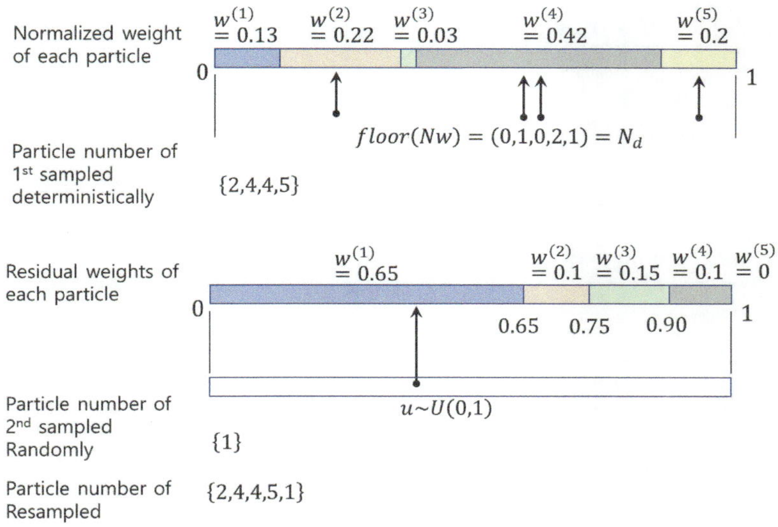

그림 11.4.6 잔여값 재추출 방법

예를 들어, 가중치가 $w = (0.13, 0.22, 0.03, 0.42, 0.2)$인 5개의 입자로 구성된 계를 생각해 보자. 이 가중치에 입자의 총개수를 곱한 것($= N \cdot w$)의 정수만 취하면, $(0, 1, 0, 2, 1)$이다. 이 결과에 따라 2번 입자 1회, 4번 입자 2회, 5번 입자 1회가 선택 및 재추출된다. 이러한 결정론적 방법으로 첫 단계에서 추출된 입자 개수는 $N_d = 4$이다. 두 번째 단계에서 재추출될 입자의 개수는 $N_r = N - N_d = 1$이다. 이번에는 각 입자들의 가중치의 잔여분을 다음 식으로부터 구하고 이를 이용해서 무작위 추출한다.

$$w_r^{(i)} = Nw^{(i)} - \frac{N_d^{(i)}}{N_r}, \text{ for } i = 1, \cdots, N \tag{11.4.4}$$

즉, 재추출에 선택될 확률은 해당 입자의 잔여 가중치에 비례한다. 예를 들면, 첫 번째 입자의 잔여 가중치는 $Nw^{(i)} - \frac{N_d^{(i)}}{N_r} = 5 \times 0.13 - \frac{0}{1} = 0.65$이고, 두 번째 입자는 $5 \times 0.22 - \frac{1}{1} = 0.1$이다. 나머지도 계산하면 이 예에서 잔여 가중치는 $w_r = (0.65, 0.1, 0.15, 0.1, 0)$이다. 따라서 1번 입자가 재추출될 가능성이 가장 크다. 균등분포 난수 $u \sim U(0,1)$을 추출해서 나머지 개수만큼의 입자를 선택 및 재추출한다. 잔여 가중치를 기준으로 남은 나머지 입자를 선택하는 과정은 앞의 다항 추출법과 같은 셈이다.

프로그램 11.4.4 잔여분 재추출(Residual Resampling)

```
function outIndex = resampleResidual(w)

N = length(w);

% the number of times that a specific particle is replicated
Nd = floor(N .* w);
% sum(Nd) is the number of particles for deterministic sampling
% the number of particles for random sampling ("remainder" or "residual")
Nr = N - sum(Nd);

%%First stage: Deterministic sampling for Nd particles
i = 1;
for j = 1:N
    for k = 1:Nd(j)
        outIndex(i) = j
        i = i +1
    end
end
%%Second stage: Random (Multinomial) resampling

% the weights of residuals for each particle
wr = N .*w - Nd/Nr;

% Multinomial resampling
Q = cumsum(wr);
Q(N)=1;
while (i <= N),
    u = rand(1,1);
    j = 1;
    while (Q(j) < u),
        j = j + 1;
    end;
    outIndex(i) = j
    i = i + 1;
end

end
```

11.4.5 표본 재추출을 적용한 순차적 중요도추출법

표본 재추출 방법을 적용해서 [예제 11.3.1]을 다시 시뮬레이션하였다. [프로그램 11.3.1]에서 설명문 처리되어 있는 표본 재추출 부분을 활성화시키면 된다. 여기서 표본 재추출은 $\widehat{N}_{eff} < 0.1N$이면 수행되도록 하였다. [그림 11.4.7~11.4.9]를 11.3절의 그림들과 비교해 보자. 추정된 상태는 참값을 비교적 잘 따르고 있어 정확성이 개선되었음을 알 수 있다.

시뮬레이션 중간중간에 입자들의 분산이 어느 정도 커지면 표본 재추출에 의해 분산이 줄어든다. 각 입자들에 할당된 가중치의 변화도 마찬가지 경향을 보인다.

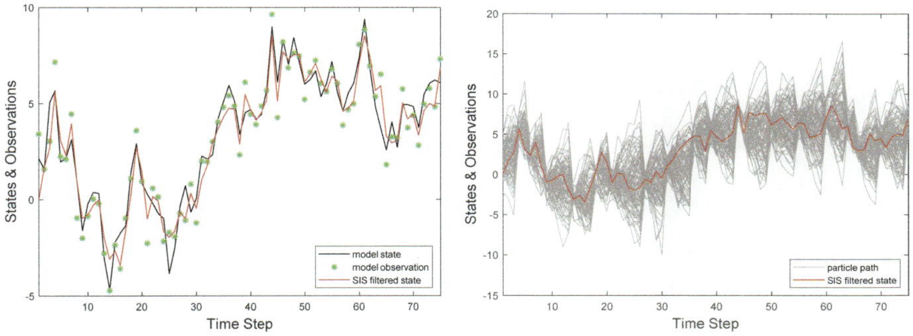

(a) (b)

그림 11.4.7 표본 재추출을 적용한 순차적 중요도추출법(SIS) 상태 추정 결과

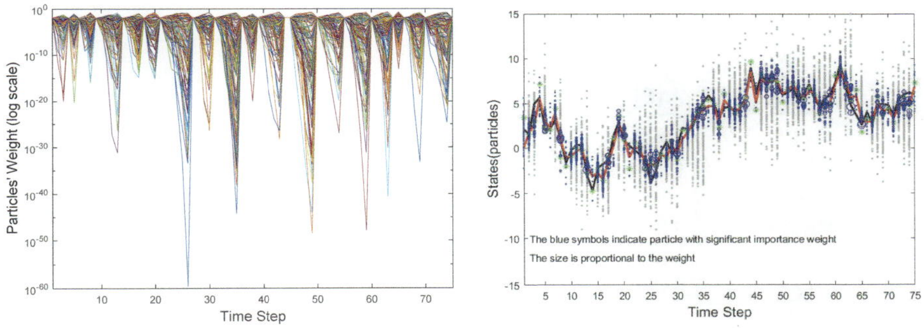

(a) (b)

그림 11.4.8 표본 재추출을 적용한 SIS 필터링에서 각 입자들의 경로와 가중치의 변화

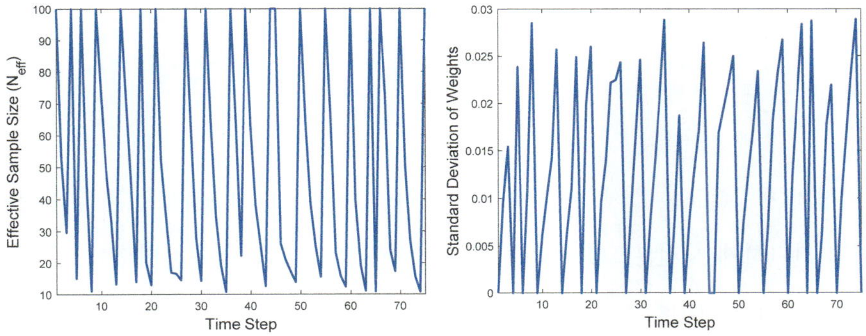

(a) (b)

그림 11.4.9 표본 재추출을 적용한 SIS 필터링에서 유효 표본크기 및 가중치 분산의 변화

11.5 순차적 중요도 표본 재추출(SIR)

순차적 중요도 표본 재추출(SIR: Sequential Importance Resampling) 방법은 '붓스트랩(bootstrap) 필터링', 또는 '응축(condensation) 알고리즘'이라고도 한다. 이 알고리즘(Gordon et al., 1993)은 중요도가중치의 퇴화를 줄이기 위한 SIS의 특별한 형태로, 보통 '입자 필터링'이라고 하면 이를 말한다. 이 알고리즘의 특징은 다음의 두 가지로 요약할 수 있다.

1) 사전분포를 제안분포로 선택하고,
2) 매 시뮬레이션 시점마다 표본 재추출을 수행한다.

11.5.1 제안분포의 선택

입자 필터링 알고리즘의 성능은 제안분포(또는 중요도분포)의 선택에 따라 달라진다. $x_{t-1}^{(i)}$와 y_t가 조건부로 주어졌을 때, 참가중치 $w_t^{*(i)} = \dfrac{p(x^{(i)}|y_{1:t})}{q(x_t^{(i)}|x_{1:t-1}^{(i)}, y_{1:t})}$의 분산을 최소화할 수 있는 최적의 제안분포는 다음과 같다[20].

$$\begin{aligned} q\left(x_t^{(i)}|\, x_{1:t-1}^{(i)}, y_{1:t}\right)_{opt} &= p\left(x_t| x_{t-1}^{(i)}, y_t\right) \\ &= \frac{p\left(y_t| x_t^{(i)}, x_{t-1}^{(i)}\right)p\left(x_t^{(i)}|x_{t-1}^{(i)}\right)}{p\left(y_t|x_{t-1}^{(i)}\right)} \end{aligned} \tag{11.5.1}$$

이 최적의 제안분포는 실제 사용에 있어서 여러 가지 문제가 있다. 실용적인 측면에서 다음처럼 간단하게 사전분포를 제안분포로 선택해서 분산을 줄이는 방법이 선호되고 있다(Doucet et al., 2001)[21].

20 A. Doucet, S. Godsill, C. Andrieu, "*On Sequential Monte Carlo sampling methods for Bayesian filtering*," Statistics and Computing, 10, 2000, pp. 197-208.

$$q\left(x_t|x_{1:t-1}^{(i)}, y_{1:t}\right) = \underbrace{p\left(x_t|x_{t-1}^{(i)}\right)}_{prior} \tag{11.5.2}$$

이를 식(11.3.4)에 대입하면 입자의 중요도가중치는 다음과 같이 간단히 쓸 수 있다. 알고리즘을 쉽게 수행할 수 있게 하는 이런 선택으로 인해서 '붓스트랩 필터'라고도 불린다. 하지만 비효율성 때문에 많은 표본이 필요하다.

$$\begin{aligned}\tilde{w}_t^{(i)} &= \frac{p\left(y_t|x_t^{(i)}\right)p\left(x_t^{(i)}|x_{t-1}^{(i)}\right)}{q\left(x_t^{(i)}|x_{1:t-1}^{(i)}, y_{1:t}\right)}\tilde{w}_{t-1}^{(i)} = \frac{p\left(y_t|x_t^{(i)}\right)p\left(x_t^{(i)}|x_{t-1}^{(i)}\right)}{p\left(x_t^{(i)}|x_{t-1}^{(i)}\right)}\tilde{w}_{t-1}^{(i)} \\ &= p\left(y_t|\,x_{t-1}^{(i)}\right)\tilde{w}_{t-1}^{(i)}\end{aligned} \tag{11.5.3}$$

즉, 가중치의 갱신은 전 단계의 상태들과 새로운 관측치에 의존한다. 이 알고리즘에서 표본 재추출은 매 시뮬레이션 시점마다 수행된다. 이때 모든 입자들의 중요도가중치는 $w_{t-1}^{(i)} = \frac{1}{N}$로 동일하게 지정되기 때문에 위 식은 다음과 같이 줄여 쓸 수 있다.

$$\tilde{w}_t^{(i)} \propto p\left(y_t|x_t^{(i)}\right) \tag{11.5.4}$$

결국 가능도는 다음과 같다.

$$p\left(y_t|x_t^{(i)}\right) = w_t^{(i)} = \frac{\tilde{w}_t^{(j)}}{\sum_{i=1}^{N}\tilde{w}_t^{(i)}} = \frac{p\left(y_t|x_t^{(j)}\right)}{\sum_{i=1}^{N}p\left(y_t|x_t^{(i)}\right)} \tag{11.5.5}$$

11.5.2 SIR 알고리즘 및 프로그램

다음과 같이 요약할 수 있다.

21 A. Doucet, N. Freitas, N. Gordon, "*An Introduction to Sequential Monte Carlo Methods*," in Sequential Monte Carlo Methods in Practice, 2001, pp. 3-14.

알고리즘 11.5.1 Bootstrap Particle Filter(SIR: Sequential Importance Resampling)

$$\left[\left\{x_t^{(i)}, w_t^{(i)}\right\}_{i=1}^{N}\right] = SIR\left[\left\{x_{t-1}^{(i)}, w_{t-1}^{(i)}\right\}_{i=1}^{N}, y_t\right]$$

1) 초기화

초기 상태 분포로부터 N개의 입자를 뽑고: $x_0^{(i)} \sim p(x_0)$

각 입자에 중요도가중치 $\tilde{w}_0^{(i)} = w_0^{(i)} = \dfrac{1}{N}$을 지정. 여기서 $i = 1, \cdots, N$.

반복 $t = 1, \cdots, T$ (시퀀스 길이)

반복 $i = 1, \cdots, N$ (입자 개수)

2) 중요도분포(여기서는 상태 모델)로부터 입자 추출: 예측단계

$$x_t^{(i)} \sim p\left(x_t | x_{t-1}^{(i)}\right)$$

3) 입자에 가중치 지정

$$\tilde{w}_t^{(i)} = p\left(y_t | x_t^{(i)}\right)$$

반복 종료

반복 $i = 1, \cdots, N$

4) 각 입자의 중요도가중치를 정규화

$$w_t^{(i)} = \frac{\tilde{w}_t^{(i)}}{\sum_{i=1}^{N} \tilde{w}_t^{(i)}}$$

반복 종료

5) 중요도가중치에 따라서 N 개 입자를 재추출

$$\left[\left\{x_t^{(i)}, w_t^{(i)}\right\}_{i=1}^{N}\right] = RESAMPLE\left[\left\{x_t^{(i)}, w_t^{(i)}\right\}_{i=1}^{N}\right]$$

T 면 반복 종료

붓스트랩 필터링(SIR) 알고리즘으로 [예제 11.3.1]을 다시 시뮬레이션하였다. 다음 프로그램을 참고하라.

프로그램 11.5.1 Bootstrap Particle Filter(SIR) for Random Walk Model

```
% A Probabilisitc State Space Model with Gaussian Random Walk
%          x(t) = x(t-1)+u(t-1),        where u(t) ~ N(0,Q)
%          y(t) = x(t) + v(t),             where v(t) ~ N(0,R)
% Bootstrap Particle Filtering: Sequential Importance Resampling (SIR)
clc; clear all;
rng(16543,'twister');

%% Model Setup
T = 75;                          % length of sequence

% states and observations by the model
% the given variance in Gaussian noises
Q = 2;           % for state noise, N[0,sqrt(Qt]
R = 1;           % for observation noise, N[0,sqrt(R)]

% mX and mY are considered true values
% initialize
mX(1) = sqrt(Q)+randn(1);
mY(1) = mX(1) + sqrt(R)+randn(1);

% time evolution
for t=2:T
   mX(t) = normrnd(mX(t-1),sqrt(Q));     % predicted states
   mY(t) = normrnd(mX(t),sqrt(R));        % predicted measurements
end

%% Particle Filtering (SIR: with Resampling stage)
N = 100;                          % number of particles

pXf = zeros(N,T);              % particles for state
pYf = zeros(N,T);              % particles for observation
pWf = zeros(N,T);             % weights of each particle
pXfEst = zeros(1,T);          % state estimates by the particle filter

% initialization of particles
pXf(:,1) = mX(1) + sqrt(Q)*randn(N,1);        % state of particle
pYf(:,1) = pXf(:,1) + sqrt(R)*randn(N,1);

% initial weights of particles
pWf(:,1) = 1/N;

% initial state estimate
pXfEst(1) = pWf(:,t)' * pXf(:,t);

% time evolution
for t=2:T
    for i=1:N

       % state of each paticle
       pXf(i,t) = pXf(i,t-1) + sqrt(Q)*randn(1);      % p[x(t)|x(t-1)] = q

       % posterior = weights
       pWf(i,t) = normpdf(mY(t),pXf(i,t),R);            % p[y(t)|x(t)]
```

```
    end

    % normalize the weights
    pWf(:,t) = pWf(:,t) / sum(pWf(:,t));

    % state estimates by the mean of particles
    pXfEst(t) = pWf(:,t)' * pXf(:,t); % is equal to "sum(pWf(:,t).*pXf(:,t))"

    %resampling
    outIndex = resampleSystematic(pWf(:,t));
    pXf(:,t) = pXf(outIndex,t);

end

%%%% 3-D plot the posterior pdf with time step
figure(7); clf
rangeState = linspace(-12,12,100);
[tt, xx] = meshgrid(t, rangeState);
pXpdf = zeros(size(tt));

v = pWf(:,t);
yp = pXf(:,t);
[rx,ry,rz] = sphere;

for k = 1: 5: T
    pXpdf(:,k) = ksdensity(pXf(:,k), rangeState); hold on;
    plot3(repmat(t(k),length(rangeState),1), rangeState,
pXpdf(:,k)','linewidth',2)
end

for iTemp = 1: N
        viscircles([t',yp(iTemp,:)'],v(iTemp,:),'Color','b');
end

plot(t,pXfEst(t),'-','color','r','Linewidth',2); xlim([1 T]);
xlabel('Time Step', 'fontsize',14); ylabel('States', 'fontsize',14);
zlabel('Posterior pdf', 'fontsize',14);
view(3); box on; grid on;
hold off
```

시뮬레이션 주요 결과를 [그림 11.5.1]에 나타내었다. 추정된 상태는 모델 상태를 비교적 잘 따르고 있다. 중요도가중치 역시 매 단계마다 수행되는 표본 재추출에 의해 여러 입자에 고르게 할당되고 있다. 유효 표본의 개수도 원래 입자 개수의 절반 정도로 유지된다. 그림 11.5.2는 시간에 따른 사후분포를 나타낸 것이다.

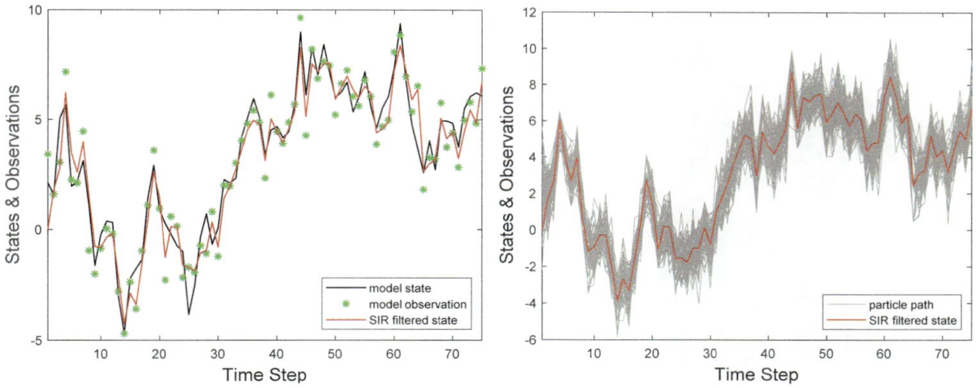

(a) 모델에 의한 상태 경로와 SIR 필터링에 의해 추정된 상태 경로

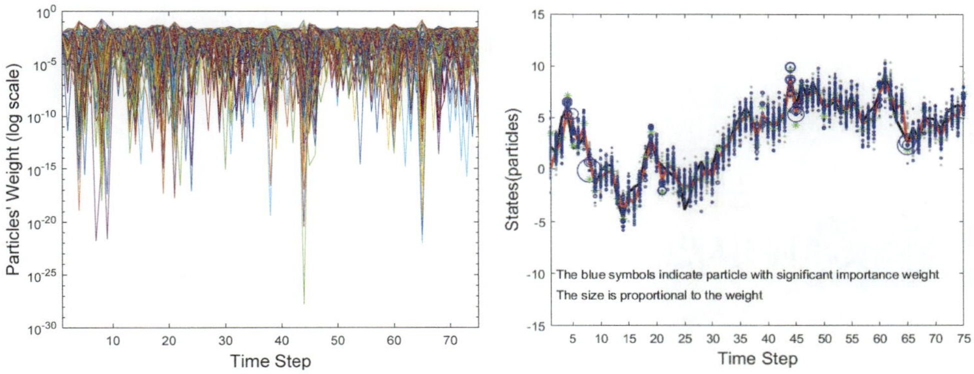

(b) 시간에 따른 입자가중치의 변화

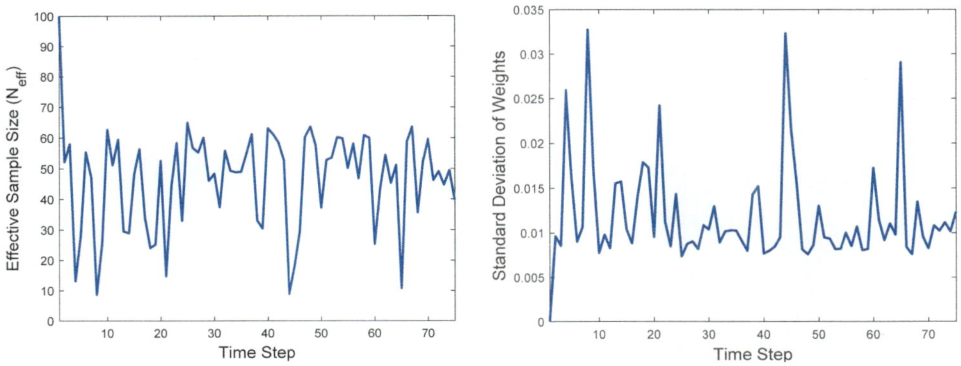

(C) 유효 표본 크기 및 분산

그림 11.5.1 순차적 중요도 표본 재추출법(SIR) 시뮬레이션 결과

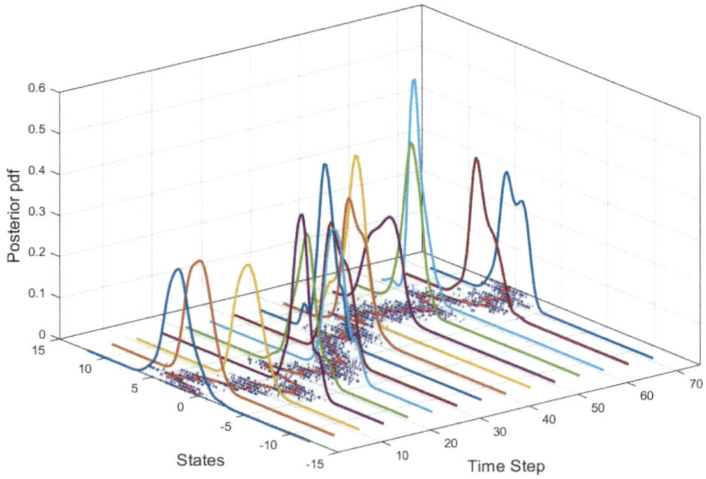

그림 11.5.2 SIR 시뮬레이션에서 시간에 따른 사후분포의 변화

11.6 베이지안 입자 평활화

베이지안 입자 평활화(Bayesian Particle Smoothing)는 미래의 관측 심볼들이 주어졌을 때(즉, 추정하는 시점 이후의 관측 심볼들이 존재하는 경우), 주변사후분포 $p(x_t|y_{1:T})$를 추정하는 일이다. 일반적으로 평활화에 의한 추정치는 필터링에 의한 것보다 참값에 가깝다. 가용한 정보가 더 주어지기 때문이다. 이 작업은 앞서 저장된 관측 시퀀스를 이용해야 하기 때문에 온라인으로는 수행할 수 없다. 오프라인으로 일괄처리(batch) 방식으로 처리된다. 달리 표현하면, 평활화는 필터링으로 얻어진 가중치를 개선하는 작업이다. 평활화는 추정 시점에 따라서 몇 가지로 분류할 수 있다(그림 11.1.2).

11.6.1 베이지안 평활화 공식

상태의 완전사후분포 $p(x_{1:T}|y_{1:T})$는 마르코프 특성을 이용해서 다음과 같이 분해할

수 있다.

$$p(x_{1:T}|y_{1:T}) = p(x_T|y_{1:T})\prod_{t=1}^{T-1} p(x_t|x_{t+1:T}, y_{1:T}) = p(x_T|y_{1:T})\prod_{t=1}^{T-1} \underbrace{p(x_t|x_{t+1}, y_{1:t})}_{backward\ \ kernel} \quad (11.6.1)$$

여기서 $t=1, \cdots, T$이다. 역방향 천이핵(backward kernel)은 다음과 같이 정리된다.

$$p(x_t|x_{t+1}, y_{1:t}) = \frac{\overbrace{p(x_{t+1}|x_t)}^{\substack{likelihood\ of \\ future\ state}}\overbrace{p(x_t|y_{1:t})}^{filtered}}{p(x_{t+1}|y_{1:t})} \quad (11.6.2)$$

주변사후분포 $p(x_t|y_{1:T})$는 시점 T까지의 관측치를 얻고 난 이후의 특정 시점 t에서 상태의 분포를 의미한다. 이때 $t < T$이다. 이 주변사후분포를 '평활화 분포'라고도 하는데, 이는 식(11.6.1)의 완전사후분포를 $\{x_1, \cdots, x_{t-1}, x_{t+1}, \cdots, x_T\}$에 대해 적분하면 구할 수 있다.

$$p(x_t|y_{1:T}) = \int\cdots\int p(x_{1:T}|y_{1:T})dx_{1:t-1}dx_{t+1:T}$$

평활화 분포 $p(x_t|y_{1:T})$를 계산하기 위한 역방향 반복공식(backward recursive formula)은 다음의 베이지안 평활화(fixed-interval) 공식에 의해 주어진다(Kitagawa, 1987)[22].

$$\underbrace{p(x_t|y_{1:T})}_{\substack{smoothed \\ density}} = \underbrace{p(x_t|y_{1:t})}_{filtered}\int \frac{\overbrace{p(x_{t+1}|x_t)}^{state\ dynamic}\overbrace{p(x_{t+1}|y_{1:T})}^{smoothed}}{\underbrace{p(x_{t+1}|y_{1:t})}_{state\ prediction}}dx_{t+1} \quad (11.6.3)$$

여기서 적분 내부의 분모는 시점 $t+1$에서의 상태 예측분포로서 다음과 같다.

22 G. Kitagawa, "*Non-Gaussian State-Space Modeling of Nonstationary Time Series*," J. American Statistical Association, 82(400), 1987, pp. 1032-1041.

$$p(x_{t+1}|y_{1:t}) = \int p(x_{t+1}|x_t)p(x_t|y_{1:t})dx_t \tag{11.6.4}$$

식(11.6.3)의 유도과정을 보자.

$$\begin{aligned} p(x_t|y_{1:T}) &= \int p(x_t, x_{t+1}|y_{1:T})dx_{t+1} \\ &= \int p(x_t|x_{t+1}, y_{1:T})p(x_{t+1}|y_{1:T})dx_{t+1} \\ &= \int \underline{p(x_t|x_{t+1}, y_{1:t})}p(x_{t+1}|y_{1:T})dx_{t+1} \end{aligned} \tag{11.6.5}$$

위 식에서 두 번째 줄로 바꿔 쓸 수 있는 것은 마르코프 특성 때문이다. 세 번째 줄의 $\underline{p(x_t|x_{t+1}, y_{1:t})}$은 다음과 같이 표현할 수 있다.

$$\begin{aligned} \underline{p(x_t|x_{t+1}, y_{1:t})} &= \frac{p(x_t, x_{t+1}, y_{1:t})}{p(x_{t+1}, y_{1:t})} = \frac{p(x_{t+1}|x_t, y_{1:t})p(x_t|y_{1:t})}{p(x_{t+1}, y_{1:t})} \\ &= \frac{p(x_{t+1}|x_t)p(x_t|y_{1:t})}{\int p(x_{t+1}|x_t)p(x_t|y_{1:t})dx_t} \end{aligned} \tag{11.6.6}$$

식(11.6.6)을 식(11.6.5)에 대입하면, 다음의 반복식이 얻어진다.

$$\begin{aligned} \underbrace{p(x_t|y_{1:T})}_{smoothed} &= \int \frac{p(x_{t+1}|x_t)p(x_t|y_{1:t})}{\int p(x_{t+1}|x_t)p(x_t|y_{1:t})dx_t} p(x_{t+1}|y_{1:T})dx_{t+1} \\ &= p(x_t|y_{1:t}) \int \frac{p(x_{t+1}|x_t)p(x_{t+1}|y_{1:T})}{\int p(x_{t+1}|x_t)p(x_t|y_{1:t})dx_t} dx_{t+1} \\ &= \underbrace{p(x_t|y_{1:t})}_{\substack{filtered \\ = w_t^{(i)}}} \int \frac{p(x_{t+1}|x_t)\overbrace{p(x_{t+1}|y_{1:T})}^{smoothed}}{\underbrace{p(x_{t+1}|y_{1:t})}_{state\ prediction}} dx_{t+1} \end{aligned} \tag{11.6.3}$$

위 식에서 볼 수 있듯이 평활화 분포 $p(x_t|y_{1:T})$의 반복식은 세 종류의 분포, 즉 필터링 분포 $p(x_t|y_{1:t})$, 시점 $t+1$에서의 평활화 분포 $p(x_{t+1}|y_{1:T})$, 상태 예측분포 $p(x_{t+1}|y_{1:t})$로 구성된다.

대부분의 경우에 평활화 분포는 닫힌 형태가 아니기 때문에 근사화 방법으로 구할 수밖에 없다. 입자 필터링 단계에서 상태들의 모든 궤적(또는 경로)이 저장되어 있다면, 평활화 단계에서 그 정보를 이용할 수 있다. 즉, 평활화 분포의 근사화는 입자 필터링의 부수적 결과로써 얻어진다. 다양한 평활화 알고리즘들이 제안되어 있지만(Chopin, 2004[23]; Doucet, et al., 2000[24]; Godsill, et al., 2001[25]; Godsill, et al., 2004[26]; Svensson, et al., 2015[27]; Bresler, 1986[28]; Briers et al., 2010[29]; Kitagawa, 1994[30]), 여기서는 몇 가지 알고리즘에 대해서만 다루기로 한다.

11.6.2 순방향필터링-역방향평활화(FFBS: Forward Filtering–Backward Smoother)

식(11.6.3)에 바탕을 둔 이 알고리즘(Doucet et al., 2000)은 'SIR 평활화' 알고리즘이라고도 한다. 편의상 이 식을 여기에 다시 쓰자.

---

23 N. Chopin, "*Central Limit Theorem for Sequential Monte Carlo Methods and its Application to Bayesian Inference*," The Annals of Statistics, 32(6), 2004, pp. 2385-2411.

24 A. Doucet, S. Godsill, C. Andrieu. "*On Sequential Monte Carlo Sampling Methods for Bayesian Filtering*," Statistics and Computing, 10, 2000, pp. 197-208.

25 S.J. Godsill, A. Doucet, M. West, "*Maximum A Posteriori Sequence Estimation using Monte Carlo Particle Filters*," Ann. Inst. Statis. Math., 53(1), 2001, pp. 82-96.

26 Godsill, S.J. and A. Doucet, and M. West, "*Monte Carlo Smoothing for Nonlinear Time Series*," J. American Statistical Association, Vol.99(465), (2004), pp. 156-168.

27 A. Svensson, T.B. Schon, M. Kok, "*Nonlinear State Space Smoothing using the Conditional Particle Filter*," IFAC-Papers OnLine, 48(28), 2015, pp. 975-980.

28 Y. Bresler, "*Two-Filter Formula for Discrete-Time Non-Linear Bayesian Smoothing*," Int. J. Control, 43 (2), 1986, pp. 629-641.

29 M. Briers, A. Doucet, S. Markell, "*Smoothing Algorithm for State-Space Models*," 62(1), 2010, pp. 61-89.

30 Kitagawa, "The Two-Filter Formula for Smoothing and an Implementation of the Gaussian-Sum Smoother," Ann. Inst. Statist. Math., Vol. 46(4), 1994, pp. 605-623.

$$p(x_t|y_{1:T}) = p(x_t|y_{1:t})\int \frac{p(x_{t+1}|x_t)p(x_{t+1}|y_{1:T})}{p(x_{t+1}|y_{1:t})}dx_{t+1} \tag{11.6.3}$$

평활화 분포 $\hat{p}(x_t|y_{1:T})$의 추정은 두 단계를 거쳐 수행된다. 첫째는 필터링 과정에서의 얻어진 데이터 $\{x_t^{(i)}, w_t^{(i)}\}_{i=1}^N$을 사용하는 것이고, 그다음은 시점 T에서 시작해서 역방향으로 각 입자들의 가중치를 다시 매기는 일을 반복하는 것이다. 첫 단계의 데이터 재사용을 위해서는 필터링 단계에서 입자들의 경로와 가중치를 저장해 두어야 한다. 두 번째 단계의 역방향 계산이 가능한 이유는 시점 $t+1$의 입자들의 가중치 $\{x_{t+1}^{(i)}, w_{t+1|T}^{(i)}\}_{i=1}^N$을 갖고 있기 때문이다.

$$\int \frac{p(x_{t+1}|x_t)}{p(x_{t+1}|y_{1:t})}p(x_{t+1}|y_{1:T})dx_{t+1} \approx \sum_{i=1}^N \frac{p\left(x_{t+1}^{(i)}|x_t\right)}{p\left(x_{t+1}^{(i)}|y_{1:t}\right)}\underbrace{p(x_{t+1}|y_{1:T})}_{=w_{t+1|T}^{(i)}} \tag{11.6.7}$$

여기서 우측 항의 분모 $p\left(x_{t+1}^{(i)}|y_{1:t}\right)$는 다음으로부터 얻을 수 있다.

$$p\left(x_{t+1}^{(i)}|y_{1:t}\right) = \int p(x_t|y_{1:t})p\left(x_{t+1}^{(i)}|x_t\right)dx_t \approx \sum_{k=1}^N w_t^{(k)}p\left(x_{t+1}^{(j)}|x_t^{(k)}\right) \tag{11.6.8}$$

이를 식(11.6.7)에 대입하면, 식(11.6.3)의 적분 항은 다음과 같이 표현할 수 있다.

$$\int \frac{p(x_{t+1}|x_t)}{p(x_{t+1}|y_{1:t})}p(x_{t+1}|y_{1:T})dx_{t+1} \approx \sum_{j=1}^N \frac{p\left(x_{t+1}^{(j)}|x_t^{(i)}\right)}{\sum_{k=1}^N w_t^{(k)}p\left(x_{t+1}^{(j)}|x_t^{(k)}\right)}w_{t+1|T}^{(j)} \tag{11.6.9}$$

결국 $p(x_t|y_{1:T})$의 근사치는 다음 식에 의해서 구할 수 있게 된다.

$$\begin{aligned}\hat{p}(x_t|y_{1:T}) &= \sum_{i=1}^N \underbrace{w_t^{(i)}\left[\sum_{j=1}^N \frac{p\left(x_{t+1}^{(j)}|x_t^{(i)}\right)}{\sum_{k=1}^N w_t^{(k)}p\left(x_{t+1}^{(j)}|x_t^{(k)}\right)}w_{t+1|T}^{(j)}\right]}_{w_{t|T}^{(i)}}\delta\left(x_t - x_t^{(i)}\right) \\ &\approx \sum_{i=1}^N w_{t|T}^{(i)}\delta\left(x_t - x_t^{(i)}\right)\end{aligned} \tag{11.6.10}$$

지금까지 논의한 순방향필터링-역방향평활화 알고리즘을 요약하면 다음과 같다.

알고리즘 11.6.1 순방향필터링―역방향 평활화(FFBS, Doucet et al., 2000)

1) 초기화

시점 T에서 모든 입자들의 가중치를 $w_{T|T}^{(i)} = w_T^{(i)}$로 지정. 여기서 $t = 1, \cdots, T$

2) 역방향으로 반복 $T = T-1, T-2, \cdots, 1$

모든 입자들에 대해서 새로운 가중치를 계산. 여기서 $i = 1, \cdots, N$

$$w_{t|T}^{(i)} = w_t^{(i)} \sum_{j=1}^{N} w_{t+1|T}^{(j)} \frac{p\left(x_{t+1}^{(j)} | x_t^{(i)}\right)}{\sum_{k=1}^{N} w_t^{(k)} p\left(x_{t+1}^{(j)} | x_t^{(k)}\right)}$$

3) 반복 종료

다음은 평활화에서 가중치를 계산하기 위한 프로그램이다. 주목할 점은 이 알고리즘은 어떠한 새로운 시뮬레이션도 수행하지 않는다는 것이다. 이 알고리즘의 단점은 $T \gg t$일 때는 가중치의 퇴화가 심해진다는 것이다.

프로그램 11.6.1 순방향필터링―역방향 평활화(FFBS, Doucet et al., 2000)

```
%% Backward Particle Smoothing
% This smoother algorithm was proposed by Doucet et al. (2000).

% to run this module, you need to run the particle filter module to
% get the histories of pXf and pWf before running this module.

pWs = zeros(N,T);             % particle's weights at time step T
pXs = zeros(N,T);

% particle histories at time step T
pWs(:,T) = pWf(:,T);
pXs(:,T) = pXf(:,T);
pXsEst(T) = mean(pXs(:,T));

% backward recursion
for t = T-1: -1: 1

    % normalized term: Eq. (11.6.8)
    % p[x(j,t+1)|y(1:t)]=sum[w(k,t)*p[x(j,t+1)|x(k,t)]]
    for j = 1:N
        pWj(j,t) = sum(pWf(:,t) .* normpdf(pXf(j,t+1),pXf(:,t),Q));
    end
```

```
% w(i,t)*sum[w(j,(t+1|T))* p[x(j,t+1)|x(i,t)]] / p[x(j,t+1)|y(1:t)]
    for i = 1:N
        pred = normpdf(pXf(:,t+1),pXf(i,t),Q);    % p[x(j,t+1)|x(i,t)]]
        pWs(i,t) = pWf(i,t) * sum(pWs(:,t+1) .* pred ./ pWj(:,t));     %w(t|T)
    end

    % Eq. (11.6.10): p[x(t)|y(1:T)]
    % states estimated by particle smoother
    pXsEst(t) = pWs(:,t)' * pXf(:,t);

end

%%%%%%%%%%%%%%% plotting the results
figure(1); clf;
plot(1:T, pXf(:,:)','color',[0.7,0.7,0.7]);hold on;
legend('particle path')
plot(1:T,mX,'-k', 'linewidth',1,'DisplayName','model state');
plot(1:T,mY,'*g','linewidth',1,'DisplayName','observation');
plot(1:T,pXfEst,'-r','linewidth',1,'DisplayName','SIR filtered state');
plot(1:T,pXsEst,'-b','linewidth',1,'DisplayName','FFBS smoothed state');
xlim([1 T]); ylim([-6 12]);
xlabel('Time Step','fontsize',14);
ylabel('States & Observations','fontsize',14)
```

다음 그림은 이 순방향필터링-역방향평활화 프로그램을 실행시켜, [예제 11.3.1]을 시뮬레이션 한 결과이다. 상태 추정이 정상적으로 이루어지고 있다. 필터링 결과와 약간의 차이가 관찰된다.

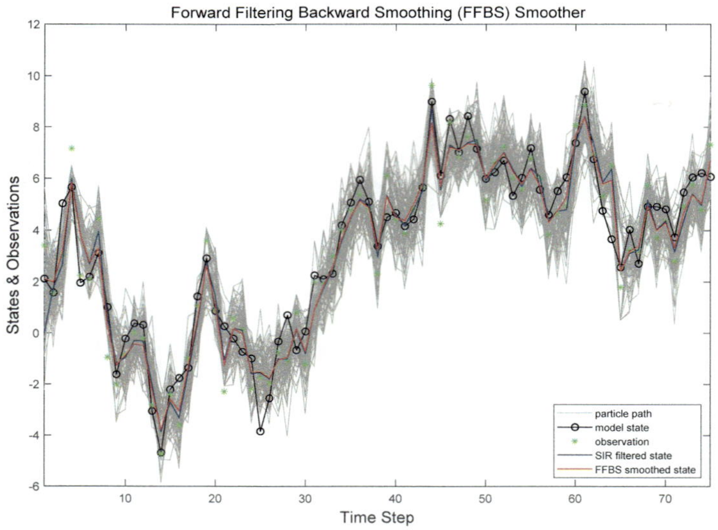

그림 11.6.1 순방향필터링—역방향평활화(FFBS) 알고리즘에 의한 평활화 결과

11.6.3 순방향필터링-역방향시뮬레이션 평활화(FFBSi: Forward Filtering-Backward Simulation Smoother)

이 역방향 시뮬레이션 입자 평활화(Godsill et al., 2004)는 역방향으로 진행되는, 즉 마지막 시점 T에서 시작해서 처음으로 진행되는 개별 입자들의 궤적 시뮬레이션에 바탕을 둔다. 이 알고리즘은 SIR 평활화에서 문제가 되는 퇴화 문제를 줄이기 위해서 모든 입자들의 궤적을 저장하는 대신에 필터링 결과를 재사용한다. 핵심 아이디어는 전체 평활화 분포 $p(x_{1:T}|y_{1:T})$로부터 표본을 추출하기 위해서 다음과 같이 분포를 나눠서 생각한다.

$$p(x_{1:T}|y_{1:T}) = p(x_T|y_T)\prod_{t=1}^{T-1} p(x_t|x_{t+1:T}, y_{1:T}) \tag{11.6.11}$$

여기서 마르코프 특성을 이용하면,

$$\begin{aligned} p(x_t|x_{t+1:T}, y_{1:T}) &= p(x_t|x_{t+1}, y_{1:t}) = \frac{p(x_t|y_{1:t})p(x_{t+1}|x_t)}{p(x_{t+1}|y_{1:t})} \\ &= Z \cdot \underbrace{p(x_t|y_{1:t})}_{filtered} p(x_{t+1}|x_t) \end{aligned} \tag{11.6.12}$$

만약 평활화 분포로부터 시뮬레이션 된 궤적 $\tilde{x}_{t+1:T}$를 사용한다면,

$$\begin{aligned} p(x_t|\tilde{x}_{t+1}, y_{1:T}) &= \frac{p(x_t|y_{1:t})p(\tilde{x}_{t+1}|x_t)}{p(\tilde{x}_{t+1}|y_{1:t})} = Z \cdot p(x_t|y_{1:t})p(\tilde{x}_{t+1}|x_t) \\ &\approx Z \cdot \sum_{i=1}^{N} w_t^{(i)} p(\tilde{x}_{t+1}|x_t)\delta(x_t - x_t^{(i)}) \\ &= \sum_{i=1}^{N} w_{t|t+1}^{(i)} \delta(x_t - x_t^{(i)}) \end{aligned} \tag{11.6.13}$$

위 식에서 $w_{t|t+1}^{(i)}$은 개정된 가중치(revised weight)로서 다음과 같이 정의된다.

$$w_{t|t+1}^{(i)} = w_t^{(i)} \frac{w_t^{(i)} p\left(x_{t+1} | x_t^{(i)}\right)}{\sum_{j=1}^{N} w_t^{(j)} p\left(x_{t+1} | x_t^{(j)}\right)} \tag{11.6.14}$$

이제 이 수정된 분포는 상태들을 시간의 역방향으로 계속 만들어 내는데 이용될 수 있다. 이는, 특히 $p(x_{t+1:T}|y_{1:T})$로부터 근사적으로 추출된 임의의 표본 $\tilde{x}_{t+1:T}$가 주어졌을 때, 한 단계 뒤의 시간을 취하고, $p(x_t|\tilde{x}_{t+1:T}, y_{1:T})$로부터 $\tilde{x}_t$를 추출함으로써 이루어진다. 상태쌍 $(\tilde{x}_t, \tilde{x}_{t+1:T})$는 $p(x_{t:T}|y_{1:T})$로부터 무작위하게 추출된 표본들이다. 이 과정을 시간의 역과정으로 순차적으로 반복하면 다음 알고리즘이 만들어진다.

알고리즘 11.6.2 순방향필터링–역방향시뮬레이션 평활화(FFBSi, Godsill et al., 2004)

순방향 필터링을 나타내는 가중치가 부여된 입자들 $\left\{x_t^{(i)}, w_t^{(i)}\right\}_{i=1}^{N}$을 가지고

1) 초기화

 확률 $w_T^{(i)}$로 $\tilde{x}_T^{(i)} = \tilde{x}_T^{(i)}$을 선택

2) 평활화

 시간의 역방향으로 반복 $t = T-1, T-2, \cdots, 1$

 2–1) 다음 식에 의해 새로운 가중치 계산: $w_{t|t+1}^{(i)} \propto w_t^{(i)} q(\tilde{x}_{t+1} | x_t^{(i)})$

 2–2) 확률 $w_{t|t+1}^{(i)}$로 $\tilde{x}_t = x_t^{(i)}$ 선택

3) $\tilde{x}_{1:T} = (\tilde{x}_1, \tilde{x}_2, \cdots, \tilde{x}_T)$가 $p(x_{1:T}|y_{1:T})$로부터 뽑힌 표본

다음은 가중치 계산을 위한 프로그램이다. 주목할 점은 이 알고리즘은 어떠한 새로운 시뮬레이션도 필요로 하지 않는다는 것이다.

프로그램 11.6.2 순방향필터링–역방향시뮬레이션 평활화(FFBSi)

```
%% Backward-Simulation Smoothing
% This smoother algortihm was proposed by Godsill et al. (2004).
pWs = zeros(N,T);            % particle's weights at time step T
pXs = zeros(N,T);

% particle histories at time step T
pWs(:,T) = pWf(:,T);
```

```
pXs(:,T) = pXf(:,T);
pXsEst(T) = mean(pXs(:,T));

% reuse filtering results
for i = 1: N
    index = floor(rand * N + 1);        % choose a particle at the last state
    pXs(i,T) = pXf(index,T);
end

% backward-simulation recursion
for t = T-1: -1: 1

    % calculate new weights: w(t|t+1,i)=w(t,i)*q(pXs(t+1)|pXf(t,i))
    for i = 1: N
       % pWs(:,t) = pWf(i,t) * normpdf(pXs(:,t+1),pXf(i,t),Q);
        logWs(:,t) = log(pWf(i,t)) + log(normpdf(pXs(:,t+1),pXf(i,t),Q));
        logWs(:,t) = logWs(:,t) - max(logWs(:,t));
        pWs(:,t) = exp(logWs(:,t));
    end

    % normalize the weights
    pWs(:,t) = pWs(:,t) ./ sum(pWs(:,t));

    % Choose samples according to the new weights, w(t|t+1,i)
index = resampleSystematic(pWs(:,t));
    pXs(:,t) = pXf(index,t);

    % states estimated by particle smoother
    pXsEst(t) = pWs(:,t)' * pXs(:,t);    % or = mean(pXs(:,t));

end
```

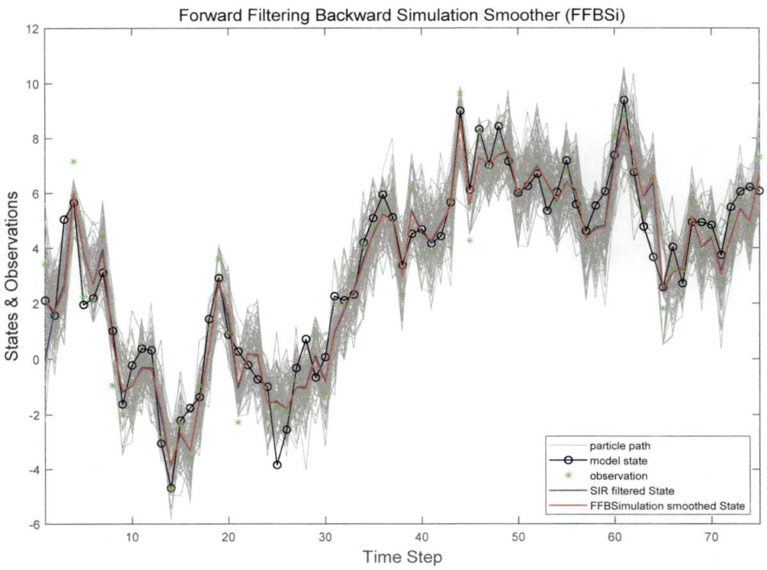

그림 11.6.2 순방향필터링—역방향시뮬레이션 (FFBSi) 알고리즘에 의한 평활화 결과

11.6.4 최대 사후확률 평활화(Maximum-A-Posteriori (MAP) Smoother)

최대 사후확률 평활화(Godsill et al., 2001)에 의해 얻어지는 상태 추정치는 상태와 관측치의 사후결합분포 $p(x_{0:T}, y_{1:T})$를 확률을 최대로 만드는 최적의 입자경로 $p(x_{0:T})$에 해당한다. 이는 매 시점 가장 큰 가중치를 갖는 입자들의 경로를 선택하는 작업이다.

$$x_{0:T} = \underset{x_{0:T}}{\operatorname{argmax}}\{p(x_{0:T}|y_{1:T})\} \equiv \underset{x_{0:T}}{\operatorname{argmax}}\{p(x_{0:T}, y_{1:T})\} \tag{11.6.15}$$

이 최대화 문제는 Viterbi 알고리즘(Godsill et al., 2001)을 이용해서 풀 수 있다. 이 알고리즘은, 매 시점 t에서 N개의 입자가 주어졌을 때, 시간 간격 T 전체에 대해서 로그-가능도를 최대로 만드는 최적의 경로를 계산한다. 결합 사후분포 $p(x_{0:T}, y_{1:T})$는 이미 11.1절의 식(11.1.7)에서 정의한 바 있지만 편의상 여기에 다시 쓰면,

$$p(x_{0:T}, y_{1:T}) = \Pr(x_0, \cdots, x_T, y_1, \cdots, y_T) = p(x_0)\prod_{t=1}^{T} p(y_t|x_t)p(x_t|x_{t-1}) \tag{11.1.7}$$

이것에 로그를 취하면 다음과 같다.

$$\ln p(x_{0:T}, y_{1:T}) = \ln p(x_0) + \sum_{t=1}^{T} \ln p(y_t|x_t) + \ln p(x_t|x_{t-1}) \tag{11.6.16}$$

따라서 시점 $t-1$에서 상태 j로부터 시점 t에서 상태 i로 이동하는 목적함수(cost function)는 다음과 같다.

$$\delta_t(i) = \ln p(y_t|x_t^i) + \ln p(x_t^i|x_{t-1}^j), \text{ for } i, j = 1, \cdots, N \tag{11.6.17}$$

매 시점에서의 값 $\delta_t(i)$은 그 상태에 이르도록 하는 가장 가능성 있는 경로를 반복적으로 취함으로써 계산된다. Viterbi 알고리즘(Godsill et al., 2001)은 다음과 같이 요약할 수 있다.

1) 초기화

$$\delta_1(i) = \ln p(x_0^i) + \ln p(y_1 | x_1^i), \quad \text{for } i = 1, \cdots, N$$

$$\psi_1(i) = 0, \qquad\qquad \text{for } i = 1, \cdots, N \tag{11.6.18}$$

여기서 성분 $\psi(N \times T$ matrix)는 되추적 단계(backtracking step)에서 은닉상태들의 가장 좋은 순서 조합(best sequence)을 찾기 위한 되추적점(back pointers)을 저장하기 위한 것이다.

2) 반복 단계: $j = 1, \cdots, N$ 및 $t = 2, \cdots, T$

$$\delta_t(j) = \ln p(y_t | x_t^j) + \max_{1 \le i \le N} \{\delta_{t-1}(i) + \ln p(x_t^j | x_{t-1}^i)\} \tag{11.6.19}$$

$$\psi_t(j) = \arg \max_{1 \le i \le N} \{\delta_{t-1}(i) + \ln p(x_t^j | x_{t-1}^i)\} \tag{11.6.20}$$

3) 종료 단계

$$i_t = \max_{1 \le i \le N} \{\delta_t(i)\} \tag{11.6.21}$$

$$x_t^{MAP} = x_t^{i_t} \tag{11.6.22}$$

4) 경로(=상태순서) 되추적: $t = T-1, T-2, \cdots, 1$

$$i_t = \psi_{t+1}(i_{t+1}), \tag{11.6.23}$$

$$\hat{x}_t^{MAP} = x_t^{i_t} \tag{11.6.24}$$

위 식에서 i_t들은 우리들이 찾고자 하는 경로 순서조합의 상태들이다. 되추적은 반복단계에서 되추적점을 저장하고 있는 ψ 배열로부터 가장 좋은 상태 순서조합을 찾을 수 있게 해준다.

이 평활화 알고리즘을 수행하기 위한 프로그램은 다음과 같다.

프로그램 11.6.3 최대사후확률 평활화(Maximum–A–Posterior Smoother)

```
%% MAximum A-Posterior (MAP) Smoothing
delta = zeros(N,T);
psi = zeros(N,T);                       % array for back-pointers
maxIdx = zeros(1,T);

% initialization
delta(:,1) = log(normpdf(mX(1),pXf(:,1),Qt)) +...       % p(x(0))+
                    log(normpdf(mY(1),pXf(:,1),Rt));      % p(y(1)|x(1))
psi(:,1) = 0;

% recursion
for t=2: T
    for j=1: N

        pXtgpXtm1 = normpdf(pXf(j,t),pXf(:,t-1),Qt);      % p(x(t)|x(t-1))
        pYtgpXt = normpdf(mY(t),pXf(j,t),Rt);             % p(y(t)|x(t))

        delta(j,t) = log(pYtgpXt) + max(delta(:,t-1)+log(pXtgpXtm1));
        [p,psi(j,t)] = max(delta(:,t-1)+log(pXtgpXtm1));
    end
end

% termination
[pp, maxIdx(T)] = max(delta(:,T));
% the value of the particle having the largest probability,
% at the last time step T
pXsMAP(T) = pXf(maxIdx(T),T);

% back tracking
for t = T-1: -1: 1
    maxIdx(t) = psi(maxIdx(t+1),t+1);
    pXsMAP(t) = pXf(maxIdx(t),t);
end
```

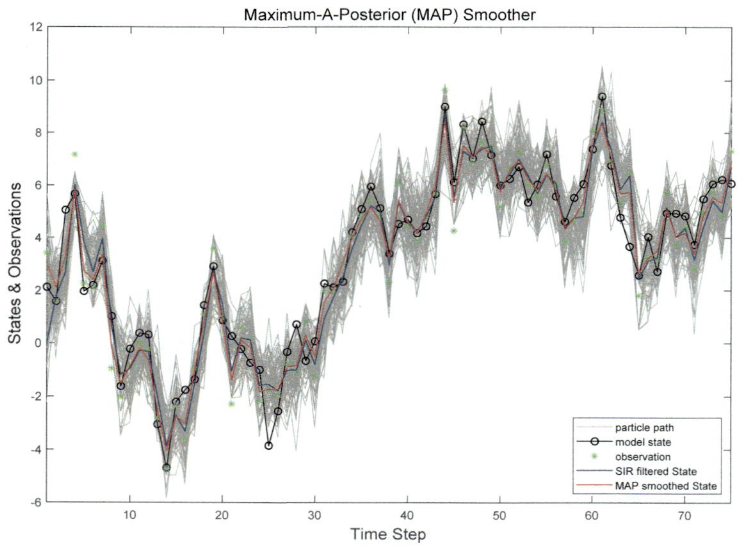

그림 11.6.3 최대 사후확률(MAP) 알고리즘에 의한 평활화 결과

다음 [그림 11.6.4]에 전술한 3가지 평활화 알고리즘의 성능을 비교하기 위해 시뮬레이션한 결과를 나타내었다. 3가지 모두 큰 차이는 없는 것으로 보인다.

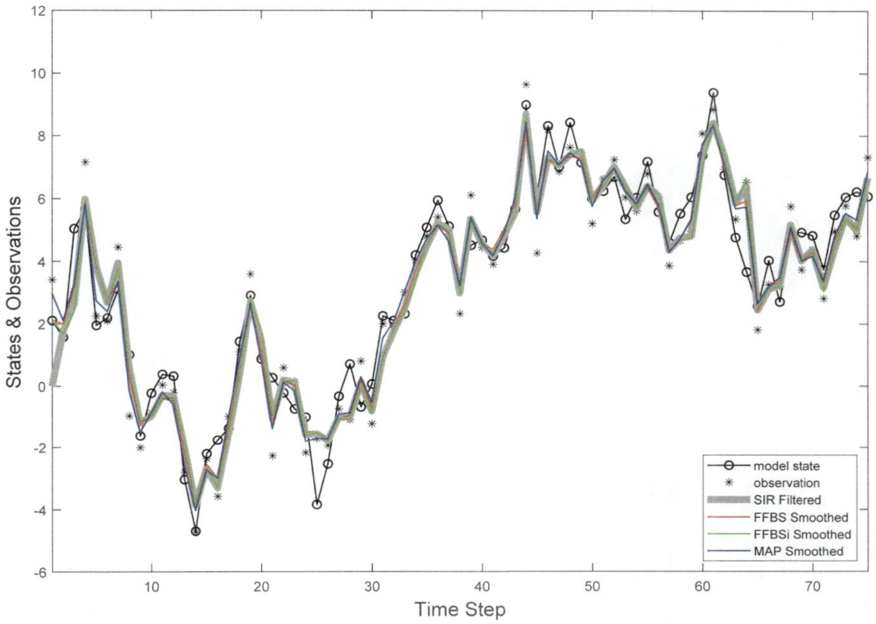

그림 11.6.4 전술한 3가지 평활화 알고리즘을 수행한 결과를 비교

11.7 순차적 몬테카를로 몇 가지 예제들

몇 가지 잘 알려진 문제를 풀면서 순차적 몬테카를로 방법이 어떻게 적용되는지 보자.

11.7.1 비선형 1차원 추적 문제(Nonlinear 1-Dimensional Tracking)

이 예제는 Arulampalam et al. (2002)의 논문에서 제시된 것으로, 많은 연구자들이 그들의 방법을 검증하는 척도로 사용할 만큼 널리 쓰이고 있다. 상태 모델과 관측치 모델 모두에 심한 비선형 항이 포함되어 있다.

상태 모델:

$$x_t = p(x_t|x_{t-1}) = g(x_{t-1}, u_{t-1})$$
$$= \frac{x_{t-1}}{2} + \frac{25\ x_{t-1}}{1+(x_{t-1})^2} + 8\cos(1.2\ t) + u_{t-1}$$

관측치 모델:

$$y_t = p(y_t|x_t) = h(x_t,\ v_t)$$
$$= \frac{x_t^2}{20} + v_t$$

여기서 u_{t-1}과 v_t는 분산이 각각 Q_{t-1}과 R_t이면서 평균이 0인 정규분포 잡음, 즉 백색 잡음이다. 따라서 $u_{t-1} = N(0, Q_{t-1})$과 $v_t = N(0, R_t)$로 쓸 수 있다. 이 예에서 이들 분산의 크기는 $\sigma_Q^2 = Q_{t-1} = 10$과 $\sigma_R^2 = R_t = 1$이 적용된다. 여기서는 매 시점에 표적의 위치를 입자 필터링을 통해서 추적할 것이다. 이를 위한 프로그램과 시뮬레이션 결과를 제시하였다. 언더플로우를 피하기 위한 가능도 계산과정[31]을 주목하기 바란다.

---

31 지금까지 제시했던 프로그램들에서는, 대부분 간단한 문제였기 때문에 가능도 계산에서 로그를 취하지 않았었다. 가능도는 데이터들이 관찰될 확률이고, 관찰된 데이터 각각이 가지는 확률들의 거듭제곱이다. 확률은 1 이하이고 대부분의 응용 분야에서 아주 작은 값이다. 작은 값들을 계속해서 곱하면 그 결과는 아주 작은 수가 되기 때문에, 컴퓨터가 이 수를 제대로 표현하지 못하게 된다(언더플로우). 따라서 데이터 개수가 많아지면 이런 예외 상황에 대비해야 한다. 아예 처음부터 이런 상황을 고려해서 가능도 계산 모듈을 만드는 것이 좋다. 여기에는 약간의 수학적 속임수가 필요하다.
데이터 각각의 로그-가능도를 계산해 놓은 벡터가 있다고 하자. 이 벡터에서 가장 큰 가능도를 찾고, 이것으로 벡터 원소 각각의 가능도들을 나눈다. 즉, 정규화한다. 나누기는 로그 계산에서 빼기에 해당한다. 그 결과는 처음 벡터의 원소들은 0~1 사이의 값을 갖게 된다. 이 값들에 지수를 취하면 언더플로우의 위험으로부터 안전해진다. 매트랩에서는,

```
logLikelihood = [......]
maxlogLik = max(logLikelihood)
logLik = logLikelihood - maxlogLik
likelhood = exp(logLikelihood).
```

프로그램 11.7.1 비선형 1차원 추적 문제

```
% Nonlinear 1-Dimensional Tracking Problem.

% This example was taken from the paper of  Arulampalam et al. (2002)
% M.S. Arulampalam, S. Maskell, N. Gordon, T. Clapp,
% "A tutorial on particle filters for online nonlinear/non-gaussian Bayesian
% tracking," IEEE Transactions on Signal Processing, 50(2), 2002, pp. 174-188.
clc; clear all;
rng(6543,'twister');     % randomize (seed for random numbers)

%% Simulation Setup
T = 75;                  % the number of iterations
N = 100;                 % tne number of particles

%% Definition of the given dynamic model
% state model
G = zeros(1,T);          % preallocation for state array
Q = 10;                  % variance of the state noise, N[0,sqrt(Qt]

% observation(=measurements) model
H = zeros(1,T);          % preallocation for state array
R = 1;                   % variance of the observation noise, N[0,sqrt(R)]

% intialize the first time step
mX(1) = 0.1;
my(1) = mX(1)^2/20;

% (true)system evolution by the given dynamic model
for t=2:T
    mX(:,t) = g(mX(:,t-1),Q,t);
    mY(:,t) = h(mX(:,t),R);
end

%% Bootstrap particle filtering (=Sequential Importance Resampling)
pXf = zeros(N,T);          % particles for state
pYf = zeros(N,T);          % particles for observation
pWf = zeros(N,T);          % weights of each particle
pXfEst = zeros(1,T);       % state estimatesby the particle filter

% initialize the particles for the first time step
pXf(:,1) = normrnd(mX(1),Q,N,1);
pWf(:,1) = ones(N,1)/N;                  % evenly assign the weight to each particle
pXfEst(1) = sum(pWf(:,1).*pXf(:,1));    % or pXf(:,1)'*pWf(:,1)

% recursion
for t=2:T
    for i=1:N
        % states and measurement by N particles
        pXf(i,t) = g(pXf(i,t-1),Q,t);
        pYf(i,t) = h(pXf(i,t),R);

        %%%%%%%%%%%%%%%%% Compute the weight of each particle
        % In this stage, you can simply use the followings:
        %          pWf(i,t) = normpdf(mY(t), pYf(i,t), sqrt(R));
```

```
        % or the following functiojn can also be used:
        %         logWeight  = logLikNormal(mY(t),pYf(i,t),sqrt(R));
        %         pWf(i,t) = exp(logWeight);
        % But, it is recommended to the use of normalized log scale.
        % to avoid underflow, the normalization is done by diving the maximum
        % value so that all values are between 0 and 1, as follows:.
        % For a numerical trick
        logWeight(i,t) = log(normpdf(mY(t), pYf(i,t), sqrt(R)));
        logWeight(i,t) = logWeight(i,t) - max(logWeight(:,t));
        % weight of each particle
        pWf(i,t) = exp(logWeight(i,t));

    end
    % normalize the weights
    pWf(:,t) = pWf(:,t) / sum(pWf(:,t));

    % state estimates by the mean of N particles
    pXfEst(t) = sum(pWf(:,t).*pXf(:,t));  % or pXf(:,t)'*pWf(:,t);

    % variance of the estimates above
    pXfErr(t) = sum(pWf(:,t).*pXf(:,t).^2) - pXfEst(t)^2;

    %resampling
    outIndex = resampleSystematic(pWf(:,t));
    pXf(:,t) = pXf(outIndex,t);

end
```

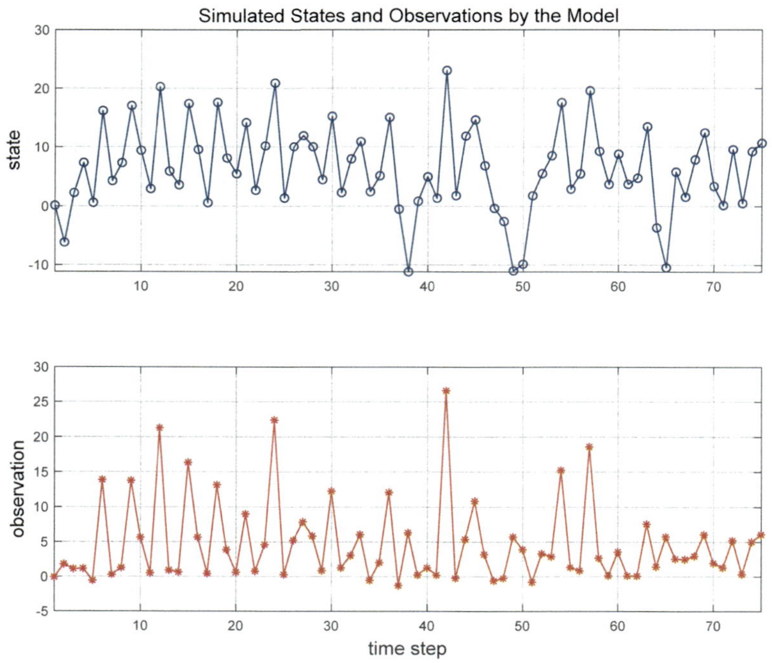

그림 11.7.1 비선형 1차원 추적 문제에서 모델에 의한 상태와 관측 심볼

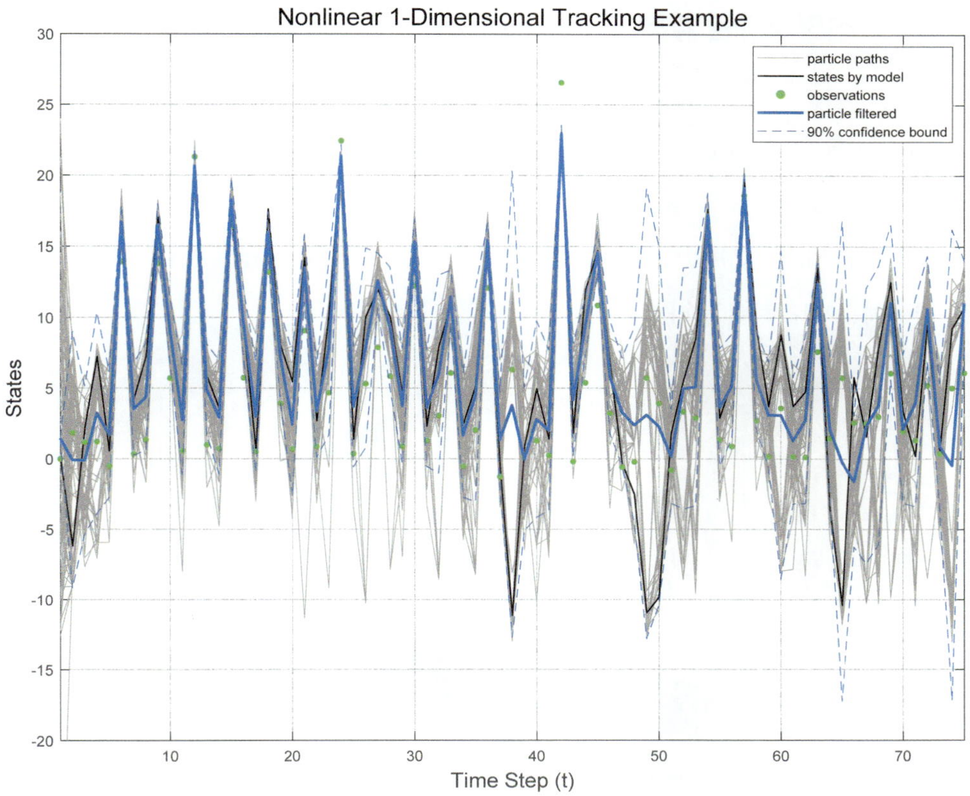

그림 11.7.2 입자 필터링에 의한 상태 추적 결과

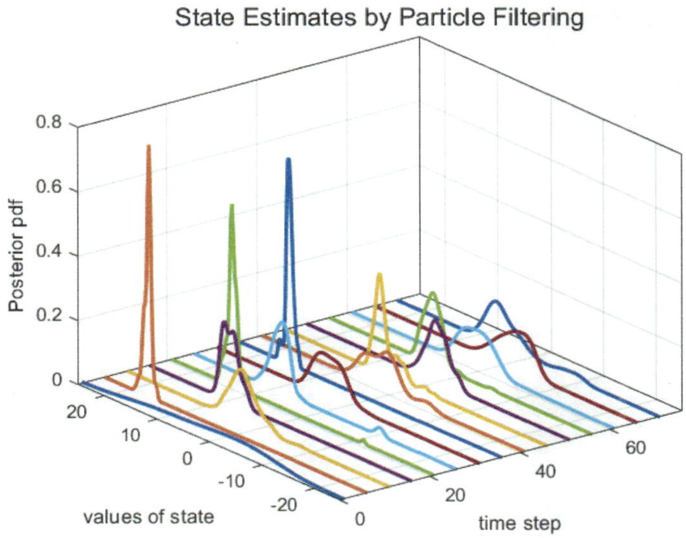

그림 11.7.3 시간에 따른 사후분포 변화

11.7.2 선형 2차원 추적 문제(Linear 2-Dimensional Tracking)

2차원 선형 상태-공간 모델(2-dimensional linear state space model)에 의한 추적 문제를 보자. 이 예제의 상태-공간 식들의 전개는 S. Särkkä의 책[32]과 R. Sadli의 블로그[33]를 참조하였다. 외력 $F(t)$를 받는 질량 m인 물체의 2차원(x_1, x_2) 운동을 생각해 보자. 지상의 자동차를 생각하면 좋다.

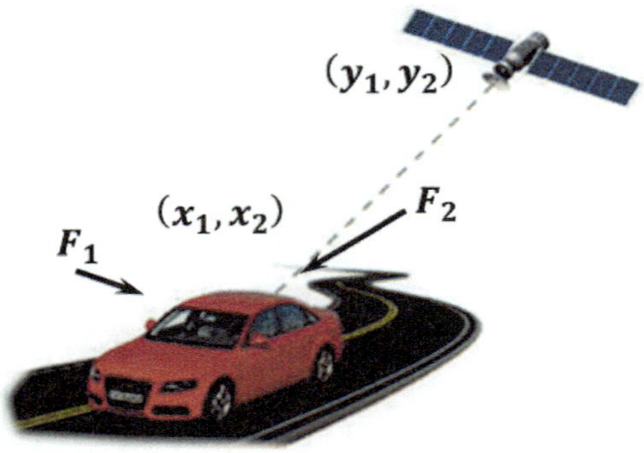

그림 11.7.4 외력을 받는 물체의 운동[34]

자동차의 과거 이동 정보와 앞으로 거동을 예측하려면 위치와 속도 정보가 필요하다. 즉, 이 모델에서 상태 벡터는 위치와 속도이다. 자동차의 속도는 공기저항, 도로 요철, 경사 등 여러 가지 요인에 의해 요동을 포함하게 되고, 위치(y_1, y_2) 측정 역시 오차가 포함될 수밖에 없다. 우리들의 목적은 측정된 신호로부터 자동차의 위치와 속도를 추정하는 것이다.

외력을 받는 물체의 위치와 속도는 뉴턴의 제2법칙에 의해서 다음과 같이 정의된다.

$$v = at$$

$$x = x_0 + v_0 t + \frac{1}{2} at$$

32 S. Särkkä, "Bayesian Filtering and Smoothing," Cambridge University Press, 2013.

33 R. Sadli, "Object Tracking: 2-D Object Tracking using Kalman Filter in Python," https://machine learning space.com/2d-object-tracking-using-kalman-filter/ 2022.9.25 검색.

34 https://www.hrmguide.co.uk/general/vehicle-tracking-systems.htm에서 발췌 후 수정.

여기서 $v=\frac{dx}{dt}=\dot{x}$ 이고 $a=\frac{dv}{dt}=\frac{d^2x}{dt^2}=\ddot{x}$ 이다. 이는 2차 선형 미분방정식으로 쓸 수 있다.

$$\ddot{x}(t)=\frac{F(t)}{m}$$

2차원의 경우, x는 (x_1, x_2)이다. 초기 조건 $x(0)$과 $\dot{x}(0)$이 주어지고, 자동차에 가해지는 외력 $F(t)$를 안다면 자동차의 운동을 모사할 수 있다. 우선 상태 모델부터 정의하자. 가속도를 2차원 백색잡음 과정 $\frac{d^2x_1}{dt^2}=u_1(t)$와 $\frac{d^2x_2}{dt^2}=u_2(t)$로 모델화하고, $x_3(t)=dx_1/dt$와 $x_4(t)=dx_2/dt$로 놓으면 2차 미분방정식을 1차 미분방정식으로 바꿔 쓸 수 있다.

$$\underbrace{\frac{d}{dt}\begin{bmatrix}x_1\\x_2\\x_3\\x_4\end{bmatrix}}_{\dot{x}}=\underbrace{\begin{bmatrix}0&0&1&0\\0&0&0&1\\0&0&0&0\\0&0&0&0\end{bmatrix}}_{A}\underbrace{\begin{bmatrix}x_1\\x_2\\x_3\\x_4\end{bmatrix}}_{x}+\underbrace{\begin{bmatrix}0&0\\0&0\\1&0\\0&1\end{bmatrix}}_{B}\underbrace{\begin{bmatrix}u_1\\u_2\end{bmatrix}}_{u}$$

여기서 (x_1, x_2)는 위치이고, (u_1, u_2)는 백색잡음이다. 이 동적모델은 $\dot{\boldsymbol{x}}=\boldsymbol{Ax}+\boldsymbol{Bu}$ 의 형태이다. 이 연속시간 과정을 시간 간격 Δt로 이산화시키면[35],

$$\begin{bmatrix}x_1(t)\\x_2(t)\\x_3(t)\\x_4(t)\end{bmatrix}=\underbrace{\begin{bmatrix}1&0&\Delta&t\,0\\0&1&0&\Delta t\\0&0&1&0\\0&0&0&1\end{bmatrix}}_{G}\begin{bmatrix}x_1(t-1)\\x_2(t-1)\\x_3(t-1)\\x_4(t-1)\end{bmatrix}+\boldsymbol{q}(t-1)$$

이 동적모델은 다음과 같이 간단하게 쓸 수 있다.

$$\boldsymbol{x}_t=\boldsymbol{G}\boldsymbol{x}_{t-1}+\boldsymbol{q}_{t-1}$$

35 W. E. Boyce and R. C. DiPrima. Elementary Differential Equations and Boundary Value Problems. John Wiley & Sons, 1977.

여기서 $\boldsymbol{G}$는 상태천이행렬이고, $\boldsymbol{q}$는 이산시간 정규분포 백색잡음이다. 위치나 속도를 추정하기 위해서는 관측치와 이 상태 모델을 조합해야 한다. 관측치는 위치 정보 $y(t) = x(t)$인데, 이산시간 백색잡음 (v_1, v_2)가 포함된다. 따라서 관측치 모델은 다음과 같다.

$$y_1(t) = x_1(t) + v_1(t)$$
$$y_2(t) = x_2(t) + v_2(t)$$

이를 벡터-행렬 형태로 쓰면,

$$\boldsymbol{y}_t = \underbrace{\begin{bmatrix} 1 & 0 & 0 & 0 \\ 0 & 1 & 0 & 0 \end{bmatrix}}_{\boldsymbol{H}} \boldsymbol{x}_t + \boldsymbol{r}_t = \boldsymbol{H}\boldsymbol{x}_t + \boldsymbol{r}_t$$

여기서 주목할 점은 행렬 $\boldsymbol{G}$와 $\boldsymbol{H}$는 값이 이미 정해진 계수라는 것이다. 우리는 입자 필터링 방법으로 잡음이 포함된 관측치 $\boldsymbol{y}_t$로부터 상태 벡터 $\boldsymbol{x}_t$를 추정하면 된다. 물론 칼만 필터링 방법도 가능하다. 여기서 상태 모델은 4차원으로, 위치 (x_1, x_2)와 그에 상응하는 속도 (x_3, x_4)인 $\boldsymbol{x} = (x_1, x_2, x_3, x_4)$이고, 관측치 모델은 $\boldsymbol{y} = (y_1, y_2)$로 2차원이다.

상태 잡음 공분산 행렬(process noise covariance matrix) $\boldsymbol{Q}$와 관측치 잡음 공분산 행렬 $\boldsymbol{R}$은 다음과 같이 정의된다. 식에서 q_1^c과 q_2^c는 분산과 관련된 스펙트럼 밀도(spectral density)이다.

$$\boldsymbol{Q} = \begin{bmatrix} \frac{q_1^c \Delta t^3}{3} & 0 & \frac{q_1^c \Delta t^2}{2} & 0 \\ 0 & \frac{q_2^c \Delta t^3}{3} & 0 & \frac{q_2^c \Delta t^2}{2} \\ \frac{q_1^c \Delta t^2}{2} & 0 & q_1^c \Delta t & 0 \\ 0 & \frac{q_2^c \Delta t^2}{2} & 0 & q_2^c \Delta t \end{bmatrix}$$

관측치의 경우는 각 차원의 관측치가 서로 독립적으로 얻어진다고 보기 때문에 두 차원 간의 상관관계는 0이므로 다음과 같이 쓸 수 있다.

$$\boldsymbol{R} = \begin{bmatrix} \sigma_1^2 & 0 \\ 0 & \sigma_2^2 \end{bmatrix}$$

지금까지 언급한 내용을 확률모델로 요약하면 다음과 같다.

$$p(\boldsymbol{x}_t | \boldsymbol{x}_{t-1}) = N(\boldsymbol{x}_t | \boldsymbol{G}_{t-1}\boldsymbol{x}_{t-1}, \boldsymbol{Q}_{t-1})$$
$$p(\boldsymbol{y}_t | \boldsymbol{x}_t) = N(\boldsymbol{y}_t | \boldsymbol{H}_t \boldsymbol{x}_t, \boldsymbol{R}_t)$$

다음의 초기 조건 $x_1 = 0.5$, $x_2 = 0$, $\dot{x}_3 = 1$, $\dot{x}_4 = -1$, $q_1^c = q_2^c = 3$, $\sigma_1 = \sigma_2 = 0.5$, $\Delta t = 0.1$로 상태를 입자 필터링 및 입자 평활화로 시뮬레이션한 결과를 [그림 11.7.2]에 나타내었다. [프로그램 11.7.2]를 참고하라.

프로그램 11.7.2 선형 2차원 추적 문제

```
% A State Space Model (Moving Body Tracking in 2D)
% This example is taken from by Simo Sarkka (2013) in the
% book of 'Bayesian Filtering and Smoothing', Cambridge University Press.

%% Set Simulation Parameters
clc; clear; close all;

clc; clear all;
rng(65431,'twister');            % randomize (seed for random numbers)

T = 100;                         % the number of iterations

%% Definition of Model
%%%%%%%%%%%%%%%%%%%%%%%%%%%%%% for states
dt = 0.1;                       % time increment
G = zeros(4,4);                 % matrix for state

% Gaussian noises in states: N[0,sqrt(Qt)]
qq = 3;                         % spectral densities q1=q2=3
% variance-covariance matrix of the states
Q = qq * [ dt^3/3      0      dt^2/2     0;
              0      dt^3/3      0     dt^2/2;
```

```
            dt^2/2      0       dt        0;
              0      dt^2/2     0        dt];

%%%%%%%%%%%%%%%%%%%%%% for measurements
H = zeros(2,4);                   % matrix for measurement

% Gaussian noises in states: N[0,sqrt(Qt)]
s = 0.5;                          % standard deviation of measurement
% variance-covariance matrix of the measurements
R = s^2 * eye(size(H,1));


%%%%%%%%%%%%%%%%%%%%%% system evolution
mX = zeros(size(G,1),T);        % state by the given model  [d x T]
mY = zeros(size(H,1),T);        % measurement by model  [d x T]

% intialize the first time step
mX(:,1) = [0.5;
             0;
             1;
            -1];
my(:,1) = h(mX(:,1),R);
time(1) = 1;

% system evolution by the given dynamic model
for t=2:T
    mX(:,t) = g(mX(:,t-1),Q,dt);
    mY(:,t) = h(mX(:,t-1),R);
    time(t) = time(t-1) + dt;
end

%% Particle Filtering
N = 100;                              % number of particles

% memory allocation
pXf = zeros(size(G,1),N,T);           % particle state   [d x N x T]
pYf = zeros(size(H,1),N,T);           % particle measurement

% initialize the particles for the first time step
pXf(:,:,1) = mvnrnd(mX(:,1), Q, N)';
pXfEst(:,1) = mean(pXf(:,:,1),2);    % [ d x T ]

% start particle filtering
for t = 2: T
    for i=1:N
        % states and measurement by N particles
        pXf(:,i,t) = g(pXf(:,i,t-1),Q,dt);
        pYf(:,i,t) = h(pXf(:,i,t),R);

        % weights of each particle
        logWeight(i,t) = log(mvnpdf(pYf(:,i,t),mY(:,t),sqrt(R)))';
        logWeight(i,t) = logWeight(i,t) - max(logWeight(:,t));

        pWf(i,t) = exp(logWeight(i,t));
    end

    % normalize the weight of each particle
    pWf(:,t) = pWf(:,t) ./ sum(pWf(:,t));
```

```
    % resampling (choose one of 4 resampling schemes)
    outIndex = resampleStratified(pWf(:,t));
    pXf(:,:,t) = pXf(:,outIndex,t);
    % estimate the state by the mean of N particles (d x T)
    pXfEst(:,t) = sum(pWf(:,t).*squeeze(pXf(:,:,t))');
%or squeeze(pXf(:,:,t))*pWf(:,t);
end
%% Particle Smoothing

pWs = zeros(N,T);                % N x T
pXsEst = zeros(size(G,1),T);     % d x T

% weights and state estatimates at the last time step T
pWs(:,T) = pWf(:,T);
pXsEst(:,T) = pXfEst(:,T);

for t=T-1: -1: 1

    % calculate the normalize term, i.e.,
    % p(x(i,t+1)|y(1:t)) = sum(w(i,t)*p(x(j,t+1)|x(i,t))
    for j = 1: N
        pWj(j,t) = sum(pWf(:,t) .* mvnpdf(pXf(:,j,t+1)', g(pXf(:,:,t),0,dt)', Q));
    end

    % calculate the smootheed weights, i.e.,
    % w(i,t|T) = w(i,t) * [sum(w(j,t+1|T) * pred/pWj(j,t)])
    for i =1: N
        pred = mvnpdf(pXf(:,:,t+1)', g(pXf(:,i,t),0,dt)', Q); %p(x(j,t+1)|x(i,t))
        pWs(i,t) = pWf(i,t) * sum(pWs(:,t+1) .* pred ./ pWj(:,t));
    end

    % estimated the smoothed states
    pXsEst(:,t) = sum(pWs(:,t).*squeeze(pXf(:,:,t))');  % or
squeeze(pXf(:,:,t))*pWs(:,t);

end


figure(1)
h1=plot(mX(1,:),mX(2,:),'-k','linewidth',1); hold on;      % model state
h2=scatter(mY(1,:),mY(2,:),15,'filled','g');
h3=plot(pXfEst(1,:),pXfEst(2,:),'linewidth',3,...
    'Color',[0.5 0.5 1.0]); hold on;             % estimated by forward filter
h4=plot(pXsEst(1,:),pXsEst(2,:),'linewidth',3,...
    'Color',[1.0 0.5 0.5]); hold on;    % estimated by backward smoother
legend([h1 h2 h3 h4],'states by model','observations by model',...
    'particle filtered','particle smoothed');
xlabel('x_{1}','Fontsize',14); ylabel('x_{2}','Fontsize',14);
title('Tracking a Moving Body in 2D', 'Fontsize',14);
axis square;
hold off

%%%%%%%%%%%%%%%%%%%%%%%%%%%%%%%%%%%%%%%%%%%%%%%%%%%%%%%%%%%%%%%%%%%%%
function x = g(x,Q,dt)
    %%%%% state model
    % constant for state transition matrix
    G = [ 1  0 dt  0;
```

```
            0  1  0 dt;
            0  0  1  0;
            0  0  0  1];

    if Q == 0                        % no noises
        x = G * x;
    else
        % generated the correlated Gaussian noises of state,
        % by the Cholesky decomposition: L' = chol(Q,'lower')
        q = chol(Q,'lower') * randn(size(x,1),1);
        % state with noises
        x = G * x + q;
    end
end

function y = h(x,R)
    %%%%% measurement model
    % measurement matrix
    H = [ 1  0  0  0;
          0  1  0  0];
    % noises
    s = 0.5;          % standard deviation
    if R == 0         % no noises
        y = H * x;
    else              % with noises
        r = s * randn(size(H,1),1);
        y = H * x + r;
    end
end
```

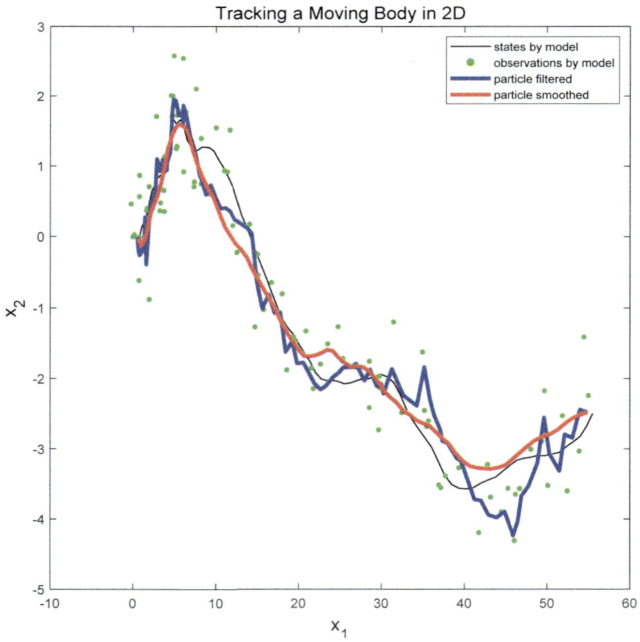

그림 11.7.5 입자 필터링과 평활화에 의한 선형 2차원 추적 시뮬레이션 결과

11.8 순차적 몬테카를로에서의 모수 추정

상태-공간 모델에서 사후분포의 정확한 표현은 $p(x_{1:T}, \theta | y_{1:T})$이다. 즉, 모수 θ가 포함되어야 완벽한 정의가 된다. 확률분포의 특성은 그 모수에 의해 결정되기 때문에 이를 아는 것은 중요하다. 하지만 지금까지는 모수 θ를 안다고 가정하고 상태 $p(x_{1:T} | y_{1:T})$를 추정하는 것만 논의해 왔다. 모수를 포함하는 경우, 11.1절의 상태-공간 모델은 다음과 같이 정의된다.

$$\theta \sim p(\theta) \qquad : \text{모수의 사전분포} \tag{11.8.1}$$

$$x_0 \sim p(x_0 | \theta) \qquad : \text{초기 상태 확률분포} \tag{11.1.1}$$

$$x_t | x_{t-1} \sim p(x_t | x_{t-1}, \theta) \qquad : \text{상태천이 확률분포} \tag{11.1.2}$$

$$y_t | x_t \sim p(y_t | x_t, \theta) \qquad : \text{관측치 또는 데이터 확률분포} \tag{11.1.3}$$

실제로, 상태천이 확률분포 $p(x_t | x_{t-1}, \theta)$나 관측치 확률분포 $p(y_t | x_t, \theta)$의 모수 θ를 모르는 경우가 대부분이기 때문에 이를 추정하는 일이 필요하다. 그 접근법은 두 가지로 나눌 수 있는데, 하나는 빈도주의 방법(frequentists' approach)이고, 다른 하나는 베이지안 방법이다.

베이지안 방법에서는 미지의 모수를 사전분포 $p(\theta)$를 가진 또 하나의 확률변수로 취급한다. 모수를 추정하려면 상태와 모수의 완전 결합 사후분포 $p(x_{0:T}, \theta | y_{1:T})$를 먼저 구해야 한다. 이 사후분포는 베이즈 법칙을 통해서 다음과 같이 쓸 수 있다.

$$p(x_{0:T}, \theta | y_{1:T}) = \frac{p(y_{1:T} | x_{0:T}, \theta) p(x_{0:T} | \theta) p(\theta)}{p(y_{1:T})} \tag{11.8.2}$$

여기서 $p(y_{1:T} | x_{0:T}, \theta)$와 $p(x_{0:T} | \theta)$는 각각 다음과 같이 정의된다.

$$p(y_{1:T}|x_{0:T},\theta)=\prod_{t=1}^{T}p(y_t|x_t,\theta) \tag{11.8.3}$$

$$p(x_{0:T}|\theta)=p(x_0|\theta)\prod_{t=1}^{T}p(x_t|x_{t-1},\theta) \tag{11.8.4}$$

적분을 통해 식(11.8.2)에서 상태들을 배제하면, 모수에 대한 주변사후분포를 얻을 수 있다.

$$p(\theta|y_{1:T})=\int p(x_{0:T},\theta|y_{1:T})dx_{0:T} \tag{11.8.5}$$

일반적인 방법으로 이 계산을 수행하기는 만만치 않다. 차원이 높거나 관측치가 많아지면 더욱 그렇다. 하지만 이미 필터링이나 평활화를 통해 얻어진 결과들이 있다면, 위 식의 분포들의 근사치를 구할 수 있는 반복 알고리즘으로 해결할 수 있다. 즉, 사전분포 $p(\theta)$를 선택한 후에 주변 가능도 $p(y_{1:T}|\theta)$를 평가할 수 있다면, 모수에 대한 사후분포를 얻을 수 있다.

$$\underbrace{p(\theta|y_{1:T})}_{posterior}=\frac{\overbrace{p(y_{1:T}|\theta)}^{\substack{marginal\\likelihood}}\ \overbrace{p(\theta)}^{prior}}{\int p(y_{1:T}|\theta)p(\theta)d\theta}$$

$$\propto p(y_{1:T}|\theta)p(\theta) \tag{11.8.6}$$

이에 대한 추정방법은 이 책의 범위를 벗어난다. 관심 있는 독자들은 다음의 참고문헌[36, 37, 38, 39]들을 참고하기 바란다.

36 S. Särkkä , '*Bayesian Filtering and Smoothing*," Cambridge University Press, 2013.

37 O. Cappe, S.J. Godsill, E. Moulines, '*An Overview of Existing Methods and Recent Advances in Sequential Monte Carlo*," Proceedings of the IEEE, 95(5), 2007, pp. 899-924.

38 N. Kantas, A. Doucet, S.S. Singh, J. Maciejowski, N. Chopin, "*On Particle Methods for Parameter Estimation in State-Space Models*," Statist. Sci., 30, (2015) pp. 328-351.

39 P. Tandeo, P. Ailliot, Bocquet, A. Carrassi, T. Miyoshi, M. Pulido, Y. Zhen, "*A review of Innovation-Based Methods to jointly Estimate Model and Observation Error Covariance Matrices in Ensemble Data Assimilation*," Monthly Weather Review, 148, (2020) pp. 3973-3994.

12

CHAPTER

은닉 마르코프 모델

Hidden Markov Model

이번 장은 표본추출에 관한 내용이 아니지만 마르코프 체인을 이용해서 계의 상태를 추정하는 확률모델이기 때문에 간단히 다루기로 한다. 앞 장과 다소 중복되더라도 일부 수식 표기법을 다르게 해서 쓰기로 한다. 은닉 마르코프 모델(Hidden Markov Model)의 영문 머리글자를 따서 HMM으로 줄여 쓰겠다.

12.1 모델 정의

HMM은 1960~1970년대 Baum과 그의 동료들에 의해 처음 제안되었다. 이 모델에 대한 개략적 설명은 앞 장의 11.1절을 참고하기 바란다. 더 자세한 서술은 문헌[1, 2, 3, 4, 5]에서 찾을 수 있다. HMM은 다음 그림과 같이 두 개의 층으로 표현할 수 있다.

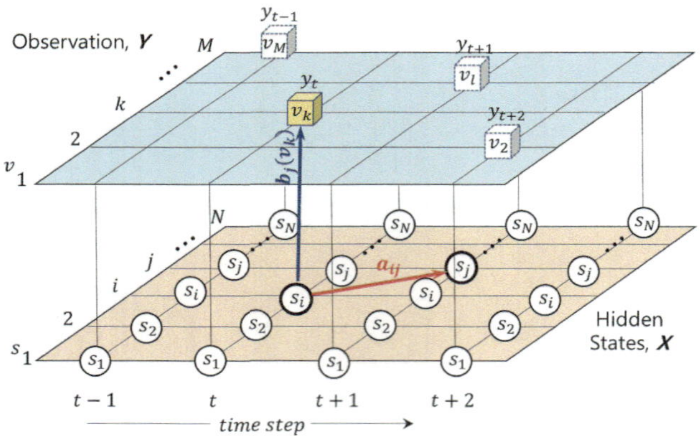

그림 12.1.1 은닉 마르코프 모델(HMM)

1 L.R. Rabiner, "*A tutorial on hidden Markov models and selected applications in speech recognition*," Proceedings on the IEEE, 77(2), 1999, pp. 257-286.

2 L.R. Rabiner, "*An introduction to hidden Markov models*," IEEE ASSP Magazine, 3(1), 1986, pp. 4-16.

3 J. Bilems, "*What HMMs can do*," IEICE Transactions Information & Systems, E89-D(3), 2006, pp. 1-24.

4 Y. Bengio, "*Markovian Models for Sequential Data*," Neural Computing Surveys, 2, 1999, pp. 129-162.

5 B. Ghojogh, F. Karray, M. Crowley, "Hidden Markov Model: Tutorial," Engineering Archive, 2019, https://engrxiv.org/preprint/view/765/.

그림의 아래층에서는 시간에 따라서 상태가 변화한다. 이 층에서 일어나는 일은 우리가 직접 관찰할 수 없다. 그래서 상태가 '숨겨져 있다'라는 의미로 은닉상태(hidden state)라 한다. 상태는 여러 가지 관측 심볼(observation symbol)을 방출할 수 있는데, 해당 상태의 여건에 따라 하나의 심볼만을 방출한다. 이 방출된 심볼이 우리가 관측할 수 있는 데이터이다. 관측 가능하기 때문에 위층에 표현하였다. 다시 강조하건대, 우리가 볼 수 있는 것은 오직 위층의 관측치뿐이다. 관측된 심볼들을 순차적으로 배열하면 관측 시퀀스 $y_1, y_2, \cdots, y_t$가 된다. 이 관측 심볼 또는 관측 시퀀스를 통해서 직접 관찰할 수 없는 상태들을 추정하는 것이 이 확률모델의 주된 목적이다. 더 구체적인 예를 들어 HMM의 구성 요소들을 설명하기로 하자.

다음 예는 기압과 날씨의 관계를 다룬 날씨 모델이다[6]. 우리가 지난 며칠 동안의 기압에 대해 알기를 원한다고 하자. 하지만 그 당시에 기압계가 고장이 나는 바람에 기압 데이터는 없고 해당 날짜의 날씨에 대한 정보만 있다. 따라서 관측된 날씨 정보를 통해서 기압을 추정하기로 한다. 다행히도 다음 정보를 알고 있다고 하자. 기압은 '고기압'과 '저기압'의 두 가지 상태만 있다. 오늘 고기압이면 내일도 고기압일 확률은 0.7이고, 오늘 저기압이면 내일도 저기압일 확률은 0.6이다. 이 확률은 과거부터 변함없이 유지된다고 한다. 이 상황은 다음과 같이 요약할 수 있다.

$$\begin{array}{c} \\ H \\ L \end{array}\begin{array}{c} \begin{array}{cc} H & L \end{array} \\ \begin{bmatrix} 0.7 & 0.3 \\ 0.4 & 0.6 \end{bmatrix} \end{array}$$

여기서 H는 고기압이고 L은 저기압이다. 각 행의 합은 1이어야 한다. 날씨는 '맑음(S)', '흐림(C)', '비(R)'의 세 종류만 있다. 기압과 날씨의 상관관계는 다음과 같이 알려져 있다.

$$\begin{array}{c} \\ H \\ L \end{array}\begin{array}{c} \begin{array}{ccc} S & C & R \end{array} \\ \begin{bmatrix} 0.7 & 0.2 & 0.1 \\ 0.1 & 0.4 & 0.5 \end{bmatrix} \end{array}$$

6 이 예는 Stamp의 강의 노트로부터 영감을 받았다. M. Stamp, "A Revealing Introduction to Hidden Markov Models," Department of Computer Science, San Jose University, 2018, https://www.cs.sjsu.edu/~stamp/ RUA/HMM.pdf.

고기압(H)이면 맑을(S) 확률 0.7, 흐릴(C) 확률 0.2, 비올(R) 확률은 0.1이다. 여기서도 각 행의 합은 1이어야 한다. 저기압(L)이면, 각각 0.1, 0.4, 0.5이다.

이 날씨 모델에서 상태는 매일의 기압이고 두 가지만 존재한다. 해당 날짜에 기압을 측정하지 못했으므로 은닉상태에 해당한다. 하지만 해당 날짜의 날씨, 즉 관측치는 알고 있다. 초기 상태가 고기압에서 시작할 확률을 0.6, 저기압에서 시작할 확률을 0.4라고 하면, 이 날씨 모델은 다음 그림으로 표현할 수 있다.

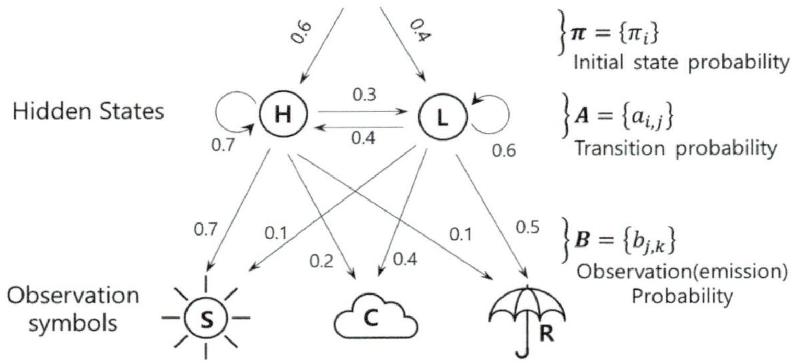

그림 12.1.2 HMM 날씨 모델

앞으로의 논의에서 은닉상태는 $\boldsymbol{X} = \{s_i\}$로, 관측치 심볼은 $\boldsymbol{Y} = \{v_k\}$로 표현하기로 하자. HMM의 모수 $\boldsymbol{\theta} = \{\pi, \boldsymbol{A}, \boldsymbol{B}\}$는 다음 세 가지 확률로 구성된다.

1) 초기 상태 확률: π

크기 $1 \times N$인 벡터로 표현되는데, N은 계에 존재 가능한 상태의 수이다. π_i는 천이 시작단계에서 상태 s_i에 있을 확률이다. 즉, $\pi_i = \Pr(x_{t=0} = s_i)$이다. 날씨 모델의 예에서는 다음과 같다.

$$\boldsymbol{\pi} = [\pi_H \quad \pi_L] = [0.6 \quad 0.4]$$

2) 상태 천이 행렬: $\boldsymbol{A} = \{a_{ij}\}$

크기 $N \times N$인 벡터로 표현되는데, N은 계에서 존재 가능한 상태의 수이다. 행렬의 요소

a_{ij}는 현재 시점의 상태 s_i가 다음 시점에 상태 s_j로 천이할 확률이다. 즉, $a_{ij} = \Pr(x_{t+1} = s_j | x_t = s_i)$이다. $t = 0, 1, \cdots, T$는 시점 또는 단계를 나타내는 것으로 T는 시퀀스의 길이에 해당한다. 이 천이확률은 시간이 지나도 변함이 없는 것으로 가정한다. [그림 12.1.2]의 날씨 모델 예에서는, 천이행렬은 다음과 같다.

$$\boldsymbol{A} = \begin{bmatrix} a_{H,H} & a_{H,L} \\ a_{L,H} & a_{L,L} \end{bmatrix} = \begin{bmatrix} 0.7 & 0.3 \\ 0.4 & 0.6 \end{bmatrix}$$

5일간의 기압 변화를 예로, 천이확률을 표현하면 다음 그림과 같다($T = 5$).

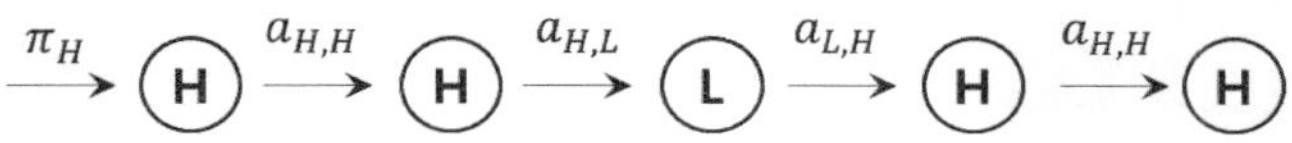

이 예처럼 상태의 천이가 시간의 흐름에 따라 좌측에서 우측으로 진행되는 형태의 모델을 left-to-right 모델 또는 Bakis 모델이라 한다.

3) 관측 심볼 방출 확률: $B = \{b_{j,k}\}$

크기 $N \times M$인 벡터로 표현되는데, M은 관측 심볼의 가짓수이다. 행렬의 요소 b_{jk}는 현재의 상태가 s_j일 때 관측 심볼 v_k일 확률이다. 즉, $b_{j,k} = b_j(v_k) = \Pr(y_t = v_k | x_t = s_j)$이다. 날씨 모델의 예에서는 다음과 같다.

$$\boldsymbol{B} = \begin{bmatrix} b_{H,S} & b_{H,C} & b_{H,R} \\ b_{L,S} & b_{L,C} & b_{L,R} \end{bmatrix} = \begin{bmatrix} 0.7 & 0.2 & 0.1 \\ 0.1 & 0.4 & 0.5 \end{bmatrix}$$

이상의 세 가지 확률들은 확률통계학에서의 확률법칙을 따라야 한다. 즉, 각 행의 합은 1이어야 한다.

$$\sum_{i=1}^{N} \pi_i = 1, \quad \forall\, i, \quad \pi_i \ge 0$$

$$\sum_{j=1}^{N} a_{ij} = 1, \quad \forall j, \quad a_{ij} \geq 0$$

$$\sum_{k=1}^{M} b_{ik} = 1, \quad \forall k, \quad b_{ik} \geq 0$$

HMM의 특성은 모수들 $\boldsymbol{\theta} = \{\pi, \boldsymbol{A}, \boldsymbol{B}\}$에 의해 결정된다. 보통 HMM으로 우리가 할 수 있는 작업들은 다음 세 가지이다.

1) 가능도 추정(likelihood estimation)

HMM의 모수 $\boldsymbol{\theta} = \{\pi, \boldsymbol{A}, \boldsymbol{B}\}$와 관측 시퀀스 $\boldsymbol{Y} = \{y_1, y_2, \cdots, y_T\}$가 주어졌을 때, 그 관측치가 발견될 확률을 계산하는 작업이다. 이를테면 날씨가 '맑음 → 흐림 → 맑음 → 비($S-C-S-R$)'의 순서로 관측될 확률을 구하는 것이다. 이 확률은 가능도 $\Pr(\boldsymbol{Y}|\boldsymbol{\theta})$인데, 앞으로 다룰 순방향(forward) 또는 역방향(backward) 알고리즘에 의해 계산 가능하다.

2) 상태 시퀀스 추정 또는 디코딩(decoding)

모수 $\boldsymbol{\theta} = \{\pi, \boldsymbol{A}, \boldsymbol{B}\}$가 주어졌을 때, 관측 시퀀스 $\boldsymbol{Y} = \{y_1, y_2, \cdots, y_T\}$가 방출될 가능성이 가장 큰 상태 시퀀스를 찾는 작업이다. 이를테면, '고기압 → 고기압 → 고기압 → 저기압($H-H-H-L$)'과 같은 은닉상태 시퀀스를 알아내는 것이다. 이는 비터비(Viterbi) 알고리즘이나 사후 디코딩(posterior decoding) 방법으로 해결할 수 있다.

3) 학습(learning 또는 training)

하나의 관측 시퀀스 $\boldsymbol{Y} = \{y_1, y_2, \cdots, y_T\}$ 또는 여러 세트의 관측 시퀀스들이 주어졌을 때, 이 데이터에 가장 잘 맞는 HMM의 모수 $\boldsymbol{\theta} = \{\pi, \boldsymbol{A}, \boldsymbol{B}\}$를 찾는 작업이다. 이는 Baum-Welch 알고리즘으로 알려진 기댓값-최대화(Expectation-Maximization) 알고리즘에 의해 해결 가능하다. 이 알고리즘은 순방향-역방향(forward-backward) 알고리즘이라고도 한다.

[그림 12.1.2]의 날씨 모델에서 4일간의 날씨 시퀀스 $S-C-S-R$(심볼 대신에 간단히 1-2-1-3과 같은 방식으로 써도 좋다)이 주어졌다고 가정하고, 앞서 논의했던 세 가지 추

정 작업에 대해 구체적으로 설명하겠다. 이 날씨 모델을 요약하면 다음과 같다.

- $N=2$
- $X=(?-?-?-?)$
- $s=\{H,L\}$
- $T=4$
- $M=3$
- $v=\{S,C,R\}$
- $Y=(S-C-S-R)=(1-2-1-3)$
- $A=\{a_{ij}\}, \mathbb{R}^{N\times N}=\mathbb{R}^{2\times 2}$
- $B=\{b_{ik}\}, \mathbb{R}^{N\times M}=\mathbb{R}^{2\times 3}$
- π_i

12.2 가능도 추정

12.2.1 관측치와 상태 시퀀스의 결합확률

HMM에서 길이 T인 상태 시퀀스 $\boldsymbol{X}=\{x_0, x_1, \cdots, x_T\}$와 관측 시퀀스 $\boldsymbol{Y}=\{y_1, y_2, \cdots, y_T\}$의 결합확률은, 앞 장의 식(11.1.5)과 식(11.1.6)으로 부터 다음과 같이 쓸 수 있다.

$$\begin{aligned}\Pr(\boldsymbol{X},\boldsymbol{Y}|\boldsymbol{\theta}) &= \Pr(\boldsymbol{Y}|\boldsymbol{X},\boldsymbol{\theta})\Pr(\boldsymbol{X}|\boldsymbol{\theta}) \\ &= \prod_{t=1}^{T}\Pr(y_t|x_t,\boldsymbol{\theta})\times p(x_0)\prod_{t=1}^{T}\Pr(x_t|x_{t-1},\boldsymbol{\theta}) \\ &= p(x_0)\prod_{t=1}^{T}\Pr(y_t|x_t,\boldsymbol{\theta})\Pr(x_t|x_{t-1},\boldsymbol{\theta}) \end{aligned} \tag{12.2.1}$$

이 절에서 우리가 알고자 하는 것은 가능도 $\Pr(\boldsymbol{Y}|\boldsymbol{X},\theta)$이다. 가능도 추정에 필요한 순방향 알고리즘을 논의하기 전에 왜 이 알고리즘이 필요한지를 알아보자.

4일간의 날씨 시퀀스가 $\boldsymbol{Y}=\{y_1, y_2, y_3, y_4\}=(S-C-S-R)$이다. 하나의 상태는 맑음, 흐림, 비 중에서 어느 하나의 관측 심볼만 방출한다. 이 모델에서 초기 상태에 대한 관측 심볼은 고려하지 않으므로, 존재 가능한 은닉상태의 개수는 $N^T=2^4=16$이다. 이를테면, $\boldsymbol{X}=\{x_1, x_2, x_3, x_4\}$는 (H,H,H,H), (H,H,H,L), (H,H,L,L), (H,L,L,L), $\cdots$ 등이다.[7] 만약 우리가 상태 시퀀스가 $(H-L-H-L)$이고 여기에 대응하는 날씨 시퀀스가 $(S-C-S-R)$인 것을 모두 알고 있다면, 이 상황은 다음 그림과 같이 표현할 수 있다.

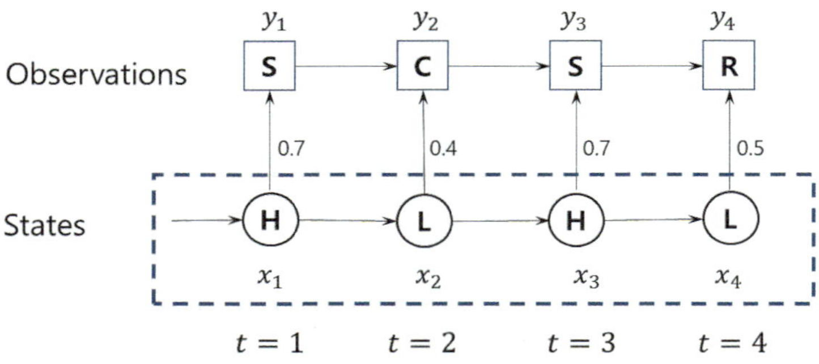

그림 12.2.1 상태가 $X=(H-L-H-L)$이고 관측 시퀀스 $Y=(S-C-S-R)$인 상황

이 날씨 시퀀스가 관측될 확률은 다음과 같이 계산할 수 있다.

$$\begin{aligned}\Pr(\boldsymbol{Y}|\boldsymbol{X},\theta) &= \Pr(y_1,y_2,\cdots,y_T|x_1,x_2,\cdots,x_T,\theta)\\ &= \Pr(S|H)\Pr(C|L)\Pr(S|H)\Pr(R|L)\\ &= b_H(S)b_L(C)b_H(S)b_L(R)\\ &= (0.7)(0.4)(0.7)(0.5)\\ &= 0.098\end{aligned}$$

7 모든 가능한 은닉상태 시퀀스들은 매트랩에서 다음 명령문에 의해 구할 수 있다.

```
x = unique(nchoosek(repmat(1:N,1,T),T), 'rows')
```

여기서 N은 상태의 수이고, T는 관측치의 길이이다.

여기서 주목해야 할 점은, 이 계산은 각 상태가 해당 날씨 관측치를 방출할 확률과 상태 시퀀스를 알고 있을 때만 가능하다는 것이다. 불행히도 우리는 상태를 직접 관측할 수 없기 때문에 위와 같이 상태 시퀀스 입력에 의한 확률 계산은 불가능하다. 우리는 단지 다음 그림처럼 날씨 시퀀스 $Y=(S-C-S-R)$만을 알고 있을 뿐이다.

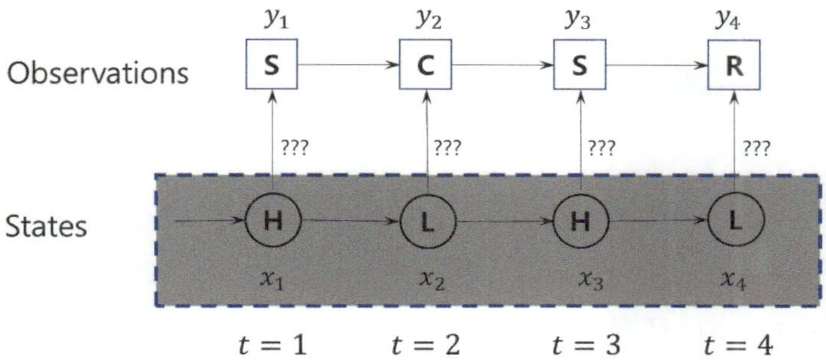

그림 12.2.2 상태 시퀀스를 모르는 상황에서의 관측 시퀀스

그러면 우리는 특정한 날씨 시퀀스 $Y=(S-C-S-R)$이 관측될 확률을 어떻게 구해야 할까? 그것은 먼저 존재 가능한 모든 상태 시퀀스들의 확률을 알아내 이들의 총합을 구하는 것이다. 이는 2.1.5절에서 다룬 주변확률을 구하는 작업이다(marginalization). 즉, 가능도 $\Pr(\boldsymbol{Y}|\boldsymbol{\theta})$를 구하기 위해서 결합확률 $\Pr(\boldsymbol{X},\boldsymbol{Y}|\boldsymbol{\theta})$로부터 존재 가능한 상태 시퀀스들을 모두 더함으로써 $\boldsymbol{X}$를 배제시킬 수 있다.

$$\begin{aligned}\Pr(\boldsymbol{Y}|\boldsymbol{\theta}) &= \sum_{X\ sequences}\Pr(\boldsymbol{X},\boldsymbol{Y}|\boldsymbol{\theta}) \\ &= \sum_{X\ sequences}\Pr(\boldsymbol{Y}|\boldsymbol{X},\boldsymbol{\theta})\Pr(\boldsymbol{X}|\boldsymbol{\theta}) \\ &= \sum_{X}p(x_0)\prod_{t=1}^{T}\Pr(y_t|x_t,\boldsymbol{\theta})\Pr(x_t|x_{t-1},\boldsymbol{\theta}) \qquad (12.2.2)\end{aligned}$$

예들 들어, 존재 가능한 16개의 상태 시퀀스 중에서 상태가 $(H-L-H-L)$이라면,

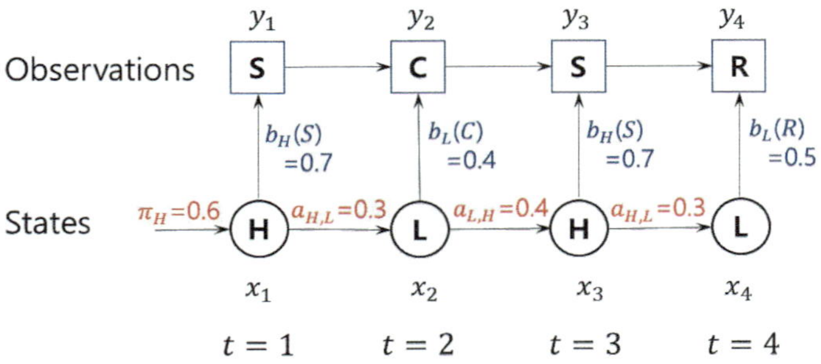

그림 12.2.3 결합확률, $\Pr(S-C-S-R, H-L-H-L)$

식(12.2.1)에 의한 결합확률은

$$\begin{aligned}
&\Pr(S-C-S-R, H-L-H-L)\\
&=\underbrace{\Pr(H|initial)\Pr(S|H)}_{at\ t=1}\underbrace{\Pr(L|H)\Pr(C|L)}_{at\ t=2}\underbrace{\Pr(H|L)\Pr(S|H)}_{at\ t=3}\underbrace{\Pr(L|H)\Pr(R|L)}_{at\ t=4}\\
&=\pi_H b_H(S)\times a_{H,L}b_L(C)\times a_{L,H}b_H(S)\times a_{H,L}b_L(R)\\
&=(0.6)(0.7)\times(0.3)(0.4)\times(0.4)(0.7)\times(0.3)(0.5)\\
&\approx 0.002117
\end{aligned}$$

이 계산은 16개의 상태 시퀀스 중에서 상태가 $(H-L-H-L)$인 경우만 고려한 것이다. 나머지 상태 시퀀스들에 대해서도 결합확률을 구해야 한다. 이를테면, $\Pr(S-C-S-R, H-H-H-H)$, $\Pr(S-C-S-R, H-H-H-L)$, … 이다. 다음 표와 그림은 모든 가능한 경우에 대한 결합확률을 나타낸 것이다. 이를 위한 프로그램을 참고하라.

프로그램 12.2.1 관측치와 상태 시퀀스의 결합확률 계산

```
% Calculation of Joint probabilities when given the observation sequence
clc; clear; close all;
T = 4;

% hidden states
state = {'H', 'L'};                    % a set of states (1~N)
N = length(state);
% observation variables
observe = {'S', 'C', 'R'};            % a set of possible observations (1~M)
```

```
M = length(observe);

% initial state probability (1 x N vector)
PI = [0.6, 0.4];

% state transition probability (N x N vector)
A = [0.7, 0.3;
     0.4, 0.6];

% observation probability (N x M vector)
B = [0.7, 0.2, 0.1;
     0.1, 0.4, 0.5];

% data: observation sequence
% 'Sunny' corresponds to 1; 'Cloudy' to 2; 'Rainy' to 3.
Y = [1, 2, 1, 3];
T = length(Y);

% possible state sequences = N^T = 2^4=16
sequenceX = unique(nchoosek(repmat(1:N,1,T),T), 'rows')

% calculate probabilities

for j = 1: length(sequenceX)
    prob = 0;

    % one of possible state sequences
    X = sequenceX(j,:);

    % probability of 1st observation
    t = 1;
    prob(t) = PI(X(t)) * B(X(t),Y(t));

    % probability of 2nd observation to the last observation
    for t = 2: T
        prob(t) = A(X(t-1),X(t)) * B(X(t),Y(t));
    end

    % product of all probabilities
    jointProb(j) = prod(prob);
end

normalizedProb = jointProb/sum(jointProb);
[jointProb' normalizedProb']

figure(1); clf
stem(normalizedProb, 'linewidth',2);
set(gca, 'YGrid', 'on', 'XGrid', 'off');
xticks(1:1:16)
xlabel('state sequence number', 'fontsize',14);
ylabel('joint probability of each state sequence', 'fontsize',14);
```

날씨 시퀀스 $Y=(S-C-S-R)$일 때 존재 가능한 상태 시퀀스들과의 결합확률

No	상태 시퀀스	결합확률	표준화된 확률
1	$H-H-H-H$	0.0020	0.1648
2	$\boldsymbol{H-H-H-L}$	**0.0043**	**0.3532**
3	$H-H-L-H$	0.0001	0.0058
4	$H-H-L-L$	0.0005	0.0432
5	$H-L-H-H$	0.0010	0.0807
6	$H-L-H-L$	0.0021	0.1730
7	$H-L-L-H$	0.0001	0.0099
8	$H-L-L-L$	0.0009	0.0741
9	$L-H-H-H$	0.0001	0.0090
10	$L-H-H-L$	0.0002	0.0192
11	$L-H-L-H$	0.0000	0.0003
12	$L-H-L-L$	0.0000	0.0024
13	$L-L-H-H$	0.0002	0.0154
14	$L-L-H-L$	0.0004	0.0330
15	$L-L-L-H$	0.0000	0.0019
16	$L-L-L-L$	0.0002	0.0141
		$\sum$	1.0

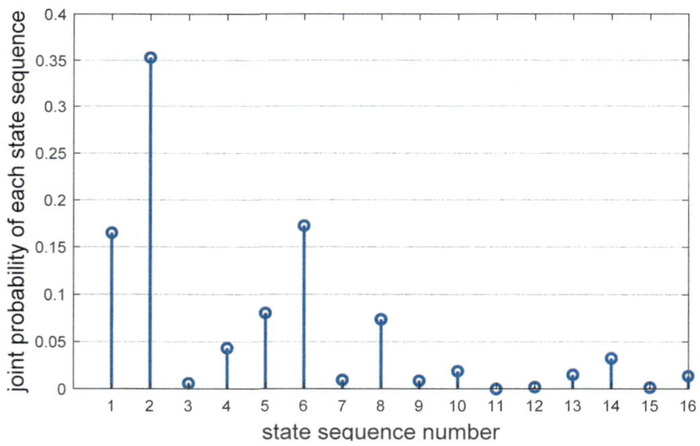

그림 12.2.4 날씨 시퀀스 $Y=(S-C-S-R)$과 각 상태 시퀀스와의 결합확률

표와 그림으로부터, 주어진 날씨 시퀀스 $Y=(S-C-S-R)$이 관측될 가능성이 가장 큰 경우는 상태 시퀀스가 $(H-H-H-L)$일 때고, 그다음으로 가능성이 큰 상태 시퀀스는 $(H-L-H-L)$일 때임을 알 수 있다.

현실에서는 이와 같은 계산이 가능한 경우는 거의 없다. N과 T가 크기 때문에 각각의 상태 시퀀스에 대한 관측확률을 따로따로 계산해서 이들을 더하는 방식으로 전체 관측확률을 구하는 방식은 적합하지 않다. 상태의 수가 N이고 관측치의 길이가 T인 HMM의 경우, 존재 가능한 상태 시퀀스는 N^T개이다. 이 계산의 복잡성은 $O(2TN^T)$이다. 예를 들어, $N=5$이고 $T=100$이면 이 계산은 아주 오래 걸린다. $2TN^T=2(100)(5^{100})\approx 10^{72}$으로 실제 불가능에 가깝다. 효과적인 알고리즘이 필요한 이유다.

어떤 계산이 순차적으로 수행될 때, 앞 단계의 계산과정이 그 다음 단계의 계산에서도 그대로 반복되어야 하는 경우가 있다. 이런 경우, 앞 단계의 계산과정을 다시 수행하지 않고 앞 단계에서 얻어진 결과만 현 단계 계산에서 사용할 수도 있다. 그 다음 단계 역시, 현 단계의 결과만을 사용해서 계산한다. 계산 복잡도를 줄이기 위한 이런 되부름(recursion) 방식의 계산을 동적 프로그래밍(dynamic programming)이라 한다. 앞으로 다루게 될 순방향이나 역방향 알고리즘도 동적 프로그래밍과 같은 계산 방식이다. 이름에서 짐작할 수 있듯이, 현재 시점에서 계산된 확률이 다음 시점에서의 확률 계산에 사용된다. 이로써 계산 복잡도를 $O(2TN^T)\rightarrow O(N^2T)$로 줄일 수 있다.

12.2.2 순방향 알고리즘(forward algorithm 또는 $\alpha-pass$)

$\alpha_t(i)$는 시점 t에서의 상태 s_i에 대한 순방향 확률(forward probability)이다. 이는 HMM이 관측 시퀀스 $Y_t=\{y_1, y_2, \cdots, y_t\}$를 방출하고 상태가 s_i에서 종료될 확률을 말한다.

$$\alpha_t(i)=\Pr(x_t=s_i, y_1, y_2, \cdots, y_t|\boldsymbol{\theta}) \tag{12.2.3}$$

예를 들면, $\alpha_2(H)$는 관측 시퀀스가 $Y=(S-C-S-R)$일 때 시점 $t=2$에서 상태가 H일 확률이다.

$$\alpha_2(H)=\Pr(x_2=H, y_1=S, y_2=C|\boldsymbol{\theta})$$

이 확률은 다음 계산과정을 통해서 구할 수 있다.

1) 초기화

시작 시점 $t=1$에서 상태 i에 대한 순방향 확률은, $t=1$에서 상태 i일 확률과 그 상태가 관측 심볼 y_1을 방출할 확률을 곱하면 얻을 수 있다.

$$\alpha_1(i)=\pi_i b_i(y_1) \tag{12.2.4}$$

2) 되부름 방식으로 매 시점에서의 순방향 확률 계산

시점 $t+1$에서 상태 i에 대한 순방향 확률 $\alpha_{t+1}(i)$는 이전 시점 t에서 상태가 j로 끝날 순방향 확률 $\alpha_t(j)$와 상태 j가 상태 i로 천이할 확률을 곱하는 과정을 모든 j 상태에 대해 수행하고 이들을 더한 다음, 여기에 시점 $t+1$에서 상태 i로부터 관측 심볼 y_{t+1}이 방출될 확률 $b_i(y_{t+1})$을 곱하면 얻게 된다.

$$\alpha_{t+1}(i)=\left[\sum_{j=1}^{N}\alpha_t(j)a_{j,i}\right]b_i(y_{t+1}),\ \text{for } i=1,\ \cdots,\ N \text{ and } t=1,\ \cdots,\ T-1 \tag{12.2.5}$$

이 과정을 그림으로 표현하면 다음과 같다.

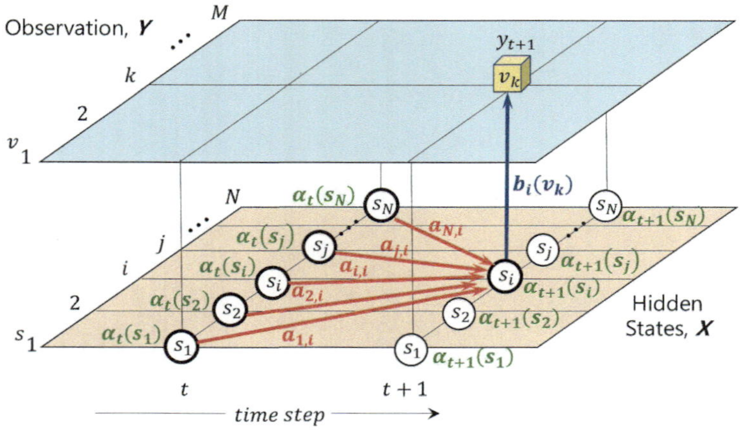

그림 12.2.5 순방향 알고리즘

날씨 데이터가 $Y=(S-C-S-R)$일 때의 계산을 통해서 앞에서 설명한 계산과정을 자세히 살펴보자.

■ 시점 $t=1$에서

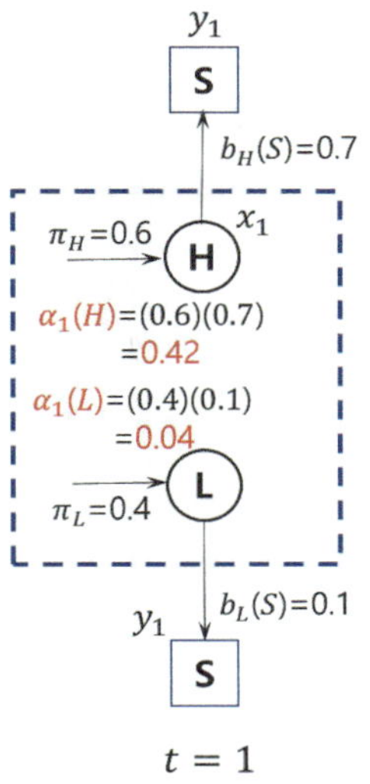

■ 시점 $t=2$에서

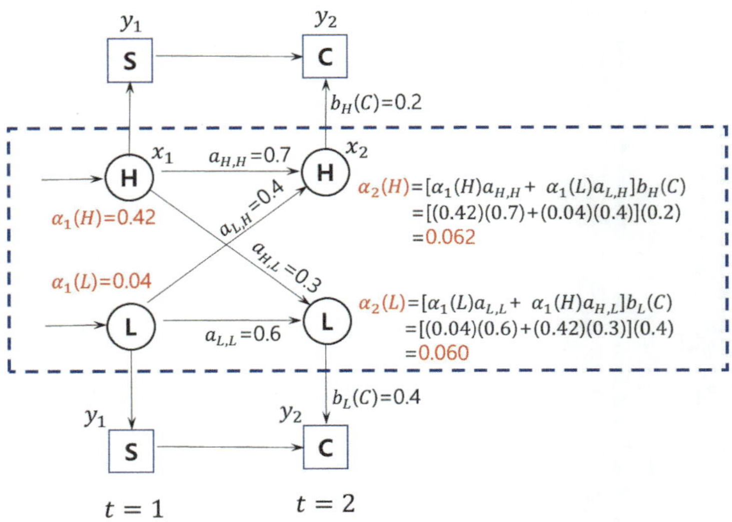

■ 시점 $t = 3$에서

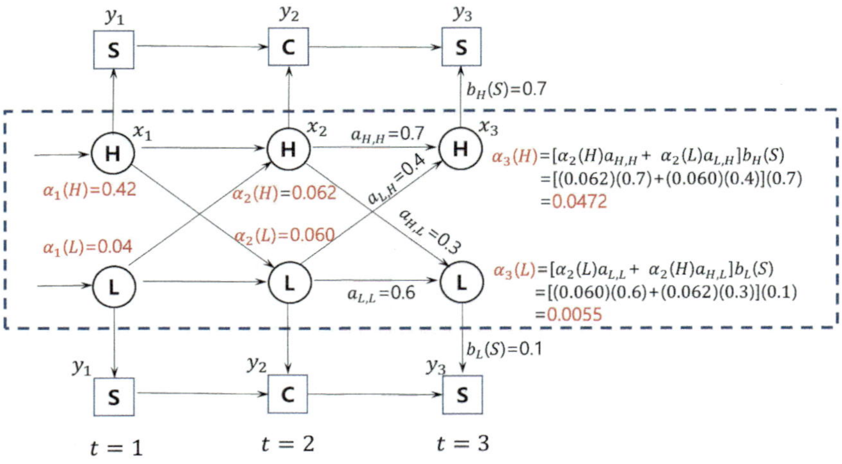

■ 시점 $t = 4 = T$에서

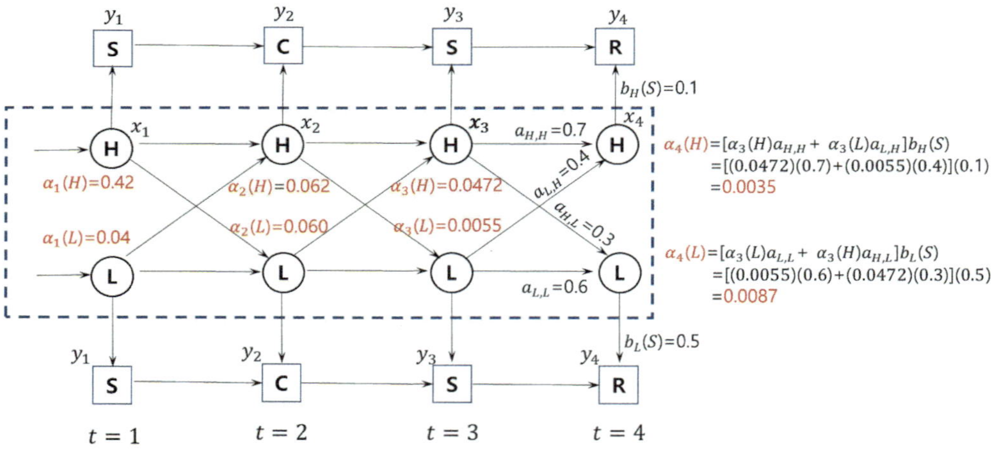

3) 가능도 계산

시퀀스의 마지막 시점 $t = 4 = T$에서 모든 상태들에 대한 순방향 확률 $\alpha_T(j)$를 구한 뒤, 이들을 모두 더하면 우리가 원하는 확률 또는 가능도를 얻을 수 있다.

$$\Pr(y_1, y_2, \cdots, y_T | \boldsymbol{\theta}) = \sum_{j=1}^{N} \alpha_T(j) \tag{12.2.6}$$

즉, 날씨 시퀀스 $Y=(S-C-S-R)$이 관측될 확률 $\Pr(S,C,S,R|\theta)$는 다음과 같다.

$$\alpha_4 = \alpha_4(H) + \alpha_4(L) = 0.0035 + 0.0087 = 0.0122$$

지금까지 계산한 순방향 확률, 즉 관측 시퀀스가 $Y=(S-C-S-R)$로 주어졌을 때 매 시점에서 상태가 i일 확률을 정리하면 다음의 표와 그림과 같다.

Time(step)	$t=1$	$t=2$	$t=3$	$t=4$
y_t	S	C	S	R
$\alpha_t(H)$	0.42	0.062	0.0472	0.0035
$\alpha_t(L)$	0.04	0.060	0.0055	0.0087

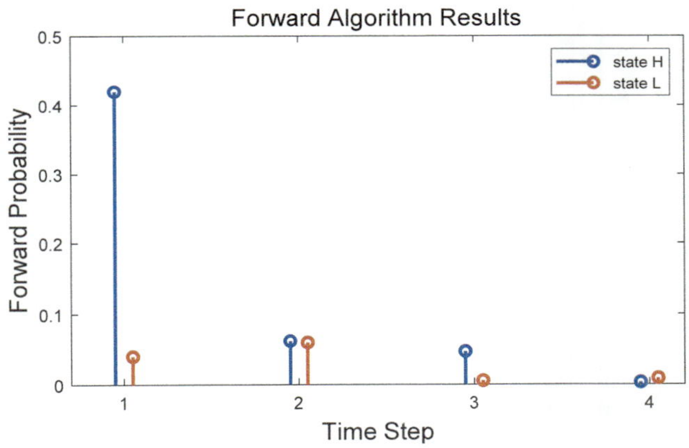

매 시점에서 상대적으로 높은 확률을 가진 상태가 어떤 것인지 알 수 있다. 시퀀스가 길어질수록 확률값들이 작아지는 것을 보라. 이는 1보다 작은 수를 계속해서 곱하기 때문이다. 12.3.3절에서 논의할 확률값 크기조정(scaling) 과정이 필요한 이유다.

다음 프로그램을 통해 계산 결과를 확인해 보라.

프로그램 12.2.2 순방향 알고리즘(특정 관측치에 대한 가능도 계산)

```
% Hidden Markov Model (HMM)
clc; clear; close all;

% initial state probability (1 x N vector)
PI = [0.6, 0.4];

% state transition probability (N x N vector)
A = [0.7, 0.3;
     0.4, 0.6];

% observation probability (N x M vector)
B = [0.7, 0.2, 0.1;
     0.1, 0.4, 0.5];

% data: observation sequence
% 'Sunny' corresponds to 1; 'Cloudy' to 2; 'Rainy' to 3.
Y = [1, 2, 1, 3];

T = length(Y);
N = length(A);
M = length(B);


% Forward (alpha) Algorithm in Hidden Markov Model (HMM)
% step 1: initialization
for i = 1: N
    alpha(1,i) = PI(i) * B(i,Y(1));
end

% step 2: recursion
for t = 1: T-1
    for i = 1: N
        sum = 0;
        for j = 1: N
            sum = sum + alpha(t,j) * A(j,i);
        end
        alpha(t+1,i) = sum * B(i,Y(t+1));
    end
end
% state probabilities at each time step
probAtSi = alpha

% step 3: termination
% evaluating the likelihood of the observed sequence
t = T;
prob = 0;
for j = 1: N
     prob = prob + alpha(t,j);
end
% likelihood of the observed sequence, S-C-S-R
likSCSR = prob
```

12.2.3 역방향 알고리즘(backward algorithm 또는 $\beta-pass$)

이 알고리즘도 순방향 알고리즘과 비슷하게 작동한다. 다만, 시퀀스의 마지막 시점에서 계산을 시작해서 역방향으로 진행해 시작 시점에 이르는 점이 다르다.

시점 t에서 상태 i의 역방향 확률 $\beta_t(i)$는, 상태 s_i에서 시작되었을 때 HMM이 관측 시퀀스 $y_{t+1}, y_{t+2}, \cdots, y_T$를 방출할 확률이다. 다음과 같이 정의된다.

$$\beta_t(i) = \Pr(y_{t+1}, y_{t+2}, \cdots, y_T | x_t = s_i, \boldsymbol{\theta}) \qquad (12.2.7)$$

이 확률은 다음의 역방향 계산과정을 통해서 구할 수 있다.

1) 초기화

$$\beta_T(i) = 1, \text{ for } i = 1, \cdots, N \qquad (12.2.8)$$

2) 시점의 역방향으로 상태확률 계산

$$\beta_t(i) = \sum_{j=1}^{N} \beta_{t+1}(j) a_{j,i} b_j(y_{t+1}), \text{ for } i, j = 1, \cdots, N, \text{ and } t = T-1, T-2, \cdots, 1 \qquad (12.2.9)$$

이 변수를 그림으로 표현하면 다음과 같다.

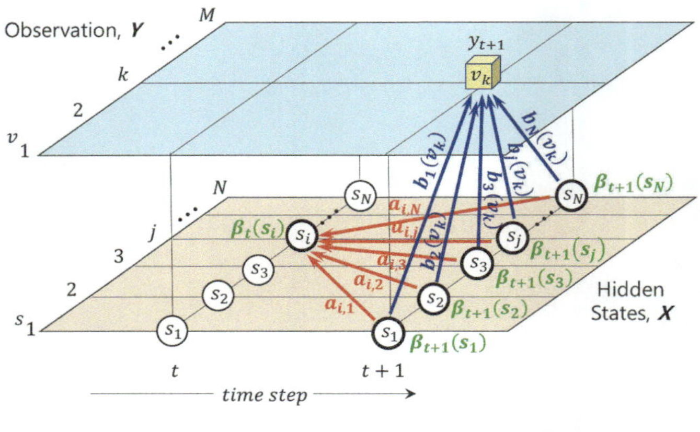

그림 12.2.6 역방향 알고리즘(관측 시퀀스가 발견될 확률 계산)

날씨 데이터가 $Y=(S-C-S-R)$일 때의 예를 통해서 앞에서 설명한 계산과정을 자세히 살펴보자.

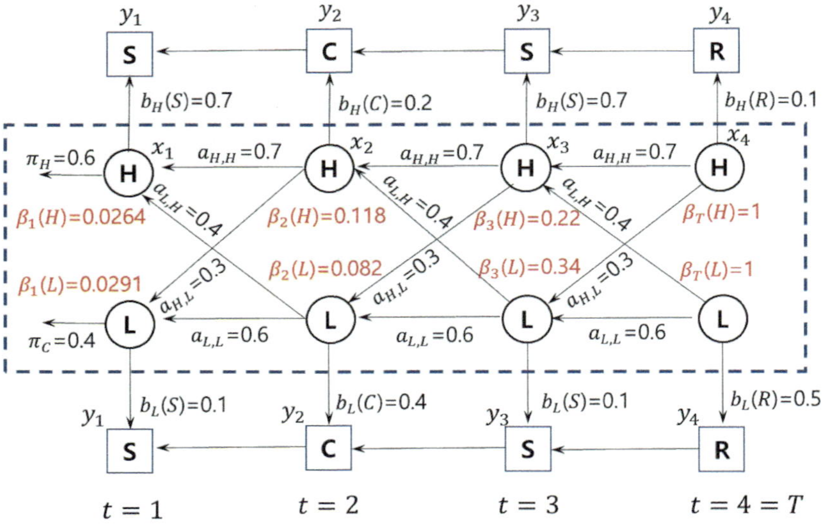

- 시점 $t=4=T$에서 확률 $\Pr(y_{t=4}=R|x_4=H,\theta)$와 확률 $\Pr(y_{t=4}=R|x_4=L,\theta)$은

$$\beta_4(H)=1$$

$$\beta_4(L)=1$$

- 시점 $t=3$에서 확률 $\Pr(S,R|x_3=H,\theta)$와 확률 $\Pr(S,R|x_3=L,\theta)$은

$$\begin{aligned}\beta_3(H)&=\sum_{j=1}^{N}\beta_4(j)a_{H,j}b_j(y_4)\\&=\beta_4(H)a_{H,H}b_H(R)+\beta_4(L)a_{H,L}b_L(R)\\&=(1)(0.7)(0.1)+(1)(0.3)(0.5)=0.22\end{aligned}$$

$$\begin{aligned}\beta_3(L)&=\sum_{j=1}^{N}\beta_4(j)a_{L,j}b_j(y_4)\\&=\beta_4(H)a_{L,H}b_H(R)+\beta_4(L)a_{L,L}b_L(R)\\&=(1)(0.4)(0.1)+(1)(0.6)(0.5)=0.34\end{aligned}$$

■ 시점 $t=2$에서 확률 $\Pr(C, S, R | x_2 = H, \boldsymbol{\theta})$와 확률 $\Pr(C, S, R | x_2 = L, \boldsymbol{\theta})$은

$$\begin{aligned}\beta_2(H) &= \sum_{j=1}^{N} \beta_3(j) a_{H,j} b_j(y_3) \\ &= \beta_3(H) a_{H,H} b_H(S) + \beta_3(L) a_{H,L} b_L(S) \\ &= (0.22)(0.7)(0.7) + (0.34)(0.3)(0.1) = 0.118\end{aligned}$$

$$\begin{aligned}\beta_2(L) &= \sum_{j=1}^{N} \beta_3(j) a_{L,j} b_j(y_3) \\ &= \beta_3(H) a_{L,H} b_H(S) + \beta_3(L) a_{L,L} b_L(S) \\ &= (0.22)(0.4)(0.7) + (0.34)(0.6)(0.1) = 0.082\end{aligned}$$

■ 시점 $t=1$에서 확률 $\Pr(S, C, S, R | x_1 = H, \boldsymbol{\theta})$와 확률 $\Pr(S, C, S, R | x_1 = L, \boldsymbol{\theta})$은

$$\begin{aligned}\beta_1(H) &= \sum_{j=1}^{N} \beta_2(j) a_{H,j} b_j(y_2) \\ &= \beta_2(H) a_{H,H} b_H(C) + \beta_2(L) a_{H,L} b_L(C) \\ &= (0.118)(0.7)(0.2) + (0.082)(0.3)(0.4) = 0.0264\end{aligned}$$

$$\begin{aligned}\beta_1(L) &= \sum_{j=1}^{N} \beta_2(j) a_{L,j} b_j(y_2) \\ &= \beta_2(H) a_{L,H} b_H(C) + \beta_2(L) a_{L,L} b_L(C) \\ &= (0.118)(0.4)(0.2) + (0.082)(0.6)(0.4) = 0.0291\end{aligned}$$

3) 계산 종료 및 가능도 계산

$$\begin{aligned}\Pr(y_1, y_2, y_3, y_4 | \boldsymbol{\theta}) &= \sum_{j=1}^{N} \beta_1(j) \pi_j b_j(y_1) \\ &= \beta_1(H) \pi_H b_H(S) + \beta_1(L) \pi_L b_L(S) \\ &= (0.0264)(0.6)(0.7) + (0.0291)(0.4)(0.1) = 0.0122\end{aligned}$$

지금까지 계산한 역방향 확률을 정리하면 다음의 표와 그림과 같다.

Time(step)	$t=1$	$t=2$	$t=3$	$t=4$
y_t	S	C	S	R
$\beta_t(H)$	0.0264	0.118	0.22	1
$\beta_t(L)$	0.0291	0.082	0.34	1

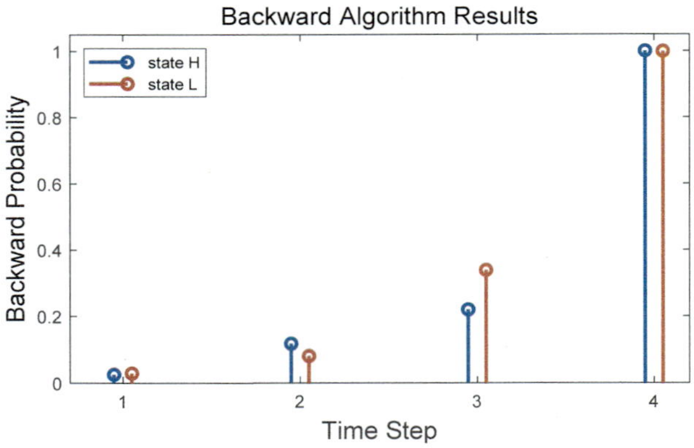

이 역방향 확률은 식(12.2.10)을 통해서 관측 시퀀스의 가능도를 계산하는 데 주로 이용된다. 물론 상태 시퀀스를 추정하기 위한 사후 디코딩(12.3.2절)이나 HMM 모수 추정인 학습(12.4절)에서도 순방향 확률과 함께 사용된다.

다음 프로그램을 통해 계산 결과를 확인해 보라.

프로그램 12.2.3 역방향 알고리즘(특정 관측 시퀀스에 대한 가능도 계산)

```
% Backward (beta) Algorithm in Hidden Markov Model (HMM)
% step 1: initialization
for i = 1: N
    beta(T,i) = 1;
end

% step 2: recursion
for t = T-1: -1: 1
    for i = 1: N
        sum = 0;
        for j = 1: N
            sum = sum + A(i,j) * B(j,Y(t+1)) * beta(t+1,j);
        end
        beta(t,i) = sum;
    end
end
% state probabilities at each time step
```

```
probAtSi = beta

% step 3: termination
% evaluating the likelihood of the observed sequence
t = 1;
prob = 0;
for j = 1: N
     prob = prob + PI(j) * B(j,Y(t)) * beta(t,j);
end
% likelihood of the observed sequence, S-C-S-R
likSCSR = prob
```

12.3 상태 시퀀스 추정 또는 디코딩

디코딩(decoding)이란, 관측 시퀀스가 주어졌을 때 그 관측치가 발견될 가능성이 가장 큰 상태 시퀀스(또는 경로)를 찾는 작업이다. 예를 들어, 어느 4일간의 날씨 데이터가 $Y=(S-C-S-R)$이었다면 그 기간 동안 기압 변화 과정을 추정하는 일이다. 더 정확히 쓰자면, 모수 $\theta=\{\pi, \boldsymbol{A}, \boldsymbol{B}\}$가 주어졌을 때, 데이터 $\boldsymbol{Y}=\{y_1, y_2, \cdots, y_T\}$가 관측될 가능성이 가장 큰 은닉상태의 시퀀스 $\boldsymbol{X}$를 찾는 작업이다. 이 문제는 비터비(Viterbi) 알고리즘 또는 사후 디코딩(posterior decoding) 알고리즘으로 해결할 수 있다.

만약 우리가 이 문제를 곧이곧대로 순방향 알고리즘을 사용해서 푼다면, 존재 가능한 은닉상태 시퀀스들을 모두 조사한 다음, 주어진 관측 시퀀스에 적합한 상태 시퀀스를 선택하게 될 것이다. 하지만 이 방식은 계산 복잡도 때문에 수행하기가 현실적으로 거의 불가능하다. 효과적인 알고리즘이 필요하다.

12.3.1 비터비(Viterbi) 알고리즘

이 알고리즘은 최적의 상태 시퀀스 또는 상태 경로(Viterbi path)를 찾기 위한 것이다. 순방향 알고리즘과 동일한 방식으로 초기화, 되부름, 마무리 단계의 계산을 수행한다. 다른 점은 다음 두 가지이다.

1) 순방향 알고리즘은 합(summation)을 취하는데, 비터비 알고리즘은 최대치를 취한다.
2) 비터비 알고리즘은 별도의 변수 ψ을 필요로 한다. 이는 되추적 단계에서 최적의 상태 시퀀스를 찾기 위해서 되추적점(back pointer)들을 저장하기 위한 것이다.

변수 $\delta_t(s_i)$는 상태가 가장 가능성 있는 시퀀스 $(x_1, x_2, \cdots, x_{t-1})$을 거쳐온 후, 시점 t에서 시퀀스가 상태 s_i로 종료될 확률이다.

$$\delta_t(i) = \Pr(x_1, x_2, \cdots, x_{t-1}, x_t = s_i, y_1, y_2, \cdots, y_t | \boldsymbol{\theta}) \tag{12.3.1}$$

시점 t에서 상태 s_i에 대한 변수 $\delta_t(s_i)$는 다음과 같이 계산된다.

$$\delta_t(j) = \max_{i=1}^{N}\{\delta_{t-1}(i)a_{i,j}\}b_j(y_t), \text{ for } j = 1, \cdots, N \tag{12.3.2}$$

매 시점에서의 $\delta_t(i)$는 그 시점의 상태까지 이르게 될 수 있는 가장 가능성 높은 경로를 다음의 되부름 방식으로 취해서 얻어진다.

1) 초기화

$$\delta_1(i) = \pi_i b_i(y_1), \text{ for } i = 1, \cdots, N \tag{12.3.3}$$

$$\psi_1(i) = 0, \text{ for } i = 1, \cdots, N \tag{12.3.3'}$$

2) 되부름 계산

$$\delta_t(j) = \max_{1 \le i \le N}\{\delta_{t-1}(i)a_{i,j}\}b_j(y_t), \text{ for } j = 1, \cdots, N \text{ and } t = 2, \cdots, T \tag{12.3.4}$$

$$\psi_t(j) = \arg\max_{1 \le i \le N}\{\delta_{t-1}(i)a_{i,j}\}b_j(y_t), \text{ for } j = 1, \cdots, N \text{ and } t = 2, \cdots, T \tag{12.3.4'}$$

비터비 확률은 전 단계 $t-1$에서 이미 계산된 확률 $\delta_{t-1}(i)$를 사용해서 계산된다. 이 알고리즘에서는 곱해진 결과 $\delta_{t-1}(i)a_{i,j}$ 중에서 최댓값을 찾아서 새로운 비터비 변수에 지정한다. 이 점이 모두를 곱한 다음에 그 합을 취하는 순방향 알고리즘과 다르다. 최대치로 선택된 상태는 되추적점을 사용해서 저장된다.

날씨 데이터가 $Y=(S-C-S-R)$일 때의 예를 통해서 앞에서 설명한 계산과정을 자세히 살펴보자.

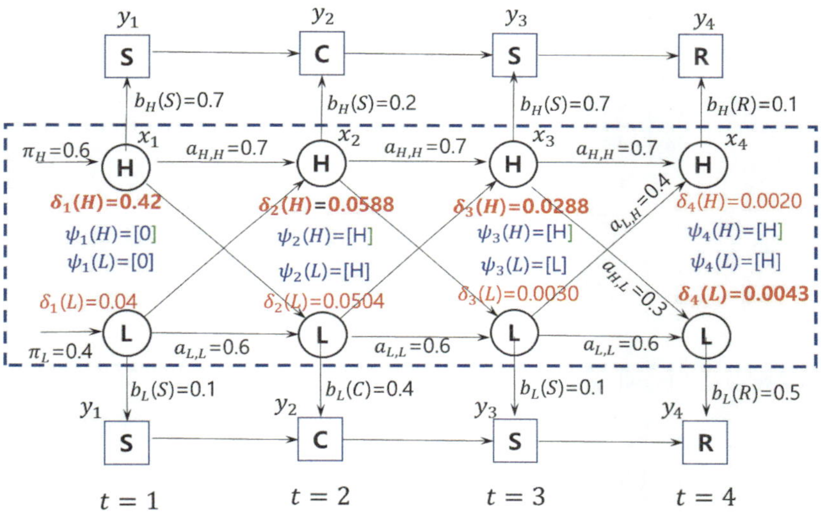

■ 시점 $t=1$에서(즉, 관측 시퀀스의 첫 번째에서) 은닉상태 H로부터 관측치 S가 방출될 확률 $\delta_1(H)$와 은닉상태 L로부터 관측치 $\delta_1(L)$가 방출될 확률은

$$\delta_1(H)=\pi_H b_H(S)=(0.6)(0.7)=0.42$$

$$\delta_1(L)=\pi_L b_L(S)=(0.4)(0.1)=0.04$$

되추적 단계에서 최적의 상태 시퀀스를 찾기 위해서는 다음 작업이 필요하다. 각 상태에서 가장 확률이 높은 경로를 찾고, 확률을 가장 높게 만드는 인자를 되추적점 배열 ψ에 저장한다. 시점 $t=1$에서는 비터비 변수 $\delta_1(H)$와 $\delta_1(L)$을 최대로 만드는 인자는 없으므로 각 상태의 되추적점 배열은 0이다.

$$\psi_1(H) = [0]$$

$$\psi_1(C) = [0]$$

- 시점 $t=2$에서(즉 관측 시퀀스의 두 번째에서) 은닉상태 H로부터 관측 심볼 C가 방출될 확률 $\delta_2(H)$와 은닉상태 L로부터 관측 심볼 C가 방출될 확률 $\delta_2(L)$은

$$\begin{aligned}
\delta_2(H) &= \max_{1 \le i \le N} \{\delta_1(H) a_{H,H}, \delta_1(L) a_{L,H}\} b_H(C) \\
&= \max_{1 \le i \le N} \{\underline{(0.42)(0.7)}, (0.04)(0.4)\}(0.2) \\
&= (0.42)(0.7)(0.2) = 0.0588 \\
\delta_2(L) &= \max_{1 \le i \le N} \{\delta_1(H) a_{H,L}, \delta_1(L) a_{L,L}\} b_L(C) \\
&= \max_{1 \le i \le N} \{\underline{(0.42)(0.3)}, (0.04)(0.6)\}(0.4) \\
&= (0.42)(0.3)(0.4) = 0.0504
\end{aligned}$$

되추적점은 다음과 같이 선택된다.

$$\begin{aligned}
\psi_2(H) &= \arg\max_{1 \le i \le N} \left\{ \underbrace{\delta_1(H) a_{H,H}}_{\text{from state } H}, \underbrace{\delta_1(L) a_{L,H}}_{\text{from state } L} \right\} b_H(C) \\
&= \left\{ \underbrace{(0.42)(0.7)}_{\text{from state } H} > \underbrace{(0.04)(0.4)}_{\text{from state } L} \right\} (0.2) \\
&= {}'H' \\
\psi_2(L) &= \arg\max_{1 \le i \le N} \left\{ \underbrace{\delta_1(H) a_{H,L}}_{\text{from state } H}, \underbrace{\delta_1(L) a_{L,L}}_{\text{from state } L} \right\} b_L(C) \\
&= \left\{ \underbrace{(0.42)(0.3)}_{\text{from state } H} > \underbrace{(0.04)(0.6)}_{\text{from state } L} \right\} (0.2) \\
&= {}'H'
\end{aligned}$$

이 되추적점들을 앞 단계의 되추적점 배열에 이어 붙인다. 따라서 시점 $t=2$에서 되추적점 배열은 다음과 같이 저장된다. 즉, 현 상태의 비터비 변수를 최대로 만드는 인자는 가장 높은 확률을 가졌던 전 상태로부터 선택된다. 이 경로는 나중에 되추적 단계에서 찾을 수 있다.

$$\psi_2(H) = [0, H]$$
$$\psi_2(L) = [0, H]$$

■ 시점 $t=3$에서 은닉상태 H로부터 관측 심볼 S가 방출될 확률 $\delta_3(H)$와 은닉상태 L로부터 관측 심볼 S가 방출될 확률 $\delta_3(L)$은

$$\begin{aligned}
\delta_3(H) &= \max_{1 \le i \le N}\{\delta_2(H)a_{H,H}, \delta_2(L)a_{L,H}\}b_H(S) \\
&= \max_{1 \le i \le N}\{\underline{(0.0588)(0.7)}, (0.0504)(0.4)\}(0.7) \\
&= (0.0588)(0.7)(0.7) = 0.0288 \\
\delta_3(L) &= \max_{1 \le i \le N}\{\delta_2(H)a_{H,L}, \delta_2(L)a_{L,L}\}b_L(S) \\
&= \max_{1 \le i \le N}\{(0.0588)(0.3), \underline{(0.0504)(0.6)}\}(0.1) \\
&= (0.0504)(0.6)(0.1) = 0.0030
\end{aligned}$$

되추적점은 다음과 같이 선택된다.

$$\begin{aligned}
\psi_3(H) &= \arg\max_{1 \le i \le N}\left\{\underbrace{\delta_2(H)a_{H,H}}_{\text{from state } H}, \underbrace{\delta_2(L)a_{L,H}}_{\text{from state } L}\right\}b_H(S) \\
&= \left\{\underbrace{(0.0588)(0.7)}_{\text{fromstate } H} > \underbrace{(0.0504)(0.4)}_{\text{from state } L}\right\}(0.7) \\
&= {}'H' \\
\psi_3(L) &= \arg\max_{1 \le i \le N}\left\{\underbrace{\delta_2(H)a_{H,L}}_{\text{from state } H}, \underbrace{\delta_2(L)a_{L,L}}_{\text{from state } L}\right\}b_L(S) \\
&= \left\{\underbrace{(0.0588)(0.7)}_{\text{from state } H} < \underbrace{(0.0504)(0.6)}_{\text{from state } L}\right\}(0.1) \\
&= {}'L'
\end{aligned}$$

따라서 시점 $t=3$에서 되추적점 배열은 다음처럼 저장된다.

$$\psi_3(H) = [0, H, H]$$
$$\psi_3(L) = [0, H, L]$$

■ 시점 $t=4$에서 은닉상태 H로부터 관측치 R이 방출될 확률 $\delta_4(H)$와 은닉상태 L로부터 관측 심볼 R이 방출될 확률 $\delta_4(L)$은

$$
\begin{aligned}
\delta_4(H) &= \max_{1\le i\le N}\{\delta_3(H)a_{H,H}, \delta_3(L)a_{L,H}\}b_H(R) \\
&= \max_{1\le i\le N}\{\underline{(0.0288)(0.7)}, (0.0030)(0.4)\}(0.1) \\
&= (0.0288)(0.7)(0.1) = 0.0020 \\
\delta_4(L) &= \max_{1\le i\le N}\{\delta_3(H)a_{H,L}, \delta_3(L)a_{L,L}\}b_L(R) \\
&= \max_{1\le i\le N}\{\underline{(0.0288)(0.3)}, (0.0030)(0.6)\}(0.5) \\
&= (0.0288)(0.3)(0.5) = 0.0043
\end{aligned}
$$

되추적점은 다음과 같이 선택된다.

$$
\begin{aligned}
\psi_4(H) &= \arg\max_{1\le i\le N}\left\{\underbrace{\delta_3(H)a_{H,H}}_{\text{from state } H}, \underbrace{\delta_3(L)a_{L,H}}_{\text{from state } L}\right\}b_H(R) \\
&= \left\{\underbrace{(0.0288)(0.7)}_{\text{from state } H} > \underbrace{(0.0030)(0.4)}_{\text{from state } L}\right\}(0.1) \\
&= {}'H' \\
\psi_4(L) &= \arg\max_{1\le i\le N}\left\{\underbrace{\delta_3(H)a_{H,L}}_{\text{from state } H}, \underbrace{\delta_3(L)a_{L,L}}_{\text{from state } L}\right\}b_L(R) \\
&= \left\{\underbrace{(0.0288)(0.3)}_{\text{from state } H} > \underbrace{(0.0030)(0.6)}_{\text{from state } L}\right\}(0.5) \\
&= {}'H'
\end{aligned}
$$

결과적으로 우리는 다음과 같은 $N\times T$ 크기의 되추적점 배열 ψ를 구했다.

$$
\psi = \begin{bmatrix} 0, H, H, H \\ 0, H, L, H \end{bmatrix}
$$

3) 계산 종료

$$
p^* = \max_{1\le i\le N}\{\delta_T(i)\},\ \text{for } i = 1, \cdots, N \tag{12.3.5}
$$

$$
q_T^* = \arg\max_{1\le i\le N}\{\delta_T(i)\},\ \text{for } i = 1, \cdots, N \tag{12.3.5'}
$$

여기서 q^*는 우리가 찾고자 하는 상태 시퀀스의 상태들이다. q_T^*는 상태 시퀀스 중에서 마지막 상태에 해당한다. 시점 $t=4=T$에서 $\delta_4(H)=0.0020$이고 $\delta_4(L)=0.0043$이기 때문에, 식(12.3.5)는 다음의 값을 갖는다.

$$p^* = 0.0043$$
$$q_T^* = \ 'L'$$

4) 경로(상태 시퀀스) 되추적

$$q_T^* = \psi_{t+1}\left(q_{t+1}^*\right), \text{ for } t = T-1,\ T-2,\ \cdots,1 \tag{12.3.6}$$

되추적 단계는 되추적점들을 저장한 배열 ψ로부터 최적의 상태 시퀀스를 찾는 작업이다.

$$\psi\begin{pmatrix} H=1 \\ L=2 \end{pmatrix} = \begin{bmatrix} 0,\ H,\ H,\ H \\ 0,\ H,\ L,\ H \end{bmatrix}$$

시점 $t=3$에서

$$q_3^* = \psi_4\left(q_4^* = 1\right) = H$$

이는 배열 ψ의 마지막 열($t=4$)의 첫 번째 행의 요소이다. 시점 $t=2$에서

$$q_2^* = \psi_3\left(q_3^* = 1\right) = H$$

이는 배열 ψ의 세 번째 열($t=3$)의 첫 번째 행의 요소이다. 시점 $t=1$에서

$$q_1^* = \psi_2\left(q_2^* = 1\right) = H$$

이는 배열 ψ의 두 번째 열($t=2$)의 첫 번째 행의 요소이다. 지금까지의 결과를 요약하면 다음 표와 그림과 같다.

시점	$t=1$	$t=2$	$t=3$	$t=4$
관측치	S	C	S	R
관측 가능성 높은 상태	H	H	H	L
상태의 확률	0.42	0.0588	0.0288	0.0043

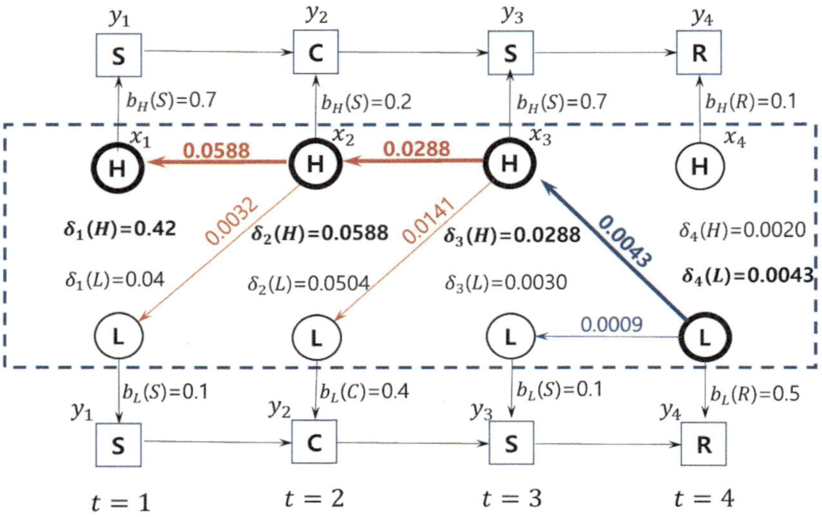

시점 $t=4$에서 시점 $t=3$으로의 되추적 단계에서, 상태 L에서 선택 가능한 상태는 H와 L인데, 그 선택은 확률 $\delta_4(L)$에 의해 결정된다.

$$\delta_4(L) = \delta_3(H) a_{H,L} b_L(R) = (0.0288)(0.3)(0.5) = 0.0043$$

$$\delta_4(L) = \delta_3(L) a_{L,L} b_L(R) = (0.0030)(0.6)(0.5) = 0.0009$$

마찬가지로 시점 $t=3$에서 시점 $t=2$로의 되추적 단계에서, 상태 H에서 선택 가능한 상태는 H와 L인데, 그 선택은 확률 $\delta_3(H)$에 의해 결정된다. 즉, 0.0288과 0.0030중에서 0.0288이 선택된다. 이는 상태 H가 선택된 것이다. 이런 식의 되추적 단계를 거쳐 최적의 상태 경로 $H-H-H-L$이 형성된다.

다음 프로그램을 통해 지금까지의 계산 결과를 확인해 보라.

프로그램 12.3.1 비터비(Viterbi) 알고리즘

```
% Viterbi Algorithm in Hidden Markov Model (HMM)
clc; clear; close all;

% hidden states
S = {'H', 'L'};
N = length(S);

% observations
V = {'S', 'C', 'R'};
M = length(V);

%%%%%%%%%%%%%%%%%%%% set the model parameters
% initial state probability (1 x N vector)
PI = [0.6, 0.4];

% state transition probability (N x N vector)
A = [0.7, 0.3;
     0.4, 0.6];

% observation probability (N x M vector)
B = [0.7, 0.2, 0.1;
     0.1, 0.4, 0.5];

% data: observation sequence
% 'Sunny' corresponds to 1; 'Cloudy' to 2; 'Rainy' to 3.
Y = [1, 2, 1, 3];
T = length(Y);

%%%%%%%%%%%%%%%%%%%% Viterbi algorithm
% goal : we want to find the best sequence of hidden states
psi = zeros(N,T);
maxIdx = zeros(1,T);
delta = zeros(N,T);

%%%%%%%%%%%%    algorithm starts
% step 1: initialization
t = 1;
delta(:,t) = (PI)' .* B(:,Y(t));
[p, maxIdx(t)] = max(delta(:,t));

% step 2: recursion
for t = 2: T
    for j = 1: N
        delta(:,t-1) .* A(:,j);
        [delta(j,t), psi(j,t)] = max(delta(:,t-1) .* A(:,j));
        % psi is the array for back pointers
    end
    delta(:,t) =  delta(:,t) .* B(:,Y(t));
    [p, maxIdx(t)] = max(delta(:,t));
```

```
end
delta
psi

% step 3: termination & back-tracking
qStar = zeros(1,T);
decodedState = cell(1,T);

% termination (for the last sequence)
[pStar, qStar(T)] = max(delta(:,T));

% step 4: back-tracking
% path(state sequences) back-tracking
for t = T-1: -1: 1
    qStar(t) = psi(qStar(t+1),t+1);
    % qStar is the state we are looking for.
    % searching is done backward in the back-pointer array.
end

% conversion of state symbols for displaying
for t = 1: T
    decodedState(t) = S(qStar(t));
end

% results
mostProbableStatePath = decodedState
```

12.3.2 사후 디코딩(posterior decoding)

HMM의 모수 $\boldsymbol{\theta}=\{\pi, \boldsymbol{A}, \boldsymbol{B}\}$가 주어졌을 때, 데이터 $\boldsymbol{Y}=\{y_1, y_2, \cdots, y_T\}$가 관측될 가능성이 가장 큰 은닉상태 시퀀스 $\boldsymbol{X}$를 찾는 방법 중에서 두 번째이다. 사후 디코딩 방법은 관측 심볼이 방출되는 매 시점의 상태를 하나씩 찾는다. 비터비 디코딩이 경로를 찾는 것과는 대비되는 점이다. 이 작업에는 앞에서 다뤘던 순방향 변수 α_t와 역방향 변수 β_t가 필요할 뿐만 아니라, 새로운 변수 γ_t에 대한 정의도 필요하다.

변수 γ_t에 대해 알아보자. $\gamma_t(i)$는 모수 $\boldsymbol{\theta}$와 관측치 시퀀스 $(y_1, y_2, \cdots, y_T)$가 주어졌을 때, 시점 t에서 상태 s_i일 확률이다.

$$\gamma_t(i)=\Pr(x_t=s_i|y_1, y_2, \cdots, y_T, \boldsymbol{\theta}) \tag{12.3.7}$$

이 변수는 앞에서 구했던 두 변수 α_t와 β_t의 조합이다. 왜냐하면 순방향 변수 α_t는 시점 t까지의 확률이고, 역방향 변수 β_t는 시점 t 이후의 확률이므로 이들을 조합하면 시점 $t=1 \sim T$를 다룰 수 있기 때문이다. 연쇄법칙을 이용한 다음의 전개 과정을 보라.

$$
\begin{aligned}
\gamma_t(i) &= \Pr(x_t = s_i | y_1, y_2, \cdots, y_T, \boldsymbol{\theta}) \\
&= \frac{\Pr(x_t = s_i, y_1, y_2, \cdots, y_T | \boldsymbol{\theta})}{\Pr(y_1, y_2, \cdots, y_T | \boldsymbol{\theta})} \\
&= \frac{\Pr(y_1, y_2, \cdots, y_T | x_t = s_i, \boldsymbol{\theta}) \Pr(x_t = s_i | \boldsymbol{\theta})}{\Pr(y_1, y_2, \cdots, y_T | \boldsymbol{\theta})} \\
&= \frac{\Pr(y_1, y_2, \cdots, y_t | x_t = s_i, \boldsymbol{\theta}) \Pr(y_{t+1}, y_{t+2}, \cdots, y_T | x_t = s_i, \boldsymbol{\theta}) \Pr(x_t = s_i | \boldsymbol{\theta})}{\Pr(y_1, y_2, \cdots, y_T | \boldsymbol{\theta})} \\
&= \frac{\overbrace{\Pr(x_t = s_i, y_1, y_2, \cdots, y_t | \boldsymbol{\theta})}^{\substack{forward\ probability(\alpha - pass) \\ = \alpha_t(i)}} \overbrace{\Pr(y_{t+1}, y_{t+2}, \cdots, y_T | x_t = s_i, \boldsymbol{\theta})}^{\substack{backward\ probability(\beta - pass) \\ = \beta_t(i)}}}{\Pr(y_1, y_2, \cdots, y_T | \boldsymbol{\theta})}
\end{aligned}
\tag{12.3.7'}
$$

이 확률은 순방향 확률 α_t와 역방향 확률 β_t의 조합이기 때문에 '평활화된 상태 주변확률(smoothed state marginal)'로 불리기도 한다. 위 식의 분자는 $\alpha_t(i) \cdot \beta_t(i)$이고, 분모는 식(12.2.6)으로부터

$$
\Pr(y_1, y_2, \cdots, y_T | \boldsymbol{\theta}) = \sum_{i=1}^{N} \alpha_T(i) = \sum_{i=1}^{N} \alpha_t(i) \beta_t(i) \tag{12.3.8}
$$

이므로 식(12.3.7)은 다음과 같이 다시 쓸 수 있다.

$$
\gamma_t(i) = \frac{\alpha_t(i) \beta_t(i)}{\sum_{i=1}^{N} \alpha_t(i) \beta_t(i)}, \text{ for } i = 1, \cdots, N \text{ and } t = 1, \cdots, T \tag{12.3.9}
$$

이 변수는 순방향 및 역방향 알고리즘만으로도 계산할 수 있다. 사후 디코딩은 이 변수를 이용해서 매 시점에 $\gamma_t(i)$를 최대로 만드는 상태 s_i를 선택하면 된다. 이 상태들을 연결하면 관측 시퀀스가 발견될 가능성이 가장 높은 상태 시퀀스가 된다.

$$(x_t = s_i) = \arg\max\{\gamma_t(i)\} \tag{12.3.10}$$

다음 프로그램을 통해 날씨 모델의 예에서 사후 디코딩 과정을 확인해 보자.

프로그램 12.3.2 사후 디코딩(posterior decoding)

```
% Posterior Decoding in Hidden Markov Model (HMM)
% Finding the most probable state path to the observed sequence
clc; clear; close all;

% hidden states
S = {'H', 'L'};
N = length(S);

% observations
V = {'S', 'C', 'R'};
M = length(V);

%%%%%%%%%%%%%%%%%%% set the model parameters
% initial state probability (1 x N vector)
PI = [0.6, 0.4];

% state transition probability (N x N vector)
A = [0.7, 0.3;
     0.4, 0.6];

% observation probability (N x M vector)
B = [0.7, 0.2, 0.1;
     0.1, 0.4, 0.5];

% data: observation sequence
% 'Sunny' corresponds to 1; 'Cloudy' to 2; 'Rainy' to 3.
Y = [1, 2, 1, 3];
T = length(Y);

%% Forward Algorithm(alpha-pass) in Hidden Markov Model (HMM)
% step 1: initialization
for i = 1: N
    alpha(1,i) = PI(i) * B(i,Y(1));
end

% step 2: recursion
for t = 1: T-1
    for i = 1: N
        sum = 0;
        for j = 1: N
            sum = sum + alpha(t,j) * A(j,i);
        end
        alpha(t+1,i) = sum * B(i,Y(t+1));
    end
end
% state probabilities at each time step
% probAtSi = alpha
```

```
% step 3: termination
% evaluating the likelihood of the observed sequence
t = T;
prob = 0;
for j = 1: N
     prob = prob + alpha(t,j);
end
% likelihood of the observed sequence, S-C-S-R
likSCSR = prob;          % summation of the alphas


%% Backward Algorithm(beta-pass) in Hidden Markov Model (HMM)
% step 1: initialization
for i = 1: N
    beta(T,i) = 1;
end

% step 2: recursion
for t = T-1: -1: 1
    for i = 1: N
        sum = 0;
        for j = 1: N
            sum = sum + A(i,j) * B(j,Y(t+1)) * beta(t+1,j);
        end
        beta(t,i) = sum;
    end
end
% state probabilities at each time step
% probAtSi = beta

% step 3: termination
% evaluating the likelihood of the observed sequence
t = 1;
prob = 0;
for j = 1: N
     prob = prob + PI(j) * B(j,Y(t)) * beta(t,j);
end
% likelihood of the observed sequence, S-C-S-R
likSCSR = prob;            % summation of the betas


%% Posterior Decoding in Hidden Markov Model (HMM)
% Gamma is the probability of being in state i when symbol yt
% is observed in time t, given the HMM model parameters.
% gamma
for t = 1: T
    for i =1: N
        gamma(t,i) = alpha(t,i) * beta(t,i) / prob;
    end
end
gamma'

% search the index of the state having the highest probability
[~, state] = max(gamma, [],2);

% display the best sequence of hidden states
posteriorDecodedState = S(state')
```

[그림 12.3.1]을 보라. 시점 $t=1,2,3$에서는 상태 H의 확률이 높고, 시점 $t=4$에서는 상태 L의 확률이 높다. 시간의 흐름에 따라 존재 가능한 상태 중에서 확률이 높은 상태들을 선택해서 연결하면, 관측 시퀀스 $S-C-S-R$이 발견될 가능성에 높은 상태 시퀀스 $H-H-H-L$이 얻어진다.

이 예의 경우에는 비터비 디코딩과 같은 결과가 얻어졌지만, 경우에 따라서는 약간 다른 결과가 얻어질 수도 있다. 그 이유는 비터비 디코딩은 확률이 높은 경로를 기준으로 상태 시퀀스를 선택하지만, 사후 디코딩은 매 시점의 관측치가 발견될 가능성이 가장 큰 상태들을 선택하기 때문이다. 따라서 두 경우의 결과가 같아야 할 이유는 없다. 사후 디코딩의 경우에는 HMM이 에르고딕 상태, 즉 한 상태에서 어느 상태로든 천이가 가능할 때 특히 좋은 성능을 보인다.

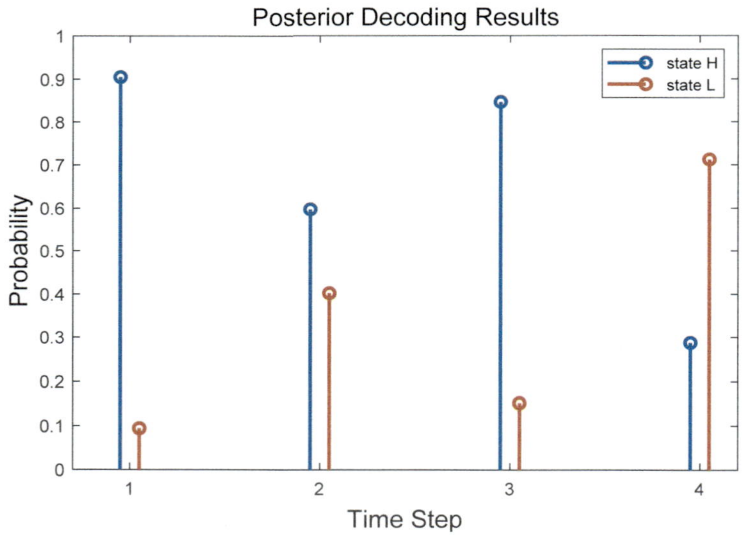

그림 12.3.1 사후 디코딩 결과(확률이 높은 상태 경로 $H-H-H-L$이 형성된다)

12.3.3 확률값 크기조정(scaling)

HMM을 실행할 때, 언더플로우 현상이 문제가 될 수 있다. 특히 길이가 긴 시퀀스를 가진 HMM일 경우에는 더욱 그렇다. 순방향 알고리즘이나 비터비 알고리즘에서 1보다 작은 확률값들을 계속해서 곱하는 과정이 포함되어 있다. 때문에, 계산 결과는 아주 빠르게 0에 가까운 작은 값이 되고 만다. 아주 작은 수는 컴퓨터에서 제대로 처리되지 않을 수 있다[8]. 이 문제는 알고리즘마다 다른 해법을 사용해야 한다.

1) 비터비 알고리즘의 경우

이 알고리즘은 확률들을 곱하기만 한다. 따라서 언더플로우 방지를 위한 해법은 확률값에 로그를 취하는 것이다. 이로써 곱하기 대신에 더하기 연산이 가능해진다. 보통은 밑수가 2인 로그, $\log_2(prob)$를 사용한다.

2) 순방향 알고리즘의 경우

이 알고리즘은 작은 확률값들을 곱한 다음에 이들을 더하는 연산을 포함한다. 로그로 변환하는 것만으로는 언더플로우를 피하기 어려울 수도 있다. 크기조정계수(scaling coefficient)를 사용해서 알고리즘을 수정해야 한다. 이 계수는 다음과 같이 정의된다.

$$c_t = \frac{1}{\sum_{j=1}^{N} \alpha_t(j)} \tag{12.3.10}$$

이 계수는 α_t나 β_t처럼 매 시점에 정의되므로, 그 길이는 시퀀스 길이 T와 같다. 이 계수를 사용해서 정규화된(크기조정된) 순방향 확률은 다음과 같다. 기호 '~'은 크기조정된 확률이라는 의미다.

$$\tilde{\alpha}_t(i) = c_t \cdot \alpha_t(i), \text{ for } i = 1, \cdots, N \tag{12.3.11}$$

초기 시점에는

$$\tilde{\alpha}_1(i) = c_1 \cdot \alpha_1(i), \text{ for } i = 1, \cdots, N \tag{12.3.12}$$

8 이효남, "몬테칼로 시뮬레이션 및 통계적 결과분석", 자유아카데미, 2017, pp. 457-477.

이고, 그다음 시점부터는

$$\tilde{\alpha}_t(i)=\left(\prod_{t=1}^{t} c_t\right)\alpha_t(i)=c_1 \bullet c_2 \cdots c_t \bullet \alpha_t(i),\ \text{for } i=1, \cdots, N \tag{12.3.13}$$

따라서 다음과 같이 일반화할 수 있다.

$$\tilde{\alpha}_{t+1}(i)=c_1 \bullet c_2 \cdots c_{t+1} \bullet \alpha_{t+1}(i),\ \text{for } i=1, \cdots, N \tag{12.3.14}$$

매 시점에서의 크기조정된 순방향 확률은, 식(12.3.13)과 식(12.3.14)로부터

$$\tilde{\alpha}_t(i)=\frac{\alpha_t(i)}{\sum_{j=1}^{N}\alpha_t(j)} \tag{12.3.15}$$

모든 상태에 대한 순방향 확률의 합은 1이므로, 종료 시점에서는

$$\sum_{j=1}^{N}\alpha_T(j)=1 \tag{12.3.16}$$

또한, 식(12.3.13)으로부터

$$\sum_{j=1}^{N}\tilde{\alpha}_T(j)=\sum_{j=1}^{N}\left(\prod_{t=1}^{T}c_t\right)\alpha_T(j)=\left(\prod_{t=1}^{T}c_t\right)\sum_{j=1}^{N}\alpha_T(j)=\left(\prod_{t=1}^{T}c_t\right)\bullet \Pr(\boldsymbol{Y}|\boldsymbol{\theta}) \tag{12.3.17}$$

이므로, 이 결과들을 조합하면

$$\Pr(\boldsymbol{Y}|\boldsymbol{\theta})=\frac{1}{\prod_{t=1}^{T}c_t} \tag{12.3.18}$$

위 식의 의미는 모든 시점에서의 c_t를 곱하면 관측 시퀀스가 발견될 가능도와 같다는 것이다. 위 식을 언더플로우를 피하기 위해 로그로 바꾸면,

$$\log(\Pr(\boldsymbol{Y}|\boldsymbol{\theta}))=-\sum_{t=1}^{T}\log(c_t) \tag{12.3.19}$$

역방향 확률 $\beta_t(i)$의 경우에도, 새로운 크기조정계수를 정의할 필요 없이 앞에서 정의한 크기조정계수를 사용할 수 있다. 즉, $\tilde{\beta}_t(i)=c_t \cdot \beta_t(i)$이다. 우리는 $\alpha_t(i)$와 $\beta_t(i)$ 대신에 $\tilde{\alpha}_t(i)$와 $\tilde{\beta}_t(i)$를 이용해서 $\xi_t(i,j)$와 $\gamma_t(i)$를 계산할 수 있다.

12.4 학습 또는 훈련

일반적으로 '학습'이란 표본 데이터로부터 모델의 모수를 추정하는 작업을 말한다. HMM에서 이 작업은, 데이터 $\boldsymbol{Y}=\{y_1, y_2, \cdots, y_T\}$가 주어졌을 때 그 데이터가 관측될 확률을 최대로 만드는 모수 $\boldsymbol{\theta}=\{\pi, \boldsymbol{A}, \boldsymbol{B}\}$를 추정하는 일이다. 이 작업은 HMM 모델이 주어진 데이터를 잘 설명할 수 있을 때까지(최적화될 때까지) 그 모수를 반복적으로 수정하면서 수행된다. 이런 관점에서 '학습(Learning)'을 '훈련(Training)'으로 봐도 무방하다.

학습은 지도학습(supervised learning)과 비지도학습(unsupervised learning)으로 나눌 수 있다. 지도학습에서는 학습을 위한 관측 시퀀스와 거기에 상응하는 상태 시퀀스가 같이 주어진다[9]. 이런 경우의 HMM 모수 추정은 학습용 데이터 세트에서 각 모수에 해당하는 횟수를 세는 것(빈도)으로 충분하다.

다음과 같은 3세트의 학습용 날씨 데이터가 주어졌다고 하자. 모수 $\boldsymbol{\theta}=\{\pi, \boldsymbol{A}, \boldsymbol{B}\}$를 알아내기 위해 널리 쓰이는 방법은 최대 가능도 추정(MLE: Maximum Likelihood Estimation) 방법이다.

9 관측 심볼과 이를 방출한 상태가 쌍을 이루어 주어진다. 이런 데이터를 labelled data라 한다. 관측할 수 없는 상태에 대한 정보가 주어졌으므로 문제 풀이에서 답을 알고 있는 경우에 해당한다.

Observation	S	S	R	C	S	S	R	S	R	C
State	H	H	L	L	H	H	H	H	L	L

Observation	S	S	S	R	R	S	S	S	S
State	H	H	H	L	H	H	L	H	H

Observation	S	C	R	R	R	C	S	S	S	S	C
State	H	L	L	L	H	H	H	H	H	H	H

이 데이터로부터 초기 상태 확률 π는 다음과 같이 정해진다.

$$\pi = [\pi_H \ \ \pi_L] = [3/3 \ \ 0/3]$$

3개의 데이터 세트에서, 천이 시작 단계에서 상태 H는 3번, L은 0번 관측되었기 때문이다. 한편, 상태 천이확률 $\boldsymbol{A}$는 다음과 같이 정해진다

$$A = \begin{bmatrix} a_{H,H} & a_{H,L} \\ a_{L,H} & a_{L,L} \end{bmatrix} = \begin{bmatrix} 14/19 & 5/19 \\ 4/8 & 4/8 \end{bmatrix}$$

이는 H에서 시작하는 19번의(맨 마지막의 H는 천이하지 않으므로 제외한다) 상태변화 중에서 $a_{H,H}$는 14번, $a_{H,L}$은 5번이고, L에서 시작하는 8번의 상태변화 중에서 $a_{L,H}$는 4번, $a_{L,L}$은 4번이기 때문이다. 관측치 방출 확률 $\boldsymbol{B}$도 마찬가지 방법으로 구할 수 있다.

$$\boldsymbol{B} = \begin{bmatrix} b_{H,S} & b_{H,C} & b_{H,R} \\ b_{L,S} & b_{L,C} & b_{L,R} \end{bmatrix} = \begin{bmatrix} 16/21 & 2/21 & 3/21 \\ 1/9 & 3/9 & 5/9 \end{bmatrix}$$

반면, 비지도학습 또는 자율학습에서는 상태에 대한 어떤 정보도 없이 관측치만 주어진다. 답이 주어지지 않았기 때문에 앞의 경우와 같은 계산 방법을 적용할 수 없다. 관측치만을 이용해서 모수를 알아내야 한다. 이를 위한 아이디어는 [그림 12.2.4]에서 본 것처럼, 존재 가능한 모든 상태와 관측 시퀀스를 고려하는 것이다. 그런 다음에 학습용 세트로부

터 각 모수에 해당하는 기대 횟수(빈도)를 구한다. 기대 빈도란, 전체 시퀀스 중에서 각 모수에 해당하는 경우가 몇 번인가를 세서 그 분율을 얻는 것이다.

여기서는 관측 시퀀스만을 사용해서 HMM 모수를 추정하기 위한 비지도학습 방법 중에서, 기댓값—최대화(Expectation—Maximization) 방법만 다루기로 한다. 다른 여러 가지 훈련 방법들은 문헌을 참고하기 바란다[10].

12.4.1 기댓값-최대화(E-M: Expectation-Maximization algorithm) 방법

HMM 학습을 위한 방법 중에서 널리 쓰이는 것은 E-M 알고리즘의 특수한 형태인 Baum-Welch 알고리즘이다[11, 12, 13]. 이 알고리즘은 순방향-역방향 알고리즘이라고도 불린다. 이 방법은 초기에 설정한 천이확률과 관측확률에 대한 어림값들을 반복적인 수정을 통해 더 좋은 값으로 만들어간다. 더 좋은 값이란 관측 시퀀스를 더 잘 설명할 수 있는 모수란 의미다.

모수 추정을 위한 공식과 유도단계를 보자.

1) π 추정

$$\hat{\pi}_i = \gamma_1(i) \tag{12.4.1}$$

여기서 $\hat{\pi}_i$는 시점 $t=1$에서 상태 s_i가 있을 기대 횟수(빈도)이다.

10 T. Al-ani, "Hidden Markov Models in Dynamic System Modelling and Diagnosis," in Hidden Markov Models, Theory and Applications (ed: P. Dymarski), Intechweb.org, Croatia, 2011, pp. 27-50.

11 L. Baum, "An Inequality and Associated Maximization Technique in Statistical Estimation for Probabilistic Functions of Markov Processes," Inequalities III: Proceedings of the Third Symposium on Inequalities, University of California, LA, Academic Press, (1972), pp. 1-8.

12 P.A. Devijver, "Baum's forward-backward algorithm revisited," Pattern Recognition Letters, 3(6), 1985, pp. 369-373.

13 A.P. Dempster, N.M. Laird, D.B. Rubin, "Maximum Likelihood from Incomplete Data via the EM Algorithm," J. Royal Statistical Society. Series B (Methodological), 39(1), 1977, pp. 1-38.

2) 천이확률 $A=\{a_{i,j}\}$ 추정

이 확률은 시점 t에서 상태 s_i에 있을 빈도와 상태가 $s_i \rightarrow s_j$로 천이할 빈도의 비율이다. 즉,

$$\hat{a}_{i,j} = \frac{\text{상태가 } s_i \rightarrow s_j \text{로 천이할 빈도}}{\text{상태 } s_i \text{에 있을 빈도}} \tag{12.4.2'}$$

수식으로는 변수 ξ_t와 γ_t을 사용해서 다음과 같이 표현된다.

$$\hat{a}_{i,j} = \frac{\sum_{t=1}^{T-1}\xi_t(i,j)}{\sum_{t=1}^{T-1}\sum_{j=1}^{N}\xi_t(i,j)} = \frac{\sum_{t=1}^{T-1}\xi_t(i,j)}{\sum_{t=1}^{T-1}\gamma_t(i)}, \text{ for } i,j=1,\cdots,N \tag{12.4.2}$$

3) 관측 확률 $B=\{b_{j,k}\}$ 추정

이 확률은 시점 t에서 상태 s_j에 있을 빈도와 상태 s_j가 관측 심볼 v_k를 방출하는 빈도의 비율이다. 즉,

$$\hat{b}_j(k) = \frac{\text{상태 } s_j \text{가 관측 심볼 } v_k \text{를 방출하는 빈도}}{\text{상태 } s_j \text{에 있을 빈도}} \tag{12.4.3'}$$

마찬가지로 변수 ξ_t와 γ_t를 사용해서 다음과 같이 표현된다.

$$\hat{b}_j(k) = \frac{\sum_{\substack{t=1 \\ y_t=v_k}}^{T}\gamma_t(j)}{\sum_{t=1}^{T}\gamma_t(j)}, \text{ for } i,j=1,\cdots,N \text{ and } k=1,\cdots,M \tag{12.4.3}$$

여기서 $\sum_{\substack{t=1 \\ y_t=v_k}}^{T-1}\gamma_t(j)$는 시점 t에서 관측 심볼이 v_k인 경우에만 더하라는 의미다. 이를 지시함수 $I_{\{y_t=v_k\}}$(이 함수는 $y_t=v_k$이면 1이고, 그렇지 않으면 0이다)를 사용한다면, $\sum_{t=1}^{T-1}(\gamma_t(j)I_{\{y_t=v_k\}})$로 표현할 수 있겠다. 위 식들에 사용된 보조변수 ξ_t와 γ_t에 대해 알아보자.

12.4.2 보조변수 ξ_t와 γ_t

변수 $\xi_t(i,j)$

변수 $\xi_t(i,j)$는 모수와 관측 시퀀스가 주어졌을 때 시점 t에서 상태 s_i일 확률과 시점 $t+1$에서 상태 s_j일 확률의 결합확률이다.

$$\xi_t(i,j) = \Pr(x_t = s_i, x_{t+1} = s_j | y_1, y_2, \cdots, y_T, \boldsymbol{\theta}) \tag{12.4.4}$$

이 식은 때로는 '평활화된 관측치 주변확률(smoothed observed marginal)'이라고도 한다. 조건부확률 법칙에 따라서

$$\begin{aligned}\xi_t(i,j) &= \Pr(x_t = s_i, x_{t+1} = s_j | y_1, y_2, \cdots, y_T, \boldsymbol{\theta}) \\ &= \frac{\Pr(x_t = s_i, x_{t+1} = s_j, y_1, y_2, \cdots, y_T | \boldsymbol{\theta})}{\Pr(y_1, y_2, \cdots, y_T | \boldsymbol{\theta})}\end{aligned} \tag{12.4.5}$$

이 식의 분자는 순방향 확률 $\alpha_t(i)$와 역방향 확률 $\beta_t(i)$로 표현할 수 있다. 즉,

$$\Pr(x_t = s_i, x_{t+1} = s_j, y_1, y_2, \cdots, y_T | \boldsymbol{\theta}) = \alpha_t(i) a_{i,j} b_j(y_{t+1}) \beta_{t+1}(j) \tag{12.4.6}$$

식(12.4.6)은 다음 그림에서 보는 것처럼 여러 가지 확률들의 조합이다.

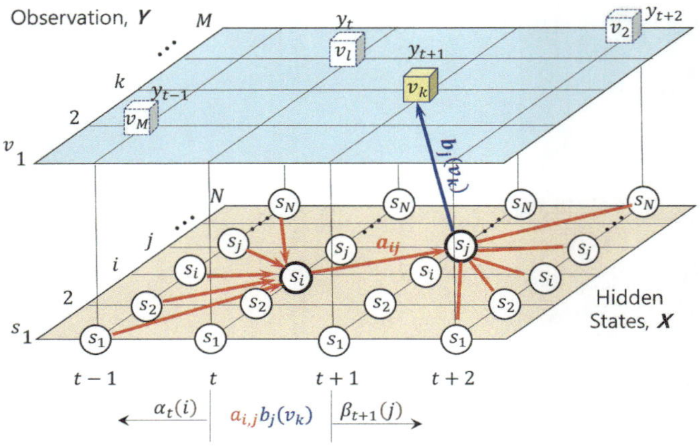

그림 12.4.1 $x_t = s_i$와 $x_{t+1} = s_j$의 결합확률

식(12.4.5)의 분모는 앞에서 다뤘던 식(12.3.8)이다. 편의상 여기에 다시 쓰면,

$$\Pr(y_1, y_2, \cdots, y_T|\boldsymbol{\theta}) = \sum_{i=1}^{N} \alpha_T(i) = \sum_{i=1}^{N} \alpha_t(i)\beta_t(i) \tag{12.3.8}$$

결국, 식(12.4.5)를 다음과 같이 바꿔 쓸 수 있다.

$$\begin{aligned}\xi_t(i,j) &= \frac{\alpha_t(i)a_{i,j}b_j(y_{t+1})\beta_{t+1}(j)}{\sum_{i=1}^{N}\sum_{j=1}^{N}\alpha_t(i)a_{i,j}b_j(y_{t+1})\beta_{t+1}(j)} \\ &= \frac{\alpha_t(i)a_{i,j}b_j(y_{t+1})\beta_{t+1}(j)}{\sum_{i=1}^{N}\alpha_t(i)\beta_t(i)}\end{aligned} \tag{12.4.7}$$

이 식은 특정한 어느 한 시점에만 해당하기 때문에 모든 시점에서 생기는 상태 천이 $s_i \rightarrow s_j$를 모두 더해야 한다.

$$\sum_{t=1}^{T-1} \xi_t(i,j), \text{ for } i,j = 1, \cdots, N \tag{12.4.8}$$

이 식은 길이 T인 시퀀스 동안 상태 천이 $s_i \rightarrow s_j$의 기대 빈도이다. 이는 천이확률 $a_{i,j}$를 추정하기 위한 식(12.4.2)의 분자에 해당한다. 이 식은 오직 순방향 알고리즘과 역방향 알고리즘에 의해서만 계산된다는 점이 주목할 만하다.

변수 $\gamma_t(i)$

변수 $\gamma_t(i)$는 모수와 관측치가 주어졌을 때 시점 t에서 상태 s_i일 확률이다. 이는 앞 12.3.2절의 식(12.3.9)에서 정의한 바 있다.

$$\begin{aligned}\gamma_t(i) &= \Pr(x_t = s_i|y_1, y_2, \cdots, y_T, \boldsymbol{\theta}) \\ &= \frac{\alpha_t(i)\ \beta_t(i)}{\sum_{i=1}^{N}\alpha_t(i)\beta_t(i)}\end{aligned} \tag{12.3.9}$$

이는 어느 특정한 한 시점 t에서의 확률이므로 기대 빈도를 구하기 위해서는 모든 시점에서의 이 확률들을 더해야 한다. 이것은 길이 T인 시퀀스 동안 상태 s_i를 방문할 기대 빈도에 해당하는 것으로, 관측치 방출 확률 $b_{j,k}$ 추정을 위한 식(12.4.3)의 분모로 쓰인다.

$$\sum_{t=1}^{T}\gamma_t(i), \text{ for } i=1, \cdots, N \tag{12.4.9}$$

두 변수 $\xi_t(i,j)$와 $\gamma_t(i)$의 관계를 보자. 변수 $\xi_t(i,j)$를 j에 대해 모두 더함으로써 j를 배제(주변화)시키면 다음과 같은 관계를 얻을 수 있다.

$$\gamma_t(i)=\sum_{t=1}^{T-1}\sum_{j=1}^{N}\xi_t(i,j)=\sum_{j=1}^{N}\xi_t(i,j), \text{ for } i=1, \cdots, N \text{ and } t=1, \cdots, T-1 \tag{12.4.10}$$

이는 천이확률 $a_{i,j}$를 추정하기 위한 식(12.4.2)의 분모로 쓰인다. 이 식은 시점 t에서 상태 s_i에서의 천이확률은, 시점 $t+1$에서 상태 s_i에서 존재 가능한 모든 N개의 상태로의 천이확률들의 합과 같다는 사실을 말한다.

식(12.4.7)과 식(12.4.10)을 이용해서, 재추정을 위한 식(12.4.2)와 식(12.4.3)을 순방향과 역방향 변수로 다시 쓸 수 있다.

$$\begin{aligned}\hat{a}_{i,j} &= \frac{\sum_{t=1}^{T-1}\xi_t(i,j)}{\sum_{t=1}^{T-1}\gamma_t(i)} \\ &= \frac{\sum_{t=1}^{T-1}\alpha_t(i)a_{i,j}b_j(y_{t+1})\beta_{t+1}(j)}{\sum_{t=1}^{T-1}\alpha_t(i)\beta_t(i)}, \text{ for } i,j=1, \cdots, N\end{aligned} \tag{12.4.11}$$

$$\begin{aligned}\hat{b}_j(k) &= \frac{\sum_{t=1,\ y_t=v_k}^{T}\gamma_t(j)}{\sum_{t=1}^{T}\gamma_t(j)} \\ &= \frac{\sum_{t=1,\ y_t=v_k}^{T}\alpha_t(i)\beta_t(j)}{\sum_{t=1}^{T}\alpha_t(i)\beta_t(i)}, \text{ for } i,j=1, \cdots, N \text{ and } k=1, \cdots, M\end{aligned} \tag{12.4.12}$$

이제 모수 추정과정을 순방향과 역방향 알고리즘의 반복과정으로 정리해 보자.

1) 초기화

사전정보들을 이용해서 $\boldsymbol{\pi}, \boldsymbol{A}, \boldsymbol{B}$ 확률들의 어림값을 설정한다. 만약 아무런 정보도 없다면, $\pi_i = 1/N$, $a_{i,j} = 1/N$, $b_j(k) = 1/M$을 사용한다. 각 요소에 무작위 값들을 사용하는 것이 좋다. 모든 요소에 균등한 값을 사용하게 되면 지역적 최대점(local maxima)으로 고착되기 쉽기 때문이다.

2) 순방향 및 역방향 알고리즘을 반복해서 기댓값 계산 및 최대화

2-1) 기댓값 계산(E-step)

특정 상태에 있을 기대 빈도 γ 계산: 식(12.3.9)

다른 상태로 천이할 기대 빈도 ξ 계산: 식(12.4.7)

2-2) 최대화(M-step)

γ와 ξ를 근거로 $\boldsymbol{\pi}, \boldsymbol{A}, \boldsymbol{B}$ 확률 갱신: 식(12.4.1), 식(12.4.2), 식(12.4.3)

3) 단계 2를 수렴할 때까지 반복

$$\log(\Pr(\boldsymbol{Y}|\hat{\boldsymbol{\theta}})) - \log(\Pr(\boldsymbol{Y}|\boldsymbol{\theta})) < threshold$$

변수 γ는 관측 시퀀스가 발견될 확률 $\Pr(\boldsymbol{Y}|\hat{\boldsymbol{\theta}})$이다. 학습의 궁극적 목적은 이 값이 최대화되는 모수를 찾으려는 것이다. 따라서 식(12.3.19)를 써서 매 반복 단계에서 이를 추적하면 최적점에 수렴하는 과정을 파악할 수 있다. 참고로 이 알고리즘으로 찾은 모수값은 전역적 최적점이 아니고 지역적인 것이다.

비지도학습을 위한 다음 프로그램을 보자. 날씨 모델의 예를 사용하였다.

프로그램 12.4.2 비지도학습(Baun–Welch) 알고리즘

```
% Unsupervised Traing by Baum-Welch Algorithm
% in Hidden Markov Model (HMM)
% Finding the best parameters of model to fit the observed sequence
clc; clear; close all;

% hidden states
```

```
S = {'H', 'L'};
N = length(S);

% observations
V = {'S', 'C', 'R'};
M = length(V);

%%%%%%%%%%%%%%%%%% set the model parameters
% initial state probability (1 x N vector)
% PI = [0.6, 0.4];
PI = [0.5444, 1-0.5444];        % guessing value

% state transition probability (N x N vector)
% A = [0.7, 0.3;
%       0.4, 0.6];
A = [0.723, 1-0.723;            % guessing value
       0.456, 1-0.456];


% observation probability (N x M vector)
% B = [0.7, 0.2, 0.1;
%       0.1, 0.4, 0.5];
B = [0.52, 0.11, 0.37;          % guessing value
      0.14, 0.34, 0.52];

% data: observation sequence
% 'Sunny' corresponds to 1; 'Cloudy' to 2; 'Rainy' to 3.
% Y = [1, 2, 1, 3];
Y = [1, 2, 1, 3, 1, 2, 1, 1,2, 1, 2, 1, 3, 1, 2, 3, 1, 2, 1, 1, 2, 3, 1, 3];
T = length(Y);

%%
maxIters = 200;
iters = 1;
logProbOld = - Inf;

while 1
    iters = iters + 1;

    %%%%%%%%% Forward Algorithm(alpha-pass)
    % step 1: initialization
    t = 1;
    c(t) = 0;                               % scaling to avoid underflow
    for i = 1: N
        alpha(t,i) = PI(i) * B(i,Y(t));
        c(t) = c(t) + alpha(t,i);
    end
    % scaled alpha at time step t=1
    c(t) = 1 / c(t);
    for i = 1: N
        alpha(t,i) = c(t) * alpha(t,i);
    end

    % step 2: recursion
    for t = 1: T-1
         c(t+1) = 0;
```

```
    for i = 1: N
        sum = 0;
        for j = 1: N
            sum = sum + alpha(t,j) * A(j,i);
        end
        alpha(t+1,i) = sum * B(i,Y(t+1));
        c(t+1) = c(t+1) + alpha(t+1,i);
    end
    % scaled alpha at time step t=1
    c(t+1) = 1 / c(t+1);
    for i = 1: N
        alpha(t+1,i) = c(t+1) * alpha(t+1,i);
    end
end

%%%%%%%%% Backward Algorithm(beta-pass)
% step 1: initialization
t = T;
for i = 1: N            % let beta(T,i) = 1, scaled by c(T)
    beta(t,i) = c(t);
end

% step 2: recursion
for t = T-1: -1: 1
    for i = 1: N
        sum = 0;
        for j = 1: N
            sum = sum + A(i,j) * B(j,Y(t+1)) * beta(t+1,j);
        end
        beta(t,i) = sum;
        % scaling with same scale of alpha
        beta(t,i) = c(t) * beta(t,i);
    end
end

%%%%%%%%% Calculating Ksi and Gamma: E-step
for t = 1: T-1
    for i = 1: N
        gamma(t,i) = 0;
        for j = 1: N
            % no need to normalize Ksi,
            % because of using scaled alpha and Beta
            ksi(t,i,j) = alpha(t,i) * A(i,j) * B(j,Y(t+1)) * beta(t+1,j);
            gamma(t,i) = gamma(t,i) + ksi(t,i,j);
        end
    end
end
% special case for gamma(T,i)
% As the above, no need to normalize
for i = 1: N
    gamma(T,i) = alpha(T,i);
end

%%%%%%%%% re-Estimation of the parameters: M-step
% re-estimate PI
for i = 1: N
```

```
    hatPI(i) = gamma(1,i);
end
% re-estimate A (transition probabilities)
for i = 1: N
    sumGamma = 0;
    for t = 1: T-1
        sumGamma = sumGamma + gamma(t,i);
    end
    for j = 1: N
        sumKsi = 0;
        for t = 1: T-1
            sumKsi = sumKsi + ksi(t,i,j);
        end
        hatA(i,j) = sumKsi / sumGamma;
    end
end

% re-estimate B (observation probabilities)
for i = 1: N
    denominator = 0;
    for t = 1: T
        denominator = denominator + gamma(t,i);
    end
    for k = 1: M
        nominator = 0;
        for t = 1: T
            if Y(t) == k
                nominator = nominator + gamma(t,i);
            end
        end
        hatB(i,k) = nominator / denominator;
    end
end

%%%%%%%%%% display the results of re-estimation
PI = hatPI
A = hatA
B = hatB

%%%%%%%%% Calculating the likelihood, Pr(Y|theta)
logProb = 0;
for t = 1: T
    logProb = logProb + log(c(t));
end
logProb = -logProb;

% array for plotting
prob(iters) = logProb;
recur(iters) = iters;

% display the likelihood of the observed sequence
likelihood = exp(logProb);

% determine Continuing iterations
if (iters > maxIters) || (logProb <= logProbOld)
    break;
```

```
    else
        logProbOld =  logProb;
    end
end

% plotting
figure(1); clf
plot(recur,prob,'linewidth',2);
title('Unsupervised Training of HMM by Baum-Welch algorithm','fontsize',14);
xlabel('iteration', 'fontsize',14);
ylabel('log-Likelihood', 'fontsize',14);
```

다음 그림은 Baum-Welch 알고리즘에서 모수가 반복적으로 갱신되면서 관측 시퀀스가 발견될 가능도(식(12.3.19) 사용)가 최대로 수렴하는 과정을 보인 것이다.

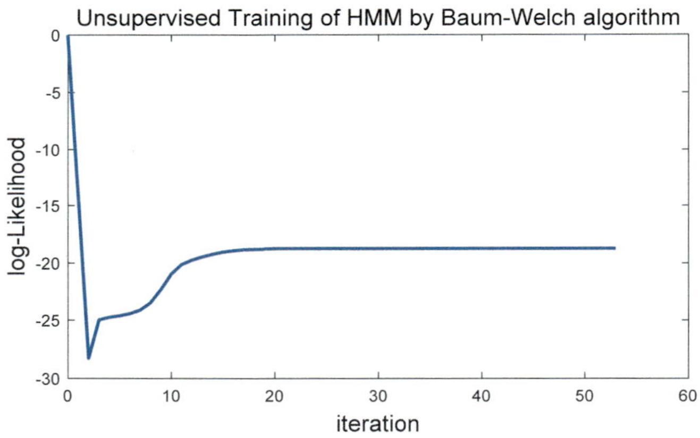

그림 12.4.2 반복 학습동안 관측 시퀀스가 발견될 가능도 변화

12.5 매트랩 라이브러리 이용

매트랩 내장 HMM 라이브러리를 이용할 수도 있다. 지금까지의 내용을 잘 이해했다면, 어떻게 입력해야 하는지 또는 내장함수들이 내놓은 결과들이 어떤 의미인지 쉽게 알 수 있을 것이다. 예제 프로그램을 참고하라. 관련 내장함수들은 다음과 같다.

1) hmmgenerate

HMM 모델로부터 상태와 관측 시퀀스를 만든다.

2) hmmestimate

짝 맞춰진 데이터가 주어졌을 때, 모수(천이확률과 관측확률)의 최대가능도 추정치를 계산한다.

3) hmmtrain

주어진 관측 시퀀스로부터 모수의 최대가능도 추정치를 계산한다(비지도학습).

4) hmmviterbi

비터비 알고리즘에 의해 가장 가능성 있는 상태 시퀀스(경로)를 계산한다.

5) hmmdecode

사후확률을 이용해서 매 시점 확률이 가장 큰 상태를 찾는다. 결국 관측 시퀀스에 합당한 최적의 상태 시퀀스를 찾는 것이다.

프로그램 12.5 HMM 매트랩 라이브러리 이용

```
% Using MATLAB Library for Hidden Markov Model (HMM)
clc; clear; close all;

%%%%%%%%%%%%%%%%%%%% test "hmmgenerate"
% Generate a test sequence of states and observations from the given HMM
% First, specify the model parameters of HMM

% state transition probabilities (N x N vector)
A = [0.7, 0.3;
       0.4, 0.6];

% observation probability (N x M vector)
B = [0.7, 0.2, 0.1;
      0.1, 0.4, 0.5];

% legnth of a sequence
T = 100;
```

```
% Then, generate a sequence
% y = observations; x = states
% [y, x] = hmmgenerate(T, A, B, 'symbols', {'S','C','R'}, 'statenames', {'H','L'});
% display([y; x]);

% Or, simply,
% The number in y denotes one of observation symbols, e.g., 1=Sunny;
% the number in x denotes one of states, e.g., 1=High
[y, x] = hmmgenerate(T, A, B);
display([y; x]);

%% %%%%%%%%%%%%%%%%%%% test "hmmestimate"
% estimate the model parameters (A and B) from the labelled data set,
% i.e., a sequence of known pairs of states and observations
observations = y;        % generated from "hmmgenerate"
states = x;

% estimate and compare the outputs with the original parameters (A,B)
[estA, estB] = hmmestimate(observations, states);
% results
originalA = A
estimatedA = estA

originalB = B
estimatedB = estB


%% %%%%%%%%%%%%%%%%%%% test "hmmtrain"
% estimate (or train) the model parameters (A and B) using the given
% observations sequence with the unknown states sequences
% The guessed A and B are required for implementation. The inputs are:
guessA =[ 0.45, 0.55;
             0.451, 0.549];
guessB =[ 0.61, 0.23, 0.16;
              0.149, 0.351, 0.60];

% train and compare the outputs with the original parameters (A,B)
[hatA, hatB] = hmmtrain(observations, guessA, guessB);
% results
originalA = A
trainedA = hatA

originalB = B
trainedB = hatB


%% %%%%%%%%%%%%%%%%%%% test "hmmviterbi"
% Find the most likely sequence of states using Viterbi algorithm
% using the given observation sequence with model A and B
likelyStateSequence = hmmviterbi(observations, A, B);

% test the accuracy
display([states; likelyStateSequence]);
matchedFraction = sum(likelyStateSequence==states) / T

%% %%%%%%%%%%%%%%%%%%% test "hmmdecode"
```

```
% "hmmdecode" is the same as "posterior decoding."
% find a sequence of the most probable state
% using the given observatin sequence with model A and B
probStates = hmmdecode(observations, A, B);
[~,probStateSequence] = max(probStates)

% compare the likely state sequence (hmmviterbi)
% with the probable state sequence(hmmdecode)
display([likelyStateSequence; probStateSequence]);
agreeFraction = sum(likelyStateSequence==probStateSequence) / T
```

찾아보기

저자 소개

이효남

공학박사

인하대학교 금속공학과 졸업

국방과학연구소 수석연구원(1990년~2022년)

- 로켓 추진기관 및 관련 부수 장치 연구개발

국내외 논문, 특허, 연구보고서 200여 건

전북대학교 항공우주공학과 초빙교수(2023년~)

매트랩 코드와 함께 하는

마르코프 체인 몬테카를로

저 자 이효남

발 행 인 김지영

발 행 처 자유아카데미

주 소 경기도 파주시 회동길 37-42
파주출판도시

저자와의
협의하에
인지생략

전 화 031-955-1321

팩 스 031-955-1322

홈페이지 www.freeaca.com

전자우편 main@freeaca.com (대표)
editor@freeaca.com (편집)
crm@freeaca.com (영업)

등 록 제406-2003-017호, 1980. 7. 12

제1판1쇄 2023년 4월 25일 발행

ISBN 979-11-5808-429-5 93310